实战018　设置网页背景的颜色
▶ 视频位置：光盘\视频\第1章\实战018.mp4

实战019　设置网页的背景图像
▶ 视频位置：光盘\视频\第1章\实战019.mp4

实战020　设置网页的页面链接
▶ 视频位置：光盘\视频\第1章\实战020.mp4

实战029　在网页中添加文本
▶ 视频位置：光盘\视频\第2章\实战029.mp4

实战030　设置网页文本的字体
▶ 视频位置：光盘\视频\第2章\实战030.mp4

实战031　设置网页文本的大小
▶ 视频位置：光盘\视频\第2章\实战031.mp4

实战032　设置网页文本的颜色
▶ 视频位置：光盘\视频\第2章\实战032.mp4

实战033　复制/粘贴外部文本
▶ 视频位置：光盘\视频\第2章\实战033.mp4

实战034　在网页中插入日期
▶ 视频位置：光盘\视频\第2章\实战034.mp4

实战036　插入项目列表与编号列表
▶ 视频位置：光盘\视频\第2章\实战036.mp4

实战037　插入GIF格式图像
▶ 视频位置：光盘\视频\第2章\实战037.mp4

实战039　插入PNG格式图像
▶ 视频位置：光盘\视频\第2章\实战039.mp4

实战040　设置图像属性
▶ 视频位置：光盘\视频\第2章\实战040.mp4

实战041　插入鼠标经过图像
▶ 视频位置：光盘\视频\第2章\实战041.mp4

实战042　插入HTML5视频
▶ 视频位置：光盘\视频\第2章\实战042.mp4

实战043　插入HTML5音频
▶ 视频位置：光盘\视频\第2章\实战043.mp4

实战045　插入FLash视频
▶ 视频位置：光盘\视频\第2章\实战045.mp4

实战049　创建图像热点链接
▶ 视频位置：光盘\视频\第2章\实战049.mp4

实战051　创建图像链接
▶ 视频位置：光盘\视频\第2章\实战051.mp4

实战052　创建Hyperlink链接
▶ 视频位置：光盘\视频\第2章\实战052.mp4

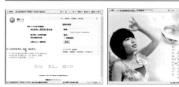

实战055　创建表格
▶ 视频位置：光盘\视频\第3章\实战055.mp4

实战展示

实战060　设置表格的属性
▶ 视频位置：光盘\视频\第3章\实战060.mp4

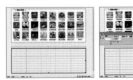

实战064　调整表格高度
▶ 视频位置：光盘\视频\第3章\实战064.mp4

实战065　添加行
▶ 视频位置：光盘\视频\第3章\实战065.mp4

实战066　添加列
▶ 视频位置：光盘\视频\第3章\实战066.mp4

实战067　插入多行或多列
▶ 视频位置：光盘\视频\第3章\实战067.mp4

实战069　删除列
▶ 视频位置：光盘\视频\第3章\实战069.mp4

实战070　拆分单元格
▶ 视频位置：光盘\视频\第3章\实战070.mp4

实战072　剪切单元格
▶ 视频位置：光盘\视频\第3章\实战072.mp4

实战074　删除单元格
▶ 视频位置：光盘\视频\第3章\实战074.mp4

实战076　导入表格
▶ 视频位置：光盘\视频\第3章\实战076.mp4

实战078　转入其他软件编辑图像
▶ 视频位置：光盘\视频\第4章\实战078.mp4

实战079　裁剪图像
▶ 视频位置：光盘\视频\第4章\实战079.mp4

实战080　重新取样
▶ 视频位置：光盘\视频\第4章\实战080.mp4

实战081　调整亮度/对比度
▶ 视频位置：光盘\视频\第4章\实战081.mp4

实战082　锐化图像
▶ 视频位置：光盘\视频\第4章\实战082.mp4

实战096　创建图像按钮
▶ 视频位置：光盘\视频\第4章\实战096.mp4

实战098　创建列表菜单
▶ 视频位置：光盘\视频\第4章\实战098.mp4

实战102　创建复选框组
▶ 视频位置：光盘\视频\第4章\实战102.mp4

实战114　设置布局CSS样式
▶ 视频位置：光盘\视频\第5章\实战114.mp4

实战115　设置文本CSS样式
▶ 视频位置：光盘\视频\第5章\实战115.mp4

实战116　设置边框CSS样式
▶ 视频位置：光盘\视频\第5章\实战116.mp4

实战117　设置背景CSS样式
▶ 视频位置：光盘\视频\第5章\实战117.mp4

实战118　删除CSS样式
▶ 视频位置：光盘\视频\第5章\实战118.mp4

实战119　编辑CSS样式
▶ 视频位置：光盘\视频\第5章\实战119.mp4

实战120
▶ 视频位置：光盘\视频\第5章\实战120.mp4

实战121　内嵌样式表
▶ 视频位置：光盘\视频\第5章\实战121.mp4

实战122　使用光晕（Glow）滤镜
▶ 视频位置：光盘\视频\第5章\实战122.mp4

实战123　使用模糊（Blur）滤镜
▶ 视频位置：光盘\视频\第5章\实战123.mp4

实战124　使用遮罩（Mask）滤镜
▶ 视频位置：光盘\视频\第5章\实战124.mp4

实战127　使用X射线（Xray）滤镜
▶ 视频位置：光盘\视频\第5章\实战127.mp4

实战130　使用标尺
▶ 视频位置：光盘\视频\第5章\实战130.mp4

实战132　使用辅助线
▶ 视频位置：光盘\视频\第5章\实战132.mp4

实战133　使用跟踪图像
▶ 视频位置：光盘\视频\第5章\实战133.mp4

实战134　使用"历史记录"面板
▶ 视频位置：光盘\视频\第5章\实战134.mp4

实战135　设置网页标题
▶ 视频位置：光盘\视频\第5章\实战135.mp4

实战136　设置背景图像
▶ 视频位置：光盘\视频\第5章\实战136.mp4

实战138　设置文本颜色
▶ 视频位置：光盘\视频\第5章\实战138.mp4

实战139　设置未访问过的链接颜色
▶ 视频位置：光盘\视频\第5章\实战139.mp4

实战140　设置已访问过的链接颜色
▶ 视频位置：光盘\视频\第5章\实战140.mp4

实战141　设置正在访问的链接颜色
▶ 视频位置：光盘\视频\第5章\实战141.mp4

实战143　为网页添加行为
▶ 视频位置：光盘\视频\第6章\实战143.mp4

实战144　应用检查表单行为
▶ 视频位置：光盘\视频\第6章\实战144.mp4

实战展示

实战145 应用打开浏览器窗口行为
▶ 视频位置：光盘\视频\第6章\实战145.mp4

实战146 应用转到URL网页行为
▶ 视频位置：光盘\视频\第6章\实战146.mp4

实战149 应用拖动AP元素行为
▶ 视频位置：光盘\视频\第6章\实战149.mp4

实战150 应用调用JavaScript行为
▶ 视频位置：光盘\视频\第6章\实战150.mp4

实战151 应用跳转菜单行为
▶ 视频位置：光盘\视频\第6章\实战151.mp4

实战152 应用跳转菜单开始行为
▶ 视频位置：光盘\视频\第6章\实战152.mp4

实战154 应用交换图像行为
▶ 视频位置：光盘\视频\第6章\实战154.mp4

实战156 应用恢复交换图像行为
▶ 视频位置：光盘\视频\第6章\实战156.mp4

实战157 设置状态栏文本行为
▶ 视频位置：光盘\视频\第6章\实战157.mp4

实战158 设置容器中的文本行为
▶ 视频位置：光盘\视频\第6章\实战158.mp4

实战159 设置框架文本行为
▶ 视频位置：光盘\视频\第6章\实战159.mp4

实战160 设置文本域文字行为
▶ 视频位置：光盘\视频\第6章\实战160.mp4

实战161 使用jQuery效果动态显示隐藏网页元素
▶ 视频位置：光盘\视频\第6章\实战161.mp4

实战162 使用jQuery效果实现网页的抖动与隐藏
▶ 视频位置：光盘\视频\第6章\实战162.mp4

实战163 使用jQuery效果实现网页元素的渐隐渐现
▶ 视频位置：光盘\视频\第6章\实战163.mp4

实战164 使用jQuery效果实现网页元素的高光过渡
▶ 视频位置：光盘\视频\第6章\实战164.mp4

实战165 使用jQuery效果实现网页元素的快速隐藏
▶ 视频位置：光盘\视频\第6章\实战165.mp4

实战171 使用"关闭"按钮退出
▶ 视频位置：光盘\视频\第7章\实战171.mp4

实战183 删除场景
▶ 视频位置：光盘\视频\第7章\实战183.mp4

实战186 舞台大小的设置方法
▶ 视频位置：光盘\视频\第7章\实战186.mp4

实战187 自动匹配舞台的尺寸
▶ 视频位置：光盘\视频\第7章\实战187.mp4

实战188　舞台颜色的设置方法
▶ 视频位置：光盘\视频\第7章\实战188.mp4

实战196　使用模版创建网页动画文档
▶ 视频位置：光盘\视频\第7章\实战196.mp4

实战203　撤销对文件所做的操作
▶ 视频位置：光盘\视频\第7章\实战203.mp4

实战204　重做上一步的操作
▶ 视频位置：光盘\视频\第7章\实战204.mp4

实战205　运用"重复"命令重复操作
▶ 视频位置：光盘\视频\第7章\实战205.mp4

实战206　JPEG网页图像的导入方法
▶ 视频位置：光盘\视频\第8章\实战206.mp4

实战208　PNG网页图像的导入方法
▶ 视频位置：光盘\视频\第8章\实战208.mp4

实战209　GIF网页图像的导入方法
▶ 视频位置：光盘\视频\第8章\实战209.mp4

实战210　Illustrator网页图像的导入方法
▶ 视频位置：光盘\视频\第8章\实战210.mp4

实战211　TIF网页图像的导入方法
▶ 视频位置：光盘\视频\第8章\实战211.mp4

实战212　外部库文件的导入方法
▶ 视频位置：光盘\视频\第8章\实战212.mp4

实战213　网页视频的导入方法
▶ 视频位置：光盘\视频\第8章\实战213.mp4

实战214　将网页视频导入为嵌入文件
▶ 视频位置：光盘\视频\第8章\实战214.mp4

实战215　为网页视频文件重新命名
▶ 视频位置：光盘\视频\第8章\实战215.mp4

实战216　管理网页动画中的视频文件
▶ 视频位置：光盘\视频\第8章\实战216.mp4

实战217　对视频文件进行交换操作
▶ 视频位置：光盘\视频\第8章\实战217.mp4

实战220　制作出有声音的动画效果
▶ 视频位置：光盘\视频\第8章\实战220.mp4

实战221　重复播放网页动画中的声音
▶ 视频位置：光盘\视频\第8章\实战221.mp4

实战225　使用菜单命令显示标尺
▶ 视频位置：光盘\视频\第8章\实战225.mp4

实战226　使用舞台选项显示标尺
▶ 视频位置：光盘\视频\第8章\实战226.mp4

实战227　使用菜单命令隐藏标尺
▶ 视频位置：光盘\视频\第8章\实战227.mp4

实战展示

实战228　使用舞台选项隐藏标尺
▶ 视频位置：光盘\视频\第8章\实战228.mp4

实战229　在舞台中显示网格
▶ 视频位置：光盘\视频\第8章\实战229.mp4

实战230　隐藏舞台上的网格
▶ 视频位置：光盘\视频\第8章\实战230.mp4

实战231　将网格调整至对象上方
▶ 视频位置：光盘\视频\第8章\实战231.mp4

实战232　网格显示颜色的修改
▶ 视频位置：光盘\视频\第8章\实战232.mp4

实战233　网格比例大小的设置
▶ 视频位置：光盘\视频\第8章\实战233.mp4

实战234　将动画对象贴紧至网格
▶ 视频位置：光盘\视频\第8章\实战234.mp4

实战235　创建辅助线
▶ 视频位置：光盘\视频\第8章\实战235.mp4

实战236　隐藏辅助线
▶ 视频位置：光盘\视频\第8章\实战236.mp4

实战237　调整辅助线位置
▶ 视频位置：光盘\视频\第8章\实战237.mp4

实战239　清除辅助线
▶ 视频位置：光盘\视频\第8章\实战239.mp4

实战240　改变辅助线的颜色
▶ 视频位置：光盘\视频\第8章\实战240.mp4

实战241　锁定辅助线对象
▶ 视频位置：光盘\视频\第8章\实战241.mp4

实战242　使用预设边界对齐对象
▶ 视频位置：光盘\视频\第8章\实战242.mp4

实战245　放大舞台查看网页动画
▶ 视频位置：光盘\视频\第8章\实战245.mp4

实战246　缩小舞台查看网页动画
▶ 视频位置：光盘\视频\第8章\实战246.mp4

实战247　使网页动画符合窗口大小
▶ 视频位置：光盘\视频\第8章\实战247.mp4

实战248　将网页动画调至舞台中央
▶ 视频位置：光盘\视频\第8章\实战248.mp4

实战249　完整显示图层中的帧对象
▶ 视频位置：光盘\视频\第8章\实战249.mp4

实战250　在舞台中显示所有的图形
▶ 视频位置：光盘\视频\第8章\实战250.mp4

实战251　按比率显示出所有的图形
▶ 视频位置：光盘\视频\第8章\实战251.mp4

实战252 运用铅笔工具

▶ 视频位置：光盘\视频\第9章\实战252.mp4

实战253 运用钢笔工具

▶ 视频位置：光盘\视频\第9章\实战253.mp4

实战254 运用线条工具

▶ 视频位置：光盘\视频\第9章\实战254.mp4

实战256 运用矩形工具

▶ 视频位置：光盘\视频\第9章\实战256.mp4

实战257 运用多边形工具

▶ 视频位置：光盘\视频\第9章\实战257.mp4

实战258 运用刷子工具

▶ 视频位置：光盘\视频\第9章\实战258.mp4

实战259 运用墨水瓶工具

▶ 视频位置：光盘\视频\第9章\实战259.mp4

实战260 运用颜料桶工具

▶ 视频位置：光盘\视频\第9章\实战260.mp4

实战261 运用滴管工具

▶ 视频位置：光盘\视频\第9章\实战261.mp4

实战262 运用渐变变形工具

▶ 视频位置：光盘\视频\第9章\实战262.mp4

实战263 运用选择工具

▶ 视频位置：光盘\视频\第9章\实战263.mp4

实战264 运用部分选取工具

▶ 视频位置：光盘\视频\第9章\实战264.mp4

实战265 运用套索工具

▶ 视频位置：光盘\视频\第9章\实战265.mp4

实战266 运用缩放工具

▶ 视频位置：光盘\视频\第9章\实战266.mp4

实战267 运用手形工具

▶ 视频位置：光盘\视频\第9章\实战267.mp4

实战268 运用任意变形工具

▶ 视频位置：光盘\视频\第9章\实战268.mp4

实战270 扭曲对象

▶ 视频位置：光盘\视频\第9章\实战270.mp4

实战273 旋转对象

▶ 视频位置：光盘\视频\第9章\实战273.mp4

实战275 垂直翻转对象

▶ 视频位置：光盘\视频\第9章\实战275.mp4

实战276 运用橡皮擦工具

▶ 视频位置：光盘\视频\第9章\实战276.mp4

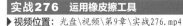

实战280 内部擦除

▶ 视频位置：光盘\视频\第9章\实战280.mp4

实战282　输入静态文本

▶ 视频位置：光盘\视频\第9章\实战282.mp4

实战283　输入段落文本

▶ 视频位置：光盘\视频\第9章\实战283.mp4

实战284　修改文字大小

▶ 视频位置：光盘\视频\第9章\实战284.mp4

实战285　输入动态文本

▶ 视频位置：光盘\视频\第9章\实战285.mp4

实战286　运用输入文本

▶ 视频位置：光盘\视频\第9章\实战286.mp4

实战287　网页文本的复制与粘贴

▶ 视频位置：光盘\视频\第9章\实战287.mp4

实战288　移动网页动画中的文本对象

▶ 视频位置：光盘\视频\第9章\实战288.mp4

实战289　网页动画文本样式的设置

▶ 视频位置：光盘\视频\第9章\实战289.mp4

实战290　网页动画文本颜色的设置

▶ 视频位置：光盘\视频\第9章\实战290.mp4

实战291　网页动画文本上标的设置

▶ 视频位置：光盘\视频\第9章\实战291.mp4

实战292　网页动画文本边距的设置

▶ 视频位置：光盘\视频\第9章\实战292.mp4

实战294　设置网页动画文本为左对齐

▶ 视频位置：光盘\视频\第9章\实战294.mp4

实战295　设置网页动画文本为居中对齐

▶ 视频位置：光盘\视频\第9章\实战295.mp4

实战296　设置网页动画文本为右对齐

▶ 视频位置：光盘\视频\第9章\实战296.mp4

实战297　设置网页动画文本为两端对齐

▶ 视频位置：光盘\视频\第9章\实战297.mp4

实战299　将网页动画文本填充打散

▶ 视频位置：光盘\视频\第9章\实战299.mp4

实战300　创建点线文字特效

▶ 视频位置：光盘\视频\第9章\实战300.mp4

实战301　创建描边文字特效

▶ 视频位置：光盘\视频\第9章\实战301.mp4

实战302　创建空心字特效

▶ 视频位置：光盘\视频\第9章\实战302.mp4

实战303　创建浮雕字特效

▶ 视频位置：光盘\视频\第9章\实战303.mp4

实战304　创建阴影文字特效

▶ 视频位置：光盘\视频\第9章\实战304.mp4

实战 310　轮廓预览

▶ 视频位置：光盘\视频\第10章\实战310.mp4

实战 311　高速显示

▶ 视频位置：光盘\视频\第10章\实战311.mp4

实战 316　移动网页动画对象

▶ 视频位置：光盘\视频\第10章\实战316.mp4

实战 313　消除文字锯齿

▶ 视频位置：光盘\视频\第10章\实战313.mp4

实战 314　预览整个图形

▶ 视频位置：光盘\视频\第10章\实战314.mp4

实战 319　复制网页动画对象

▶ 视频位置：光盘\视频\第10章\实战319.mp4

实战 320　再制网页动画对象

▶ 视频位置：光盘\视频\第10章\实战320.mp4

实战 321　粘贴对象到当前位置

▶ 视频位置：光盘\视频\第10章\实战321.mp4

实战 322　选择性粘贴对象

▶ 视频位置：光盘\视频\第10章\实战322.mp4

实战 323　组合网页动画对象

▶ 视频位置：光盘\视频\第10章\实战323.mp4

实战 326　切割网页动画对象

▶ 视频位置：光盘\视频\第10章\实战326.mp4

实战 329　使用"对齐"面板

▶ 视频位置：光盘\视频\第10章\实战329.mp4

实战 330　使用"对齐"菜单

▶ 视频位置：光盘\视频\第10章\实战330.mp4

实战 332　上移一层

▶ 视频位置：光盘\视频\第10章\实战332.mp4

实战 333　下移一层

▶ 视频位置：光盘\视频\第10章\实战333.mp4

实战 335　将对象锁定

▶ 视频位置：光盘\视频\第10章\实战335.mp4

实战 339　打孔网页动画对象

▶ 视频位置：光盘\视频\第10章\实战339.mp4

实战 340　裁切网页动画对象

▶ 视频位置：光盘\视频\第10章\实战340.mp4

实战 343　无色信息的设置

▶ 视频位置：光盘\视频\第10章\实战343.mp4

实战 344　互换笔触与填充

▶ 视频位置：光盘\视频\第10章\实战344.mp4

实战 357　图层的选择

▶ 视频位置：光盘\视频\第10章\实战357.mp4

实战展示

实战360　时间轴图层高度的更改
▶ 视频位置：光盘\视频\第10章\实战360.mp4

实战362　图层的显示操作
▶ 视频位置：光盘\视频\第10章\实战362.mp4

实战364　图层的删除操作
▶ 视频位置：光盘\视频\第10章\实战364.mp4

实战365　图层的复制操作
▶ 视频位置：光盘\视频\第10章\实战365.mp4

实战367　图层文件夹的删除
▶ 视频位置：光盘\视频\第10章\实战367.mp4

实战368　将对象分散到图层
▶ 视频位置：光盘\视频\第10章\实战368.mp4

实战369　图形元件的创建
▶ 视频位置：光盘\视频\第11章\实战369.mp4

实战370　将其他对象转换为图形元件
▶ 视频位置：光盘\视频\第11章\实战370.mp4

实战371　影片剪辑元件的创建
▶ 视频位置：光盘\视频\第11章\实战371.mp4

实战372　将动画序列转换为影片剪辑元件
▶ 视频位置：光盘\视频\第11章\实战372.mp4

实战373　按钮元件的创建
▶ 视频位置：光盘\视频\第11章\实战373.mp4

实战374　元件的删除
▶ 视频位置：光盘\视频\第11章\实战374.mp4

实战375　设置元件属性
▶ 视频位置：光盘\视频\第11章\实战375.mp4

实战376　元件的复制
▶ 视频位置：光盘\视频\第11章\实战376.mp4

实战378　在当前位置编辑元件
▶ 视频位置：光盘\视频\第11章\实战378.mp4

实战379　在新窗口中编辑元件
▶ 视频位置：光盘\视频\第11章\实战379.mp4

实战380　在元件编辑模式下编辑元件
▶ 视频位置：光盘\视频\第11章\实战380.mp4

实战381　实例的创建
▶ 视频位置：光盘\视频\第11章\实战381.mp4

实战382　实例的分离
▶ 视频位置：光盘\视频\第11章\实战382.mp4

实战383　实例类型的改变
▶ 视频位置：光盘\视频\第11章\实战383.mp4

实战384　实例颜色的改变
▶ 视频位置：光盘\视频\第11章\实战384.mp4

实战385　实例亮度的改变
▶ 视频位置：光盘\视频\第11章\实战385.mp4

实战386　实例高级色调的改变
▶ 视频位置：光盘\视频\第11章\实战386.mp4

实战387　实例透明度的改变
▶ 视频位置：光盘\视频\第11章\实战387.mp4

实战391　删除"库"面板中的元件
▶ 视频位置：光盘\视频\第11章\实战391.mp4

实战393　调用其他"库"面板中的元件
▶ 视频位置：光盘\视频\第11章\实战393.mp4

实战394　重命名"库"面板中的元件
▶ 视频位置：光盘\视频\第11章\实战394.mp4

实战395　在"库"面板中创建文件夹
▶ 视频位置：光盘\视频\第11章\实战395.mp4

实战396　在"库"面板中编辑元件
▶ 视频位置：光盘\视频\第11章\实战396.mp4

实战388　为实例交换元件
▶ 视频位置：光盘\视频\第11章\实战388.mp4

实战400　共享"库"面板中的元件
▶ 视频位置：光盘\视频\第11章\实战400.mp4

实战401　解决"库"资源的冲突
▶ 视频位置：光盘\视频\第11章\实战401.mp4

实战402　将帧设置为居中
▶ 视频位置：光盘\视频\第12章\实战402.mp4

实战403　扩大帧的查看范围
▶ 视频位置：光盘\视频\第12章\实战403.mp4

实战404　同时编辑多个帧对象
▶ 视频位置：光盘\视频\第12章\实战404.mp4

实战407　普通帧的创建
▶ 视频位置：光盘\视频\第12章\实战407.mp4

实战409　空白关键帧的创建
▶ 视频位置：光盘\视频\第12章\实战409.mp4

实战410　帧的选择操作
▶ 视频位置：光盘\视频\第12章\实战410.mp4

实战411　帧的移动操作
▶ 视频位置：光盘\视频\第12章\实战411.mp4

实战412　帧的翻转操作
▶ 视频位置：光盘\视频\第12章\实战412.mp4

实战414　帧的剪切操作
▶ 视频位置：光盘\视频\第12章\实战414.mp4

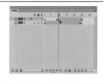

实战419　扩展关键帧至合适位置
▶ 视频位置：光盘\视频\第12章\实战419.mp4

实战424　帧动画的复制与粘贴
▶ 视频位置：光盘\视频\第12章\实战424.mp4

实战425　导入逐帧动画
▶ 视频位置：光盘\视频\第12章\实战425.mp4

实战426　制作逐帧动画
▶ 视频位置：光盘\视频\第12章\实战426.mp4

实战427　制作形状渐变动画
▶ 视频位置：光盘\视频\第12章\实战427.mp4

实战428　制作颜色渐变动画
▶ 视频位置：光盘\视频\第12章\实战428.mp4

实战429　制作位移动画
▶ 视频位置：光盘\视频\第12章\实战429.mp4

实战展示

实战430　制作旋转动画
▶ 视频位置：光盘\视频\第12章\实战430.mp4

实战431　制作引导动画
▶ 视频位置：光盘\视频\第12章\实战431.mp4

实战432　制作2D放大动画
▶ 视频位置：光盘\视频\第12章\实战432.mp4

实战433　制作遮罩动画
▶ 视频位置：光盘\视频\第12章\实战433.mp4

实战440　置入网页图像文件
▶ 视频位置：光盘\视频\第13章\实战440.mp4

实战441　导出网页图像文件
▶ 视频位置：光盘\视频\第13章\实战441.mp4

实战448　移动功能面板
▶ 视频位置：光盘\视频\第13章\实战448.mp4

实战459　菜单撤销图像操作
▶ 视频位置：光盘\视频\第13章\实战459.mp4

实战460　面板撤销任意操作
▶ 视频位置：光盘\视频\第13章\实战460.mp4

实战462　快照还原操作
▶ 视频位置：光盘\视频\第13章\实战462.mp4

实战463　恢复图像初始状态
▶ 视频位置：光盘\视频\第13章\实战463.mp4

实战464　应用网格
▶ 视频位置：光盘\视频\第13章\实战464.mp4

实战465　应用标尺
▶ 视频位置：光盘\视频\第13章\实战465.mp4

实战466　应用标尺工具测量长度
▶ 视频位置：光盘\视频\第13章\实战466.mp4

实战467　应用标尺工具拉直图层
▶ 视频位置：光盘\视频\第13章\实战467.mp4

实战468　应用参考线
▶ 视频位置：光盘\视频\第13章\实战468.mp4

实战469　应用注释工具
▶ 视频位置：光盘\视频\第13章\实战469.mp4

实战470　运用对齐工具
▶ 视频位置：光盘\视频\第13章\实战470.mp4

实战471　调整画布尺寸
▶ 视频位置：光盘\视频\第14章\实战471.mp4

实战472　调整图像尺寸
▶ 视频位置：光盘\视频\第14章\实战472.mp4

实战474　运用裁剪工具裁剪图像
▶ 视频位置：光盘\视频\第14章\实战474.mp4

实战475　运用命令裁切图像
▶ 视频位置：光盘\视频\第14章\实战475.mp4

实战476　精确裁剪图像素材
▶ 视频位置：光盘\视频\第14章\实战476.mp4

实战477　180度旋转画布
▶ 视频位置：光盘\视频\第14章\实战477.mp4

实战478　水平翻转画布
▶ 视频位置：光盘\视频\第14章\实战478.mp4

实战479　垂直翻转画布
▶ 视频位置：光盘\视频\第14章\实战479.mp4

实战480　缩放/旋转图像
▶ 视频位置：光盘\视频\第14章\实战480.mp4

实战481　水平翻转图像
▶ 视频位置：光盘\视频\第14章\实战481.mp4

实战482　垂直翻转图像
▶ 视频位置：光盘\视频\第14章\实战482.mp4

实战483　斜切网页图像
▶ 视频位置：光盘\视频\第14章\实战483.mp4

实战484　扭曲网页图像
▶ 视频位置：光盘\视频\第14章\实战484.mp4

实战485　透视网页图像
▶ 视频位置：光盘\视频\第14章\实战485.mp4

实战486　变形网页图像
▶ 视频位置：光盘\视频\第14章\实战486.mp4

实战487　重复上次变换
▶ 视频位置：光盘\视频\第14章\实战487.mp4

实战488　操控变形图像
▶ 视频位置：光盘\视频\第14章\实战488.mp4

实战489　运用污点修复画笔工具
▶ 视频位置：光盘\视频\第14章\实战489.mp4

实战490　运用修复画笔工具
▶ 视频位置：光盘\视频\第14章\实战490.mp4

实战491　运用修补工具
▶ 视频位置：光盘\视频\第14章\实战491.mp4

实战492　运用橡皮擦工具
▶ 视频位置：光盘\视频\第14章\实战492.mp4

实战493　运用背景橡皮擦工具
▶ 视频位置：光盘\视频\第14章\实战493.mp4

实战494　运用魔术橡皮擦工具
▶ 视频位置：光盘\视频\第14章\实战494.mp4

实战495　运用减淡工具
▶ 视频位置：光盘\视频\第14章\实战495.mp4

实战496　运用加深工具
▶ 视频位置：光盘\视频\第14章\实战496.mp4

实战497　运用海绵工具
▶ 视频位置：光盘\视频\第14章\实战497.mp4

实战498　运用仿制图章工具
▶ 视频位置：光盘\视频\第14章\实战498.mp4

实战499　运用图案图章工具
▶ 视频位置：光盘\视频\第14章\实战499.mp4

实战500　运用模糊工具
▶ 视频位置：光盘\视频\第14章\实战500.mp4

实战501　运用锐化工具
▶ 视频位置：光光盘\视频\第14章\实战501.mp4

实战502　运用涂抹工具
▶ 视频位置：光盘\视频\第14章\实战502.mp4

实战503　"填充"命令填充颜色
▶ 视频位置：光盘\视频\第15章\实战503.mp4

实战504　运用吸管工具填充颜色
▶ 视频位置：光盘\视频\第15章\实战504.mp4

实战505　运用油漆桶工具填充颜色
▶ 视频位置：光盘\视频\第15章\实战505.mp4

实战506　使用渐变工具填充颜色
▶ 视频位置：光盘\视频\第15章\实战506.mp4

实战507　运用"自动色调"命令
▶ 视频位置：光盘\视频\第15章\实战507.mp4

实战508　运用"自动对比度"命令
▶ 视频位置：光盘\视频\第15章\实战508.mp4

实战509　运用"自动颜色"命令
▶ 视频位置：光盘\视频\第15章\实战509.mp4

实战510　运用"色阶"命令
▶ 视频位置：光盘\视频\第15章\实战510.mp4

实战511　运用"亮度/对比度"命令
▶ 视频位置：光盘\视频\第15章\实战511.mp4

实战512　运用"曲线"命令
▶ 视频位置：光盘\视频\第15章\实战512.mp4

实战513　运用"曝光度"命令
▶ 视频位置：光盘\视频\第15章\实战513.mp4

实战514　运用"自然饱和度"命令
▶ 视频位置：光盘\视频\第15章\实战514.mp4

实战515　运用"色相/饱和度"命令
▶ 视频位置：光盘\视频\第15章\实战515.mp4

实战516　运用"色彩平衡"命令
▶ 视频位置：光盘\视频\第15章\实战516.mp4

实战517　运用"替换颜色"命令
▶ 视频位置：光盘\视频\第15章\实战517.mp4

实战518　运用"照片滤镜"命令
▶ 视频位置：光盘\视频\第15章\实战518.mp4

实战519　运用"可选颜色"命令
▶ 视频位置：光盘\视频\第15章\实战519.mp4

实战520　运用"黑白"命令
▶ 视频位置：光盘\视频\第15章\实战520.mp4

实战521　运用"阈值"命令
▶ 视频位置：光盘\视频\第15章\实战521.mp4

实战522　运用"变化"命令
▶ 视频位置：光盘\视频\第15章\实战522.mp4

实战523　创建规则选区
▶ 视频位置：光盘\视频\第16章\实战523.mp4

实战524　创建不规则选区
▶ 视频位置：光盘\视频\第16章\实战524.mp4

实战525　创建颜色选区
▶ 视频位置：光盘\视频\第16章\实战525.mp4

轻奢极简 舒适易穿

实战展示

实战561 创建形状图层
▶ 视频位置：光盘\视频\第18章\实战561.mp4

实战562 创建调整图层
▶ 视频位置：光盘\视频\第18章\实战562.mp4

实战563 创建填充图层
▶ 视频位置：光盘\视频\第18章\实战563.mp4

实战567 制作网页动画效果
▶ 视频位置：光盘\视频\第18章\实战567.mp4

实战568 创建过渡网页动画
▶ 视频位置：光盘\视频\第18章\实战568.mp4

实战569 创建文字变形动画
▶ 视频位置：光盘\视频\第18章\实战569.mp4

实战570 创建与录制动作
▶ 视频位置：光盘\视频\第18章\实战570.mp4

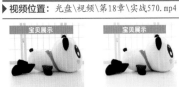

实战571 播放动作
▶ 视频位置：光盘\视频\第18章\实战571.mp4

实战572 创建用户切片
▶ 视频位置：光盘\视频\第18章\实战572.mp4

实战574 选择、移动与调整切片
▶ 视频位置：光盘\视频\第18章\实战574.mp4

实战575 转换与锁定切片
▶ 视频位置：光盘\视频\第18章\实战575.mp4

实战576 组合与删除切片
▶ 视频位置：光盘\视频\第18章\实战576.mp4

实战577 设置切片选项
▶ 视频位置：光盘\视频\第18章\实战577.mp4

实战583 制作页面整体效果
▶ 视频位置：光盘\视频\第19章\实战583.mp4

实战589 应用图片导航条
▶ 视频位置：光盘\视频\第19章\实战589.mp4

实战586 制作图形动画
▶ 视频位置：光盘\视频\第19章\实战586.mp4

实战590 设计网站Logo
▶ 视频位置：光盘\视频\第20章\实战590.mp4

实战591 制作导航按钮
▶ 视频位置：光盘\视频\第20章\实战591.mp4

实战593 制作图像动画
▶ 视频位置：光盘\视频\第20章\实战593.mp4

实战592 制作文字动画
▶ 视频位置：光盘\视频\第20章\实战592.mp4

实战598 制作网站的超链接
▶ 视频位置：光盘\视频\第20章\实战598.mp4

中文版

Dreamweaver CC+
Flash CC+Photoshop CC
网页设计实战视频教程

华天印象 编著

人民邮电出版社

北京

图书在版编目（CIP）数据

中文版Dreamweaver CC+Flash CC+Photoshop CC网页
设计实战视频教程 / 华天印象编著. -- 北京：人民邮
电出版社，2017.2
ISBN 978-7-115-43108-0

Ⅰ. ①中… Ⅱ. ①华… Ⅲ. ①网页制作工具－教材②
图象处理软件－教材 Ⅳ. ①TP393.092.2②TP391.413

中国版本图书馆CIP数据核字(2016)第313990号

内 容 提 要

　　本书通过 600 个实例介绍了网页设计的相关知识，具体内容包括：初步认识 Dreamweaver CC、网页基本对象的创建、网页的表格布局、优化网页的方法、网页元素样式的修饰、网页交互行为的运用、初步认识 Flash CC、Flash CC 基本运用、Flash CC 绘图工具、编辑 Flash 网页动画、运用库面板制作网页、应用与制作网页动画、初步认识 Photoshop CC、网页图像的修饰与调整、网页图像的色彩调整、网页选区的基本运用、网页文字的制作与处理、网页图像的制作与优化、网页设计软件案例演练、网页设计综合案例实战等内容。读者学习后可以融会贯通、举一反三，制作出更加精彩、完美的网页效果。

　　随书光盘提供了全部 600 个案例的素材文件和效果文件，以及所有实战的操作演示视频，方便读者边学习、边练习。

　　本书结构清晰、语言简洁，适合网页设计与制作初学者学习使用，对具有一定 Dreamweaver、Flash 和 Photoshop 软件操作基础的网页设计与制作人员、网站建设与开发人员等也有较高的参考价值。同时，本书也可以作为高等院校相关专业学生、网页制作培训班学员、个人网站制作爱好者与自学者的学习参考书。

◆ 编　　著　华天印象
　　责任编辑　张丹阳
　　责任印制　陈　犇

◆ 人民邮电出版社出版发行　　北京市丰台区成寿寺路 11 号
　　邮编　100164　电子邮件　315@ptpress.com.cn
　　网址　http://www.ptpress.com.cn
　　北京艺辉印刷有限公司印刷

◆ 开本：787×1092　1/16
　　印张：47.5　　　　　　　　彩插：8
　　字数：1498 千字　　　　　　2017 年 2 月第 1 版
　　印数：1—2 500 册　　　　　2017 年 2 月北京第 1 次印刷

定价：99.00 元（附光盘）
读者服务热线：(010)81055410　印装质量热线：(010)81055316
反盗版热线：(010)81055315

软件简介

　　本书是一本由浅入深的网页设计与网站建设类实例教程，详细介绍了现在流行的网页设计工具组合——Dreamweaver CC、Flash CC和Photoshop CC的使用方法、操作技巧和实战案例，涵盖了网页设计与制作过程中的常用技术和操作步骤。本书作者具有多年网站设计与教学经验，在写作本书时，作者对所有的实例都亲自实践与测试，力求使每一个实例都真实且完整地呈现在读者面前。

本书特色

　　特色1：全实战！铺就新手成为高手之路：本书为读者奉献一本全操作性的实战大餐，共计600个案例！采用"庖丁解牛"的写作思路，步步深入、讲解，直达软件核心、精髓，帮助读者在大量的案例演练中逐步掌握软件的各项技能、核心技术和商业行用，成为超级熟练的软件应用达人、作品设计高手！

　　特色2：全视频！全程重现所有实例的过程：书中600个技能实例，全部录制了带有语音讲解的高清教学视频，共计600段，时间长达590分钟，全程重现书中所有技能实例的操作，读者可以结合书本，也可以独立在计算机、手机或平板电脑中观看高清语音视频演示，轻松、高效学习！

　　特色3：随时学！开创手机/平板电脑学习模式：随书光盘提供高清视频（MP4格式）可供读者复制到手机、平板电脑中观看。读者可以运用平常的点滴、休闲、等待、坐车等零散时间在任何地点观看视频，如同在外用手机看新闻、视频一样，利用碎片化的闲暇时间，轻松、愉快进行学习。

本书内容

　　本书共分为4篇：网页设计篇、网页动画篇、网页图像篇、网页实例篇，帮助读者循序渐进，快速学习。具体章节内容如下。

　　网页设计篇：第1～6章，专业讲解了初步认识Dreamweaver CC、网页基本对象的创建、网页的表格布局、优化网页的方法等内容。

　　网页动画篇：第7～12章，专业讲解了初步认识Flash CC、Flash CC基本运用、Flash CC绘图工具、编辑Flash网页动画等内容。

　　网页图像篇：第13～18章，专业讲解了初步认识Photoshop CC、网页图像的修饰与调整、网页图像的色彩调整、网页选区的基本运用等内容。

　　网页实例篇：第19、20章，专业讲解了网页设计软件案例演练、网页设计综合案例实战等内容。

读者售后

　　本书由华天印象编著，由于信息量大、时间仓促，书中难免存在疏漏与不妥之处，欢迎广大读者来信咨询和指正，联系邮箱：itsir@qq.com。

编　者

目录

网页
设计篇

第1章
初步认识Dreamweaver CC

1.1 Dreamweaver CC的基础操作 14
实战001 启动Dreamweaver CC 14
实战002 退出Dreamweaver CC 15

1.2 创建与编辑本地站点 16
实战003 创建本地静态站点 16
实战004 设置站点服务器 18
实战005 在站点中新建文件夹 20
实战006 站点中文件夹和文件的操作 22
实战007 设置站点的版本控制 25
实战008 设置站点的本地信息 25
实战009 设置站点的文件遮盖 26
实战010 设置站点的设计备注 27
实战011 设置站点的其他选项 27
实战012 站点的导入与导出 29
实战013 站点的切换 31

1.3 创建和保存网页 32
实战014 创建网页文档 32
实战015 保存网页文档 33
实战016 打开网页文档 34
实战017 关闭网页文档 35

1.4 设置页面属性 35
实战018 设置网页背景的颜色 36
实战019 设置网页的背景图像 37
实战020 设置网页的页面链接 39
实战021 设置网页的标题属性 41
实战022 设置网页的标题编码 43
实战023 设置网页的跟踪图像 44

1.5 设置首选参数 46
实战024 设置常规参数 46
实战025 设置代码格式 47
实战026 设置代码颜色 49
实战027 设置代码改写 50
实战028 设置在浏览器中预览 51

第2章
网页基本对象的创建

2.1 为网页添加文本 54
实战029 在网页中添加文本 54
实战030 设置网页文本的字体 55
实战031 设置网页文本的大小 57
实战032 设置网页文本的颜色 58
实战033 复制/粘贴外部文本 59
实战034 在网页中插入日期 61
实战035 在网页中插入字符 63
实战036 插入项目列表与编号列表 64

2.2 在网页中插入图像 66
实战037 插入GIF格式图像 66
实战038 插入JPEG格式图像 68
实战039 插入PNG格式图像 70
实战040 设置图像属性 71
实战041 插入鼠标经过图像 73

2.3 创建多媒体网页对象 75
实战042 插入HTML5视频 75
实战043 插入HTML5音频 78
实战044 插入FLash动画 80
实战045 插入FLash视频 82

2.4 水平线的操作 84
实战046 插入水平线 85
实战047 设置水平线属性 85

2.5 创建常用网页链接 86
实战048 创建E-mail链接 87
实战049 创建图像热点链接 88
实战050 创建文本链接 90
实战051 创建图像链接 91
实战052 创建Hyperlink链接 92
实战053 创建脚本链接 93
实战054 创建下载文件链接 94

第3章
网页的表格布局

3.1 表格的创建与设置 97
实战055 创建表格 97
实战056 选取整个表格 98
实战057 选取表格的行 100
实战058 选取表格的列 100
实战059 选取单元格 101
实战060 设置表格的属性 102
实战061 设置表格的属性 103
实战062 输入表格内容 104

3.2 表格的常用操作 105
实战063 调整表格宽度 105
实战064 调整表格高度 106

实战065 添加行 106
实战066 添加列 107
实战067 插入多行或多列 108
实战068 删除行 110
实战069 删除列 110
实战070 拆分单元格 111
实战071 合并单元格 114
实战072 剪切单元格 114
实战073 复制单元格 115
实战074 删除单元格 116
实战075 导出表格 117
实战076 导入表格 118

第4章
优化网页的方法

4.1 优化网页图像 121
实战077 图像优化 121
实战078 转入其他软件编辑图像 122
实战079 裁剪图像 124
实战080 重新取样 125
实战081 调整亮度/对比度 126
实战082 锐化图像 128

4.2 创建各种表单 129
实战083 创建表单 129
实战084 创建文本与密码 130
实战085 创建电子邮件 131
实战086 创建Url对象 132
实战087 插入Tel对象 133
实战088 创建搜索对象 134
实战089 创建数字对象 134
实战090 创建范围对象 135
实战091 创建颜色对象 136
实战092 创建各种时间对象 136
实战093 创建文本区域 137
实战094 创建按钮对象 138
实战095 创建文件对象 139
实战096 创建图像按钮 140
实战097 创建隐藏域 141
实战098 创建列表菜单 142
实战099 创建单选按钮 143
实战100 创建单选按钮组 144
实战101 创建复选框 145
实战102 创建复选框组 146

4.3 优化网页结构 147
实战103 创建页眉 148

实战104 创建标题 148
实战105 创建段落 149
实战106 创建<nav>标签 150
实战107 创建<main>标签 150
实战108 创建<aside>标签 151
实战109 创建<article>标签 152
实战110 创建<section>标签 153
实战111 创建<footer>标签 153
实战112 创建布局图标签 154

第5章
网页元素样式的修饰

5.1 创建与设置CSS 156
实战113 创建CSS规则 156
实战114 设置布局CSS样式 158
实战115 设置文本CSS样式 159
实战116 设置边框CSS样式 160
实战117 设置背景CSS样式 161
实战118 删除CSS样式 163
实战119 编辑CSS样式 164
实战120 外联样式表 165
实战121 内嵌样式表 167

5.2 使用CSS滤镜 168
实战122 使用光晕（Glow）滤镜 168
实战123 使用模糊（Blur）滤镜 169
实战124 使用遮罩（Mask）滤镜 170
实战125 使用透明色（Chroma）滤镜 171
实战126 使用阴影（Dropshadow）滤镜 172
实战127 使用X射线（Xray）滤镜 173

5.3 使用辅助工具 175
实战128 自定义键盘快捷键 175
实战129 使用缩放和平移 176
实战130 使用标尺 178
实战131 使用网格 179
实战132 使用辅助线 181
实战133 使用跟踪图像 183
实战134 使用"历史记录"面板 184

5.4 在HTML代码中编辑页面属性 186
实战135 设置网页标题 186
实战136 设置背景图像 187
实战137 设置背景颜色 188
实战138 设置文本颜色 189
实战139 设置未访问过的链接颜色 189
实战140 设置已访问过的链接颜色 190
实战141 设置正在访问的链接颜色 191

第6章
网页交互行为的运用

6.1 了解行为含义 194
实战142 打开"行为"面板 194
实战143 为网页添加行为 195

6.2 网络浏览器的环境设置 197
实战144 应用检查表单行为 197
实战145 应用打开浏览器窗口行为 199
实战146 应用转到URL网页行为 201
实战147 应用改变属性行为 202
实战148 应用显示-隐藏元素行为 203
实战149 应用拖动AP元素行为 204
实战150 应用调用JavaScript行为 206
实战151 应用跳转菜单行为 207
实战152 应用跳转菜单开始行为 209
实战153 应用检查插件行为 211

6.3 网页图像的动作设置 213
实战154 应用交换图像行为 213
实战155 应用预先载入图像行为 214
实战156 应用恢复交换图像行为 216

6.4 不同网页文本的设置 217
实战157 设置状态栏文本行为 217
实战158 设置容器中的文本行为 218
实战159 设置框架文本行为 220
实战160 设置文本域文字行为 221

6.5 应用jQuery效果 222
实战161 使用jQuery效果动态显示隐藏
网页元素 222
实战162 使用jQuery效果实现网页的抖
动与隐藏 224
实战163 使用jQuery效果实现网页元素
的渐隐渐现 225
实战164 使用jQuery效果实现网页元素
的高光过渡 227
实战165 使用jQuery效果实现网页元素
的快速隐藏 228

第7章
初步认识Flash CC

7.1 Flash CC的启动与退出 231
实战166 使用快捷方式图标启动 231

实战167 使用开始菜单命令启动 231
实战168 使用源文件格式启动 232
实战169 使用菜单命令退出 233
实战170 通过标题栏菜单退出 234
实战171 使用"关闭"按钮退出 236

7.2 工作窗口的设置技巧 236
实战172 使用欢迎界面新建动画文档 236
实战173 欢迎界面的隐藏或显示操作 237
实战174 工作界面的放大或缩小操作 239
实战175 快速恢复默认的工作窗口 240
实战176 功能面板的折叠与展开操作 241
实战177 功能面板的移动与组合操作 242
实战178 功能面板的隐藏和显示操作 243
实战179 单个浮动面板的关闭方法 244
实战180 整个面板组的关闭方法 245

7.3 网页动画场景的基本操作 246
实战181 添加场景 246
实战182 复制场景 247
实战183 删除场景 248
实战184 重命名场景 249

7.4 网页动画文档的属性设置 250
实战185 文档单位的设置方法 250
实战186 舞台大小的设置方法 250
实战187 自动匹配舞台的尺寸 252
实战188 舞台颜色的设置方法 254
实战189 帧频大小的设置方法 255

7.5 新建与删除工作区 256
实战190 通过"新建工作区"选项创建 256
实战191 通过"新建工作区"命令创建 257
实战192 通过"删除工作区"选项删除 259
实战193 通过"删除工作区"命令删除 260

7.6 网页动画文档的创建与保存 261
实战194 使用菜单命令创建网页动画文档 261
实战195 使用欢迎界面创建网页动画文档 262
实战196 使用模版创建网页动画文档 262
实战197 使用模版创建网页广告文档 263
实战198 快速保存网页动画文档 264
实战199 将网页动画文档另存为文件 265
实战200 将网页动画文档另存为模版 266

7.7 网页动画文档的常用操作 267
实战201 打开网页动画文件 267
实战202 关闭网页动画文件 268
实战203 撤销对文件所做的操作 269
实战204 重做上一步的操作 270
实战205 运用"重复"命令重复操作 271

网页
动画篇

第8章
Flash CC基本运用

8.1 导入网页动画的图像文件 274
实战206 JPEG网页图像的导入方法 274
实战207 PSD网页图像的导入方法 275
实战208 PNG网页图像的导入方法 276
实战209 GIF网页图像的导入方法 278
实战210 Illustrator网页图像的导入方法 280
实战211 TIF网页图像的导入方法 281
实战212 外部库文件的导入方法 282

8.2 应用网页动画的视频文件 283
实战213 网页视频的导入方法 284
实战214 将网页视频导入为嵌入文件 285
实战215 为网页视频文件重新命名 287
实战216 管理网页动画中的视频文件 289
实战217 对视频文件进行交换操作 290

8.3 应用网页动画的音频文件 292
实战218 在网页文档中插入音频 292
实战219 为网页中的按钮添加声音 293
实战220 制作出有声音的动画效果 294
实战221 重复播放网页动画中的声音 296
实战222 网页动画音频的效果设置 297
实战223 降低网页动画音频文件的大小 298
实战224 更新网页动画中的音频文件 300

8.4 运用标尺定位网页动画 301
实战225 使用菜单命令显示标尺 301
实战226 使用舞台选项显示标尺 302
实战227 使用菜单命令隐藏标尺 303
实战228 使用舞台选项隐藏标尺 304

8.5 运用网格定位网页动画 305
实战229 在舞台中显示网格 305
实战230 隐藏舞台上的网格 306
实战231 将网格调整至对象上方 308
实战232 网格显示颜色的修改 309
实战233 网格比例大小的设置 310
实战234 将动画对象贴紧至网格 311

8.6 运用辅助线定位网页动画 312
实战235 创建辅助线 312
实战236 隐藏辅助线 314
实战237 调整辅助线位置 315
实战238 贴紧至辅助线 316
实战239 清除辅助线 317
实战240 改变辅助线的颜色 319
实战241 锁定辅助线对象 320

8.7 运用贴紧命令定位网页动画 321
实战242 使用预设边界对齐对象 321
实战243 将对象直接与像素贴紧 322
实战244 设置对象贴紧的方式 323

8.8 舞台显示比例的控制方式 324
实战245 放大舞台查看网页动画 324
实战246 缩小舞台查看网页动画 325
实战247 使网页动画符合窗口大小 326
实战248 将网页动画调至舞台中央 327
实战249 完整显示图层中的帧对象 328
实战250 在舞台中显示所有的图形 329
实战251 按比率显示出所有的图形 330

第9章
Flash CC绘图工具

9.1 绘制网页动画的图形对象 333
实战252 运用铅笔工具 333
实战253 运用钢笔工具 334
实战254 运用线条工具 335
实战255 运用椭圆工具 337
实战256 运用矩形工具 338
实战257 运用多边形工具 339
实战258 运用刷子工具 340

9.2 填充网页动画的图形对象 341
实战259 运用墨水瓶工具 341
实战260 运用颜料桶工具 342
实战261 运用滴管工具 343
实战262 运用渐变变形工具 344

9.3 编辑网页动画的图形对象 345
实战263 运用选择工具 345
实战264 运用部分选取工具 345
实战265 运用套索工具 346
实战266 运用缩放工具 347
实战267 运用手形工具 348
实战268 运用任意变形工具 349
实战269 自由变换对象 350
实战270 扭曲对象 351
实战271 缩放对象 352
实战272 封套对象 353
实战273 旋转对象 353
实战274 水平翻转对象 354
实战275 垂直翻转对象 355
实战276 运用橡皮擦工具 355
实战277 擦除填色 357
实战278 擦除线条 357

实战279 擦除所选填充 359
实战280 内部擦除 360
实战281 水龙头擦除 362

9.4 输入网页动画的文本对象 363

实战282 输入静态文本 363
实战283 输入段落文本 364
实战284 修改文字大小 366
实战285 输入动态文本 366
实战286 运用输入文本 368

9.5 设置网页动画的文本对象 369

实战287 网页文本的复制与粘贴 370
实战288 移动网页动画中的文本对象 370
实战289 网页动画文本样式的设置 371
实战290 网页动画文本颜色的设置 372
实战291 网页动画文本上标的设置 373
实战292 网页动画文本边距的设置 374
实战293 网页段落文本属性的设置 375
实战294 设置网页动画文本为左对齐 377
实战295 设置网页动画文本为居中对齐 378
实战296 设置网页动画文本为右对齐 378
实战297 设置网页动画文本为两端对齐 379
实战298 调整网页动画文本的形状 380
实战299 将网页动画文本填充打散 381

9.6 制作网页动画的文本特效 383

实战300 创建点线文字特效 383
实战301 创建描边文字特效 384
实战302 创建空心字特效 386
实战303 创建浮雕字特效 387
实战304 创建阴影文字特效 388

9.7 设置网页动画的绘图环境 389

实战305 设置常规选项 389
实战306 设置同步选项 390
实战307 设置代码编译器选项 390
实战308 设置绘制选项 391
实战309 设置文本选项 392

第10章
编辑Flash网页动画

10.1 预览网页动画的图形对象 395

实战310 轮廓预览 395
实战311 高速显示 395
实战312 消除锯齿 396
实战313 消除文字锯齿 397
实战314 预览整个图形 398

10.2 网页动画对象的简单操作 399

实战315 选择网页动画对象 399
实战316 移动网页动画对象 401
实战317 剪切网页动画对象 401
实战318 删除网页动画对象 403
实战319 复制网页动画对象 404
实战320 再制网页动画对象 405
实战321 粘贴对象到当前位置 406
实战322 选择性粘贴对象 408
实战323 组合网页动画对象 409
实战324 分离网页图形对象 410
实战325 分离网页文本对象 411
实战326 切割网页动画对象 413
实战327 使用"变形"面板 414
实战328 使用"信息"面板 415

10.3 网页动画对象的布局操作 416

实战329 使用"对齐"面板 416
实战330 使用"对齐"菜单 418
实战331 顶层排列对象 419
实战332 上移一层 420
实战333 下移一层 421
实战334 底层排列对象 422
实战335 将对象锁定 423
实战336 为对象解锁 424
实战337 联合网页动画对象 425
实战338 交集网页动画对象 426
实战339 打孔网页动画对象 428
实战340 裁切网页动画对象 429

10.4 修饰网页动画对象的色彩 430

实战341 了解"颜色"面板 430
实战342 黑白色调的设置 431
实战343 无色信息的设置 431
实战344 互换笔触与填充 433
实战345 储存颜色样本 435
实战346 了解"样本"面板 436
实战347 样本颜色的复制 437
实战348 样本颜色的删除 438
实战349 颜色样本的导入 439
实战350 颜色样本的替换 440
实战351 面板默认颜色的还原 441
实战352 样本颜色的导出 441
实战353 清除多余的样本 442
实战354 默认色板的保存 443
实战355 对颜色进行排序 444

10.5 使用图层管理网页动画 445

实战356 图层的创建 445
实战357 图层的选择 445

实战358 图层的移动 446
实战359 图层轮廓颜色的更改 447
实战360 时间轴图层高度的更改 448
实战361 图层的重命名操作 449
实战362 图层的显示操作 450
实战363 图层的锁定或解锁 451
实战364 图层的删除操作 451
实战365 图层的复制操作 452
实战366 运用图层文件夹 453
实战367 图层文件夹的删除 455
实战368 将对象散到图层 456

第11章
运用库面板制作网页

11.1 创建与编辑网页动画的元件......................459
实战369 图形元件的创建 459
实战370 将其他对象转换为图形元件 460
实战371 影片剪辑元件的创建.................462
实战372 将动画序列转换为影片剪辑元件 465
实战373 按钮元件的创建 468
实战374 元件的删除 470
实战375 设置元件属性 471
实战376 元件的复制 472
实战377 在库中查看元件 473
实战378 在当前位置编辑元件 474
实战379 在新窗口中编辑元件 476
实战380 在元件编辑模式下编辑元件 477

11.2 创建与编辑网页动画的实例......................479
实战381 实例的创建 479
实战382 实例的分离 480
实战383 实例类型的改变 481
实战384 实例颜色的改变 482
实战385 实例亮度的改变 483
实战386 实例高级色调的改变.................484
实战387 实例透明度的改变 485
实战388 为实例交换元件 486

11.3 使用网页动画的库项目 488
实战389 在“库”面板中创建元件 488
实战390 查看“库”面板中的元件 489
实战391 删除“库”面板中的元件 490
实战392 搜索“库”面板中的元件...............492
实战393 调用其他“库”面板中的元件............492
实战394 重命名“库”面板中的元件...............494
实战395 在“库”面板中创建文件夹.............495

实战396 在“库”面板中编辑元件 497
实战397 在“库”面板中编辑声音.................499
实战398 在“库”面板中编辑位图.................500
实战399 复制“库”面板中的资源.................501
实战400 共享“库”面板中的元件.................503
实战401 解决“库”资源的冲突.................504

第12章
应用与制作网页动画

12.1 应用时间轴和帧 507
实战402 将帧设置为居中 507
实战403 扩大帧的查看范围 508
实战404 同时编辑多个帧对象.................509
实战405 时间轴样式的设置 510
实战406 让帧显示图形预览图.................511
实战407 普通帧的创建 512
实战408 关键帧的创建 512
实战409 空白关键帧的创建 513
实战410 帧的选择操作 514
实战411 帧的移动操作 516
实战412 帧的翻转操作 517
实战413 帧的复制操作 518
实战414 帧的剪切操作 519
实战415 帧的删除操作 521
实战416 帧的清除操作 522
实战417 关键帧的清除操作 524
实战418 普通帧转换为关键帧.................525
实战419 扩展关键帧至合适位置.................526
实战420 将对象分布到关键帧.................527
实战421 为动画帧添加标签 528
实战422 为动画帧添加注释 529
实战423 为动画帧添加锚记 530
实战424 帧动画的复制与粘贴.................531

12.2 制作简单的网页动画..........................533
实战425 导入逐帧动画 533
实战426 制作逐帧动画 535
实战427 制作形状渐变动画 537
实战428 制作颜色渐变动画 538
实战429 制作位移动画 540
实战430 制作旋转动画 541
实战431 制作引导动画 543
实战432 制作2D放大动画 545
实战433 制作遮罩动画 546

实战467 应用标尺工具拉直图层 582
实战468 应用参考线 584
实战469 应用注释工具 585
实战470 运用对齐工具 586

**网页
图像篇**

第13章
初步认识Photoshop CC

13.1 Photoshop CC的启动与退出 549
实战434 启动Photoshop CC 549
实战435 退出Photoshop CC 549

13.2 网页图像文件的基本操作 550
实战436 新建网页图像文件 550
实战437 打开网页图像文件 551
实战438 保存网页图像文件 551
实战439 关闭网页图像文件 552
实战440 置入网页图像文件 553
实战441 导出网页图像文件 554

13.3 管理Photoshop CC窗口 555
实战442 窗口的最大化与最小化 555
实战443 窗口的还原操作 556
实战444 窗口的大小调整 557
实战445 窗口的排列操作 557
实战446 切换为当前窗口 560
实战447 将功能面板展开 561
实战448 移动功能面板 562
实战449 组合功能面板 563
实战450 隐藏功能面板 564
实战451 调整功能面板大小 564
实战452 创建自定义工作区 564

13.4 优化Photoshop CC软件 565
实战453 设置自定义快捷键 565
实战454 设置彩色菜单命令 566
实战455 优化界面选项 568
实战456 优化文件处理选项 569
实战457 优化暂存盘选项 570
实战458 优化内存与图像高速缓存选项 571

13.5 网页图像的撤销和还原操作 572
实战459 菜单撤销图像操作 572
实战460 面板撤销任意操作 573
实战461 创建非线性历史记录 575
实战462 快照还原操作 575
实战463 恢复图像初始状态 577

13.6 掌握页面布局辅助工具 578
实战464 应用网格 579
实战465 应用标尺 579
实战466 应用标尺工具测量长度 581

第14章
网页图像的修饰与调整

14.1 调整网页图像尺寸和分辨率 589
实战471 调整画布尺寸 589
实战472 调整图像尺寸 590
实战473 调整图像分辨率 590

14.2 网页图像的裁剪操作 591
实战474 运用裁剪工具裁剪图像 591
实战475 运用命令裁切图像 592
实战476 精确裁剪图像素材 593

14.3 网页图像的旋转操作 595
实战477 180度旋转画布 595
实战478 水平翻转画布 595
实战479 垂直翻转画布 596
实战480 缩放/旋转图像 597
实战481 水平翻转图像 598
实战482 垂直翻转图像 599

14.4 网页图像的变换操作 600
实战483 斜切网页图像 600
实战484 扭曲网页图像 602
实战485 透视网页图像 603
实战486 变形网页图像 604
实战487 重复上次变换 606
实战488 操控变形图像 608

14.5 网页图像的修复操作 609
实战489 运用污点修复画笔工具 609
实战490 运用修复画笔工具 610
实战491 运用修补工具 611

14.6 网页图像的清除操作 612
实战492 运用橡皮擦工具 613
实战493 运用背景橡皮擦工具 614
实战494 运用魔术橡皮擦工具 614

14.7 网页图像的调色操作 615
实战495 运用减淡工具 615
实战496 运用加深工具 616
实战497 运用海绵工具 617

14.8 网页图像的复制操作 617
实战498 运用仿制图章工具 618
实战499 运用图案图章工具 618

14.9 网页图像的修饰操作 619

实战500 运用模糊工具 619

实战501 运用锐化工具 620

实战502 运用涂抹工具 620

第15章
网页图像的色彩调整

15.1 为网页图像填充颜色 623

实战503 "填充"命令填充颜色 623

实战504 运用吸管工具填充颜色 624

实战505 运用油漆桶工具填充颜色 625

实战506 使用渐变工具填充颜色 625

15.2 自动校正网页图像色彩/色调 627

实战507 运用"自动色调"命令 627

实战508 运用"自动对比度"命令 627

实战509 运用"自动颜色"命令 628

15.3 网页图像色彩的基本调整 628

实战510 运用"色阶"命令 628

实战511 运用"亮度/对比度"命令 629

实战512 运用"曲线"命令 630

实战513 运用"曝光度"命令 631

15.4 网页图像色调的高级调整 632

实战514 运用"自然饱和度"命令 632

实战515 运用"色相/饱和度"命令 633

实战516 运用"色彩平衡"命令 634

实战517 运用"替换颜色"命令 634

实战518 运用"照片滤镜"命令 635

实战519 运用"可选颜色"命令 636

实战520 运用"黑白"命令 637

实战521 运用"阈值"命令 638

实战522 运用"变化"命令 639

第16章
网页选区的基本运用

16.1 运用工具创建网页图像选区 642

实战523 创建规则选区 642

实战524 创建不规则选区 643

实战525 创建颜色选区 644

16.2 运用命令创建网页图像选区 645

实战526 运用"色彩范围"命令自定选区 645

实战527 运用"全部"命令全选图像 647

实战528 运用"扩大选取"命令扩大选区 649

实战529 运用"选取相似"命令创建选区 650

16.3 运用按钮创建网页图像选区 652

实战530 运用"新选区"按钮 652

实战531 运用"添加到选区"按钮 653

实战532 运用"从选区减去"按钮 655

实战533 运用"与选区交叉"按钮 656

16.4 编辑与修改网页图像的选区 660

实战534 变换网页图像选区 660

实战535 剪切网页图像选区 663

实战536 边界网页图像选区 664

实战537 平滑网页图像选区 667

实战538 扩展网页图像选区 669

实战539 羽化网页图像选区 670

实战540 调整网页图像选区边缘 675

第17章
网页文字的制作与处理

17.1 网页文字的创建方法 681

实战541 创建横排文字 681

实战542 创建直排文字 683

实战543 创建段落文字 684

实战544 创建横排选区文字 685

实战545 创建直排选区文字 686

17.2 设置网页文本的属性 688

实战546 运用"字符"面板 688

实战547 运用"段落"面板 689

17.3 网页文本的编辑操作 690

实战548 选择和移动文字 691

实战549 更改文字的字体类型 691

实战550 更改文字的排列方向 692

实战551 输入沿路径排列文字 693

实战552 调整文字位置排列 694

实战553 制作变形文字效果 694

实战554 编辑变形文字效果 696

实战555 将文字转换为路径 697

实战556 将文字转换为形状 698

实战557 将文字转换为图像 699

实战558 制作文字投影效果 700

第18章
网页图像的制作与优化

18.1 创建与编辑网页图层 703

实战559 创建普通图层 703

实战560 创建文本图层 704

实战561 创建形状图层 704

实战562 创建调整图层 705

实战563 创建填充图层 707

实战564 创建图层组 707
实战565 设置图层不透明度 708
实战566 设置图层混合模式 709

18.2 制作动态网页图像 710
实战567 制作网页动画效果 710
实战568 创建过渡网页动画 711
实战569 创建文字变形动画 712

18.3 网页图像的自动化处理 713
实战570 创建与录制动作 713
实战571 播放动作 714

18.4 创建与管理网页切片 714
实战572 创建用户切片 715
实战573 创建自动切片 715
实战574 选择、移动与调整切片 716
实战575 转换与锁定切片 717
实战576 组合与删除切片 718
实战577 设置切片选项 720

18.5 优化网页图像选项 721
实战578 存储为Web和设备所用格式 721
实战579 优化JPEG格式 722
实战580 优化PNG-8格式 723

网页
实例篇

第19章
网页设计软件案例演练

19.1 Dreamweaver CC实战：注册页面 726
实战581 制作页面主体效果 726

实战582 制作页面标题效果 727
实战583 制作页面整体效果 729

19.2 Flash CC实战：网页广告动画 731
实战584 制作背景效果 731
实战585 制作标志动画 732
实战586 制作图形动画 733

19.3 Photoshop CC实战：图片导航条 735
实战587 制作图片导航条背景 735
实战588 制作图片导航条主体 737
实战589 应用图片导航条 739

第20章
网页设计综合案例实战

20.1 设计网站的图像 743
实战590 设计网站Logo 743
实战591 制作导航按钮 744

20.2 制作网站的动画 746
实战592 制作文字动画 746
实战593 制作图像动画 748

20.3 制作网站的页面 751
实战594 制作网页的页眉区 751
实战595 制作网页的导航区 752
实战596 制作网页的内容区 754
实战597 制作网站的子页面 756
实战598 制作网站的超链接 757

20.4 测试网站的兼容性 759
实战599 验证当前文档 759
实战600 测试网站的超链接 760

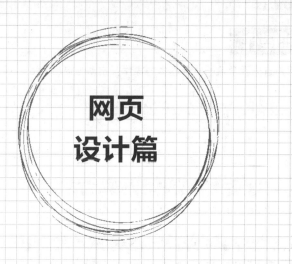

网页
设计篇

第 **1** 章

初步认识Dreamweaver CC

本章导读

本章主要介绍Dreamweaver CC的基本操作界面和站点的创建、管理、发布以及预览等知识。通过本章的学习，读者可以了解文档窗口各个组成部分的功能、新建网页文档并进行页面属性设置等。这些都是网页制作最基本的知识，是进行网页制作的前提。

要点索引

- Dreamweaver CC的基础操作
- 创建与编辑本地站点
- 创建和保存网页
- 设置页面属性
- 设置首选参数

1.1 Dreamweaver CC的基础操作

在运用Adobe Dreamweaver CC进行视频编辑之前，用户首先要学习一些最基本的操作：启动与退出Adobe Dreamweaver CC。

实战 001	启动Dreamweaver CC	▶ 实例位置：无 ▶ 素材位置：无 ▶ 视频位置：光盘\视频\第1章\实战001.mp4

● 实例介绍 ●

将Adobe Dreamweaver CC安装到计算机中后，就可以启动Adobe Dreamweaver CC程序，进行网页设计操作。

● 操作步骤 ●

STEP 01 用鼠标左键双击桌面上的Adobe Dreamweaver CC程序图标 **Dw**，如图1-1所示。

STEP 02 启动Adobe Dreamweaver CC程序，弹出相应对话框，单击"HTML"按钮，如图1-2所示。

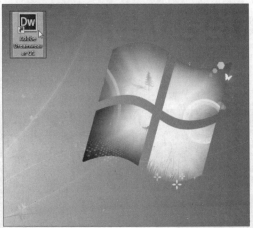

图1-1 双击程序图标

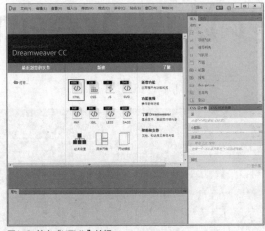

图1-2 单击"HTML"按钮

技巧点拨

要制作出精美的网页，不仅要熟练使用网页设计软件，还要掌握与网页相关的一些基本概念和知识。网页是在浏览Web时看到的一个个画面，网站则是一组相关网页的合集。一个小型网站可能只包含几个网页，而一个大型网站可能包含了成千上万个网页。此外，打开某个网站时显示的第一个网页称为该网站的主页。

> 网站

网站（Website）是因特网上一块固定的面向全世界发布消息的地方，由域名（也就是网站地址）和网站空间构成，通常包括主页和其他具有超链接文件的页面。网站开始是指在因特网上根据一定的规则，使用HTML等工具制作的用于展示特定内容的相关网页的集合。简单地说，网站是一种通信工具，人们可以通过网站来发布自己想要公开的信息，或者利用网站来提供相关的网络服务。人们还可以通过网页浏览器来访问网站，获取自己需要的信息或者享受网络服务。

> 网页

网页（web page）是网站中的一个页面，通常是HTML格式文件（文件扩展名为.html、.htm、.asp、.aspx、.php以及.jsp等）。网页通常用图像档来提供图画，其中包括了各种各样的文本、图像和超链接。另外，网页要通过网页浏览器来阅读。

网页文件可以存放在任何一台连接到互联网的计算机中。网页一般由网址（URL）来识别与存取，当用户在浏览器中输入网址后，经过一段复杂而又快速的过程，网页文件会被传送到用户的计算机，然后再通过浏览器解释网页文件中的内容，再展示到用户的眼前。

在进行网页设计时，还经常会遇到一些专业名词，如域名、URL、站点、超级链接、导航条、表单以及发布等。按网页的表现形式，可以分为动态网页和静态网页。

> 主页

主页是一个网页集合的初始网页，也是一个网站的起点站或者说主目录。首页是当用户打开浏览器时，自动打开的一个或多个网页。首页也可以指一个网站的入口网页，即打开网站后看到的第一个页面，大多数作为首页的文件名是index、default、main或portal加上扩展名。

网站的主页是一个文档，当一个网站服务器收到一台计算机上网络浏览器的联结请求时，便会向这台计算机发送这个文档。当在浏览器的地址栏输入域名，而未指向特定目录或文件时，通常浏览器会打开网站的首页。网站首页往往会被编辑得易于了解该网站提供的信息，并引导互联网用户浏览网站其他部分的内容。这部分内容一般被认为是一个目录性质的内容。图1-3所示为淘宝网的主页。

图1-3 淘宝网的主页

STEP 03 执行操作后，即可新建网页文档，并进入Adobe Dreamweaver CC的工作界面，如图1-4所示。

知识扩展

用户还可以通过以下两种方法启动Adobe Dreamweaver CC软件。

➢ 程序菜单：单击"开始"按钮，在弹出的"开始"菜单中，单击"Adobe"｜"Adobe Dreamweaver CC"命令。

➢ 快捷菜单：在Windows桌面上选择Adobe Dreamweaver CC图标，单击鼠标右键，在弹出的快捷菜单中，选择"打开"选项。

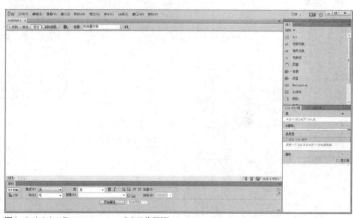

图1-4 Adobe Dreamweaver CC工作界面

实战 002 退出Dreamweaver CC

➢ **实例位置：**无
➢ **素材位置：**无
➢ **视频位置：**光盘\视频\第1章\实战002.mp4

● 实例介绍 ●

当用户完成影视的编辑后，不再需要使用Adobe Dreamweaver CC，则可以退出该程序。

● 操作步骤 ●

STEP 01 在Adobe Dreamweaver CC中，单击"文件"｜"退出"命令，如图1-5所示。

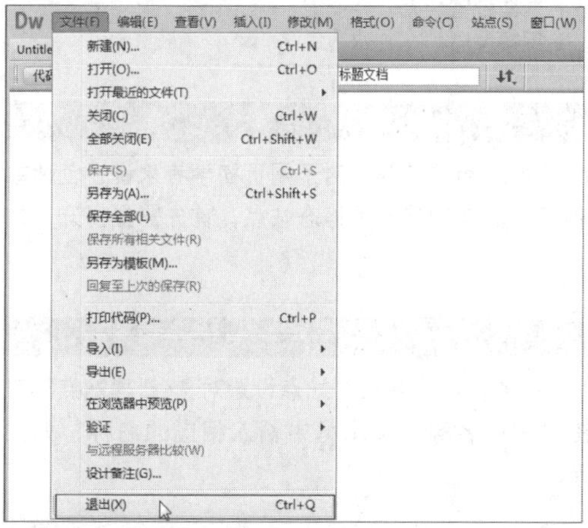

STEP 02 执行操作后，即可退出Adobe Dreamweaver CC程序，进入系统桌面，如图1-6所示。

图1-5 单击"退出"命令

图1-6 退出Adobe Dreamweaver CC程序

技巧点拨

退出Premiere Pro CC程序有以下6种方法。

➤ 按【Ctrl＋Q】组合键，即可快速退出程序。

➤ 在Adobe Dreamweaver CC操作界面中，单击右上角的"关闭"按钮 ⊠，如图1-7所示。

➤ 双击"标题栏"左上角的 Dw 图标，即可退出程序，如图1-8所示。

图1-7 单击"关闭"按钮

图1-8 双击相应图标

➤ 单击"标题栏"左上角的 Dw 图标，在弹出的列表框中选择"关闭"选项，如图1-9所示，即可退出程序。

➤ 按【Alt＋F4】组合键，即可退出程序。

➤ 在任务栏的Adobe Dreamweaver CC程序图标上，单击鼠标右键，在弹出的快捷菜单中选择"关闭窗口"选项，如图1-10所示，也可以退出程序。

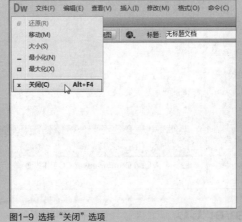

图1-9 选择"关闭"选项

图1-10 选择"关闭窗口"选项

1.2 创建与编辑本地站点

Dreamweaver CC是一个功能非常强大的站点创建和管理软件，用户可以使用它完成创建Web站点和添加个人文档等工作。在熟悉Dreamweaver CC的基本操作之后，就可以利用它来制作简单的网页站点。

实战 003 创建本地静态站点

▶ 实例位置：无
▶ 素材位置：无
▶ 视频位置：光盘\视频\第1章\实战003.mp4

● 实例介绍 ●

站点的类型有很多，包括本地静态站点、远程动态站点和Business Catalyst站点等。对于网页初学者来说，创建本地静态站点是很关键的，在Dreamweaver中创建本地静态站点的步骤很简单。要创建本地静态站点，首先需要打开"站点设置对象"对话框，下面介绍具体的操作方法。

● 操作步骤 ●

STEP 01 在Dreamweaver的起始页面中，选择"新建"选项区中的"站点设置"选项，如图1-11所示。

STEP 02 执行操作后，弹出"站点设置对象 新建站点"对话框，在"站点名称"文本框中输入相应的名称，如图1-12所示。

图1-11 选择"站点设置"选项

图1-12 输入相应的名称

STEP 03 设置好站点名称后,单击"本地站点文件夹"选项右侧的"浏览文件夹"按钮,如图1-13所示。

STEP 04 执行上述操作后,弹出"选择根文件夹"对话框,单击"新建文件夹"按钮,如图1-14所示。

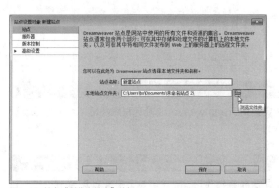

图1-13 单击"浏览文件夹"按钮

图1-14 单击"新建文件夹"按钮

STEP 05 创建并重命名文件夹,选择所创建的文件夹,单击右下角的"选择文件夹"按钮,如图1-15所示。

STEP 06 执行上述操作后,即可设置相应的本地站点文件夹,单击"保存"按钮完成站点的创建操作,如图1-16所示。

图1-15 单击"选择文件夹"按钮

图1-16 单击"保存"按钮

STEP 07 在菜单栏中，单击"窗口"|"文件"命令，如图 1-17所示。

STEP 08 执行上述操作后，展开"文件"面板，在"文件"面板中显示出刚创建的本地站点，如图1-18所示。

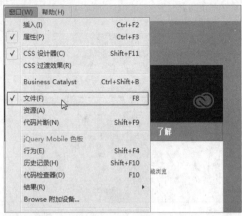

图1-17 单击"文件"命令

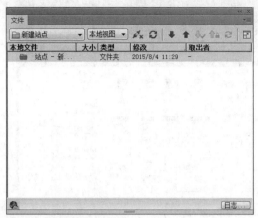

图1-18 显示刚创建的本地站点

知识扩展

"站点设置对象"对话框中各选项主要含义如下。

➤ 站点名称：可以在该选项后的文本框中输入所创建站点的名称。

➤ 本地站点文件夹：在该选项后的文本框中可以设置所创建站点的本地站点文件夹位置，可以通过单击该选项后的"浏览文件夹"按钮，在弹出的对话框中选择本地站点文件夹。

实战 004 设置站点服务器

▶ 实例位置：无
▶ 素材位置：无
▶ 视频位置：光盘\视频\第1章\实战004.mp4

● 实例介绍 ●

用户需要将站点中的Dreamweaver上传到远程服务器，首先要使用Dreamweaver连接远程服务器，可以在站点设置对象中对远程服务器进行设置，包括"基本"和"高级"两个选项卡。

● 操作步骤 ●

STEP 01 展开"文件"面板，单击"连接到 远程服务器"按钮，如图1-19所示。

STEP 02 执行操作后，弹出"站点设置对象 新建站点"对话框，默认进入"服务器"选项卡，单击"添加新服务器"按钮，如图1-20所示。

图1-19 单击"连接到 远程服务器"按钮

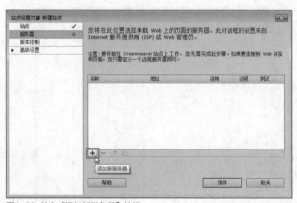

图1-20 单击"添加新服务器"按钮

STEP 03 弹出"服务器设置"窗口，分为"基本"和"高级"两个选项卡，在"基本"选项卡中可以对服务器的相关基本选项进行设置，如图1-21所示。

STEP 04 单击"高级"标签，切换到"高级"选项卡中，用户可以在此设置远程服务器以及测试服务器，如图1-22所示。

图1-21 "基本" 选项卡

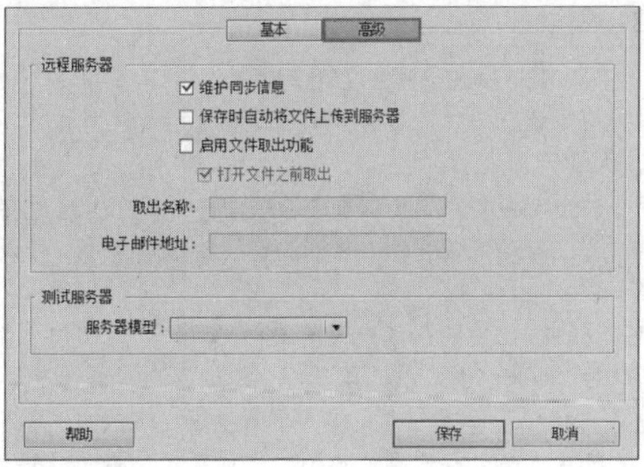

图1-22 "高级" 选项卡

知识扩展1

"基本"选项卡中各选项主要含义如下。

➤ 服务器名称：在该文本框中可以指定服务器的名称，该名称可以是用户任意定义的名称。

➤ 连接方法：在该选项的下拉列表中可以选择连接到远程服务器的方法，在Dreamweaver CC中提供了7种连接远程服务器的方式，如图1-23所示。

➤ FTP地址：在该文本框中输入要将站点文件上传到其中的FTP服务器的地址。FTP地址是计算机系统的完整Internet名称。注意，在这里需要输入完整的FTP地址，并且不要输入任何多余的文本，特别是不要在0地址前面加上协议名称。

➤ 端口：端口21是接收FTP连接的默认端口。用户可以通过编辑右侧的文本框更改默认的端口号。

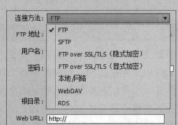

图1-23 连接方法菜单

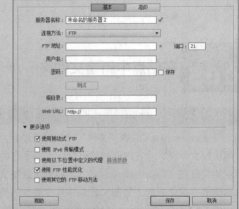

图1-24 更多的设置选项

➤ 用户名和密码：分别在"用户名"和"密码"文本框中输入用于连接到FTP服务器的用户名和密码，选中"保存"复选框，可以保存所输入的FTP用户名和密码。

➤ 测试：完成"FTP地址""用户名"和"密码"选项的设置后，可以通过单击"测试"按钮，测试与FTP服务器的连接。

➤ 根目录：在该选项的文本框中输入远程服务器上用于存储站点文件的目录。在有些服务器上，根目录就是首次使用FTP连接到的目录。用户也可以链接到远程服务器，如果在"文件"面板中的"远程文件"视图中出现像public_html、www或用户名这样名称的文件夹，它可能就是FTP的根目录。

➤ Web URL：在该文本框中可以输入Web站点的URL地址（如http://www.baidu.com）。Dreamweaver CC使用Web URL创建站点根目录相对链接。

➤ 更多选项：单击"更多选项"选项前的三角形按钮▶，可以在FTP设置窗口中显示出更多的设置选项，如图1-24所示。

➤ 使用被动式FTP：如果代理配置要求使用被动式FTP，可以选中该选项。

➤ 使用IPv6传输模式：如果使用的是启用IPv6的FTP服务器，可以选中该选项。IPv6指的是第6版Internet协议。

➤ 使用以下位置中定义的代理：如果选中该复选框，则将指定一个代理主机或代理端口。单击该选项后的"首选参数"链接，可以弹出站点的"首选参数"对话框，在该对话框中可以对代理主机进行设置，如图1-25所示。

➤ 使用FTP性能优化：默认选中该选项，对连接到的FTP的性能进行优化操作。

➤ 使用其他的FTP移动方法：如果需要使用其他一些FTP移动文件的方法，可以选中该选项。在其相关的设置对话框中都有一个"高级"选项卡，无论选择哪种连接方式，其"高级"选项卡中的选项都是相同的。

图1-25 "首选参数"对话框

知识扩展2

"高级"选项卡中各选项主要含义如下。

➢ 维护同步信息：如果希望自动同步本地站点和远程服务器上的文件，可以选中该复选框。

➢ 保存时自动将文件上传到服务器：如果希望在本地保存文件时，Dreamweaver CC自动将该文件上传到远程服务器站点中，可以选择该复选框。

➢ 启用文件取出功能：选中该复选框，可以启用"存回/取出"功能，则可以对"取出名称"和"电子邮件地址"选项进行设置。

➢ 服务器模型：如果使用的是测试服务器，则可以从"服务器模型"下拉列表中选择一种服务器模型，在该下拉列表中提供了8个选项可供选择。

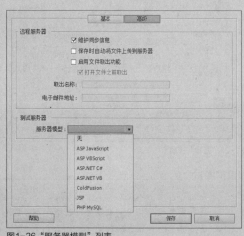

图1-26 "服务器模型"列表

实战 005	在站点中新建文件夹	▸ 实例位置：无 ▸ 素材位置：无 ▸ 视频位置：光盘\视频\第1章\实战005.mp4

● 实例介绍 ●

Dreamweaver CC的"文件"面板可帮助用户管理文件并在本地和远程服务器之间传输文件。当在本地和远程站点之间传输文件时，会在这两种站点之间维持平行的文件和文件夹结构。在两个站点之间传输文件时，如果站点中不存在相应的文件夹，则Dreamweaver CC将创建这些文件夹。也可以在本地和远程站点之间同步文件，Dreamweaver CC会根据需要在两个方向上复制文件，并且在适当的情况下删除不需要的文件。可以在"文件"面板中查看文件和文件夹，而无论它们是否与Dreamweaver站点相关联。在"文件"面板中查看站点、文件或文件夹时，可以更改查看区域的大小。对于Dreamweaver CC站点，可以展开或折叠"文件"面板，还可以通过更改默认显示在折叠面板中的视图（本地站点或远程站点）来对"文件"面板进行自定义。

知识扩展

网页是使用标识语言通过一系列设计、建模和执行的过程将电子格式的信息通过互联网传输，最终以图形界面的形式被用户所浏览。在使用网页时，经常会碰到一些专业术语，下面将对其进行具体的介绍。

➢ Banner（横幅广告）

Banner一般翻译为网幅广告、旗帜广告以及横幅广告等，如图1-27所示。Banner广告是互联网广告中最基本的广告形式。它是一个表现商家广告内容的图片，放置在广告商的页面上，尺寸是480像素×60像素或233像素×30像素，一般是GIF格式的图像文件，可以使用静态图形，也可用多帧图像拼接为动画图像。除了GIF格式外，新兴的RichMedia Banner（富媒体广告）能赋予Banner更强的表现力和交互内容，但需要用户使用的浏览器插件支持。

➢ Browser（浏览器）

浏览器就是指在计算机上安装的，用来显示指定文件的程序。WWW的原理就是通过网络客户端（Client）的浏览器去读指定的文件，同

图1-27 Banner广告

时Internet上还提供了远程登录（Telnet）、电子邮件（E-mail）、传输文件（FTP）、电子公告板（BBS）以及网络论坛（Netnews）等多种交流方式。

➢ Click（点击次数）

用户通过点击广告而访问广告主的网页，称点击一次。点击次数是评估广告效果的指标之一。

> Cookie

Cookie是计算机中记录用户在网络中行为的文件，网站可以通过Cookie来识别用户是否曾经访问过该网站。当浏览某些Web站点时，这些站点会在用户的硬盘上用很小的文本文件存储一些信息，这些文件就称为Cookie，如图1-28所示。Cookie中包含的信息与用户的爱好有关。

> Database（数据库）

Database通常指利用现代计算机技术，将各类信息有序地分类整理，便于查找和管理。在网络营销中，指利用互联网收集用户个人信息，并存档管理，如姓名、性别、年龄、地址、电话、兴趣爱好以及消费行为等。

> HTML（超文本标识语言）

HTML是一种基于文本格式的页面描述语言，是网页通过的编辑语言。

> HTTP（超级文字传输协议）

HTTP，即Hyper Text TransferProtocol，是万维网上的一种传输格式，当浏览器的地址栏上显示HTTP时，就表明正在打开一个万维网页。

> Key Word（关键字）

Key Word是用户在搜索引擎中提交的文字，以便快速查询所需要的内容。

> URL

URL即某网页的链接地址，在浏览器的地址栏中输入URL，即可看到该网页的内容。

> Web Site（站点）

Web Site即为互联网上的一个网址。站点包含各种组成物，某一个特定的域名，包含网页的地方。

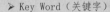

图1-28 Cookie文件

● 操作步骤 ●

STEP 01 展开"文件"面板，在相应站点上单击鼠标右键，在弹出的快捷菜单中选择"新建文件夹"选项，如图1-29所示。

STEP 02 执行操作后，即可在该站点中创建文件夹，用户还可以对文件夹进行重命名操作，如图1-30所示。

图1-29 选择"新建文件夹"选项

图1-30 创建文件夹并进行重命名

技巧点拨

在网页上单击鼠标右键，在弹出的快捷菜单中选择"查看源代码"选项，如图1-31所示。执行操作后，即可在新建的页面中看到网页的实际内容，如图1-32所示。可以看到，网页实际上只是一个纯文本文件。它通过各式各样的标记对页面上的文字、图片、表格以及声音等元素进行描述（如文字的字体、颜色以及大小），而浏览器则对这些标记进行解释并生成页面，于是就得到现在所看到的画面。

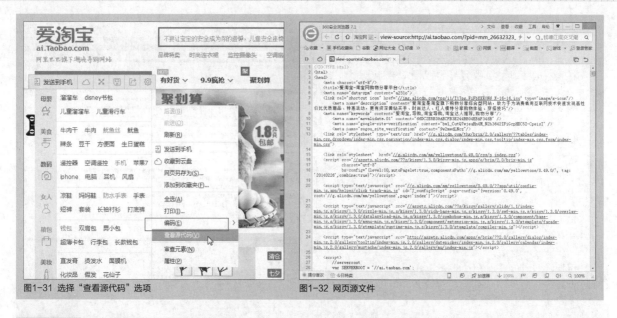

图1-31 选择"查看源代码"选项　　　　　　　　图1-32 网页源文件

实战 006 站点中文件夹和文件的操作

▶ 实例位置：无
▶ 素材位置：无
▶ 视频位置：光盘\视频\第1章\实战006.mp4

● 实例介绍 ●

在"文件"面板中显示当前站点中的文件夹和文件，如果对站点中的文件夹或文件进行移动或复制等操作，最好在Dreamweaver的"文件"面板中进行，因为Dreamweaver有动态更新链接的功能，可以确保站点内部不会出现链接错误。

在网站制作的过程中，常常需要对站点中的文件夹或文件进行操作，包括文件夹和文件的移动、复制和重命名、删除等，下面就通过实战练习介绍如何对站点中的文件夹和文件进行操作。

● 操作步骤 ●

STEP 01 选中需要移动或复制的文件（或文件夹），如果进行移动操作，可以单击鼠标右键，在弹出的菜单中选择"编辑"|"剪切"选项，如图1-33所示。

STEP 02 执行操作后，即可剪切相应的文件（或文件夹），如图1-34所示。

图1-33 选择"剪切"选项

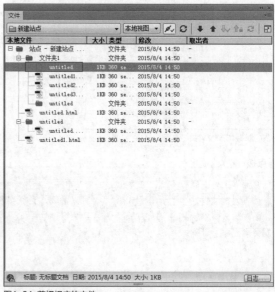

图1-34 剪切相应的文件

知识扩展

　　在网站设计中，纯粹HTML格式的网页通常被称为静态网页，早期的网站一般都是由静态网页制作的。静态网页是相对于动态网页而言的，指没有后台数据库、不含程序和不可交互的网页。设计者编的是什么，它显示的就是什么，不会有任何改变。静态网页相对更新起来比较麻烦，适用于一般更新较少的展示型网站。

　　静态网页的网址形式通常为htm结尾，还有以.htm、.html、.shtml以及.xml等为后缀的。在HTML格式的网页上，也可以出现各种动态的效果，如.Gif格式的动画、Flash以及滚动字幕等，这些动态效果只是视觉上的，与动态网页是不同的概念。

　　静态网页的主要特点简要归纳如下。

　　➢ 静态网页的每个网页都有一个固定的URL，且网页URL以.htm、.html和.shtml等常见形式为后缀，而不含有？号。

　　➢ 网页内容一经发布到网站服务器上，无论是否有用户访问，每个静态网页的内容都是保存在网站服务器上的。也就是说，静态网页是实实在在保存在服务器上的文件，每个网页都是一个独立的文件。

　　➢ 静态网页的内容相对稳定，因此容易被搜索引擎检索。

　　➢ 静态网页没有数据库的支持，在网站制作和维护方面工作量较大，因此当网站信息量很大时完全依靠静态网页制作方式比较困难。

　　➢ 静态网页的交互性较差，在功能方面有较大的限制。

STEP 03 选择相应文件夹，单击鼠标右键，在弹出的菜单中选择"编辑"|"粘贴"选项，如图1-35所示。

图1-35 选择"粘贴"选项

STEP 04 执行操作后，弹出"更新文件"对话框，单击"更新"按钮，如图1-36所示。

图1-36 单击"更新"按钮

STEP 05 执行操作后，即可移动文件，如图1-37所示。

图1-37 移动文件

STEP 06 如果要进行复制操作，可以在需要复制的文件上单击鼠标右键，在弹出的菜单中选择"编辑"|"复制"选项，如图1-38所示。

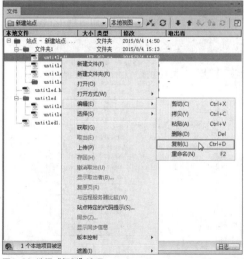

图1-38 选择"复制"选项

STEP 07 执行操作后，即可快速复制相应文件，如图1-39所示。

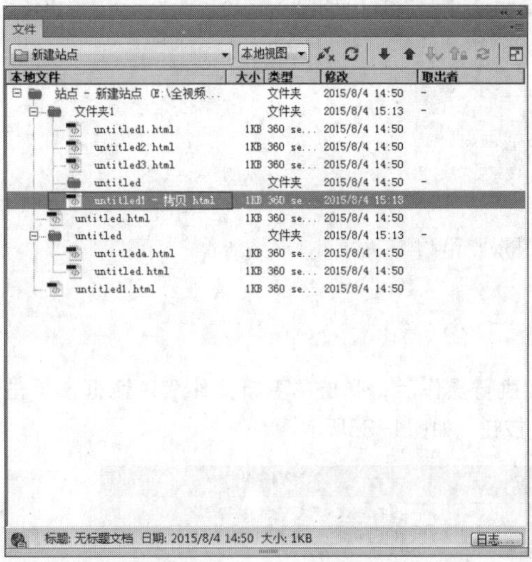

STEP 08 移动文件或文件夹还可以使用鼠标拖动的方法，在"文件"面板中选中需要进行移动的文件夹或文件，按住鼠标左键不放，拖动到目标文件夹中，然后释放鼠标，如图1-40所示。

图1-39 复制相应文件

图1-40 移动文件

STEP 09 给文件夹或文件重新命名的操作十分简单，使用鼠标左键选中需要重命名的文件或文件夹，然后按【F2】键，文件名或文件夹名即变为可编辑状态，输入新的文件名或文件夹名，按【Enter】键确认即可，如图1-41所示。

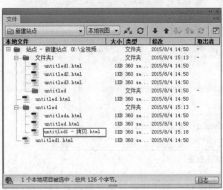

图1-41 重新命名文件

STEP 10 要从站点文件列表中删除文件或文件夹，可先选中要删除的文件或文件夹，然后在鼠标右键菜单中选择"编辑"|"删除"选项或按【Delete】键，如图1-42所示。

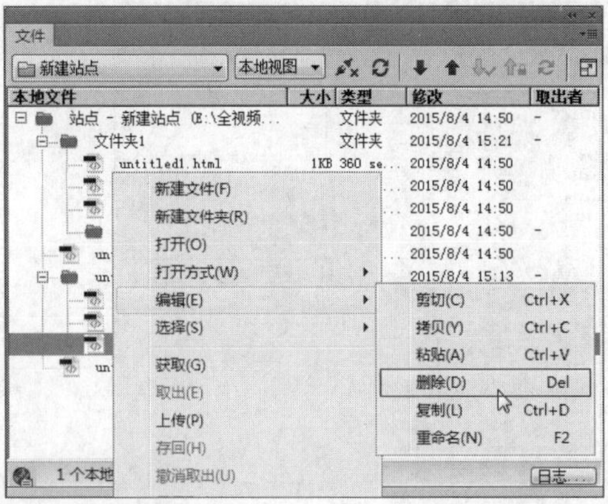

STEP 11 在弹出的提示对话框中单击"是"按钮，可将文件或文件夹从本地站点中删除，如图1-43所示。

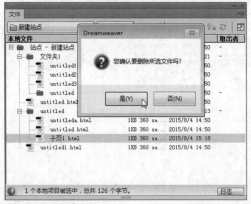

图1-42 选择"删除"选项

图1-43 单击"是"按钮

实战 007	设置站点的版本控制	▶ 实例位置: 无
		▶ 素材位置: 无
		▶ 视频位置: 光盘\视频\第1章\实战007.mp4

● 实例介绍 ●

Subversion是一种版本控制系统,用户可以通过Dreamweaver CC获取文件的最新版本,并更改和提交文件。

● 操作步骤 ●

STEP 01 在"站点设置对象 新建站点"对话框中单击"版本控制"选项,切换到"版本控制"选项卡,如图1-44所示。

STEP 02 在"访问"下拉列表中选择Subversion选项,Dreamweaver可以连接到Subversion(SVN)的服务器,如图1-45所示。

图1-44 切换到"版本控制"选项卡

图1-45 选择Subversion选项

知识扩展

"版本控制"选项卡中各选项主要含义如下。

➤ 访问:在该选项下拉列表中包括两个选项,即"无"和"Subversion"。默认情况下,选中的是"无"选项。"Subversion"是一种版本控制系统,它使用户能够协作编辑和管理Web服务器上的文件。Dreamweaver CC并不是一个完整的Subversion客户端,但用户可以通过Dreamweaver CC获取文件的最新版本、更改和提交文件。

➤ 协议:在该选项下拉列表中可以选择Subversion服务器的协议,包括4个选项,如图1-46所示。

➤ 服务器地址:在该选项文本框中可以输入Subversion服务器的地址,通常的形式为:服务器名称.域.com。

➤ 存储库路径:在该选项文本框中可以输入Subversion服务器上存储库的路径。通常类似于:/svn/your_root_directory。

➤ 服务器端口:该选项用于设置服务器的端口,默认的服务

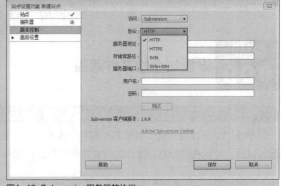

图1-46 Subversion服务器的协议

器端口为80端口,如果希望使用的服务器端口不同于默认服务器的端口,可以在该选项文本框中输入端口号。

➤ 用户名和密码:在"用户名"和"密码"文本框中输入Subversion服务器的"用户名"和"密码"。

➤ "测试"按钮:完成以上相应选项的设置后,可以单击"测试"按钮,测试与Subversion服务器的连接。

实战 008	设置站点的本地信息	▶ 实例位置: 无
		▶ 素材位置: 无
		▶ 视频位置: 光盘\视频\第1章\实战008.mp4

● 实例介绍 ●

单击"站点设置对象"对话框左侧的"高级设置"选项中的"本地信息"选项,可以对站点的本地信息进行设置。

● 操作步骤 ●

STEP 01 在"站点设置对象"对话框中单击"高级设置"选项，在展开的列表框中选择"本地信息"选项，如图1-47所示。

STEP 02 在右侧的"链接相对于"选项区中选中"站点根目录"单选按钮，如图1-48所示。

图1-47 选择"本地信息"选项

图1-48 选中"站点根目录"单选按钮

知识扩展

"本地信息"选项卡中各主要选项的含义如下。

➤ 默认图像文件夹：该选项用于设置站点中默认的图像文件夹，但是对于比较复杂的网站，图像往往不只存放在一个文件夹中，所以实用价值不大。可以输入路径，也可以单击右侧的"浏览"按钮，在弹出的"选择站点的本地图像文件夹"对话框中，找到相应的文件夹后进行保存。

➤ 链接相对于：设置站点中链接的方式，可以选择"文档"或"站点根目录"，默认情况下，Dreamweaver 创建文档的相对链接。

➤ Web URL：在该文本框中可输入Web站点的URL地址（如http//www.baidu.com）。

➤ 区分大小写的链接检查：选中该复选框，在Dreamweaver中检查链接时，将检查链接的大小写与文件名的大小写是否相匹配。此选项用于文件名区分大小写的UNIX系统。

➤ 启用缓存：该选项用于指定是否创建本地缓存，以提高链接和站点管理任务的速度。如果不选择此选项，Dreamweaver在创建站点前将再次询问用户是否希望创建缓存。

实战 009　设置站点的文件遮盖

▶ 实例位置：无
▶ 素材位置：无
▶ 视频位置：光盘\视频\第1章\实战009.mp4

● 实例介绍 ●

单击"站点设置对象"对话框左侧的"高级设置"选项中的"遮盖"选项，可以对站点的遮盖进行设置。使用文件遮盖以后，可以在进行站点操作的时候排除被遮盖的文件。

● 操作步骤 ●

STEP 01 在"站点设置对象"对话框中单击"高级设置"选项，在展开的列表框中选择"遮盖"选项，如图1-49所示。

STEP 02 在右侧选中"启用遮盖"和"遮盖具有以下扩展名的文件："复选框，用户可以在下面的文本框中设置相应的文件扩展名，如图1-50所示。

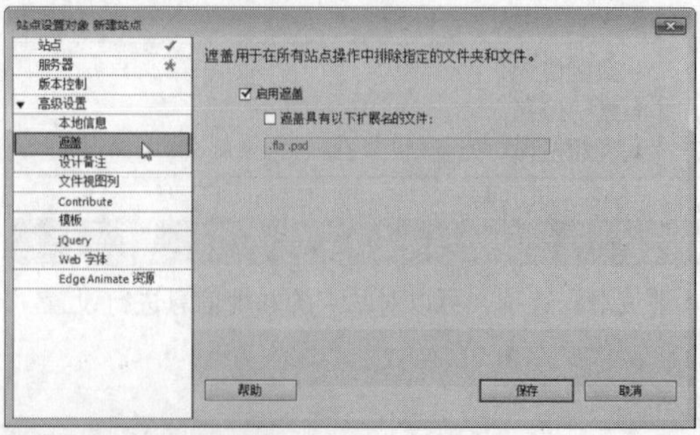

图1-49 选择"遮盖"选项

图1-50 设置遮盖条件

知识扩展

"遮盖"选项卡中各主要选项的含义如下。

➢ 启用遮盖：选中该复选框，将激活Dreamweaver中的文件遮盖功能，默认情况下，该选项为选中状态。

➢ 遮盖具有以下扩展名的文件：选中该复选框后，可以指定要遮盖的特定文件类型，以便使Dreamweaver遮盖以指定文件扩展名的所有文件。例如，如果不希望上传Flash动画文件，可以将站点中的Flash动画文件，即扩展名为swf的文件设置成遮盖，这样Flash动画文件就不会被上传了。

实战 010　设置站点的设计备注

▶ 实例位置：无
▶ 素材位置：无
▶ 视频位置：光盘\视频\第1章\实战010.mp4

● 实例介绍 ●

单击"站点设置对象"对话框左侧的"高级设置"选项中的"设计备注"选项，可以对站点的设计备注进行设置。无论是自己独自开发站点，还是团队成员共同开发站点，备注既可以防止自己忘记的信息丢失，也可以上传服务器，与他人分享。

● 操作步骤 ●

STEP 01 在"站点设置对象"对话框中单击"高级设置"选项，在展开的列表框中选择"设计备注"选项，如图1-51所示。

STEP 02 在右侧选中"维护设计备注"和"启用上传并共享设计备注"复选框，如图1-52所示。

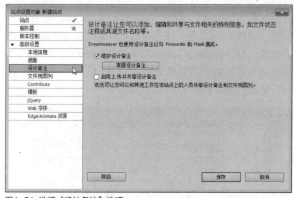

图1-51 选择"设计备注"选项　　　　　图1-52 设置"设计备注"

知识扩展

"设计备注"选项卡中各主要选项的含义如下。

➢ 维护设计备注：选择该复选框，可以启用保存设计备注的功能，默认情况下，该选项为选中状态。

➢ 清理设计备注按钮：单击"清理设计备注"按钮，可以删除过去保存的设计备注。单击该按钮只能删除设计备注（.mno文件），不会删除_notes文件夹或_notes文件夹中的dwsync.xml文件。Dreamweaver使用dwsync.xml文件保存相关站点的同步信息。

➢ 启用上传并共享设计备注：选中该复选框后，可以在制作者上传文件或者取出时，将设计备注上传到所指定的远程服务器上。

实战 011　设置站点的其他选项

▶ 实例位置：无
▶ 素材位置：无
▶ 视频位置：光盘\视频\第1章\实战011.mp4

● 实例介绍 ●

在"站点设置对象"对话框左侧的"高级设置"列表框中，用户还可以设置文件视图列、Contribute、模版、jQuery、Web字体、Edge Animate资源等选项。

● 操作步骤 ●

STEP 01 在"站点设置对象"对话框中单击左侧"高级设置"选项下的"文件视图列"选项，该选项用来设置站点管理器中文件浏览窗口所显示的内容，如图1-53所示。

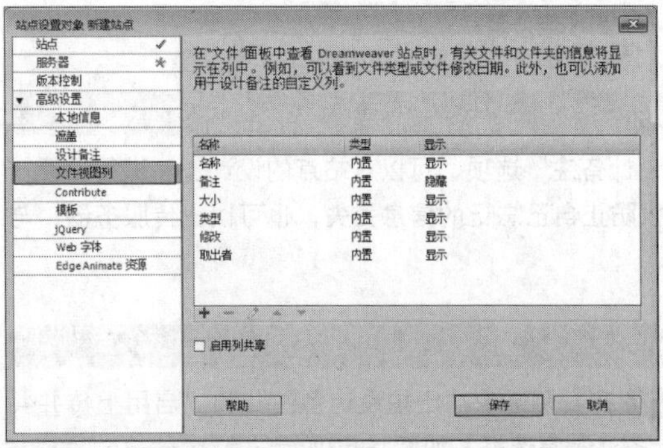

STEP 02 在"站点设置对象"对话框中单击左侧"高级设置"选项中的"Contribute"选项，"Contribute"选项卡中只有"启用Contribute兼容性"复选框。Contribute使得用户易于向此网站发布内容，可以选择是否选中"启用Contribute兼容性"复选框，选中该复选框可使用户与Contribute用户之间的工作更有效率，一般情况下该选项默认为不勾选，如图1-54所示。

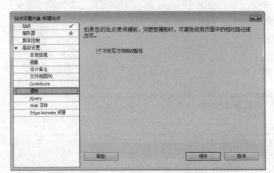

图1-53 "文件视图列"选项卡

图1-54 "Contribute"选项卡

STEP 03 单击"站点设置对象"对话框左侧"高级设置"选项中的"模版"选项，可以对站点中的"模版"选项进行设置。该选项用来设置站点中的模版更新选项，其中只有"不改写文档相对路径"一个选项，选择该复选框，则在更新站点中的模版时，将不会改写文档的相对路径，如图1-55所示。

STEP 04 单击"站点设置对象"对话框左侧"高级设置"选项中的"jQuery"选项，可以对站点的jQuery控件进行设置，如图1-56所示。该选项用来设置jQuery资源文件夹的位置，默认的站点jQuery资源文件夹位于站点的根目录中，用户可以单击"资源文件夹"文本框后的"浏览"按钮，更改jQuery资源文件夹的位置。

图1-55 "模版"选项卡

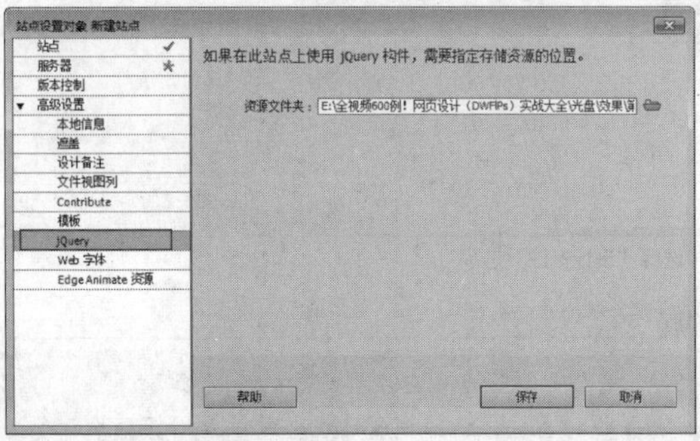

图1-56 "jQuery"选项卡

知识扩展

　　动态网页是与静态网页相对应的，也就是说网页URL的后缀不是htm、html、shtml以及xml等静态网页的常见形动态网页制作专家式，而是以asp、xasp、sp、php、perl以及cgi等形式为后缀，并且在动态网页网址中有一个标志性的？号。

　　这里说的动态网页，与网页上的各种动画、滚动字幕等视觉上的动态效果没有直接关系，动态网页既可以是纯文字内容的，也可以是包含各种动画的内容，这些只是网页具体内容的表现形式。无论网页是否具有动态效果，采用动态网站技术生成的网页都称为动态网页。从网站用户的角度来看，无论是动态网页还是静态网页，都可以展示基本的文字和图片信息，但从网站开发、管理以及维护的角度来看就有很大的差别。

STEP 05 单击"站点设置对象"对话框左侧"高级设置"选项中的"Web字体"选项，可以对站点中的Web字体选项进行设置，如图1-57所示。默认的站点Web字体文件夹位于站点的根目录中，名称为webfonts，单击"Web字体文件夹"文本框后的"浏览"按钮，可以更改Web字体在站点中的位置。

STEP 06 单击"站点设置对象"对话框左侧"高级设置"选项中的"Edge Animate资源"选项，可以对站点的Edge Animate资源进行设置，如图1-58所示。

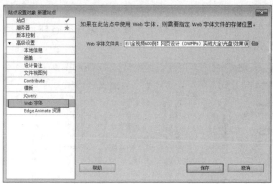

图1-57 "Web字体"选项卡

图1-58 "Edge Animate资源"选项卡

知识扩展

　　Adobe公司在2009年收购了澳大利亚的Business Catalyst公司。Business Catalyst为网站设计人员提供了一个功能强大的电子商务内容管理系统。Business Catalyst平台拥有一些非常实用的功能，如网站分析、电子邮件营销等。Business Catalyst可以让所设计的网站轻松获得一个在线平台，并且可以轻松掌握顾客的行踪，建立和管理任何规模的客户数据库，在线销售产品和服务。Business Catalyst平台还集成了很多主流的网络支付系统，如PayPal、Google Checkout以及预集成的网关。

技巧点拨

　　打开"文件"面板，单击"连接到远程服务器"按钮，连接到远程的Business Catalyst服务器。打开"Business Catalyst"面板，可以看到该面板中的提示信息，需要打开一个Business Catalyst站点中的页面。在"Business Catalyst"面板中提供了多种不同类型的页面元素，单击需要在页面中插入的页面元素，即可弹出相应的设置对话框，在页面中插入相应的页面元素。

实战 012	站点的导入与导出	▶ 实例位置：无 ▶ 素材位置：无 ▶ 视频位置：光盘\视频\第1章\实战012.mp4

● **实例介绍** ●

　　Dreamweaver CC全新规划了"管理站点"对话框，在"管理站点"对话框中可以方便地对站点进行管理和操作，下面介绍如何将Dreamweaver中创建好的站点导出为文件，并导入站点文件。

● **操作步骤** ●

STEP 01 单击执行"站点"|"管理站点"命令，如图1-59所示。

STEP 02 弹出"管理站点"对话框，在站点列表中选择需要导出的站点，如图1-60所示。

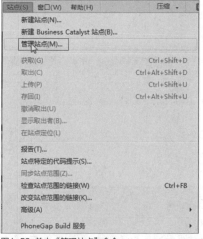

图1-59 单击"管理站点"命令

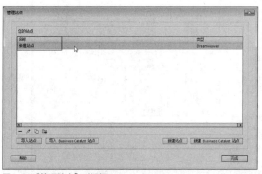

图1-60 "管理站点"对话框

STEP 03 单击"导出当前选定的站点"按钮 ，如图 1-61所示。

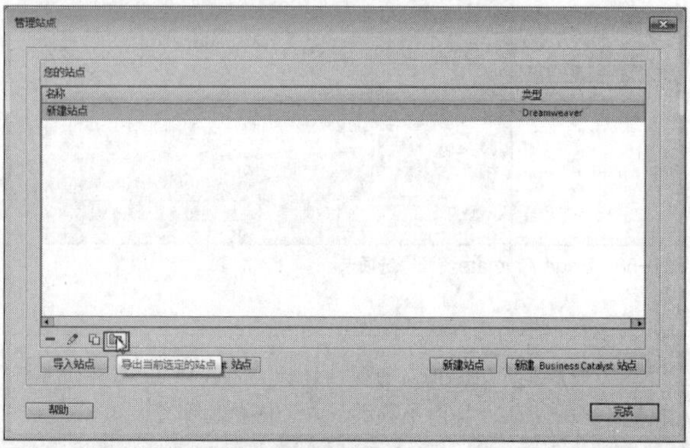

STEP 04 弹出"导出站点"对话框，选择导出站点的位置，在"文件名"文本框中设置站点文件的名称，如图 1-62所示。

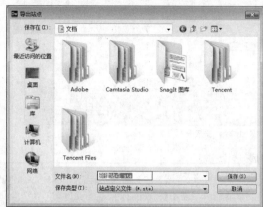

图1-61 单击"导出当前选定的站点"按钮

图1-62 "导出站点"对话框

知识扩展

"管理站点"对话框中主要选项的含义如下。

➢ 站点列表：该列表显示当前所创建的所有站点，并且显示了每个站点的类型，可以在该列表中选中需要管理的站点。

➢ "删除当前选定的站点"按钮 ：单击该按钮，弹出提示对话框，单击"是"按钮，即可删除当前被选定的站点。

➢ "编辑当前选定的站点"按钮 ：单击该按钮，弹出"站点设置对象"对话框，在该对话框中可以对选定的站点进行编辑修改。

➢ "复制当前选定的站点"按钮 ：单击该按钮，即可复制选中的站点并得到该站点的副本。

➢ "导出当前选定的站点"按钮 ：单击该按钮，弹出"导出站点"对话框在其中进行相应的设置，即可为选中的站点导出一个扩展名为set的Dreamweaver站点文件。

➢ "导入站点"按钮：单击该按钮，弹出"导入站点"对话框，在该对话框中选择需要导入的站点文件，单击"打开"按钮，即可将该站点文件导入到Dreamweaver中。

➢ "导入Business Catalyst站点"按钮：单击该按钮，弹出Business Catalyst对话框，显示当前用户所创建的Business Catalyst站点，选择需要导入的Business Catalyst站点，单击Import Site按钮，即可将选中的Business Catalyst 站点导入到Dreamweaver中。

➢ "新建站点"按钮：单击该按钮，弹出"站点设置对象"对话框，可以创建新的站点，单击该按钮与执行"站点" | "新建Business Catalyst站点"命令的功能相同。

➢ "新建Business Catalyst站点"按钮：单击该按钮，弹出"Business Catalyst"对话框，可以创建新的Business Catalyst站点，单击该按钮与执行"站点" | "新建Business Catalyst站点"命令的功能相同。

STEP 05 单击"保存"按钮，即可将选中的站点导出为一个扩展名set的Dreamweaver站点文件，如图1-63所示。

STEP 06 在"管理站点"对话框中单击"导入站点"按钮，如图1-64所示。

图1-63 导出选定的站点

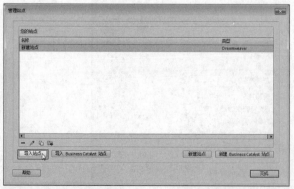

图1-64 单击"导入站点"按钮

STEP 07 弹出"导入站点"对话框，在该对话框中选择需要导入的站点文件，如图1-65所示。

STEP 08 单击"打开"按钮，即可将该站点文件导入到Dreamweaver中，如图1-66所示。

图1-65 选择需要导入的站点文件

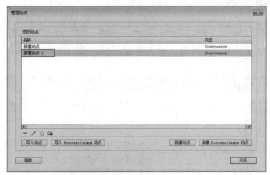

图1-66 导入站点

实战 013 站点的切换

▶ 实例位置：无
▶ 素材位置：无
▶ 视频位置：光盘\视频\第1章\实战013.mp4

● 实例介绍 ●

使用Dreamweaver CC编辑网页或进行网站管理时，每次只能操作一个站点，因此用户必须学会如何切换站点。

● 操作步骤 ●

STEP 01 打开"文件"面板，在"文件"面板左上角单击站点名称，如图1-67所示。

STEP 02 在弹出的下拉列表框中选择已经创建的相应站点，如图1-68所示。

图1-67 单击站点名称

图1-68 选择相应站点

STEP 03 执行操作后，就可以快速切换到对这个站点进行操作的状态，如图1-69所示。

STEP 04 此外，在"管理站点"对话框中选中需要切换的站点，单击"完成"按钮，同样可以切换到相应的站点，如图1-70所示。

图1-69 快速切换到相应站点

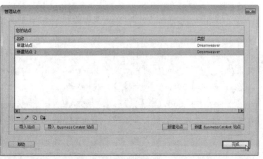

图1-70 通过"管理站点"对话框切换

1.3 创建和保存网页

本节将介绍使用Adobe Dreamweaver CC创建、保存、打开以及关闭网页文档的基本操作方法。

实战 014 创建网页文档

▶ 实例位置：无
▶ 素材位置：无
▶ 视频位置：光盘\视频\第1章\实战014.mp4

● 实例介绍 ●

要设计出一个网页，首先需要在Adobe Dreamweaver CC中创建空白网页文档。

● 操作步骤 ●

STEP 01 在菜单栏中，单击"文件"|"新建"命令，如图1-71所示。

STEP 02 弹出"新建文档"对话框，在"空白页"的"页面类型"列表框中选择"HTML"选项，在"布局"列表框中选择"无"选项，如图1-72所示。

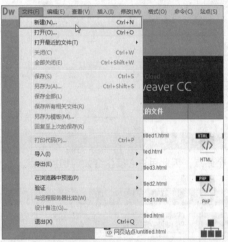

图1-71 单击"新建"命令

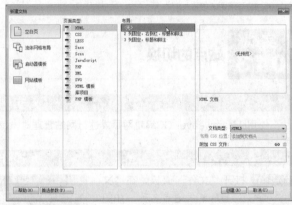

图1-72 设置相应选项

知识扩展

PowerPoint是一个功能强大的演示文稿制作软件，该软件能够协助用户独自或联机创建永恒的视觉效果。它增强了多媒体支持功能，利用PowerPoint制作的文稿，可以通过不同的方式播放，也可将演示文稿打印成一页一页的幻灯片，使用幻灯片机或投影仪播放。

HTML（Hypertext Markup Language）是用于描述网页文件的一种标记语言。HTML是一种规范和标准，它通过标记符号来标记要显示的网页中的各个部分。网页本身是一种文本文件，通过在文本文件中添加标记符，可以通知浏览器如何显示其中的内容（如文字如何处理、画面如何安排以及图片如何显示等）。浏览器按顺序阅读网页文件，然后根据标记符的解释和显示其标记的内容，对书写出错的标记将不指出其错误，且不停止其解释执行过程，编制者只能通过显示效果来分析出错原因和出错部位。

一个网页对应于一个HTML文件，HTML文件以.htm或.html为扩展名。可以使用任何能够生成Txt类型源文件的文本编辑来产生HTML文档。标准的HTML文档一般包括开头与结尾标志以及HTML的头部与实体两大部分。有3个双标记符用于页面整体结构的确认。图1-73所示为一般HTML的基本组成情况。

图1-73 HTML的基本组成情况

➤ 这个文档的第一个Tag是<html>，这个Tag告诉浏览器这是HTML文档的头。文档的最后一个Tag是</html>，表示HTML文档到此结束。

➤ 在<head>和</head>之间的内容，是Head信息。Head信息是不显示出来的，在浏览器里看不到。但是这并不表示这些信息没有用处。比如可以在Head信息里加上一些关键词，有助于搜索引擎能够搜索到这个网页。

➤ 在<title>和</title>之间的内容，是这个文档的标题。可以在浏览器最顶端的标题栏看到这个标题。

➤ 在<body>和</body>之间的信息，是文档的正文部分。在<b>和</b>之间的文字，用粗体表示。<b>就是bold的意思。

HTML文档看上去和一般文本类似，但是它比一般文本多了Tag，比如<html>、<b>等，通过这些Tag，可以告诉浏览器如何显示这个文件。

HTML之所以称为超文本标记语言，是因为文本中包含了"超级链接"点。所谓超级链接，就是一种URL指标，通过启动它，可使浏览器方便地获取新的网页，这也是HTML获得广泛应用的最重要的原因之一。由此可见，网页的本质就是HTML，通过结合使用其他的Web技术（如脚本语言、CGI以及组件等），可以创造出功能强大的网页。因此，HTML是Web编程的基础，也就是说万维网是建立在超文本基础之上的。

需要注意的是，对于不同的浏览器，对同一标记符可能会有不完全相同的解释，因而可能会有不同的显示效果。

STEP 03 设置完成后，单击右下角的"创建"按钮，如图1-74所示。

STEP 04 执行操作后，即可创建一幅空白的网页文档，如图1-75所示。

图1-74 单击"新建"按钮

图1-75 创建空白的网页文档

实战 015 保存网页文档

▶ 实例位置：光盘\效果\第1章\实战015.html
▶ 素材位置：无
▶ 视频位置：光盘\视频\第1章\实战015.mp4

● 实例介绍 ●

当用户完成网页文档的编辑后，必须马上保存网页文档，防止文件丢失。

● 操作步骤 ●

STEP 01 在菜单栏中，单击"文件"|"另存为"命令，如图1-76所示。

STEP 02 弹出"另存为"对话框，设置相应的保存位置和文件名，单击"保存"按钮即可，如图1-77所示。

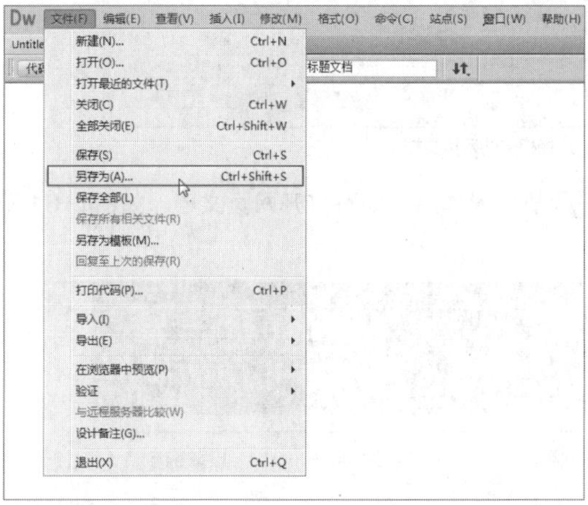

图1-76 单击"另存为"命令

图1-77 "另存为"对话框

知识扩展

不同的网页文件，它的后缀也不相同，一般包含CGI、ASP、PHP、JSP和VRML等。通常我们看到的网页都是以htm或html后缀结尾的文件，俗称HTML文件，下面对各种类型的网页文件进行简单的讲解。

➤ CGI：CGI是一种编程标准，它规定了Web服务器用其他可执行程序的接口协议标准。CGI程序通过读取使用者的输入请求，从而产生HTML网页。它可以用任何程序设计语言编写。

➤ ASP：ASP是一种应用程序环境，主要用于网络数据库的查询和管理。其工作原理是当浏览者发出浏览请求的时候，服务器会自动将ASP的程序代码解释为标准的HTML格式的网页内容，再发送到浏览者的浏览器上显示出来，也可以将ASP理解为一种特殊的CGI。

➤ PHP：PHP是一种HTML内嵌式的语言，PHP与ASP有点相似，它们都是一种在服务器端执行嵌入HTML文档的脚本语言，风格类似于C语言。PHP独特的语法混合了C、Java、Perl以及PHP自创的语法。它可以比CGI或Perl更快速地执行动态网页，PHP在大多数Unix平台GUN/Linux和微软Windows平台上均可运行。

➤ JSP：JSP是一种动态网页技术标准，JSP与ASP非常相似。不同之处在于ASP的编程语言是VBScript之类的脚本语言，而JSP使用的是Java语言。此外，ASP和JSP还有一个更为本质的区别：两种语言引擎用完全不同的方式处理页面中嵌入的程序代码。在ASP下，VBScript代码被ASP引擎解释执行；在JSP下，代码被翻译成Servlet并由Java虚拟机执行。

➤ VRML：VRML是虚拟实境描述模型语言，是描述三维的物体及其结构的网页格式。利用经典的三维动画制作软件3ds Max，可以简单而快速地制作出VRML。

实战 016 打开网页文档

▶ 实例位置：无
▶ 素材位置：光盘\素材\第1章\实战016.html
▶ 视频位置：光盘\视频\第1章\实战016.mp4

● 实例介绍 ●

当用户完成网页文档的编辑后，必须马上保存网页文档，防止文件丢失。

● 操作步骤 ●

STEP 01 在菜单栏中，单击"文件"|"打开"命令，如图1-78所示。

STEP 02 弹出"打开"对话框，选择相应的网页文档，如图1-79所示。

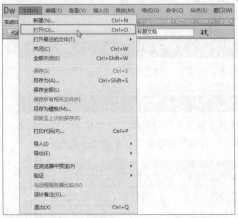

图1-78 单击"打开"命令

图1-79 选择相应的网页文档

STEP 03 在"打开"对话框的右下角，单击"打开"按钮，如图1-80所示。

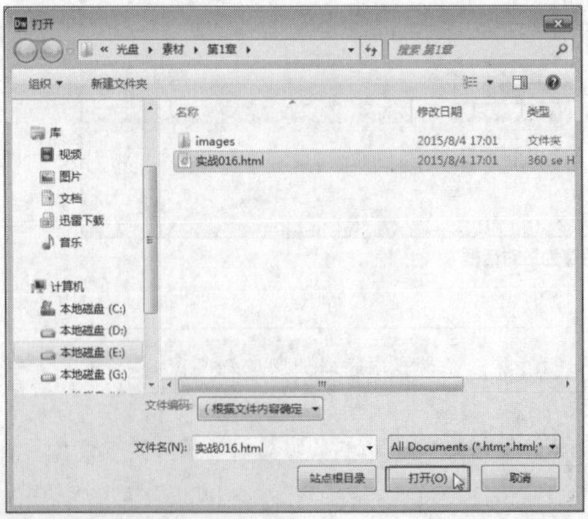

STEP 04 执行操作后，即可打开网页文档，如图1-81所示。

图1-80 单击"打开"按钮

图1-81 打开网页文档

知识扩展

动态网页的主要特点简要归纳如下。

➢ 动态网页以数据库技术为基础，可以大大降低网站维护的工作量。

➢ 采用动态网页技术的网站可以实现更多的功能，如用户注册、用户登录、在线调查、用户管理以及订单管理等。

➢ 动态网页实际上并不是独立存在于服务器上的网页文件，只有当用户请求时服务器才返回一个完整的网页。

➢ 动态网页中的？号对搜索引擎检索存在一定的问题，搜索引擎一般不可能从一个网站的数据库中访问全部网页，或者出于技术方面的考虑，搜索之中不去获取网址中？号后面的内容，因此采用动态网页的网站在进行搜索引擎推广时需要做一定的技术处理才能适应搜索引擎的要求。

实战 017	关闭网页文档

➤ 实例位置：无
➤ 素材位置：无
➤ 视频位置：光盘\视频\第1章\实战017.mp4

● **实例介绍** ●

当用户完成网页文档的编辑后，必须马上保存网页文档，防止文件丢失。

● **操作步骤** ●

STEP 01 完成网页文档的编辑后，单击"文件"｜"关闭"命令，如图1-82所示。

STEP 02 执行操作后，即可关闭网页文档，如图1-83所示。

图1-82 单击"关闭"命令

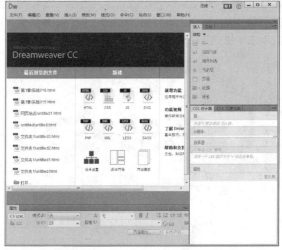

图1-83 关闭网页文档

知识扩展

程序是否在服务器端运行，是区分动态网页和静态网页的重要标志。在服务器端运行的程序、网页和组件，属于动态网页，它们会随不同客户以及不同时间，返回不同的网页，如ASP、PHP、JSP、ASPnet以及CGI等。运行于客户端的程序、网页、插件和组件，属于静态网页，例如html页、Flash、JavaScript以及VBScript等，它们是永远不变的。

静态网页和动态网页各有特点，网站采用动态网页还是静态网页主要取决于网站的功能需求和网站内容的多少，如果网站功能比较简单，内容更新量不是很大，采用纯静态网页的方式会更简单，反之一般要采用动态网页技术来实现。

静态网页是网站建设的基础，静态网页和动态网页之间也并不矛盾，为了网站适应搜索引擎检索的需要，即使采用动态网站技术，也可以将网页内容转化为静态网页发布。动态网站也可以采用静动结合的原则，适合采用动态网页的地方用动态网页，如果必要使用静态网页，则可以考虑用静态网页的方法来实现，在同一个网站上，动态网页内容和静态网页内容同时存在也是很常见的事情。

1.4 设置页面属性

网页设计是一个网页创作的过程，是根据客户需求从无到有的过程，网页设计具有很强的视觉效果、互动性、操作性等其他媒体所不具有的特点。

一个成功的网页设计，首先在观念上要确立动态的思维方式，其次要有效地将图形引入网页设计中，提高人们浏览网页的兴趣。在崇尚鲜明个性风格的今天，网页设计应该增加个性化的因素。

网页设计并非是纯粹的技术型工作，而是融合了网格应用技术与美术设计两个方面。因此，对从业人员来说，仅掌握网页设计制作的相关软件是远远不够的，还需要有一定的美术功底和审美能力。在网络世界中，有许多设计精美的网页值得我们去学习欣赏，如图1-84所示。本节将介绍网页背景的设计方法，帮助用户迈出网页设计的关键一步。

图1-84 精美的网页背景

实战 018	设置网页背景的颜色

▶ **实例位置：** 光盘\效果\第1章\实战018.html
▶ **素材位置：** 光盘\素材\第1章\实战018.html
▶ **视频位置：** 光盘\视频\第1章\实战018.mp4

● 实例介绍 ●

在网页中合理地应用背景色彩是非常关键的，不同的色彩搭配产生不同的效果，并能够影响用户的情绪。

● 操作步骤 ●

STEP 01 单击"文件"｜"打开"命令，打开一幅网页文档，如图1-85所示。

图1-85 打开网页文档

STEP 02 单击"修改"｜"页面属性"命令，如图1-86所示。

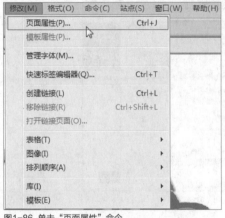

图1-86 单击"页面属性"命令

STEP 03 弹出"页面属性"对话框，单击"背景颜色"右侧的拾色器按钮▢，如图1-87所示。

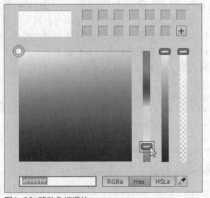

图1-87 "页面属性"对话框

STEP 04 弹出"拾色器"窗口，移动色相滑块至合适位置处，如图1-88所示。

图1-88 移动色相滑块

知识扩展

色彩在人类的生活中都是有丰富的感情和含义的，常见颜色的代表意义如下。

➤ 红色可以使人联想到玫瑰、喜庆以及兴奋。

➤ 白色可以使人联想到纯洁、干净和简洁。

➤ 紫色象征着女性化、高雅和浪漫。

➤ 蓝色象征着高科技、稳重和理智。

➤ 橙色代表了欢快、甜美和收获。

➤ 绿色代表了充满青春的活力、舒适和希望等。

当然，在特定的场合下，同种的色彩也可以代表不同的含义。在网页中更要合理使用色彩，一个网站不可能单一地运用一种颜色，这样容易让用户感觉单调、乏味。但是也不可能将所有的颜色都运用到网站中，会让用户感觉轻浮、花哨。一个网站必须有一种或两种主题色，一个页面尽量不要超过4种色彩，用太多的色彩让用户感到没有方向，没有侧重。当主题色确定好以后，考虑其他配色时，一定要考虑其他配色与主题色的关系，要体现什么样的效果。

STEP 05 移动光亮度滑块至合适位置处，如图1-89所示。

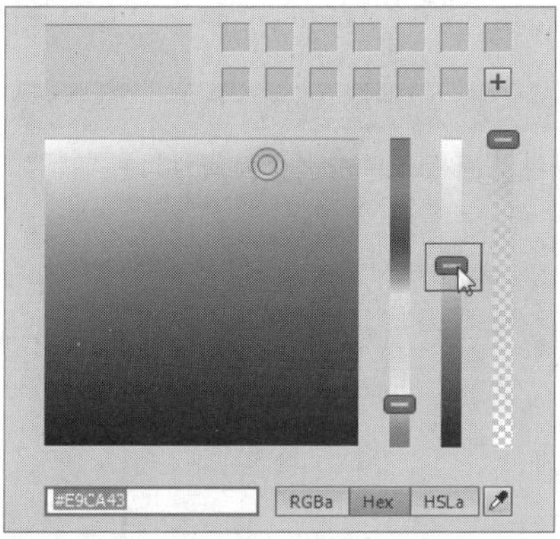

图1-89 移动光亮度滑块

STEP 06 移动Alpha滑块至合适位置处，如图1-90所示。

图1-90 移动Alpha滑块

STEP 07 执行操作后，即可设置"背景颜色"选项，如图1-91所示。

STEP 08 单击"确定"按钮，即可设置网页文档的背景颜色，效果如图1-92所示。

图1-91 设置"背景颜色"选项

图1-92 设置网页文档的背景颜色

<table>
<tr><td>实战
019</td><td>设置网页的背景图像</td></tr>
</table>

▶ 实例位置：光盘\效果\第1章\实战019.html
▶ 素材位置：光盘\素材\第1章\实战019.html
▶ 视频位置：光盘\视频\第1章\实战019.mp4

● 实例介绍 ●

文本和图像是网页中最基本的构成元素，在任何的网页中，这两种基本的构成元素都是必不可少的，它们可以用最直接、最有效的方式向浏览者传达信息。而网页设计人员需要考虑如何把这些元素以一种更容易被浏览者接受的方式组织起来放到网页中去，对于网页中的基本构成元素（文本和图像），大多数浏览器本身都可以显示，无须任何外部程序或模块支持。随着技术的不断发展，更多的元素会在网页艺术设计中得到应用，使浏览者可以享受到更加完美的效果。在新技术不断发展的大环境下，网页设计的要求也在不断提高，而新技术也让网页设计提高到了更高的层次。

网页之所以丰富多彩，都是因为有了图像，可见图像在网页中的重要性。在网页中既可以通过图像的形式表达主题，也可以通过图像对网页起一个装饰作用。图像在网页中的作用是无可替代的，一幅精美合适的图片，往往可以胜过数篇洋洋洒洒的文字，如图1-93所示。

图1-93 以图片作为网页背景

● 操作步骤 ●

STEP 01 单击"文件"|"打开"命令，打开一幅网页文档，如图1-94所示。

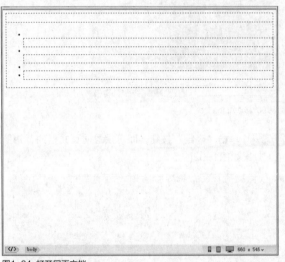

图1-94 打开网页文档

STEP 03 弹出"页面属性"对话框，单击"背景图像"右侧的"浏览"按钮，如图1-96所示。

图1-96 "页面属性"对话框

STEP 02 展开"属性"面板，单击"页面属性"按钮，如图1-95所示。

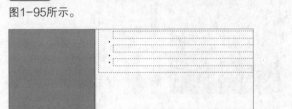

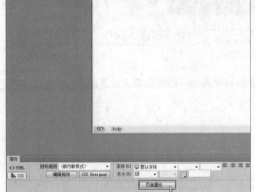

图1-95 单击"页面属性"按钮

STEP 04 弹出"选择图像源文件"对话框，选择相应的背景图像文件，如图1-97所示。

图1-97 选择相应的背景图像文件

STEP 05 单击"确定"按钮，即可添加背景图像文件，如图1-98所示。

STEP 06 单击"应用"和"确定"按钮，即可设置网页的背景图像，效果如图1-99所示。

图1-98 添加背景图像文件

图1-99 设置网页的背景图像

STEP 07 单击"在浏览器中预览/调试"按钮 ，在弹出的列表框中选择相应的预览方式，如图1-100所示。

STEP 08 执行操作后，即可在打开的浏览器中预览网页，效果如图1-101所示。

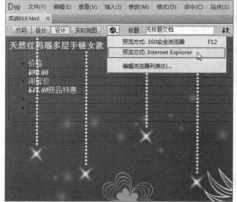

图1-100 选择相应的预览方式

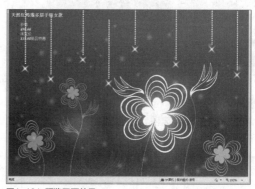

图1-101 预览网页效果

实战 020 设置网页的页面链接

▶ 实例位置：光盘\效果\第1章\实战020.html
▶ 素材位置：光盘\素材\第1章\实战020.html
▶ 视频位置：光盘\视频\第1章\实战020.mp4

● 实例介绍 ●

链接是网站的灵魂，从一个网页指向另一个目的端的链接。例如，指向另一个网页或相同网页上的不同位置。这个目的端通常是另一个网页，但也可以是一幅图片、一个电子邮件地址、一个文件、一个程序或者是本页中的其他位置。超链接可以是文本或者图片，如图1-102所示，其中既有文本链接，又有图像链接，而且还可以通过导航栏进行超链接。

图1-102 网页中的超链接

　　在网页中，一般文字上的超链接都是蓝色（当然，用户也可以自己设置成其他颜色），文字下面有一条下划线。网页上的超链接一般分为以下3种。

➢ 第一种是绝对URL的超链接。URL（Uniform Resource Locator）就是统一资源定位符，简单地讲就是网络上的一个站点、网页的完整路径。

➢ 第二种是相对URL的超链接。如将自己网页上的某一段文字或某标题链接到同一网站的其他网页上面去。

➢ 第三种称为同一网页的超链接，这种超链接又叫作书签。

● 操作步骤 ●

STEP 01 单击"文件"|"打开"命令，打开一幅网页文档，如图1-103所示。

STEP 02 展开"属性"面板，单击"页面属性"按钮，如图1-104所示。

图1-103 打开网页文档

图1-104 单击"页面属性"按钮

STEP 03 弹出"页面属性"对话框，选择"分类"列表框中的"链接（CSS）"选项，切换至相应选项卡，如图1-105所示。

STEP 04 在"链接（CSS）"选项卡中，设置"链接颜色"为蓝色（#0815FC），如图1-106所示。

图1-105 选择"链接（CSS）"选项

图1-106 设置"链接颜色"

STEP 05 在"大小"列表框中选择36选项，如图1-107所示。

STEP 06 在"下划线样式"列表框中选择"始终无下划线"选项，如图1-108所示。

图1-107 设置"大小"

图1-108 设置"下划线样式"

STEP 07 单击“确定”按钮，即可设置网页的链接属性，效果如图1-109所示。

图1-109 设置网页的链接属性

STEP 08 按【F12】键保存网页后，即可在打开的IE浏览器中看到网页效果，如图1-110所示。

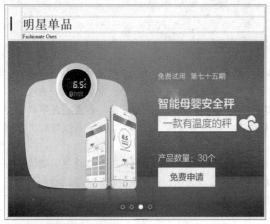

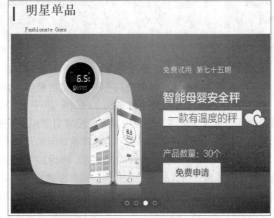

图1-110 预览网页效果

实战021 设置网页的标题属性

▶实例位置：光盘\效果\第1章\实战021.html
▶素材位置：无
▶视频位置：光盘\视频\第1章\实战021.mp4

• 实例介绍 •

在浏览一个网页时，通过浏览器顶端的显示条出现的信息就是网页标题，如图1-111所示。网页标题是对一个网页的高度概括，一般来说，网站首页的标题就是网站的正式名称，而网站中文章内容页面的标题就是文章的题目，栏目首页的标题通常是栏目名称。当然这种一般原则并不是固定不变的，在实际工作中可能会有一定的变化，但无论如何变化，总体上仍然会遵照这种规律。

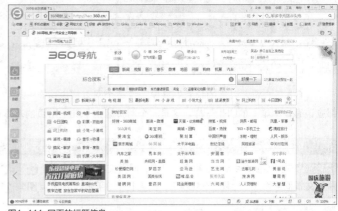

图1-111 网页的标题信息

在网页HTML代码中，网页标题位于<head>和</head>标签之间，其形式如图1-112所示。其中“360导航_新一代安全上网导航”就是这一网站首页的标题。

```
<!DOCTYPE html
<!--[if lt IE 7 ]><html class="ie6" lang="zh-cn"><![endif]-->
<!--[if IE 7 ]><html class="ie7" lang="zh-cn"><![endif]-->
<!--[if IE 8 ]><html class="ie8" lang="zh-cn"><![endif]-->
<!--[if IE 9 ]><html class="ie9" lang="zh-cn"><![endif]-->
<!--[if (gt IE 9)|!(IE)]><!--><html class="" lang="zh-cn"><!--<![endif]-->
<head>
<meta charset="utf-8" />
<title>360导航_新一代安全上网导航</title>
<link rel="dns-prefetch" href="//s0.qhimg.com"/>
<link rel="dns-prefetch" href="//s5.qhimg.com"/>
<link rel="dns-prefetch" href="//s7.qhimg.com"/>
<link rel="dns-prefetch" href="//s8.qhimg.com"/>
<link rel="dns-prefetch" href="//s9.qhimg.com"/>
<meta name="description" content="360导航--新一代安全上网导航，为用户提供门户、新闻、视频、游戏、小说、彩票等各种分类的优秀内容和网站入口，提供最简单便捷的上网导航服务。安全上网，从360导航开始。" />
<meta name="keywords" content="360导航,网址之家,网址大全,网址导航,360安全网址,360网址大全,上网导航,网址" />
<base target="_blank"/><!--[if IE 6 ]></base><![endif]-->
<script>var PAGE_START_TIME = (new Date).getTime(),WEBINDEXCK = "360WEBINDEXCK",DEBUG=0;

var THEME_CONF = {TAGKEYS:["zuire","zuixin","star","katongdongman"],RECENT:[],DEFAULT:{key:"default",snapshot:"213fce68"},DSTVER:"419"},API_VERSION = {"hotword":"1.0","channeltop":"1.3","channelOrder":"8","channelView":"2.7","guessdata":"5","theme":"1.0","locallist":"1.1","localdata":"1.4","activityView":"1.0","dropdownhotsale":"1.0","tonglandata":"1.2"},API_SNAPSHOTNUM = {"hotword":"3c33ef754591e07daeb0c033ce13a0a6","channeltop":"9c5e8cfc03f988163e06f98dd396a49f","dropdownhotsale":"a4fa34853c7593d261e72ac6e85f3ed2","tonglandata":"eec17c7efc43206b3c15006aae616b9a","channelOrder":"bfd68f8f2f1e8f2488a4f53c049a5f8c"};
/*hao360versionmark*/ /*Do!not!delete!*/
```

图1-112 网页的标题信息

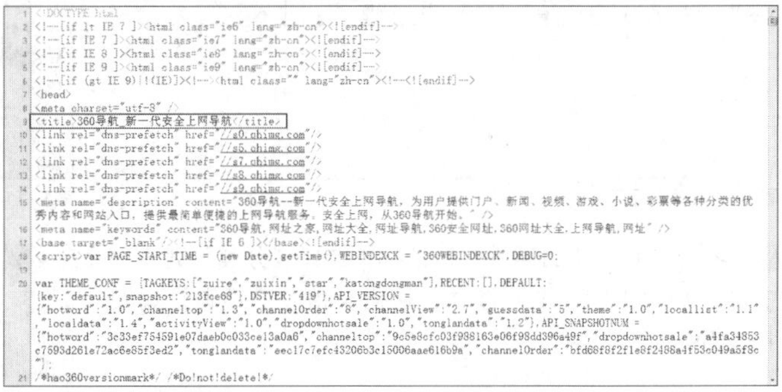

例如，看到很多网站的首页标题较长，除了网站名称（公司名称）之外，还有网站相关业务之类的关键词，这主要是为了在搜索引擎检索结果中获得排名优势而考虑的，也属于正常的搜索引擎优化方法。因为一般的公司名称（或者品牌名称）中可能不包含核心业务的关键词，这样当用户通过核心业务来检索时，如果网站标题中没有这样的关键词，在搜索结果排名中将处于不利地位。

网页标题的设置技巧如下。

（1）既简洁、醒目又能概括主要信息。每个网页都应该有自己独立的标题，对企业网站而言尤其是每个产品具体内容页面更应正视网页标题的设计。网页标题体现网页的核心内容，并含有有效关键词。网页标题与网页正文内容应该具有高度相关性。

知识扩展1

当用户通过搜索引擎检索时，在检索结果页面中的内容一般是网页标题（加链接）和网页摘要信息。要引起用户的关注，网页标题发挥了很大的作用，如果网页标题和页面摘要信息有较大的相关性，摘要信息对网页标题将发挥进一步的补充作用，从而引起用户对该网页信息点击行为的发生（也就意味着搜索引擎推广发挥了作用）。另外，当网页标题被其他网站或者本网站其他栏目/网页链接时，一个概括了网页核心内容的标题有助于用户判断是否点击该网页标题链接。

（2）站在一个搜索者的角度思考。想想这标题对于那些在寻找问题解答的人来讲，他们在百度或者谷歌等搜索引擎上会不会敲下这几个字。如果是几乎不可能或者极少人会想到用你这个标题来查找信息的，那么建议换另外一个。

（3）网页标题不宜过短或者多长。一般来说6~10个汉字比较理想，最好不要超过30个汉字。网页标题字数过少可能包含不了有效关键词，字数过多不仅搜索引擎无法正确识别标题中的核心关键词，而且也让用户难以对网页标题（尤其是首页标题，代表了网站名称）形成深刻印象，也不便于其他网站链接。

（4）网页标题中应含有丰富的关键词。考虑到搜索引擎营销的特点，搜索引擎对网页标题中所包含的关键词具有较高的权重，尽量让网页标题中含有用户检索所使用的关键词。以网站首页设计为例，一般来说首页标题就是网站的名称或者公司名称，但是考虑到有些名称中可能无法包含公司/网站的核心业务，也就是说没有核心关键词，这时通常采用"核心关键词+公司名/品牌名"的方式来作为网站首页标题。

（5）主关键字的词频都并非越大越好，而是有一定的限制。很多人以为标题中主关键字出现的次数越多越好，于是在标题中不断地重复该关键字。实际上，不管在页面的什么位置，主关键字的词频都并非越大越好，而是有一定的限制。通常，在标题中主关键字出现3次以内，每个辅关键字只出现1次是比较合理的。

知识扩展2

在标题中，即使主、辅关键字及词频都相同，表达方式也各有不同。以下是两种最常见的标题表达方式。
> 方式1：〈title〉影视 | 电视剧 〈/title〉
> 方式2：〈title〉影视- 打造全国最好最全的电视剧网站〈/title〉

这两种表达方式除了能有效提高主关键字"影视"的词频外，还增加了意义相近的辅关键字"电视剧"。其中，方式1中采取的是多个关键字简单排列的形式；而方式2则采取的是对主关键字进行描述的形式，这样不但更能得到搜索引擎的青睐，同时也更能吸引用户的点击。

（6）符合搜索引擎的检索的需要。每一个网页都应该有一个能正确描述该网页内容的独立的标题，正如每个网页都应该有一个唯一的URL一样，这是一个网页区别于其他网页的基本属性之一。

● **操作步骤** ●

STEP 01 在Dreamweaver中新建一个空白网页文档，在"标题"文本框中输入"影视 | 电视剧"，如图1-113所示。

STEP 02 展开"属性"面板，单击"页面属性"按钮，如图1-114所示。

图1-113 输入标题

图1-114 单击"页面属性"按钮

STEP 03 弹出"页面属性"对话框，选择"分类"列表框中的"标题（CSS）"选项，切换至相应选项卡，如图1-115所示。

图1-115 选择"标题（CSS）"选项

STEP 04 在"标题字体"列表框中，选择相应的字体样式，如图1-116所示。

STEP 05 单击"确定"按钮，按【F12】键保存网页后，即可在打开的IE浏览器中预览网页效果，如图1-117所示。

图1-116 选择相应的字体样式

图1-117 预览网页效果

实战 022 设置网页的标题编码

▶ 实例位置：无
▶ 素材位置：无
▶ 视频位置：光盘\视频\第1章\实战022.mp4

● 实例介绍 ●

"标题/编码"页面属性类别可指定特定于制作Web页面时所用语言的文档编码类型，以及指定要用于该编码类型的Unicode标准化表单。

● 操作步骤 ●

STEP 01 新建一个空白网页文档，展开"属性"面板，单击"页面属性"按钮，弹出"页面属性"对话框，选择"分类"列表框中的"标题/编码"选项，切换至相应选项卡，如图1-118所示。

STEP 02 "标题"文本框用于指定在"文档"窗口和大多数浏览器窗口的标题栏中出现的页面标题，用户可以在此输入相应的标题内容，如图1-119所示。

图1-118 切换至相应选项卡

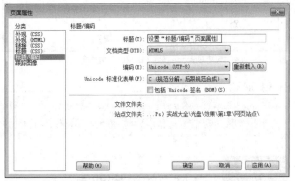

图1-119 输入标题

STEP 03 "文档类型（DTD）"用于指定文档类型定义，如图1-120所示。例如，可从弹出式菜单中选择"XHTML 1.0 Transitional"或"XHTML 1.0 Strict"，使 HTML文档与XHTML兼容。

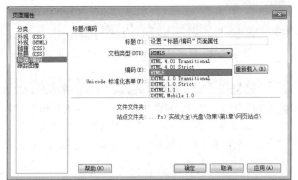

图1-120 "文档类型（DTD）"列表框

STEP 04 "编码"用于指定文档中字符所用的编码，如图1-121所示。

STEP 05 "Unicode 标准化表单"选项仅在选择UTF-8作为文档编码时启用，如图1-122所示。

图1-121 "编码"下拉列表框

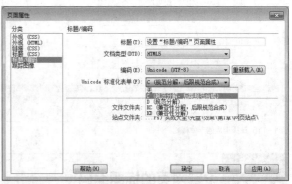

图1-122 "Unicode 标准化表单"列表框

STEP 06 选中"包括 Unicode 签名（BOM）"复选框，即可在文档中包括字节顺序标记（BOM），如图1-123所示。单击"确定"按钮即可完成设置。

知识扩展1

"Unicode 标准化表单"列表框中有4种Unicode 标准化表单，最重要的是标准化表单C，因为它是用于万维网的字符模型的最常用表单。Macromedia提供其他3种Unicode 标准化表单作为补充。在Unicode中，有些字符看上去很相似，但可用不同的方法存储在文档中。例如，"ě"（e 变音符）可表示为单个字符"e 变音符"，或两个字符"正常拉丁语 e"+"组合变音符"。Unicode组合字符是与前一个字符结合使用的字符，因此变音符会显示在"拉丁语 e"的上方。这两种形式都显示为相同的印刷样式，但保存在文件中的每种形式是不同的。

标准化是指确保可用不同形式保存的所有字符都使用相同的形式进行保存的过程。即，文档中所有"ě"字符都保存为单个"e 变音符"或"e"+"组合变音符"，而不是在一个文档中保存为这两种形式。

图1-123 选中"包括 Unicode 签名（BOM）"复选框

知识扩展2

BOM是位于文本文件开头的2~4个字节，可将文件标识为Unicode，如果是这样，还标识后面字节的字节顺序。由于UTF-8没有字节顺序，因此可以选择添加UTF-8 BOM。对于UTF-16和UTF-32，在文档中包括字节顺序标记（BOM）是必需的。

实战 023 设置网页的跟踪图像

▶ 实例位置：无
▶ 素材位置：无
▶ 视频位置：光盘\视频\第1章\实战023.mp4

● 实例介绍 ●

"跟踪图像"选项可以让设计者在设计页面时插入用作参考的图像文件。

● 操作步骤 ●

STEP 01 新建一个空白网页文档，展开"属性"面板，单击"页面属性"按钮，弹出"页面属性"对话框，选择"分类"列表框中的"跟踪图像"选项，切换至相应选项卡，如图1-124所示。

STEP 02 在"跟踪图像"选项卡中，单击"跟踪图像"选项右侧的"浏览"按钮，如图1-125所示。

图1-124 切换至相应选项卡

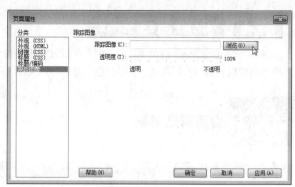

图1-125 单击"浏览"按钮

知识扩展

不少人喜欢在网页中加上背景图案，认为如此可以增加美观程度，但却不知这样会耗费传输时间，而且容易影响阅读视觉，反而给予用户不好的印象。因此，若没有绝对必要，最好避免使用背景图案，保持干净清爽的背景。但如果真的喜欢使用背景，那么最好使用单一色系，而且要跟前景的文字可以明显区别，最忌讳使用花哨多色的背景，因为这样不仅大量耗费传输与显示时间，而且会严重影响阅读。

STEP 03 弹出"选择图像源文件"对话框，选择相应的图像源文件，如图1-126所示。

STEP 04 单击"确定"按钮，即可添加跟踪图像，如图1-127所示。

图1-126 选择相应的图像源文件

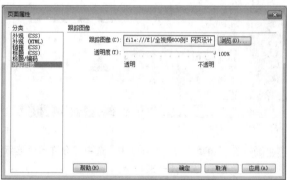

图1-127 添加跟踪图像

STEP 05 设置"不透明度"为80%，如图1-128所示。

STEP 06 单击"确定"按钮，即可在设计窗口显示相应图像，如图1-129所示。

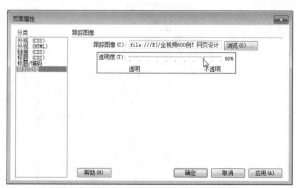

图1-128 设置"不透明度"

图1-129 显示相应图像

1.5 设置首选参数

在Adobe Dreamweaver CC中，用户可以设置编码首选参数（如代码格式和颜色等）以满足自己的特定需求，本节将介绍常规参数、代码格式、代码颜色、复制/粘贴以及在浏览器中预览等首选参数的设置方法。

实战 024	设置常规参数	▶ 实例位置：无
		▶ 素材位置：无
		▶ 视频位置：光盘\视频\第1章\实战024.mp4

● 实例介绍 ●

在Adobe Dreamweaver CC中，"常规"首选项参数主要包括文档选项和编辑选项两个板块。

● 操作步骤 ●

STEP 01 启动Dreamweaver CC，单击"编辑"|"首选项"命令，如图1-130所示。

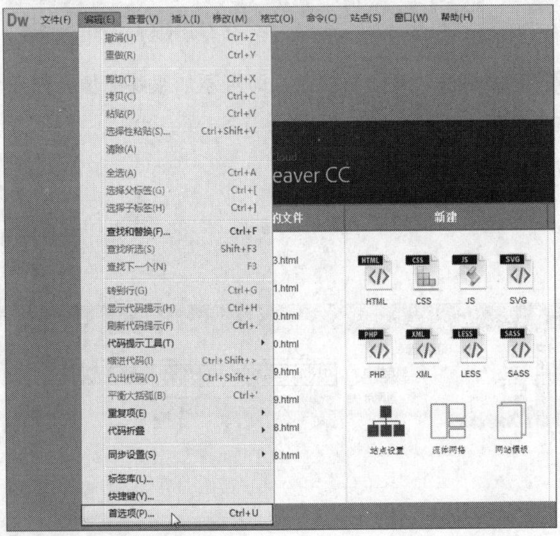

STEP 02 弹出"首选项"对话框，默认进入"常规"选项卡，如图1-131所示。

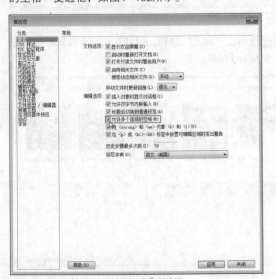

图1-130 单击"首选项"命令

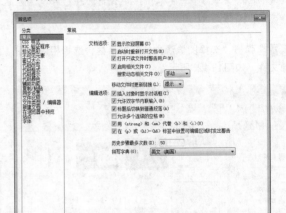

图1-131 弹出"首选项"对话框

STEP 03 在"编辑选项"选项区中，选中"允许多个连续的空格"复选框，如图1-132所示。

STEP 04 单击"应用"按钮，即可保存修改，如图1-133所示。

图1-132 选中"允许多个连续的空格"复选框

图1-133 单击"应用"按钮

知识扩展

"常规"选项卡中各主要选项的含义如下。

➤ 显示欢迎屏幕：在启动Dreamweaver时或者在没有打开任何文档时，显示Dreamweaver的欢迎屏幕。

➤ 启动时重新打开文档：打开在关闭Dreamweaver时处于打开状态的任何文档。如果未选择此选项，Dreamweaver会在启动时显示欢迎屏幕或者空白屏幕（具体取决于"显示欢迎屏幕"设置）。

➤ 打开只读文件时警告用户：在打开只读（已锁定的）文件时警告用户。可以选择取消锁定/取出文件、查看文件或取消。

➤ 启用相关文件：用于查看哪些文件与当前文档相关（如CSS或JavaScript文件）。Dreamweaver 在文档顶部为每个相关文件显示了一个按钮，单击该按钮可打开相应文件。

➤ 搜索动态相关文件：允许用户选择动态相关文件是自动还是在手动交互之后显示在"相关文件"工具栏中。用户还可以选择禁用搜索动态相关文件。

➤ 移动文件时更新链接：确定在移动、重命名或删除站点中的文档时所发生的操作。可以将该参数设置为总是自动更新链接、从不更新链接或提示执行更新。

➤ 插入对象时显示对话框：确定当使用"插入"面板或"插入"菜单插入图像、表格、Shockwave 影片和其他某些对象时，Dreamweaver 是否提示用户输入附加的信息。如果禁用该选项，则不出现对话框，用户必须使用"属性"检查器指定图像的源文件和表格中的行数等。对于鼠标经过图像和Fireworks HTML，当用户插入对象时总是出现一个对话框，而与该选项的设置无关。（若要暂时覆盖该设置，请在创建和插入对象时按住【Ctrl】键并单击）

➤ 允许双字节内联输入：使用户能够直接在"文档"窗口中输入双字节文本［如果用户正在使用适合于双字节文本（如日语字符）的开发环境或语言工具包］。如果取消选择该选项，将显示一个用于输入和转换双字节文本的文本输入窗口；文本被接受后显示在"文档"窗口中。

➤ 标题后切换到普通段落：指定在"设计"视图中于一个标题段落的结尾按下【Enter】时，将创建一个用p标签进行标记的新段落（标题段落是用 h1 或 h2 等标题标签进行标记的段落）。当禁用该选项时，在标题段落的结尾按下【Enter】键将创建一个用同一标题标签进行标记的新段落（允许用户在一行中键入多个标题，然后返回并填入详细信息）。

➤ 允许多个连续的空格：指定在"设计"视图中键入两个或更多的空格时将创建不中断的空格，这些空格在浏览器中显示为多个空格。（例如，用户可以在句子之间键入两个空格，就如同在打字机上一样。）该选项主要针对习惯于在字处理程序中键入的用户。当禁用该选项时，多个空格将被当作单个空格（因为浏览器将多个空格当作单个空格）。

➤ 使用<strong>和<em>代替<b>和<i>（U）：指定Dreamweaver每当执行通常会应用b标签的操作时改为应用strong标签，以及每当执行通常会应用i标签的操作时改为应用em标签。此类操作包括在HTML模式下的文本属性检查器中单击"粗体"或"斜体"按钮，以及选择"格式"|"样式"|"粗体"或"格式"|"样式"|"斜体"。若要在用户的文档中使用b和i标签，则应该取消选择此选项。需要注意的是，WWW联合会不鼓励使用b和i标签；strong和em标签提供的语义信息比b和i标签更明确。

➤ 在<p>或<h1>-<h6>标签中放置可编辑区域时发出警告：指定在保存段落或标题标签内具有可编辑区域的Dreamweaver 模版时是否显示警告信息。该警告信息会通知你用户将无法在此区域中创建更多段落。默认情况下会启用此选项。

➤ 历史步骤最多次数：确定在"历史记录"面板中保留和显示的步骤数（默认值对于大多数用户来说应该足够使用）。如果超过了"历史记录"面板中的给定步骤数，则将丢弃最早的步骤。

➤ 拼写字典：列出可用的拼写字典。如果字典中包含多种方言或拼写惯例[如"英语"（美国）和"英语"（英国）]，则方言单独列在"字典"弹出菜单中。

实战 025 设置代码格式

▶ 实例位置：无
▶ 素材位置：无
▶ 视频位置：光盘\视频\第1章\实战025.mp4

● 实例介绍 ●

用户可以通过指定格式设置首选参数（如缩进、行长度以及标签和属性名称的大小写）更改代码的外观。除了"覆盖大小写"选项之外，所有"代码格式"选项均只会自动应用到随后创建的新文档或新添加到文档中的部分。若要重新设置现有HTML文档的格式，可以打开文档，然后执行"命令"|"应用源格式"命令。

● 操作步骤 ●

STEP 01 启动Dreamweaver CC，单击"编辑"|"首选项"命令，弹出"首选项"对话框，如图1-134所示。

STEP 02 在"分类"列表框中，单击"代码格式"标签，切换至"代码格式"选项卡，如图1-135所示。

图1-134 弹出"首选项"对话框

图1-135 单击"代码格式"标签

STEP 03 在"高级格式设置"选项区中，单击"CSS"按钮，弹出"CSS源格式选项"对话框，用户可以在此设置层叠样式表（CSS）代码，如图1-136所示。

STEP 04 在"高级格式设置"选项区中，单击"标签库"按钮，弹出"标签库编辑器"对话框，用户可以在此设置个别标签和属性的格式选项，如图1-137所示。

图1-136 "CSS源格式选项"对话框

图1-137 "标签库编辑器"对话框

知识扩展

"代码格式"选项卡中各主要选项的含义如下。

➤ 缩进：指示由Dreamweaver生成的代码是否应该缩进（根据在这些首选参数中指定的缩进规则）。需要注意的是，此对话框中的大多数缩进选项仅应用于由Dreamweaver 生成的代码，而不应用于用户键入的代码。若要使用户新键入的每一代码行的缩进级别都与上一行相同，应选择"查看"｜'代码'视图"选项中的"自动缩进"选项。

➤ 大小（文本框和弹出菜单）：指定Dreamweaver应使用多少个空格或制表符对它所生成的代码进行缩进。例如，如果在框中键入"3"并从弹出菜单中选择"制表符"，则由Dreamweaver 生成的代码对每个缩进级别使用3个制表符进行缩进。

➤ 制表符大小：用于确定每个制表符字符在"代码"视图中显示为多少个字符宽度。例如，如果"制表符大小"设置为4，则每个制表符在"代码"视图中显示为4个字符宽度的空白空间。此外，如果"缩进大小"设置为3个制表符，则对Dreamweaver所生成的代码按照每个缩进级别使用3个制表符来进行缩进，在"代码"视图中显示的缩进就是12个字符宽度的空白空间。需要注意的是，Dreamweaver使用空格或制表符两者之一进行缩进；在插入代码时它并不会将一串空格转换成制表符。

➤ 换行符类型：指定承载远程站点的远程服务器的类型（Windows、Macintosh 或 UNIX）。选择正确的换行符类型可以确保HTML源代码在远程服务器上能够正确显示。当用户使用只识别某些换行符的外部文本编辑器时，此设置也有用。例如，如果将"记事本"作为用户的外部编辑器，则使用"CR LF（Windows）"；如果将"SimpleText"作为外部编辑器，则使用"CR（Macintosh）"。需要注意的是，如果要连接的服务器使用 FTP，此选项只能应用于二进制传输模式；Dreamweaver 中的ASCII传输模式忽略此选项。如果使用ASCII模式下载文件，则Dreamweaver根据计算机的操作系统设置换行符；如果使用ASCII模式上传文件，则换行符都设置为"CR LF"。

➤ 默认标签大小写和默认属性大小写：控制标签和属性名称的大小写。这些选项应用于用户在"设计"视图中插入或编辑的标签和属性，但是它们不能应用于用户在"代码"视图中直接输入的标签和属性，也不能应用于打开的文档中的标签和属性（除非用户还选择了一个或全部两个"覆盖大小写"选项）。需要注意的是，这些首选参数仅适用于HTML页。对于 XHTML页，Dreamweaver 将忽略这些参数，因为大写标签和属性是无效的 XHTML。

➤ 覆盖大小写（标签和属性）：用于指定是否在任何时候（包括当用户打开现有的HTML文档时）都强制使用用户指定的大小写选项。当用户选择其中的一个选项并且单击"确定"退出对话框时，当前文档中的所有标签或属性立即转换为指定的大小写，同样，从这时起打开的每个文档中的所有标签或属性也都转换为指定的大小写（直到用户再次取消对此选项的选择为止）。与使用"插入"面板插入的标签或属性一样，用户在"代码"视图和快速标签编辑器中键入的标签或属性也将转换为指定的大小写。例如，如果用户想让标签名称总是转换为小写，则在"默认标签大小写"选项中指定小写字母，然后选择"覆盖大小写：标签"选项。于是当用户打开包含大写标签名称的文档时，Dreamweaver 将它们全部转换为小写。需要注意的是，旧版本HTML允许标签和属性的名称使用大写或小写，但是XHTML要求标签和属性的名称为小写。Web正在向XHTML方向发展，所以一般来讲，标签和属性名称最好使用小写。

➤ TD标签（不在TD标签内包括换行符）：解决当<td>标签之后或</td>标签之前紧跟有空白或换行符时，某些较早浏览器中发生的呈现问题。选择此选项后，即使标签库中的格式设置指示应在 <td> 之后或 </td> 之前插入换行符，Dreamweaver 也不会在这些地方写入换行符。

➤ 高级格式设置：用于设置层叠样式表（CSS）代码以及标签库编辑器中个别标签和属性的格式选项。

实战 026	设置代码颜色	▶ 实例位置：无
		▶ 素材位置：无
		▶ 视频位置：光盘\视频\第1章\实战026.mp4

● 实例介绍 ●

使用"代码颜色"首选参数来指定常规类别的标签和代码元素（例如，与表单相关的标签或 JavaScript 标识符）的颜色，如图1-138所示。若要设置特定标签的颜色首选参数，可在标签库编辑器中编辑标签定义。

图1-138 设置"代码颜色"效果

● 操作步骤 ●

STEP 01 启动Dreamweaver CC，单击"编辑"|"首选项"命令，弹出"首选项"对话框，如图1-139所示。

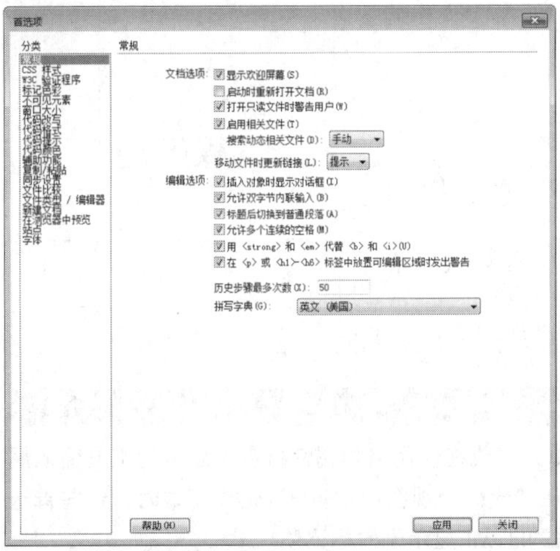

STEP 02 在"分类"列表框中，单击"代码颜色"标签，切换至"代码颜色"选项卡，如图1-140所示。

图1-139 弹出"首选项"对话框

图1-140 单击"代码颜色"标签

知识扩展

"代码颜色"选项卡中主要选项的含义如下。

➤ 文档类型：从"文档类型"列表中选择文档类型，对代码颜色首选参数进行的任何编辑都将影响此类型的所有文档。

➤ 默认背景：用于设置"代码"视图和代码检查器的默认背景颜色。

➤ 隐藏字符：用于设置隐藏字符的颜色。

➤ 实时代码背景：用于设置实时"代码"视图的背景颜色，此默认颜色为黄色。

➤ 实时代码更改：用于设置实时"代码"视图中发生更改的代码的高亮颜色。此默认颜色为粉红色。

➤ 只读背景：用于设置只读文本的背景颜色。

STEP 03 在"文档类型"列表框中，选择"文本"选项，如图1-141所示。

STEP 04 单击"编辑颜色方案"按钮，弹出"编辑文本的颜色方案"对话框，如图1-142所示。

图1-141 选择"文本"选项

图1-142 弹出"编辑文本的颜色方案"对话框

STEP 05 设置"文本颜色"为蓝色（#061AFB）、"背景颜色"为淡黄色（#F8FFB8），如图1-143所示。

STEP 06 单击"确定"按钮，返回"首选项"对话框，单击"应用"按钮，即可设置代码颜色，如图1-144所示。

图1-143 设置文本的颜色方案

图1-144 单击"应用"按钮

实战 027　设置代码改写

▶ 实例位置：无
▶ 素材位置：无
▶ 视频位置：光盘\视频\第1章\实战027.mp4

● 实例介绍 ●

使用"代码改写"首选参数可以指定在打开文档、复制或粘贴表单元素或在使用诸如属性检查器之类的工具输入属性值和URL时，Dreamweaver是否修改用户的代码，以及如何修改。在"代码"视图中编辑HTML或脚本时，这些首选参数不起作用。如果用户禁用改写选项，则在文档窗口中对它本应改写的HTML显示无效标记项。

● 操作步骤 ●

STEP 01 启动Dreamweaver CC，单击"编辑"|"首选项"命令，弹出"首选项"对话框，在"分类"列表框中，单击"代码改写"标签，切换至"代码改写"选项卡，如图1-145所示。

STEP 02 选中"删除多余的结束标签"复选框，用户即可在"在带有扩展的文件中"文本框中设置相应的结束标签，如图1-146所示。

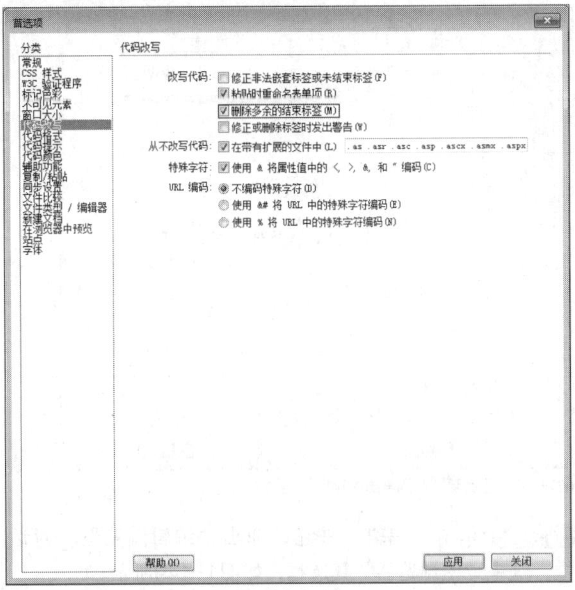

图1-145 切换至"代码改写"选项卡

图1-146 选中"删除多余的结束标签"复选框

知识扩展

"代码改写"选项卡中主要选项的含义如下。

➢ 修正非法嵌套标签或未结束标签：改写重叠标签。例如，`<b><i>text</b></i>` 改写为 `<b><i>text</i></b>`。如果缺少右引号或右括号，则此选项还将插入右引号或右括号。

➢ 粘贴时重命名表单项：确保表单对象不会具有重复的名称。默认情况下启用该选项。需要注意的是，与此首选参数对话框中的其他选项不同的是，此选项并不在打开文档时应用，只在复制和粘贴表单元素时应用。

➢ 删除多余的结束标签：删除不具有对应的开始标签的结束标签。

➢ 修正或删除标签时发出警告：显示Dreamweaver试图更正的、技术上无效的HTML的摘要。该摘要记录了问题的位置（使用行号和列号），以便用户可以找到更正内容并确保它按预期方式呈现。

➢ 从不改写代码（在带有扩展的文件中）：允许用户防止Dreamweaver改写具有指定文件扩展名的文件中的代码。对于包含第三方标签的文件，此选项特别有用。

➢ 使用&将属性值中的 `<`、`>`、`&` 和 `"` 编码：确保用户使用Dreamweaver工具（如属性检查器）输入或编辑的属性值只包含合法的字符。默认情况下启用该选项。需要注意的是，此选项和下面的选项不会应用于用户在"代码"视图中键入的 URL。另外，它们不会使已经存在于文件中的代码发生更改。

➢ 不编码特殊字符：用于防止Dreamweaver将URL更改为仅使用合法字符。默认情况下启用该选项。

➢ 使用 `&#` 将 URL 中的特殊字符编码：确保用户使用Dreamweaver工具（如属性检查器）输入或编辑的URL只包含合法的字符。

➢ 使用 `%` 将 URL 中的特殊字符编码：与前一选项的操作方式相同，但是使用另一方法对特殊字符进行编码。这种编码方法（使用百分号）可能对较早版本的浏览器更为兼容，但对于某些语言中的字符并不适用。

实战 028	设置在浏览器中预览	▶ 实例位置：无
		▶ 素材位置：无
		▶ 视频位置：光盘\视频\第1章\实战028.mp4

● 实例介绍 ●

使用"在浏览器中预览"首选参数可以指定当前定义的主浏览器和候选浏览器以及它们的设置。

● 操作步骤 ●

STEP 01 启动Dreamweaver CC，单击"编辑"|"首选项"命令，弹出"首选项"对话框，在"分类"列表框中，单击"在浏览器中预览"标签，切换至"在浏览器中预览"选项卡，如图1-147所示。

STEP 02 在"浏览器"列表框中选择"Internet Explorer"选项，如图1-148所示。

图1-147 切换至"在浏览器中预览"选项卡

图1-148 选择"Internet Explorer"选项

STEP 03 单击"编辑"按钮，弹出"编辑浏览器"对话框，选中"主浏览器"复选框，如图1-149所示。

STEP 04 单击"确定"按钮，即可将Internet Explorer设置为主浏览器，如图1-150所示，单击"应用"按钮保存设置即可。

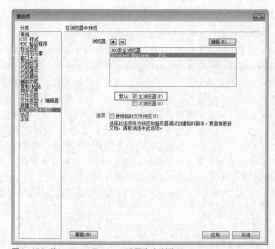

图1-150 将Internet Explorer设置为主浏览器

图1-149 选中"主浏览器"复选框

知识扩展

　　若要设置"浏览器预览"的首选参数，可执行以下操作。

➤ 若要向列表添加浏览器，可单击加号（＋）按钮，打开"添加浏览器"对话框，然后单击"确定"按钮，如图1-151所示。新浏览器的名称出现在列表中。

➤ 若要从列表中删除浏览器，可选择要删除的浏览器，然后单击减号（－）按钮，浏览器名称从列表中消失。

➤ 若要更改选定浏览器的设置，可单击"编辑"按钮，在"编辑浏览器"对话框中进行更改，然后单击"确定"按钮。选择"主浏览器"或"候选浏览器"选项，可指定所选浏览器是主浏览器还是候选浏览器。

图1-151 "添加浏览器"对话框

➤ 按【F12】键将打开主浏览器，按【Ctrl＋F12】键将打开候选浏览器。

➤ 选择"用临时文件预览"选项，可为预览和服务器调试创建临时副本。如果要直接更新文档，可撤销对此选项的选择。

第 **2** 章

网页基本对象的创建

本章导读

学习了站点的创建与配置以及网页文档的操作后，本章将学习为网页添加内容，包括添加文本、图像、动态元素以及创建超链接等。为网页添加相应的内容是网页制作中最基本的操作，需重点掌握。网页中如果缺少各种元素，就只会是徒有其表，添加各类对象后才可使网页内容更加鲜明与丰富。

要点索引

- 为网页添加文本
- 在网页中插入图像
- 创建多媒体网页对象
- 水平线的操作
- 创建常用网页链接

2.1 为网页添加文本

在网页中添加与设置文本格式可以使页面更清晰，更具有层次感。如图2-1所示是设置了文本格式后的效果。Dreamweaver中的文档就是网页，文本是构成网页的重要元素，对网页制作者来说，如何对文本进行编辑和美化是需要解决的首要问题，本节主要介绍如何在Dreamweaver中对文本进行编辑。

图2-1 设置文本格式的效果

实战 029 在网页中添加文本

▶ 实例位置：光盘\效果\第2章\实战029\index.html
▶ 素材位置：光盘\素材\第2章\实战029\index.html
▶ 视频位置：光盘\视频\第2章\实战029.mp4

● 实例介绍 ●

添加文本是Dreamweaver中最基本的操作之一。文本是网页中最重要的元素，在网页中添加文本与在Office中添加文本一样方便，可以直接输入文本，也可从其他文档中复制文本或插入特殊字符和水平线等。在Dreamweaver CC中，向网页中添加文本有以下3种方法。

➤ 拷贝文本。用户可以从其他的应用程序中复制文本，然后切换到Dreamweaver中，将鼠标指针定位在要插入文本的位置，单击菜单栏中的"编辑"|"粘贴"命令，或者按【Ctrl + V】组合键，就可以将文本粘贴到窗口中了。单击菜单栏中的"编辑"|"选择性粘贴"命令可以进行多种形式的粘贴，其中"仅文本"选项可以不带其他的程序格式，也可以通过选择"编辑"|"首选参数"|"复制/粘贴"选项设置粘贴的首选项。如果要将外部程序中的文字，如Word文档中的文字复制到当前页面编辑窗口中，可先将其复制成文本文件，取消Word文档格式，然后再复制到页面中。

➤ 从其他文档导入文本。在Dreamweaver中能够将Office文档直接导入到网页中，将鼠标指针定位在要插入文本的位置，单击菜单栏中的"文件"|"导入"命令在级联菜单中选择要导入的文件类型即可。

➤ 直接在文档窗口中输入文本。在设计视图中，将鼠标指针定位在要插入文本的位置处，选择合适的输入法，输入文本即可。

● 操作步骤 ●

STEP 01 单击"文件"|"打开"命令，打开一幅网页文档，如图2-2所示。

STEP 02 将鼠标指针定位在要输入文本的相应位置，如图2-3所示。

图2-2 打开网页文档

图2-3 定位鼠标指针

STEP 03 输入相应的文本内容，如图2-4所示。

STEP 04 按上述相同的操作，将鼠标指针定位到其他要输入文本的位置，然后继续输入相应的文本，如图2-5所示。

图2-4 输入相应的文本

图2-5 输入其他的文本

STEP 05 按【F12】键保存后，即可在打开的IE浏览器中看到如图2-6所示的效果。

图2-6 预览网页效果

实战 030 设置网页文本的字体

▶ 实例位置：光盘\效果\第2章\实战030\index.html
▶ 素材位置：光盘\素材\第2章\实战030\index.html
▶ 视频位置：光盘\视频\第2章\实战030.mp4

● 实例介绍 ●

在"属性"面板的"字体"下拉列表框中可以对所选的文本进行字体的设置，在下拉列表框中选择一种字体即可将所选字体应用到所选的文本。

● 操作步骤 ●

STEP 01 单击"文件"|"打开"命令，打开一幅网页文档，如图2-7所示。

STEP 02 选择要修改字体类型的文本，如图2-8所示。

图2-7 打开网页文档

图2-8 选择要修改字体类型的文本

STEP 03 切换至"CSS属性"面板，单击"字体"右侧的
下三角按钮，在弹出的下拉列表中选择"管理字体"选
项，如图2-9所示。

STEP 04 弹出"管理字体"对话框，如图2-10所示。

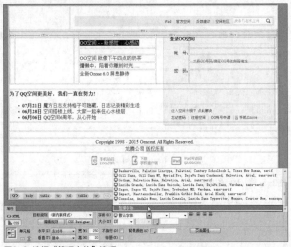

图2-9 选择"管理字体"选项

图2-10 弹出"管理字体"对话框

STEP 05 单击"自定义字体堆
栈"标签，切换至相应选项
卡，如图2-11所示。

STEP 06 在"可用字体"列表
框中选择"方正大黑简体"选
项，如图2-12所示。

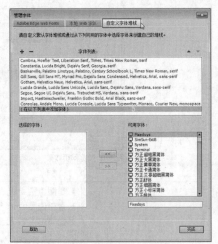

图2-11 切换至相应选项卡

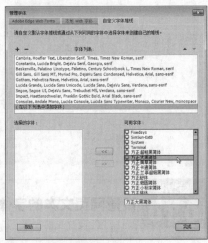

图2-12 选择"方正大黑简体"选项

STEP 07 单击"添加"按钮，将字体添加到"选择的
字体"列表框中，如图2-13所示。

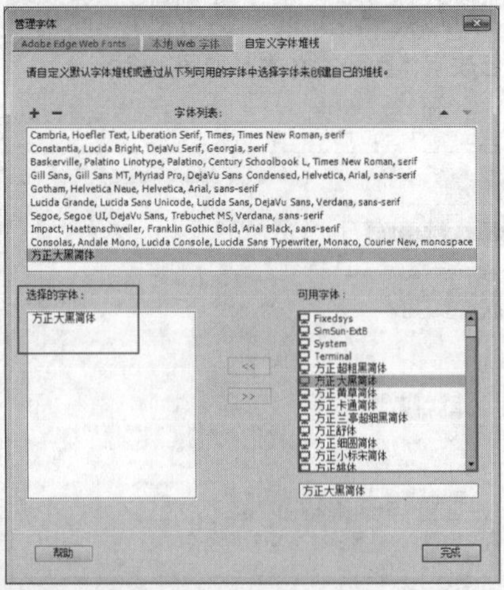

STEP 08 单击"完成"按钮，再单击"字体"右侧的下三
角按钮，在弹出的下拉列表中选择"方正大黑简体"选
项，如图2-14所示。

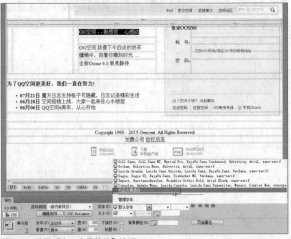

图2-13 添加字体

图2-14 选择"方正大黑简体"选项

STEP 09 执行操作后，即可更改所选文本的字体，如图 2-15所示。

STEP 10 按【F12】键保存后，即可在打开的IE浏览器中看到如图2-16所示的效果。

图2-15　更改所选文本的字体

图2-16　预览网页效果

实战 031　设置网页文本的大小

▶ **实例位置**：光盘\效果\第2章\实战031\index.html
▶ **素材位置**：光盘\素材\第2章\实战031\index.html
▶ **视频位置**：光盘\视频\第2章\实战031.mp4

● 实例介绍 ●

在网页中，通过不同大小的文本来体现网页文档的层次感，还可以使某些文档内容变得更容易引起浏览者的注意。

● 操作步骤 ●

STEP 01 单击"文件"|"打开"命令，打开一幅网页文档，选择要修改字体大小的文本，如图2-17所示。

STEP 02 单击"CSS属性"面板的"大小"右侧的下三角按钮，在弹出的下拉列表中选择"14"，如图2-18所示。

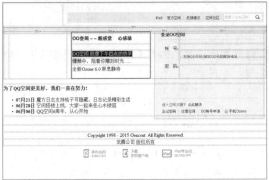

图2-17　选择要修改字体大小的文本

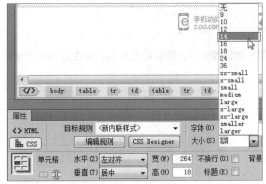

图2-18　选择字体大小

STEP 03 执行操作后，即可更改所选文本的大小，如图 2-19所示。

STEP 04 使用上述相同的方法，更改其他相应文本的大小，如图2-20所示。

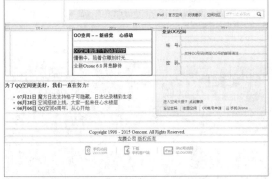

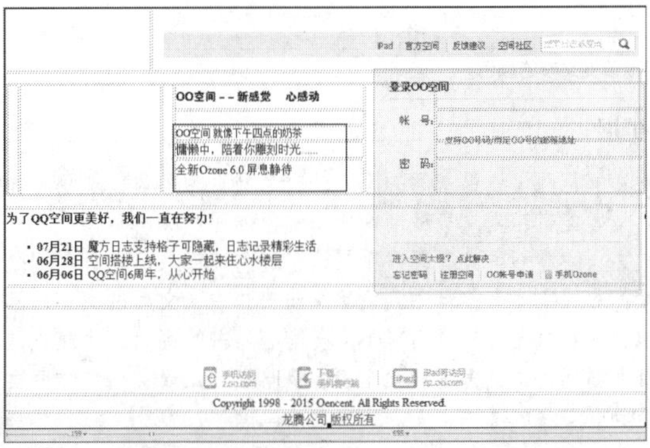

图2-19　更改文本的大小

图2-20　更改其他文本的大小

技巧点拨

连续按【Ctrl+Shift+空格】组合键可在网页中输入连续的多个空格。

实战 032　设置网页文本的颜色

▶ 实例位置：光盘\效果\第2章\实战032\index.html
▶ 素材位置：光盘\素材\第2章\实战032\index.html
▶ 视频位置：光盘\视频\第2章\实战032.mp4

● 实例介绍 ●

要改变当前选定的文本的颜色，可以使用"属性"面板中的"文本颜色"按钮或单击"格式"|"颜色"命令。文本的默认颜色是黑色，读者若要改变网页中文本的默认颜色，可以单击"属性面板"中的"页面属性"按钮，在打开的"页面属性"对话框中进行设置。

● 操作步骤 ●

STEP 01 单击"文件"|"打开"命令，打开一幅网页文档，选择要修改字体颜色的文本，如图2-21所示。

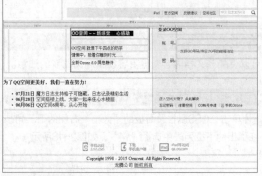

图2-21 选择相应的文本

STEP 02 单击"CSS属性"面板的"大小"右侧的色块■，在弹出的调色板中选择相应的颜色，如图2-22所示。

图2-22 选择相应的颜色

STEP 03 执行操作后，即可改变文本的颜色，如图2-23所示。

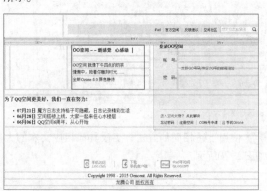

图2-23 改变文本的颜色

STEP 04 使用上述相同的方法，更改其他相应文本的颜色，如图2-24所示。

图2-24 改变其他文本的颜色

知识扩展

文本是网页中最基本的元素，也是网页的主体，规划合理、美观的文本能带给用户一种清新的感觉，如图2-25所示。

文本的添加方式既可以手工逐字逐句地输入，也可以把别的应用程序中的文本直接粘贴到网页编辑窗口中。文本的大小、颜色和其他样式也需要仔细考虑，然后再配合精美的图片，才能创造精美的页面。网页中的文本样式繁多、风格不一，吸引用户的网页通常都是具有美观的文本样式。

图2-25 网页中的精美文字效果

实战 033 复制/粘贴外部文本

▶ 实例位置：光盘\效果\第2章\实战033\index.html
▶ 素材位置：光盘\素材\第2章\实战033\index.html
▶ 视频位置：光盘\视频\第2章\实战033.mp4

● 实例介绍 ●

对于需要输入大量文本的网页来说，采用外部文本就是一种比较省时省力的方法。

● 操作步骤 ●

STEP 01 单击"文件"|"打开"命令，打开一幅网页文档，如图2-26所示。

图2-26 打开网页文档

STEP 03 打开素材文件夹中的文本文档，如图2-28所示。

图2-28 打开文本文档

STEP 05 在菜单栏中，单击"编辑"|"复制"命令，如图2-30所示。

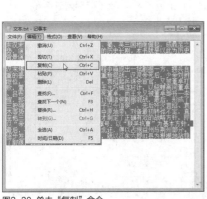

图2-30 单击"复制"命令

STEP 02 将鼠标指针定位于需要添加文本的表格，如图2-27所示。

图2-27 定位鼠标

STEP 04 选择相应的文本，如图2-29所示。

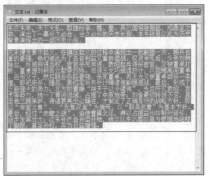

图2-29 选择相应的文本

STEP 06 切换至Dreamweaver窗口，单击"编辑"|"粘贴"命令，如图2-31所示。

图2-31 单击"粘贴"命令

STEP 07 执行操作后，即可粘贴所复制的文本内容，如图2-32所示。

图2-32 粘贴文本内容

STEP 08 按【F12】键保存后，即可在打开的IE浏览器中看到如图2-33所示的效果。

图2-33 预览网页效果

知识扩展

作为一个网页设计初学者，在设计网页之前需要了解如何让网页的内容精确、合理、丰富以及吸引用户。网页设计的内容需要遵循下面7条基本原则。

➤ 用户优先

无论什么时候，不管是着手准备设计之前、正在设计之中或者已经设计完毕，有一个最高行动准则一定要牢记在心，那就是：用户优先。因为没有用户去光顾，任何自认为再好的网页都是没有意义的。因为很多用户所使用的还是透过电话线路的缓慢联机方式，而且堵塞得很严重。所以在设计网页时就必须以这种普遍状况为设计参考，对于一些较大的flash、图片要尽可能地少放或从技术上使其分割。最后，完成之后，最好透过远程Modem拨接上网的方式来亲自测试一下。必须考虑用户的计算机配置问题，因为用户遍及各地，他们使用的计算机的分辨率和浏览器的版本不同，浏览的效果是不一样的。如果想要让所有用户都可以毫无障碍地观看此网页，那么最好使用所有浏览器都可以阅读的格式，不要使用只有部分浏览器可以支持的HTML格式或程序技巧。

➤ 首页很重要

在网页设计中，首页是最重要的部分，因为它是用户认识这个网站的第一印象。如果是新开幕的网站，最好在第一页就对这个网站的性质与所提供内容做个扼要说明与导引，让用户判断要不要继续进入里面。最好第一页就有很清楚的类别选项，而且尽量符合人性化，让用户可以很快找到需要的主题。在设计上，最好秉持干净而清爽的原则。首先，若无需要，尽量不要放置大型图片文件或加上不当的程序，因为它会增加下载时间，导致用户失去耐心；其次，画面不要设置得太过杂乱无序，因为用户会找不到东西。例如，网页游戏的首页都能很好地体现其主题，并快速引导用户进入，如图2-34所示。

图2-34 网页游戏首页

➤ 内容有特色

内容可以是任何东西，包括文字、图片、影像以及声音等，但一定要跟这个网站所要提供给用户的信息有关系。建议网站一定要进行规划，规划时必须确定自己网站的性质、提供内容以及目标观众，然后根据本身的软硬件条件来设置范围。

网络的特色是及时、新鲜、丰富、热闹，这是吸引用户上网的条件，如果本身条件强大，可以根据上述原则使网站成为一个全方位的信息提供者，如果不足，就成为单方面的提供者。此外，还可以在特殊议题或主题上加以突出，进一步锁定目标观众。

➤ 将栏目归类

内容的分类很重要，可以按主题分类、按性质分类、按机关组织分类或按人类思考直觉式地分类等，一般而言，按人类的直觉式思考会比较亲切。但无论哪一种分类方法，都要让用户可以很容易找到目标。而且分类方法最好尽量保持一致，若要混用多种分类方法也要掌握不让用户搞混的原则。此外，在每个分类选项的旁边或下一行，最好也加上这个选项内容的简要说明。如图2-35所示为搜狗浏览器的主页。

图2-35 搜狗浏览器的主页

> ➢ 互动性

网页的另一个特色就是互动。好的网站必须与用户有良好的互动性，包括在整个设计呈现、使用接口导引上等，都应该掌握互动的原则，让用户感觉每一步都确实得到适当的响应，这部分需要一些设计上的技巧与软硬件支持。事实上，好的网页设计必须加上个人技巧、经验累积以及软硬件技术的配合运用等。为了增加与用户的互动，网页中最好也加上可供用户表达意见的评论栏，如图2-36所示，在HTML中一定要注意它的格式命令写法，许多用户在这个地方常常写错。另外要注意，在Unix系统下有大小写区分。

图2-36　评论栏

> ➢ 注意格式正确性

很多设计者在撰写网页文档时，会简略一些命令格式，但为了日后维护方便，撰写HTML时最好架构完整，而且初学者也可以借此对HTML语法有正确认识。另外，如果网站本身想让用户可以透过搜寻站来找到，那么千万不要忘了在〈Title〉指令中加上可供搜寻的关键词串。

> ➢ 背景底色

不少人喜欢在网页中加上背景图案，认为如此可以增加美观，但却不知这样会耗费传输时间，而且容易影响阅读视觉，反而给予用户不好的印象。因此，若没有绝对必要，最好避免使用背景图案，以保持干净清爽的文本，如图2-37所示。但如果真的喜欢使用背景，那么最好使用单一色系，如图2-38所示，而且要跟前景的文字可以明显区别，最忌讳使用花哨多色的背景，因为这样不仅大量耗费传输与显示时间，而且会严重混乱阅读。

图2-37　无背景图案的网页

图2-38　有背景图案的网页

实战 034　在网页中插入日期

> ▶ 实例位置：光盘\效果\第2章\实战034\index.html
> ▶ 素材位置：光盘\素材\第2章\实战034\index.html
> ▶ 视频位置：光盘\视频\第2章\实战034.mp4

● 实例介绍 ●

在Dreamweaver中，用户可以根据需要使用命令在网页中插入日期。

● 操作步骤 ●

STEP 01 单击"文件"|"打开"命令，打开一幅网页文档，如图2-39所示。

STEP 02 将鼠标指针定位于需要插入日期的表格，如图2-40所示。

图2-39　打开网页文档

图2-40　定位鼠标指针

STEP 03 单击"插入"|"日期"命令，如图2-41所示。

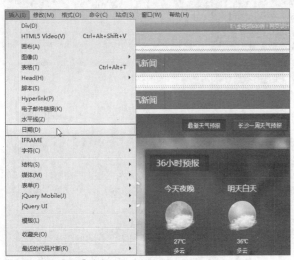

图2-41 单击"日期"命令

STEP 04 弹出"插入日期"对话框，选择适当的格式，如图2-42所示。

图2-42 选择适当的格式

STEP 05 选中"储存时自动更新"复选框，如图2-43所示。

图2-43 选中"储存时自动更新"复选框

STEP 06 单击"确定"按钮，即可在鼠标指针位置处插入当前的日期信息，如图2-44所示。

图2-44 插入当前的日期信息

知识扩展

　　一个好的网站、一个能够真正受用户关注和欢迎的网站不仅有精美、华丽的页面，更重要的是要有个准确鲜明的主题，让用户能够在网站上得到或了解他想要的东西，这样他会常来网站，为网站积累人气。用户就是流量，流量就是网站的血液，有了血液网站才会持久地生存下去。网站主题可以有成千上万种，从流量吸引和网站创收的角度来看，对搜索引擎优化者和站长而言，定位自己网站的主题非常重要。下面对网站主题的要求进行分析。

　　➢ 网站的主题要小而精致

　　对普通网站主题来说，定位要小，内容要精。如果想制作一个包罗万象的站点，把所有精彩的东西都放在网站里面，那么往往会事与愿违，给访问者的感觉是没有主题，没有特色，什么都有却都很肤浅。

　　CNNIC的调查结果显示，网络上的"主题站"比"万全站"更受浏览者的喜爱，这就好比专卖店和百货商店，如果客户明确地知道自己的需求，肯定会选择专卖店。网络上的浏览者，绝大多数者是有明确目的的。

　　举例来说，如果浏览者只是想购买一件衣服，那他完全可能在搜索引擎中搜索"衣服"，然后再打开搜索结果中的网站，去找自己可能喜欢的衣服。但是，使用"衣服"这样宽泛的词语去寻找自己想要商品的网民明显极少。如果浏览者要在网络上购买衣服，一定是因为有了朋友的推荐、广告的吸引或者某种强烈的需求促使，最常见的搜索词应该是诸如"Adidas衣服"之类，有明确目的的关键词，这两种不同的搜索词，从侧面反映出，如果网站主题定得太大，搜索引擎优化的竞争就会更激烈，吸引而来的客户也就更难把握；相反，如果网站主题定位越精准越小，搜索引擎优化的竞争就会越弱，吸引而来的客户也就更直接，更容易获得成功。

　　➢ 选择自己喜欢或者擅长的内容

　　兴趣是制作网站的动力，没有热情，很难设计制作出优秀的网站，也无法长期地坚持下去。选择设计者自己喜欢和擅长的网站主题，在制作以及维护网站时，才不会觉得无聊或者力不从心，也更能为浏览者提供有价值的内容。

如果设计者擅长编程，就可以建立一个编程爱好者网站，而不是去建立一个八卦新闻站点。如果设计者对足球感兴趣，可以报道最新的战况以及球星动态等，而不是去建立一个羽毛球的站点。

> 主题不要太普通也不要目标太高

如果设计者想要制作的网站是到处可见的每个网站都有的讯息，而内容本身又没有特别的突出特色，这样的站点主题无疑是失败的。"目标太高"是指在这一题材上已经有非常优秀，知名度很高的站点，设计者不要妄图自己制作一个相关题材的站点，马上就能超过它。

恰当的做法是设计者选择的网站主题要有一定的特色，和网络上同类的其他站点要有所区别，并且设计者的目标不要定太高，在吸引了一定流量，抓住了一部分稳定来访者之后，再考虑与大网站直接竞争。

做网站一定要突出主题，不要过于追求好看华丽的页面，要注重内容。设计者可以参考那些已经成功的网站，他们的页面都是相当简单，而且大众的，给用户的直观感受很好，如百度的首页，如图2-45所示，如果页面过于耀眼反而会让用户流走。

图2-45 百度首页

实战 035 在网页中插入字符

▶ 实例位置：光盘\效果\第2章\实战035\index.html
▶ 素材位置：光盘\素材\第2章\实战035\index.html
▶ 视频位置：光盘\视频\第2章\实战035.mp4

● 实例介绍 ●

在设计网页时经常要在页面中添加一些特殊符号，如英镑符号£、欧元€、音符♪、注册商标®等。当在HTML代码中通过转义符来定义特殊字符，如>用>来定义，需要记代码，比较麻烦。

● 操作步骤 ●

STEP 01 单击"文件"|"打开"命令，打开一幅网页文档，如图2-46所示。

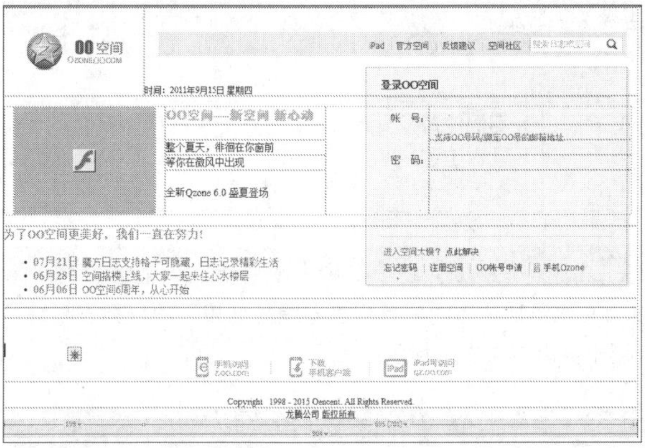

STEP 02 将鼠标指针定位在要插入特殊字符的位置，如图2-47所示。

图2-46 打开网页文档

图2-47 定位鼠标指针

STEP 03 单击"插入"|"字符"|"版权"命令，如图2-48所示。

STEP 04 执行操作后，即可在鼠标指针处插入版权符号，如图2-49所示。

图2-48 单击"版权"命令

图2-49 插入版权符号

知识扩展

　　Dreamweaver CC的菜单栏中包含"文件""编辑""查看""插入""修改""格式""命令""站点""窗口"和"帮助"10个菜单，如图2-50所示。

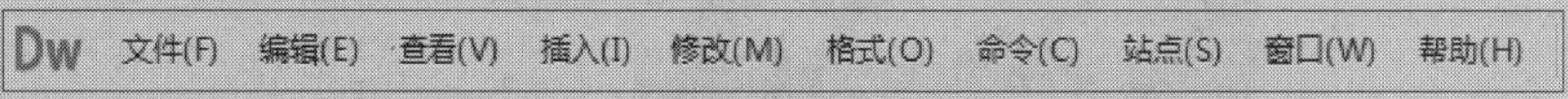

Dw　文件(F)　编辑(E)　查看(V)　插入(I)　修改(M)　格式(O)　命令(C)　站点(S)　窗口(W)　帮助(H)

图2-50 Dreamweaver CC的菜单栏

　　下面分别叙述Dreamweaver CC的菜单栏选项。

➤ "文件"菜单包含"新建""打开""保存"以及"保存全部"等命令，还包含各种其他命令，用于查看当前文档或对当前文档执行操作，例如"在浏览器中预览"和"打印代码"等操作命令。

➤ "编辑"菜单包含对页面字符进行"查找""替换""选择"和"搜索"等命令，例如"选择父标签"和"查找和替换"命令。"编辑"菜单还提供"首选参数"的访问。

➤ "查看"菜单可以看到文档的各种视图（例如"设计"视图和"代码"视图），并且可以显示和隐藏不同类型的页面元素和Dreamweaver工具及工具栏。

➤ "插入"菜单提供"插入"栏的替代项，用于将对象插入文档。

➤ "修改"菜单可以更改选定页面元素或项的属性。使用此菜单，可以编辑标签属性，更改表格和表格元素，并且为库和模版执行不同的操作。

➤ "格式"菜单使用户可以轻松地设置文本的格式。

➤ "命令"菜单提供对各种命令的访问，包括一个根据格式首选参数设置代码格式的命令、一个创建相册的命令等。

➤ "站点"菜单提供用于管理站点以及上传和下载文件的菜单项。

➤ "帮助"菜单提供对Dreamweaver文档的访问，包括关于使用Dreamweaver以及创建Dreamweaver扩展功能的帮助系统，还包括各种语言的参考材料。

　　Dreamweaver CC的基本功能都可以在菜单栏中找到，为了方便操作和快速应用，菜单中的很多命令以图标的方式集成到了"属性"面板、浮动面板中。用户可以通过单击相应的图标，来调用所需的功能。

实战 036　插入项目列表与编号列表

▶ 实例位置：光盘\效果\第2章\实战036\index.html
▶ 素材位置：光盘\素材\第2章\实战036\index.html
▶ 视频位置：光盘\视频\第2章\实战036.mp4

● 实例介绍 ●

　　在编辑网页文本时，为了表明文本的结构层次，用户可以为文本添加适当的项目列表与编号列表，项目列表与编号列表是以段落为单位的，一般出现在层次小标题的开头位置，用于突出该层次小标题。

● 操作步骤 ●

STEP 01 单击"文件"｜"打开"命令，打开一幅网页文档，如图2-51所示。

STEP 02 选择需要添加项目列表的相应文本，如图2-52所示。

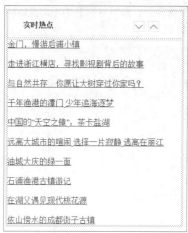

图2-51 打开网页文档

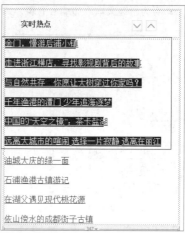

图2-52 选择文本

STEP 03 单击鼠标右键，在弹出的快捷菜单中选择"列表"|"项目列表"选项，如图2-53所示。

STEP 04 执行操作后，即可为所选文本添加项目列表，效果如图2-54所示。

图2-53 选择"项目列表"选项

图2-54 插入项目列表

STEP 05 在设计窗口中，选择需要添加编号列表的相应文本，如图2-55所示。

STEP 06 单击鼠标右键，在弹出的快捷菜单中选择"列表"|"编号列表"选项，如图2-56所示。

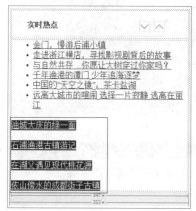

图2-55 选择文本

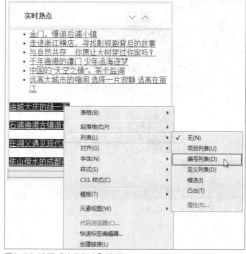

图2-56 选择"编号列表"选项

STEP 07 执行操作后，即可为所选文本添加编号列表，如图2-57所示。

STEP 08 按【F12】键保存后，即可在打开的IE浏览器中看到如图2-58所示的效果。

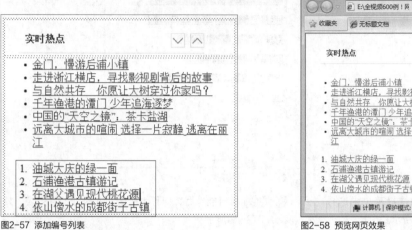

图2-57 添加编号列表

图2-58 预览网页效果

2.2 在网页中插入图像

通常在向网页插入图像之前，先画好表格为插入的图像预留空间，再用图像处理软件将图像处理成预定的尺寸，然后才进行插入图像的操作。

实战 037 插入GIF格式图像

▶ 实例位置：光盘\效果\第2章\实战037\index.html
▶ 素材位置：光盘\素材\第2章\实战037\index.html
▶ 视频位置：光盘\视频\第2章\实战037.mp4

● 实例介绍 ●

GIF格式的文件大多用于网络传输，可以将多张图像存储为一个档案，形成动画效果，如图2-59所示。GIF图像文件的数据是经过压缩的，而且是采用了可变长度等压缩算法。所以GIF的图像深度从1bit到8bit，也即GIF最多支持256种色彩的图像。GIF格式的另一个特点是其在一个GIF文件中可以存多幅彩色图像，如果把存于一个文件中的多幅图像数据逐幅读出并显示到屏幕上，就可构成一种最简单的动画。而且文件尺寸较小，并且支持透明背景，特别适合作为网页图像。

图2-59 GIF格式的动画效果

● 操作步骤 ●

STEP 01 单击"文件"|"打开"命令，打开一幅网页文档，如图2-60所示。

STEP 02 将鼠标指针定位于需要插入图像的位置，如图2-61所示。

图2-60 打开网页文档

图2-61 定位鼠标指针

STEP 03 单击"插入"|"图像"|"图像"命令，如图2-62所示。

STEP 04 弹出"选择图像源文件"对话框，选择需要插入的图像，如图2-63所示。

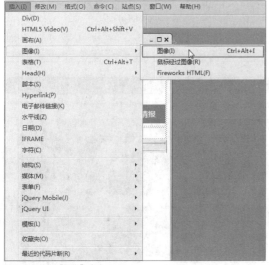

图2-62 单击"图像"命令

图2-63 选择需要插入的图像

STEP 05 单击"确定"按钮，即可将图片插入到网页文档中，如图2-64所示。

STEP 06 在设计窗口中，适当调整图像的大小，如图2-65所示。

图2-64 插入图像

图2-65 调整图像的大小

STEP 07 按【F12】键保存后，即可在打开的IE浏览器中看到如图2-66所示的效果。

图2-66 预览网页效果

实战 038　插入JPEG格式图像

▶ **实例位置：** 光盘\效果\第2章\实战038\index.html
▶ **素材位置：** 光盘\素材\第2章\实战038\index.html
▶ **视频位置：** 光盘\视频\第2章\实战038.mp4

● 实例介绍 ●

　　JPEG格式是一种压缩率很高的文件格式，但在压缩时可以控制压缩的范围，选择所需图像的最终质量，如图2-67所示。由于高倍率压缩的缘故，JPEG格式的文件与源图像有较大的差别，所有印刷时最好不要采用这种格式。JPEG格式支持CMYK、RGB、灰度等颜色模式，但不支持Alpha。

　　JPEG格式是目前网络上最流行的图像格式，是可以把文件压缩到最小的格式，在Photoshop软件中以JPEG格式储存时，提供11级压缩级别，以0~10级表示。其中0级压缩比最高，图像品质最差。

图2-67 JPEG格式的网页图像效果

● 操作步骤 ●

STEP 01 单击"文件"|"打开"命令，打开一幅网页文档，如图2-68所示。

STEP 02 将鼠标指针定位于需要插入图像的位置，如图2-69所示。

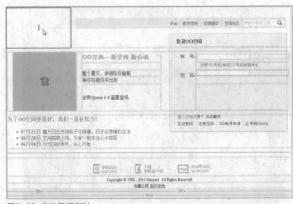

图2-68 打开网页文档　　　　　　　　图2-69 定位鼠标指针

STEP 03 单击"插入"|"图像"|"图像"命令，如图2-70所示。

STEP 04 弹出"选择图像源文件"对话框，选择需要插入的图像，如图2-71所示。

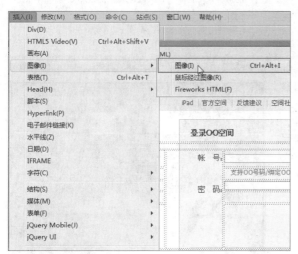

图2-70 单击"图像"命令

图2-71 选择需要插入的图像

STEP 05 单击"确定"按钮，即可将图片插入到网页文档中，如图2-72所示。

STEP 06 按【F12】键保存后，即可在打开的IE浏览器中看到如图2-73所示的效果。

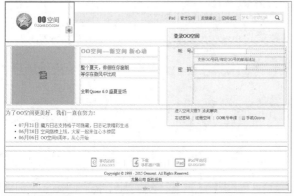

图2-72 插入图像

图2-73 预览网页效果

知识扩展

　　将图像处理成预定的尺寸，然后才进行插入图像的操作。插入图像常采用以下两种方法。

➢ 单击"插入"|"图像"|"图像"命令。

➢ 进入"插入"工具栏中的"常用"选项卡，单击"图像"按钮，在弹出的列表框中选择"图像"选项，如图2-74所示。

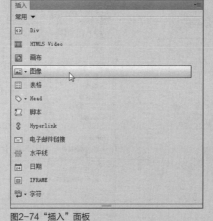

图2-74 "插入"面板

▶ **实例位置：** 光盘\效果\第2章\实战039\index.html
▶ **素材位置：** 光盘\素材\第2章\实战039\index.html
▶ **视频位置：** 光盘\视频\第2章\实战039.mp4

实战 039 插入PNG格式图像

● 实例介绍 ●

PNG（Portable Networf Graphics）的原名称为"可移植性网络图像"，是网上接受的最新图像文件格式，如图2-75所示。PNG能够提供长度比GIF小30%的无损压缩图像文件，它同时提供24位和48位真彩色图像支持以及其他诸多技术性支持。由于PNG非常新，所以目前并不是所有的程序都可以用它来存储图像文件，但Photoshop可以处理PNG图像文件，也可以用PNG图像文件格式存储。

图2-75 PNG格式的网页图像效果

● 操作步骤 ●

STEP 01 单击"文件" | "打开"命令，打开一幅网页文档，如图2-76所示。

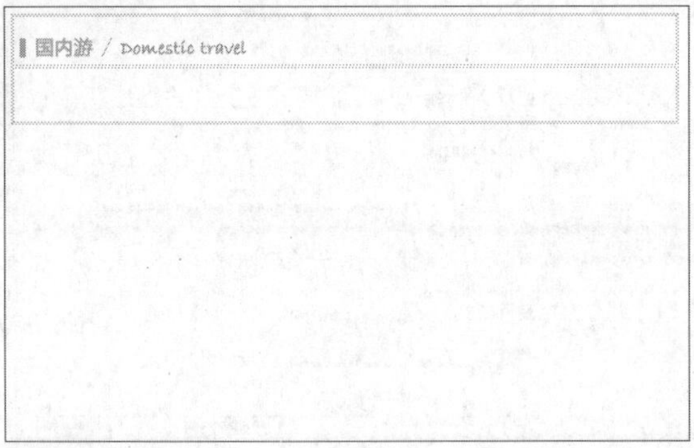

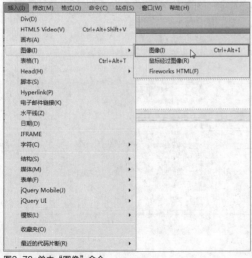

图2-76 打开网页文档

STEP 02 将鼠标指针定位于需要插入图像的位置，如图2-77所示。

图2-77 定位鼠标指针

STEP 03 单击"插入" | "图像" | "图像"命令，如图2-78所示。

图2-78 单击"图像"命令

STEP 04 弹出"选择图像源文件"对话框，选择需要插入的图像，如图2-79所示。

图2-79 选择需要插入的图像

STEP 05 单击"确定"按钮，即可将图片插入到网页文档中，如图2-80所示。

STEP 06 适当调整图像的大小，效果如图2-81所示。

图2-80 插入图像

图2-81 预览网页效果

实战 040	设置图像属性

▶ 实例位置：光盘\效果\第2章\实战040\index.html
▶ 素材位置：光盘\素材\第2章\实战040\index.html
▶ 视频位置：光盘\视频\第2章\实战040.mp4

● 实例介绍 ●

在Dreamweaver CC中，用户可以通过图像的"属性"面板设置图像的宽度、高度、ID、标题等属性。

● 操作步骤 ●

STEP 01 单击"文件"|"打开"命令，打开一幅网页文档，如图2-82所示。

STEP 02 在设计窗口中，单击选中相应的图片文件，如图2-83所示。

图2-82 打开网页文档

图2-83 选中图片

STEP 03 展开"属性"面板，单击"切换尺寸约束"按钮🔒，如图2-84所示。

STEP 04 设置"宽"为800，系统会自动设置"高"选项，如图2-85所示。

图2-84 单击"切换尺寸约束"按钮

图2-85 设置"宽"

STEP 05 执行操作后，即可更改图像大小，效果如图2-86所示。

STEP 06 按【F12】键保存后，即可在打开的IE浏览器中看到如图2-87所示的效果。

图2-86 更改图像大小

图2-87 预览网页效果

知识扩展

计算机图形图像主要包括两类，即位图图像和矢量图形。这两类是不同类型的图形图像，在存储时两种类型的文件格式各不相同，在绘制和处理时也有各自不同的属性。了解这两类图形图像的差异，对创作、编辑和导入网页图片很有帮助。

➢ 矢量图

矢量图像，也称为面向对象的图像或绘图图像，在数学上定义为一系列由线连接的点。矢量文件中的图形元素称为对象，

每个对象都是一个自成一体的实体，它具有颜色、形状、轮廓、大小和屏幕位置等属性。既然每个对象都是一个自成一体的实体，就可以在维持它原有清晰度和弯曲度的同时，多次移动和改变它的属性，而不会影响图例中的其他对象。这些特征使基于矢量的程序特别适用于图例和三维建模，因为它们通常要求能创建和操作单个对象。基于矢量的绘图同分辨率无关，这意味着它们可以按最高分辨率显示到输出设备上，由于它是由边线和内部填充组成的，因此任意缩放图形的尺寸，都不会影响图形的清晰度和平滑度，如图2-88所示。

图2-88 矢量图与局部放大后的效果

➢ 位图

位图图像，也称为点阵图像或绘制图像，是由称作像素（图片元素）的单个点组成的。这些点可以进行不同的排列和染色以构成图样。当放大位图时，可以看见赖以构成整个图像的无数单个的方块。位图图像原图与放大后的效果如图2-89所示。

扩大位图尺寸的效果是增多单个像素，从而使线条和形状显得参差不齐。然而，如果从稍远的位置观看它，位图图像的颜色和形状又显得是连续的。由于每一个像素都是单独染色的，可以通过以每次一个像素的频率操作选择区域而产生近似相片的逼真效果，诸如加深阴影和加重颜色。缩小位图尺寸也会使原图变形，

图2-89 位图与放大后的效果

因为此举是通过减少像素来使整个图像变小的。同样，由于位图图像是以排列的像素集合体形式创建的，所以不能单独操作（如移动）局部位图。位图比较适合制作细腻、轻柔缥缈的特殊艺术效果。

矢量图形使用函数来记录图形中的颜色、尺寸等属性。物体的任何放大和缩小，都不会使图像失真和降低品质，也不会对文件的大小有影响。矢量图形表现清晰的轮廓，常用于制作一些标志图形。位图图像是由很多的彩色网格来拼成一幅图像的，每个网格称为一个像素，像素都有特定的位置和颜色值。如果位图图像放大后会发现有马赛克一样的一个个像素。

实战 041　插入鼠标经过图像

▶ 实例位置：光盘\效果\第2章\实战041\index.html
▶ 素材位置：光盘\素材\第2章\实战041\index.html
▶ 视频位置：光盘\视频\第2章\实战041.mp4

● 实例介绍 ●

用户可以在页面中插入鼠标经过图像。鼠标经过图像是一种在浏览器中查看并使用鼠标指针移过它时发生变化的图像。使用两个图像文件创建鼠标经过图像：主图像（当首次载入页时显示的图像）和次图像（当鼠标指针移过主图像时显示的图像）。鼠标经过图像中的这两个图像应大小相等；如果这两个图像大小不同，Dreamweaver将自动调整第二个图像的大小以匹配第一个图像的属性。鼠标经过图像自动设置为响应onMouseOver事件。

● 操作步骤 ●

STEP 01　单击"文件"|"打开"命令，打开一幅网页文档，如图2-90所示。

STEP 02　将鼠标指针定位于需要插入图像的位置，如图2-91所示。

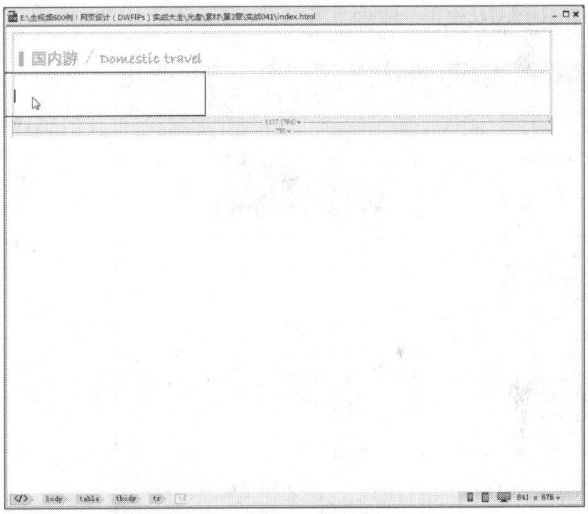

图2-90　打开网页文档

图2-91　定位鼠标指针

STEP 03　单击"插入"|"图像"|"鼠标经过图像"命令，如图2-92所示。

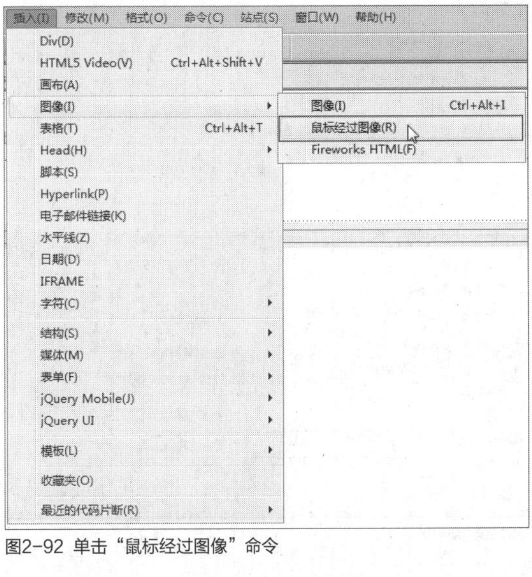

STEP 04　弹出"插入鼠标经过图像"对话框，单击"原始图像"选项右侧的"浏览"按钮，如图2-93所示。

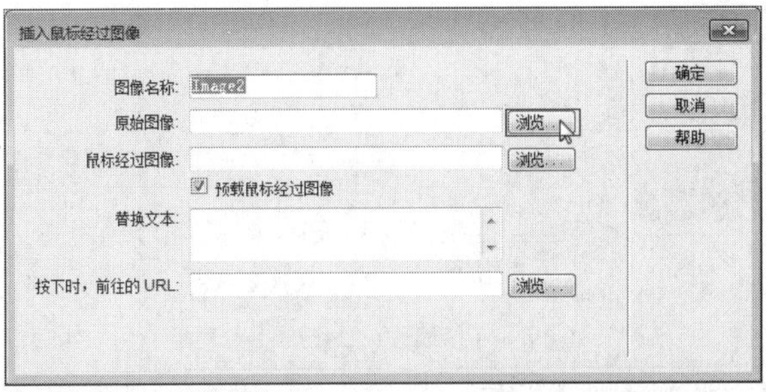

图2-92　单击"鼠标经过图像"命令

图2-93　单击"浏览"按钮

STEP 05 弹出"原始图像"对话框，选择相应的图像文件，如图2-94所示。

STEP 06 单击"确定"按钮，即可添加原始图像文件，如图2-95所示。

图2-94 选择相应的图像文件

图2-95 添加原始图像文件

STEP 07 单击"鼠标经过图像"选项右侧的"浏览"按钮，弹出"鼠标经过图像"对话框，选择相应的图像文件，如图2-96所示。

STEP 08 单击"确定"按钮，即可添加鼠标经过图像文件，如图2-97所示。

图2-96 选择相应的图像文件

图2-97 添加鼠标经过图像文件

STEP 09 单击"按下时，前往的URL"选项右侧的"浏览"按钮，弹出"单击时，转到URL"对话框，选择相应的网页文档，如图2-98所示。

STEP 10 单击"确定"按钮，即可添加链接网页，如图2-99所示。

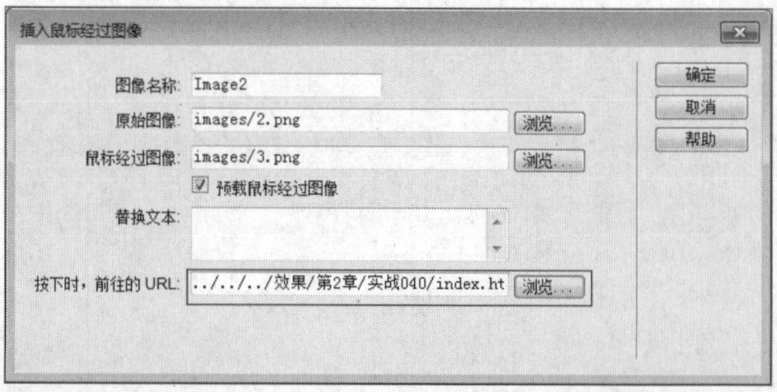

图2-98 选择相应的网页文档

图2-99 添加链接网页

STEP 11 单击"确定"按钮，即可添加图像文件，如图 2-100 所示。

STEP 12 按【F12】键保存后，即可在打开的IE浏览器中看到如图 2-101 所示的效果。

图2-100 添加图像文件

图2-101 预览网页效果

STEP 13 当鼠标指针经过图像时，图像会发生变化，效果如图 2-102 所示。

STEP 14 单击图像，即可跳转到相应的链接页面，效果如图 2-103 所示。

图2-102 图像发生变化

图2-103 跳转到相应的链接页面

2.3 创建多媒体网页对象

现在的Web站点中，纯文字的网页已经不多见了，无论是个人网站还是公司站点，经常向浏览者展示精心制作的充满各种多媒体网页元素的页面。在网页中除了文本和图像等基本元素外，还有一些非常重要的多媒体元素，如背景音乐、Flash动画、Shockwave影片以及各种控件等，这些也是网页中比较常用的元素。

实战 042 插入HTML5视频

▶ **实例位置**：光盘\效果\第2章\实战042\index.html
▶ **素材位置**：光盘\素材\第2章\实战042\index.html
▶ **视频位置**：光盘\视频\第2章\实战042.mp4

● 实例介绍 ●

在Dreamweaver CC中，允许用户在网页中插入HTML5视频。HTML5视频元素提供一种将电影或视频嵌入网页中的标准方式。

● 操作步骤 ●

STEP 01 单击"文件"|"打开"命令，打开一幅网页文档，如图2-104所示。

STEP 02 将鼠标指针定位于需要插入视频的位置，如图2-105所示。

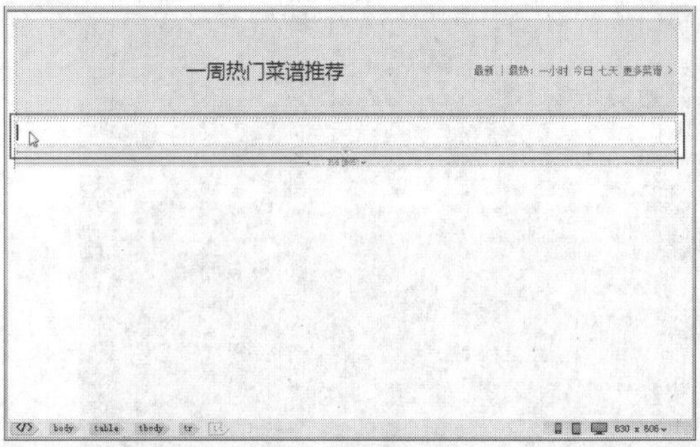

图2-104 打开网页文档

图2-105 定位鼠标指针

知识扩展

在视频的"属性"面板中，用户可以指定各种选项的值。

➢ "源"/"Alt 源 1"/"Alt 源 2"：在"源"中，输入视频的位置。或者，单击文件夹图标以从本地文件系统中选择视频。对视频格式的支持在不同浏览器上有所不同。如果源中的视频格式在浏览器中不被支持，则会使用"Alt 源 1"或"Alt 源 2"中指定的视频格式。浏览器选择第一个可识别格式来显示视频。要快速向这3个字段中添加视频，可使用多重选择。当用户从文件夹中为同一视频选择3个视频格式时，列表中的第一个格式将用于"源"。列表中的下列的格式用于自动填写"替换源 1"和"替换源 2"。

➢ 标题（ID）：为视频指定标题。

➢ 宽度（W）：输入视频的宽度（像素）。

➢ 高度（H）：输入视频的高度（像素）。

➢ 控件（Controls）：选择是否要在 HTML 页面中显示视频控件，如播放、暂停和静音。

➢ 自动播放（Autoplay）：选择是否希望视频一旦在网页上加载后便开始播放。

➢ 海报（poster）：输入要在视频完成下载后或用户单击"播放"后显示的图像的位置。当用户插入图像时，宽度和高度值是自动填充的。

➢ 循环（Loop）：如果希望视频连续播放，直到用户停止播放影片，请选择此选项。

➢ 静音（muted）：如果希望视频的音频部分静音，请选择此选项。

➢ Flash视频：对于不支持 HTML 5 视频的浏览器选择 SWF 文件。

➢ 回退文本：提供浏览器不支持 HTML5 时显示的文本。

➢ 预加载（Preload）：指定关于在页面加载时视频应当如何加载的作者首选项。选择"自动"会在页面下载时加载整个视频。选择"元数据"会在页面下载完成之后仅下载元数据。

STEP 03 单击"插入"|"媒体"|"HTML 5 Video（V）"命令，如图2-106所示。

STEP 04 执行操作后，即可插入HTML 5 Video控件，如图2-107所示。

图2-106 单击"HTML 5 Video（V）"命令

图2-107 插入HTML 5 Video控件

STEP 05 选择该控件，展开"属性"面板，单击"源"右侧的"浏览"按钮，如图2-108所示。

图2-108 单击"浏览"按钮

STEP 06 弹出"选择视频"对话框，选择相应的视频，如图2-109所示。

图2-109 选择相应的视频

STEP 07 单击"确定"按钮，即可添加源视频，如图2-110所示。

图2-110 添加源视频

STEP 08 设置W为800像素、H为500像素，调整视频的高度和宽度，如图2-111所示。

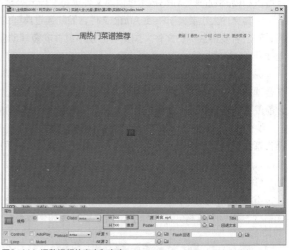

图2-111 调整视频的高度和宽度

STEP 09 按【F12】键保存后，即可在打开的IE浏览器中看到如图2-112所示的效果。

图2-112 预览网页效果

实战 043 插入HTML5音频

▶ 实例位置：光盘\效果\第2章\实战043\index.html
▶ 素材位置：光盘\素材\第2章\实战043\index.html
▶ 视频位置：光盘\视频\第2章\实战043.mp4

● 实例介绍 ●

在Dreamweaver中可以很方便地向网页添加声音，在打开页面时会自动播放设置的声音。有多种不同类型的声音文件和格式，例如.wav、.midi和.mp3。在确定采用哪种格式和方法添加声音前，需要考虑以下一些因素：添加声音的目的、页面浏览者、文件大小、声音品质和不同浏览器的差异。浏览器不同，处理声音文件的方式也会有很大差异和不一致的地方。最好将声音文件添加到SWF文件中，然后嵌入该SWF文件以改善一致性。

下面描述了较为常见的音频文件格式以及每一种格式在Web设计中的一些优缺点。

➢ .midi或.mid（Musical Instrument Digital Interface，乐器数字接口）格式：此格式用于器乐。许多浏览器都支持MIDI文件，并且不需要插件。尽管MIDI文件的声音品质非常好，但也可能因浏览者的声卡而异。很小的MIDI文件就可以提供较长时间的声音剪辑。MIDI文件不能进行录制，并且必须使用特殊的硬件和软件在计算机上合成。

➢ .wav（波形扩展）格式：这些文件具有良好的声音品质，许多浏览器都支持此类格式文件并且不需要插件。读者可以从CD、磁带、麦克风等录制自己的WAV文件。但是，其较大的文件严格限制了可以在网页上使用的声音剪辑的长度。

➢ .aif（Audio Interchange File Format，AIFF，音频交换文件格式），格式：AIFF格式与WAV格式类似，也具有较好的声音品质，大多数浏览器都可以播放它并且不需要插件。而且也可以从CD、磁带、麦克风等录制AIFF文件。但是，其较大的文件严格限制了可以在网页上使用的声音剪辑的长度。

➢ .mp3（Motion Picture Experts Group Audio Layer-3，运动图像专家组音频第3层，或称为MPEG音频第3层）格式：此格式是一种压缩格式，它可使声音文件明显缩小。其声音品质非常好，如果正确录制和压缩mp3文件，其音质甚至可以和CD相媲美。MP3技术可以对文件进行"流式处理"，以便浏览者不必等待整个文件下载完成即可收听该文件。但是，其文件大小要大于Real Audio文件，因此通过典型的拨号（电话线）调制解调器连接下载整首歌曲可能仍要花较长的时间。若要播放MP3文件，浏览者必须下载并安装辅助应用程序或插件，例如QuickTime、Windows Media Player或RealPlayer等播放器。

➢ .ra、.ram、.rpm或Real Audio等格式：这些格式具有非常高的压缩度，文件大小要小于mp3。全部歌曲文件可以在合理的时间范围内下载。因为可以在普通的Web服务器上对这些文件进行"流式处理"，所以访问者在文件完全下载完之前就可听到声音。浏览器必须下载并安装RealPlayer辅助应用程序或插件才可以播放这种文件。

➢ .qt、.qtm、.mov或QuickTime等格式：这些格式是由Apple Computer开发的音频和视频格式。Apple Macintosh操作系统中包含了QuickTime，并且大多数使用音频、视频或动画的Macintosh应用程序都使用QuickTime。计算机也可播放QuickTime格式的文件，但是需要特殊的QuickTime驱动程序。QuickTime支持大多数编码格式，如Cinepak、JPEG和MPEG等格式。

除了上面列出的比较常用的格式外，还有许多不同的音频和视频格式可在Web上使用。如果遇到不熟悉的媒体文件格式，可找到该格式的创建者，以获取有关如何以最佳的方式使用和部署该格式的信息。

● 操作步骤 ●

STEP 01 单击"文件"|"打开"命令，打开一幅网页文档，如图2-113所示。

STEP 02 将鼠标指针定位于需要插入音频的位置，如图2-114所示。

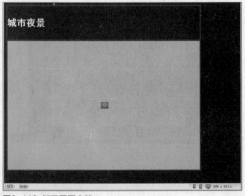

图2-113 打开网页文档

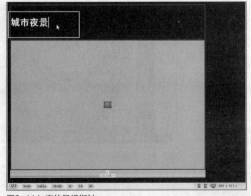

图2-114 定位鼠标指针

STEP 03 单击"插入"|"媒体"|"HTML 5 Audio（A）"命令，如图2-115所示。

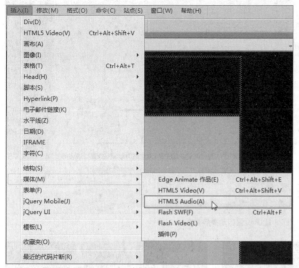

图2-115　单击"HTML 5 Audio（A）"命令

STEP 04 执行操作后，即可插入HTML 5 Audio控件，如图2-116所示。

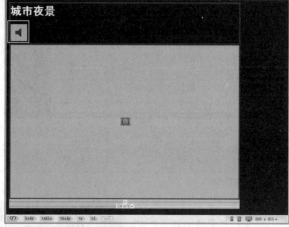

图2-116　插入HTML 5 Audio控件

STEP 05 选择该控件，展开"属性"面板，单击"源"右侧的"浏览"按钮，如图2-117所示。

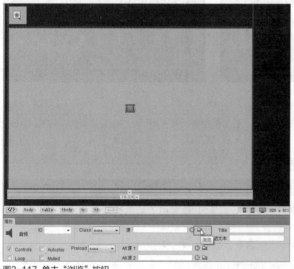

图2-117　单击"浏览"按钮

STEP 06 弹出"选择音频"对话框，选择相应的音频文件，如图2-118所示。

图2-118　选择相应的音频文件

技巧点拨

　　"属性"面板主要用于显示在网页中对象的属性，并允许用户在"属性"面板中对对象属性进行各种修改。

　　➤ 在"文档"窗口中选择页面元素，可以查看并更改页面元素的属性。必须展开"属性"检查器才能查看选定元素的所有属性。

　　➤ 在"属性"面板中可以更改任意属性。

　　➤ 如果所做的更改没有立即体现在"文档"窗口中，可通过以下方式来应用更改：在属性编辑文本字段外单击鼠标左键，按【Enter】键（Windows系统）或【Return】键（Macintosh系统），按【Tab】键切换到另一属性。

　　有关特定属性的信息，应在"文档"窗口中选择一个元素，然后单击"属性"面板右上角的菜单按钮，在弹出的快捷菜单中选择"帮助"选项。

STEP 07 单击"确定"按钮，即可添加源音频文件，如图2-119所示。

STEP 08 在"属性"面板中，选中"Autoplay"复选框，设置自动播放音频，如图2-120所示。

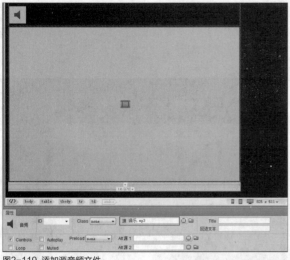

图2-119 添加源音频文件　　　　　图2-120 设置自动播放音频

STEP 09 按【F12】键保存后，即可在打开的IE浏览器中看到如图2-121所示的效果。

图2-121 预览网页效果

实战 044 插入FLash动画

> ▶ 实例位置：光盘\效果\第2章\实战044\index.html
> ▶ 素材位置：光盘\素材\第2章\实战044\index.html
> ▶ 视频位置：光盘\视频\第2章\实战044.mp4

● 实例介绍 ●

在网页中插入动画比较简单，而且还可以对插入的动画进行设置，网页中最常用的动画格式是.swf。插入Flash动画常采用以下两种方法。

> ➤ 确定插入点后，单击"插入"|"媒体"|"Flash SWF（F）"命令，如图2-122所示。

> ➤ 确定插入点后，进入"插入"面板的"媒体"选项卡，单击"Flash SWF"按钮，如图2-123所示。

执行上述任意一种操作，都会弹出"选择Flash文件"对话框，选择要插入的Flash文件，然后单击"确定"按钮将所选动画插入到当前位置。与图像类似，若插入的文件不在站点根目录文件夹中，将会提示是否将文件复制到站点文件夹中。

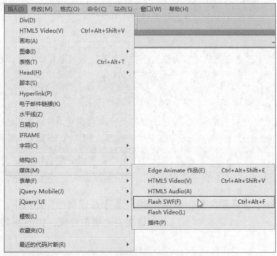

图2-122 单击"Flash SWF（F）"命令

图2-123 单击"Flash SWF"按钮

• 操作步骤 •

STEP 01 单击"文件"|"打开"命令，打开一幅网页文档，如图2-124所示。

STEP 02 将鼠标指针定位于需要插入动画的位置，如图2-125所示。

图2-124 打开网页文档

图2-125 定位鼠标指针

STEP 03 单击"插入"|"媒体"|"Flash SWF（F）"命令，弹出"选择SWF"对话框，选择相应的SWF文件，如图2-126所示。

STEP 04 单击"确定"按钮，弹出"对象标签辅助功能属性"对话框，设置"标题"为swf，如图2-127所示。

图2-126 选择相应的SWF文件

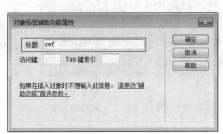

图2-127 "对象标签辅助功能属性"对话框

STEP 05 单击"确定"按钮，即可插入动画文件，如图2-128所示。

STEP 06 选择插入的Flash动画，适当调整Flash动画的大小，如图2-129所示。

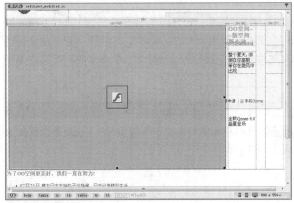

图2-128 插入动画文件

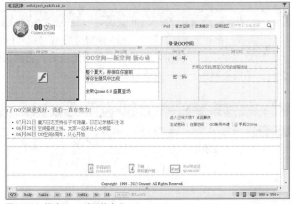

图2-129 修改Flash动画的大小

STEP 07 按【F12】键保存后，即可在打开的IE浏览器中看到如图2-130所示的效果。

图2-130 预览网页效果

知识扩展

一个引人注目的网站，仅有文字和图片是远远不够的，也很难吸引浏览者的目光。适当地添加一些精美的网络动画，不仅可以让网页如虎添翼，而且可以使展示的内容变得栩栩如生。

图2-131所示为使用Flash制作的全动画网页。动画是网页上最活跃的元素，通常制作优秀、创意出众的动画是吸引浏览者的最有效的方法。

另外，网页中的Banner一般都是动画的形式，如图2-132所示。

图2-131 网页中的动画

图2-132 Banner

网页中除了这些最基本的元素，还包括横幅广告、字幕、悬停按钮、日戳、计数器、音频、视频等。

实战 045 插入FLash视频

▶ **实例位置**：光盘\效果\第2章\实战045\index.html
▶ **素材位置**：光盘\素材\第2章\实战045\index.html
▶ **视频位置**：光盘\视频\第2章\实战045.mp4

● 实例介绍 ●

FLV是Flash Video的简称，FLV流媒体格式是随着Flash MX的推出发展而来的视频格式。由于FLV形成的文件极小、加载速度极快，使得网络观看视频成为可能，它的出现有效地解决了视频导入Flash后，使导出的SWF文件体积庞大，不能在网络上很好的使用等问题。

● 操作步骤 ●

STEP 01 单击"文件"|"打开"命令，打开一幅网页文档，如图2-133所示。

STEP 02 将鼠标指针定位于需要插入FLV视频的位置，如图2-134所示。

图2-133　打开网页文档

图2-134　定位鼠标指针

STEP 03 单击"插入"|"媒体"|"Flash Video（L）"命令，如图2-135所示。

STEP 04 弹出"插入FLV"对话框，单击"浏览"按钮，如图2-136所示。

图2-135　单击"Flash Video（L）"命令

图2-136　单击"浏览"按钮

STEP 05 弹出"选择FLV"对话框，选择相应的FLV文件，如图2-137所示。

STEP 06 单击"确定"按钮，添加FLV文件，如图2-138所示。

图2-137　选择相应的FLV文件

图2-138　添加FLV文件

STEP 07 单击"检测大小"按钮，自动设置宽度和高度，并选中"自动播放"和"自动重新播放"复选框，如图2-139所示。

STEP 08 单击"确定"按钮，即可插入FLV视频，如图2-140所示。

图2-139 设置相应选项

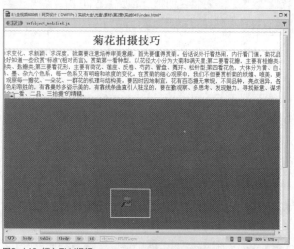

图2-140 插入FLV视频

STEP 09 按【F12】键保存后，即可在打开的IE浏览器中看到如图2-141所示的效果。

图2-141 预览网页效果

2.4 水平线的操作

在网页中，水平线是一种常见的元素，如图2-142所示。在组织网页整体信息时，可以使用一条或多条水平线以可视方式分隔文本和对象，使段落区分更明显，让网页更有层次感。

图2-142 网页中的水平线

实战 046 插入水平线

▶ 实例位置：光盘\效果\第2章\实战046\index.html
▶ 素材位置：光盘\素材\第2章\实战046\index.html
▶ 视频位置：光盘\视频\第2章\实战046.mp4

● 实例介绍 ●

如果想要添加水平线，只需将鼠标指针定位到需添加水平线的位置，然后单击"插入"|"HTML"|"水平线"命令即可。

● 操作步骤 ●

STEP 01 单击"文件"|"打开"命令，打开一幅网页文档，如图2-143所示。

STEP 02 将鼠标指针定位于相应的表格中，如图2-144所示。

图2-143 打开网页文档

图2-144 定位鼠标指针

STEP 03 单击"插入"|"水平线"命令，如图2-145所示。

STEP 04 执行操作后，即可插入水平线，如图2-146所示。

图2-145 单击相应命令

图2-146 插入水平线

实战 047 设置水平线属性

▶ 实例位置：光盘\效果\第2章\实战047\index.html
▶ 素材位置：光盘\素材\第2章\实战047\index.html
▶ 视频位置：光盘\视频\第2章\实战047.mp4

● 实例介绍 ●

添加水平线后，用户还可以通过"属性"面板设置其属性，制作出独特的水平线效果。

● 操作步骤 ●

STEP 01 单击"文件"|"打开"命令，打开一幅网页文档，如图2-147所示。

STEP 02 单击选中水平线，如图2-148所示。

图2-147 打开网页文档

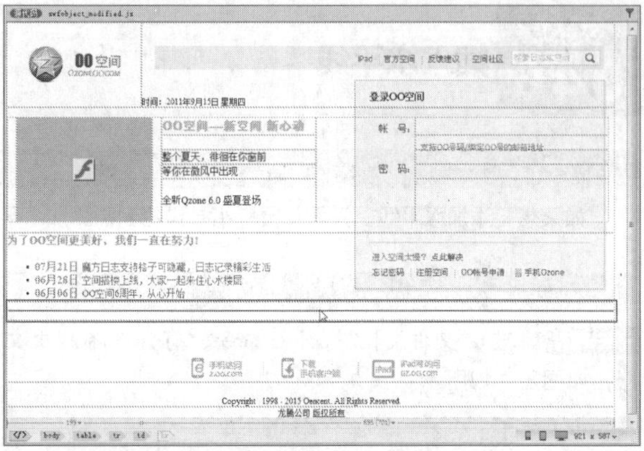

图2-148 选中水平线

STEP 03 展开"属性"面板，在"高"文本框中输入2，并设置"对齐"方式为"居中对齐"，如图2-149所示。

图2-149 设置水平线属性

STEP 04 执行操作后，即可改变水平线样式，如图2-150所示。

STEP 05 按【F12】键保存后，即可在打开的IE浏览器中看到如图2-151所示的效果。

图2-150 改变水平线样式

图2-151 预览网页效果

2.5 创建常用网页链接

超链接是构成网站最为重要的组成部分之一，一个完整的网站中往往包含了许多的链接。单击网页中的超级链接，可以很方便地跳转至相应的网页，这也是WWW流行的一个重要的原因，如图2-152所示。创建超链接应掌握如下基本概念。

➤ 绝对路径。绝对路径指包括服务器规范在内的完全路径，通过使用http://表示。使用绝对路径

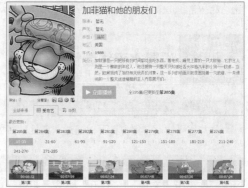

图2-152 单击链接进入相应的网页

只要目标文档的位置不发生变化，不论源文件存放在任何位置都可以精确地找到。在链接中使用绝对路径只要网站的地址不变，无论文档在站点中如何移动，都可以保证正常跳转不会出错。但采用绝对路径不利于网站的测试和移植。

➢ 相对路径。绝对路径包含了URL的每一部分，而相对路径省略了当前文档和被链接文档的绝对URL中相同的部分，只留下不同的部分。相对路径是以当前文档所在位置为起点到被链接文档经过的路径，它是用于本地链接最合适的路径。要在Dreamweaver中使用相对路径，最好将文件保存到一个已经建好的本地站点根目录中。

➢ 根目录相对路径。根目录相对路径与绝对路径非常相似，只省去了绝对路径中带有协议的部分。它具有绝对路径的源端点位置无关性，又解决了绝对路径测试时的麻烦，可以在本地站点中而不是在Internet中进行测试。

➢ 目标端点。链接指向按目标端点可分为以下4种。

（1）内部链接：链接指向的是同一个站点的其他文档和对象的链接。

（2）外部链接：链接指向的是不同站点的其他文档和对象的链接。

（3）锚点链接：链接指向的是同一个网页或不同网页中命名锚点的链接。

（4）E-mail 链接：链接指向的是一个用于填写和发送电子邮件的弹出窗口的链接。

实战 048 创建E-mail链接

▶ 实例位置：光盘\效果\第2章\实战048\index.html
▶ 素材位置：光盘\素材\第2章\实战048\index.html
▶ 视频位置：光盘\视频\第2章\实战048.mp4

● 实例介绍 ●

在网页中有时需将某些电子邮件地址显示出来，如网站维护人员的电子邮件地址等，供用户非常方便地向该地址发送邮件。

● 操作步骤 ●

STEP 01 单击"文件"|"打开"命令，打开一幅网页文档，如图2-153所示。

STEP 02 选择需要设置电子邮件链接的内容，如图2-154所示。

图2-153 打开网页文档

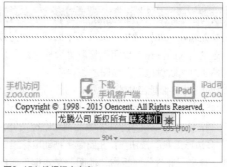

图2-154 选择相应内容

STEP 03 单击"插入"|"电子邮件链接"命令，如图2-155所示。

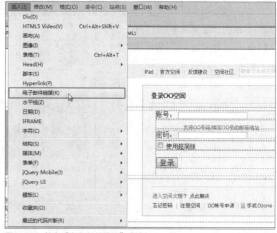

图2-155 单击"电子邮件链接"命令

STEP 04 弹出"电子邮件链接"对话框，在"电子邮件"文本框中输入相应的邮件地址，如图2-156所示。

图2-156 输入邮件地址

STEP 05 单击"确定"按钮，即可添加电子邮件链接，如图2-157所示。

STEP 06 按【F12】键保存网页后，打开IE浏览器即可看到邮件链接的效果，如图2-158所示。

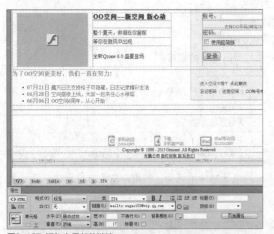

图2-157 添加电子邮件链接

图2-158 预览网页效果

实战 049　创建图像热点链接

▶ 实例位置：光盘\效果\第2章\实战049\index.html
▶ 素材位置：光盘\素材\第2章\实战049\index.html
▶ 视频位置：光盘\视频\第2章\实战049.mp4

● 实例介绍 ●

　　热点超链接是指在一幅图像中定义若干个区域（称为热区），在每个区域中设定一个不同的超级链接。选中插入的图像，使用图像属性面板中的"地图"文本框和单击"热点工具"按钮，为图像创建客户端映像地图，如图2-159所示。

可以定义以下3种图像地图热点区域。

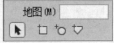

图2-159 热点链接工具

> 　单击"矩形工具"按钮▢：在图像上拖动鼠标指针，创建一个矩形热点。
> 　单击"圆形工具"按钮◯：在图像上拖动鼠标指针，创建一个圆形热点。
> 　单击"多边形工具"按钮▽：在图像上拖动鼠标指针，创建一个不规则多边形热点。

创建完毕，单击"属性"面板中"地图"文本框下面的"指针热点工具"按钮，鼠标指针恢复到原来的状态。

● 操作步骤 ●

STEP 01 单击"文件"|"打开"命令，打开一幅网页文档，选择相应的图像，如图2-160所示。

STEP 02 在"属性"面板中单击"矩形热点工具"按钮▢，如图2-161所示。

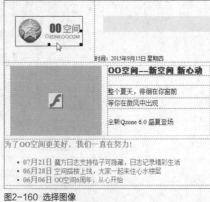

图2-160 选择图像

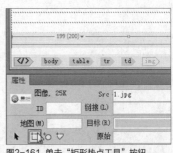

图2-161 单击"矩形热点工具"按钮

STEP 03 将鼠标指针置于图像上，按住左键拖曳光标绘制
一个矩形热点，如图2-162所示。

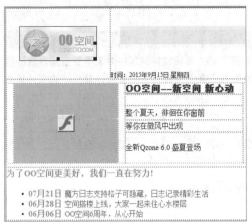

图2-162 绘制矩形热点

STEP 04 在"属性"面板中的"链接"文本框右侧单击
"浏览文件"按钮，如图2-163所示。

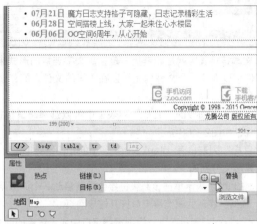

图2-163 单击"浏览文件"按钮

STEP 05 弹出"选择文件"对话框，选择相应的链接文
件，如图2-164所示。

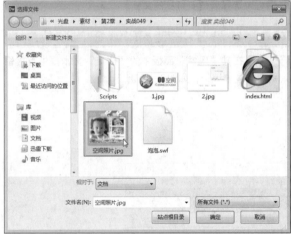

图2-164 选择文件

STEP 06 单击"确定"按钮，即可添加链接，如图2-165
所示。

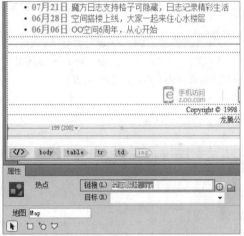

图2-165 添加链接

STEP 07 按【F12】键保存网页后，打开IE浏览器，将鼠
标指针移动到图片上，即可看到如图2-166所示的效果。

图2-166 预览效果

STEP 08 单击创建了热点链接的图片，即可跳转到相应页
面，如图2-167所示。

图2-167 跳转到相应页面

实战 050　创建文本链接

▶ **实例位置**：光盘\效果\第2章\实战050\index.html
▶ **素材位置**：光盘\素材\第2章\实战050\index.html
▶ **视频位置**：光盘\视频\第2章\实战050.mp4

● 实例介绍 ●

　　超文本链接其实就是超链接，是指用文字链接的形式来指向一个页面。建立互相链接的这些对象不受空间位置的限制，它们可以在同一个文件内也可以在不同的文件之间，也可以通过网络与世界上的任何一台联网计算机上的文件建立链接关系。

　　在"属性"面板的"目标"列表框中可以选择超链接打开的方式，如图2-168所示。

图2-168　选择超级链接打开的方式

　　"目标"列表框有_blank、ne 、_parent、_self和_top选项，其含义分别如下。

　➢ _blank：表示单击该超级链接会重新启动一个浏览器窗口载入被链接的网页。

　➢ new：在新的浏览器窗口打开链接网页。

　➢ _parent：表示在上一级浏览器窗口中显示链接的网页文档。

　➢ _self：表示在当前浏览器窗口中显示链接的网页文档，此选项为默认选项。

　➢ _top：表示在最顶端的浏览器窗口中显示链接的网页文档。

　　另外，还可以拖曳"属性"面板中的"链接"文本框后面的"指向文件"按钮至右侧"文件"面板中所要链接的文件，也可单击它后面的"浏览"按钮，在弹出的"选择文件"对话框中选择所需要链接的文档。

● 操作步骤 ●

STEP 01 单击"文件"|"打开"命令，打开一幅网页文档，选择需要设置链接的文本，如图2-169所示。

图2-169　选择文本

STEP 03 执行操作后，即可为文本添加链接，效果如图2-171所示。

图2-171　添加链接后的文本效果

STEP 02 在其"属性"面板中的"链接"文本框中直接输入相应的链接地址，如图2-170所示。

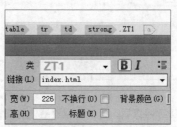

图2-170　输入链接地址

STEP 04 按【F12】键保存网页后，即可在打开的IE浏览器中看到如图2-172所示的效果。

图2-172　预览网页

实战 051　创建图像链接

▶ 实例位置：光盘\效果\第2章\实战051\index.html
▶ 素材位置：光盘\素材\第2章\实战051\index.html
▶ 视频位置：光盘\视频\第2章\实战051.mp4

● 实例介绍 ●

在一个网页中用来超链接的对象，可以是一段文本也可以是一个图片。当浏览者单击已经链接的图片后，链接目标将显示在浏览器上，并且根据目标的类型来打开或运行。

● 操作步骤 ●

STEP 01 单击"文件"|"打开"命令，打开一幅网页文档，如图2-173所示。

图2-173 打开网页文档

STEP 02 选择需要设置链接的图片，如图2-174所示。

图2-174 选择图片

STEP 03 在"属性"面板中的"链接"文本框右侧单击"浏览文件"按钮，如图2-175所示。

图2-175 单击"浏览文件"按钮

STEP 04 弹出"选择文件"对话框，选择相应的链接网页，如图2-176所示。

图2-176 选择相应的链接网页

STEP 05 单击"确定"按钮，即可添加链接，按【F12】键保存网页后，即可在打开的IE浏览器中看到如图2-177所示的效果。

图2-177 预览网页

STEP 06 单击该图片，即可跳转至相应的页面，效果如图2-178所示。

图2-178 跳转至链接页面

实战 052 创建Hyperlink链接

▶ **实例位置：** 光盘\效果\第2章\实战052\index.html
▶ **素材位置：** 光盘\素材\第2章\实战052\index.html
▶ **视频位置：** 光盘\视频\第2章\实战052.mp4

● 实例介绍 ●

在浏览WWW时，文字下方画有底线，或图形有框线时，将滑鼠移到该区域，滑鼠形状会变成手指，单击鼠标滚轮后，便会连到另一个网页。这样的动作就是超链接，网页中链接其他网页的文本串称为Hyperlink。

● 操作步骤 ●

STEP 01 单击"文件"|"打开"命令，打开一幅网页文档，选择需要创建Hyperlink链接的文本，如图2-179所示。

STEP 02 单击"插入"|"Hyperlink"命令，如图2-180所示。

图2-179 选择文本

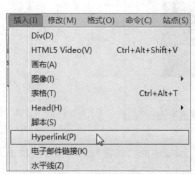

图2-180 单击Hyperlink命令

STEP 03 弹出"Hyperlink"对话框，单击"浏览"按钮，如图2-181所示。

STEP 04 弹出"选择文件"对话框，选择相应的网页文档，如图2-182所示。

图2-181 单击"浏览"按钮

图2-182 选择相应的网页文档

STEP 05 单击"确定"按钮，即可添加链接文件，并设置"目标"为_blank，如图2-183所示。

图2-183 设置相应选项

STEP 06 单击"确定"按钮，即可添加Hyperlink链接，如图2-184所示。

图2-184 添加Hyperlink链接

STEP 08 使用鼠标滚轮单击该文本，即可在新标签中打开相应的页面，效果如图2-186所示。

STEP 07 按【F12】键保存网页后，即可在打开的IE浏览器中看到如图2-185所示的效果。

图2-185 预览网页

图2-186 打开链接页面

实战 053	创建脚本链接	▶ 实例位置：光盘\效果\第2章\实战053\index.html ▶ 素材位置：光盘\素材\第2章\实战053\index.html ▶ 视频位置：光盘\视频\第2章\实战053.mp4

● 实例介绍 ●

　　脚本链接用于执行JavaScript代码或调用JavaScript函数。该功能非常有用，能够在不离开当前网页的情况下为浏览者提供有关某项的附加信息。脚本链接还可用于在浏览者单击特定项时，执行计算、表单验证和其他处理任务。

● 操作步骤 ●

STEP 01 单击"文件"|"打开"命令，打开一幅网页文档，选择需要创建脚本链接的文本，如图2-187所示。

图2-187 选择相应文本

STEP 02 在"属性"面板的"链接"文本框中输入Java cript：windows.Close（），该脚本表示可以将窗口退出，如图2-188所示。

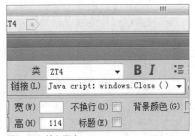

图2-188 输入脚本

93

STEP 03 按【F12】键保存网页文档后，在打开的IE浏览器中预览网页，如图2-189所示。

STEP 04 单击"关闭网页"链接，即可退出网页窗口，如图2-190所示。

图2-189 预览网页

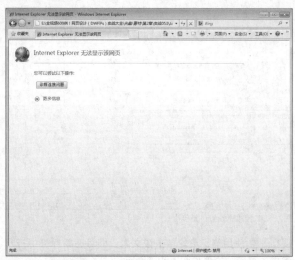

图2-190 退出网页窗口

实战 054 创建下载文件链接

> **实例位置：** 光盘\效果\第2章\实战054\index.html
> **素材位置：** 光盘\素材\第2章\实战054\index.html
> **视频位置：** 光盘\视频\第2章\实战054.mp4

● 实例介绍 ●

如果要在网页中提供下载资料，就需要为文件提供下载链接。如果超级链接指向的不是一个网页文件而是其他文件，如zip、mp3、exe文件等，单击该链接的时候就会下载该文件。

● 操作步骤 ●

STEP 01 单击"文件"|"打开"命令，打开一幅网页文档，选择需要创建下载文件链接的文本，如图2-191所示。

STEP 02 打开"属性"面板，单击"链接"文本框后面的"浏览文件"按钮，如图2-192所示。

图2-191 选择相应文本

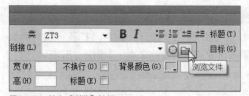

图2-192 单击"浏览"按钮

STEP 03 弹出"选择文件"对话框，选择相应的文件，如图2-193所示。

STEP 04 单击"确定"按钮，在"属性"面板的"目标"列表框中选择_blank选项，如图2-194所示。

图2-193 选择相应文件

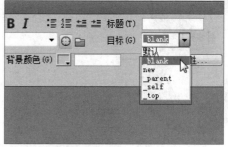

图2-194 选择_blank选项

STEP 05 按【F12】键保存网页文档后，在打开的IE浏览器中预览网页，如图2-195所示。

STEP 06 单击"下载OO空间客户端"链接，弹出"文件下载"对话框，提示打开或保存文件，如图2-196所示。

图2-195 预览网页

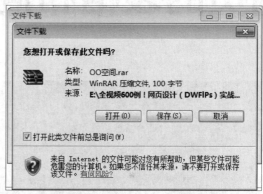

图2-196 弹出"文件下载"对话框

知识扩展

在网页文件中，当鼠标指针移动到文本或图像上方的时候，鼠标指针有时会变成手形状，出现这种形状的指针，就说明当前指针所在位置的文本或图像已应用了链接。

第**3**章

网页的表格布局

本章导读

网页的布局设计是网页设计制作的第一步工作，也是网页吸引浏览者的重要因素，可见网页的合理布局是网站成功的关键。表格布局设计是网页设计及制作过程中的一项重要工作，涉及网页在浏览器中所显示的外观，它往往决定着网页设计的成败，读者应较熟练地掌握本章的内容。

要点索引
- 表格的创建与设置
- 表格的常用操作

3.1 表格的创建与设置

表格是网页中非常重要的元素之一，使用表格不仅可以制作一般意义上的表格，还可以用于布局网页、设计页面分栏以及对文本或图像等元素进行定位等。对于文本、图片等网页元素的位置为了可以以像素的方式控制，只有通过表格和层来实现，其中表格是最普遍和最好的一种以像素方式控制的方法。表格之所以应用较多是因为表格可以实现网页元素的精确排版和定位。

实战 055	创建表格	▶ 实例位置：光盘\效果\第3章\实战055\index.html ▶ 素材位置：光盘\素材\第3章\实战055\index.html ▶ 视频位置：光盘\视频\第3章\实战055.mp4

● 实例介绍 ●

空白演示文稿即没有任何初始设置的演示文稿，它仅显示一张标题幻灯片，并且标题幻灯片中仅有标题占位符，但是该演示文稿中仍然包含默认的版式，如标题和内容、节标题等，可使用这些版式快速添加幻灯片。

在"表格"对话框中可设置插入表格的行数、列数、表格宽度、边框粗细、单元格边距、单元格间距、摘要等属性。

- ➢ 行、列数：在文本框中输入表格的行、列数。
- ➢ 表格宽度：用于设置表格的宽度，右侧的列表框中包含百分比和像素。
- ➢ 边框粗细：用于设置表格的宽度，如果设为0，浏览时则看不到表格的边框。
- ➢ 单元格边距：单元格内容和单元格边界之间的像素值。
- ➢ 单元格间距：单元格之间的像素值。
- ➢ 标题：可以定义表头样式，4种样式可以任选一种。

● 操作步骤 ●

STEP 01 单击"文件"|"打开"命令，打开一幅网页文档，如图3-1所示。

STEP 02 单击"插入"|"表格"命令，如图3-2所示。

图3-1 打开网页文档

图3-2 单击"表格"命令

STEP 03 弹出"表格"对话框，设置表格的相应参数，如图3-3所示。

STEP 04 单击"确定"按钮，即可插入表格，如图3-4所示。

图3-3 设置表格的参数

图3-4 插入表格

知识扩展

在"表格"对话框的"标题"选项区中，主要选项的功能如下。

➢ 对齐标题：用于指定表格标题相对于表格的显示位置，包括4个部分。"无"的对齐方式用于对表格不启用列或行标题；"左"对齐方式可以将表格的第一列作为标题列，以便可为表格中的每一行输入一个标题；"顶部"对齐方式可以将表格的第一行作为标题行，以便可为表格中的每一列输入一个标题；"两者"兼有的对齐方式能够在表格中输入列标题和行标题。

➢ 标题：用于提供一个显示在表格外的表格标题。

➢ 摘要：给出了表格的说明。屏幕阅读器可以读取摘要文本，但是该文本不会显示在用户的浏览器中。

实战 056　选取整个表格

▶ 实例位置：无
▶ 素材位置：光盘\素材\第3章\实战056\index.html
▶ 视频位置：光盘\视频\第3章\实战056.mp4

● 实例介绍 ●

对表格进行操作之前须先选择表格，用户既可以选择整个表格，也可以只选择某行或某列甚至某个单元格。如果要对整个表格进行操作须先将其选择，选择整个表格有以下3种方法，下面将进行介绍。

● 操作步骤 ●

STEP 01 将鼠标指针移到表格内部的边框上，当鼠标指针变为或形状时单击鼠标左键即可，如图3-5所示。

图3-5 选择整个表格（1）

STEP 02 将鼠标指针移到表格的外边框线上，当鼠标指针变为形状时单击鼠标左键即可，如图3-6所示。

STEP 03 将指针插入点定位到表格的任一单元格中，单击窗口左下角标签选择器中的<table>标签即可，如图3-7所示。

图3-6　选择整个表格（2）

图3-7　选择整个表格（3）

STEP 04 单击某个表格单元格，然后依次单击"修改"|"表格"|"选择表格"命令，如图3-8所示。

STEP 05 在单元格边框上单击鼠标右键，在弹出的快捷菜单中选择"表格"|"选择表格"选项选取整个表格，如图3-9所示。

图3-8　选择整个表格（4）

图3-9　选择整个表格（5）

STEP 06 在代码视图下，找到表格代码区域，拖选整个表格代码区域（<table>和</table>标签之间代码区域），如图3-10所示。

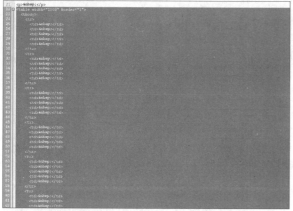

图3-10　选择整个表格（6）

实战 057　选取表格的行

▶ 实例位置：无
▶ 素材位置：光盘\素材\第3章\实战057\index.html
▶ 视频位置：光盘\视频\第3章\实战057.mp4

● 实例介绍 ●

在Dreamweaver CC中，用户可以通过鼠标点击和标签选择整行单元格。

● 操作步骤 ●

STEP 01 将鼠标指针移到需选择行的左侧，当鼠标指针变为➡形状且该行的边框线变为红色时，如图3-11所示。

STEP 02 单击鼠标左键即可选择该行，如图3-12所示。

图3-11 移动鼠标指针　　　　　　　　　图3-12 选择行（1）

知识扩展

如果没有明确指定边框粗细或单元格间距和单元格边距的值，则大多数浏览器都按边框粗细和单元格边距设置为1、单元格间距设置为2来显示表格。若要确保浏览器显示表格时不显示边距或间距，可将"单元格边距"和"单元格间距"设置为0。

STEP 03 另外，用户可以将鼠标指针插入点定位到需选择行的任一单元格中，如图3-13所示。

STEP 04 单击窗口左下角标签选择器中的\<tr\>标签即可选择该行，如图3-14所示。

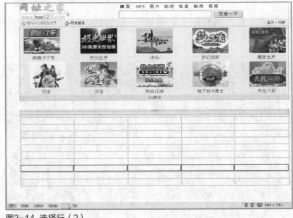

图3-13 定位鼠标指针　　　　　　　　　图3-14 选择行（2）

实战 058　选取表格的列

▶ 实例位置：无
▶ 素材位置：光盘\素材\第3章\实战058\index.html
▶ 视频位置：光盘\视频\第3章\实战058.mp4

● 实例介绍 ●

在Dreamweaver CC中，用户可以通过鼠标单击列菜单选择整列单元格。

● 操作步骤 ●

STEP 01 将鼠标指针移到需选择列的上端，当鼠标指针变为↓形状且该列的边框线变为红色时，如图3-15所示。

STEP 02 单击鼠标左键即可选择该列，如图3-16所示。

图3-15 移动鼠标指针

图3-16 选择列（1）

知识扩展

　　最好使用表格标题以方便使用屏幕阅读器的Web站点访问者，屏幕阅读器可以读取表格标题并且帮助屏幕阅读器用户跟踪表格信息。

STEP 03 用户可以将指针插入点定位到表格中任一单元格中，单击需选择的列上端的按钮，在弹出的下拉菜单中选择"选择列"选项，如图3-17所示。

STEP 04 执行操作后，即可选择该列，如图3-18所示。

图3-17 选择"选择列"选项

图3-18 选择列（2）

实战 059　选取单元格

▶ 实例位置：无
▶ 素材位置：光盘\素材\第3章\实战059\index.html
▶ 视频位置：光盘\视频\第3章\实战059.mp4

● 实例介绍 ●

选择单元格有选择单个单元格、选择相邻的多个单元格和选择不相邻的多个单元格3种方式。

● 操作步骤 ●

STEP 01 选择单个单元格的方法非常简单，只需将鼠标指针移动到需要选择的单元格中并单击，如图3-19所示。

STEP 02 单击窗口左下角标签选择器中的\<td\>标签即可选择该单元格，如图3-20所示。

图3-19 定位鼠标指针

图3-20 选择单个单元格

STEP 03 将鼠标指针移动到一个单元格中，然后按住鼠标左键不放并拖动，当到达需要的单元格时释放鼠标，即可选择以这两个单元格为对角线的矩形区域中的所有单元格，如图3-21所示。

STEP 04 按住【Ctrl】键不放，然后单击要选择的单元格，即可选择不相邻的多个单元格，如图3-22所示。

图3-21 选择相邻的多个单元格

图3-22 选择不相邻的多个单元格

实战 060 设置表格的属性

▶ **实例位置:** 光盘\效果\第3章\实战060\index.html
▶ **素材位置:** 光盘\素材\第3章\实战060\index.html
▶ **视频位置:** 光盘\视频\第3章\实战060.mp4

● 实例介绍 ●

为了使创建的表格更加美观、醒目，需要对表格的属性进行设置，如对表格的颜色或单元格的背景图像、颜色等进行设置。

要设置整个表格的属性，首先要选定整个表格，然后利用"属性"面板指定表格的属性。

● 操作步骤 ●

STEP 01 单击"文件"|"打开"命令，打开一幅网页文档，选择相应的表格，如图3-23所示。

图3-23 选择相应的表格

STEP 02 展开"属性"面板，将表格的"单元格边距"（Cellpad）设置为2、"单元格间距"（cellspace）设置为2、"对齐"设置为"左对齐"，如图3-24所示。

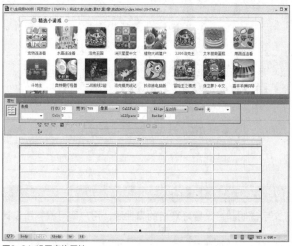

图3-24 设置表格属性

表格的"属性"面板主要选项如下。

➤ 表格：用于设置表格的ID。

➤ 行和列（Cols）：用于设置表格中行和列的数量。

➤ 宽：用于设置表格的宽度，以像素为单位或表示为占浏览器窗口宽度的百分比。

➤ 单元格边距（Cellpad）：用于设置单元格内容与单元格边框之间的像素数。

➤ 单元格间距（Cellspace）：用于设置相邻的表格单元格之间的像素数。

➤ 对齐（Align）：用于确定表格相对于同一段落中的其他元素（如文本或图像）的显示位置。其中包含"左对齐""右对齐""居中对齐"和"默认"选项。

➤ 边框（Border）：用于指定表格边框的宽度（以像素为单位）。

➤ 类（Class）：用于对该表格设置一个CSS类。

➤ "清除列宽"按钮：用于从表格中删除所有指定列宽。

➤ "将表格宽度转换成像素"按钮：用于将表格宽度由百分比转换为像素。

➤ "将表格宽度转换成百分比"按钮：用于将表格中每个列的宽度或高度设置为按占"文档"窗口宽度百分比表示的当前宽度。

实战 061 设置表格的属性

▶ 实例位置：光盘\效果\第3章\实战061\index.html
▶ 素材位置：光盘\素材\第3章\实战061\index.html
▶ 视频位置：光盘\视频\第3章\实战061.mp4

● 实例介绍 ●

要设置单元格的属性，可在单元格边框上单击鼠标左键，以选中相应的单元格，然后在其属性面板中设置各种参数。

● 操作步骤 ●

STEP 01 单击"文件"|"打开"命令，打开一幅网页文档，选择相应的单元格，如图3-25所示。

STEP 02 展开"属性"面板，将单元格的"水平"设置为"居中对齐"、"垂直"设置为"居中"、"高"设置为30、"背景颜色"设置为蓝色（#0603F5），如图3-26所示。

图3-25 选择相应的单元格

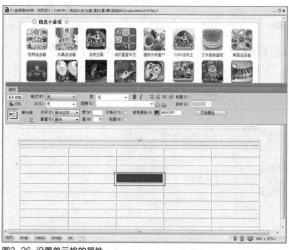

图3-26 设置单元格的属性

知识扩展

在"属性"面板中，用户可设置以下选项。

➤ 水平：用于指定单元格、行或列内容的水平对齐方式，其列表框中包含"默认""左对齐""居中对齐"和"右对齐"4个选项。

➤ 垂直：用于指定单元格、行或列内容的垂直对齐方式，其列表框中包含"默认""顶端""基线""居中"和"底部"5个选项。

➤ 宽和高：用于设置所选单元格的宽度和高度。

➤ 背景：用于设置单元格、列或行的背景颜色（使用颜色选择器选择）。

➤ 标题：用于设置将所选的单元格格式设置为表格标题单元格。

技巧点拨

如果选中了"不换行"复选框，则当键入数据或将数据粘贴到单元格时单元格会加宽来容纳所有数据。通常，单元格在水平方向扩展以容纳单元格中最长的单词或最宽的图像，然后根据需要在垂直方向进行扩展以容纳其他内容。

实战 062 输入表格内容

▶ 实例位置：光盘\效果\第3章\实战062\index.html
▶ 素材位置：光盘\素材\第3章\实战062\index.html
▶ 视频位置：光盘\视频\第3章\实战062.mp4

● 实例介绍 ●

文字是网页的重要组成部分，一个直观明了的网页少不了文字说明。当设置好表格的属性后，用户即可根据所设计和制作的网页在表格中输入相应的文本内容。

● 操作步骤 ●

STEP 01 单击"文件"|"打开"命令，打开一幅网页文档，将鼠标指针定位到相应的单元格，如图3-27所示。

STEP 02 输入相应的文本内容，如图3-28所示。

图3-27 打开网页文档

图3-28 输入相应的文本内容

STEP 03 展开"属性"面板，将单元格的"水平"设置为"居中对齐"，"垂直"设置为"居中"，如图3-29所示。

STEP 04 执行操作后，即可设置单元格的属性，效果如图3-30所示。

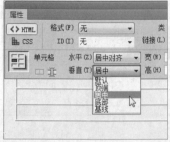

图3-29 设置相应选项

图3-30 表格效果

3.2 表格的常用操作

在网页中，表格用于网页内容的排版，如要将文字放在页面的某个位置，就可以使用表格并将其设置为表格的属性。使用表格可以清晰地显示列表数据，从而更容易阅读信息。表格是由表行、表列以及单元格构成的，因此选择不同的元素，其属性设置的作用域是不一样的。本节主要介绍调整表格高度和宽度、添加或删除行或列、拆分单元格、合并单元格以及剪切、复制和粘贴单元格等常用操作。

实战 063　调整表格宽度

▶ 实例位置：光盘\效果\第3章\实战063\index.html
▶ 素材位置：光盘\素材\第3章\实战063\index.html
▶ 视频位置：光盘\视频\第3章\实战063.mp4

● 实例介绍 ●

表格的高度和宽度就是指表格的大小，用户可以调整整个表格或每个行或列的大小。当调整整个表格的大小时，表格中的所有单元格按比例更改大小。如果表格的单元格指定了明确的宽度或高度，则调整表格大小将更改"文档"窗口中单元格的可视大小，但不更改这些单元格的指定宽度和高度。

技巧点拨

可以在选定表格后，在该表格的属性面板中修改"宽"文本框参数来调整表格的宽度，输入相应的数值后按【Enter】键即可。

● 操作步骤 ●

STEP 01 单击"文件"|"打开"命令，打开一幅网页文档，如图3-31所示。

STEP 02 将鼠标指针移动到相应的列边框上，单击鼠标左键选定该列，此时鼠标指针变为一个选择柄形状⊞，如图3-32所示。

图3-31 打开网页文档

图3-32 移动鼠标指针

STEP 03 按住鼠标左键向右拖动，如图3-33所示。

STEP 04 至适当位置后释放鼠标左键，即可调整相应单元格的宽度，如图3-34所示。

图3-33 拖动鼠标

图3-34 调整表格的宽度

实战 064 调整表格高度

▶ 实例位置：光盘\效果\第3章\实战064\index.html
▶ 素材位置：光盘\素材\第3章\实战064\index.html
▶ 视频位置：光盘\视频\第3章\实战064.mp4

● 实例介绍 ●

将鼠标指针移动到相应的行边框上，单击鼠标左键选定该行，此时鼠标指针变为一个选择柄形状，按住鼠标左键上下拖动到适当位置，即可调整单元格的高度。

知识扩展

有时HTML代码中设置的列宽度与它们在屏幕上的外观宽度不匹配。发生这种情况时，可以使宽度一致。Dreamweaver中可以显示表格与列的宽度和标题菜单，能够帮助用户对表格进行布局，可以根据需要启用或禁用宽度和标题菜单。

● 操作步骤 ●

STEP 01 单击"文件"|"打开"命令，打开一幅网页文档，如图3-35所示。

STEP 02 将鼠标指针移动到相应的行边框上，单击鼠标左键选定该行，此时鼠标指针变为一个选择柄形状，如图3-36所示。

图3-35 打开网页文档

图3-36 移动鼠标指针

STEP 03 按住鼠标左键向下拖动，如图3-37所示。

STEP 04 至适当位置后释放鼠标左键，即可调整相应行的高度，如图3-38所示。

图3-37 拖动鼠标

图3-38 调整表格的高度

实战 065 添加行

▶ 实例位置：光盘\效果\第3章\实战065\index.html
▶ 素材位置：光盘\素材\第3章\实战065\index.html
▶ 视频位置：光盘\视频\第3章\实战065.mp4

● 实例介绍 ●

在制作网页时，经常会出现插入表格的行不够，这时就需要对表格进行添加行的操作。

● 操作步骤 ●

STEP 01 单击"文件"|"打开"命令，打开一幅网页文档，如图3-39所示。

STEP 02 将鼠标指针定位于需增加行的位置，如图3-40所示。

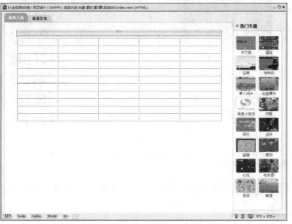

图3-39 打开网页文档

图3-40 定位鼠标指针

STEP 03 单击"修改"|"表格"|"插入行"命令，如图3-41所示。

STEP 04 执行操作后，即可添加1行表格，效果如图3-42所示。

图3-41 单击"插入行"命令

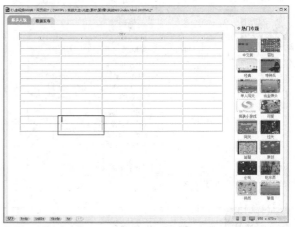

图3-42 添加1行表格

实战 066　添加列

▶ **实例位置：** 光盘\效果\第3章\实战066\index.html
▶ **素材位置：** 光盘\素材\第3章\实战066\index.html
▶ **视频位置：** 光盘\视频\第3章\实战066.mp4

● 实例介绍 ●

在制作网页时，经常会出现插入表格的列不够，这时就需要对表格进行添加列的操作。

● 操作步骤 ●

STEP 01 单击"文件"|"打开"命令，打开一幅网页文档，如图3-43所示。

STEP 02 将鼠标指针定位于需增加列的位置，如图3-44所示。

图3-43 打开网页文档

图3-44 定位鼠标指针

STEP 03 单击"修改"｜"表格"｜"插入列"命令，如图3-45所示。

STEP 04 执行操作后，即可添加1列表格，效果如图3-46所示。

图3-45 单击"插入列"命令

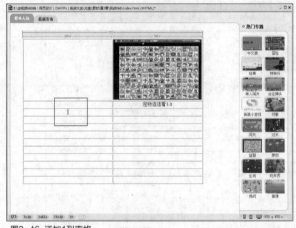

图3-46 添加1列表格

实战 067 插入多行或多列

▶ 实例位置：光盘\效果\第3章\实战067\index.html
▶ 素材位置：光盘\素材\第3章\实战067\index.html
▶ 视频位置：光盘\视频\第3章\实战067.mp4

● 实例介绍 ●

除了使用上面的方法插入行或列外，用户还可以通过"修改"｜"表格"｜"插入行或列"命令，快速地插入多行或多列。

● 操作步骤 ●

STEP 01 单击"文件"｜"打开"命令，打开一幅网页文档，如图3-47所示。

STEP 02 将鼠标指针定位于需增加列的位置，如图3-48所示。

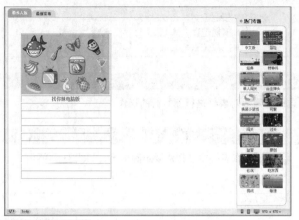

图3-47 打开网页文档

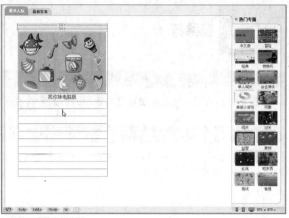

图3-48 定位鼠标指针

STEP 03 单击"修改"|"表格"|"插入行或列"命令，如图3-49所示。

STEP 04 执行操作后，弹出"插入行或列"对话框，如图3-50所示。

图3-49 单击"插入行或列"命令

图3-50 弹出"插入行或列"对话框

STEP 05 设置"插入"为"列"、"列数"为2、"位置"为"当前列之后"，如图3-51所示。

STEP 06 单击"确定"按钮，即可插入2列表格，效果如图3-52所示。

图3-51 设置相应选项

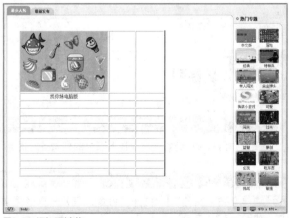

图3-52 添加2列表格

实战 068 删除行

▶ **实例位置：** 光盘\效果\第3章\实战068\index.html
▶ **素材位置：** 光盘\素材\第3章\实战068\index.html
▶ **视频位置：** 光盘\视频\第3章\实战068.mp4

● 实例介绍 ●

在制作网页时，经常会出现插入表格的行太多的情况，这时就需要对表格进行删除行的操作。

● 操作步骤 ●

STEP 01 单击"文件"|"打开"命令，打开一幅网页文档，如图3-53所示。

STEP 02 在表格中选择需要删除的行，如图3-54所示。

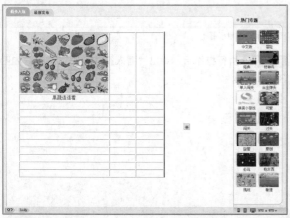

图3-53 打开网页文档　　　　　　　　　　　　　图3-54 选择要删除的行

STEP 03 单击鼠标右键，在弹出的快捷菜单中选择"表格"|"删除行"选项，如图3-55所示。

STEP 04 执行操作后，即可删除所选择的行，效果如图3-56所示。

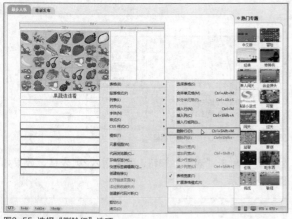
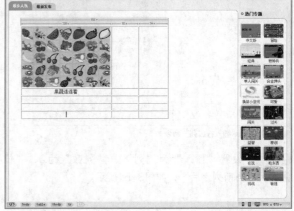

图3-55 选择"删除行"选项　　　　　　　　　　　图3-56 删除所选择的行

实战 069 删除列

▶ **实例位置：** 光盘\效果\第3章\实战069\index.html
▶ **素材位置：** 光盘\素材\第3章\实战069\index.html
▶ **视频位置：** 光盘\视频\第3章\实战069.mp4

● 实例介绍 ●

在制作网页时，经常会出现插入表格的列太多的情况，这时就需要对表格进行删除列的操作。

● 操作步骤 ●

STEP 01 单击"文件"|"打开"命令，打开一幅网页文档，如图3-57所示。

STEP 02 在表格中选择需要删除的列，如图3-58所示。

图3-57 打开网页文档

图3-58 选择要删除的列

STEP 03 单击"修改"|"表格"|"删除列"命令，如图 3-59所示。

STEP 04 执行操作后，即可删除所选择的列，效果如图 3-60所示。

图3-59 单击"删除列"命令

图3-60 删除所选择的列

实战 070 拆分单元格

▶ **实例位置：** 光盘\效果\第3章\实战070\index.html
▶ **素材位置：** 光盘\素材\第3章\实战070\index.html
▶ **视频位置：** 光盘\视频\第3章\实战070.mp4

● 实例介绍 ●

当需要对某个单元格进行拆分时，可将单元格拆分成几行或几列，将指针插入点定位到要拆分的单元格中，然后单击"属性"面板左下角"单元格"选项区中的"拆分单元格"按钮，弹出"拆分单元格"对话框，在对话框中设定拆分的行数与列数即可。

● 操作步骤 ●

STEP 01 单击"文件"|"打开"命令，打开一幅网页文档，如图3-61所示。

STEP 02 将鼠标指针定位于需要拆分的单元格中，如图 3-62所示。

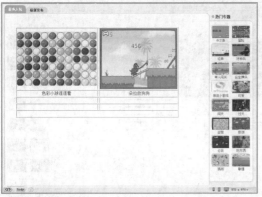

图3-61 打开网页文档

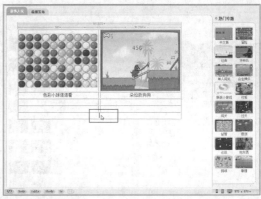

图3-62 定位鼠标指针

STEP 03 单击"修改"|"表格"|"拆分单元格"命令，如图3-63所示。

STEP 04 执行操作后，弹出"拆分单元格"对话框，如图3-64所示。

图3-63 单击"拆分单元格"命令

图3-64 弹出"拆分单元格"对话框

知识扩展

"文档"窗口显示当前文档，用户可以选择下列任一视图。

➤ 设计视图：一个用于可视化页面布局、可视化编辑和快速应用程序开发的设计环境。在该视图中，Dreamweaver显示文档的完全可编辑的可视化表示形式，类似于在浏览器中查看页面时看到的内容。

➤ 代码视图：一个用于编写和编辑HTML、JavaScript、服务器语言代码［如PHP或ColdFusion标记语言（CFML）］以及任何其他类型代码的手工编码环境，如图3-65所示。

➤ 拆分视图：可以在一个窗口中同时看到同一文档的"代码"视图和"设计"视图，如图3-66所示。

图3-65 代码视图

图3-66 拆分视图

➤ 实时视图：与设计视图类似，实时视图更逼真地显示文档在浏览器中的表示形式，并能够像在浏览器中那样与文档交互。实时视图不可编辑，不过可以在代码视图中进行编辑，然后刷新实时视图来查看所做的更改，如图3-67所示。

当"文档"窗口处于最大化状态（默认值）时，"文档"窗口顶部会显示选项卡，上面显示了所有打开的文档的文件名。如果尚未保存已做的更改，则Dreamweaver会在文件名后显示一个星号。若要切换到某个文档，可单击它的选项卡，如图3-68所示。Dreamweaver还会在文档的选项卡下（如果在单独窗口中查看文档，则在文档标题栏下）显示"相关文件"工具栏。相关文档指与当前文件关联的文档，例如CSS文件或JavaScript文件。若要在"文档"窗口中打开这些相关文件之一，可在"相关文件"工具栏中单击其文件名。

图3-67 实时视图　　　　　　　　　　　　　　　　　　　图3-68 切换文档窗口

STEP 05 选中"列"单选按钮，设置"列数"为3，如图3-69所示。

STEP 06 单击"确定"按钮，即可将单元格拆分为3列，效果如图3-70所示。

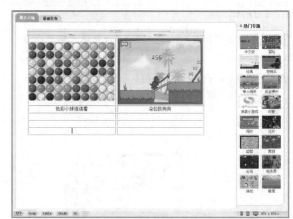

图3-70 拆分单元格

图3-69 设置相应选项

技巧点拨

另外，还可以将鼠标指针定位于要拆分的单元格中，单击鼠标右键，在弹出的快捷菜单中选择"表格"|"拆分单元格"选项，如图3-71所示，弹出"拆分单元格"对话框，可以拆分单元格。

图3-71 选择"拆分单元格"选项

实战 071 合并单元格

▶ 实例位置：光盘\效果\第3章\实战071\index.html
▶ 素材位置：光盘\素材\第3章\实战071\index.html
▶ 视频位置：光盘\视频\第3章\实战071.mp4

● 实例介绍 ●

合并单元格只能对相邻的多个单元格进行合并操作，首先选择相邻的单元格区域，然后单击"属性"面板左下角的"合并单元格"按钮回，即可将它们合并为一个单元格。

● 操作步骤 ●

STEP 01 单击"文件"|"打开"命令，打开一幅网页文档，如图3-72所示。

STEP 02 在表格中，选择需要合并的多个连续单元格，如图3-73所示。

图3-72 打开网页文档

图3-73 选择单元格

STEP 03 单击"修改"|"表格"|"合并单元格"命令，如图3-74所示。

STEP 04 执行操作后，即可合并单元格，如图3-75所示。

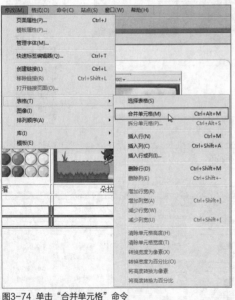

图3-74 单击"合并单元格"命令

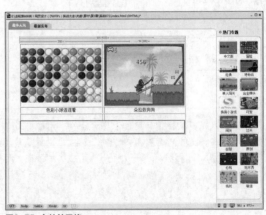

图3-75 合并单元格

实战 072 剪切单元格

▶ 实例位置：光盘\效果\第3章\实战072\index.html
▶ 素材位置：光盘\素材\第3章\实战072\index.html
▶ 视频位置：光盘\视频\第3章\实战072.mp4

● 实例介绍 ●

剪切是把用户选中的单元格放入到剪切板中，剪切操作后原来的地方就没有那个表格内容了。

STEP 01 单击"文件"|"打开"命令，打开一幅网页文档，如图3-76所示。

STEP 02 在表格中，选择需要剪切的单元格，如图3-77所示。

图3-76 打开网页文档

图3-77 选择单元格

STEP 03 单击"编辑"|"剪切"命令，如图3-78所示。

STEP 04 执行操作后，即可剪切该单元格，如图3-79所示。

图3-78 单击"剪切"命令

图3-79 剪切单元格

实战 073　复制单元格

▶ 实例位置：光盘\效果\第3章\实战073\index.html
▶ 素材位置：光盘\素材\第3章\实战073\index.html
▶ 视频位置：光盘\视频\第3章\实战073.mp4

● 实例介绍 ●

　　用户可以一次复制、粘贴单个表格单元格或多个单元格，并保留单元格的格式设置，也可以在插入点粘贴单元格或通过粘贴替换现有表格中的所选部分。若要粘贴多个表格单元格，剪贴板的内容必须和表格的结构或表格中将粘贴这些单元格的所选部分兼容。

● 操作步骤 ●

STEP 01 单击"文件"|"打开"命令，打开一幅网页文档，如图3-80所示。

STEP 02 选中需要复制的单元格，如图3-81所示。

图3-80 打开网页文档

图3-81 选择单元格

STEP 03 单击"编辑"|"拷贝"命令，如图3-82所示。

STEP 04 将鼠标指针定位于所选单元格的上一行，单击"编辑"|"粘贴"命令，即可粘贴所复制的单元格，效果如图3-83所示。

图3-82 单击"拷贝"命令

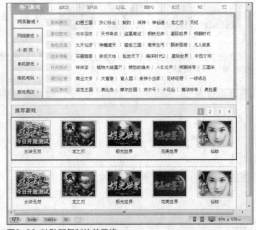

图3-83 粘贴所复制的单元格

实战 074 删除单元格

▶ 实例位置：光盘\效果\第3章\实战074\index.html
▶ 素材位置：光盘\素材\第3章\实战074\index.html
▶ 视频位置：光盘\视频\第3章\实战074.mp4

● 实例介绍 ●

删除单元格是指将已经不需要了的单元格从表格中删掉，以腾出空间进行别的操作。

● 操作步骤 ●

STEP 01 单击"文件"|"打开"命令，打开一幅网页文档，如图3-84所示。

STEP 02 选中需要删除的多个连续单元格，如图3-85所示。

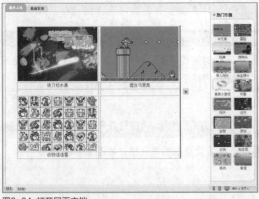

图3-84 打开网页文档

图3-85 选择单元格

STEP 03 单击"编辑"|"清除"命令，如图3-86所示。

STEP 04 执行操作后，即可删除所选择的单元格，效果如图3-87所示。

图3-86 单击"清除"命令　　　图3-87 删除所选择的单元格

实战 075 导出表格

▶ **实例位置：** 光盘\效果\第3章\实战075.csv
▶ **素材位置：** 光盘\素材\第3章\实战075\index.html
▶ **视频位置：** 光盘\视频\第3章\实战075.mp4

● 实例介绍 ●

在Dreamweaver CC中，用户可以通过"导出"|"表格"命令，快速将制作好的表格导出保存到计算机中。

● 操作步骤 ●

STEP 01 单击"文件"|"打开"命令，打开一幅网页文档，如图3-88所示。

STEP 02 选择需要导出的表格，如图3-89所示。

图3-88 打开网页文档

图3-89 选择表格

STEP 03 单击"文件"|"导出"|"表格"命令，如图3-90所示。

STEP 04 执行操作后，弹出"导出表格"对话框，保持默认设置，单击"导出"按钮，如图3-91所示。

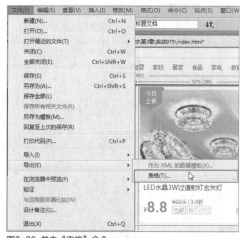

图3-90 单击"表格"命令

图3-91 单击"导出"按钮

STEP 05 弹出"表格导出为"对话框，设置相应的保存位置和文件名，如图3-92所示。

STEP 06 单击"保存"按钮，即可导出表格为.csv文件，如图3-93所示。

图3-92 "表格导出为"对话框

图3-93 导出表格

技巧点拨

　　状态栏显示"文档"窗口的当前尺寸（以像素为单位）。若要将页面设计为在使用某一特定尺寸大小时具有最好的显示效果，可以将"文档"窗口调整为任一预定义大小、编辑这些预定义大小或者创建新的大小。更改设计视图或实时视图中页面的视图大小时，仅更改视图大小的尺寸，而不更改文档大小。

　　除了预定义和自定义大小外，Dreamweaver还会列出在媒体查询中指定的大小。选择与媒体查询对应的大小后，Dreamweaver将使用该媒体查询显示页面。还可更改页面方向以预览用于移动设备的页面，在这些页面中根据设备的把握方式更改页面布局。

　　将文档窗口的大小调整为预定义的大小：从"文档"窗口底部的"窗口大小"弹出菜单中选择一种大小。Dreamweaver CC提供多种选择，包括选择常用的移动设备，如图3-94所示。

　　显示的窗口大小反映浏览器窗口的内部尺寸（不包括边框），右侧列出显示器大小或移动设备。对于不是很精确的大小调整，可使用操作系统的标准窗口大小调整方法，如拖动窗口的右下角。

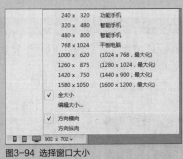

图3-94 选择窗口大小

实战 076 导入表格

▶ **实例位置：**光盘\效果\第3章\实战076\index.html
▶ **素材位置：**光盘\素材\第3章\实战076\index.html
▶ **视频位置：**光盘\视频\第3章\实战076.mp4

● **实例介绍** ●

在Dreamweaver CC中，用户可以通过"导入"|"表格"命令，快速将制作好的表格式数据导入到网页文档中。

● **操作步骤** ●

STEP 01 单击"文件"|"打开"命令，打开一幅网页文档，如图3-95所示。

STEP 02 将鼠标指针定位到需要导入表格的位置处，如图3-96所示。

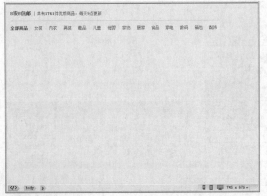

图3-95 打开网页文档

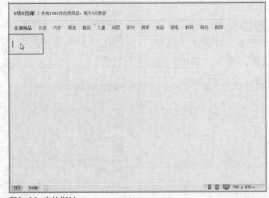

图3-96 定位指针

STEP 03 单击"文件"|"导入"|"表格式数据"命令，如图3-97所示。

STEP 04 执行操作后，弹出"导入表格式数据"对话框，单击"浏览"按钮，如图3-98所示。

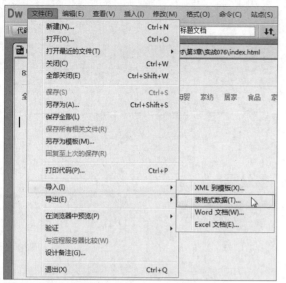

图3-97 单击"表格式数据"命令

图3-98 单击"浏览"按钮

STEP 05 弹出"打开"对话框，选择相应的表格数据文件，如图3-99所示。

STEP 06 单击"打开"按钮，即可添加数据文件，如图3-100所示。

图3-99 "打开"对话框

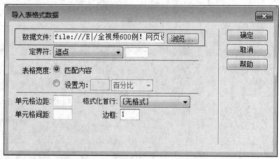

图3-100 添加数据文件

STEP 07 单击"确定"按钮，即可导入表格，效果如图3-101所示。

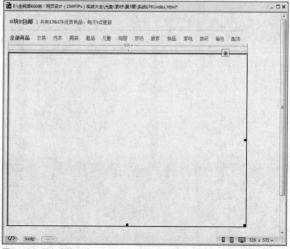

图3-101 导入表格

第 **4** 章

优化网页的方法

本章导读

对于一个新手想拥有自己的网站来说，怎么样去做是一个问题。当然，用户也可以到新浪博客或者其他拥有免费域名的网站申请一个个人主页，这是最方便实际的解决方法。但是，为什么不能自己制作出一个优秀的网站呢？本章将介绍优化网页的相关技巧，帮助用户将自己的网页设计得更加精彩。

要点索引

- 优化网页图像
- 创建各种表单
- 优化网页结构

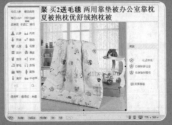

4.1 优化网页图像

本节将介绍优化网页图像的相关技巧，包括优化图像、创建图像、转入其他软件编辑图像、裁剪、重新取样、亮度/对比度调整以及锐化等操作。

实战 077　图像优化

▶ **实例位置：**光盘\效果\第4章\实战077\index.html
▶ **素材位置：**光盘\素材\第4章\实战077\index.html
▶ **视频位置：**光盘\视频\第4章\实战077.mp4

● 实例介绍 ●

从Photoshop中创建智能对象或粘贴选定内容时，Dreamweaver将显示"图像优化"对话框，如图4-1所示。（在选择任何其他类别的图像并单击属性检查器中的"编辑图像设置"按钮时，Dreamweaver也为这些图像显示此对话框。）使用此对话框，用户可以使用正确的颜色组合、压缩和质量来定义和预览可用于Web的图像的设置。

可用于Web的图像的特征是：在所有主流Web浏览器中都可以显示，且查看者使用任何系

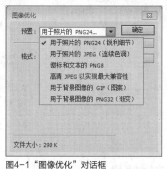

图4-1 "图像优化"对话框

统或浏览器时显示效果都相同。通常，这些设置需要设计者在品质和文件大小间进行权衡。无论选择了什么设置都只影响图像文件的导入版本，通常不会影响原始Photoshop PSD或Fireworks PNG文件。

用户可以选择一个最符合自己的需求的预设，图像的文件大小会根据用户选择的预设而变，应用了设置的图像的即时预览显示在背景中。例如，对于必须用高清晰度显示的图像，则可选择"用于照片的 PNG24（锐利细节）"。如果要插入将充当页面背景的图案，则可选择"用于背景图像的GIF（图案）"。选择预设时，会显示预设的可配置选项。如果要进一步自定义优化设置，则应修改这些选项的值。

● 操作步骤 ●

STEP 01 单击"文件"|"打开"命令，打开一幅网页文档，如图4-2所示。

STEP 02 选择需要优化的图像，如图4-3所示。

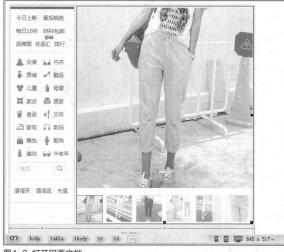

图4-2 打开网页文档

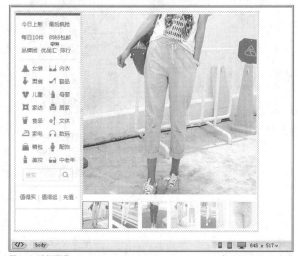

图4-3 选择图像

STEP 03 单击"修改"|"图像"|"优化"命令，如图4-4所示。

STEP 04 弹出"图像优化"对话框，在"预置"列表框中选择"用于背景图像的PNG32（渐变）"选项，如图4-5所示。单击"确定"按钮，即可优化图像。

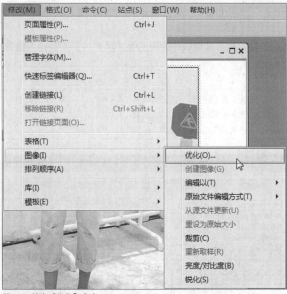

图4-4 单击"优化"命令

图4-5 单击"确定"按钮

实战 078 转入其他软件编辑图像

▶ **实例位置:** 光盘\效果\第4章\实战078\index.html
▶ **素材位置:** 光盘\素材\第4章\实战078\index.html
▶ **视频位置:** 光盘\视频\第4章\实战078.mp4

● 实例介绍 ●

在Dreamweaver CC中选中图片后,用户可以直接调用Photoshop对其进行编辑。

● 操作步骤 ●

STEP 01 单击"文件"|"打开"命令,打开一幅网页文档,如图4-6所示。

STEP 02 选择需要编辑的图像,如图4-7所示。

图4-6 打开网页文档

图4-7 选择图像

STEP 03 单击"修改"|"图像"|"编辑以"|"Photoshop"命令,如图4-8所示。

STEP 04 执行操作后,即可在Photoshop中打开需要编辑的图像,如图4-9所示。

图4-8 单击Photoshop命令

图4-9 在Photoshop中打开图像

STEP 05 单击"图像"|"自动色调"命令，如图4-10 所示。

STEP 06 执行操作后，即可调整图像的色调，效果如图 4-11所示。

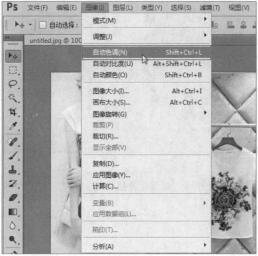

图4-10 单击"自动色调"命令

图4-11 调整图像的色调

STEP 07 单击"文件"|"存储"命令，如图4-12所示。

STEP 08 执行操作后，即可改变Dreamweaver网页中的图 像效果，如图4-13所示。

图4-12 单击"存储"命令

图4-13 图像效果

实战 079 裁剪图像

▶ 实例位置：光盘\效果\第4章\实战079\index.html
▶ 素材位置：光盘\素材\第4章\实战079\index.html
▶ 视频位置：光盘\视频\第4章\实战079.mp4

● 实例介绍 ●

在Dreamweaver CC中选中图片后，用户可以通过"裁剪"命令裁剪图像的大小。

● 操作步骤 ●

STEP 01 单击"文件"|"打开"命令，打开一幅网页文档，如图4-14所示。

STEP 02 选择需要编辑的图像，如图4-15所示。

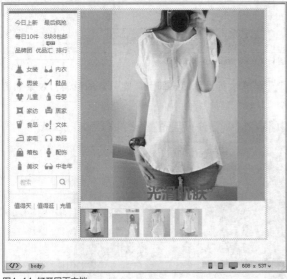

图4-14 打开网页文档

图4-15 选择图像

STEP 03 单击"修改"|"图像"|"裁剪"命令，如图4-16所示。

STEP 04 执行操作后，弹出信息提示框，单击"确定"按钮，如图4-17所示。

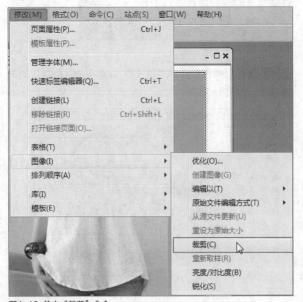

图4-16 单击"裁剪"命令

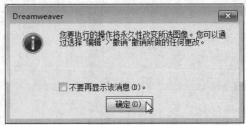

图4-17 单击"确定"按钮

STEP 05 执行操作后，图像周围出现裁剪框，如图4-18所示。

STEP 06 拖曳裁剪框，确认裁剪区域，如图4-19所示。

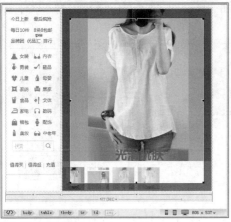

图4-18 出现裁剪框

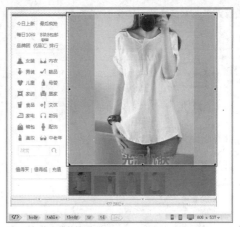

图4-19 拖曳裁剪框

STEP 07 按【Enter】键确认，即可裁剪图像，如图4-20
所示。

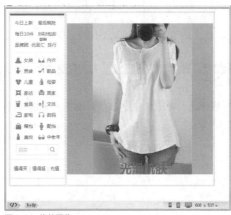

图4-20 裁剪图像

实战 080　重新取样

▶ 实例位置：光盘\效果\第4章\实战080\index.html
▶ 素材位置：光盘\素材\第4章\实战080\index.html
▶ 视频位置：光盘\视频\第4章\实战080.mp4

● 实例介绍 ●

使用"重新取样"命令可以对已调整大小的图像进行重新取样，提高图片在新的大小和形状下的品质。

● 操作步骤 ●

STEP 01 单击"文件"|"打开"命令，打开一幅网页文
档，如图4-21所示。

STEP 02 选择需要编辑的图像，如图4-22所示。

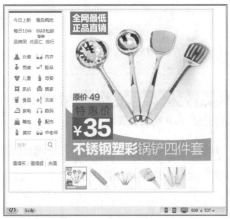

图4-21 打开网页文档

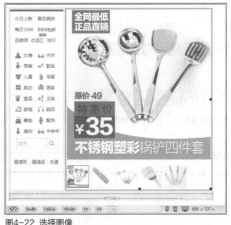

图4-22 选择图像

STEP 03 适当调整图像的大小，如图4-23所示。

STEP 04 单击"修改"|"图像"|"重新取样"命令，如图4-24所示。

图4-23 调整图像的大小

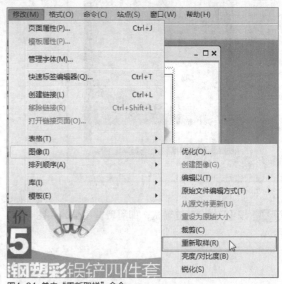

图4-24 单击"重新取样"命令

STEP 05 执行操作后，弹出信息提示框，单击"确定"按钮，如图4-25所示。

STEP 06 执行操作后，即可提高图片在新的大小和形状下的品质，效果如图4-26所示。

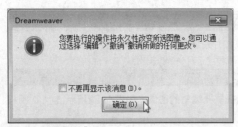

图4-25 单击"确定"按钮

图4-26 调整图像的品质

实战 081 调整亮度/对比度

▶ 实例位置：光盘\效果\第4章\实战081\index.html
▶ 素材位置：光盘\素材\第4章\实战081\index.html
▶ 视频位置：光盘\视频\第4章\实战081.mp4

● 实例介绍 ●

在Dreamweaver CC中，用户可以使用"亮度和对比度"命令调整图像的亮度和对比度设置。

● 操作步骤 ●

STEP 01 单击"文件"|"打开"命令，打开一幅网页文档，如图4-27所示。

STEP 02 选择需要编辑的图像，如图4-28所示。

图4-27　打开网页文档

图4-28　选择图像

STEP 03 单击"修改"|"图像"|"亮度/对比度"命令，如图4-29所示。

STEP 04 弹出"亮度/对比度"对话框，设置"亮度"为16、"对比度"为28，如图4-30所示。

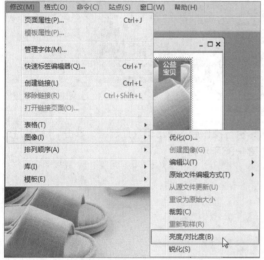

图4-29　单击"亮度/对比度"命令

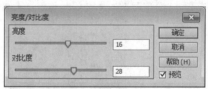

图4-30　"亮度/对比度"对话框

STEP 05 单击"确定"按钮，即可调整图像的亮度与对比度，效果如图4-31所示。

STEP 06 按【F12】键保存网页文档后，在打开的IE浏览器中预览网页，效果如图4-32所示。

图4-31　图像效果

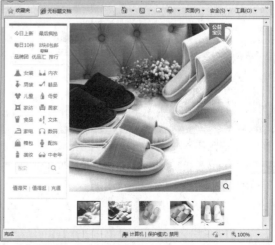

图4-32　预览网页

▶ **实例位置**: 光盘\效果\第4章\实战082\index.html
▶ **素材位置**: 光盘\素材\第4章\实战082\index.html
▶ **视频位置**: 光盘\视频\第4章\实战082.mp4

实战 082 锐化图像

● 实例介绍 ●

在Dreamweaver CC中，用户可以使用"锐化"命令调整图像的锐度。

● 操作步骤 ●

STEP 01 单击"文件"|"打开"命令，打开一幅网页文档，如图4-33所示。

STEP 02 选择需要编辑的图像，如图4-34所示。

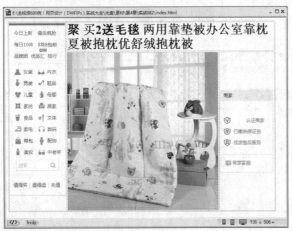

图4-33 打开网页文档

图4-34 选择图像

STEP 03 单击"修改"|"图像"|"锐化"命令，如图4-35所示。

STEP 04 执行操作后，弹出信息提示框，单击"确定"按钮，如图4-36所示。

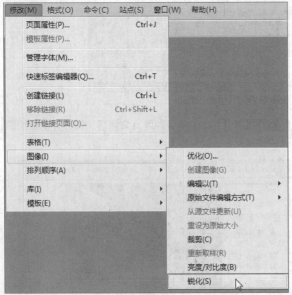

图4-35 单击"锐化"命令

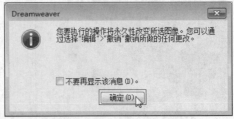

图4-36 单击"确定"按钮

STEP 05 弹出"锐化"对话框，设置"锐化"为3，如图4-37所示。

STEP 06 单击"确定"按钮，即可调整图像的锐度，效果如图4-38所示。

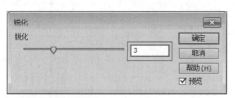

图4-37 "锐化"对话框

图4-38 预览图像效果

4.2 创建各种表单

在网页中要实现交互，首先需要获得用户的意愿，收集相关的资料，然后才能根据收集到的资料进行相应的处理，并将处理结果返回给用户。通常通过表单页面来实现用户资料的收集，表单页面中列举了许多项目，允许用户进行选择或输入相应的内容。在Dreamweaver中，表单输入类型称为表单对象，常见的表单对象如图4-39所示。表单对象是允许用户输入数据的机制。本节将详细讲解表单、表单对象的属性设置以及客户端表单验证的相关知识。

图4-39 表单对象

实战 083	创建表单	▶ 实例位置：无
		▶ 素材位置：无
		▶ 视频位置：光盘\视频\第4章\实战083.mp4

● 实例介绍 ●

通过表单，服务器可以收集用户的姓名、年龄等信息，表单是客户端与程序设计的纽带。虽然表单本身不能把信息传回服务器，但它可以通过其他动态语言，如ASP、PHP、JSP将表单信息处理后传回服务器，如图4-40所示为表单页面。

图4-40 表单页面

STEP 01 将鼠标指针定位到要插入表单的位置，单击"插入"|"表单"|"表单"命令，如图4-41所示。

STEP 02 执行操作后，即可在文档窗口中创建表单，如图4-42所示。

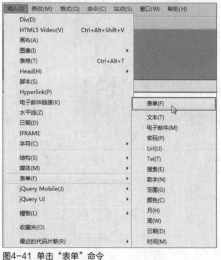

图4-41 单击"表单"命令

图4-42 创建表单

实战 084 创建文本与密码

▶ **实例位置：** 光盘\效果\第4章\实战084\index.html
▶ **素材位置：** 光盘\素材\第4章\实战084\index.html
▶ **视频位置：** 光盘\视频\第4章\实战084.mp4

• 实例介绍 •

"文本"可接受任何类型的字母、数字等文本输入内容，如图4-43所示。文本可以单行或多行显示，也可以以密码域的方式显示，在以密码域的方式显示时，输入文本将被替换为星号或项目符号，以避免旁观者看到这些文本。

图4-43 "文本"表单对象

• 操作步骤 •

STEP 01 单击"文件"|"打开"命令，打开一幅网页文档，将鼠标指针定位到相应的位置，单击"插入"|"表单"|"文本"命令，如图4-44所示。

STEP 02 执行操作后，即可在相应位置处插入一个文本域，如图4-45所示。

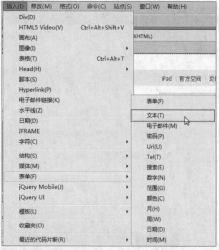

图4-44 单击相应命令

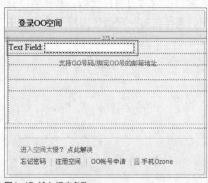

图4-45 输入相应名称

STEP 03 将文本表单的名称修改为"账号",如图4-46所示。

STEP 04 将鼠标指针定位到相应的位置,如图4-47所示。

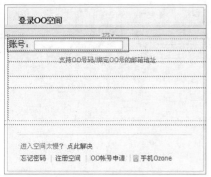

图4-46 弹出提示信息框

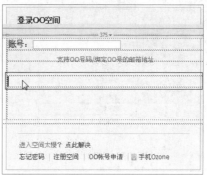

图4-47 插入文本域

STEP 05 单击"插入"|"表单"|"密码"命令,如图4-48所示。

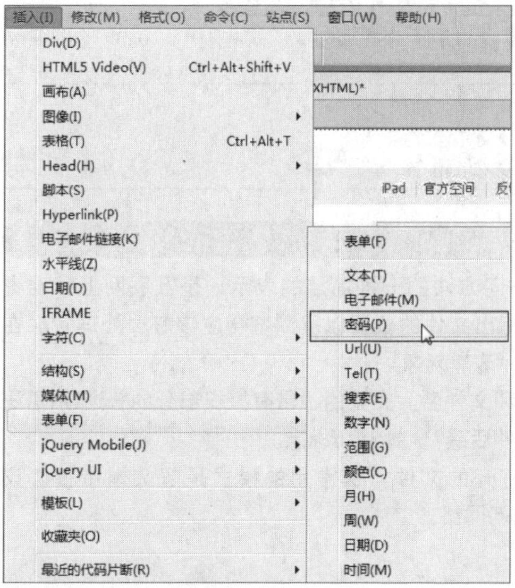

STEP 06 执行操作后,即可在相应位置处插入一个"密码"对象,并将其名称修改为"密码",如图4-49所示。

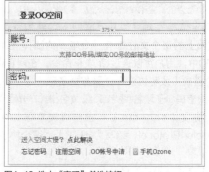

图4-48 插入另一个"密码"文本域

图4-49 选中"密码"单选按钮

实战 085

创建电子邮件

▶ 实例位置: 无
▶ 素材位置: 无
▶ 视频位置: 光盘\视频\第4章\实战085.mp4

● 实例介绍 ●

电子邮件是一种用电子手段提供信息交换的通信方式,是互联网应用最广的服务,如图4-50所示。在Dreamweaver CC中,用户可以通过"电子邮件"表单命令在网页中快速插入"电子邮件"表单对象。

图4-50 "电子邮件"表单对象

● 操作步骤 ●

STEP 01 将鼠标指针定位到要插入"电子邮件"对象的位置,单击"插入"|"表单"|"电子邮件"命令,如图4-51所示。

STEP 02 执行操作后,即可在文档窗口中创建"电子邮件"表单对象,如图4-52所示。

图4-51 单击"电子邮件"命令

图4-52 创建"电子邮件"表单对象

实战 086 创建Url对象

▶ **实例位置：** 无
▶ **素材位置：** 无
▶ **视频位置：** 光盘\视频\第4章\实战086.mp4

● 实例介绍 ●

　　Url统一资源定位符是对可以从互联网上得到的资源的位置和访问方法的一种简洁的表示，是互联网上标准资源的地址。互联网上的每个文件都有一个唯一的Url，它包含的信息指出文件的位置以及浏览器应该怎么处理它。在Dreamweaver CC中，用户可以通过Url表单命令，在网页中快速插入Url表单对象。

　　基本Url包含模式（或称协议）、服务器名称（或IP地址）、路径和文件名。完整的、带有授权部分的普通Url语法为：协议://用户名:密码@子域名.域名.顶级域名:端口号/目录/文件名.文件后缀?参数=值#标志。

　　（1）模式/协议（scheme）：它告诉浏览器如何处理将要打开的文件。最常用的模式是超文本传输协议（Hypertext Transfer Protocol，缩写为HTTP），这个协议可以用来访问网络。

　　其他协议如下：

➢ http——超文本传输协议资源
➢ https——用安全套接字层传送的超文本传输协议
➢ ftp——文件传输协议
➢ mailto——电子邮件地址
➢ ldap——轻型目录访问协议搜索
➢ file——当地电脑或网上分享的文件
➢ news——Usenet新闻组
➢ gopher——Gopher协议
➢ telnet——Telnet协议

　　（2）文件所在的服务器的名称或IP地址，后面是到达这个文件的路径和文件本身的名称。服务器的名称或IP地址后面有时还跟一个冒号和一个端口号，它也可以包含接触服务器必需的用户名称和密码；路径部分包含等级结构的路径定义，一般来说不同部分之间以斜线（/）分隔；询问部分一般用来传送对服务器上的数据库进行动态询问时所需要的参数。

● 操作步骤 ●

STEP 01 将鼠标指针定位到要插入Url对象的位置，单击"插入"|"表单"|"Url"命令，如图4-53所示。

STEP 02 执行操作后，即可在文档窗口中创建Url表单对象，如图4-54所示。

图4-53 单击Url命令

图4-54 创建Url表单对象

知识扩展

有时候，Url以斜杠"/"结尾，而没有给出文件名，在这种情况下，Url引用路径中最后一个目录中的默认文件（通常对应于主页），这个文件常常被称为index.html或default.htm。

实战 087 插入Tel对象

▶ 实例位置：无
▶ 素材位置：无
▶ 视频位置：光盘\视频\第4章\实战087.mp4

● **实例介绍** ●

Tel域名是一种新的顶级域名，通过DNS能够让用户直接在互联网上存储、更新和发布自己的联系信息、网络链接、住宅电话、办公电话、手机、电子邮件、即时通信软件等，同时用户完全拥有自己发布的信息，保护私人数据，仅限授权人查看。Tel域名简单快速，通过连接到互联网的任何装置即可获得全球名录中无限的联系信息；同时还能搜索关键词，是一种优化的搜索引擎，为用户全面管理自己的通信方式和提升品牌提供一个新的互联网时代。在Dreamweaver CC中，用户可以通过Tel表单命令，在网页中快速插入Tel表单对象。

● **操作步骤** ●

STEP 01 将鼠标指针定位到要插入Tel对象的位置，单击"插入"|"表单"|"Tel"命令，如图4-55所示。

STEP 02 执行操作后，即可在文档窗口中创建Tel表单对象，如图4-56所示。

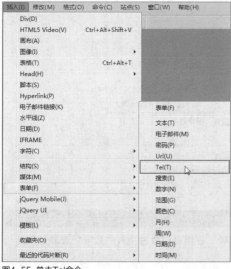

图4-55 单击Tel命令

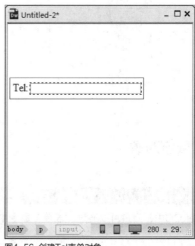

图4-56 创建Tel表单对象

实战 088 创建搜索对象

▶ 实例位置：无
▶ 素材位置：无
▶ 视频位置：光盘\视频\第4章\实战088.mp4

● 实例介绍 ●

搜索引擎（Search Engine）是指根据一定的策略，运用特定的计算机程序从互联网上搜集信息，在对信息进行组织和处理后，为用户提供检索服务，将用户检索相关的信息展示给用户的系统，如图4-57所示。

一个搜索引擎由搜索器、索引器、检索器和用户接口四个部分组成。

➤ 搜索器的功能是在互联网中漫游，发现和搜集信息。

➤ 索引器的功能是理解搜索器所搜索的信息，从中抽取出索引项，用于表示文档以及生成文档库的索引表。

图4-57 网页中的搜索引擎系统

➤ 检索器的功能是根据用户的查询在索引库中快速检出文档，进行文档与查询的相关度评价，对将要输出的结果进行排序，并实现某种用户相关性反馈机制。

➤ 用户接口的作用是输入用户查询、显示查询结果、提供用户相关性反馈机制。

在Dreamweaver CC中，用户可以通过"搜索"表单命令，在网页中快速插入基于用户接口的"搜索"表单对象。

● 操作步骤 ●

STEP 01 将鼠标指针定位到要插入"搜索"对象的位置，单击"插入"|"表单"|"搜索"命令，如图4-58所示。

STEP 02 执行操作后，即可在文档窗口中创建"搜索"表单对象，如图4-59所示。

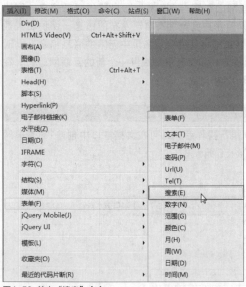

图4-58 单击"搜索"命令

图4-59 创建"搜索"表单对象

实战 089 创建数字对象

▶ 实例位置：无
▶ 素材位置：无
▶ 视频位置：光盘\视频\第4章\实战089.mp4

● 实例介绍 ●

在Dreamweaver CC中，用户可以通过"表单"命令中的"数字"选项，在网页中快速插入"数字"表单对象。

● 操作步骤 ●

STEP 01 将鼠标指针定位到要插入"数字"对象的位置，单击"插入"|"表单"|"数字"命令，如图4-60所示。

STEP 02 执行操作后，即可在文档窗口中创建"数字"表单对象，如图4-61所示。

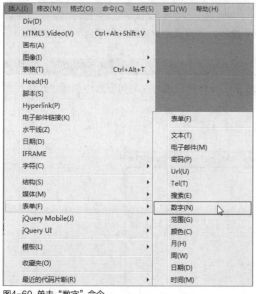

图4-60 单击"数字"命令

图4-61 创建"数字"表单对象

实战 090	创建范围对象	▶ 实例位置：无
		▶ 素材位置：无
		▶ 视频位置：光盘\视频\第4章\实战090.mp4

● 实例介绍 ●

在Dreamweaver CC中，用户可以通过"表单"命令中的"范围"选项，在网页中快速插入"范围"表单对象。

● 操作步骤 ●

STEP 01 将鼠标指针定位到插入"范围"对象的位置，单击"插入"|"表单"|"范围"命令，如图4-62所示。

STEP 02 执行操作后，即可在文档窗口中创建"范围"表单对象，如图4-63所示。

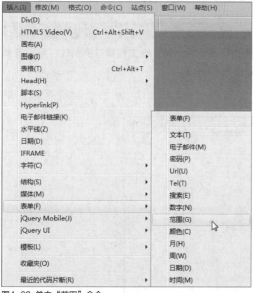

图4-62 单击"范围"命令

图4-63 创建"范围"表单对象

<table>
<tr><td>实战
091</td><td>创建颜色对象</td><td>▶ 实例位置：无
▶ 素材位置：无
▶ 视频位置：光盘\视频\第4章\实战091.mp4</td></tr>
</table>

• 实例介绍 •

在Dreamweaver CC中，用户可以通过"表单"命令中的"颜色"选项，在网页中快速插入"颜色"表单对象。

• 操作步骤 •

STEP 01 将鼠标指针定位到要插入"颜色"对象的位置，单击"插入"|"表单"|"颜色"命令，如图4-64所示。

STEP 02 执行操作后，即可在文档窗口中创建"颜色"表单对象，如图4-65所示。

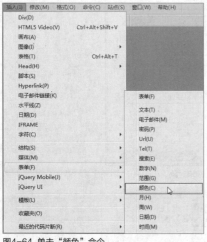

图4-64 单击"颜色"命令

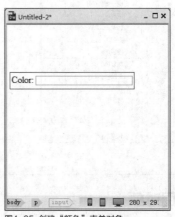

图4-65 创建"颜色"表单对象

<table>
<tr><td>实战
092</td><td>创建各种时间对象</td><td>▶ 实例位置：无
▶ 素材位置：无
▶ 视频位置：光盘\视频\第4章\实战092.mp4</td></tr>
</table>

• 实例介绍 •

在Dreamweaver CC中，用户可以通过"表单"命令，在网页中快速插入"月""周""日期""时间""日期时间"和"日期时间（当地）"等表单对象。

• 操作步骤 •

STEP 01 将鼠标指针定位到要插入"月"对象的位置，单击"插入"|"表单"|"月"命令，如图4-66所示。

STEP 02 执行操作后，即可在文档窗口中创建"月"表单对象，如图4-67所示。

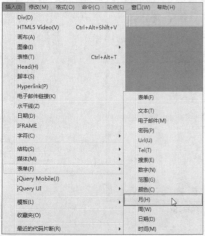

图4-66 单击"月"命令

图4-67 创建"月"表单对象

STEP 03 单击"插入"|"表单"|"周"命令，即可在文档窗口中创建"周"表单对象，如图4-68所示。

STEP 04 单击"插入"|"表单"|"日期"命令，即可在文档窗口中创建"日期"表单对象，如图4-69所示。

STEP 05 单击"插入"|"表单"|"时间"命令，即可在文档窗口中创建"时间"表单对象，如图4-70所示。

STEP 06 单击"插入"|"表单"|"日期时间"命令，即可在文档窗口中创建"日期时间"表单对象，如图4-71所示。

图4-68 创建"周"表单对象

图4-69 创建"日期"表单对象

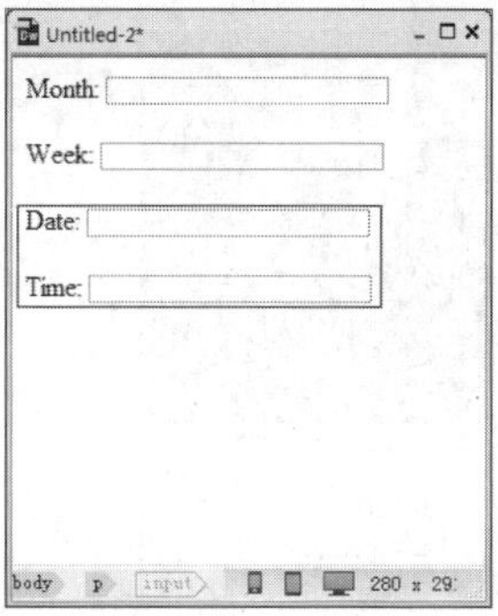

图4-70 创建"时间"表单对象

图4-71 创建"日期时间"表单对象

STEP 07 单击"插入"|"表单"|"日期时间（当地）"命令，如图4-72所示。

STEP 08 执行操作后，即可在文档窗口中创建"日期时间（当地）"表单对象，如图4-73所示。

图4-72 单击"日期时间（当地）"命令

图4-73 创建"日期时间（当地）"表单对象

实战 093 创建文本区域

▶ 实例位置：无
▶ 素材位置：无
▶ 视频位置：光盘\视频\第4章\实战093.mp4

● 实例介绍 ●

文本区域可以制作留言板，用于提交大段文字。上网的时候经常可以看到留言板的文本区域，如图4-74所示。

在Dreamweaver CC中，用户可以通过"表单"命令中的"文本区域"选项，在网页中快速插入"文本区域"表单对象。

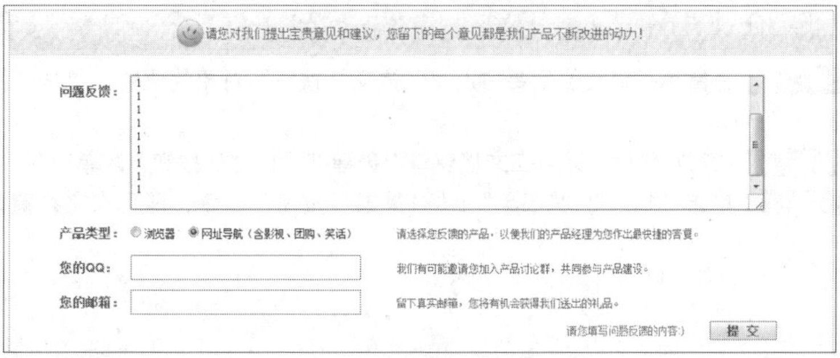

图4-74 文本区域

● 操作步骤 ●

STEP 01 将鼠标指针定位到要插入"文本区域"对象的位置，单击"插入"|"表单"|"文本区域"命令，如图4-75所示。

STEP 02 执行操作后，即可在文档窗口中创建"文本区域"表单对象，如图4-76所示。

图4-75 单击"文本区域"命令

图4-76 创建"文本区域"表单对象

实战 094	创建按钮对象

▶ 实例位置：无
▶ 素材位置：无
▶ 视频位置：光盘\视频\第4章\实战094.mp4

● 实例介绍 ●

　　在表单中填写完信息后，需要将这些信息交给另一个页面处理，此时将用到按钮。表单中的按钮包括提交、重置和普通3种类型。"提交"按钮用于将表单的内容提交到服务器，如图4-77所示；"普通"按钮需要编写脚本才能执行相应的操作，否则单击无反应；"重置"按钮可用于重新设置提交信息。

　　在Dreamweaver CC中，用户可以通过"表单"命令中的"按钮"选项，在网页中快速插入"提交"按钮和"重置"按钮。

图4-77 网页中的"提交"按钮

● 操作步骤 ●

STEP 01 将鼠标指针定位到要插入"'提交'按钮"对象的位置，单击"插入"|"表单"|"'提交'按钮"命令，如图4-78所示。

STEP 02 执行操作后，即可在文档窗口中创建"'提交'按钮"表单对象，如图4-79所示。

STEP 03 单击"插入"|"表单"|"'重置'按钮"命令，即可在文档窗口中创建"'重置'按钮"表单对象，如图4-80所示。

图4-78 单击"'提交'按钮"命令　图4-79 创建"'提交'按钮"表单对象　图4-80 创建"'重置'按钮"表单对象

实战 095	创建文件对象	▶ 实例位置：无 ▶ 素材位置：无 ▶ 视频位置：光盘\视频\第4章\实战095.mp4

● 实例介绍 ●

使用文件表单获取上传文件的位置，结合后台处理程序即可将设置的文件上传到服务器中，如图4-81所示。

在Dreamweaver CC中，用户可以通过"表单"命令中的"文件"选项，在网页中快速插入"文件"表单对象，使用户可以浏览到其计算机上的某个文件并将该文件作为表单数据上传。

图4-81 邮箱中的"添加附件"功能就是一个"文件"对象

● 操作步骤 ●

STEP 01 将鼠标指针定位到要插入"文本区域"对象的位置，单击"插入"|"表单"|"文件"命令，如图4-82所示。

STEP 02 执行操作后，即可在文档窗口中创建"文件"表单对象，如图4-83所示。

图4-82 单击"文件"命令　　　图4-83 创建"文件"表单对象

实战 096 创建图像按钮

▶ 实例位置：光盘\效果\第4章\实站096\index.html
▶ 素材位置：光盘\素材\第4章\实站096\index.html
▶ 视频位置：光盘\视频\第4章\实战096.mp4

● 实例介绍 ●

Dreamweaver CC中自带的按钮样式比较简单，若想使网页中的按钮更美观，可通过添加"图像按钮"的方法，将自制的按钮图像添加到网页中。如图4-84所示，为网页中的图像按钮。

图4-84 精美的网页图像按钮

● 操作步骤 ●

STEP 01 单击"文件"|"打开"命令，打开一幅网页文档，如图4-85所示。

STEP 02 将鼠标指针定位到要插入"图像按钮"对象的位置，如图4-86所示。

图4-85 打开网页文档

图4-86 定位鼠标指针

STEP 03 单击"插入"|"表单"|"图像按钮"命令，如图4-87所示。

STEP 04 执行操作后，弹出"选择图像源文件"对话框，选择相应的图像按钮文件，如图4-88所示。

图4-87 单击"图像按钮"命令

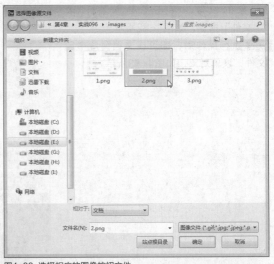

图4-88 选择相应的图像按钮文件

STEP 05 单击"确定"按钮，即可插入"图像按钮"对象，如图4-89所示。

STEP 06 按【F12】键保存网页文档后，在打开的IE浏览器中预览网页，效果如图4-90所示。

图4-89 插入"图像按钮"对象

图4-90 预览网页

实战 097 创建隐藏域

▶ 实例位置：无
▶ 素材位置：无
▶ 视频位置：光盘\视频\第4章\实战097.mp4

● 实例介绍 ●

在动态网页中，隐藏域使用比较多。隐藏域不会显示在网页上，即用户是无法看见的，常用来保存一些不需要用户知道的信息，以方便动态网页的处理。

● 操作步骤 ●

STEP 01 将鼠标指针定位到要插入隐藏域的位置，单击"插入"|"表单"|"隐藏"命令，如图4-91所示。

STEP 02 执行操作后，即可在文档窗口中创建隐藏域，显示为图标，如图4-92所示。

图4-91 单击"隐藏"命令

图4-92 创建隐藏域

实战 098	创建列表菜单

▶ 实例位置：光盘\效果\第4章\实战098\index.html
▶ 素材位置：光盘\素材\第4章\实战098\index.html
▶ 视频位置：光盘\视频\第4章\实战098.mp4

● 实例介绍 ●

　　列表菜单可为浏览者提供预定的选项，如月份、日期和性别等都可以使用菜单实现，浏览者只能选择其中的一项，如图4-93所示。如果允许用户进行多项选择，则可以通过列表来实现，列表和菜单可以相互切换，只需在"属性"面板中选择类型即可。

　　在Dreamweaver CC中，用户可以通过"表单"命令中的"选择"选项，在网页中快速插入列表菜单对象。

图4-93　网页中的菜单

● 操作步骤 ●

STEP 01 单击"文件"|"打开"命令，打开一幅网页文档，如图4-94所示。

STEP 02 将鼠标指针定位到要插入列表菜单的位置，如图4-95所示。

图4-94　打开网页文档

图4-95　定位鼠标指针

STEP 03 单击"插入"|"表单"|"选择"命令，如图4-96所示。

STEP 04 执行操作后，即可在文档窗口中插入"选择"表单对象，如图4-97所示。

图4-96　单击"选择"命令

图4-97　插入"选择"表单对象

STEP 05 展开"属性"面板，单击"列表值"按钮，如图 4-98所示。

图4-98 单击"列表值"按钮

STEP 06 弹出"列表值"对话框，设置"项目标签"为"热门推荐"，如图4-99所示。

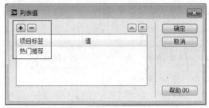

图4-99 添加项目标签

STEP 07 单击"＋"号按钮，添加多个项目标签，如图 4-100所示。

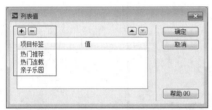

图4-100 添加多个项目标签

STEP 08 单击"确定"按钮，即可添加相应的"选择"对象，并删除"选择"对象的名称，如图4-101所示。

图4-101 设置"选择"对象

STEP 09 按【F12】键保存网页文档后，在打开的IE浏览器中预览网页，效果如图4-102所示。

图4-102 预览网页

STEP 10 单击列表菜单对象，即可弹出相应的菜单项，如图4-103所示。

图4-103 弹出相应的菜单项

实战 099　创建单选按钮

▶ 实例位置：无
▶ 素材位置：无
▶ 视频位置：光盘\视频\第4章\实战099.mp4

● 实例介绍 ●

在某些项目中有若干个选项，其标志是前面有一个圆环，当用户选中某个选项时，出现一个小实心圆点表示该项被选中，如图4-104所示，这就是单选按钮。

在Dreamweaver CC中，用户可以通过"表单"命令中的"单选按钮"选项，在网页中快速插入"单选按钮"表单对象。

图4-104 网页中的单选按钮

• 操作步骤 •

STEP 01 将鼠标指针定位到要插入"单选按钮"对象的位置，单击"插入"|"表单"|"单选按钮"命令，如图4-105所示。

STEP 02 执行操作后，即可在文档窗口中创建"单选按钮"表单对象，如图4-106所示。

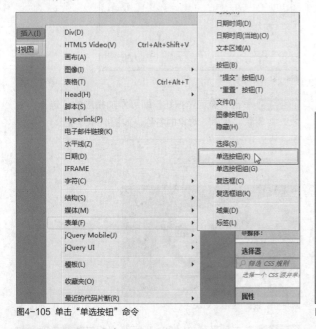

图4-105 单击"单选按钮"命令

图4-106 创建"单选按钮"表单对象

实战 100 创建单选按钮组

▶ 实例位置：无
▶ 素材位置：无
▶ 视频位置：光盘\视频\第4章\实战100.mp4

• 实例介绍 •

在网页设计过程中，需要添加的单选按钮较多，因此用户可以使用单选按钮组。在单选按钮组中，用户只能选择其中的每一项，是具有唯一选择性的选项，如图4-107所示。

在Dreamweaver CC中，用户可以通过"表单"命令中的"单选按钮"选项，在网页中快速插入"单选按钮"表单对象。

图4-107 网页中的单选按钮组

• 操作步骤 •

STEP 01 将鼠标指针定位到要插入"单选按钮组"对象的位置，单击"插入"|"表单"|"单选按钮组"命令，如图4-108所示。

STEP 02 执行操作后，弹出"单选按钮组"对话框，设置"名称"为"性别"，如图4-109所示。

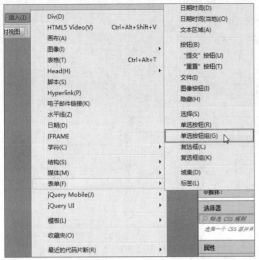

图4-108 单击"单选按钮组"命令

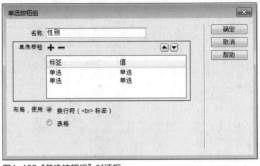

图4-109 "单选按钮组"对话框

STEP 03 在"单选按钮"选项区中,设置相应的标签,如图4-110所示。

STEP 04 单击"确定"按钮,即可在文档窗口中插入单选按钮组,效果如图4-111所示。

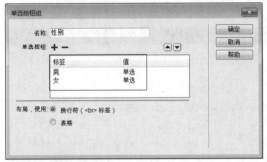

图4-110 设置相应的标签

图4-111 插入单选按钮组

实战 101 创建复选框

▶ 实例位置: 无
▶ 素材位置: 无
▶ 视频位置: 光盘\视频\第4章\实战101.mp4

● 实例介绍 ●

复选框(check box)是一种可同时选中多项的基础控件,如图4-112所示。

在Dreamweaver CC中,用户可以通过"表单"命令中的"复选框"选项,在网页中快速插入复选框对象。

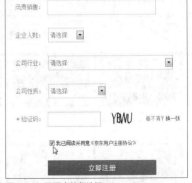

图4-112 网页中的复选框

● 操作步骤 ●

STEP 01 将鼠标指针定位到要插入"复选框"对象的位置,单击"插入"|"表单"|"复选框"命令,如图4-113所示。

STEP 02 执行操作后,即可在文档窗口中创建"复选框"表单对象,如图4-114所示。

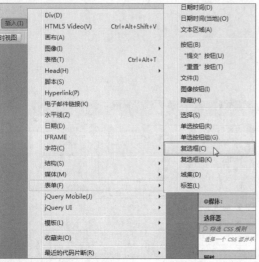

图4-113 单击"复选框"命令

图4-114 创建"复选框"表单对象

实战 102 创建复选框组

▶ 实例位置：光盘\效果\第4章\实战102\index.html
▶ 素材位置：光盘\素材\第4章\实战102\index.html
▶ 视频位置：光盘\视频\第4章\实战102.mp4

● 实例介绍 ●

使用复选框组可以同时选择多个选项，且主要用于选项并列关系的选项，如图4-115所示。

在Dreamweaver CC中，用户可以通过"表单"命令中的"复选框组"选项，在网页中快速插入复选框组对象。

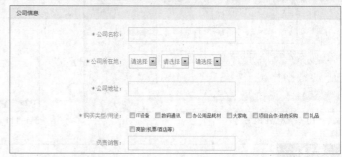

图4-115 网页中的复选框组

● 操作步骤 ●

STEP 01 单击"文件"|"打开"命令，打开一幅网页文档，如图4-116所示。

STEP 02 将鼠标指针定位到要插入复选框组的位置，如图4-117所示。

图4-116 打开网页文档

图4-117 定位鼠标指针

知识扩展

　　每当验证复选框Widget通过用户交互方式进入其中一种状态时，Spry框架逻辑会在运行时向该 Widget的HTML容器应用特定的CSS类。例如，如果用户尝试提交表单，但尚未进行任何选择，则Spry会向该Widget应用一个类，使它显示"请进行选择"错误消息。用来控制错误消息的样式和显示状态的规则包含在Widget随附的CSS文件（SpryValidationCheckbox.css）中。

　　验证复选框Widget的默认HTML通常位于表单内部，其中包含一个容器<span>标签，该标签将复选框的<input type="checkbox">标签括起来。在验证复选框Widget的HTML中，在文档头中和验证复选框Widget的HTML标记之后还包括脚本标签。

STEP 03 单击"插入"|"表单"|"复选框组"命令，如图4-118所示。

图4-118 单击"复选框组"命令

STEP 05 在"复选框"选项区中，单击"＋"号按钮，添加相应的标签项目，如图4-120所示。

图4-120 添加项目标签

STEP 04 执行操作后，弹出"复选框组"对话框，设置"名称"为"暑假旅游"，如图4-119所示。

图4-119 "复选框组"对话框

STEP 06 单击"确定"按钮，即可添加复选框组，如图4-121所示。

图4-121 添加复选框组

4.3 优化网页结构

　　网页页面的结构布局是不可忽视的。要合理地运用空间，让自己的网页疏密有致，井井有条。如果把整个网页都填得密密实实的，没有一点空隙，这样会给人一种压迫感。一般遵循的原则是：突出重点、平衡和谐，将网站标志、主菜单等最重要的模块放在最显眼、最突出的位置。同时还要注意其他页面和首页风格的一致性，以及有返回首页的链接等。

实战 103	创建页眉	▶ 实例位置：无 ▶ 素材位置：无 ▶ 视频位置：光盘\视频\第4章\实战103.mp4

● 实例介绍 ●

在现代计算机电子文档中，一般称每个页面的顶部区域为页眉。在Dreamweaver CC中，用户可以通过"结构"命令中的"页眉"选项，在网页中快速插入页眉对象。

● 操作步骤 ●

STEP 01 将鼠标指针定位到要插入"页眉"对象的位置，单击"插入"|"结构"|"页眉"命令，如图4-122所示。

STEP 02 执行操作后，弹出"插入Header"对话框，保持默认设置，单击"确定"按钮，如图4-123所示。

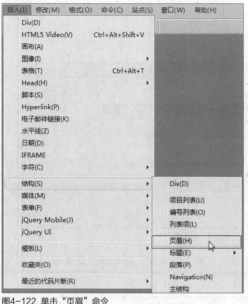

图4-122 单击"页眉"命令

图4-123 单击"确定"按钮

STEP 03 执行操作后，即可创建页眉，如图4-124所示。

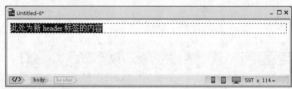

图4-124 创建页眉

实战 104	创建标题	▶ 实例位置：无 ▶ 素材位置：无 ▶ 视频位置：光盘\视频\第4章\实战104.mp4

● 实例介绍 ●

《现代汉语词典》解释标题的意思为"标明文章、作品等内容的简短语句"。俗话说"看书先看皮，看报先看题"，标题的好坏可以决定一个网页的成败，所以不容小视。在Dreamweaver CC中，用户可以通过"结构"命令中的"标题"选项，在网页中快速插入标题对象。

● 操作步骤 ●

STEP 01 将鼠标指针定位到要插入"标题"对象的位置，单击"插入"|"结构"|"标题"|"标题1"命令，如图4-125所示。

STEP 02 执行操作后，即可在指针位置处使用内置的标题字体输入相应的标题内容，如图4-126所示。

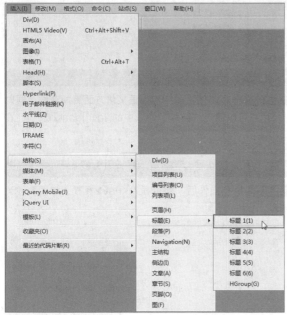

图4-125 单击"标题1"命令

图4-126 输入相应的标题内容

实战 105　创建段落

▶ 实例位置：无
▶ 素材位置：无
▶ 视频位置：光盘\视频\第4章\实战105.mp4

● 实例介绍 ●

　　段落是网页中最基本的文本单位，内容上它具有一个相对完整的意思；在网页中，段落具有换行的标。段是由句子或句群组成的，在网页中用于体现设计者的思路发展或全篇网页的层次。

　　在Dreamweaver CC中，用户可以通过"结构"命令中的"段落"选项，在网页中快速插入段落对象。

● 操作步骤 ●

STEP 01 将鼠标指针定位到要插入"段落"对象的位置，单击"插入"|"结构"|"段落"命令，如图4-127所示。

STEP 02 执行操作后，即可在指针位置处使用内置的段落字体输入相应的段落内容，如图4-128所示。

图4-127 单击"段落"命令

图4-128 输入相应的段落内容

实战 106 创建<nav>标签

▶ 实例位置：无
▶ 素材位置：无
▶ 视频位置：光盘\视频\第4章\实战106.mp4

● 实例介绍 ●

HTML 5中的新元素标签<nav>用来将具有导航性质的链接划分在一起，使代码结构在语义化方面更加准确，同时对于屏幕阅读器等设备的支持也更好。在Dreamweaver CC中，用户可以通过"结构"命令中的Naviggation选项，在网页中快速插入<nav>标签。

● 操作步骤 ●

STEP 01 将鼠标指针定位到要插入<nav>标签的位置，单击"插入"|"结构"|"Naviggation"命令，如图4-129所示。

STEP 02 执行操作后，即可插入<nav>标签，如图4-130所示。

图4-129 单击Naviggation命令

图4-130 插入<nav>标签

实战 107 创建<main>标签

▶ 实例位置：无
▶ 素材位置：无
▶ 视频位置：光盘\视频\第4章\实战107.mp4

● 实例介绍 ●

<main>标签用于规定文档的主要内容。<main>元素中的内容对于文档来说应当是唯一的，它不应包含在文档中重复出现的内容，比如侧栏、导航栏、版权信息、站点标志或搜索表单。需要注意的是，在一个文档中，不能出现一个以上的<main>元素。<main>元素不能是以下元素的后代：<article>、<aside>、<footer>、<header> 或 <nav>。

在Dreamweaver CC中，用户可以通过"结构"命令中的"主结构"选项，在网页中快速插入<main>标签。

● 操作步骤 ●

STEP 01 将鼠标指针定位到要插入<main>标签的位置，单击"插入"|"结构"|"主结构"命令，如图4-131所示。

STEP 02 执行操作后，弹出"插入主要内容"对话框，保持默认设置，单击"确定"按钮，如图4-132所示。

STEP 03 执行操作后，即可创建<main>标签，如图4-133所示。

图4-131 单击"主结构"命令

图4-132 单击"确定"按钮

图4-133 创建<main>标签

实战 108　创建<aside>标签

▶ 实例位置：无
▶ 素材位置：无
▶ 视频位置：光盘\视频\第4章\实战108.mp4

● 实例介绍 ●

<aside>标签是HTML 5的新标签，用于定义article 以外的内容。aside的内容应该与article的内容相关。在Dreamweaver CC中，用户可以通过"结构"命令中的"侧边"选项，在网页中快速插入<aside>标签。

● 操作步骤 ●

STEP 01 将鼠标指针定位到要插入<aside>标签的位置，单击"插入"|"结构"|"侧边"命令，如图4-134所示。

STEP 02 执行操作后，弹出"插入Aside"对话框，保持默认设置，单击"确定"按钮，如图4-135所示。

图4-134 单击"侧边"命令

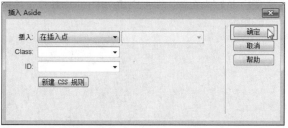

图4-135 单击"确定"按钮

STEP 03 执行操作后，即可创建<aside>标签，如图4-136所示。

图4-136 创建<aside>标签

<table>
<tr><td>实战
109</td><td>创建<article>标签</td><td>▶ 实例位置：无
▶ 素材位置：无
▶ 视频位置：光盘\视频\第4章\实战109.mp4</td></tr>
</table>

● 实例介绍 ●

<article>标签用于规定独立的自包含内容。在网页文档中，一篇文章应有其自身的意义，应该有可能独立于站点的其余部分对其进行分发。在Dreamweaver CC中，用户可以通过"结构"命令中的"文章"选项，在网页中快速插入<article>标签。

● 操作步骤 ●

STEP 01 将鼠标指针定位到要插入<article>标签的位置，单击"插入"|"结构"|"文章"命令，如图4-137所示。

STEP 02 执行操作后，弹出"插入Article"对话框，保持默认设置，单击"确定"按钮，如图4-138所示。

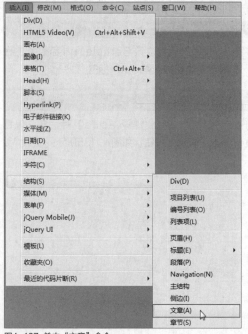

图4-137 单击"文章"命令

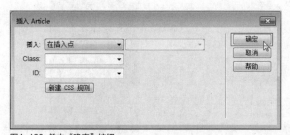

图4-138 单击"确定"按钮

STEP 03 执行操作后，即可创建<article>标签，如图4-139所示。

图4-139 创建<article>标签

<table>
<tr><td>实战</td><td rowspan="2">创建<section>标签</td><td>▶ 实例位置：无</td></tr>
<tr><td>110</td><td>▶ 素材位置：无
▶ 视频位置：光盘\视频\第4章\实战110.mp4</td></tr>
</table>

● 实例介绍 ●

<section>标签用于定义网页文档中的节（section、区段），如章节、页眉、页脚或文档中的其他部分。在Dreamweaver CC中，用户可以通过"结构"命令中的"章节"选项，在网页中快速插入<section>标签。

● 操作步骤 ●

STEP 01 将鼠标指针定位到要插入<section>标签的位置，单击"插入"|"结构"|"章节"命令，如图4-140所示。

STEP 02 执行操作后，弹出"插入Section"对话框，保持默认设置，单击"确定"按钮，如图4-141所示。

图4-140 单击"章节"命令

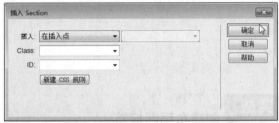

图4-141 单击"确定"按钮

STEP 03 执行操作后，即可创建<section>标签，如图4-142所示。

图4-142 创建<section>标签

<table>
<tr><td>实战</td><td rowspan="2">创建<footer>标签</td><td>▶ 实例位置：无</td></tr>
<tr><td>111</td><td>▶ 素材位置：无
▶ 视频位置：光盘\视频\第4章\实战111.mp4</td></tr>
</table>

● 实例介绍 ●

<footer> 标签用于定义文档或节的页脚。<footer> 元素应当含有其包含元素的信息。页脚通常包含文档的作者、版权信息、使用条款链接、联系信息等。用户可以在一个文档中使用多个<footer> 元素。在Dreamweaver CC中，用户可以通过"结构"命令中的"页脚"选项，在网页中快速插入<footer> 标签。

● 操作步骤 ●

STEP 01 将鼠标指针定位到要插入<footer>标签的位置，单击"插入"|"结构"|"页脚"命令，如图4-143所示。

STEP 02 执行操作后，弹出"插入Footer"对话框，保持默认设置，单击"确定"按钮，如图4-144所示。

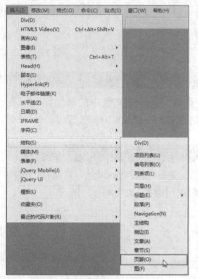

图4-143 单击"页脚"命令

图4-144 单击"确定"按钮

STEP 03 执行操作后，即可创建<footer> 标签，如图4-145所示。

图4-145 创建<footer> 标签

实战 112	创建布局图标签	▶ 实例位置：无
		▶ 素材位置：无
		▶ 视频位置：光盘\视频\第4章\实战112.mp4

● **实例介绍** ●

在Dreamweaver CC中，用户可以通过"结构"命令中的"图"选项，在网页中快速插入布局图标签。

● **操作步骤** ●

STEP 01 将鼠标指针定位到要插入布局图标签的位置，单击"插入"|"结构"|"图"命令，如图4-146所示。

STEP 02 执行操作后，即可插入布局图标签，如图4-147所示。

图4-146 单击"图"命令

图4-147 创建布局图标签

第 **5** 章

网页元素样式的修饰

本章导读

在网站设计中，使用CSS样式可以控制网页中的字体、边框、颜色与背景等属性，使用了CSS样式定义的网页，只需修改CSS样式即可。在网页中添加网页特效，增加网页观赏性和互动性。使用网页特效，其目的在于使网站更加新颖、美观，提高网站友好度，增加网站访问量。

要点索引
- 创建与设置CSS
- 使用CSS滤镜
- 使用辅助工具
- 在HTML代码中编辑页面属性

5.1 创建与设置CSS

由于HTML语言本身的一些客观因素，导致其结构与显示不分离，这也是阻碍其发展的一个原因。因此3WC很快发布了CSS来解决这一问题，使不同的浏览器能够正常显示同一页面。CSS样式是Cascading Style Sheets（层叠样式单）的简称，利用CSS样式可以对网页中的文本进行精确的格式化控制。本节主要介绍CSS样式在Adobe Dreamweaver CC中的使用方法。

CSS（层叠样式表）是一组格式设置规则，用于控制网页内容的外观。通过使用CSS样式设置页面的格式，可将页面的内容与表示形式分离开。图5-1所示为使用CSS制作3种不同的字体效果，可以看出CSS在网页中的基本功能。

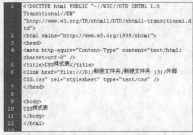

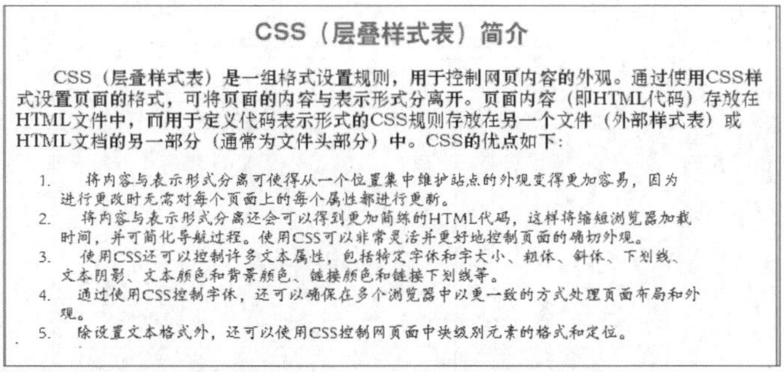
CSS（层叠样式表）简介

CSS（层叠样式表）是一组格式设置规则，用于控制网页内容的外观。通过使用CSS样式设置页面的格式，可将页面的内容与表示形式分离开。页面内容（即HTML代码）存放在HTML文件中，而用于定义代码表示形式的CSS规则存放在另一个文件（外部样式表）或HTML文档的另一部分（通常为文件头部分）中。CSS的优点如下：

1. 将内容与表示形式分离可使得从一个位置集中维护站点的外观变得更加容易，因为进行更改时无需对每个页面上的每个属性都进行更新。
2. 将内容与表示形式分离还会可以得到更加简练的HTML代码，这样将缩短浏览器加载时间，并可简化导航过程。使用CSS可以非常灵活并更好地控制页面的确切外观。
3. 使用CSS还可以控制许多文本属性，包括特定字体和字大小、粗体、斜体、下划线、文本阴影、文本颜色和背景颜色、链接颜色和链接下划线等。
4. 通过使用CSS控制字体，还可以确保在多个浏览器中以更一致的方式处理页面布局和外观。
5. 除设置文本格式外，还可以使用CSS控制网页面中块级别元素的格式和定位。

图5-1 使用CSS制作的字体效果

在Dreamweaver中可以定义以下CSS样式类型。

➢ 类样式：可让用户将样式属性应用于页面上的任何元素。

➢ HTML标签样式：用于重新定义特定标签（如h1）的格式。

➢ 高级样式：重新定义特定元素组合的格式，或其他CSS允许的选择器表单的格式。

CSS规则可以位于以下位置。

➢ 外部CSS样式表：存储在一个单独的外部CSS（.css）文件（而非HTML文件）中的若干组CSS规则。链入外部样式表是把CSS保存为一个样式表文件，然后在页面中用<link>标记链接到这个样式表文件，这个标记必须放到<head>区内，如图5-2所示。

➢ 内部（或嵌入式）CSS样式表：样式表若干组包括在HTML文档头部分的style标签中的CSS规则。内部样式表是把样式表放到页面的<head>区里，这些定义的样式就应用到页面中了，样式表是用<style>标记插入的，如图5-3所示可以看出<style>标记的用法。

```
<!DOCTYPE html PUBLIC "-//W3C//DTD XHTML 1.0
Transitional//EN"
"http://www.w3.org/TR/xhtml1/DTD/xhtml1-transitional.d
td">
<html xmlns="http://www.w3.org/1999/xhtml">
<head>
<meta http-equiv="Content-Type" content="text/html;
charset=utf-8" />
<title>CSS样式表</title>
<link href="file:///D|/新建文件夹/新建文件夹 (3)/外部
CSS.css" rel="stylesheet" type="text/css" />
</head>

<body>
CSS样式表
</body>
</html>
```

图5-2 使用外部CSS样式表

```
<!DOCTYPE html PUBLIC "-//W3C//DTD XHTML 1.0 Transitional//EN"
 "http://www.w3.org/TR/xhtml1/DTD/xhtml1-transitional.dtd">
<html xmlns="http://www.w3.org/1999/xhtml">
<head>
<meta http-equiv="Content-Type" content="text/html;
charset=utf-8" />
<title>CSS样式表</title>
<style type="text/css">
.内部css {
    font-family: "方正大黑简体";
    font-size: 18px;
    color: #F00;
}
</style>
</head>

<body>
CSS样式表
</body>
</html>
```

图5-3 使用内部CSS样式表

Dreamweaver可识别现有文档中定义的样式（只要这些样式符合CSS样式准则）。Dreamweaver还会在“设计”视图中直接呈现大多数已应用的样式。（不过，在浏览器窗口中预览文档将使用户能够获得最准确的页面“动态”呈现。）有些CSS样式在Microsoft Internet Explorer、Netscape、Opera、Apple Safari或其他浏览器中呈现的外观不相同，而有些CSS样式目前不受任何浏览器支持。

知识扩展

块级元素是一段独立的内容，在HTML中通常由一个新行分隔，并在视觉上设置为块的格式。例如，h1标签、p标签和div标签都在网页面上产生块级元素。可以对块级元素执行以下操作：为它们设置边距和边框，将它们放置在特定位置，向它们添加背景颜色，在它们周围设置浮动文本等。对块级元素进行操作的方法实际上与使用CSS进行页面布局设置的方法是一样的。

实战113 创建CSS规则

▶实例位置：无
▶素材位置：无
▶视频位置：光盘\视频\第5章\实战113.mp4

• 实例介绍 •

在Dreamweaver CC和更高版本中，“CSS样式”面板替换为CSS Designer（CSS设计器）。用户可以定义CSS规则的属性，如文本字体、背景图像和颜色、间距和布局属性以及列表元素外观。首先创建新规则，然后设置下列任意属性。

STEP 01 单击"窗口"|"CSS设计器"命令,如图5-4 所示。

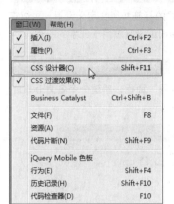

图5-4 单击"CSS设计器"命令

STEP 02 执行操作后,即可打开"CSS设计器"面板,如图5-5所示。

图5-5 打开"CSS设计器"面板

STEP 03 单击"添加CSS源"按钮➕,在弹出的菜单中分别有"创建新的CSS文件""附加现有的CSS文件"和"在页面中定义"3个选项,如图5-6所示。

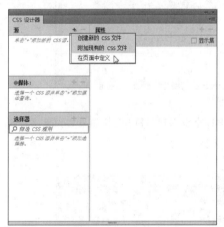

图5-6 单击"添加CSS源"按钮

STEP 04 选择"在页面中定义"选项,单击"源"选项区中的<style>标签,如图5-7所示。

图5-7 单击<style>标签

STEP 05 单击"选择器"选项区中的"添加选择器"按钮➕,如图5-8所示。

图5-8 单击"添加选择器"按钮

STEP 06 在下方添加#main CSS样式,如图5-9所示。

图5-9 添加#main CSS样式

实战 114 设置布局CSS样式

▶ **实例位置：** 光盘\效果\第5章\实战114\index.html
▶ **素材位置：** 光盘\素材\第5章\实战114\index.html
▶ **视频位置：** 光盘\视频\第5章\实战114.mp4

● 实例介绍 ●

在"CSS设计器"面板的"布局"类别中可以为用于控制元素在页面上的放置方式的标签和属性定义设置。可以在应用填充和边距设置时将设置应用于元素的各个边，也可以使用"全部相同"设置将相同的设置应用于元素的所有边。

● 操作步骤 ●

STEP 01 单击"文件"|"打开"命令，打开一幅网页文档，如图5-10所示。

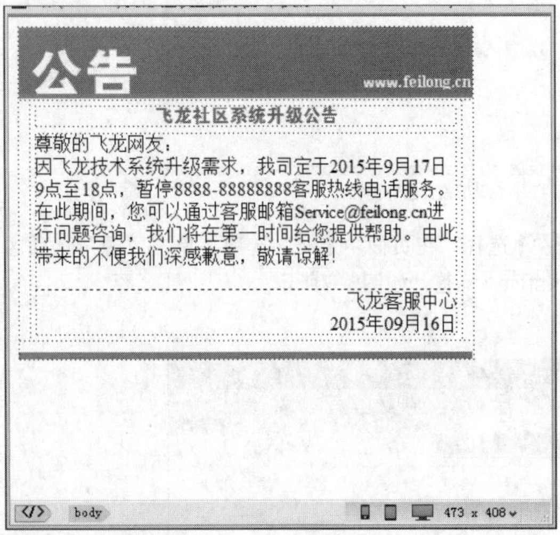

STEP 02 打开"CSS设计器"面板，新建一个名为.buju的CSS规则，如图5-11所示。

图5-10 打开网页文档

图5-11 新建CSS规则

STEP 03 在"属性"选项区中单击"布局"标签，切换至"布局"选项卡，设置width（宽）和height（高）均为500px，如图5-12所示。

STEP 04 按【F12】键保存后打开IE浏览器，预览网页效果，如图5-13所示。

图5-12 设置"布局"参数

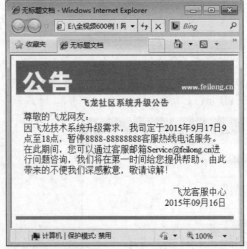

图5-13 预览网页效果

知识扩展

在制作网页前应先收集好所有相关的文字资料、图片素材及用于增添页面特效的动画元素，并将其分类保存在相应的文件夹中。确定网站的主题后，要围绕主题开始搜集资料。资料既可以从图书、报纸、光盘、多媒体上获得，也可以从网上搜集，然后去伪存真，作为自己的制作网页素材。

技巧点拨

　　Dreamweaver中还有很多各种功能的面板，可以根据用户需要展开或者折叠，还可以任意组合和移动，称之为"浮动面板"，如图5-14所示。

　　通常将同一类型或功能的面板组织在一个面板组中，没有显示的面板还可以通过"窗口"菜单快速呈现。在面板名字上单击鼠标右键或者单击面板组右上角的 按钮可以打开如图5-15所示的面板组菜单，执行最小化、显示与隐藏面板、关闭标签组等操作。

图5-14　浮动面板

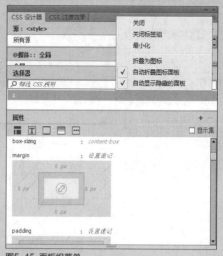

图5-15　面板组菜单

实战 115　设置文本CSS样式

▶ **实例位置：** 光盘\效果\第5章\实战115\index.html
▶ **素材位置：** 光盘\素材\第5章\实战115\index.html
▶ **视频位置：** 光盘\视频\第5章\实战115.mp4

● 实例介绍 ●

　　在"CSS设计器"面板的"文本"类别中可以定义CSS样式的基本字体和类型设置，对文本的样式进行设置。

● 操作步骤 ●

STEP 01 单击"文件"|"打开"命令，打开一幅网页文档，如图5-16所示。

STEP 02 在文档窗口中，选择相应的文本内容，如图5-17所示。

图5-16　打开网页文档

图5-17　选择相应的文本内容

STEP 03 打开"CSS设计器"面板，新建一个默认名称的CSS规则，如图5-18所示。

STEP 04 在"属性"选项区中单击"文本"标签 ，切换至"文本"选项卡，设置color（颜色）为红色（#F90206），如图5-19所示。

图5-18 新建CSS规则

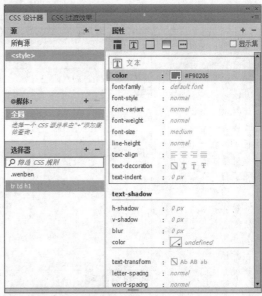

图5-19 设置"文本"参数

STEP 05 执行操作后，即可更改文本的颜色，效果如图5-20所示。

STEP 06 运用上述相同的方法，修改其他文本的颜色，效果如图5-21所示。

图5-20 更改文本的颜色

图5-21 修改其他文本的颜色

实战 116 设置边框CSS样式

▶ **实例位置：** 光盘\效果\第5章\实战116\index.html
▶ **素材位置：** 光盘\素材\第5章\实战116\index.html
▶ **视频位置：** 光盘\视频\第5章\实战116.mp4

● 实例介绍 ●

在"CSS设计器"面板的"边框"类别中可以定义元素周围的边框的设置（如宽度、颜色和样式），对边框的样式进行设置。

● 操作步骤 ●

STEP 01 单击"文件"|"打开"命令，打开一幅网页文档，如图5-22所示。

STEP 02 在文档窗口中，选择相应的内容，如图5-23所示。

图5-22 打开网页文档

图5-23 选择相应的内容

STEP 03 打开"CSS设计器"面板，新建一个默认名称的CSS规则，在"属性"选项区中单击"边框"标签，切换至"边框"选项卡，设置width（宽度）为thick，如图5-24所示。

STEP 04 执行操作后，即可更改边框的样式，效果如图5-25所示。

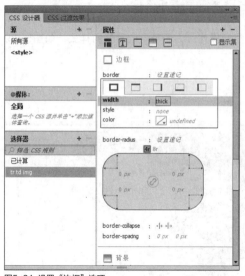

图5-24 设置"边框"选项

图5-25 设置"边框"效果

知识扩展

　　"边框"类别中各个选项的含义及设置方法如下。
　　➤ Style（类型）：用于设置边框的样式外观。选中"设置边框"选项可为应用此属性的元素的"上""右""下"和"左"设置相同的边框样式属性。
　　➤ Width（宽度）：用于设置元素边框的粗细。
　　➤ Color（颜色）：用于设置边框的颜色。可以分别设置每条边的颜色，但显示方式取决于浏览器。

实战 117　设置背景CSS样式

▶ 实例位置：光盘\效果\第5章\实战117\index.html
▶ 素材位置：光盘\素材\第5章\实战117\index.html
▶ 视频位置：光盘\视频\第5章\实战117.mp4

● 实例介绍 ●

　　在"CSS设计器"面板的"边框"类别中可以定义CSS样式的背景设置，可以对网页中的任何元素应用背景属性。

• 操作步骤 •

STEP 01 单击"文件"|"打开"命令，打开一幅网页文档，如图5-26所示。

STEP 02 打开"CSS设计器"面板，在"选择器"面板中选择相应的CSS规则，如图5-27所示。

图5-26 打开网页文档

图5-27 选择相应的CSS规则

STEP 03 在"属性"选项区中单击"背景"标签▣，切换至"背景"选项卡，设置Background-color（背景颜色）为淡黄色（#E5F5BB），如图5-28所示。

STEP 04 执行操作后，即可更改背景的样式，如图5-29所示。

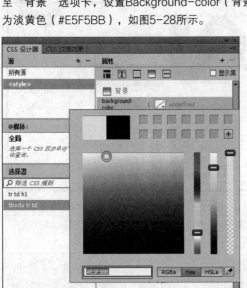

图5-28 设置背景颜色

图5-29 更改背景的样式

知识扩展

"背景"类别中各个选项的含义及设置方法如下。

➢ Background-color（背景颜色）：用于设置元素的背景颜色。

➢ Background-image（背景图像）：用于设置元素的背景图像。

➢ Background-repeat（重复）：用于确定是否以及如何重复背景图像。

➢ Background-attachment（附件）：用于确定背景图像是固定在其原始位置还是随内容一起滚动。注意，某些浏览器可能将"固定"选项视为"滚动"。

➢ Background-position（x）（水平位置）或（y）（垂直位置）：用于指定背景图像相对于元素的初始位置，可将背景图像与页面中心垂直（y）和水平（x）对齐。

实战 118 删除CSS样式

▶ **实例位置：** 光盘\效果\第5章\实战118\index.html
▶ **素材位置：** 光盘\素材\第5章\实战118\index.html
▶ **视频位置：** 光盘\视频\第5章\实战118.mp4

• 实例介绍 •

对于不需要应用的CSS样式或要更换CSS样式的网页元素，必须先删除原有的CSS样式。

• 操作步骤 •

STEP 01 单击"文件"|"打开"命令，打开一幅网页文档，如图5-30所示。

STEP 02 选择相应的文本，在其"属性"面板中的"目标规则"下拉列表框中选择"删除类"选项，如图5-31所示。

图5-30 打开网页文档

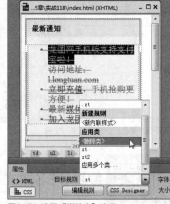

图5-31 选择"删除类"选项

知识扩展

在"类型"CSS规则中各个选项的含义及设置方法如下。

➤ Font-family（字体）：用于为样式设置字体系列（或多组字体系列）。

➤ Font-size（大小）：用于定义文本大小。可以通过选择数字和度量单位选择特定的大小，也可以选择相对大小。使用像素作为单位可以有效地防止浏览器扭曲文本。

➤ Font-style（样式）：用于指定"正常""斜体"或"偏斜体"作为字体样式。

➤ Line-height（行高）：用于设置文本所在行的高度。

➤ Text-decoration（修饰）：用于向文本中添加下划线、上划线或删除线，或使文本闪烁。

➤ Font-weight（粗细）：用于对字体应用特定或相对的粗体量。

➤ Font-variant（变体）：用于设置文本的小型大写字母变体。

➤ Text-transform（大小写）：用于将所选内容中的每个单词的首字母大写或将文本设置为全部大写或小写。

➤ Color（颜色）：用于设置文本颜色。

STEP 03 执行操作后，即可删除相应文本的CSS样式表，效果如图5-32所示。

STEP 04 选择其他相应的文本，如图5-33所示。

图5-32 删除相应文本的CSS样式表

图5-33 选择相应文本

STEP 05 打开"CSS设计器"面板，在"选择器"选项区中选择相应的CSS样式，单击"删除选择器"按钮█，如图5-34所示。

STEP 06 执行操作后，即可删除所有应用了该CSS样式表的文本样式，效果如图5-35所示。

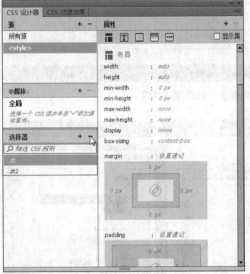

图5-34 单击"删除选择器"按钮

图5-35 预览效果

实战 119 编辑CSS样式

▶ 实例位置：光盘\效果\第5章\实战119\index.html
▶ 素材位置：光盘\素材\第5章\实战119\index.html
▶ 视频位置：光盘\视频\第5章\实战119.mp4

● 实例介绍 ●

编辑应用于文档的内部和外部规则都很容易，而且在对控制文档文本的CSS样式表进行编辑时，会立刻重新设置该CSS样式表控制的所有文本的格式。对外部样式表的编辑影响与它链接的所有文档。因此可以设置一个用于编辑样式表的外部编辑器。

● 操作步骤 ●

STEP 01 单击"文件"|"打开"命令，打开一幅网页文档，如图5-36所示。

STEP 02 选择相应的内容，打开"CSS属性"面板，单击"编辑规则"按钮，如图5-37所示。

图5-36 打开网页文档

图5-37 单击"编辑规则"按钮

STEP 03 弹出".zt的CSS规则定义"对话框，在"类型"选项卡中，设置Font-size（大小）为36，如图5-38所示。

STEP 04 单击"确定"按钮，则可在网页文档编辑窗口中看到所更改的CSS样式效果，如图5-39所示。

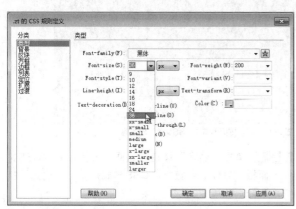

图5-38 编辑CSS样式属性

图5-39 预览效果

实战 120　外联样式表

▶ **实例位置：** 光盘\效果\第5章\实战120\index.html
▶ **素材位置：** 光盘\素材\第5章\实战120\index.html
▶ **视频位置：** 光盘\视频\第5章\实战120.mp4

● 实例介绍 ●

　　编辑外部CSS样式表时，链接到该CSS样式表的所有文档全部更新以反映所做的编辑。可以导出文档中包含的CSS样式以创建新的CSS样式表，然后附加或链接到外部样式表以应用那里所包含的样式。可以将创建的或复制到站点中的任何样式表附加到页面。此外，Dreamweaver附带了预置的样式表，这些样式表可以自动移入站点并附加到页面。

● 操作步骤 ●

STEP 01 单击"文件"|"打开"命令，打开一幅网页文档，如图5-40所示。

STEP 02 单击"窗口"|"CSS设计器"命令，打开"CSS设计器"面板，如图5-41所示。

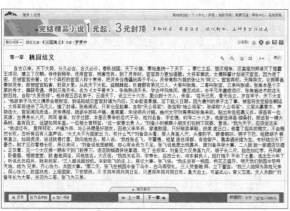

图5-40 打开网页文档

图5-41 打开"CSS设计器"面板

STEP 03 单击"添加CSS源"按钮，在弹出的菜单中选择"附加现有的CSS文件"选项，如图5-42所示。

STEP 04 执行操作后，弹出"使用现有的CSS文件"对话框，如图5-43所示。

图5-42 选择"附加现有的CSS文件"选项

图5-43 弹出"使用现有的CSS文件"对话框

STEP 05 单击"浏览"按钮，弹出"选择样式表文件"对话框，选择相应的CSS文件，如图5-44所示。

STEP 06 单击"确定"按钮，返回"使用现有的CSS文件"面板，可以看到链接的CSS样式，单击"确定"按钮，如图5-45所示。

图5-44 选择相应的文件

图5-45 返回"使用现有的CSS文件"面板

技巧点拨

　　若要创建当前文档和外部样式表之间的链接，可在"链接外部样式表"对话框中选中"链接"单选按钮。该选项在HTML代码中创建一个link href标签，并引用已发布的样式表所在的URL。不能使用链接标签添加从一个外部样式表到另一个外部样式表的引用。

STEP 07 执行上述操作后，即可在"CSS设计器"面板中看到链接的外部CSS样式，如图5-46所示。

STEP 08 同时，自动为网页文本应用该外联样式，效果如图5-47所示。

图5-46 链接外部CSS样式

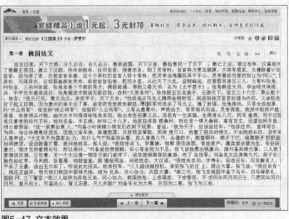

图5-47 文本效果

技巧点拨

如果要嵌套样式表，必须使用导入指令，大多数浏览器还能识别页面中的导入指令。当在链接到页面与导入到页面的外部样式表中存在重叠的规则时，解决冲突属性的方式具有细微的差别。如果希望导入而不是链接到外部样式表，可在"链接外部样式表"对话框中选中"导入"单选按钮。

实战 121　内嵌样式表

▶ 实例位置：光盘\效果\第5章\实战121\index.html
▶ 素材位置：光盘\素材\第5章\实战121\index.html
▶ 视频位置：光盘\视频\第5章\实战121.mp4

● 实例介绍 ●

编辑外部CSS样式表时，链接到该CSS样式表的所有文档全部更新以反映所做的编辑。可以导出文档中包含的CSS样式以创建新的CSS样式表，然后附加或链接到外部样式表以应用那里所包含的样式。可以将创建的或复制到站点中的任何样式表附加到页面。此外，Dreamweaver附带了预置的样式表，这些样式表可以自动移入站点并附加到页面。

● 操作步骤 ●

STEP 01 单击"文件"|"打开"命令，打开一幅网页文档，选择要内嵌样式的文本，如图5-48所示。

图5-48 打开网页文档

STEP 02 切换到"代码"视图状态，在代码的文字前面输入相应的代码：<span class="ZT">，如图5-49所示。

```
15
16   <body>
17   <table width="576" border="0" cellpadding="0" cellspacing="0">
18     <tr>
19       <td width="576"><p style="font-size: 36px">家纺床上用品纯棉
         四件套春夏1.8m简约床单被套全棉宿舍床4三件套</p>
20         <p><span class="ZT">【限量1000套，下单有惊喜】2015年升级
         纯棉！亏本促销！一个字：抢！本店支持极速发货，30天无理由退换货
         ！送运费险，购物无忧。现在是绝对最低价18元起，手机淘宝扫码收藏
         下单有优惠。活性印花 时尚花色 精致缝衍 高档床品<br />
21       </p></td>
22     </tr>
23     <tr>
24       <td><img src="images/1.png" width="419" height="419" alt=""
         /><br /></td>
25     </tr>
26   </table>
27   <p> </p>
28   <p> </p>
29   <p> </p>
30   <p> </p>
31   <p> </p>
32   <p> </p>
33   <p> </p>
```

图5-49 输入相应代码

STEP 03 在代码中的文本后面输入</span>代码，如图5-50所示。

```
15
16   <body>
17   <table width="576" border="0" cellpadding="0" cellspacing="0">
18     <tr>
19       <td width="576"><p style="font-size: 36px">家纺床上用品纯棉
         四件套春夏1.8m简约床单被套全棉宿舍床4三件套</p>
20         <p><span class="ZT">【限量1000套，下单有惊喜】2015年升级
         纯棉！亏本促销！一个字：抢！本店支持极速发货，30天无理由退换货
         ！送运费险，购物无忧。现在是绝对最低价18元起，手机淘宝扫码收藏
         下单有优惠。活性印花 时尚花色 精致缝衍 高档床品</span><br />
21       </p></td>
22     </tr>
23     <tr>
24       <td><img src="images/1.png" width="419" height="419" alt=""
         /><br /></td>
25     </tr>
26   </table>
27   <p> </p>
28   <p> </p>
29   <p> </p>
30   <p> </p>
31   <p> </p>
32   <p> </p>
33   <p> </p>
```

图5-50 输入</span>代码

STEP 04 切换到"设计"视图状态，可以看到嵌入样式后的效果，如图5-51所示。

图5-51 预览效果

5.2 使用CSS滤镜

CSS滤镜的标识符是Filter，总体在应用上和其他的CSS语句相同，可分为基本滤镜和高级滤镜两种，主要包括Alpha（通道）、Blur（模糊）、Chroma（透明色）、DropShadow（投射阴影）、Wave（正弦波纹打乱图片效果）以及Xray（只显示轮廓）等。CSS滤镜分类可以直接作用于对象上，并且立即生效的滤镜称为基本滤镜。而要配合JavaScript等脚本语言，能产生更多变幻效果的则称为高级滤镜。

CSS滤镜主要用来实现文字和图像的各种特殊效果，在网站制作中具有非常神奇的作用，通过CSS滤镜可以使网站变得更加漂亮。在CSS中，Filter属性就代表了滤镜的意思，它可以用于设置文字、图片和表格的滤镜效果。表5-1所示为常见的滤镜。

表5-1 常见滤镜

滤镜	属性	滤镜	属性
Alpha	设置各对象的透明度	Gray	降低图片的色彩度
DropShadow	设置一种偏移的影像轮廓，即投射阴影	Invert	将色彩、饱和度，以及亮度值完全反转建立底片效果
Chroma	把指定的颜色设置为透明	Light	在一个对象上进行灯光效果
FlipH	水平翻转对象	Mask	为一个对象建立透明度
FlipV	垂直翻转对象	Shadow	设置一个对象的固体轮廓，以及阴影效果
Glow	为对象的外边界增加光效	Wave	在X轴和Y轴方向利用正弦波纹打乱图片
Blur	设置对象模糊效果	Xray	只显示对象的轮廓

实战 122 使用光晕（Glow）滤镜

▶ **实例位置：** 光盘\效果\第5章\实战122\index.html
▶ **素材位置：** 光盘\素材\第5章\实战122\index.html
▶ **视频位置：** 光盘\视频\第5章\实战122.mp4

● 实例介绍 ●

光晕（Glow）滤镜是在文字笔画的外面形成一圈颜色和强度可以定义的光晕，在普通的HTML中这个光晕是静态的，而通过JavaScript的控制可以使光晕产生闪烁、变色等特殊的效果。

● 操作步骤 ●

STEP 01 单击"文件" | "打开"命令，打开一幅网页文档，如图5-52所示。

STEP 02 新建一个名为.Glow的CSS样式表，在"属性"选项区的"自定义"类别中添加Filter参数，并设置参数值为Glow(Color=#9966cc, Strength=5)，如图5-53所示。

图5-52 打开网页文档

图5-53 输入相应代码

STEP 03 选择应用样式的图像，展开"属性"面板，在 "Class"列表框中选择"Glow"样式，如图5-54所示。

STEP 04 执行操作后，即可为选择的图像应用Glow效果，如图5-55所示。

图5-54 选择"Glow"样式

图5-55 预览效果

实战 123 使用模糊（Blur）滤镜

▶ 实例位置：光盘\效果\第5章\实战123\index.html
▶ 素材位置：光盘\素材\第5章\实战123\index.html
▶ 视频位置：光盘\视频\第5章\实战123.mp4

● 实例介绍 ●

运用动感模糊属性Blur，可以设置在网页中的块级元素的方向和位置上产生动感模糊的效果。

● 操作步骤 ●

STEP 01 单击"文件"|"打开"命令，打开一幅网页文档，如图5-56所示。

STEP 02 新建一个名为.Blur的CSS样式表，在"属性"选项区的"自定义"类别中添加Filter参数，并设置参数值为Blur(Add=true, Direction =100, Strength=50)，如图5-57所示。

图5-56 打开网页文档

图5-57 输入相应代码

STEP 03 选择应用样式的图像，展开"属性"面板，在 "Class"列表框中选择"Blur"样式，如图5-58所示。

STEP 04 执行操作后，即可为选择的图像应用Blur效果，按【F12】键保存网页，在打开的IE浏览器中可以看到图像的模糊效果，如图5-59所示。

图5-58 选择"Blur"样式

图5-59 预览效果

知识扩展

ADD参数可指定为布尔判断"TRUE（默认）"或者FALSE，它指定图片是否被改变成印象派的模糊效果。模糊效果是按顺时针的方向进行的，DIRECTION参数用来设置模糊的方向，其中0度代表垂直向上，然后每45度为一个单位，默认值是向左的270度。STRENGTH值只能使用整数来指定，它代表有多少像素的宽度将受到模糊影响，默认是5个。对于网页上的字体，可设置它的模糊ADD=1，则字体的显示效果会非常好。

实战 124 使用遮罩（Mask）滤镜

▶ 实例位置：光盘\效果\第5章\实战124\index.html
▶ 素材位置：光盘\素材\第5章\实战124\index.html
▶ 视频位置：光盘\视频\第5章\实战124.mp4

● 实例介绍 ●

Mask滤镜用于为对象建立一个覆盖表面的膜，实现一种颜色框架的效果。

● 操作步骤 ●

STEP 01 单击"文件"|"打开"命令，打开一幅网页文档，如图5-60所示。

STEP 02 新建一个名为.Mask的CSS样式表，在"属性"选项区的"自定义"类别中添加Filter参数，并设置参数值为Mask(Color=#00ff00)，如图5-61所示。

图5-60 打开网页文档

图5-61 输入相应代码

STEP 03 选择应用样式的图像，展开"属性"面板，在"Class"列表框中选择"Mask"样式，如图5-62所示。

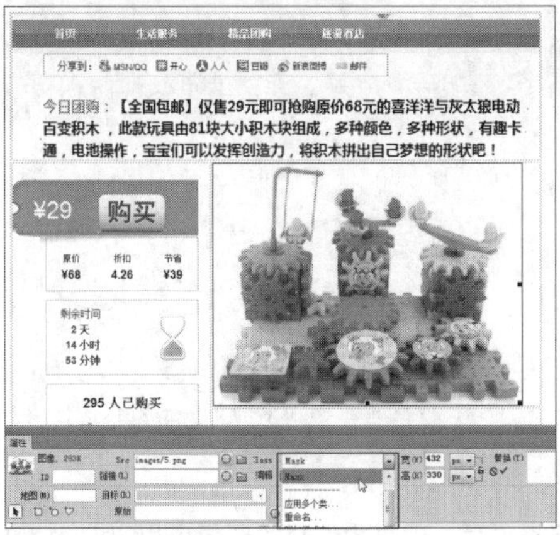

STEP 04 执行操作后，即可为选择的图像应用Mask效果，按【F12】键保存网页，在打开的IE浏览器中可以看到图像的遮罩效果，如图5-63所示。

图5-62　选择"Mask"样式

图5-63　预览效果

知识扩展

　　在滤镜属性中，每个参数之间使用英文的逗号（,）分隔开，交换各个参数的位置，并不影响滤镜的显示效果。在使用遮罩的元素中，不要使用背景颜色，如果定义了背景颜色，元素背景部分将变得完全透明。

实战 125　使用透明色（Chroma）滤镜

▶ **实例位置**：光盘\效果\第5章\实战125\index.html
▶ **素材位置**：光盘\素材\第5章\实战125\index.html
▶ **视频位置**：光盘\视频\第5章\实战125.mp4

● 实例介绍 ●

Chroma滤镜可以设置一个对象中指定的颜色为透明色，它的语法结构如下。

Filter：Chroma（color=color）

Chroma滤镜属性的表达式很简单，它只有一个参数。只需把想要指定透明的颜色用Color参数设置出来就可以了。另外，需要注意的是，Chroma属性对于某些图片格式不是很适合，因为很多图片经过了减色和压缩处理（如JPG、GIF等格式），所以要设置某种颜色透明很困难，几乎没有什么效果。最后需要说明，每次只能指定一种透明色，对于已经设置为透明色的GIF等格式的图片，在设为透明色时原先的透明色将会重新显示出来。

● 操作步骤 ●

STEP 01 单击"文件"|"打开"命令，打开一幅网页文档，如图5-64所示。

STEP 02 新建一个名为.Chroma的CSS样式表，在"属性"选项区的"自定义"类别中添加Filter参数，并设置参数值为Chroma（color=#EB9D9E），如图5-65所示。

图5-64　打开网页文档

图5-65　输入相应代码

知识扩展

CSS的语句是内嵌在HTML文档内的，所以编写CSS的方法和编写HTML文档的方法是一样的。用户可以用任何一种文本编辑工具来编写CSS，如Windows下的记事本和写字板、专门的HTML文本编辑工具（Frontpage以及Ultraedit等），都可以用来编辑CSS文档。

编辑好的CSS文档可以使用下面3种方法来加入到HTML文档中。

➤ 第一种方法是把CSS文档放到<head>文档中：<style type="text/css"> …… </style>。其中<style>中的type='text/css'的意思是<style>中的代码是定义样式表单的。

➤ 第二种方法是把CSS样式表写在HTML的行内，如下面的代码。

蓝色14号文字

这是采用<Style=" ">的格式把样式写在HTML中的任意行内，这样比较方便灵活。

➤ 第三种方法是把编辑好的CSS文档保存成.CSS文件，然后在<head>中定义样式。定义的格式如下。

<head> <link rel=stylesheet href="style.css"> …… </head>

上面的代码中应用了一个<link>，rel=stylesheet指连接的元素是一个样式表（stylesheet）文档，一般这里是不需要改动的。而后面的href='style.css'指的是需要连接的文件地址，只需把编辑好的.CSS文件的详细路径名写进去就可以了。这种方法非常适合同时定义多个文档，它能使多个文档同时使用相同的样式，从而减少了大量的冗余代码。

STEP 03 选择应用样式的图像，展开"属性"面板，在"Class"列表框中选择"Chroma"样式，如图5-66所示。

STEP 04 执行操作后，即可为选择的图像应用Chroma效果，按【F12】键保存网页，在打开的IE浏览器中可以看到图像效果，如图5-67所示。

图5-66 选择"Chroma"样式

图5-67 预览效果

实战 126 使用阴影（Dropshadow）滤镜

▶ 实例位置：光盘\效果\第5章\实战126\index.html
▶ 素材位置：光盘\素材\第5章\实战126\index.html
▶ 视频位置：光盘\视频\第5章\实战126.mp4

● 实例介绍 ●

DropShadow顾名思义就是添加对象的阴影效果，它的实际效果看上去就像是原来的对象离开了页面，然后在页面上显示出该对象的投影。其工作原理是建立一个偏移量，然后给偏移的对象加上颜色。

Dropshadow滤镜加载到文字上效果比较明显，给人一种文字从页面上站立起来的感觉。

Dropshadow滤镜中有4个参数，它们的含义分别如下。

➤ Color参数：代表投射阴影的颜色，在本例中用的是gray，但在实际应用中往往是用十六进制的颜色代码，如#FF0000为红色等。

➤ offx和offy参数：分别是X方向和Y方向阴影的偏移量，它必须用整数值，如果是正整数，那么表示阴影向X轴的右方向和Y轴的下方向进行偏移。若是负整数值，阴影的方向正好相反。另外，offx和offy数值的大小决定了阴影离开对象的距离。

➤ Positive参数：该参数是一个布尔值，如果为TRUE（非0），那么就为任何的非透明像素建立可见的投影。如果为FASLE（0），那么就为透明的像素部分建立透明效果。

● 操作步骤 ●

STEP 01 单击"文件"|"打开"命令，打开一幅网页文档，如图5-68所示。

STEP 02 新建一个名为.Dropshadow的CSS样式表，在"属性"选项区的"自定义"类别中添加Filter参数，并设置参数值为DropShadow(Color=gray, OffX=5, OffY=-5, Positive=1)，如图5-69所示。

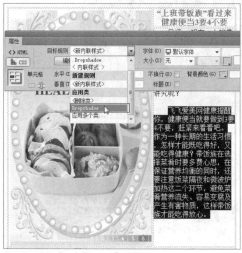

图5-68 打开网页文档

图5-69 输入相应代码

STEP 03 选择应用样式的文本，展开"属性"面板，在"Class"列表框中选择"Dropshadow"样式，如图5-70所示。

STEP 04 执行操作后，即可为选择的文本应用Dropshadow效果，按【F12】键保存网页，在打开的IE浏览器中可以看到文本的阴影效果，如图5-71所示。

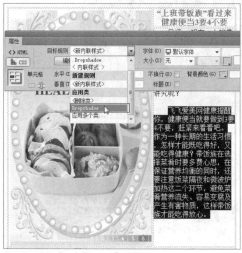

图5-70 选择"Dropshadow"样式

图5-71 预览效果

技巧点拨

对文字加载Dropshadow滤镜比较方便的方法是把Dropshadow滤镜加载到文字所在的表格单元格< td >上。

实战 127 使用X射线（Xray）滤镜

▶ 实例位置：光盘\效果\第5章\实战127\index.html
▶ 素材位置：光盘\素材\第5章\实战127\index.html
▶ 视频位置：光盘\视频\第5章\实战127.mp4

● 实例介绍 ●

➤ X射线（Xray）滤镜用于加亮对象的轮廓，呈现所谓的X光片效果。它可以像灰色滤镜一样去除对象的所有颜色信息，然后将其反转。

● 操作步骤 ●

STEP 01 单击"文件"|"打开"命令，打开一幅网页文档，如图5-72所示。

STEP 02 新建一个名为.Xray的CSS样式表，在"属性"选项区的"自定义"类别中添加Filter参数，并设置参数值为Xray，如图5-73所示。

图5-72 打开网页文档

图5-73 输入相应代码

STEP 03 选择应用样式的图像，展开"属性"面板，在"Class"列表框中选择"Xray"样式，如图5-74所示。

STEP 04 执行操作后，即可为选择的图像应用Xray效果，按【F12】键保存网页，在打开的IE浏览器中可以看到图像的X光片效果，如图5-75所示。

图5-74 选择"Xray"样式

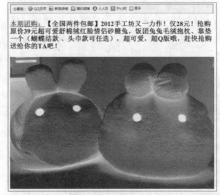

图5-75 预览效果

知识扩展

波浪滤镜（Wave）用来定义元素内容显示一种波浪形状的变形效果，如图5-76所示。

使用波浪滤镜，可以定义波纹的数目、强度、起始位置等效果，其语法结构如下所示。

filter:progid:DXImageTransform.Microsoft.Wave[enabled=bEnabled,add=true|false,freq=number,lightStrength=0~00,phase=0~100,stength=number(px)]

波浪滤镜（Wave）各参数的主要含义与设置方法如下。

➢ enabled：定义滤镜是否被禁止使用，取值范围为布尔值。当取值为true的时候滤镜可用，取值为false时，禁止使用滤镜。

➢ add：定义是否使用波浪滤镜后的元素内容覆盖原内容。当取值为true时显示覆盖效果，当取值为false时不显示覆盖效果。

图5-76 Wave滤镜效果

➢ freq：定义显示波纹的数目，使用整数值，默认值为3。

➢ lightStrength：定义波纹中波峰和波谷之间的距离，使用0~100内的数值，默认值为100。

➢ phase：定义波纹起始时的偏移量，使用0~100内的数值，默认值为0。

➢ strength：定义元素内容在运动方向上偏移的距离，使用大于1的像素值。

5.3 使用辅助工具

在设计网页过程中，使用Dreamweaver CC中的辅助工具可以帮助用户更加准确地美化各种网页元素，增加整体布局的美感。本节主要介绍配置键盘快捷键、标尺、网格、辅助线、缩放和平移、"历史记录"面板等操作方法。

实战 128	自定义键盘快捷键	▶ 实例位置：无
		▶ 素材位置：无
		▶ 视频位置：光盘\视频\第5章\实战128.mp4

● 实例介绍 ●

使用键盘快捷键编辑器可以创建用户自己的快捷键，包括代码片断的键盘快捷键。用户也可以在键盘快捷键编辑器中删除快捷键、编辑现有的快捷键以及选择一组预定义的快捷键。

● 操作步骤 ●

STEP 01 在Dreamweaver CC中，单击"编辑"|"快捷键"命令，如图5-77所示。

STEP 02 执行操作后，弹出"快捷键"对话框，如图5-78所示。

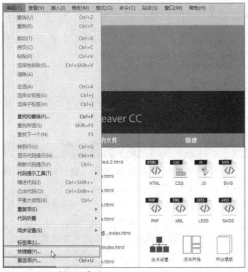

图5-77 单击"快捷键"命令

图5-78 "快捷键"对话框

STEP 03 从"命令"弹出菜单中选择一个命令类别，如"代码编辑"，如图5-79所示。

STEP 04 显示"代码编辑"的相关命令，选择"拷贝"选项，即可在快捷键列表中显示相关的快捷键，如图5-80所示，用户可以在"按键"文本框中输入相应快捷键规则，单击"更改"按钮即可创建自定义快捷键。

图5-79 选择一个命令类别

图5-80 自定义快捷键

知识扩展

"快捷键"对话框中主要选项的功能如下。

➤ 当前设置：允许用户选择一组Dreamweaver附带的预定义快捷键，或选择任意一组用户已定义的自定义快捷键。预定义的快捷键组列在菜单的上方。例如，如果用户很熟悉HomeSite或BBEdit中的快捷键，则可以通过选择相应的预定义组来使用这些快捷键。

➤ 命令：允许用户选择要编辑的命令的类别。例如，用户可以编辑菜单命令（如"打开"命令）或代码编辑命令（如"平衡大括弧"）。要为代码片断添加或编辑键盘快捷键，可从"命令"弹出菜单中选择"代码片断"。

➤ 命令列表：显示与"命令"弹出菜单中所选类别关联的命令以及所分配的快捷键。"菜单命令"类别将该列表显示为一个树状视图，该视图复制了菜单的结构。其他的类别在一个平面列表中按名称（如"退出应用程序"）顺序列出命令。

➤ 快捷键：显示分配给所选命令的所有快捷键。

➤ 添加项目（+）：为当前命令添加新的快捷键。单击此按钮可以向快捷键中添加一个新的空行。输入一个新的键组合，然后单击"更改"为此命令添加一个新的键盘快捷键。用户可以为每个命令分配两个不同的键盘快捷键；如果已经为某个命令分配了两个快捷键，则"添加项"按钮将不执行任何操作。

➤ 删除项目（−）：从快捷键列表中删除所选快捷键。

➤ 按键：显示用户在添加或更改快捷键时输入的按键组合。

➤ 更改：将"按键"中显示的按键组合添加到快捷键列表中，或将所选快捷键更改为指定的按键组合。

➤ 复制副本📑：复制当前快捷键组。为新的快捷键组指定一个名称；它的默认名称为当前快捷键组的名称后面追加副本一词。

➤ 重命名设置ⓘ：重命名当前快捷键组。

➤ 将集合导出为HTML📄：以HTML表格式保存当前设置，便于查看和打印。为了便于参考，用户可以在浏览器中打开该HTML文件并将快捷键打印出来。

➤ 删除设置🗑：删除快捷键组（不能删除活动快捷键组）。

实战 129 使用缩放和平移

▶ 实例位置：无
▶ 素材位置：光盘\素材\第5章\实战129\index.html
▶ 视频位置：光盘\视频\第5章\实战129.mp4

● 实例介绍 ●

Dreamweaver允许用户在"文档"窗口中提高缩放比率（放大），以便查看图形的像素精确度、更加轻松地选择小项目、使用小文本设计页面和设计大页面等。

知识扩展

在Dreamweaver CC中，对CSS设计器进行增强，并改进边框控件的用户界面，通过选项卡式控件协助用户以简便直观的方式设置所有四项边框属性。

➤ 选项卡式控件可避免同时查看所有值，以免混淆。

➤ 直观友好的图标让初学者也能轻松掌握。

➤ 两套图标表示"未设置/已删除"和"停用"状态。

➤ 一站式"所有边框"选项卡可同时设置所有边框属性。

➤ 精心计算的行指导您在检查时进入最适当的选项卡。

● 操作步骤 ●

STEP 01 单击"文件"|"打开"命令，打开一幅网页文档，如图5-81所示。

图5-81 打开网页文档

STEP 02 单击"查看"|"缩放比率"|"放大"命令，如图5-82所示。

STEP 03 执行操作后，即可放大"文档"窗口，如图5-83所示。

图5-82 单击"放大"命令

图5-83 放大"文档"窗口

STEP 04 拖动"文档"窗口下方的滚动条，即可平移窗口，如图5-84所示。

STEP 05 单击"查看"|"缩放比率"|"50%"命令，如图5-85所示。

图5-84 平移窗口

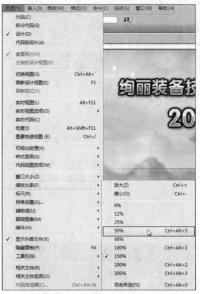

图5-85 单击"50%"命令

STEP 06 执行操作后，即可将"文档"窗口缩小为50%，如图5-86所示。

技巧点拨

要恢复"文档"窗口的大小，执行"查看"|"缩放比率"|"100%"命令即可。

图5-86 缩小"文档"窗口

实战 130 使用标尺

▶ 实例位置：无
▶ 素材位置：光盘\素材\第5章\实战130\index.html
▶ 视频位置：光盘\视频\第5章\实战130.mp4

● 实例介绍 ●

Dreamweaver 提供了几种可视化辅助工具，帮助用户设计文档和大概估计文档在浏览器中的外观。其中，标尺工具就是一种常用的可视化辅助工具，标尺可帮助设计者测量、组织和规划布局。标尺可以显示在页面的左边框和上边框中，以像素、英寸或厘米为单位来标记。

● 操作步骤 ●

STEP 01 单击"文件"|"打开"命令，打开一幅网页文档，如图5-87所示。

STEP 02 单击"查看"|"标尺"|"显示"命令，如图5-88所示。

图5-87 打开网页文档

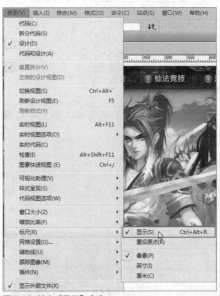

图5-88 单击"显示"命令

STEP 03 执行操作后，即可显示标尺，如图5-89所示。

STEP 04 若要更改原点，可将标尺原点图标⊞（在"文档"窗口的"设计"视图左上角）拖到页面上的任意位置，如图5-90所示。

图5-89 显示标尺

图5-90 拖曳原点图标

STEP 05 执行操作后，即可改变标尺的原点，如图5-91所示。

STEP 06 若要将原点重设到它的默认位置，可单击"查看"|"标尺"|"重设原点"命令，如图5-92所示。

图5-91 改变标尺的原点

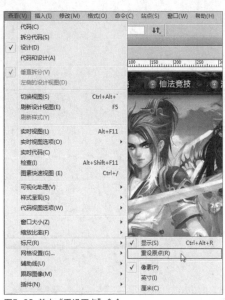

图5-92 单击"重设原点"命令

STEP 07 单击"查看"|"标尺"|"厘米"命令，如图5-93所示。

STEP 08 执行操作后，即可更改标尺的度量单位为厘米，如图5-94所示。

图5-93 单击"厘米"命令

图5-94 更改标尺的度量单位

实战 131 使用网格

▶ 实例位置：无
▶ 素材位置：光盘\素材\第5章\实战131\index.html
▶ 视频位置：光盘\视频\第5章\实战131.mp4

● 实例介绍 ●

　　网格在"文档"窗口中显示一系列的水平线和垂直线，它对于精确地放置对象很有用。用户可以让经过绝对定位的页元素在移动时自动靠齐网格，还可以通过指定网格设置更改网格或控制靠齐行为。无论网格是否可见，都可以使用靠齐。

● 操作步骤 ●

STEP 01 单击"文件"|"打开"命令，打开一幅网页文档，如图5-95所示。

STEP 02 单击"查看"|"网格设置"|"显示网格"命令，如图5-96所示。

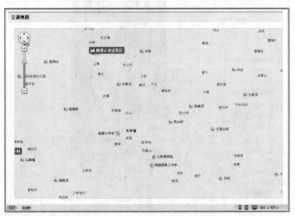

图5-95 打开网页文档

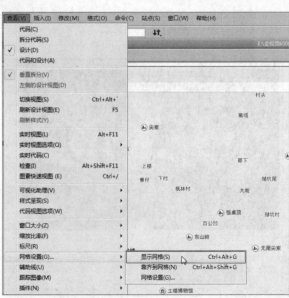

图5-96 单击"显示网格"命令

STEP 03 执行操作后，即可显示网格，如图5-97所示。

STEP 04 单击"查看"|"网格设置"|"靠齐到网格"命令，用户在调整图像时即可自动靠齐到网格，如图5-98所示。

图5-97 显示网格

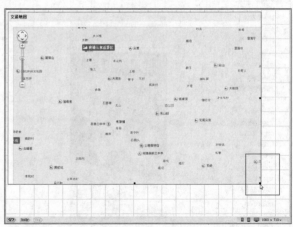

图5-98 靠齐到网格

知识扩展

　　"网格设置"对话框中各选项的含义如下。

➤ 颜色：指定网格线的颜色。可单击色样表并从颜色选择器中选择一种颜色，或者在文本框中键入一个十六进制数。

➤ 显示网格：使网格在"设计"视图中可见。

➤ 靠齐到网格：使页面元素靠齐到网格线。

➤ 间距：控制网格线的间距。输入一个数字并从菜单中选择"像素""英寸"或"厘米"。

➤ 显示：指定网格线是显示为线条还是显示为点。

　　需要注意的是，如果未选择"显示网格"复选框，将不会在文档中显示网格，并且看不到更改。

STEP 05 单击"查看"|"网格设置"|"网格设置"命令，弹出"网格设置"对话框，设置"颜色"为红色（#FC5103）、"间隔"为20像素，如图5-99所示。

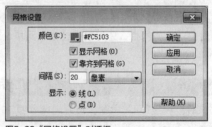

图5-99 "网格设置"对话框

STEP 06 单击"确定"按钮，即可修改网格的样式，效果如图5-100所示。

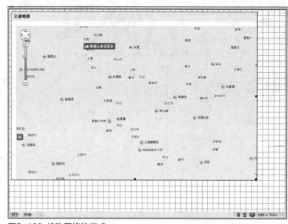

图5-100 修改网格的样式

实战 132	使用辅助线	▶ 实例位置：无
		▶ 素材位置：光盘\素材\第5章\实战132\index.html
		▶ 视频位置：光盘\视频\第5章\实战132.mp4

• 实例介绍 •

辅助线是用户从标尺拖动到文档上的线条，它们有助于更加准确地放置和对齐对象。用户还可以使用辅助线来测量页面元素的大小，或者模拟Web浏览器的重叠部分（可见区域）。

• 操作步骤 •

STEP 01 单击"文件"|"打开"命令，打开一幅网页文档，如图5-101所示。

STEP 02 单击"查看"|"标尺"|"显示"命令，显示标尺，如图5-102所示。

图5-101 打开网页文档

图5-102 显示标尺

STEP 03 使用鼠标左键按住上边框，向下拖曳至合适位置后松开，即可创建水平辅助线，如图5-103所示。

STEP 04 使用鼠标左键按住左边框，向右拖曳至合适位置后松开，即可创建垂直辅助线，如图5-104所示。

图5-103 创建水平辅助线

图5-104 创建垂直辅助线

STEP 05 单击"查看"|"辅助线"|"锁定辅助线"命令，如图5-105所示。执行操作后，即可锁定所有辅助线。

STEP 06 按【Ctrl】键，并将鼠标指针保持在两条辅助线之间的任何位置，即可查看辅助线之间的距离，如图5-106所示。

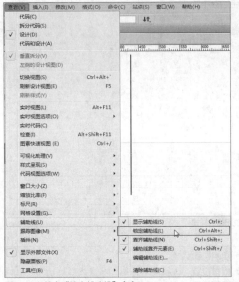

图5-105 单击"锁定辅助线"命令

图5-106 查看辅助线之间的距离

技巧点拨

　　为了帮助用户对齐元素，该应用程序还允许用户将元素靠齐到辅助线，以及将辅助线靠齐到元素。（只有在将元素绝对定位的情况下，才可使用靠齐功能。）用户还可以锁定辅助线，以防止其他用户不小心移动它们。

　　默认情况下，以绝对像素度量值来记录辅助线与文档顶部或左侧的距离，并相对于标尺原点显示辅助线。若要以百分比形式记录辅助线，可在创建或移动辅助线时按住【Shift】键。

STEP 07 单击"查看"|"辅助线"|"编辑辅助线"命令，弹出"辅助线"对话框，设置"辅助线颜色"为红色（#FF0000），如图5-107所示。

STEP 08 单击"确定"按钮，即可修改辅助线的样式，效果如图5-108所示。

图5-107 "辅助线"对话框

图5-108 修改辅助线的样式

技巧点拨

　　➤ 显示或隐藏辅助线。

　　单击"查看"|"辅助线"|"显示辅助线"命令，即可显示或隐藏辅助线。

　　➤ 查看辅助线并将其移至特定位置。

　　（1）将鼠标指针停留在辅助线上以查看其位置。

　　（2）双击该辅助线。

　　（3）在"移动辅助线"对话框中输入新的位置，如图5-109所示，然后单击"确定"按钮。

　　➤ 模拟Web浏览器的重叠部分（可见区域）。

　　单击"查看"|"辅助线"命令，然后从菜单中选择一个预设的浏览器大小，如图5-110所示。

　　➤ 删除辅助线。

　　将辅助线拖离文档窗口。

　　➤ 将辅助线用于模版。

　　将辅助线添加到Dreamweaver模版之后，模版的所有实例都会继承辅助线。不过，模版实例中的辅助线被视为可编辑区域，因此用户可以修改它们。

图5-109 "移动辅助线"对话框

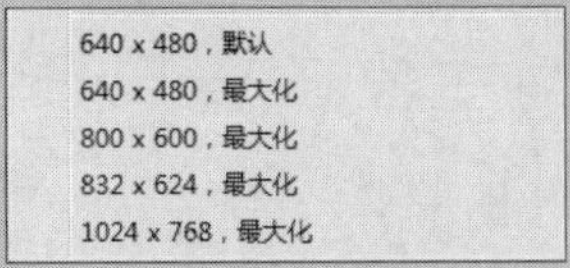

640 x 480，默认
640 x 480，最大化
800 x 600，最大化
832 x 624，最大化
1024 x 768，最大化

图5-110 预设的浏览器大小

　　当模版实例被主模版更新时，模版实例中经过修改的辅助线总会恢复到它们的原始位置。用户还可以向模版实例中添加自己的辅助线。当模版实例被主模版更新时，不会覆盖以这种方式添加的辅助线。

● 实例介绍 ●

在Dreamweaver CC中，用户可以使用跟踪图像作为重新创建已经使用图形应用程序（如 Adobe Freehand或Fireworks）创建的页面设计的指导。跟踪图像是放在"文档"窗口背景中的JPEG、GIF 或PNG图像，可以隐藏图像、设置图像的不透明度和更改图像的位置。

● 操作步骤 ●

STEP 01 单击"文件"|"打开"命令，打开一幅网页文档，如图5-111所示。

STEP 02 单击"查看"|"跟踪图像"|"调整位置"命令，如图5-112所示。

图5-111 打开网页文档

图5-112 单击"调整位置"命令

STEP 03 执行操作后，弹出"调整跟踪图像位置"对话框，设置X坐标和Y坐标均为50，如图5-113所示。

STEP 04 单击"确定"按钮，即可调整跟踪图像的位置，如图5-114所示。

图5-113 "调整跟踪图像位置"对话框

图5-114 调整跟踪图像的位置

知识扩展

跟踪图像仅在Dreamweaver中是可见的；当用户在浏览器中查看页面时，将看不到跟踪图像。当跟踪图像可见时，"文档"窗口将不会显示页面的实际背景图像和颜色；但是，在浏览器中查看页面时，背景图像和颜色是可见的。

STEP 05 单击"查看"|"跟踪图像"|"重设位置"命令，如图5-115所示。

STEP 06 执行操作后，即可恢复跟踪图像的位置，如图5-116所示。

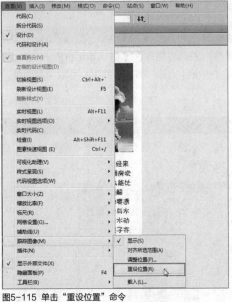

图5-115 单击"重设位置"命令

图5-116 恢复跟踪图像的位置

技巧点拨

移动跟踪图像的相关操作技巧如下。

➢ 若要准确地指定跟踪图像的位置，可在"X"和"Y"文本框中输入坐标值。

➢ 若要逐个像素地移动图像，可使用箭头键。

➢ 若要一次5个像素地移动图像，可按【Shift】和箭头键。

实战 134 使用"历史记录"面板

▶ **实例位置**：光盘\效果\第5章\实战134\index.html
▶ **素材位置**：光盘\素材\第5章\实战134\index.html
▶ **视频位置**：光盘\视频\第5章\实战134.mp4

● 实例介绍 ●

用户在编辑网页文档的过程中，如果对网页效果不满意，可以通过"历史记录"面板随时回到原始的编辑状态。"历史记录"面板会记录用户每一步的操作，如果有多次的操作记录，而用户又想回到其中的某一处，只需要将滑块拖曳到想回到的那一步就可以返回到那一步的图像状态。

● 操作步骤 ●

STEP 01 单击"文件"|"打开"命令，打开一幅网页文档，如图5-117所示。

STEP 02 单击"窗口"|"历史记录"命令，如图5-118所示。

图5-117 打开网页文档

图5-118 单击"历史记录"命令

STEP 03 执行操作后，打开"历史记录"面板，如图
5-119所示。

图5-119 打开"历史记录"面板

STEP 05 单击鼠标右键，在弹出的快捷菜单中选择"段落
格式"|"标题1"选项，如图5-121所示。

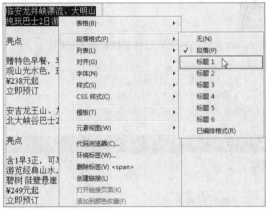

图5-121 选择"标题1"选项

STEP 07 选择相应图片，单击"编辑"|"清除"命令，如
图5-123所示。

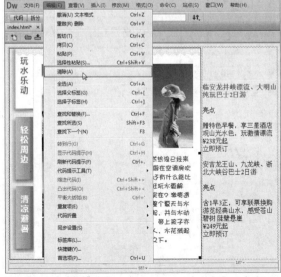

图5-123 单击"清除"命令

STEP 04 在文档中，选择相应的文本，如图5-120所示。

图5-120 选择相应的文本

STEP 06 执行操作后，即可修改文本的结构格式，效果如
图5-122所示。

图5-122 修改文本的结构格式

STEP 08 执行操作后，即可删除页面中的图片，如图
5-124所示。

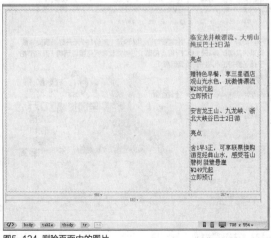

图5-124 删除页面中的图片

STEP 09 在"历史记录"面板中,将滑块拖曳至"文本格式:h1"选项上,如图5-125所示。

STEP 10 执行操作后,即可恢复到"删除"操作前,效果如图5-126所示。

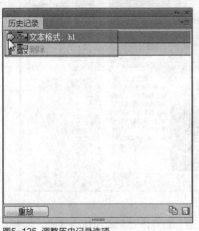

图5-125 调整历史记录选项

图5-126 恢复历史操作

5.4 在HTML代码中编辑页面属性

HTML是用来描述网页的一种语言,而Web浏览器的作用是读取HTML文档,并以网页的形式显示出它们。

实战 135	设置网页标题	▶ 实例位置:光盘\效果\第5章\实战135\index.html ▶ 素材位置:光盘\素材\第5章\实战135\index.html ▶ 视频位置:光盘\视频\第5章\实战135.mp4

● 实例介绍 ●

在"代码"视图中,网页标题是标签<title>与</title>之间的内容。

➢ 例如:<title>网页练习</title>

➢ 功能:定义网页标题为"网页练习",浏览时网页标题显示在浏览器标题栏上。

● 操作步骤 ●

STEP 01 单击"文件"|"打开"命令,打开一幅网页文档,如图5-127所示。

STEP 02 切换至"代码"视图,在标签<title>与</title>之间输入"全国热销",如图5-128所示。

图5-127 打开网页文档

图5-128 设置HTML代码

STEP 03 执行操作后，即可修改网页文档的"标题"，如图5-129所示。

STEP 04 按【F12】键保存网页，在打开的IE浏览器中可以看到网页标题效果，如图5-130所示。

图5-130 预览网页

图5-129 显示"标题"

实战 136　设置背景图像

▶ 实例位置：光盘\效果\第5章\实战136\index.html
▶ 素材位置：光盘\素材\第5章\实战136\index.html
▶ 视频位置：光盘\视频\第5章\实战136.mp4

● 实例介绍 ●

在"代码"视图中，背景图像用<body>标签的background属性进行设置。

➢ 例如：<body background="e:\网页练习\water.jpg">
➢ 功能：定义网页背景图像是E盘"网页练习"文件夹中的图像文件water.jpg。

● 操作步骤 ●

STEP 01 单击"文件"|"打开"命令，打开一幅网页文档，如图5-131所示。

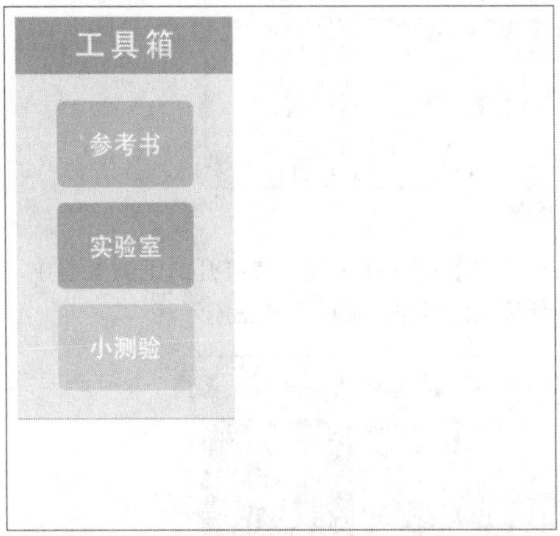

STEP 02 切换至"代码"视图，在body标签中添加代码background="E:\2.jpg"，如图5-132所示。

图5-132 设置HTML代码

图5-131 打开网页文档

STEP 03 执行操作后，即可修改网页文档的"背景图像"，切换至"实时设计"视图，效果如图5-133所示。

STEP 04 按【F12】键保存网页，在打开的IE浏览器中可以看到网页背景图像效果，如图5-134所示。

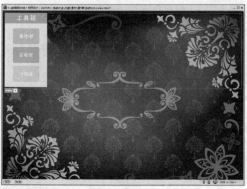
图5-133 修改"背景图像"

图5-134 预览网页

实战 137 设置背景颜色

▶ 实例位置：光盘\效果\第5章\实战137\index.html
▶ 素材位置：光盘\素材\第5章\实战137\index.html
▶ 视频位置：光盘\视频\第5章\实战137.mp4

● 实例介绍 ●

网页文档背景色需要用到<body>标签中的backcolor属性进行设置。

➤ 例如：<body bgcolor="#000000">

             <body bgcolor="rgb(0,0,0)">

             <body bgcolor="black">

➤ 功能：以上的代码均将背景颜色设置为黑色。

● 操作步骤 ●

STEP 01 单击"文件"|"打开"命令，打开一幅网页文档，如图5-135所示。

STEP 02 切换至"代码"视图，在body标签中添加代码bgcolor="#efeca6"，如图5-136所示。

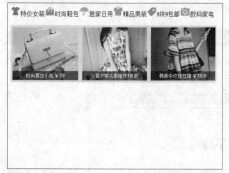
图5-135 打开网页文档

图5-136 设置HTML代码

STEP 03 执行操作后，即可修改网页文档的"背景颜色"，切换至"设计"视图，效果如图5-137所示。

STEP 04 按【F12】键保存网页，在打开的IE浏览器中可以看到网页背景颜色效果，如图5-138所示。

图5-137 修改"背景颜色"

图5-138 预览网页

实战 138 设置文本颜色

▶ 实例位置：光盘\效果\第5章\实战138\index.html
▶ 素材位置：光盘\素材\第5章\实战138\index.html
▶ 视频位置：光盘\视频\第5章\实战138.mp4

● 实例介绍 ●

网页文档的文本默认颜色用<body>标签的text属性进行设置。

➢ 例如：<body text="#FF0000" back="00FFFF">
➢ 功能：定义网页的背景色为淡蓝色，网页的文本颜色为红色。

● 操作步骤 ●

STEP 01 单击"文件"|"打开"命令，打开一幅网页文档，如图5-139所示。

图5-139 打开网页文档

STEP 03 执行操作后，即可修改网页文档的"文字颜色"，切换至"设计"视图，效果如图5-141所示。

图5-141 修改"文字颜色"

STEP 02 切换至"代码"视图，在body标签中添加代码 text="#0B08FC"，如图5-140所示。

```
1  <!doctype html>
2  <html>
3  <head>
4  <meta charset="utf-8">
5  <title>无标题文档</title>
6  </head>
7
8  <body text="#0B08FC">
9  <table width="685" height="322" border="0">
10   <tbody>
11     <tr>
12       <td align="center" valign="middle" style="font-size: 36px;">
   更多活动敬请关注</td>
13     </tr>
14     <tr>
15       <td><img src="1.png" width="872" height="364" alt=""/></td>
16     </tr>
17   </tbody>
18 </table>
19 </body>
20 </html>
21
```

图5-140 设置HTML代码

STEP 04 按【F12】键保存网页，在打开的IE浏览器中可以看到网页文字颜色效果，如图5-142所示。

图5-142 预览网页

实战 139 设置未访问过的链接颜色

▶ 实例位置：光盘\效果\第5章\实战139\index.html
▶ 素材位置：光盘\素材\第5章\实战139\index.html
▶ 视频位置：光盘\视频\第5章\实战139.mp4

● 实例介绍 ●

在"代码"视图中，未访问过的超链接文字的颜色可以使用<body>标签的link属性进行设置。

● 操作步骤 ●

STEP 01 单击"文件"|"打开"命令，打开一幅网页文档，如图5-143所示。

STEP 02 切换至"代码"视图，在body标签中添加代码 link="#06fe12"，如图5-144所示。

图5-143 打开网页文档

图5-144 设置HTML代码

STEP 03 执行操作后，即可修改网页文档的未访问过的超链接文字的颜色，切换至"设计"视图，效果如图5-145所示。

STEP 04 按【F12】键保存网页，在打开的IE浏览器中可以看到未访问过的超链接文字的颜色效果，如图5-146所示。

图5-145 修改链接颜色

图5-146 预览网页

实战 140 设置已访问过的链接颜色

▶ 实例位置：光盘\效果\第5章\实战140\index.html
▶ 素材位置：光盘\素材\第5章\实战140\index.html
▶ 视频位置：光盘\视频\第5章\实战140.mp4

● 实例介绍 ●

在"代码"视图中，已访问过的超链接文字的颜色可以使用<body>标签的vlink属性进行设置。

● 操作步骤 ●

STEP 01 单击"文件"|"打开"命令，打开一幅网页文档，如图5-147所示。

STEP 02 切换至"代码"视图，在body标签中添加代码vlink="#FC0206"，如图5-148所示。

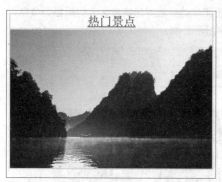

图5-147 打开网页文档

```
<!doctype html>
<html>
<head>
<meta charset="utf-8">
<title>无标题文档</title>
</head>

<body vlink="#FC0206">
<table width="507" height="322" border="0">
  <tbody>
    <tr>
      <td width="869" align="center" valign="middle" style="
font-size: 36px;"><a href="1.png">热门景点</a></td>
    </tr>
    <tr>
      <td><img src="雾弥仙境.jpg" width="600" height="400" alt=""/></
td>
    </tr>
  </tbody>
</table>
<p> </p>
</body>
</html>
```

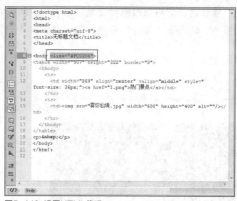

图5-148 设置HTML代码

STEP 03 按【F12】键保存网页，在打开的IE浏览器中预览网页，效果如图5-149所示。

STEP 04 单击相应的链接，即可看到已访问过的链接文字的颜色发生变化，效果如图5-150所示。

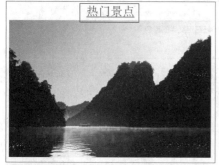

图5-149 预览网页

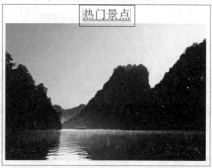

图5-150 链接颜色效果

实战 141 设置正在访问的链接颜色

▶ 实例位置：光盘\效果\第5章\实战141\index.html
▶ 素材位置：光盘\素材\第5章\实战141\index.html
▶ 视频位置：光盘\视频\第5章\实战141.mp4

• 实例介绍 •

在“代码”视图中，正在访问的超链接文字的颜色可以使用<body>标签的alink属性进行设置。

➢ 例如：<body link="#ffff00" vlink="#0000ff" alink="#000000">

➢ 功能：定义网页中未访问过的超链接文字的颜色为黄色，已经访问过的超链接文字的颜色为蓝色，正在访问的超链接文字的颜色为黑色。

• 操作步骤 •

STEP 01 单击“文件”|“打开”命令，打开一幅网页文档，如图5-151所示。

STEP 02 切换至“代码”视图，在body标签中添加代码link="#ffff00" vlink="#0000ff" alink="#000000"，如图5-152所示。

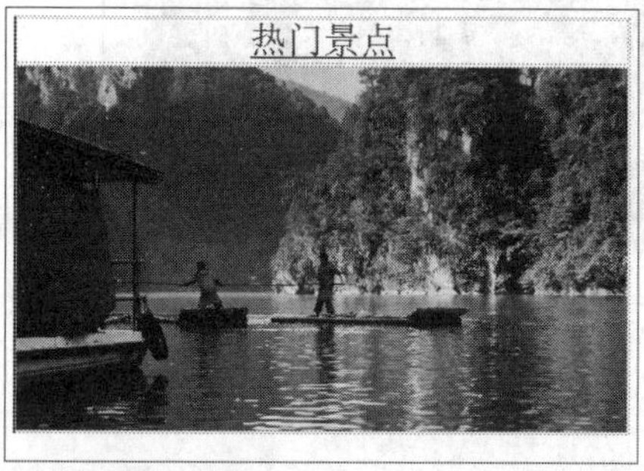

图5-151 打开网页文档

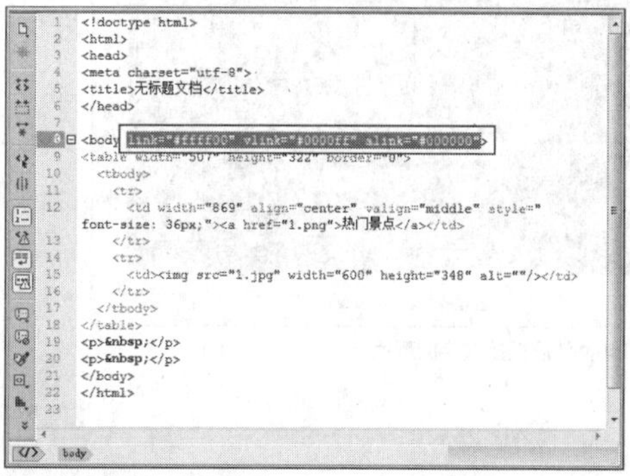

```
<!doctype html>
<html>
<head>
<meta charset="utf-8">
<title>无标题文档</title>
</head>

<body link="#ffff00" vlink="#0000ff" alink="#000000">
<table width="507" height="322" border="0">
  <tbody>
    <tr>
      <td width="869" align="center" valign="middle" style="
font-size: 36px;"><a href="1.png">热门景点</a></td>
    </tr>
    <tr>
      <td><img src="1.jpg" width="600" height="348" alt=""/></td>
    </tr>
  </tbody>
</table>
<p> </p>
<p> </p>
</body>
</html>
```

图5-152 设置HTML代码

STEP 03 执行操作后，即可修改网页文档的未访问过的超链接文字的颜色，切换至"设计"视图，效果如图5-153所示。

STEP 04 按【F12】键保存网页，在打开的IE浏览器中预览网页，可以看到未访问过的超链接文字的颜色为黄色，效果如图5-154所示。

图5-153 预览网页

图5-154 未访问过的超链接文字的颜色

知识扩展

在HTML文档中，把用尖括号括起来的字符与尖括号一起称为"标签"。如<title>和</title>。标签用来分割和标记文本的元素从而形成文本的布局、文字的格式等。

（1）单标签：单独使用就能完整表达意思的标签称为单标签。

➤ 格式：<标签名>。

（2）双标签：必须成对使用才能完整表达意思的标签称为双标签。

➤ 格式：<标签名>内容</标签名>。

➤ 说明：<表签名>为始标签Web浏览器从此处开始执行标签所代表的功能。</标签名>是尾标签，Web浏览器到这里结束该功能。"内容"是标签起作用的部分。

➤ 例如：………对标签之间的文本加粗。

（3）标签属性：对标签作用的内容所做的设置，放在单标签或双标签的始标签中。

➤ 格式：<标签名 属性1 属性2 ……>。

➤ 说明：各个属性之间无先后次序若省略属性，则取默认值。不管属性值是何种数据类型，都要用西文引号定界，属性之间用空格分隔。

➤ 例如：<font color="#FF0000" size="5" face="黑体">

STEP 05 单击相应的链接，即可看到正在访问的超链接文字的颜色为黑色，效果如图5-155所示。

STEP 06 当链接页面打开后，已经访问过的超链接文字的颜色变为蓝色，效果如图5-156所示。

图5-155 正在访问的超链接文字的颜色

图5-156 已经访问过的超链接文字的颜色

第6章

网页交互行为的运用

本章导读

行为是指在网页中进行的一系列动作，通过这些动作，可以实现浏览者与网页之间的交互，也可以通过动作使某个行为被执行。行为是为响应某一具体事件而采取的一个或多个动作，当指定的事件被触发时，将允许相应的JavaScript程序，执行相应的动作。在Dreamweaver CC中，行为由事件和动作两个基本元素组成，必须先指定一个动作，然后再指定触发动作的事件。

要点索引

- 了解行为含义
- 网络浏览器的环境设置
- 网页图像的动作设置
- 不同网页文本的设置
- 应用jQuery效果

6.1 了解行为含义

在Dreamweaver CC中，可以通过"行为"面板来控制层的显示与隐藏。所谓行为，就是响应某一个事件而采取的一个操作。当把行为赋予页面上某一个元素时，也就是定义了一个操作，以及触发这个操作的事件。例如，可以通过按钮来控制层的显示与隐藏，这里的按钮是操作的对象，通过单击按钮这个操作，来触发显示或隐藏层的行为。

实战 142	打开"行为"面板	▶ 实例位置：无
		▶ 素材位置：无
		▶ 视频位置：光盘\视频\第6章\实战142.mp4

● 实例介绍 ●

行为是在页面中执行一系列动作来实现用户与网页间的交互。一般行为由事件（Event）和对应动作（Actions）组成。例如，当浏览者浏览网页时，将鼠标指针移到某个有链接的按钮上并单击该按钮，会载入一幅图像，此时就产生了OnMouseOver和OnClick两个事件，同时触发了一个OnLoad动作。

在行为中，事件由浏览器定义，可以被附加到页面上，也可以被附加到HTML标记中。动作是通过一段JavaScript代码来完成相应的任务，事件与动作组合即构成行为。

在Dreamweaver CC中，行为是在"行为"面板中进行添加与操作的，按【Shift+F4】组合键，或单击"窗口"|"行为"命令，可打开"行为"面板，该面板显示在"标签检查器"面板中。

● 操作步骤 ●

STEP 01 单击"窗口"|"行为"命令，如图6-1所示。

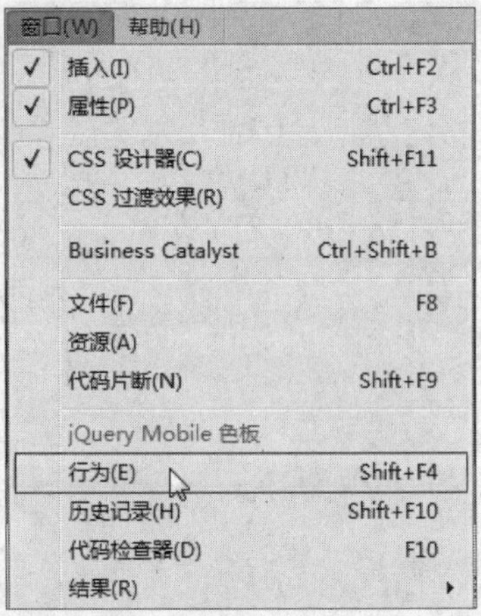

STEP 02 执行操作后，即可打开"行为"面板，如图6-2所示。

图6-1 单击"行为"命令

图6-2 打开"行为"面板

知识扩展

"行为"面板中各按钮的作用如下。

➤ "显示设置事件"按钮▦：仅显示附加到当前文档的所有事件，事件被分别划归到客户端或服务器端类别中，每个类别的事件都包含在可折叠的列表中，显示设置事件是默认的视图。

➤ "显示所有事件"按钮▤：按字母顺序显示属于特定类别的所有事件。

➤ "添加行为"按钮+.：单击"添加行为"按钮+.，打开一个动作菜单，可以向当前行为库添加行为，其中包含可以附加到当前选定元素的动作，当从该菜单中选择一个动作时，将出现一个对话框，可以在此对话框中指定该动作的参数。如果菜单上的所有动作都处于灰色显示状态，则表示选定的元素无法生成任何事件。

➤ "向上箭头"▲和"向下箭头"按钮▼：运用"行为"面板中的▲和▼按钮，可以改变行为在文档中的顺序，单击▲按钮时，行为上移；单击▼按钮时，行为下移。在行为列表中上下移动特定事件的选定动作，只能更改特定事件的动作顺序，例如，可以更改OnLoad事件中发生的几个动作的顺序，但是所有OnLoad动作在行为列表中都会放置在一起。对于不能在列表中上下移动的动作，箭头按钮将处于禁用状态。

➤ "删除事件"按钮–：单击"行为"面板中的"删除事件"按钮–，可以从当前行为库中删除行为。

➤ 事件：显示一个弹出菜单，其中包含可以触发该动作的所有事件，此菜单仅在选中某个事件时可见（当单击所选事件名称旁边的箭头按钮时显示此菜单）。根据所选对象的不同，显示的事件也有所不同。如果未显示预期的事件，应确保选择了正确的页面元素或标签。（若要选择特定的标签，可使用"文档"窗口左下角的标签选择器。）

实战 143　为网页添加行为

▶ 实例位置：光盘\效果\第6章\实战143\index.html
▶ 素材位置：光盘\素材\第6章\实战143\index.html
▶ 视频位置：光盘\视频\第6章\实战143.mp4

● 实例介绍 ●

　　每个浏览器都提供一组事件，这些事件可以与"行为"面板的"添加动作"列表框中列出的动作相关联，如图6-3所示。当网页的浏览者与页面进行交互时（例如，单击某个图像），浏览器会生成事件。这些事件可用于调用执行动作的JavaScript函数。Dreamweaver提供了多个可通过这些事件触发的常用动作。

　　根据所选对象的不同，"事件"菜单中显示的事件也有所不同。若要查明对于给定的页面元素以及给定的浏览器支持哪些事件，可在文档中插入该页面元素并向其附加一个行为，然后查看"行为"面板中的"事件"菜单。如果页面中尚不存在相关的对象或所选的对象不能接收事件，

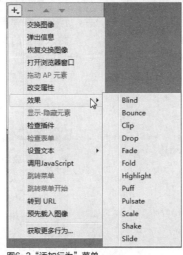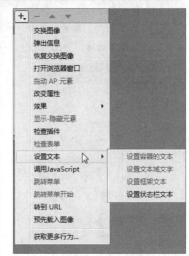

图6-3 "添加行为"菜单

则菜单中的事件将处于禁用状态（灰色显示）。如果未显示预期的事件，应先确保选择了正确的对象。

技巧点拨

　　如果要将行为附加到某个图像，则一些事件（如onMouseOver）显示在括号中，这些事件仅用于链接。当选择其中之一时，Dreamweaver在图像周围使用\<a\>标签来定义一个空链接。在"属性"面板的"链接"文本框中，该空链接表示为javascript:;。如果要将其变为一个指向另一页面的真正链接，可以更改链接值，但是如果删除了JavaScript链接而没有用另一个链接来替换它，Dreamweaver将删除该行为。

　　用户可以将行为附加到整个文档（即附加到\<body\>标签），还可以附加到链接、图像、表单元素和多种其他HTML元素中。可以为每个事件指定多个动作。动作按照它们在"行为"面板的"动作"列中列出的顺序发生，而且可以更改发生的顺序。下面以"弹出信息"动作为例，讲解添加行为的具体操作步骤。

● 操作步骤 ●

STEP 01 单击"文件"|"打开"命令，打开一幅网页文档，如图6-4所示。

STEP 02 在文档下方选择相应的图片，如图6-5所示。

图6-4 打开网页文档

图6-5 选择相应的图片

技巧点拨

　　行为动作是Dreamweaver中最为有特色的功能之一，用它可以不需要写一行的JavaScript代码而实现一个需要100多行的代码方可完成的动作功能。可以通过Dreamweaver的"行为"面板对网页页面的整个文档中的一些元素加上一些动作，甚至可以

自己编写几个动作置于"行为"面板的"添加动作"列表框中，以便应用。

打开Dreamweaver工作界面，展开"行为"面板，在文档中选取如链接、图片、窗体上元素以及HTML元素等所需要实现动作的对象。当然，若想要把行为动作加到整个页面上，则单击文档窗口左下角标签检查器中的<body>标签即可。

比较常见的动作类型有交换图像、弹出信息、恢复交换图像、打开浏览器窗口、拖动AP元素、改变属性、效果、显示-隐藏元素、检查插件、检查表单、设置文本、调用JavaScript、跳转菜单、跳转菜单开始、转到URL和预先载入图像等。

STEP 03 在"行为"面板中单击"添加行为" <kbd>+</kbd> 按钮，并从弹出的菜单中选择"弹出信息"选项，如图6-6所示。

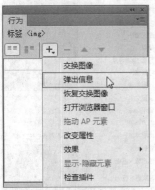

图6-6 选择"弹出信息"选项

STEP 04 弹出"弹出信息"对话框，在"消息"文本框中输入相应的文字，此处输入文字"服务器正在维护中，请稍后再试"，如图6-7所示。

图6-7 "弹出信息"对话框

知识扩展

Dreamweaver CC中提供的所有动作都适用于新型浏览器。一些动作不适用于较旧的浏览器，但它们也不会产生错误。

"添加行为"菜单中显示为灰色的动作不可选择，它们显示灰色的原因可能是当前文档中缺少某个所需的对象。例如，如果文档不包含"跳转菜单"，则"跳转菜单"和"跳转菜单开始"动作将会变暗。

STEP 05 单击"确定"按钮，添加"弹出信息"行为，如图6-8所示。

STEP 06 在"行为"面板中的"事件"列表框中选择onMouseDown选项，如图6-9所示。

图6-9 选择onMouseDown选项

图6-8 添加"弹出信息"行为

知识扩展

目标元素需要唯一的ID。例如，如果要对图像应用"交换图像"行为，则此图像需要一个ID。如果没有为元素指定一个ID，Dreamweaver将自动为用户指定一个。在"行为"面板左边是"事件"列表框，其中显示了默认的事件，则可以从弹出的列表框中重新选择需要的事件。

STEP 07 按【F12】键保存网页后，在弹出的IE浏览器中单击"直接进入游戏"按钮，如图6-10所示。

STEP 08 执行操作后，即可弹出提示信息框，如图6-11所示，单击"确定"按钮后即可返回。

图6-10 预览网页

图6-11 弹出提示信息框

知识扩展

若要打开"事件"菜单，应在"行为"面板中选择一个事件或动作，然后单击显示在事件名称和动作名称之间的向下指向的黑色箭头。

6.2 网络浏览器的环境设置

Dreamweaver CC动作适用于大部分的浏览器，如果从Dreamweaver动作中手工删除代码，或将其替换为自己编写的代码，则可能会失去跨浏览器兼容性。虽然Dreamweaver动作已经过开发者的编写，并获得最大限度的跨浏览器兼容性，但是一些浏览器根本不支持JavaScript，而且许多浏览者会在浏览器中关闭JavaScript功能。为了获得最佳的跨平台效果，可提供包括在<noscript>标签中的替换界面，以使没有JavaScript平台的浏览器能够使用正常进入所开发的站点。

实战 144	应用检查表单行为

▶ 实例位置：光盘\效果\第6章\实战144\index.html
▶ 素材位置：光盘\素材\第6章\实战144\index.html
▶ 视频位置：光盘\视频\第6章\实战144.mp4

● 实例介绍 ●

"检查表单"行为可检查指定文本域的内容以确保浏览者输入的数据类型正确。通过onBlur事件将此行为附加到单独的文本字段，以便在填写表单时验证这些字段，或通过onSubmit事件将此行为附加到表单，以便在单击"提交"按钮的同时，计算多个文本字段。将此行为附加到表单可以防止在提交表单时出现无效数据。

● 操作步骤 ●

STEP 01 单击"文件"|"打开"命令，打开一幅网页文档，如图6-12所示。

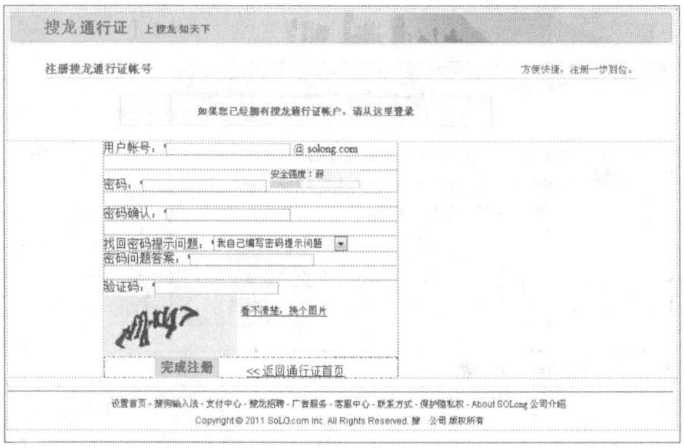

STEP 02 在文档窗口中，选择"完成注册"按钮，如图6-13所示。

图6-12 打开网页文档

图6-13 选择"完成注册"按钮

STEP 03 展开"行为"面板,单击"添加行为"按钮 **+**,在弹出的列表框中选择"检查表单"选项,如图6-14所示。

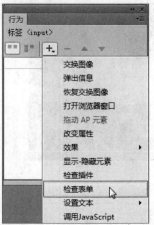

图6-14 选择"检查表单"选项

STEP 05 单击"确定"按钮,返回"行为"面板,即可看到所添加的"检查表单"行为,如图6-16所示。

图6-16 添加"检查表单"行为

STEP 07 在"密码"和"确认密码"文本框中随意输入非数字文本,单击"完成注册"按钮,如图6-18所示。

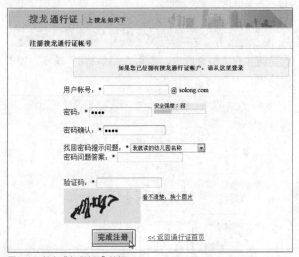

图6-18 单击"完成注册"按钮

STEP 04 弹出"检查表单"对话框,在"域"下拉列表框中依次选择password(密码)和password2(密码确认)表单,并在"可接受"选项区中选中"数字"单选按钮,即设置只能使用数字作为输入的密码,如图6-15所示。

图6-15 "检查表单"对话框

STEP 06 按【F12】键保存网页,在打开的浏览器中预览网页,如图6-17所示。

图6-17 预览网页

STEP 08 弹出提示信息框,提示输入的密码格式错误,如图6-19所示。

图6-19 弹出提示信息框

知识扩展

在"检查表单"对话框中可进行如下设置。

➤ 验证单个域：从"域"列表中选择已在"文档"窗口中选择的相同域。

➤ 验证多个域：从"域"列表中选择某个文本域。

➤ 使用必需的：如果该域必须包含某种数据，则选中"必需的"复选框。

➤ 使用任何东西：检查必需域中包含有数据，数据类型不限。

➤ 使用电子邮件地址：检查域中包含一个@符号。

➤ 使用数字：检查域中只包含数字。

➤ 使用数字从：检查域中包含特定范围的数字。

技巧点拨

如果在用户提交表单时检查多个域，则onSubmit事件自动出现在"事件"菜单中。如果要分别验证各个域，则检查默认事件是否是onBlur或onChange。如果不是，选择其中一个事件。当用户从该域移开焦点时，这两个事件都会触发"检查表单"行为。不同之处在于：无论用户是否在字段中键入内容，onBlur都会发生该事件，而onChange仅在用户更改了字段的内容时才会发生。如果需要检查该域，最好使用onBlur事件。

实战 145　应用打开浏览器窗口行为

▶ 实例位置：光盘\效果\第6章\实战145\index.html
▶ 素材位置：光盘\素材\第6章\实战145\index.html
▶ 视频位置：光盘\视频\第6章\实战145.mp4

● 实例介绍 ●

使用"打开浏览器窗口"行为可在一个新的窗口中打开页面，而且可以指定新窗口的属性（包括其大小）、特性（它是否可以调整大小、是否具有菜单栏等）和名称。例如，浏览者单击缩略图时，在一个单独的窗口中打开一个较大的图像，此时使用"打开浏览器窗口"行为可以使新窗口与该图像恰好一样大。

● 操作步骤 ●

STEP 01 单击"文件"|"打开"命令，打开一幅网页文档，如图6-20所示。

STEP 02 单击文档窗口底部的<body>标签，选择整个文档，如图6-21所示。

图6-20 打开网页文档

图6-21 选择整个文档

STEP 03 展开"行为"面板，单击"添加行为"按钮，在弹出的列表框中选择"打开浏览器窗口"选项，如图6-22所示。

STEP 04 弹出"打开浏览器窗口"对话框，单击"浏览"按钮，如图6-23所示。

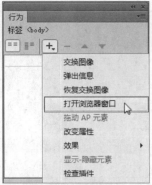

图6-22 选择"打开浏览器窗口"选项

图6-23 单击"浏览"按钮

技巧点拨

如果不指定该窗口的任何属性，在打开时它的大小和属性与打开它的窗口相同。指定窗口的任何属性都将自动关闭所有其他未明确打开的属性。例如，如果用户不为窗口设置任何属性，它将以1024像素×768像素的大小打开，并具有导航条（显示"后退""前进""主页"和"重新加载"按钮）、地址工具栏（显示URL）、状态栏（位于窗口底部，显示状态消息）和菜单栏（显示"文件""编辑""查看"和其他菜单）。如果将"宽度"明确设置为640、将"高度"设置为480，但不设置其他属性，则该窗口将以640像素×480像素的大小打开，并且不具有工具栏。

STEP 05 弹出"选择文件"对话框，选择相应的图片文件，如图6-24所示。

STEP 06 单击"确定"按钮，返回到"打开浏览器窗口"对话框，即可添加文件到"要显示的URL"文本框中，设置"窗口宽度"为500、"窗口高度"为300，并选中"调整大小手柄"复选框，如图6-25所示。

图6-24 选择相应的图片文件

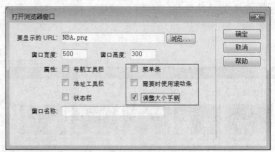

图6-25 设置"打开浏览器窗口"对话框

STEP 07 单击"确定"按钮，即可添加动作到"行为"面板中，如图6-26所示。

STEP 08 按【F12】键保存网页，在打开的浏览器中预览网页，如图6-27所示。

图6-26 添加动作

图6-27 预览网页

知识扩展

　　在浏览网页的时候会遇到很多在打开网页的同时弹出一些信息窗口（如招聘启事）或广告窗口的情形，其实它们使用的都是Dreamweaver行为中的"打开浏览器窗口"动作。使用"打开浏览器窗口"动作可以指定新窗口的属性、特征和名称等。

实战 146　应用转到URL网页行为

▶ **实例位置：** 光盘\效果\第6章\实战146\index.html
▶ **素材位置：** 光盘\素材\第6章\实战146\index.html
▶ **视频位置：** 光盘\视频\第6章\实战146.mp4

● 实例介绍 ●

　　"转到URL"行为可在当前窗口或指定的框架中打开一个新网页。使用"转到URL"动作，可以在当前页面中设置转到的URL。当页面中存在框架时，可以指定在目标框架中显示设定的URL。

● 操作步骤 ●

STEP 01 单击"文件"|"打开"命令，打开一幅网页文档，如图6-28所示。

STEP 02 展开"行为"面板，单击"添加行为"按钮 +，在弹出的列表框中选择"转到URL"选项，如图6-29所示。

图6-28 打开网页文档

图6-29 选择"转到URL"选项

STEP 03 执行操作后，弹出"转到URL"对话框，如图6-30所示。

STEP 04 单击"浏览"按钮，弹出"选择文件"对话框，选择相应的网页文档，如图6-31所示。

图6-31 选择相应的网页文档

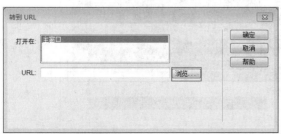

图6-30 "转到URL"对话框

STEP 05 单击"确定"按钮，返回到"转到URL"对话框，即可在URL文本框中看到添加的网页文档路径，如图6-32所示。

STEP 06 单击"确定"按钮，返回"行为"面板，显示已添加的"转到URL"行为，如图6-33所示。

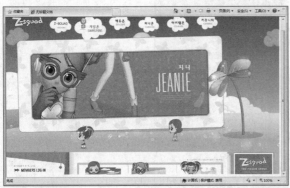

图6-32 添加的网页文档路径

图6-33 添加"转到URL"行为

STEP 07 按【F12】键保存网页，在打开的浏览器中预览网页，如图6-34所示。

STEP 08 同时，网页会自动转到设置的URL网页，如图6-35所示。

图6-34 预览网页

图6-35 自动转到设置的URL网页

实战 147 应用改变属性行为

▶ 实例位置：光盘\效果\第6章\实战147\index.html
▶ 素材位置：光盘\素材\第6章\实战147\index.html
▶ 视频位置：光盘\视频\第6章\实战147.mp4

● 实例介绍 ●

使用"改变属性"行为可更改对象某个属性（如div的背景颜色或表单的动作）的值。

● 操作步骤 ●

STEP 01 单击"文件"|"打开"命令，打开一幅网页文档，如图6-36所示。

STEP 02 在文档窗口中，选择相应的DIV标签，如图6-37所示。

图6-36 打开网页文档

图6-37 选择相应的DIV标签

STEP 03 展开"行为"面板，单击"添加行为"按钮 ⊞，在弹出的列表框中选择"改变属性"选项，如图6-38所示。

图6-38 选择"改变属性"选项

STEP 04 弹出"改变属性"对话框，从"元素类型"菜单中选择某个元素类型，以显示该类型的所有标识的元素，此处选择DIV，如图6-39所示。

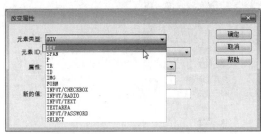

图6-39 选择某个元素类型

STEP 05 设置"属性"为"选择"，在列表框中选择backgroundColor属性，在"新的值"文本框中输入"#00ff00"，如图6-40所示。

图6-40 设置"属性"参数

STEP 06 单击"确定"按钮，验证默认事件是否正确。如果正确，即可返回"行为"面板，显示已添加的"改变属性"行为，如图6-41所示。

图6-41 验证默认事件是否正确

实战 148　应用显示–隐藏元素行为

▶ 实例位置：光盘\效果\第6章\实战148\index.html
▶ 素材位置：光盘\素材\第6章\实战148\index.html
▶ 视频位置：光盘\视频\第6章\实战148.mp4

● 实例介绍 ●

"显示–隐藏元素"行为可显示、隐藏或恢复一个或多个页面元素的默认可见性，此行为用于在用户与页面进行交互时显示信息。例如，当用户将鼠标指针移到一个植物图像上时，可以显示一个页面元素，此元素给出有关该植物的生长季节和地区、需要多少阳光、可以长到多大等详细信息。此行为仅显示或隐藏相关元素——在元素已隐藏的情况下，它不会从页面流中实际上删除此元素。

● 操作步骤 ●

STEP 01 单击"文件"|"打开"命令，打开一幅网页文档，如图6-42所示。

STEP 02 在文档窗口中，选择"AP DIV"元素，如图6-43所示。

图6-42 打开网页文档

图6-43 选择"AP DIV"元素

STEP 03 展开"行为"面板，单击"添加行为"按钮 ，在弹出的列表框中选择"显示-隐藏元素"选项，如图6-44所示。

STEP 04 执行操作后，弹出"显示-隐藏元素"对话框，从"元素"列表中选择要显示或隐藏的元素，然后单击"显示"按钮，如图6-45所示。

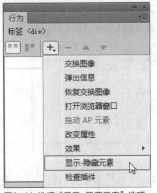

图6-44 选择"显示-隐藏元素"选项

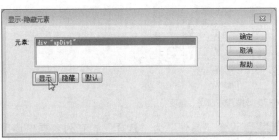

图6-45 单击"显示"按钮

STEP 05 单击"确定"按钮，返回"行为"面板，显示已添加的"显示-隐藏元素"行为，如图6-46所示。

STEP 06 按【F12】键保存网页，在打开的浏览器中预览网页，效果如图6-47所示。

图6-46 显示"显示-隐藏元素"行为

图6-47 预览网页

实战 149 应用拖动AP元素行为

▶ 实例位置：光盘\效果\第6章\实战149\index.html
▶ 素材位置：光盘\素材\第6章\实战149\index.html
▶ 视频位置：光盘\视频\第6章\实战149.mp4

● 实例介绍 ●

　　"拖动AP元素"行为可让访问者拖动绝对定位的AP元素，使用此行为可创建拼板游戏、滑块控件和其他可移动的界面元素。

　　用户可以指定以下内容：访问者可以向哪个方向拖动AP元素（水平、垂直或任意方向），访问者应将AP元素拖动到的目标，当AP元素距离目标在一定数目的像素范围内时是否将AP元素靠齐到目标，当AP元素命中目标时应执行的操作等。

　　因为必须先调用"拖动AP元素"行为，访问者才能拖动AP元素，所以用户应将"拖动AP元素"行为附加到body对象（使用onLoad事件）。

● 操作步骤 ●

STEP 01 单击"文件"|"打开"命令，打开一幅网页文档，如图6-48所示。

STEP 02 单击文档窗口底部的<body>标签，选择整个文档，如图6-49所示。

图6-48 打开网页文档

图6-49 选择整个文档

STEP 03 展开"行为"面板,单击"添加行为"按钮 ,在弹出的列表框中选择"拖动AP元素"选项,如图6-50所示。

STEP 04 弹出"拖动AP元素"对话框,保存默认设置即可,如图6-51所示。

图6-50 选择"拖动AP元素"选项

图6-51 "拖动AP元素"对话框

STEP 05 切换至"高级"选项卡,在"拖动控制点"列表框中选择"整个元素"选项,如图6-52所示。

STEP 06 单击"确定"按钮,即可添加动作到"行为"面板中,如图6-53所示。

图6-52 选择"整个元素"选项

图6-53 添加动作

STEP 07 按【F12】键保存网页,在打开的浏览器中预览网页,效果如图6-54所示。

STEP 08 此时,用户可以使用鼠标拖动相应的网页元素,效果如图6-55所示。

图6-54 预览网页

图6-55 拖动AP元素

实战 150 应用调用JavaScript行为

▶ 实例位置：光盘\效果\第6章\实战150\index.html
▶ 素材位置：光盘\素材\第6章\实战150\index.html
▶ 视频位置：光盘\视频\第6章\实战150.mp4

● 实例介绍 ●

"调用 JavaScript"行为在事件发生时执行自定义的函数或JavaScript代码行。用户可以自己编写JavaScript，也可以使用Web上各种免费的JavaScript库中提供的代码。

● 操作步骤 ●

STEP 01 单击"文件"|"打开"命令，打开一幅网页文档，如图6-56所示。

STEP 02 单击文档窗口底部的<body>标签，选择整个文档，如图6-57所示。

图6-56 打开网页文档

图6-57 选择整个文档

STEP 03 展开"行为"面板，单击"添加行为"按钮，在弹出的列表框中选择"调用 JavaScript"选项，如图6-58所示。

STEP 04 弹出"调用 JavaScript"对话框，在JavaScript文本框中输入代码alert("您好，欢迎光临！")，如图6-59所示。

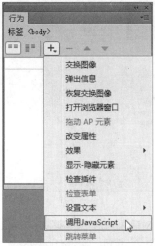

图6-58 选择"调用 JavaScript"选项

图6-59 输入代码

STEP 05 单击"确定"按钮,即可添加动作到"行为"面板中,如图6-60所示。

STEP 06 按【F12】键保存网页,在打开的浏览器中预览网页,效果如图6-61所示。

图6-60 添加动作

图6-61 预览网页

技巧点拨

若要创建一个"后退"按钮,用户可以输入if (history.length > 0){history.back()}。如果用户已将代码封装在一个函数中,则只需键入该函数的名称[如 hGoBack()]。

实战 151 **应用跳转菜单行为**

▶ **实例位置:** 光盘\效果\第6章\实战151\index.html
▶ **素材位置:** 光盘\素材\第6章\实战151\index.html
▶ **视频位置:** 光盘\视频\第6章\实战151.mp4

● 实例介绍 ●

当用户使用"插入"|"表单"|"跳转菜单"命令创建跳转菜单时,Dreamweaver会创建一个菜单对象并向其附加一个"跳转菜单"(或"跳转菜单转到")行为。通常不需要手动将"跳转菜单"行为附加到对象。

用户可以通过以下两种方式中的任意一种编辑现有的跳转菜单。

➤ 通过在"行为"面板中双击现有的"跳转菜单"行为编辑和重新排列菜单项,更改要跳转到的文件,以及更改这些文件的打开窗口。

➤ 通过选择该菜单并使用"属性"检查器中的"列表值"按钮,用户可以在菜单中编辑这些项,就像在任何菜单中编辑项一样。

● 操作步骤 ●

STEP 01 单击"文件"|"打开"命令,打开一幅网页文档,如图6-62所示。

STEP 02 在文档窗口中,选择相应的表单对象,如图6-63所示。

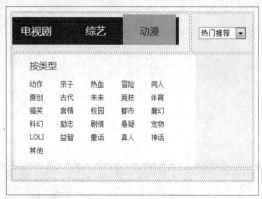

图6-62 打开网页文档

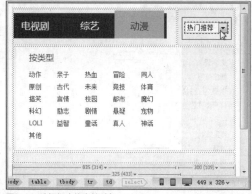

图6-63 选择相应的表单对象

STEP 03 展开"行为"面板，单击"添加行为"按钮 **+.**，在弹出的列表框中选择"跳转菜单"选项，如图6-64所示。

STEP 04 弹出"跳转菜单"对话框，在"菜单项"列表中选择相应的菜单项目，单击"浏览"按钮，如图6-65所示。

图6-64 选择"跳转菜单"选项

图6-65 单击"浏览"按钮

STEP 05 弹出"选择文件"对话框，选择相应的网页文档，如图6-66所示。

STEP 06 单击"确定"按钮，即可添加"选择时，转到URL"路径，如图6-67所示。

图6-66 选择相应的网页文档

图6-67 添加"选择时，转到URL"路径

STEP 07 单击"确定"按钮，即可添加相应动作，按【F12】键保存网页，在打开的浏览器中预览网页，在跳转菜单中选择相应的选项，如图6-68所示。

STEP 08 执行操作后，即可跳转至相应的页面，效果如图6-69所示。

图6-68 选择相应的选项

图6-69 预览网页效果

实战 152　应用跳转菜单开始行为

▶ 实例位置：光盘\效果\第6章\实战152\index.html
▶ 素材位置：光盘\素材\第6章\实战152\index.html
▶ 视频位置：光盘\视频\第6章\实战152.mp4

● 实例介绍 ●

"跳转菜单开始"行为与"跳转菜单"行为密切关联；"跳转菜单开始"允许用户将一个"开始"按钮和一个跳转菜单关联起来。（在用户使用此行为之前，文档中必须已存在一个跳转菜单。）单击"开始"按钮打开在该跳转菜单中选择的链接。通常情况下，跳转菜单不需要一个"开始"按钮；从跳转菜单中选择一项通常会引起URL的载入，不需要任何进一步的用户操作。但是，如果访问者选择已在跳转菜单中选择的同一项，则不发生跳转。通常情况下这不会有多大关系，但是如果跳转菜单出现在一个框架中，而跳转菜单项链接到其他框架中的页，则通常需要使用"开始"按钮，以允许访问者重新选择已在跳转菜单中选择的项。

需要注意的是，当将"开始"按钮用于跳转菜单时，"开始"按钮会成为将用户跳转到与菜单中的选定内容相关的URL时所使用的唯一机制。在跳转菜单中选择菜单项时，不再自动将用户重定向到另一个页面或框架。

● 操作步骤 ●

STEP 01 单击"文件"|"打开"命令，打开一幅网页文档，如图6-70所示。

STEP 02 在文档窗口中，选择相应的按钮图片对象，如图6-71所示。

图6-70 打开网页文档

图6-71 选择相应的图片

STEP 03 展开"行为"面板，单击"添加行为"按钮 + ，在弹出的列表框中选择"跳转菜单开始"选项，如图6-72所示。

STEP 04 弹出"跳转菜单开始"对话框，选择相应的跳转菜单，单击"确定"按钮，如图6-73所示。

图6-72 选择"跳转菜单开始"选项

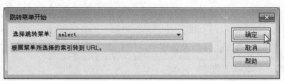

图6-73 单击"确定"按钮

STEP 05 执行操作后，即可添加相应动作，如图6-74所示。

STEP 06 按【F12】键保存网页，在打开的浏览器中预览网页，在跳转菜单中选择相应的选项，如图6-75所示。

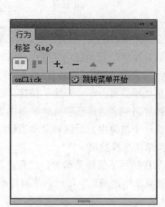

图6-74 添加相应动作

图6-75 选择相应的选项

STEP 07 单击"去看看"按钮，如图6-76所示。

STEP 08 执行操作后，即可跳转至相应的页面，效果如图6-77所示。

图6-76 单击"去看看"按钮

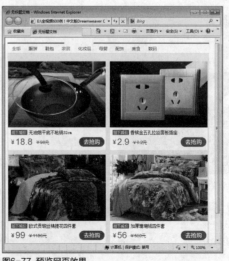

图6-77 预览网页效果

实战 153　应用检查插件行为

▶ 实例位置：光盘\效果\第6章\实战153\index.html
▶ 素材位置：光盘\素材\第6章\实战153\index.html
▶ 视频位置：光盘\视频\第6章\实战153.mp4

● 实例介绍 ●

使用"检查插件"行为可根据访问者是否安装了指定的插件这一情况将他们转到不同的页面。例如，用户可能想让安装有Shockwave的访问者转到某一页，而让未安装该软件的访问者转到另一页。需要注意的是，不能使用JavaScript在Internet Explorer中检测特定的插件。但是，选择Flash或Director后会将相应的VBScript代码添加到用户的页上，以便在Windows系统的Internet Explorer中检测这些插件。另外，Mac OS系统上的Internet Explorer中不能实现插件检测。

● 操作步骤 ●

STEP 01　单击"文件"|"打开"命令，打开一幅网页文档，如图6-78所示。

STEP 02　单击文档窗口底部的<body>标签，选择整个文档，如图6-79所示。

图6-78　打开网页文档

图6-79　选择整个文档

STEP 03　展开"行为"面板，单击"添加行为"按钮 ，在弹出的列表框中选择"检查插件"选项，如图6-80所示。

STEP 04　弹出"检查插件"对话框，在"插件"列表框中选择相应的插件类型，如图6-81所示。

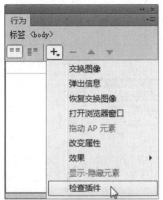

图6-80　选择"检查插件"选项

图6-81　选择相应的插件类型

STEP 05　单击"如果有，转到URL"选项右侧的"浏览"按钮，弹出"选择文件"对话框，选择有插件时转到的网页，单击"确定"按钮确认，如图6-82所示。

STEP 06　单击"否则，转到URL"选项右侧的"浏览"按钮，弹出"选择文件"对话框，选择没有插件时转到的网页，单击"确定"按钮确认，如图6-83所示。

图6-82 选择相应的文件（1）

图6-83 选择相应的文件（2）

STEP 07 返回"检查插件"对话框，选中"如果无法检测，则始终转到第一个URL"复选框，单击"确定"按钮，如图6-84所示。

STEP 08 执行操作后，即可添加相应的动作，如图6-85所示。

图6-84 单击"确定"按钮

图6-85 添加相应的动作

STEP 09 按【F12】键保存网页，在打开的浏览器中预览网页。如果用户安装了相关插件，即可打开相应的网页，如图6-86所示。

如果用户没有安装相关插件，则会打开无插件的提示页面，如图6-87所示。

图6-86 预览网页效果

图6-87 提示页面

6.3 网页图像的动作设置

在Dreamweaver CC中，可以将任何可用行为应用于图像或图像热点。将一个行为应用于热点时，Dreamweaver 将HTML源代码插入area标签中。有3种行为是专门用于图像的：交换图像、预先载入图像和恢复交换图像。

实战 154	应用交换图像行为

▶ 实例位置：光盘\效果\第6章\实战154\index.html
▶ 素材位置：光盘\素材\第6章\实战154\index.html
▶ 视频位置：光盘\视频\第6章\实战154.mp4

● 实例介绍 ●

"交换图像"行为是通过更改<img>标签的src属性来实现将一个图像和另一个图像进行交换的。使用此行为可创建鼠标经过按钮的效果以及其他图像效果（包括一次交换多个图像效果）。

另外，将"交换图像"行为附加到某个对象时，系统都会自动添加"恢复交换图像"行为，如果在附加"交换图像"时选择了"鼠标滑开时恢复图像"选项，则不再需要手动选择"恢复交换图像"行为。

● 操作步骤 ●

STEP 01 单击"文件"|"打开"命令，打开一幅网页文档，如图6-88所示。

STEP 02 展开"行为"面板，单击"添加行为"按钮 + ，在弹出的列表框中选择"交换图像"选项，如图6-89所示。

图6-88 打开网页文档

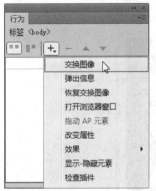

图6-89 选择"交换图像"选项

STEP 03 执行操作后，弹出"交换图像"对话框，在"图像"列表框中选择相应的图像，如图6-90所示。

STEP 04 单击"浏览"按钮，弹出"选择图像源文件"对话框，选择要交换的图像文件，如图6-91所示。

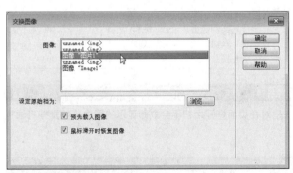

图6-90 选择相应的图像

图6-91 选择图像文件

STEP 05 单击"确定"按钮，即可添加交换的图像，如图6-92所示。

STEP 06 单击"确定"按钮，返回到"行为"面板，可以看到系统默认添加了"交换图像"和"预先载入图像"两个动作，如图6-93所示。

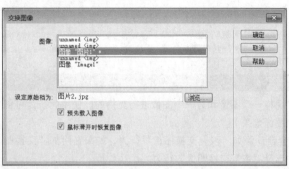

图6-92 添加交换的图像

图6-93 添加两个动作

STEP 07 按【F12】键保存网页，在打开的浏览器中预览网页，效果如图6-94所示。

STEP 08 当鼠标指针移至相应图像上时，可以出现交换图像的效果，如图6-95所示。

图6-94 预览网页

图6-95 交换图像效果

技巧点拨

并不是一定要对交互的图像指定名称，在将行为附加到对象时会自动对图像命名。但是，如果所有图像都预先命名，则在"交换图像"对话框中就更容易区分它们。选中"预先载入图像"复选框，可在加载页面时对新图像进行缓存，这样可防止当图像应该出现时由于下载而导致延迟。由于只有src属性会受到"交换图像"行为的影响，应使用与原始尺寸（高度和宽度）相同的图像进行交换。否则，交换的图像显示时会被压缩或扩展，以使其适应原图像的尺寸。

实战 155 应用预先载入图像行为

▶ **实例位置**：光盘\效果\第6章\实战155\index.html
▶ **素材位置**：光盘\素材\第6章\实战155\index.html
▶ **视频位置**：光盘\视频\第6章\实战155.mp4

● 实例介绍 ●

"预先载入图像"行为可以缩短图像的显示时间，其方法是对在页面打开之初不会立即显示的图像（如那些将通过行为或JavaScript换入的图像）进行缓存。

● 操作步骤 ●

STEP 01 单击"文件"|"打开"命令，打开一幅网页文档，如图6-96所示。

STEP 02 在文档窗口中，选择相应的图片对象，如图6-97所示。

图6-96 打开网页文档

图6-97 选择相应的图片对象

STEP 03 展开"行为"面板，单击"添加行为"按钮 +.，在弹出的列表框中选择"预先载入图像"选项，如图6-98所示。

STEP 04 弹出"预先载入图像"对话框，单击"浏览"按钮，如图6-99所示。

图6-98 选择"预先载入图像"选项

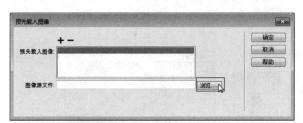

图6-99 单击"浏览"按钮

STEP 05 弹出"选择图像源文件"对话框，选择相应的图像文件，如图6-100所示。

STEP 06 单击"确定"按钮，返回"预先载入图像"对话框，即可添加图像文件，单击"确定"按钮，如图6-101所示。

图6-100 选择相应的图像文件

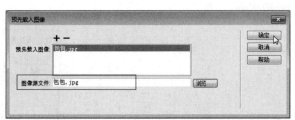

图6-101 添加图像文件

STEP 07 执行操作后，即可添加相应动作，如图6-102所示。

STEP 08 按【F12】键保存网页，在打开的浏览器中预览网页，效果如图6-103所示。

图6-102 添加相应动作

图6-103 预览网页效果

实战 156 应用恢复交换图像行为

▶ 实例位置：光盘\效果\第6章\实战156\index.html
▶ 素材位置：光盘\素材\第6章\实战156\index.html
▶ 视频位置：光盘\视频\第6章\实战156.mp4

● 实例介绍 ●

"恢复交换图像"行为可以将最后一组交换的图像恢复为它们以前的源文件，且仅在应用"交换图像"行为后使用。

● 操作步骤 ●

STEP 01 单击"文件"|"打开"命令，打开一幅网页文档，如图6-104所示。

STEP 02 展开"行为"面板，单击"添加行为"按钮 ＋，在弹出的列表框中选择"恢复交换图像"选项，如图6-105所示。

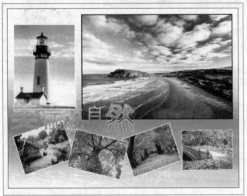

图6-104 打开网页文档

图6-105 选择"恢复交换图像"选项

STEP 03 弹出"恢复交换图像"对话框，单击"确定"按钮，如图6-106所示。

STEP 04 执行操作后，即可添加相应动作，如图6-107所示。

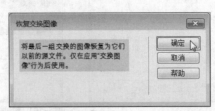

图6-106 单击"确定"按钮

图6-107 添加相应动作

STEP 05 按【F12】键保存网页，在打开的浏览器中预览网页，将鼠标指针移至图像上时，可以看到图像交换效果，如图6-108所示。

STEP 06 将鼠标指针移出图像的范围时，即可恢复交换图像，效果如图6-109所示。

图6-108 图像交换效果

图6-109 恢复交换图像效果

6.4 不同网页文本的设置

使用各种不同的文本能够很好地美化网页，使浏览者能够区分不同的网页内容。本节将介绍状态栏文本、文本域文本、容器中的文本以及框架文本的行为设置方法。

实战 157	设置状态栏文本行为

▶ 实例位置：光盘\效果\第6章\实战157\index.html
▶ 素材位置：光盘\素材\第6章\实战157\index.html
▶ 视频位置：光盘\视频\第6章\实战157.mp4

● 实例介绍 ●

使用"设置状态栏文本"行为可在浏览器窗口左下角处的状态栏中显示消息。例如，可以使用此行为在状态栏中说明链接的目标，而不是显示与之关联的URL。

用户还可以在文本中嵌入任何有效的JavaScript函数调用、属性、全局变量或其他表达式。若要嵌入一个JavaScript表达式，应首先将其放置在大括号({})中，如图6-110所示。若要显示大括号，可在它前面加一个反斜杠(如\{)。

The URL for this page is {window.location}, and today is {new Date()}.

图6-110 在文本中嵌入有效的JavaScript函数

如果在Dreamweaver中使用"设置状态栏文本"行为，则不能保证会更改浏览器中的状态栏的文本，因为一些浏览器在更改状态栏文本时需要进行特殊调整。例如，Firefox浏览器则需要更改"高级"选项以让JavaScript更改状态栏文本。浏览者常常会忽略或注意不到状态栏中的消息，如果某些消息非常重要，可考虑将其显示为弹出消息或AP元素文本。

● 操作步骤 ●

STEP 01 单击"文件"|"打开"命令，打开一幅网页文档，如图6-111所示。

STEP 02 展开"行为"面板，单击"添加行为"按钮 +，在弹出的列表框中选择"设置文本"|"设置状态栏文本"选项，如图6-112所示。

图6-111 打开网页文档

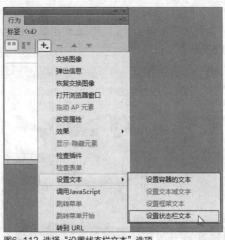

图6-112 选择"设置状态栏文本"选项

STEP 03 执行操作后，弹出"设置状态栏文本"对话框，在"消息"文本框中输入相应的消息，如图6-113所示。

STEP 04 单击"确定"按钮，即可在"行为"面板中显示添加的动作，如图6-114所示。

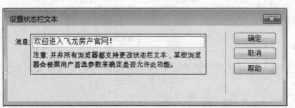

图6-113 输入相应的消息

图6-114 添加动作

STEP 05 按【F12】键保存网页后打开IE浏览器，即可看到状态栏文本效果，如图6-115所示。

技巧点拨

　　设置时输入的状态栏消息应简明扼要，如果消息太长而不能完全放在状态栏中，则浏览器会自动将消息截断，因此浏览者可能看不到完整的消息内容。

图6-115 状态栏文本效果

实战 158	设置容器中的文本行为

▶ **实例位置**：光盘\效果\第6章\实战158\index.html
▶ **素材位置**：光盘\素材\第6章\实战158\index.html
▶ **视频位置**：光盘\视频\第6章\实战158.mp4

● **实例介绍** ●

　　使用"设置容器的文本"行为可将页面上的现有容器（即可以包含文本或其他元素的任何元素）的内容和格式替换为指定的内容，该内容可以包括任何有效的HTML源代码。

• 操作步骤 •

STEP 01 单击"文件"|"打开"命令，打开一幅网页文档，如图6-116所示。

STEP 02 在文档窗口中，选择相应的文本，如图6-117所示。

图6-116 打开网页文档

图6-117 选择相应的文本

STEP 03 展开"行为"面板，单击"添加行为"按钮，在弹出的列表框中选择"设置文本"|"设置容器的文本"选项，如图6-118所示。

STEP 04 执行操作后，弹出"设置容器的文本"对话框，在"新建HTML"下拉列表框中输入相应的文本，如图6-119所示。

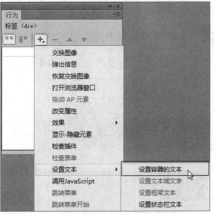

图6-118 选择"设置容器的文本"选项

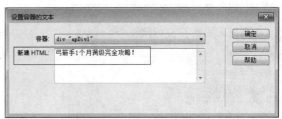

图6-119 输入相应的文本

STEP 05 单击"确定"按钮，即可添加"设置容器的文本"行为，按【F12】键保存网页，在打开的浏览器中预览网页，如图6-120所示。

STEP 06 单击相应的文本，即可改变其中的文本内容，效果如图6-121所示。

图6-120 预览网页

图6-121 改变文本内容

知识扩展

在"设置容器文本"对话框中还可以进行如下设置。

➤ 使用"容器"菜单选择目标元素。

➤ 在"新建HTML"框中输入新的文本或HTML。

实战 159 设置框架文本行为

▶ 实例位置：光盘\效果\第6章\实战159\index.html
▶ 素材位置：光盘\素材\第6章\实战159\index.html
▶ 视频位置：光盘\视频\第6章\实战159.mp4

● 实例介绍 ●

使用"设置框架文本"行为允许用户动态设置框架的文本，可用指定的内容替换框架的内容和格式设置。该内容可以包含任何有效的HTML代码，使用此行为可动态显示信息。

知识扩展

"设置框架文本"对话框中的两个属性设置方法如下。

➤ "框架"：选择要设置的框架。

➤ "新建HTML"：在文本框中输入要设置的框架文本。

技巧点拨

虽然"设置框架文本"行为会替换框架的格式设置，但可以选择"保留背景色"来保留页面背景和文本的颜色属性。

● 操作步骤 ●

STEP 01 单击"文件"|"打开"命令，打开一幅网页文档，如图6-122所示。

STEP 02 在文档窗口中，选择相应的文本，如图6-123所示。

图6-122 打开网页文档

图6-123 选择相应的文本

STEP 03 展开"行为"面板，单击"添加行为"按钮，在弹出的列表框中选择"设置文本"|"设置框架文本"选项，如图6-124所示。

STEP 04 弹出"设置框架文本"对话框，在"新建HTML"下拉列表框中输入相应的文本，如图6-125所示。

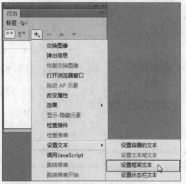
图6-124 选择"设置框架文本"选项

图6-125 输入相应的文本

STEP 05 单击"确定"按钮，即可添加"设置框架的文本"行为，按【F12】键保存网页，在打开的浏览器中预览网页，如图6-126所示。

STEP 06 当鼠标指针滑过相应框架时，即可改变其中的文本内容，效果如图6-127所示。

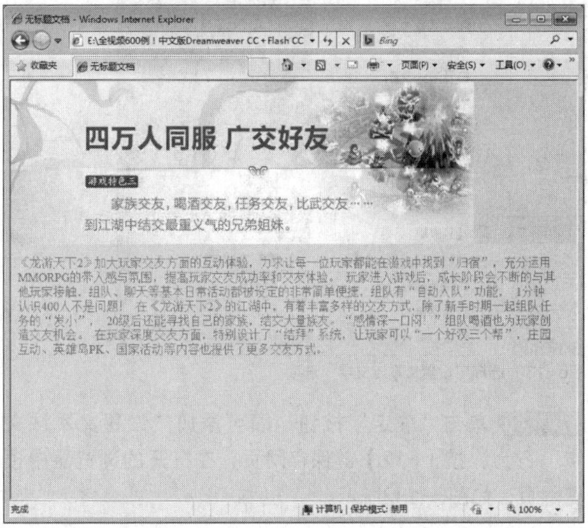

图6-126 预览网页

图6-127 改变文本内容

实战 160	设置文本域文字行为

▶ 实例位置：光盘\效果\第6章\实战160\index.html
▶ 素材位置：光盘\素材\第6章\实战160\index.html
▶ 视频位置：光盘\视频\第6章\实战160.mp4

● 实例介绍 ●

用户可以通过"设置文本域文字"行为指定的内容替换表单文本域的内容。

● 操作步骤 ●

STEP 01 单击"文件"|"打开"命令，打开一幅网页文档，如图6-128所示。

STEP 02 在文档窗口中，选择相应的表单文本域，如图6-129所示。

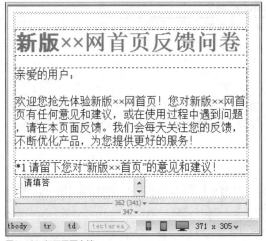

图6-128 打开网页文档

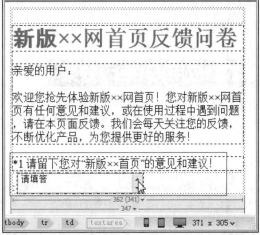

图6-129 选择相应的表单文本域

STEP 03 展开"行为"面板，单击"添加行为"按钮，在弹出的列表框中选择"设置文本"|"设置文本域文字"选项，如图6-130所示。

STEP 04 弹出"设置文本域文字"对话框，在"新建文本"下拉列表框中输入相应的文本，如图6-131所示。

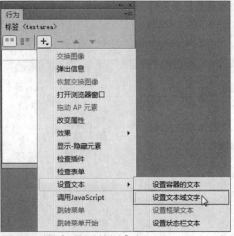

图6-130 选择"设置文本域文字"选项

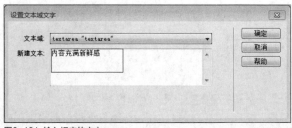

图6-131 输入相应的文本

STEP 05 单击"确定"按钮，即可添加"设置文本域文字"行为，按【F12】键保存网页，在打开的浏览器中预览网页，如图6-132所示。

STEP 06 单击网页中的文本域，当鼠标指针离开文本域后，即可改变其中的文本内容，效果如图6-133所示。

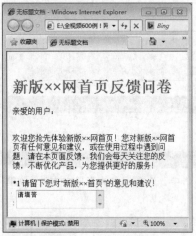

图6-132 预览网页

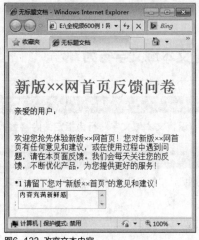

图6-133 改变文本内容

6.5 应用jQuery效果

Spry效果在Dreamweaver CC中替换为jQuery效果。尽管用户仍然可以修该页面上的现有Spry效果，但无法添加新Spry效果。在应用jQuery效果时，默认会将该效果指定给onClick事件，用户可以使用"行为"面板更改效果的触发事件。

知识扩展

当使用Spry效果时，系统会将不同的代码行添加到文件中。其中的一行代码用来标识SpryEffects.js文件，该文件是包括这些效果所必需的。不要从代码中删除该行，否则这些效果将不起作用。

实战 161 使用jQuery效果动态显示隐藏网页元素

▶ 实例位置：光盘\效果\第6章\实战161\index.html
▶ 素材位置：光盘\素材\第6章\实战161\index.html
▶ 视频位置：光盘\视频\第6章\实战161.mp4

● 实例介绍 ●

在Dreamweaver CC中新增了jQuery效果，通过为网页中的元素添加jQuery效果中的Blind行为，可以实现网页中元素的动态显示和隐藏效果。

• 操作步骤 •

STEP 01 单击"文件"|"打开"命令，打开一幅网页文档，如图6-134所示。

STEP 02 在文档窗口中，选择相应的图片，如图6-135所示。

图6-134 打开网页文档

图6-135 选择相应的图片

STEP 03 展开"行为"面板，单击"添加行为"按钮 ，在弹出的列表框中选择"效果"|"Blind"选项，如图6-136所示。

STEP 04 弹出"Blind"对话框，设置相应选项，如图6-137所示。

图6-136 选择"Blind"选项

图6-137 设置相应选项

STEP 05 单击"确定"按钮，即可添加"Blind"行为，如图6-138所示。

STEP 06 按【F12】键保存网页，弹出"复制相关文件"对话框，单击"确定"按钮即可，如图6-139所示。

图6-138 添加"Blind"行为

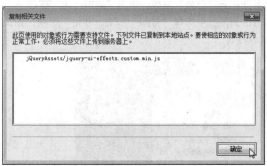

图6-139 单击"确定"按钮

STEP 07 执行操作后，即可在浏览器中预览该页面，页面效果如图6-140所示。

STEP 08 单击页面中设置了jQuery效果的元素时，发生了相应的jQuery交互动画效果，如图6-141所示。

图6-140 预览网页

图6-141 jQuery交互动画效果

实战 162 使用jQuery效果实现网页的抖动与隐藏

▶ 实例位置：光盘\效果\第6章\实战162\index.html
▶ 素材位置：光盘\素材\第6章\实战162\index.html
▶ 视频位置：光盘\视频\第6章\实战162.mp4

● 实例介绍 ●

为网页元素添加Bounce行为，可以实现网页元素抖动并隐藏或显示的功能，并且可以控制抖动的频率和幅度、隐藏和显示的方向等。

● 操作步骤 ●

STEP 01 单击"文件"|"打开"命令，打开一幅网页文档，如图6-142所示。

STEP 02 在文档窗口中，选择相应的图片，如图6-143所示。

图6-142 打开网页文档

图6-143 选择相应的图片

STEP 03 展开"行为"面板，单击"添加行为"按钮 +，在弹出的列表框中选择"效果"|"Bounce"选项，如图6-144所示。

STEP 04 弹出"Bounce"对话框，设置相应选项，如图6-145所示。

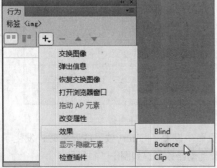

图6-144 选择"Bounce"选项

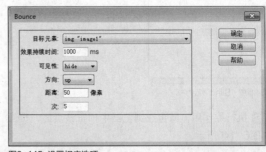

图6-145 设置相应选项

STEP 05 单击"确定"按钮，即可添加"Bounce"行为，如图6-146所示。

图6-146 添加"Bounce"行为

STEP 07 执行操作后，即可在浏览器中预览该页面，页面效果如图6-148所示。

图6-148 预览网页

STEP 06 按【F12】键保存网页，弹出"复制相关文件"对话框，单击"确定"按钮即可，如图6-147所示。

图6-147 单击"确定"按钮

STEP 08 单击页面中设置了jQuery效果的元素时，发生相应的jQuery交互动画效果，如图6-149所示。

图6-149 jQuery交互动画效果

实战 163　使用jQuery效果实现网页元素的渐隐渐现

▶ 实例位置：光盘\效果\第6章\实战163\index.html
▶ 素材位置：光盘\素材\第6章\实战163\index.html
▶ 视频位置：光盘\视频\第6章\实战163.mp4

● 实例介绍 ●

Drop行为不但可以实现网页元素的隐藏与显示，还可以实现逐渐隐藏和逐渐显示的效果。

● 操作步骤 ●

STEP 01 单击"文件"|"打开"命令，打开一幅网页文档，如图6-150所示。

图6-150 打开网页文档

STEP 02 在文档窗口中，选择相应的图片，如图6-151所示。

图6-151 选择相应的图片

STEP 03 展开"行为"面板，单击"添加行为"按钮 **+.**，在弹出的列表框中选择"效果"|"Drop"选项，如图6-152所示。

STEP 04 弹出"Drop"对话框，设置相应选项，如图6-153所示。

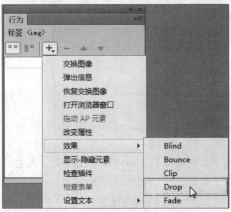

图6-152 选择"Drop"选项

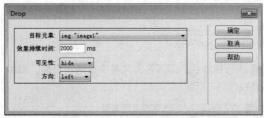

图6-153 设置相应选项

STEP 05 单击"确定"按钮，即可添加"Drop"行为，如图6-154所示。

STEP 06 按【F12】键保存网页，弹出"复制相关文件"对话框，单击"确定"按钮即可，如图6-155所示。

图6-154 添加"Drop"行为

图6-155 单击"确定"按钮

STEP 07 执行操作后，即可在浏览器中预览该页面，页面效果如图6-156所示。

STEP 08 单击页面中设置了jQuery效果的元素时，发生了相应的jQuery交互动画效果，如图6-157所示。

图6-156 预览网页

图6-157 jQuery交互动画效果

▶ 实例位置：光盘\效果\第6章\实战164\index.html
▶ 素材位置：光盘\素材\第6章\实战164\index.html
▶ 视频位置：光盘\视频\第6章\实战164.mp4

实战 164 使用jQuery效果实现网页元素的高光过渡

● 实例介绍 ●

为网页元素添加Highlight效果行为，可以弹出"Highlight"对话框，在该对话框中可以设置网页元素过渡到哪种高光颜色再实现渐隐或渐现的效果。

● 操作步骤 ●

STEP 01 单击"文件"|"打开"命令，打开一幅网页文档，如图6-158所示。

STEP 02 在文档窗口中，选择相应的图片，如图6-159所示。

图6-158 打开网页文档

图6-159 选择相应的图片

STEP 03 展开"行为"面板，单击"添加行为"按钮 + ，在弹出的列表框中选择"效果"|"Highlight"选项，如图6-160所示。

STEP 04 弹出"Highlight"对话框，设置相应选项，如图6-161所示。

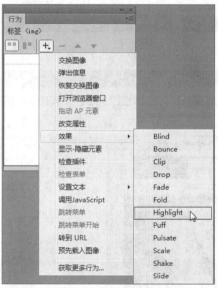

图6-160 选择"Highlight"选项

图6-161 设置相应选项

STEP 05 单击"确定"按钮，即可添加"Highlight"行为，如图6-162所示。

STEP 06 按【F12】键保存网页，弹出"复制相关文件"对话框，单击"确定"按钮即可，如图6-163所示。

图6-162 添加"Highlight"行为

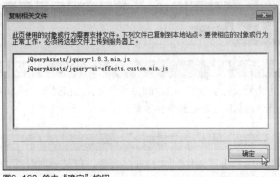

图6-163 单击"确定"按钮

STEP 07 执行操作后,即可在浏览器中预览该页面,页面效果如图6-164所示。

STEP 08 单击页面中设置了jQuery效果的元素时,发生了相应的jQuery交互动画效果,如图6-165所示。

图6-164 预览网页

图6-165 jQuery交互动画效果

实战 165 使用jQuery效果实现网页元素的快速隐藏

▶ 实例位置:光盘\效果\第6章\实战165\index.html
▶ 素材位置:光盘\素材\第6章\实战165\index.html
▶ 视频位置:光盘\视频\第6章\实战165.mp4

● 实例介绍 ●

为网页元素添加Clip效果行为,可以实现快速隐藏与显示效果。

● 操作步骤 ●

STEP 01 单击"文件"|"打开"命令,打开一幅网页文档,如图6-166所示。

STEP 02 在文档窗口中,选择相应的图片,如图6-167所示。

图6-166 打开网页文档

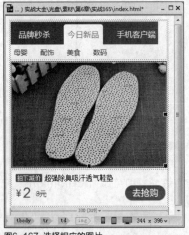

图6-167 选择相应的图片

STEP 03 展开"行为"面板，单击"添加行为"按钮 + ，在弹出的列表框中选择"效果"|"Clip"选项，如图 6-168所示。

图6-168 选择"Clip"选项

STEP 04 弹出"Clip"对话框，设置相应选项，如图 6-169所示。

图6-169 设置相应选项

STEP 05 单击"确定"按钮，即可添加"Clip"行为，如图6-170所示。

图6-170 添加"Clip"行为

STEP 06 按【F12】键保存网页，弹出"复制相关文件"对话框，单击"确定"按钮即可，如图6-171所示。

图6-171 单击"确定"按钮

STEP 07 执行操作后，即可在浏览器中预览该页面，页面效果如图6-172所示。

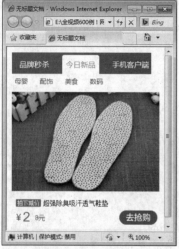

图6-172 预览网页

STEP 08 单击页面中设置了jQuery效果的元素时，发生了相应的jQuery交互动画效果，如图6-173所示。

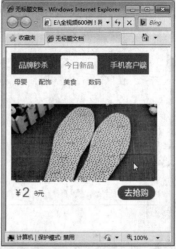

图6-173 jQuery交互动画效果

7

第 章

网页
动画篇

初步认识Flash CC

本章导读

Flash动画是网页设计中应用最广泛的动画格式，随着Internet的流行，Flash已经成为广大计算机用户设计小游戏、发布产品演示、制作动感贺卡以及编制解析课件的首选软件。Flash CC界面简洁新颖、功能完善、操作简单、效果流畅生动，以强大的矢量动画制作和灵活的交互功能，成为网页动画制作软件的主流，并且占据了网络广告设计软件的主体地位。

要点索引

- Flash CC的启动与退出
- 工作窗口的设置技巧
- 网页动画场景的基本操作
- 网页动画文档的属性设置
- 新建与删除工作区
- 网页动画文档的创建与保存
- 网页动画文档的常用操作

7.1　Flash CC的启动与退出

　　为了让用户更好地学习Flash CC，在学习软件之前应该对Flash CC的基本操作有一定的了解，下面首先介绍Flash CC的基本操作，如启动与退出Flash CC软件的操作方法。

实战 166	使用快捷方式图标启动	▶ 实例位置：无
		▶ 素材位置：无
		▶ 视频位置：光盘\视频\第7章\实战166.mp4

● 实例介绍 ●

　　使用Flash CC制作网页动画之前，首先需要启动Flash CC软件，将Flash CC安装至计算机中后，在桌面上会自动生成一个Flash CC的快捷方式图标，双击该图标，即可启动Flash CC应用软件。

● 操作步骤 ●

STEP 01 在计算机桌面，选择Adobe Flash Professional CC程序图标，如图7-1所示。

STEP 02 在该图标上，单击鼠标右键，在弹出的快捷菜单中选择"打开"选项，如图7-2所示。

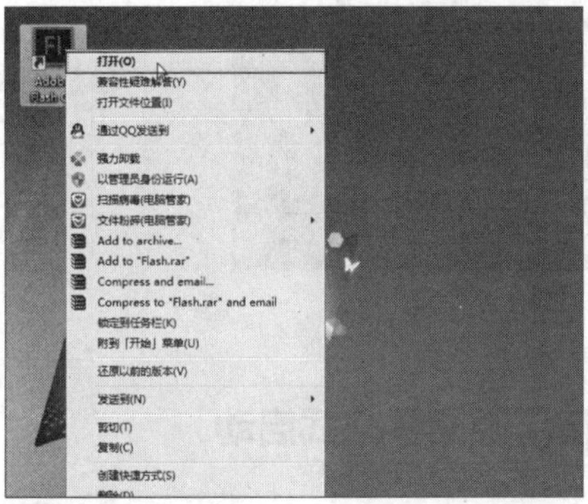

图7-1 选择程序图标

图7-2 选择"打开"选项

STEP 03 执行操作后，即可启动Flash CC应用程序，并进入Flash CC启动界面，如图7-3所示。

STEP 04 稍等片刻，即可进入Flash CC工作界面，如图7-4所示。

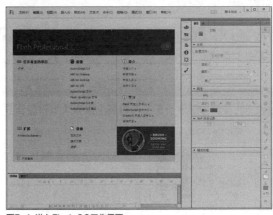

图7-3 进入Flash CC启动界面

图7-4 进入Flash CC工作界面

实战 167	使用开始菜单命令启动	▶ 实例位置：无
		▶ 素材位置：无
		▶ 视频位置：光盘\视频\第7章\实战167.mp4

● 实例介绍 ●

　　当用户安装好Flash CC应用软件之后，该软件的程序会存在于用户计算机的"开始"菜单中，用户可以通过"开始"菜单来启动Flash CC。

● 操作步骤 ●

STEP 01 在Windows 7系统桌面上，单击"开始"按钮，如图7-5所示。

STEP 02 在弹出的"开始"菜单列表中，单击"所有程序"|"Adobe| Adobe Flash CC"命令，如图7-6所示。执行操作后，即可启动Flash CC应用软件，进入Flash CC软件工作界面。

图7-5 单击"开始"按钮

图7-6 单击相应命令

实战 168 使用源文件格式启动

▶ 实例位置：无
▶ 素材位置：光盘\素材\第7章\实战168.fla
▶ 视频位置：光盘\视频\第7章\实战168.mp4

● 实例介绍 ●

　　.fla格式是Flash CC软件存储时的源文件格式，双击该源文件格式，即可启动Flash CC应用软件，下面向读者介绍其操作方法。

● 操作步骤 ●

STEP 01 打开相应文件夹，在其中选择.fla格式的源文件，如图7-7所示。

STEP 02 在该源文件格式上，单击鼠标右键，在弹出的快捷菜单中选择"打开"选项，如图7-8所示。

图7-7 选择.fla格式的源文件

图7-8 选择"打开"选项

技巧点拨

在计算机中的.fla格式的源文件上，双击鼠标左键，也可以快速启动Flash CC应用程序，并打开相关的动画文档。

STEP 03 执行操作后，即可启动Flash CC应用程序，并打开相关动画文档，如图7-9所示。

图7-9 打开相关动画文档

实战 169	使用菜单命令退出	▶实例位置：无
		▶素材位置：光盘\素材\第7章\实战169.fla
		▶视频位置：光盘\视频\第7章\实战169.mp4

● **实例介绍** ●

一般情况下，在应用软件界面的"文件"菜单下，都提供了"退出"命令。在Flash CC中，使用"文件"菜单下的"退出"命令，可以退出Flash CC应用软件，节约操作系统内存的使用空间，提高系统的运行速度。

● **操作步骤** ●

STEP 01 单击"文件"|"打开"命令，打开一个素材文件，如图7-10所示。

STEP 02 在菜单栏中，单击"文件"|"退出"命令，如图7-11所示，即可退出Flash CC应用软件。

图7-10 打开素材文件

图7-11 单击"退出"命令

技巧点拨1

在Flash CC软件中的"键盘快捷键"对话框中，可以通过"搜索"功能搜索出键盘命令，下面向读者介绍通过Flash CC搜索键盘快捷键的操作方法。

进入Flash CC工作界面，在菜单栏中单击"编辑"|"快捷键"命令，如图7-12所示。弹出"键盘快捷键"对话框，将鼠标定位于"搜索"文本框中，如图7-13所示。

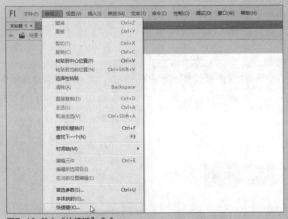
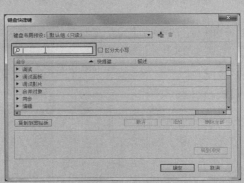

图7-12 单击"快捷键"命令　　　　　　　图7-13 定位于"搜索"文本框

选择一种合适的输入法，输入需要搜索的内容，这里输入"关键帧"，如图7-14所示。稍等片刻，此时在下方即可显示搜索到的"关键帧"相关快捷键信息，如图7-15所示。

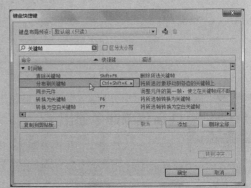

图7-14 输入需要搜索的内容　　　　　　图7-15 显示相关快捷键信息

技巧点拨2

在Flash CC工作界面中，用户还可以通过以下3种快捷键退出Flash CC软件。
- ➤ 在工作界面中，按【Ctrl＋Q】组合键。
- ➤ 在工作界面中，按【Alt＋F4】组合键。
- ➤ 在"文件"菜单列表中，按【X】键，也可以快速执行"退出"命令，退出Flash CC。

实战 170　通过标题栏菜单退出

▶ 实例位置：无
▶ 素材位置：无
▶ 视频位置：光盘\视频\第7章\实战170.mp4

● 实例介绍 ●

在Flash CC工作界面中，通过"关闭"选项，也可以退出Flash应用软件。

● 操作步骤 ●

STEP 01 在Flash CC工作界面左上角的程序图标 **Fl** 上，单击鼠标左键，如图7-16所示。

STEP 02 执行操作后，即可弹出列表框，在其中选择"关闭"选项，如图7-17所示，也可以快速退出Flash应用软件。

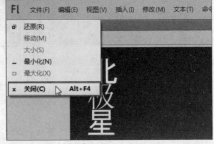

图7-16 单击鼠标左键　　　　　　　图7-17 选择"关闭"选项

技巧点拨1

在图7-17所示的列表框中，用户按键盘上的【C】键，也可以快速退出Flash应用软件。另外，列表框中其他各选项含义如下。

> ➤ "还原"选项：选择该选项，可以还原Flash工作界面的显示状态。
> ➤ "移动"选项：选择该选项，可以随便移动Flash界面在显示器上的显示位置。
> ➤ "大小"选项：选择该选项，可以改变Flash工作界面的大小。
> ➤ "最小化"选项：选择该选项，可以最小化Flash工作界面至任务栏中。
> ➤ "最大化"选项：选择该选项，可以最大化Flash工作界面至任务栏中。

技巧点拨2

在Flash CC软件中，如果用户对软件的某些操作不太熟悉，或者不知道其作用，此时可以通过Flash CC软件的帮助系统，来解决难题。在Flash CC工作界面中，用户可以通过"帮助"菜单下的"Flash帮助"命令，打开Flash CC软件的帮助系统。启动Flash CC应用软件，进入Flash CC工作界面，在菜单栏中单击"帮助"｜"Flash帮助"命令，如图7-18所示。打开相应浏览器，在网页中显示了Flash CC软件的相关帮助信息，如图7-19所示。

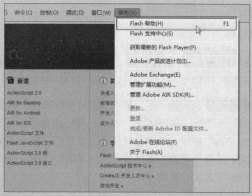

图7-18 单击"Flash帮助"命令

图7-19 显示了Flash CC帮助信息

在网页页面中，单击"新增功能"文字超链接，如图7-20所示。执行操作后，即可打开Flash CC软件的新增功能板块，在其中单击"新增功能概述"文字超链接，如图7-21所示。

图7-20 单击"新增功能"文字超链接

图7-21 单击"新增功能概述"文字超链接

打开"新增功能概述"页面，在下方单击"经过改进的新动画编辑器"文字超链接，如图7-22所示。执行操作后，即可打开"经过改进的新动画编辑器"相关新增功能知识介绍，用户可以在其中查阅新增功能的相关信息，如图7-23所示。

图7-22 单击相应文字超链接

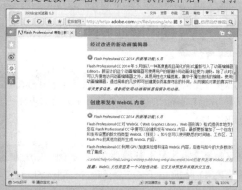

图7-23 查阅新增功能的相关信息

<table>
<tr><td>实战
171</td><td>使用"关闭"按钮退出</td><td>▶实例位置：光盘\效果\第7章\实战171.fla
▶素材位置：光盘\素材\第7章\实战171.fla
▶视频位置：光盘\视频\第7章\实战171.mp4</td></tr>
</table>

● 实例介绍 ●

在Flash CC工作界面中，用户编辑完动画文件后，一般都会采用"关闭"按钮的方法退出Flash CC应用程序，因为该方法是最简单、最方便的。

● 操作步骤 ●

STEP 01 单击"文件"|"打开"命令，打开一个素材文件，如图7-24所示。

STEP 02 在舞台区域，对素材进行相关的编辑操作，如图7-25所示。

图7-24 打开素材文件

图7-25 进行相关的编辑操作

STEP 03 在Flash工作界面的右上角位置，单击"关闭"按钮，如图7-26所示。

STEP 04 执行操作后，即可弹出"保存文档"对话框，如图7-27所示，单击"是"按钮，即可保存并退出界面；单击"否"按钮，不保存文档并退出界面；单击"取消"按钮，将取消界面的退出操作。这里单击"是"按钮，退出Flash CC工作界面。

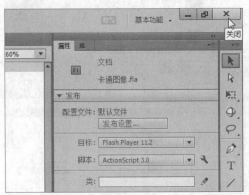
图7-26 单击"关闭"按钮

图7-27 弹出"保存文档"对话框

7.2 工作窗口的设置技巧

启动Flash CC应用程序，进入欢迎界面后，在欢迎界面用户可以编辑工作窗口。

<table>
<tr><td>实战
172</td><td>使用欢迎界面新建动画文档</td><td>▶实例位置：无
▶素材位置：无
▶视频位置：光盘\视频\第7章\实战172.mp4</td></tr>
</table>

● 实例介绍 ●

启动Flash CC应用程序后，进入欢迎界面，在其中用户可以运用模版新建多个动画文档，下面介绍使用欢迎界面的操作方法。

● 操作步骤 ●

STEP 01 启动Flash CC应用程序，进入Flash CC欢迎界面，在"模版"选项区中选择"更多"选项，如图7-28所示。

STEP 02 执行操作后，即可弹出"从模版新建"对话框，如图7-29所示。

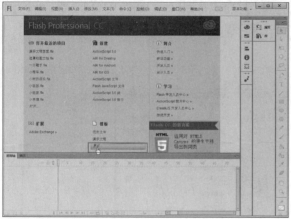

图7-28 选择"更多"选项

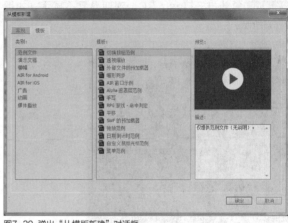

图7-29 弹出"从模版新建"对话框

STEP 03 在"类别"选项区中，选择"媒体播放"选项；在"模版"选项区中，选择"高级相册"选项，如图7-30所示。

STEP 04 单击"确定"按钮，即可通过欢迎界面创建一个高级相册模版，效果如图7-31所示。

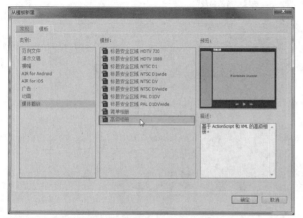

图7-30 在列表框中选择相应的选项

图7-31 创建一个高级相册模版

知识扩展

　　进入"从模版创建"选项区中，单击"广告"链接，然后根据需要进行相应操作，即可创建一个广告动画文档。

实战 173 欢迎界面的隐藏或显示操作

▶ 实例位置：无
▶ 素材位置：无
▶ 视频位置：光盘\视频\第7章\实战173.mp4

● 实例介绍 ●

　　熟悉Flash CC欢迎界面的操作后，用户可以对欢迎界面进行隐藏或显示操作，下面介绍编辑Flash CC欢迎界面的操作方法。首选参数中的"重置所有警告对话框"，能解除所有警告信息。

● 操作步骤 ●

STEP 01 在欢迎界面中选中"不再显示"复选框，弹出信息提示框，输出框提示"发生 JavaScript 错误。SyntaxError: missing) after argument list"的错误信息，如图7-32所示。

图7-32 选中"不再显示"复选框

STEP 02 重新打开Flash CC，欢迎界面不显示，如图7-33所示。

STEP 03 单击菜单栏上的"编辑"|"首选参数"命令，如图7-34所示。

图7-33 重启Flash CC

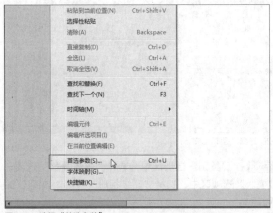

图7-34 选择"首选参数"

STEP 04 弹出"首选参数"对话框，在"类别"列表框中选择"常规"选项，然后单击"重置所有警告对话框"按钮，如图7-35所示。

STEP 05 重启Flash CC，即可再次显示欢迎界面。

技巧点拨1

在Flash CC中，按【Ctrl+U】组合键，也可以弹出"首选参数"对话框。

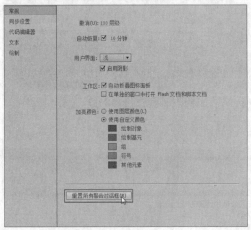

图7-35 选择"重置所有警告对话框"按钮

技巧点拨2

在Flash CC软件中，用户可以为没有设置快捷键的命令添加新的快捷键。下面介绍添加键盘快捷键的操作方法。

打开"键盘快捷键"对话框，在"搜索"文本框中输入"补间动画"，如图7-36所示。在下方即可搜索出"补间动画"的相关信息，选择"创建补间动画"选项，然后单击"添加"按钮，如图7-37所示。

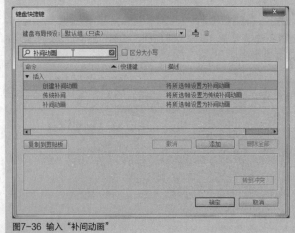

图7-36 输入"补间动画"

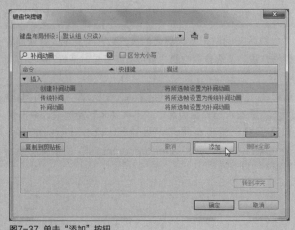

图7-37 单击"添加"按钮

执行操作后，此时在"创建补间动画"选项右侧显示一个方框，如图7-38所示。此时，直接按键盘上的【Alt＋0】组合键，将快捷键应用于"创建补间动画"选项上，如图7-39所示，单击"确定"按钮，即可完成键盘快捷键的添加操作。

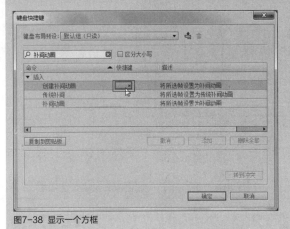

图7-38 显示一个方框

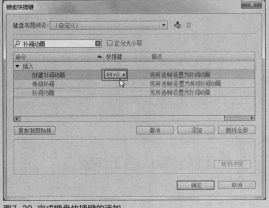

图7-39 完成键盘快捷键的添加

知识扩展

当用户在"键盘快捷键"对话框中，为相应功能命令添加键盘快捷键时，如果添加的快捷键在其他功能命令上已经被使用了，此时对话框下方会显示相关提示信息，提示用户该快捷键已被使用，如图7-40所示。

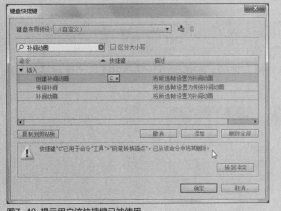

图7-40 提示用户该快捷键已被使用

实战 174 工作界面的放大或缩小操作

▶ 实例位置：无
▶ 素材位置：无
▶ 视频位置：光盘\视频\第7章\实战174.mp4

● 实例介绍 ●

在Flash CC应用程序中，用户可以对Flash CC的工作界面进行放大或缩小操作，下面介绍控制窗口大小的操作方法。

● 操作步骤 ●

STEP 01 进入Flash CC工作界面，将鼠标指针移至标题栏右侧的"恢复"按钮 上，如图7-41所示。

STEP 02 单击鼠标左键，即可将窗口恢复，将鼠标指针移至标题栏右侧的"最大化"按钮 上，如图7-42所示，单击鼠标左键，即可最大化窗口。

图7-41 移至右侧的"恢复"按钮

图7-42 移至右侧的"最大化"按钮

STEP 03 将鼠标指针移至标题栏右侧的"最小化"按钮 __ 上，如图7-43所示，单击鼠标左键，即可最小化窗口，此时只在任务栏中显示该程序的图标。

知识扩展

将窗口最大化后，Flash CC应用程序的界面将铺满整个桌面，这时不能再移动或缩放窗口。

图7-43 移至右侧的"最小化"按钮

实战 175 快速恢复默认的工作窗口

▶ 实例位置：无
▶ 素材位置：无
▶ 视频位置：光盘\视频\第7章\实战175.mp4

● 实例介绍 ●

如果用户对Flash CC当前的工作窗口不满意，此时可以对工作窗口进行重置操作，下面介绍重置工作窗口的操作方法。

● 操作步骤 ●

STEP 01 启动Flash CC应用程序，单击标题栏右侧的"基本功能"按钮，在弹出的列表框中选择"重置'基本功能'"选项，如图7-44所示。

STEP 02 操作完成后，即可将窗口重置，如图7-45所示。

图7-44 选择"重置'基本功能'"选项

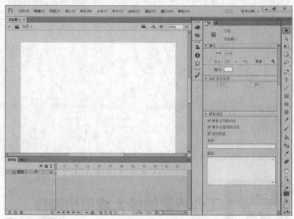

图7-45 重置窗口

知识扩展

在Flash CC"基本功能"列表框中还有"动画""传统""调试"等选项，这些选项都是为了让用户更加方便地操作软件而内置的面板布局模式，用户可以根据自己的爱好选择相应的布局选项。

技巧点拨

在Flash CC软件中，当用户对已经添加的键盘快捷键不满意时，可以对添加的键盘快捷键进行撤销操作。在"键盘快捷键"对话框中，当用户添加了相关键盘快捷键后，如果不满意，此时可以单击下方的"撤销"按钮，如图7-46所示。执行操作后，即可撤销键盘快捷键的添加操作，"创建补间动画"选项右侧将不显示任何快捷键信息，如图7-47所示。

图7-46 单击下方的"撤销"按钮

图7-47 撤销键盘快捷键的添加

实战 176 **功能面板的折叠与展开操作**	▶ 实例位置：无
	▶ 素材位置：无
	▶ 视频位置：光盘\视频\第7章\实战176.mp4

● **实例介绍** ●

在Flash CC中，用户可以对软件中的浮动面板进行折叠或展开操作，下面向读者介绍折叠与展开面板的操作方法。

● **操作步骤** ●

STEP 01 启动Flash CC应用程序，新建一个Flash文件，将鼠标指针移至"属性"面板右侧的"折叠为图标"按钮 ▶▶ 上，如图7-48所示。

STEP 02 单击鼠标左键，即可将"属性"面板折叠起来，如图7-49所示。

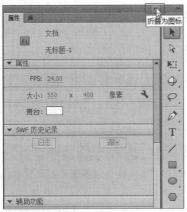

图7-48 定位鼠标

图7-49 折叠面板

知识扩展

在舞台区制作Flash时，用户可以把面板折叠起来，这样可以腾出更多的舞台空间。

STEP 03 将鼠标指针移至"属性"面板右侧的"展开面板"按钮 ◀◀ 上，如图7-50所示。

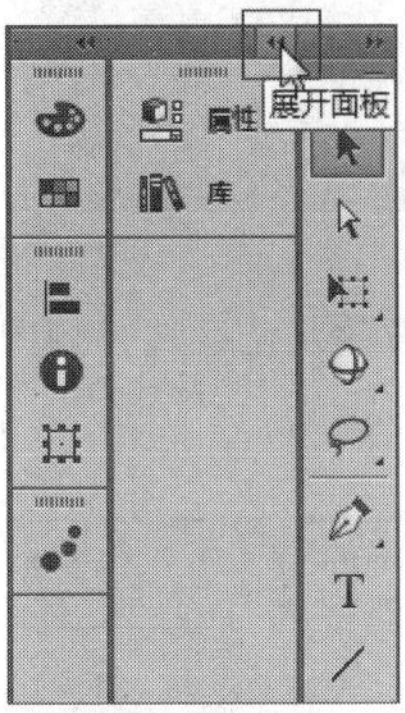

STEP 04 单击鼠标左键，即可将"属性"面板展开，如图7-51所示。

图7-50 定位鼠标

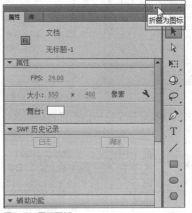

图7-51 展开面板

技巧点拨1

在Flash CC应用程序中，面板上方都有灰色区域，通过双击该灰色区域，可对面板执行展开或折叠操作。

技巧点拨2

在"键盘快捷键"对话框中，用户可以对于自定义的快捷键进行删除操作。在"键盘快捷键"对话框中，选择"创建补间动画"选项，然后单击下方的"删除全部"按钮，如图7-52所示。执行操作后，即可将"创建补间动画"选项右侧所有的快捷键全部删除，如图7-53所示，单击"确定"按钮，即可完成操作。

　　在Flash CC"键盘快捷键"对话框中，当用户单击"删除全部"按钮后，只能删除当前选择命令的所有快捷键，而不能一次性删除所有命令中添加的快捷键。

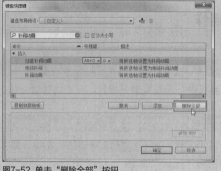

图7-52 单击"删除全部"按钮

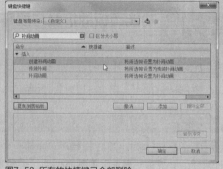

图7-53 所有的快捷键已全部删除

实战 177 功能面板的移动与组合操作

▶ 实例位置：无
▶ 素材位置：无
▶ 视频位置：光盘\视频\第7章\实战177.mp4

● 实例介绍 ●

　　在Flash CC中，用户可以对窗口中的浮动面板进行随意组合操作，调整至用户习惯的操作界面，下面介绍移动与组合面板的方法。

● 操作步骤 ●

STEP 01 将鼠标指针移至"属性"面板顶端的黑色区域上，如图7-54所示。

STEP 02 单击鼠标左键并拖曳，面板以半透明方式显示，如图7-55所示。

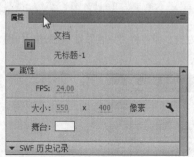

图7-54 定位鼠标

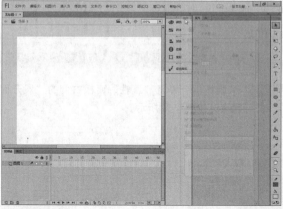

图7-55 移动面板

STEP 03 拖曳至合适的位置后释放鼠标，即可移动面板，如图7-56所示。

STEP 04 将鼠标指针移至工具箱上方的灰色区域，如图7-57所示。

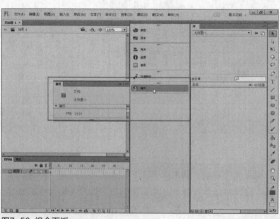

图7-56 组合面板

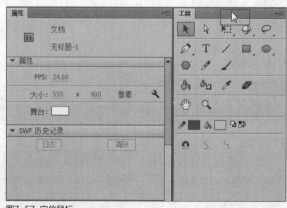

图7-57 定位鼠标

STEP 05 单击鼠标左键并将其拖曳至"属性"面板的灰色 区域，"属性"面板显示蓝色框，如图7-58所示。

STEP 06 释放鼠标左键，即可将面板进行组合，如图7-59 所示。

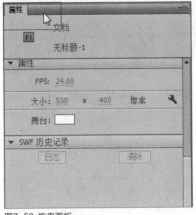

图7-58 拖曳面板

图7-59 组合面板

技巧点拨

当界面中存在多个浮动面板时，会占用很大的空间，不利于舞台区的操作，此时就可以将几个面板组合成一个面板，如图7-60所示。

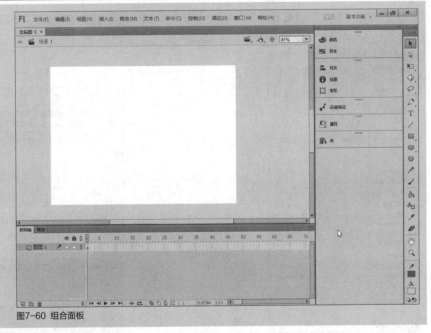

图7-60 组合面板

实战 178

功能面板的隐藏和显示操作

▶ 实例位置：无
▶ 素材位置：无
▶ 视频位置：光盘\视频\第7章\实战178.mp4

● **实例介绍** ●

在Flash CC中，如果用户不再需要窗口中的面板，此时可以对浮动面板进行隐藏与显示操作，下面介绍隐藏与显示面板的方法。

● **操作步骤** ●

STEP 01 启动Flash CC应用程序，新建一个Flash文件，单击"窗口"|"隐藏面板"命令，如图7-61所示。

STEP 02 所有面板都将被隐藏，如图7-62所示。

图7-61 选择"隐藏面板"

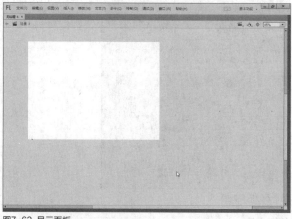

图7-62 显示面板

STEP 03 单击"窗口"|"显示面板"命令，如图7-63所示。

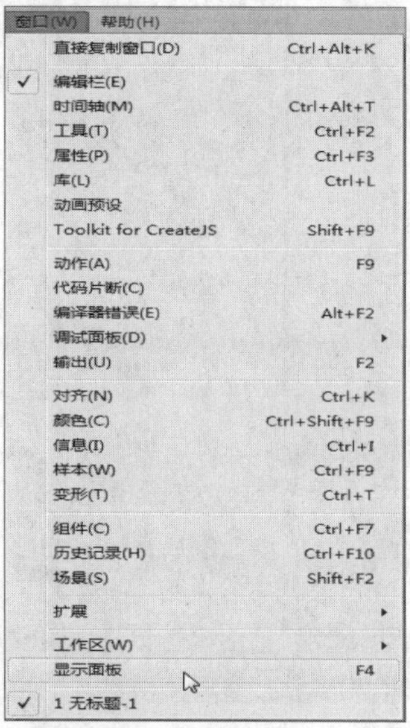

STEP 04 被隐藏的面板即被显示出来，如图7-64所示。

图7-63 选择"显示面板"

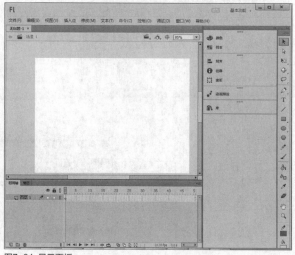

图7-64 显示面板

实战 179 单个浮动面板的关闭方法

▶ 实例位置：无
▶ 素材位置：光盘\素材\第7章\实战179.fla
▶ 视频位置：光盘\视频\第7章\实战179.mp4

● 实例介绍 ●

在Flash CC工作界面中，用户可以根据自己的操作习惯，关闭单个不需要的浮动面板，使编辑动画文件时效率更高。

● 操作步骤 ●

STEP 01 单击"文件"|"打开"命令，打开一个素材文件，如图7-65所示。

STEP 02 把鼠标指针移到工作界面右侧的"库"面板名称上，单击鼠标右键，在弹出的快捷菜单中选择"关闭"选项，如图7-66所示。

图7-65 打开素材文件

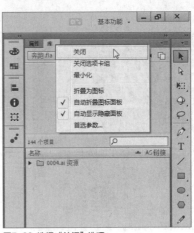

图7-66 选择"关闭"选项

STEP 03 用户还可以在"库"面板右侧单击"面板属性"按钮，在弹出的列表框中选择"关闭"选项，如图7-67所示。

STEP 04 执行操作后，即可将"库"面板进行关闭操作，此时在工作界面的右侧，将不再显示"库"面板，如图7-68所示。

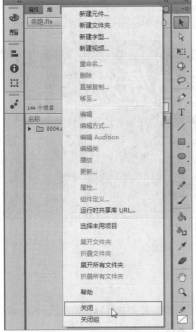

图7-67 选择"关闭"选项

图7-68 将"库"面板进行关闭操作

实战 180 **整个面板组的关闭方法**

▶ 实例位置：无
▶ 素材位置：光盘\素材\第7章\实战180.fla
▶ 视频位置：光盘\视频\第7章\实战180.mp4

● 实例介绍 ●

在Flash CC工作界面中，用户不仅可以关闭单个的浮动面板对象，还可以对整个面板组进行关闭操作，下面介绍关闭整个面板组的操作方法。

● 操作步骤 ●

STEP 01 单击"文件"|"打开"命令，打开一个素材文件，如图7-69所示。

STEP 02 在工作界面右侧的"属性"面板名称上，单击鼠标右键，在弹出的快捷菜单中选择"关闭选项卡组"选项，如图7-70所示。

图7-69 打开素材文件

图7-70 选择"关闭选项卡组"选项

STEP 03 用户还可以在"属性"面板右侧单击"面板属性"按钮，在弹出的列表框中选择"关闭组"选项，如图7-71所示。

STEP 04 执行操作后，即可将整个面板组进行关闭操作，如图7-72所示。

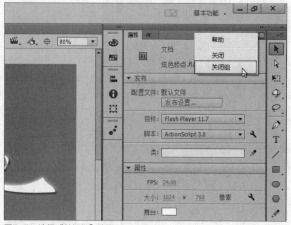

图7-71 选择"关闭组"选项

图7-72 将整个面板组进行关闭

7.3 网页动画场景的基本操作

要按主题组织文件，可以使用场景。在Flash CC中，可以使用单独的场景制作简介、片头片尾以及信息提示等。本节主要向读者介绍如何设置场景、添加场景、复制场景、删除场景以及重命名场景的操作方法。

实战 181 添加场景

▶ 实例位置：光盘\效果\第7章\实战181.fla
▶ 素材位置：光盘\素材\第7章\实战181.fla
▶ 视频位置：光盘\视频\第7章\实战181.mp4

● 实例介绍 ●

在Flash CC中制作动画时，如果制作的动画比较大而且很复杂，在制作时可以考虑添加多个场景，将复杂的动画分场景制作。

● 操作步骤 ●

STEP 01 单击"文件"|"打开"命令，打开一个素材文件，如图7-73所示。

STEP 02 单击"窗口"|"场景"命令，如图7-74所示。

图7-73 打开素材文件

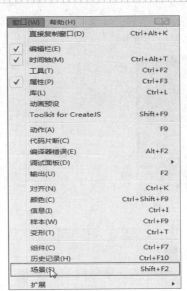

图7-74 单击"场景"命令

STEP 03 弹出"场景"面板,单击"添加场景"按钮,如图7-75所示。

STEP 04 执行操作后,即可添加"场景2"场景,如图7-76所示。

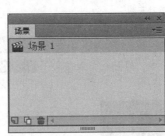

图7-75 单击"添加场景"按钮

图7-76 添加"场景2"场景

实战 182 复制场景

▶ 实例位置:光盘\效果\第7章\实战182.fla
▶ 素材位置:光盘\素材\第7章\实战182.fla
▶ 视频位置:光盘\视频\第7章\实战182.mp4

● 实例介绍 ●

复制的场景可以说是所选择场景的一个副本,所选择场景中的帧、图层和动画等都得到复制,并形成一个新场景,复制场景主要用于编辑某些类似的场景。下面介绍复制场景的操作方法。

● 操作步骤 ●

STEP 01 单击"文件"|"打开"命令,打开一个素材文件,如图7-77所示。

STEP 02 单击"窗口"|"场景"命令,展开"场景"面板,如图7-78所示。

图7-77 打开素材文件

图7-78 展开"场景"面板

STEP 03 在"场景"面板中选择"场景1"选项，单击"重制场景"按钮，如图7-79所示。

图7-79 单击"重制场景"按钮

STEP 04 执行操作后，即可复制"场景1"选择的场景，如图7-80所示。

图7-80 复制选择的场景

实战 183 删除场景

▶ 实例位置：光盘\效果\第7章\实战183.fla
▶ 素材位置：光盘\素材\第7章\实战183.fla
▶ 视频位置：光盘\视频\第7章\实战183.mp4

● 实例介绍 ●

在制作动画之前，首先应该设定动画的尺寸、播放速度、背景颜色和其他属性等。在Flash CC中用户可以根据需要删除场景，下面介绍删除场景的操作方法。

● 操作步骤 ●

STEP 01 单击"文件"|"打开"命令，打开一个素材文件，如图7-81所示。

图7-81 打开素材文件

STEP 02 按【Shift＋F2】组合键，弹出"场景"面板，如图7-82所示。

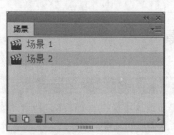

图7-82 "场景"面板

STEP 03 在其中选择"场景1"选项，单击"删除场景"按钮，如图7-83所示。

图7-83 单击"删除场景"按钮

STEP 04 弹出提示信息框，提示用户是否删除所选场景，如图7-84所示，单击"确定"按钮。

图7-84 弹出提示信息框

STEP 05 执行操作后，即可将选择的场景删除，如图7-85所示。

STEP 06 此时，舞台中的画面效果如图7-86所示。

图7-85 将选择的场景删除

图7-86 舞台中的画面效果

实战 184　重命名场景

▶ 实例位置：光盘\效果\第7章\实战184.fla
▶ 素材位置：光盘\素材\第7章\实战184.fla
▶ 视频位置：光盘\视频\第7章\实战184.mp4

● 实例介绍 ●

在Flash CC工作界面中，用户可以将场景重新命名，以便区分多个场景。下面介绍重命名场景的操作方法。

● 操作步骤 ●

STEP 01 单击"文件"|"打开"命令，打开一个素材文件，如图7-87所示。

STEP 02 按【Shift＋F2】组合键，弹出"场景"面板，如图7-88所示。

图7-87 打开素材文件

图7-88 弹出"场景"面板

STEP 03 在"场景"面板中双击"场景1"名称，此时文本呈激活状态，如图7-89所示。

STEP 04 选择一种合适的输入法，在其中直接输入"漂亮花朵"文本，按【Enter】键确认，即可重命名场景，如图7-90所示。

图7-89 文本呈激活状态

图7-90 重命名场景

7.4 网页动画文档的属性设置

在制作动画之前，首先应该设定动画文档的尺寸、内容比例、背景颜色和其他属性等。在Flash CC中，设置文档属性的方法有3种，第一种是使用"属性"面板设置文档属性，第二种是使用菜单命令设置文档属性，第三种是通过舞台右键菜单设置文档属性。本节主要向读者介绍设置动画文档属性的操作方法。

实战 185 文档单位的设置方法

▶ 实例位置: 无
▶ 素材位置: 光盘\素材\第7章\实战185.fla
▶ 视频位置: 光盘\视频\第7章\实战185.mp4

● 实例介绍 ●

在Flash CC工作界面中，设置舞台大小的单位，包括5种，如"英寸""英寸（十进制）""点""厘米""毫米"以及"像素"。下面介绍选择文档单位大小的方法。

● 操作步骤 ●

STEP 01 单击"文件"|"打开"命令，打开一个素材文件，如图7-91所示。

STEP 02 在菜单栏中，单击"修改"菜单，在弹出的菜单列表中单击"文档"命令，如图7-92所示。

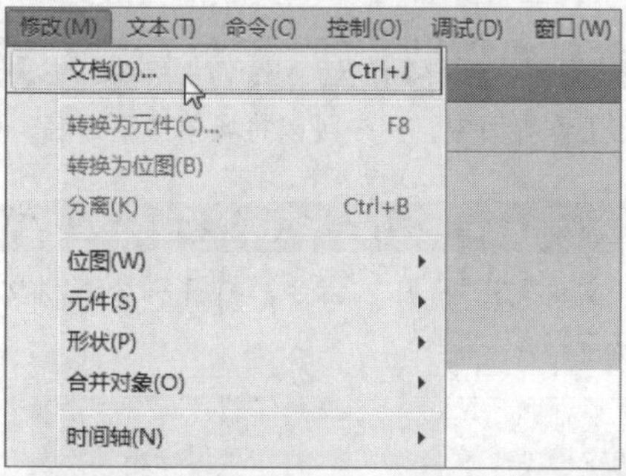

图7-91 打开素材文件

图7-92 单击"文档"命令

STEP 03 执行操作后，即可弹出"文档设置"对话框，如图7-93所示。

STEP 04 在对话框中，单击"单位"右侧的下三角按钮，在弹出的列表框中选择"厘米"选项，如图7-94所示，即可设置文档的单位尺寸为"厘米"，完成单位的选择操作。

图7-93 弹出"文档设置"对话框

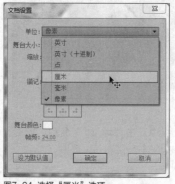

图7-94 选择"厘米"选项

实战 186 舞台大小的设置方法

▶ 实例位置: 光盘\效果\第7章\实战186.fla
▶ 素材位置: 光盘\素材\第7章\实战186.fla
▶ 视频位置: 光盘\视频\第7章\实战186.mp4

● 实例介绍 ●

在Flash CC工作界面中，如果用户制作的动画内容与舞台大小不协调，此时用户需要更改舞台的尺寸和大小，使制作的动画文件更加符合要求。

● 操作步骤 ●

STEP 01 单击"文件"|"打开"命令，打开一个素材文件，如图7-95所示。

STEP 02 打开"属性"面板，在其中展开"属性"选项，单击"像素"右侧的"编辑文档属性"按钮，如图7-96所示。

图7-95 打开素材文件

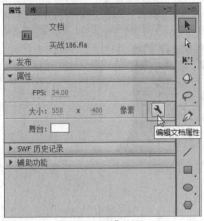

图7-96 单击"编辑文档属性"按钮

STEP 03 执行操作后，弹出"文档设置"对话框，在其中可以查看现有的文档属性信息，如图7-97所示。

STEP 04 在对话框中，更改"舞台大小"的尺寸为600×450，如图7-98所示。

图7-97 查看现有的文档属性信息

图7-98 更改"舞台大小"的尺寸

STEP 05 设置完成后，单击"确定"按钮，返回Flash工作界面，在其中可以查看设置后的舞台大小、舞台背景以白色显示，如图7-99所示。

STEP 06 使用选择工具移动图像的位置，使其刚好显示在舞台中心，如图7-100所示，完成舞台大小尺寸的设置。

图7-99 查看设置后的舞台大小

图7-100 移动图像的位置

技巧点拨

在Flash CC工作界面中，"动画"界面布局是专门为制作动画的工作人员设计的界面布局，在该界面布局下，制作动画效果时会更加方便。

如图7-101所示，在其中可以查看现有工作界面布局样式。在工作界面的右上角位置，单击"基本功能"右侧的下三角按钮，在弹出的列表框中选择"动画"选项，如图7-102所示。

图7-101 查看现有工作界面布局样式

图7-102 选择"动画"选项

用户还可以在菜单栏中，单击"窗口"菜单，在弹出的菜单列表中单击"工作区"|"动画"命令，如图7-103所示。执行操作后，即可快速切换至"动画"界面布局样式，如图7-104所示。

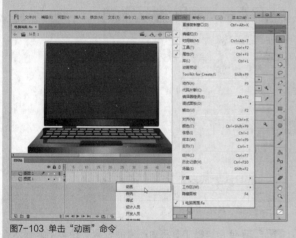

图7-103 单击"动画"命令

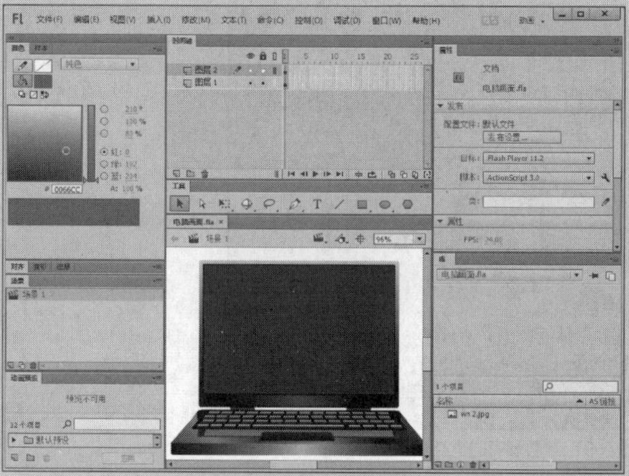

图7-104 切换至"动画"界面布局

实战 187 自动匹配舞台的尺寸

▶ 实例位置：光盘\效果\第7章\实战187.fla
▶ 素材位置：光盘\素材\第7章\实战187.fla
▶ 视频位置：光盘\视频\第7章\实战187.mp4

● 实例介绍 ●

在Flash CC工作界面中，当用户设置动画文档属性时，还可以以动画内容为舞台尺寸的匹配对象，使舞台大小刚好为动画内容的尺寸大小。

● 操作步骤 ●

STEP 01 单击"文件"|"打开"命令，打开一个素材文件，如图7-105所示。

STEP 02 将鼠标指针移至舞台中的空白位置上，单击鼠标右键，在弹出的快捷菜单中选择"文档"选项，如图7-106所示。

图7-105 打开素材文件

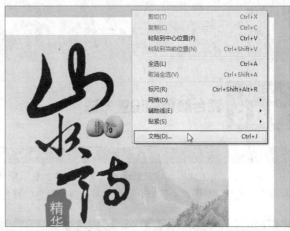

图7-106 选择"文档"选项

STEP 03 执行操作后,弹出"文档设置"对话框,在其中可以查看现有的文档属性信息,单击"匹配内容"按钮,如图7-107所示。

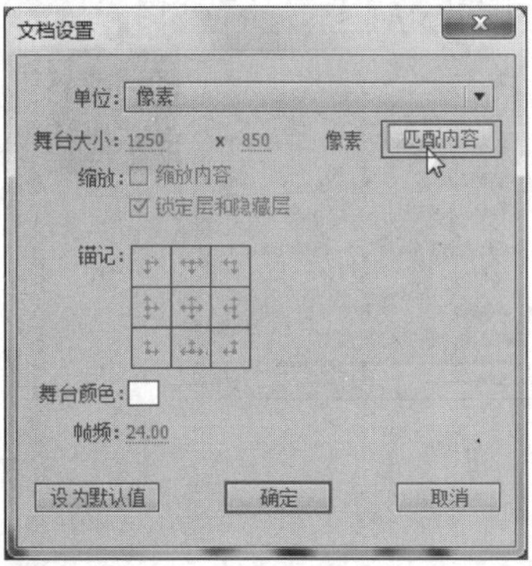

STEP 04 执行操作后,此时"舞台大小"的尺寸参数将发生变化,如图7-108所示。

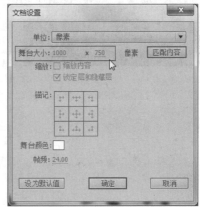

图7-107 单击"匹配内容"按钮

图7-108 尺寸参数发生变化

STEP 05 单击"确定"按钮,此时舞台中多余的白色背景将不存在,舞台的尺寸大小已经与动画内容相匹配,如图7-109所示。

STEP 06 按【Ctrl+Enter】组合键,测试影片,预览动画效果,如图7-110所示。

图7-109 舞台与动画内容相匹配

图7-110 预览动画效果

技巧点拨

在Flash CC工作界面中，当用户需要制作多个相同尺寸大小的动画文件时，在"文档设置"对话框中设置好舞台的大小尺寸后，单击对话框下方的"设为默认值"按钮，当用户下一次再创建新的动画文档时，将以这次设置的默认值为准。

实战 188 舞台颜色的设置方法

▶ **实例位置：** 光盘\效果\第7章\实战188.fla
▶ **素材位置：** 光盘\素材\第7章\实战188.fla
▶ **视频位置：** 光盘\视频\第7章\实战188.mp4

● 实例介绍 ●

在Flash CC工作界面中，默认情况下，舞台的显示颜色为白色，用户也可以根据需要修改舞台的背景颜色，使其与动画效果相协调。下面向读者介绍设置舞台显示颜色的操作方法。

● 操作步骤 ●

STEP 01 单击"文件"|"打开"命令，打开一个素材文件，如图7-111所示。

STEP 02 将鼠标指针移至舞台中的空白位置上，单击鼠标右键，在弹出的快捷菜单中选择"文档"选项，如图7-112所示。

图7-111 打开素材文件

图7-112 选择"文档"选项

STEP 03 弹出"文档设置"对话框，单击"舞台颜色"右侧的白色色块，如图7-113所示。

STEP 04 弹出颜色面板，在其中选择黑色（#333333），如图7-114所示。

图7-113 单击白色色块

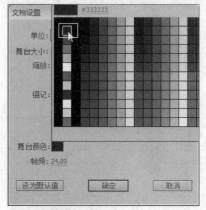

图7-114 选择颜色

STEP 05 单击"确定"按钮，即可更改舞台的显示颜色，如图7-115所示。

STEP 06 按【Ctrl＋Enter】组合键，测试影片，预览动画效果，如图7-116所示。

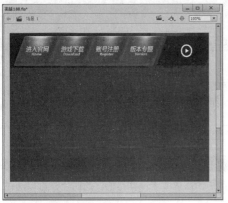

图7-115 更改舞台的显示颜色

图7-116 预览动画效果

实战 189	帧频大小的设置方法

▶ 实例位置：无
▶ 素材位置：光盘\素材\第7章\实战189.fla
▶ 视频位置：光盘\视频\第7章\实战189.mp4

● 实例介绍 ●

在Flash CC工作界面中，帧频就是动画在播放时，帧播放的速度。系统默认的帧频为24fps（帧/秒），也就是每秒播放的动画的帧数为24帧，用户也可以根据需要对帧频进行相关设置。

● 操作步骤 ●

STEP 01 单击"文件"|"打开"命令，打开一个素材文件，如图7-117所示。

STEP 02 在菜单栏中，单击"修改"菜单，在弹出的菜单列表中单击"文档"命令，如图7-118所示。

图7-117 打开素材文件

图7-118 单击"文档"命令

STEP 03 执行操作后，弹出"文档设置"对话框，单击"帧频"右侧的参数，使其呈输入状态，如图7-119所示。

STEP 04 输入相应的帧频参数，单击"确定"按钮，即可完成设置。用户还可以在"属性"面板中，展开"属性"选项，在FPS右侧设置动画文档的帧频参数，如图7-120所示。

图7-119 单击"帧频"右侧的参数

图7-120 在FPS右侧设置帧频参数

7.5 新建与删除工作区

工作区是指用来编辑动画文件的区域，只有在工作区中才能完成动画的制作和编辑操作。本节将详细介绍新建工作区和删除工作区的操作方法。

实战 190 通过"新建工作区"选项创建

▶ 实例位置：无
▶ 素材位置：光盘\素材\第7章\实战190.fla
▶ 视频位置：光盘\视频\第7章\实战190.mp4

● 实例介绍 ●

在Flash CC工作界面中，如果软件本身的多种工作界面布局无法满足用户的需求或者操作习惯，此时用户可以通过"新建工作区"选项来新建相关工作区。

技巧点拨

在Flash CC工作界面中，"传统"界面布局样式中显示着Flash的一些基本功能，左侧显示的是工具箱，上方显示的是时间轴面板，下方显示的是舞台工作区，右侧显示的是属性面板。

在Flash CC工作界面中，可以查看现有工作界面布局样式，如图7-121所示。

在工作界面的右上角位置，单击界面模式右侧的下三角按钮，在弹出的列表框中选择"传统"选项，如图7-122所示。

图7-121 查看现有工作界面布局

图7-122 选择"传统"选项

用户还可以在菜单栏中，单击"窗口"菜单，在弹出的菜单列表中单击"工作区"|"传统"命令，如图7-123所示。执行操作后，即可快速切换至"传统"界面布局样式，如图7-124所示。

图7-123 单击"传统"命令

图7-124 切换至"传统"界面布局

● 操作步骤 ●

STEP 01 单击"文件"|"打开"命令，打开一个素材文件，如图7-125所示。

STEP 02 在Flash CC工作界面中，可以查看现有工作界面布局样式，如图7-126所示。

图7-125 打开素材文件

图7-126 查看现有工作界面布局样式

STEP 03 通过手动拖曳的方式，调整现有工作界面的布局样式，并关闭"时间轴"面板，如图7-127所示。

STEP 04 在工作界面的右上角位置，单击"基本功能"右侧的下三角按钮，在弹出的列表框中选择"新建工作区"选项，如图7-128所示。

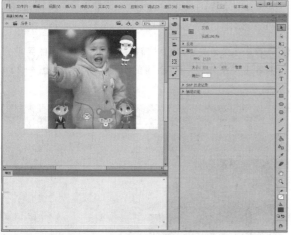

图7-127 调整现有工作界面的布局样式

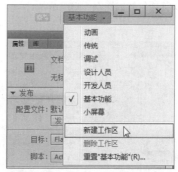

图7-128 选择"新建工作区"选项

STEP 05 执行操作后，弹出"新建工作区"对话框，在其中设置"名称"为"卡通人物"，如图7-129所示。

STEP 06 单击"确定"按钮，即可新建"卡通人物"工作界面，在右上角位置将显示新建的工作区名称，如图7-130所示。

图7-129 设置工作区的"名称"

图7-130 显示新建的工作区名称

实战 191 通过"新建工作区"命令创建

▶ 实例位置：无
▶ 素材位置：光盘\素材\第7章\实战191.fla
▶ 视频位置：光盘\视频\第7章\实战191.mp4

● 实例介绍 ●

在Flash CC工作界面中，用户还可以通过"窗口"菜单下的"新建工作区"命令，来创建新的工作区。

● 操作步骤 ●

STEP 01 单击"文件"|"打开"命令，打开一个素材文件，如图7-131所示。

STEP 02 在Flash CC工作界面中，可以查看现有工作界面布局样式，如图7-132所示。

图7-131 打开素材文件

图7-132 查看现有工作界面布局样式

STEP 03 通过手动拖曳的方式，调整现有工作界面的布局样式，并关闭"时间轴"面板组，如图7-133所示。

STEP 04 在菜单栏中单击"窗口"菜单，在弹出的菜单列表中单击"工作区"|"新建工作区"命令，如图7-134所示。

图7-133 关闭"时间轴"面板

图7-134 单击"新建工作区"命令

STEP 05 执行操作后，弹出"新建工作区"对话框，在其中设置"名称"为"工作区1"，如图7-135所示。

STEP 06 单击"确定"按钮，即可新建"工作区1"工作界面，在右上角位置将显示新建的工作区名称，如图7-136所示。

图7-135 弹出"新建工作区"对话框

图7-136 显示新建的工作区名称

实战 192 通过"删除工作区"选项删除

▶ 实例位置：无
▶ 素材位置：光盘\素材\第7章\实战192.fla
▶ 视频位置：光盘\视频\第7章\实战192.mp4

● 实例介绍 ●

在Flash CC工作界面中，如果用户对于新建的工作区不满意，此时可以将新建的工作区进行删除操作，下面介绍删除工作区的操作方法。

● 操作步骤 ●

STEP 01 单击"文件"|"打开"命令，打开一个素材文件，如图7-137所示。

STEP 02 在工作界面的右上角位置，单击"基本功能"右侧的下三角按钮，在弹出的列表框中选择"删除工作区"选项，如图7-138所示。

图7-137 打开素材文件

图7-138 选择"删除工作区"选项

STEP 03 执行操作后，弹出"删除工作区"对话框，在"名称"列表框中选择需要删除的工作区名称，这里选择"卡通人物"选项，如图7-139所示。

STEP 04 单击"确定"按钮，弹出"删除工作区"对话框，提示用户是否确认删除操作，单击"是"按钮，如图7-140所示。

图7-139 选择需要删除的工作区名称

图7-140 单击"是"按钮

STEP 05 执行操作后，即可删除选择的工作区，此时在"基本功能"列表框中，将不再显示"卡通人物"工作区，如图7-141所示。

图7-141 删除选择的工作区

实战 193 通过"删除工作区"命令删除

▶ 实例位置：无
▶ 素材位置：光盘\素材\第7章\实战193.fla
▶ 视频位置：光盘\视频\第7章\实战193.mp4

● 实例介绍 ●

在Flash CC工作界面中，用户还可以通过"窗口"菜单下的"删除工作区"命令，删除不需要的工作区。

● 操作步骤 ●

STEP 01 单击"文件"|"打开"命令，打开一个素材文件，如图7-142所示。

STEP 02 在菜单栏中，单击"窗口"菜单，在弹出的菜单列表中单击"工作区"|"删除工作区"命令，如图7-143所示。

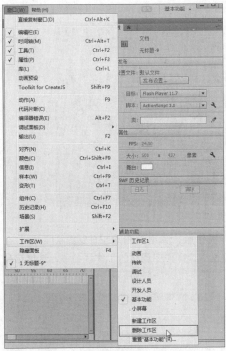

图7-142 打开素材文件

图7-143 单击"删除工作区"命令

STEP 03 执行操作后，弹出"删除工作区"对话框，在"名称"列表框中选择需要删除的工作区名称，这里选择"工作区1"选项，如图7-144所示。

STEP 04 单击"确定"按钮，弹出"删除工作区"对话框，提示用户是否确认删除操作，单击"是"按钮，如图7-145所示。

图7-144 选择"工作区1"选项

图7-145 单击"是"按钮

STEP 05 执行操作后，即可删除选择的工作区，此时在"基本功能"列表框中，将不再显示"工作区1"选项，如图7-146所示。

图7-146　删除选择的工作区

7.6 网页动画文档的创建与保存

制作Flash CC动画之前，必须新建一个Flash CC文件。在处理文档的过程中，为了保证文档的安全和避免编辑的内容丢失，必须及时将其存储到计算机中，以便日后查看或编辑使用。

实战 194	使用菜单命令创建网页动画文档	▶ 实例位置：无 ▶ 素材位置：无 ▶ 视频位置：光盘\视频\第7章\实战194.mp4

● 实例介绍 ●

在Flash CC工作界面中，用户通过"新建"命令，可以创建Flash空白文档。

● 操作步骤 ●

STEP 01 启动Flash CC程序，单击"文件"|"新建"命令，如图7-147所示。

STEP 02 弹出"新建文档"对话框，如图7-148所示。

图7-147　单击"新建"命令

图7-148　"新建文档"对话框

STEP 03 在"常规"选项卡的"类型"列表框中，选择"ActionScript 3.0"选项，设置"高"为500像素，如图7-149所示。

STEP 04 单击"确定"按钮，即可创建一个文件类型为ActionScript 3.0的空白文件，如图7-150所示。

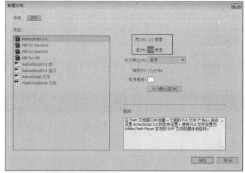

图7-149　设置相关参数

图7-150　创建空白文件

实战 195 使用欢迎界面创建网页动画文档

- ▶ 实例位置：无
- ▶ 素材位置：无
- ▶ 视频位置：光盘\视频\第7章\实战195.mp4

● 实例介绍 ●

在Flash CC工作界面中，用户还可以通过欢迎界面创建空白的Flash文档，下面介绍通过欢迎界面创建空白文档的操作方法。

● 操作步骤 ●

STEP 01 进入Flash CC工作界面，在欢迎界面中选择"ActionScript 3.0"选项，如图7-151所示。

STEP 02 执行操作后，即可通过欢迎界面创建一个空白的ActionScript 3.0 Flash文档，如图7-152所示。

图7-151 选择"ActionScript 3.0"选项

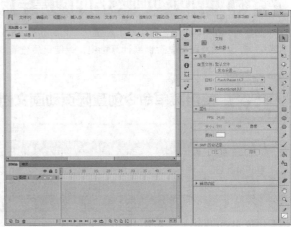

图7-152 创建一个空白的Flash文档

知识扩展

随着动画行业的发展，越来越多的网络传媒片头设计开始向片头动画发展，运用Flash便于用户高效地制作出具有视觉冲击力的作品。如图7-153所示为运用Flash制作的片头动画。

图7-153 运用Flash制作的片头动画

实战 196 使用模版创建网页动画文档

- ▶ 实例位置：光盘\效果\第7章\实战196.fla
- ▶ 素材位置：无
- ▶ 视频位置：光盘\视频\第7章\实战196.mp4

● 实例介绍 ●

在Flash CC工作界面中，用户不仅可以创建空白的Flash文档，还可以通过Flash软件提供的动画模版来创建带有动画效果的Flash文档。

● 操作步骤 ●

STEP 01 在菜单栏中，单击"文件"|"新建"命令，在弹出的"新建文档"对话框中，单击"模版"选项卡，在"类别"列表框中选择"动画"选项，在"模版"列表框中选择"补间形状的动画遮罩层"选项，如图7-154所示。

STEP 02 单击"确定"按钮，即可创建一个模版文件，如图7-155所示。

图7-154 "模版"选项卡

图7-155 创建模版文件

STEP 03 按【Ctrl + Enter】组合键，测试创建的模版动画效果，如图7-156所示。

图7-156 测试创建的模版动画效果

| 实战 197 | 使用模版创建网页广告文档 | ▶ 实例位置：光盘\效果\第7章\实战197.fla
▶ 素材位置：无
▶ 视频位置：光盘\视频\第7章\实战197.mp4 |

● 实例介绍 ●

在Flash CC工作界面中，用户不仅可以通过Flash模版创建相应的动画效果，还可以直接创建网页广告文档。

● 操作步骤 ●

STEP 01 在菜单栏中，单击"文件"|"新建"命令，在弹出的"新建文档"对话框中，单击"模版"选项卡，在"类别"列表框中选择"广告"选项，在"模版"列表框中选择"88×31微型条"选项，如图7-157所示。

STEP 02 单击"确定"按钮，即可创建一个88×31微型条广告文件，如图7-158所示。

图7-157 选择"88×31微型条"选项

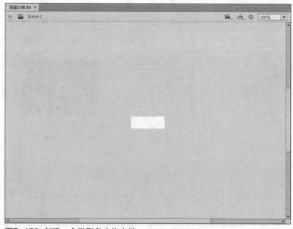

图7-158 创建一个微型条广告文件

实战 198 快速保存网页动画文档

▶ **实例位置：** 光盘\效果\第7章\实战198.fla
▶ **素材位置：** 光盘\素材\第7章\实战198.jpg
▶ **视频位置：** 光盘\视频\第7章\实战198.mp4

● 实例介绍 ●

在完成动画的制作后，需要保存新建文件，用户可通过菜单命令进行保存。

● 操作步骤 ●

STEP 01 新建一个动画文档，单击"文件"|"导入"|"导入到舞台"命令，在弹出的"导入"对话框中，选择要导入的素材，如图7-159所示。

STEP 02 单击"打开"按钮，即可将图像文件导入到舞台区，如图7-160所示。

图7-159 选择素材文件

图7-160 将图像文件导入到舞台区

STEP 03 在菜单栏上，单击"文件"|"保存"命令，如图7-161所示。

STEP 04 弹出"另存为"对话框，在"保存在"下拉列表框中选择保存动画文档的位置，在"文件名"文本框中输入"实战198"文本，如图7-162所示。

图7-161 单击"保存"命令

图7-162 "另存为"对话框

STEP 05 单击"保存"按钮，即可直接保存该文件。

知识扩展

　　Macromedia公司成立于1992年，它在1998年收购了一家开发制作Director网络发布插件Future Splash的小公司，并且继续发展了Future Splash，这就是后来流行的Flash系列。在公司成立10周年之际发布了Flash系列软件的MX版本，Flash MX是这个家族的第一款产品，它不仅在制作独立的多媒体内容方面有新的突破，更和全套的MX系列软件有着强大的整合能力。2005年Macromedia公司在以前版本的基础上，推出了功能更为完善的Flash Professional 8，即Flash 8，但Flash 8的绘图功能并不是很完善。Adobe公司于2005年12月3日完成了对Macromedia的收购，将享誉盛名的Macromedia Flash更名为Adobe Flash，并于2013年推出了Adobe Flash CC。

技巧点拨

　　直接按【Ctrl+S】组合键，也可以保存当前文档。

实战 199 **将网页动画文档另存为文件**

▶ 实例位置：光盘\效果\第7章\实战199.fla
▶ 素材位置：光盘\素材\第7章\实战199.fla
▶ 视频位置：光盘\视频\第7章\实战199.mp4

● 实例介绍 ●

　　如果用户需要将修改的文档另存在指定的位置，可运用"另存为"命令将文档另存为文件。

● 操作步骤 ●

STEP 01 单击"文件"|"打开"命令，打开一个素材文件，如图7-163所示。

STEP 02 单击"文件"|"另存为"命令，如图7-164所示。

图7-163 打开素材文件

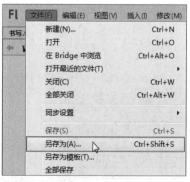

图7-164 "另存为"命令

STEP 03 弹出"另存为"对话框,在"保存在"下拉列表框中选择保存动画文档的位置,如图7-165所示。

STEP 04 单击"保存"按钮,即可将当前文档另存为一个动画文档。

图7-165 "另存为"对话框

技巧点拨

按【Ctrl+Shift+S】组合键也可将当前文件另存,为了保证文件的安全并避免所编辑的内容丢失,用户在使用Flash CC制作动画过程中,应该多另存几个文件,这样更加保险。

实战 200 将网页动画文档另存为模版

▶ 实例位置:光盘\效果\第7章\模版1.fla
▶ 素材位置:光盘\素材\第7章\实战200.fla
▶ 视频位置:光盘\视频\第7章\实战200.mp4

● 实例介绍 ●

将文件另存为模版的目的是将该模版中的格式直接应用到其他文件上,这样可以统一各个文件的格式。在Flash CC中,保存的模版类型多种多样,用户可根据需要进行选择。

● 操作步骤 ●

STEP 01 单击"文件"|"打开"命令,打开一个素材文件,如图7-166所示。

STEP 02 单击"文件"|"另存为模版"命令,如图7-167所示。

图7-166 打开素材文件

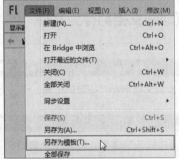

图7-167 "另存为模版"命令

STEP 03 弹出信息提示框,提示另存为模版警告,如图7-168所示。

STEP 04 单击"另存为模版"按钮,弹出"另存为模版"对话框,设置"名称"为"模版1","类别"为"动画",如图7-169所示。

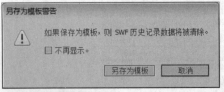

图7-168 信息提示框

图7-169 "另存为模版"对话框

STEP 05 单击"保存"按钮，即可将当前文档另存为模版文件。

技巧点拨

按【Ctrl+Shift+S】组合键也可将当前文件另存，为了保证文件的安全并避免所编辑的内容丢失，用户在使用Flash CC制作动画过程中，应该多另存几个文件，这样更加保险。

知识扩展

在"另存为模版"对话框中，各选项的含义如下。

➤ 名称：即所要另存为的模版的名称。

➤ 类别：单击"类别"列表框右侧的下拉按钮，在弹出的列表框中可以选择已经存在的模版类型，也可直接输入模版类型文本，如图7-23所示。

➤ 描述：用来描述所要另存为的模版信息，以免和其他模版混淆。

图7-170 "类别"列表框

7.7 网页动画文档的常用操作

要想更好地了解和学习Flash CC，首先应该对Flash CC的常用操作进行了解。本节主要向读者介绍Flash CC的常用操作，如打开、关闭文档、撤销修改等操作。

实战 201 打开网页动画文件

▶ 实例位置：无
▶ 素材位置：光盘\素材\第7章\实战201.fla
▶ 视频位置：光盘\视频\第7章\实战201.mp4

● 实例介绍 ●

要想编辑Flash CC的动画文件，必须先打开该动画文件，这里说的文件指的是Flash源文件，即可编辑的"*.fla"，而不是"*.swf"格式的动画文件。

● 操作步骤 ●

STEP 01 单击"文件"|"打开"命令，如图7-171所示。

STEP 02 弹出"打开"对话框，在其中选择需要打开的文件，如图7-172所示。

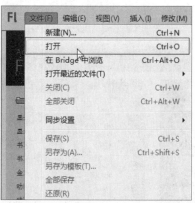

图7-171 单击"打开"命令

图7-172 "打开"对话框

STEP 03 单击"打开"按钮，即可打开所选文件，如图7-173所示。

图7-173 打开素材文件

技巧点拨1

　　在Flash CC中，打开动画文件的方法有3种，分别如下。

➤ 命令：单击"文件"|"打开"命令。

➤ 快捷键1：按【Ctrl＋O】组合键。

➤ 快捷键2：依次按键盘上的【Alt】、【F】、【O】键。

技巧点拨2

　　在Flash CC中，用户可以将软件中的快捷键，复制到记事本中，方便以后查阅和学习。

　　进入Flash CC工作界面，在菜单栏中单击"编辑"|"快捷键"命令，弹出"键盘快捷键"对话框，在其中单击"复制到剪贴板"按钮，如图7-174所示，即可复制键盘快捷键。

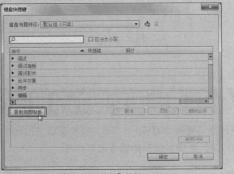

图7-174 单击"复制到剪贴板"按钮

实战 202 关闭网页动画文件

▶ 实例位置：无
▶ 素材位置：光盘\素材\第7章\实战202.fla
▶ 视频位置：光盘\视频\第7章\实战202.mp4

● 实例介绍 ●

　　关闭文档与关闭应用程序窗口的操作方法有相同之处，但关闭文档并不一定要退出应用程序。

技巧点拨

　　在Flash CC中，关闭文档的方法有5种，分别如下。

➤ 命令：单击"文件"|"关闭"命令。

➤ 按钮：单击标题栏右侧的"关闭"按钮 。

➤ 快捷键1：按【Ctrl＋W】组合键。

➤ 快捷键2：依次按键盘上的【Alt】、【F】、【C】键。

➤ 快捷键3：按【Ctrl＋F4】组合键。

● 操作步骤 ●

STEP 01 单击"文件"|"打开"命令，打开一个素材文件，如图7-175所示。

STEP 02 单击"文件"|"关闭"命令，如图7-175所示，操作完成后，即可关闭文件。

图7-175 打开素材文件

图7-176 单击"关闭"命令

实战 203 撤销对文件所做的操作

▶ 实例位置：无
▶ 素材位置：光盘\素材\第7章\实战203.fla
▶ 视频位置：光盘\视频\第7章\实战203.mp4

• 实例介绍 •

在Flash CC中制作动画时，如果用户不小心将图形删除，此时用户可以执行撤销操作，还原删除的图形。

• 操作步骤 •

STEP 01 单击"文件"|"打开"命令，打开一个素材文件，如图7-177所示。

STEP 02 选取工具箱中的选择工具▶，选择舞台中的图形对象，如图7-178所示。

图7-177 打开素材文件

图7-178 选择图形对象

STEP 03 按【Delete】键，将其删除，如图7-179所示。

STEP 04 单击"编辑"|"撤销删除"命令，即可撤销上一步的操作，效果如图7-180所示。

图7-179 删除图形对象

图7-180 撤销操作

技巧点拨1

除了运用上述方法撤销操作外，还有以下两种方法。

➤ 快捷键：按【Ctrl＋Z】组合键也可撤销上步操作。

➤ "历史记录"面板：单击"窗口"|"其他面板"|"历史记录"命令，弹出"历史记录"面板，若只撤销上一个步骤，将"历史记录"面板左侧的滑块在列表中向上拖曳一个步骤即可，如图7-181所示；若要撤销多个步骤，可拖曳滑块以指向任意步骤，或在某个步骤左侧的滑块路径上单击鼠标左键，滑块会自动移至该步骤，并同时撤销其后面的所有步骤。

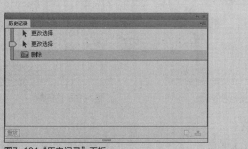

图7-181 "历史记录"面板

技巧点拨2

Flash CC提供了多种自定义工作区的方式，以满足用户的需要。比较常见的有"库"面板和各种浮动面板。在使用Flash CC创建动画过程中浮动面板是最常用的，可以将有关对象和工具的所有相应参数放置在不同的浮动面板中，也可根据需要将相应的面板打开、关闭或移动。系统默认状态下，只显示"属性"面板和"库"面板，单击"窗口"菜单中的相关命令，可显示或隐藏相应的面板，如"行为""颜色""信息"和"样本"面板等。如果要显示"对齐"面板，则单击"窗口"|"对齐"命令，即可展开"对齐"面板。

实战 204 重做上一步的操作

▶ **实例位置：** 光盘\效果\第7章\实战204.fla
▶ **素材位置：** 光盘\素材\第7章\实战204.fla
▶ **视频位置：** 光盘\视频\第7章\实战204.mp4

● 实例介绍 ●

在Flash CC中制作动画时，如果用户对制作的效果不满意，此时可以执行重做操作，重新制作动画效果。

● 操作步骤 ●

STEP 01 单击"文件"|"打开"命令，打开一个素材文件，如图7-182所示。

STEP 02 单击"窗口"|"库"命令，展开"库"面板，选择"七色"图形元件，如图7-183所示。

图7-182 打开素材文件

图7-183 选择图形对象

STEP 03 单击鼠标左键并拖曳，至舞台适当位置后释放鼠标左键，即可创建图形元件，如图7-184所示。

STEP 04 单击"编辑"|"撤销将库项目添加到文档"命令，即可撤销将库项目添加到文档的操作，如图7-185所示。

STEP 05 单击"编辑"|"重做将库项目添加到文档"命令，即可重做将库项目添加到文档的操作，效果如图7-186所示。

图7-184 删除图形对象

图7-185 撤销操作

图7-186 删除图形对象

技巧点拨

在Flash CC中，重做操作的快捷键为【Ctrl＋Y】组合键。

实战 205 运用"重复"命令重复操作

▶ 实例位置: 光盘\效果\第7章\实战205.fla
▶ 素材位置: 光盘\素材\第7章\实战205.fla
▶ 视频位置: 光盘\视频\第7章\实战205.mp4

● 实例介绍 ●

在Flash CC中制作动画时, 在舞台中选择需要重复操作的对象, 进行相应的操作之后, 即可运用"重复"命令重复操作。

● 操作步骤 ●

STEP 01 单击"文件"|"打开"命令, 打开一个素材文件, 如图7-187所示。

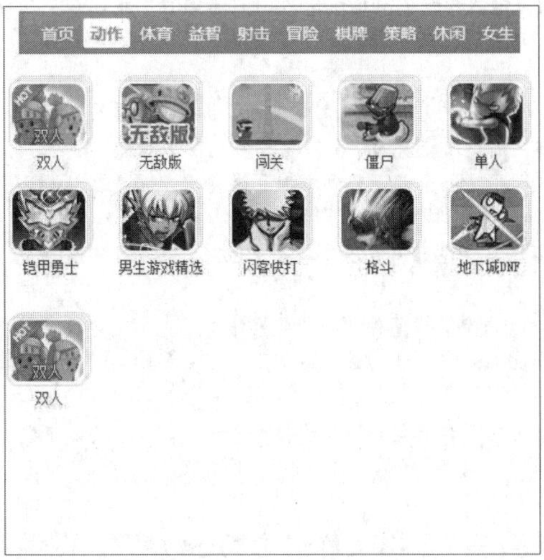

STEP 02 选取工具箱中的选择工具[图], 选择舞台中的图形对象, 按住【Alt】键的同时单击鼠标左键并拖曳, 复制一个图形对象, 如图7-188所示。

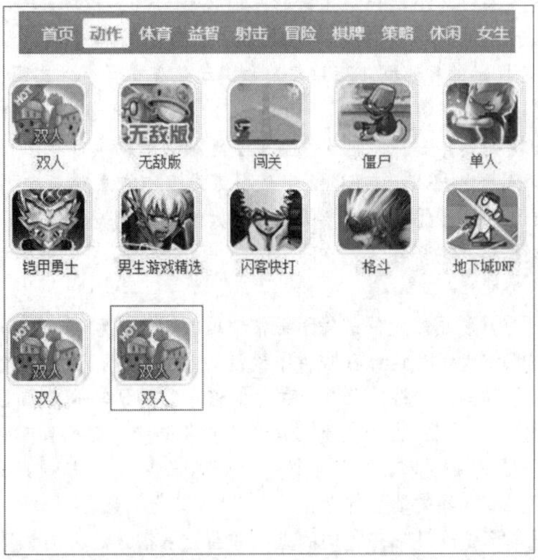

图7-187 打开素材文件

图7-188 复制图形对象

STEP 03 单击"编辑"|"重复直接复制"命令, 如图7-189所示。

STEP 04 操作完成后, 即可直接复制图形对象, 多次执行此操作, 并适当调整复制的图形对象的位置, 效果如图7-190所示。

图7-189 "重复直接复制"命令

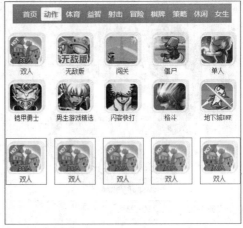

图7-190 重复操作

知识扩展

1. Flash的优势。

在动画领域中, Flash只是众多产品中的一种, 和其他同类型产品相比, Flash有着明显的优势, 除了简单易学和各元素都是矢量外, Flash的优势还表现为以下6个方面。

➢ 在Flash CC中，可以导入Photoshop中生成的PSD文件，被导入的文件不仅保留了源文件的结构，而且连PSD文件中的图层名称都不会发生改变。

➢ 可以更完美地导入Illustrator矢量图形文件，并保留其所有特性，包括精确的颜色、形状、路径和样式等。

➢ 使用Adobe Illustrator所倡导的钢笔工具，可以使用户在绘制图形时更加得心应手地控制图形元素。

➢ 使用Flash Player中的高级视频On2 VP6编解码器，可以在保持文件较小容量的同时，制作出可与当今最佳视频编解码器相媲美的视频。

➢ 通过使用内置的滤镜效果（如阴影、模糊、高光、斜面、渐变斜面和颜色调整等效果），可以创造出更具吸引力的作品。

➢ 使用功能强大的形状绘制工具处理矢量图形，能以自然、直观的方式轻松弯曲、擦除、扭曲、斜切和组合矢量图形。

2．Flash的特点。

作为一款二维动画制作软件，Flash CC继承了Flash早期版本的各种优点，并且在此基础上进行了改进，它的一些新的特点极大地完善了Flash的功能，并且其交互性和灵活性也得到了很大的提高。除此之外，Flash CC还提供了功能强大的动作脚本，并且增加了对组件的支持。Flash CC的特点主要集中在以下6个方面。

➢ 强大的交互功能：Flash动画与其他动画最大区别就是具有交互性。所谓交互，就是指用户通过键盘、鼠标等输入工具，实现作品的各个部分自由跳转从而控制动画的播放。Flash的交互功能是通过用户的ActionScript脚本语言实现的。使用ActionScript可以控制Flash中的对象、创建导航和交互元素，从而制作出具有魅力的作品。用户即使不懂编程知识，也可以利用Flash提供的复选框、下拉菜单和滚动条等交互组件实现交互操作。

➢ 友好的用户界面：尽管Flash CC的功能非常强大，但它合理的布局，友好的用户界面，使得初学者也可以在很短的时间内制作出漂亮的作品。同时软件附带了详细的帮助文件和教程，并附有详细文件供用户研究学习，设计得非常贴心。

➢ 流式播放技术：在Flash中采用流式工作方式观看动画时，无须等到动画文件全部下载到本地后再观看，而是在动画下载传输过程中即可播放，这样就可以大大地减少浏览器等待的时间，所以Flash动画非常适合于网络传输。

➢ 文档格式的多样化：在Flash CC中，可以引用多种类型的文件，包括图形、图像、音乐和视频文件，使动画能够灵活适应不同的领域。

➢ 可重复使用的元件：对于经常使用的图形或动画片段，可以在Flash CC中定义成元件，即使频繁使用，也不会导致动画文件的体积增大。Flash CC提供了大量的封装组件，供用户充分使用及共享文件。Flash CC还可以使用"复制和粘贴动画"功能复制补间动画，并将帧、补间和元件信息应用到其他对象上。

➢ 图像质量高：由于矢量图无论放大多少倍，都不会产生失真现象，因此，图像不仅可以始终完整显示，而且不会降低其质量。

3．了解Flash矢量图特点。

矢量图形是通过带有方向的直线和曲线来描述的，矢量图形以数学公式表示直线、曲线、颜色和位置，与分辨率无关，因此以任何分辨率都能显示。

Flash的图形系统是基于矢量的，因此在制作动画时，只需要存储少量数据就可以描述一个看起来相当复杂的对象，这样，其占用的存储空间同位图相比具有更明显的优势，使用矢量图形的另一个好处在于不管将其放大多少倍，图像都不会失真，而且动画文件非常小，便于传播。图7-191所示为矢量图和放大250倍后的矢量图。

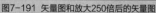
图7-191 矢量图和放大250倍后的矢量图

第 **8** 章

Flash CC基本运用

本章导读

在一个精彩的Flash动画中，图像、声音和视频都是不可缺少的元素。另外，用户还可以根据需要运用辅助绘图工具对这些动画对象进行编辑，常用的辅助绘图工具有标尺、网格以及辅助线等。

本章主要向读者介绍各类文件的导入方法，以及标尺、网格、隐藏辅助线、控制舞台显示比例等内容，希望读者熟练掌握本章内容，为后面的学习奠定良好的基础。

要点索引

- 导入网页动画的图像文件
- 应用网页动画的视频文件
- 应用网页动画的音频文件
- 运用标尺定位网页动画
- 运用网格定位网页动画
- 运用辅助线定位网页动画
- 运用贴紧命令定位网页动画
- 舞台显示比例的控制方式

8.1 导入网页动画的图像文件

Flash CC所提供的绘图工具和公用库内容对于制作一个大型的项目而言是不够的，这时需要从外部导入所需的素材。本节主要向读者介绍导入外部图像文件的操作方法，主要包括导入JPEG文件、PSD文件、PNG文件、GIF文件、Illustrator文件以及AutoCAD WMF文件等。

实战 206 JPEG网页图像的导入方法

▶ 实例位置：光盘\效果\第8章\实战206.fla
▶ 素材位置：光盘\素材\第8章\实战206.jpg
▶ 视频位置：光盘\视频\第8章\实战206.mp4

● 实例介绍 ●

在Flash CC工作界面中，用户可以将需要使用的JPEG文件素材导入到舞台中，下面向读者介绍导入JPEG文件的操作方法。

● 操作步骤 ●

STEP 01 新建一个空白动画文档，在菜单栏中，单击"文件"菜单，在弹出的菜单列表中单击"导入"|"导入到库"命令，如图8-1所示。

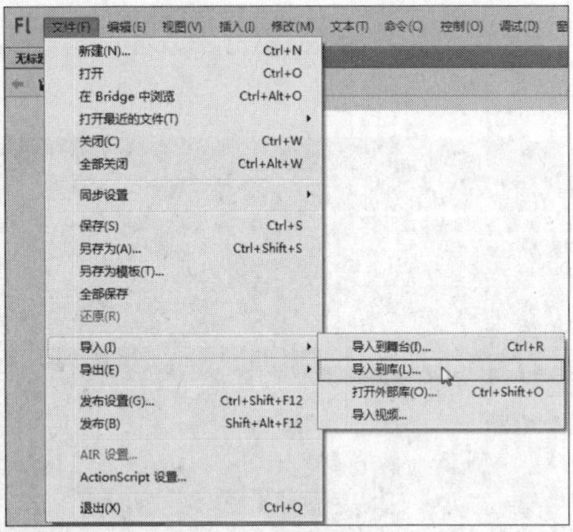

STEP 02 执行操作后，弹出"导入到库"对话框，单击"文件格式"右侧的下三角按钮，在弹出的列表框中选择"JPEG图像"选项，如图8-2所示。

图8-1 单击"导入到库"命令

图8-2 选择"JPEG图像"选项

知识扩展

在Flash CC工作界面中，"导入"子菜单中的各命令含义如下。

➤ "导入到舞台"命令：选择该选项，可以将选择的素材直接导入到舞台中。
➤ "导入到库"命令：选择该选项，可以将选择的素材导入到"库"面板中。
➤ "打开外部库"命令：选择该选项，可以打开外部的库文件。
➤ "导入视频"命令：选择该选项，可以导入用户需要的视频。

STEP 03 此时，在"导入到库"对话框中将显示所有JPEG格式的图像，在其中选择需要导入的JPEG图像文件，如图8-3所示。

STEP 04 单击"打开"按钮，即可将选择的JPEG图像文件导入到Flash CC软件的"库"面板中，如图8-4所示。

图8-3 选择JPEG图像文件

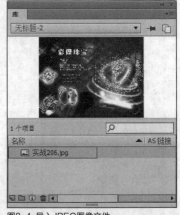

图8-4 导入JPEG图像文件

STEP 05 在"库"面板中，选择导入的JPEG图像文件，单击鼠标左键并拖曳至舞台中的适当位置，将素材添加到舞台中，如图8-5所示。

STEP 06 在菜单栏中，单击"视图"|"缩放比率"|"显示全部"命令，即可显示舞台中的所有图像画面，如图8-6所示。

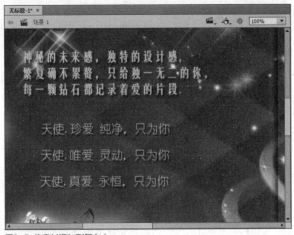

图8-5 将素材添加到舞台中

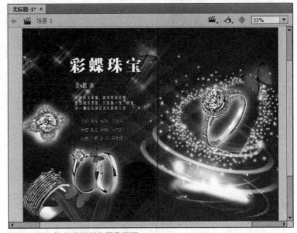

图8-6 显示舞台中的所有图像画面

实战 207 PSD网页图像的导入方法

▶ 实例位置：光盘\效果\第8章\实战207.fla
▶ 素材位置：光盘\素材\第8章\实战207.psd
▶ 视频位置：光盘\视频\第8章\实战207.mp4

● 实例介绍 ●

在Flash CC工作界面中，用户还可以将PSD文件导入至Flash中使用，并可以进行分层，这样更加方便设计者交换使用素材。下面向读者介绍导入PSD文件的操作方法。

● 操作步骤 ●

STEP 01 新建空白动画文档，单击"文件"|"导入"|"导入到舞台"命令，如图8-7所示。

STEP 02 执行操作后，弹出"导入"对话框，单击"文件格式"右侧的下三角按钮，在弹出的列表框中选择"Photoshop"选项，如图8-8所示。

图8-7 单击"导入到舞台"命令

图8-8 选择"Photoshop"选项

STEP 03 此时，在"导入"对话框中选择需要导入的PSD图像文件，如图8-9所示。

STEP 04 单击"打开"按钮，弹出相应对话框，如图8-10所示。

图8-9 选择PSD图像文件

图8-10 弹出相应对话框

STEP 05 单击"确定"按钮，即可将PSD图像导入到舞台中，如图8-11所示。

STEP 06 在舞台中，以合适的显示比例显示导入的PSD图像，效果如图8-12所示。

图8-11 导入PSD图像文件

图8-12 以合适比例显示导入的图像

技巧点拨

在Flash CC工作界面中，当导入的PSD文件只有一个图层时，PSD文件将直接导入到Flash文件中，而不会弹出"将xx.psd导入到舞台"对话框。

| 实战 208 | PNG网页图像的导入方法 | ▶ 实例位置：光盘\效果\第8章\实战208.fla
▶ 素材位置：光盘\素材\第8章\实战208.fla、实战208.png
▶ 视频位置：光盘\视频\第8章\实战208.mp4 |

● 实例介绍 ●

在Flash CC工作界面中，用户可以将PNG文件导入到舞台中，并对导入的PNG素材进行相应编辑操作。下面向读者介绍导入PNG图像文件的操作方法。

● 操作步骤 ●

STEP 01 单击"文件"|"打开"命令，打开一个素材文件，如图8-13所示。

STEP 02 在菜单栏中，单击"文件"|"导入"|"导入到舞台"命令，如图8-14所示。

图8-13 打开一个素材文件

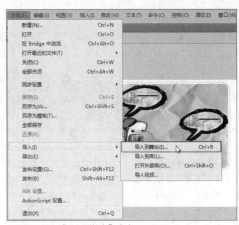

图8-14 单击"导入到舞台"命令

STEP 03 执行操作后，弹出"导入"对话框，单击"文件格式"右侧的下三角按钮，在弹出的列表框中选择"PNG图像"选项，如图8-15所示。

STEP 04 此时，在"导入"对话框中选择需要导入的PNG图像文件，如图8-16所示。

图8-15 选择"PNG图像"选项

图8-16 选择PNG图像文件

STEP 05 单击"打开"按钮，即可将PNG图像导入到舞台中，在舞台中可以查看导入的PNG图像效果，如图8-17所示。

STEP 06 在舞台中，将导入的PNG图像调整至合适位置处，效果如图8-18所示。

图8-17 查看PNG图像效果

图8-18 调整位置

知识扩展

PNG图像文件存储格式的目的是试图替代GIF和TIFF文件格式，同时增加一些GIF文件格式所不具备的特性。可移植网络图形格式（Portable Network Graphic Format，PNG）名称来源于非官方的"PNG's Not GIF"，是一种位图文件（bitmap file）存储格式，读成"ping"。

PNG用来存储灰度图像时，灰度图像的深度可多到16位，存储彩色图像时，彩色图像的深度可多到48位，并且还可存储多到16位的通道数据。PNG使用从LZ77派生的无损数据压缩算法。一般应用于JAVA程序中，或网页或S60程序中是因为它压缩比高，生成文件容量小。PNG格式具有许多特性，下面进行简单介绍。

➤ 体积小。网络通信中因受带宽制约，在保证图片清晰、逼真的前提下，网页中不可能大范围地使用文件较大的bmp、jpg格式文件。

➤ 无损压缩。PNG文件采用LZ77算法的派生算法进行压缩，其结果是获得高的压缩比，不损失数据。它利用特殊的编码方法标记重复出现的数据，因而对图像的颜色没有影响，也不可能产生颜色的损失，这样就可以重复保存而不降低图像质量。

➤ 索引彩色模式。PNG-8格式与GIF图像类似，同样采用8位调色板将RGB彩色图像转换为索引彩色图像。图像中保存的不再是各个像素的彩色信息，而是从图像中挑选出来的具有代表性的颜色编号，每一个编号对应一种颜色，图像的数据量也因此减少，这对彩色图像的传播非常有利。

➤ 更优化的网络传输显示。PNG图像在浏览器上采用流式浏览，即使经过交错处理的图像会在完全下载之前提供浏览者一个基本的图像内容，然后再逐渐清晰起来。它允许连续读出和写入图像数据，这个特性很适合于在通信过程中显示和生成图像。

➤ 支持透明效果。PNG可以为原图像定义256个透明层次，使得彩色图像的边缘能与任何背景平滑地融合，从而彻底地消除锯齿边缘，这种功能是GIF和JPEG没有的。

➤ PNG同时还支持真彩和灰度级图像的Alpha通道透明度。

实战 209　GIF网页图像的导入方法

▶ **实例位置：**光盘\效果\第8章\实战209.fla
▶ **素材位置：**光盘\素材\第8章\实战209.gif
▶ **视频位置：**光盘\视频\第8章\实战209.mp4

● 实例介绍 ●

在Flash CC工作界面中，用户可将GIF文件导入到舞台中，进行动画编辑。下面向读者介绍导入GIF素材的操作方法。

● 操作步骤 ●

STEP 01 新建一个空白动画文档，在菜单栏中单击"文件"|"导入"|"导入到库"命令，如图8-19所示。

STEP 02 执行操作后，弹出"导入到库"对话框，单击"文件格式"右侧的下三角按钮，在弹出的列表框中选择"GIF图像"选项，如图8-20所示。

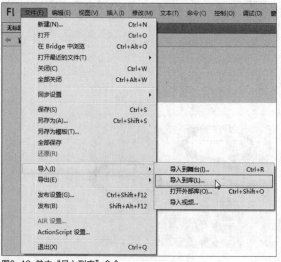

图8-19 单击"导入到库"命令

图8-20 选择"GIF图像"选项

STEP 03 此时，在"导入到库"对话框中将显示所有GIF格式的动画文件，在其中选择需要导入的GIF动画文件，如图8-21所示。

STEP 04 单击"打开"按钮，即可将选择的GIF动画文件导入到Flash CC软件的"库"面板中，如图8-22所示。

图8-21 选择GIF动画文件

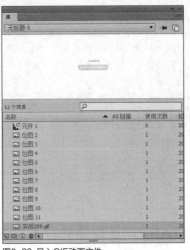

图8-22 导入GIF动画文件

STEP 05 在"库"面板中，选择"元件1"素材，如图8-23所示。

STEP 06 在该素材上，单击鼠标左键并拖曳至舞台中的适当位置，将GIF动画素材添加到舞台中，如图8-24所示。

图8-23 选择"元件1"素材

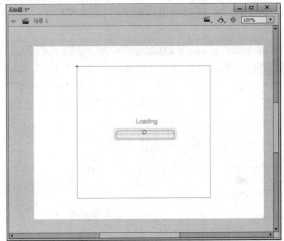

图8-24 将动画文件添加至舞台中

STEP 07 按【Ctrl＋Enter】组合键，对舞台中的GIF动画文件进行输出渲染操作，在SWF窗口中可以预览GIF动画效果，如图8-25所示。

图8-25 预览GIF动画效果

知识扩展

GIF（Graphics Interchange Format）的原意是"图像互换格式"，是CompuServe公司在1987年开发的图像文件格式。GIF文件的数据，是一种基于LZW算法的连续色调的无损压缩格式。其压缩率一般在50%左右，它不属于任何应用程序。目前几乎所有相关软件都支持它，公共领域有大量的软件在使用GIF图像文件。GIF图像文件的数据是经过压缩的，而且是采用了可变长度等压缩算法。GIF格式的另一个特点是其在一个GIF文件中可以保存多幅彩色图像，如果把存于一个文件中的多幅图像数据逐幅读出并显示到屏幕上，就可构成一种最简单的动画。

GIF格式自1987年由CompuServe公司引入后，因其体积小而成像相对清晰，特别适合于初期慢速的互联网，而大受欢迎。它采用无损压缩技术，只要图像不多于256色，则可既减少文件的大小，又保持成像的质量。（当然，现在也存在一些hack技术，在一定的条件下克服256色的限制，具体参见真彩色。）然而，256色的限制大大局限了GIF文件的应用范围，如彩色相机等。（当然采用无损压缩技术的彩色相机照片亦不适合通过网络传输。）另一方面，在高彩图片上有着不俗表现的JPG格式却在简单的折线上效果难以差强人意。因此，GIF格式普遍适用于图表、按钮等只需少量颜色的图像（如黑白照片）。

实战 210　Illustrator网页图像的导入方法

▶ 实例位置：光盘\效果\第8章\实战210.ai
▶ 素材位置：光盘\素材\第8章\实战210.fla
▶ 视频位置：光盘\视频\第8章\实战210.mp4

● 实例介绍 ●

在Flash CC工作界面中，用户可以导入Illustrator文件。在导入的Illustrator文件中，所有的对象都将组合成一个组，如果要对导入的文件进行编辑，将群组打散即可。下面向读者介绍导入Illustrator图像文件的操作方法。

● 操作步骤 ●

STEP 01 在菜单栏中单击"文件"|"导入"|"导入到库"命令，弹出"导入到库"对话框，单击"文件格式"右侧的下三角按钮，在弹出的列表框中选择"Adobe Illustrator"选项，如图8-26所示。

STEP 02 此时，在"导入到库"对话框中，将显示所有AI格式的图像文件，在其中选择需要导入的AI图像文件，如图8-27所示。

图8-26 选择Adobe Illustrator选项

图8-27 选择Illustrator文件

STEP 03 单击"打开"按钮，弹出相应对话框，单击"确定"按钮，如图8-28所示。

STEP 04 执行操作后，即可将Illustrator图像导入到"库"面板中，如图8-29所示。

图8-28 单击"确定"按钮

图8-29 导入到"库"面板中

STEP 05 在导入的素材上，单击鼠标左键并拖曳至舞台中的适当位置，将Illustrator图像素材添加到舞台中，如图8-30所示。

STEP 06 在舞台中，以合适的显示比例显示导入的Illustrator图像，效果如图8-31所示。

图8-30 将图像添加到舞台中

图8-31 以合适的显示比例显示图像

知识扩展

　　ai格式是Adobe公司发布的矢量软件Illustrator的专用文件格式，它的优点是占用硬盘空间小，打开速度快，方便格式转换。

实战 211　TIF网页图像的导入方法

▶ **实例位置：** 光盘\效果\第8章\实战211.fla
▶ **素材位置：** 光盘\素材\第8章\实战211.tif
▶ **视频位置：** 光盘\视频\第8章\实战211.mp4

● 实例介绍 ●

　　在Flash CC工作界面中，用户不仅可以导入Illustrator文件，还可以导入TIF格式的图像文件。

● 操作步骤 ●

STEP 01 在菜单栏中单击"文件"|"导入"|"导入到库"命令，弹出"导入到库"对话框，单击"文件格式"右侧的下三角按钮，在弹出的列表框中选择"所有文件"选项，如图8-32所示。

STEP 02 此时，在"导入到库"对话框中，选择需要导入的TIF图像文件，如图8-33所示。

图8-32 选择"所有文件"选项

图8-33 选择TIF图像文件

STEP 03 单击"打开"按钮，即可将TIF图像导入到"库"面板中，如图8-34所示。

STEP 04 在导入的素材上，单击鼠标左键并拖曳至舞台中的适当位置，将TIF图像素材添加到舞台中，如图8-35所示。

图8-34 导入到"库"面板中

图8-35 添加到舞台中

STEP 05 在舞台中，以合适的显示比例显示导入的TIF图像，效果如图8-36所示。

图8-36 以合适的显示比例显示图像

知识扩展

TIF格式为图像文件格式，此图像格式复杂，存储内容多，占用存储空间大，其大小是GIF图像的3倍，是相应的JPEG图像的10倍，最早流行于Macintosh，现在Windows主流的图像应用程序都支持此格式。

TIFF与JPEG和PNG一起成为流行的高位彩色图像格式。TIFF格式在业界得到了广泛的支持，如Adobe公司的Photoshop、Jasc的GIMP、Ulead PhotoImpact和Paint Shop Pro等图像处理应用、QuarkXPress和Adobe InDesign这样的桌面印刷和页面排版应用、扫描、传真、文字处理、光学字符识别和其他一些应用等都支持这种格式。从Aldus获得了PageMaker印刷应用程序的Adobe公司现在控制着TIFF规范。TIFF文件格式适用于在应用程序之间和计算机平台之间的交换文件，它的出现使得图像数据交换变得简单。

TIFF最初的设计目的是20世纪80年代中期桌面扫描仪厂商达成一个公用的统一的扫描图像文件格式，而不是每个厂商使用自己专有的格式。在刚开始的时候，TIFF只是一个二值图像格式，因为当时的桌面扫描仪只能处理这种格式，随着扫描仪的功能越来越强大，并且计算机的磁盘空间越来越大，TIFF逐渐支持灰阶图像和彩色图像。

TIFF是最复杂的一种位图文件格式。TIFF是基于标记的文件格式，它广泛地应用于对图像质量要求较高的图像的存储与转换。由于它的结构灵活和包容性大，它已成为图像文件格式的一种标准，绝大多数图像系统都支持这种格式。

实战 212	外部库文件的导入方法

▶ **实例位置：**光盘\效果\第8章\实战212.fla
▶ **素材位置：**光盘\素材\第8章\实战212.fla
▶ **视频位置：**光盘\视频\第8章\实战212.mp4

● 实例介绍 ●

在Flash CC工作界面中，用户可以打开外部库文件，作为一个独立的"库"，外部库面板中显示了外部库中所有项目的名称，用户可以随时查看和调用这些元件。

● 操作步骤 ●

STEP 01 在菜单栏中单击"文件"|"导入"|"打开外部库"命令，如图8-37所示。

STEP 02 执行操作后，弹出"打开"对话框，在其中选择外部库文件，如图8-38所示。

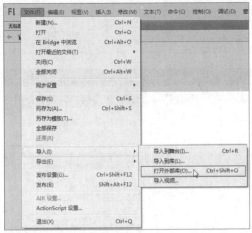

图8-37 单击"打开外部库"命令

图8-38 选择外部库文件

STEP 03 单击"打开"按钮，即可将选择的外部库文件导入到Flash CC新建的动画文件中，在"库"面板中可以查看外部库文件，如图8-39所示。

STEP 04 在导入的素材上，单击鼠标左键并拖曳至舞台中的适当位置，如图8-40所示。

图8-39 查看外部库文件

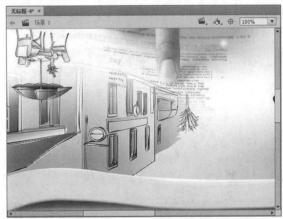

图8-40 拖曳至舞台中的适当位置

STEP 05 在舞台中，以合适的显示比例显示导入的外部库文件，效果如图8-41所示。

图8-41 显示导入的TIF图像

8.2　应用网页动画的视频文件

　　在Flash CC工作界面中，允许用户导入视频，根据导入视频的格式和方法的不同，用户可以将包含视频的影片发布为SWF格式的影片，或者导入FLV格式的视频。

实战 213 网页视频的导入方法

▶ 实例位置：光盘\效果\第8章\实战213.mp4
▶ 素材位置：光盘\素材\第8章\实战213.mp4
▶ 视频位置：光盘\视频\第8章\实战213.mp4

● 实例介绍 ●

在Flash CC工作界面中，用户可以根据需要将视频导入到"库"面板中。下面以导入FLV视频为例，向读者介绍导入视频的操作方法。

知识扩展

> FLV流媒体格式是一种新的视频格式，全称为FlashVideo。由于它形成的文件极小、加载速度极快，使得网络观看视频成为可能，它的出现有效地解决了视频导入Flash后，使导出的SWF文件体积庞大，不能在网络上很好的使用等缺点。
>
> 目前各在线视频网站均采用此视频格式。如新浪播客、土豆、酷6、Youtube等，无一例外，FLV已经成为当前视频的主流格式。
>
> FLV就是随着FlashMX的推出发展而来的视频格式，目前被众多新一代视频分享网站所采用，是目前增长最快、最为广泛的视频传播格式。它是在Sorenson公司的压缩算法的基础上开发出来的。FLV格式不仅可以轻松地导入Flash中，速度极快，还能起到保护版权的作用，并且可以不通过本地的微软或者REAL播放器播放视频。

● 操作步骤 ●

STEP 01 单击"文件" | "新建"命令，新建一个Flash文件（ActionScript 3.0），如图8-42所示。

STEP 02 在菜单栏中，单击"文件"菜单，在弹出的菜单列表中单击"导入" | "导入视频"命令，如图8-43所示。

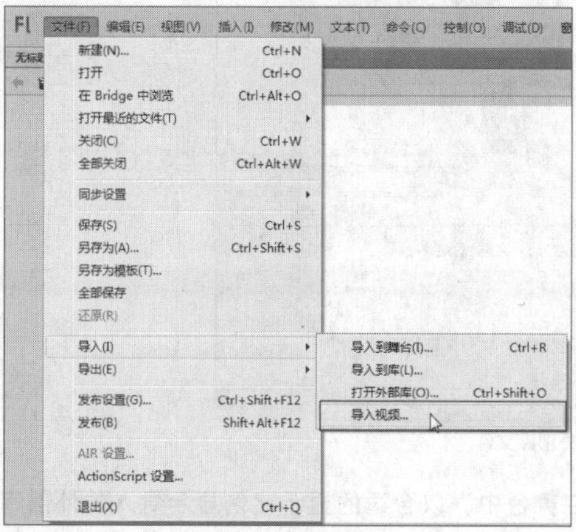

图8-42 新建一个Flash文件

图8-43 单击"导入视频"命令

STEP 03 执行操作后，弹出"导入视频"对话框，单击"浏览"按钮，如图8-44所示。

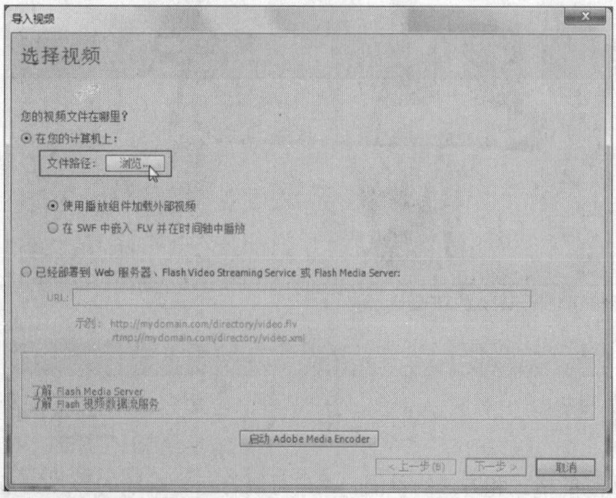

STEP 04 弹出"打开"对话框，在其中选择需要导入的视频，如图8-45所示。

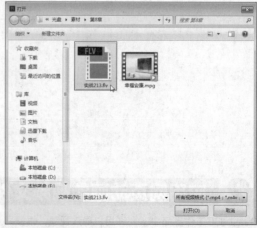

图8-44 单击"浏览"按钮

图8-45 选择需要导入的视频

STEP 05 单击"打开"按钮,返回"导入视频"对话框,在"浏览"按钮下方将显示视频的导入路径,如图8-46所示。

图8-46 显示视频的导入路径

STEP 07 单击"下一步"按钮,进入"完成视频导入"对话框,如图8-48所示。

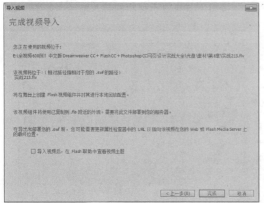

图8-48 进入"完成视频导入"对话框

STEP 09 在舞台中,可以查看导入的视频画面效果,如图8-50所示。

STEP 06 单击"下一步"按钮,进入"设定外观"界面,其中显示了视频的外观样式,如图8-47所示。

图8-47 显示视频的外观样式

STEP 08 单击"完成"按钮,返回Flash CC工作界面,在"库"面板中显示了刚导入的视频,如图8-49所示。

图8-49 显示刚导入的视频

图8-50 查看导入的视频画面效果

实战 214 　**将网页视频导入为嵌入文件**

▶ **实例位置:** 光盘\效果\第8章\实战214.mp4
▶ **素材位置:** 光盘\素材\第8章\实战214.mp4
▶ **视频位置:** 光盘\视频\第8章\实战214.mp4

● **实例介绍** ●

在Flash CC工作界面中,用户还可以在SWF中嵌入FLV视频,并在时间轴中播放视频。下面向读者介绍嵌入视频的操作方法。

STEP 01 新建一个Flash文件（ActionScript 3.0），单击"文件"|"导入"|"导入视频"命令，如图8-51所示。

图8-51 单击"导入视频"命令

STEP 03 弹出"打开"对话框，在其中选择需要导入的视频，如图8-53所示。

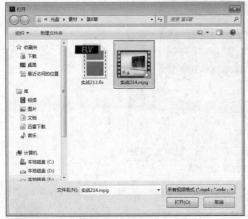

图8-53 选择需要导入的视频

STEP 05 在界面中，选中"在SWF中嵌入FLV并在时间轴中播放"单选按钮，如图8-55所示。

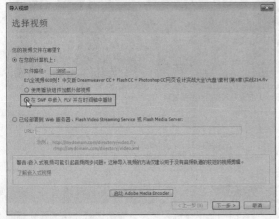

图8-55 选中相应单选按钮

STEP 02 执行操作后，弹出"导入视频"对话框，单击"浏览"按钮，如图8-52所示。

图8-52 单击"浏览"按钮

STEP 04 单击"打开"按钮，返回"导入视频"对话框，在"浏览"按钮下方将显示视频的导入路径，如图8-54所示。

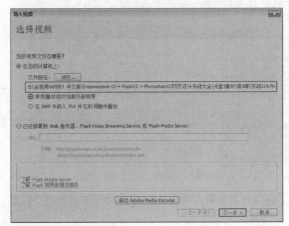

图8-54 显示视频的导入路径

STEP 06 单击"下一步"按钮，进入"嵌入"界面，在其中选中相应复选框，如图8-56所示。

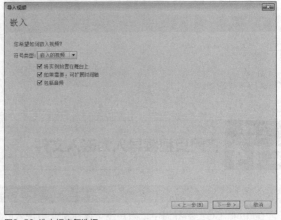

图8-56 选中相应复选框

STEP 07 单击"下一步"按钮，进入"完成视频导入"界面，如图8-57所示。

STEP 08 单击"完成"按钮，返回Flash CC工作界面，在"库"面板中显示了刚导入的视频，如图8-58所示。

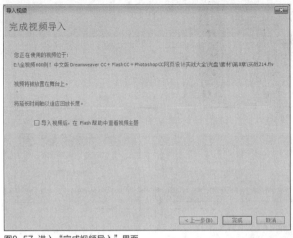

图8-57 进入"完成视频导入"界面

图8-58 显示刚导入的视频

STEP 09 在"时间轴"面板中，显示了视频中时间的帧数量，如图8-59所示。

图8-59 显示视频中时间的帧数量

STEP 10 单击"时间轴"面板下方的"播放"按钮，播放导入的视频画面，效果如图8-60所示。

图8-60 播放导入的视频画面

<table>
<tr><td rowspan="3">实战
215</td><td rowspan="3">**为网页视频文件重新命名**</td><td>▶ **实例位置：** 光盘\效果\第8章\实战215.fla</td></tr>
<tr><td>▶ **素材位置：** 光盘\素材\第8章\实战215.fla</td></tr>
<tr><td>▶ **视频位置：** 光盘\视频\第8章\实战215.mp4</td></tr>
</table>

● **实例介绍** ●

　　在Flash CC工作界面中，如果用户需要为某些视频文件制作代码文本，首先需要为视频文件设置实例名称。下面向读者介绍命名视频实例名称的操作方法。

● **操作步骤** ●

STEP 01 单击"文件"|"打开"命令，打开一个素材文件，如图8-61所示。

图8-61 打开一个素材文件

STEP 02 在舞台中，选择需要命名的视频文件，在"属性"面板中显示"实例名称"文本框，如图8-62所示。

STEP 03 切换至英文输入法状态，在"实例名称"文本框中输入视频的实例名称，这里输入"xiezi"，按【Enter】键确认操作，如图8-63所示。

图8-62 显示"实例名称"文本框　　图8-63 输入视频的实例名称

知识扩展

在Flash CC工作界面中，当用户设置视频实例的名称时，如果名称中设置有空格，当用户按【Enter】键确认名称设置时，将会弹出提示信息框，提示用户设置的视频名称不是有效的实例名称，如图8-64所示，此时在"实例名称"文本框中删除空格，即可完成实例名称的设置。

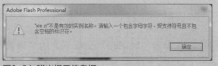

图8-64 弹出提示信息框

技巧点拨

在Flash CC工作界面中，用户可以根据需要为导入的视频文件重新命名，方便对视频进行管理。

在"库"面板中，选择需要重命名的视频文件，如图8-65所示。在选择的视频文件上，单击鼠标右键，在弹出的快捷菜单中选择"重命名"选项，如图8-66所示。

此时，视频名称呈可编辑状态，如图8-67所示。选择一种合适的输入法，在视频名称文本框中输入相应的视频名称，按【Enter】键确认，即可重命名视频文件，如图8-68所示。

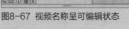

图8-65 选择视频文件　　图8-66 选择"重命名"选项　　图8-67 视频名称呈可编辑状态　　图8-68 重命名视频文件

在"库"面板中的视频文件上，单击鼠标右键，在弹出的快捷菜单中选择"属性"选项，弹出"视频属性"对话框，在"元件1"右侧的文本框中，也可重命名视频的名称，如图8-69所示。

图8-69 弹出"视频属性"对话框

实战 216 管理网页动画中的视频文件

▶ 实例位置：光盘\效果\第8章\实战216.fla
▶ 素材位置：光盘\素材\第8章\实战216.fla
▶ 视频位置：光盘\视频\第8章\实战216.mp4

● 实例介绍 ●

在Flash CC工作界面中，用户可以在"库"面板中将相应的视频文件移至相应的文件夹中，对网页视频进行管理。

● 操作步骤 ●

STEP 01 单击"文件"|"打开"命令，打开一个素材文件，如图8-70所示。

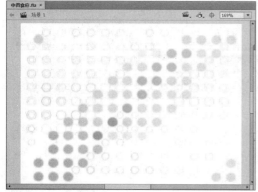

图8-70 打开一个素材文件

STEP 02 在"库"面板中，选择需要移动的视频文件，如图8-71所示。

STEP 03 在选择的视频文件上，单击鼠标右键，在弹出的快捷菜单中选择"移至"选项，如图8-72所示。

图8-71 选择需要移动的视频

图8-72 选择"移至"选项

STEP 04 执行操作后，弹出"移至文件夹"对话框，如图8-73所示。

STEP 05 在其中选中"现有文件夹"单选按钮，在下方选择"素材"选项，如图8-74所示。

STEP 06 单击"选择"按钮，即可将"中西食府"视频文件移至"素材"文件夹中，如图8-75所示。完成视频的移动操作。

图8-73 弹出"移至文件夹"对话框

图8-74 选择"素材"选项

图8-75 完成视频的移动操作

技巧点拨

在Flash CC工作界面中，如果用户对于添加的视频文件不满意，此时可以将视频文件进行删除操作。在"库"面板中，选择需要删除的视频文件，如图8-76所示。在选择的视频文件上，单击鼠标右键，在弹出的快捷菜单中选择"删除"选项，如图8-77所示。

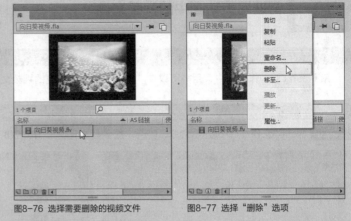

图8-76 选择需要删除的视频文件　　图8-77 选择"删除"选项

执行操作后，即可删除"库"面板中的视频文件，此时"库"面板中显示为空，如图8-78所示。当用户删除"库"面板中的视频文件后，此时舞台中的视频文件也同时被删除了，如图8-79所示。

在Flash CC工作界面中，用户还可以通过以下两种方法删除视频文件。

➤ 在"库"面板中，选择需要删除的视频文件，按【Delete】键。

➤ 在"库"面板中，选择需要删除的视频文件，按【Backspace】键。

图8-78 "库"面板中显示为空

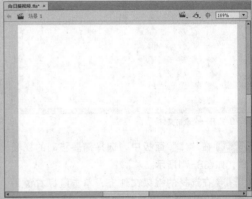

图8-79 舞台视频也同时被删除了

实战 217　对视频文件进行交换操作

▶ 实例位置：光盘\效果\第8章\实战217.fla
▶ 素材位置：光盘\素材\第8章\实战217.fla
▶ 视频位置：光盘\视频\第8章\实战217.mp4

● 实例介绍 ●

在Flash CC工作界面中，用户不仅可以对位图图像进行交换操作，还可以对舞台中的视频文件进行交换操作。下面向读者介绍交换视频文件的操作方法。

● 操作步骤 ●

STEP 01 单击"文件"|"打开"命令，打开一个素材文件，如图8-80所示。

图8-80 打开一个素材文件

STEP 02 在舞台中，选择需要交换的视频素材，此时视频素材四周显示蓝色边框，表示该素材已被选中，如图8-81所示。

STEP 03 在"属性"面板中，单击"交换"按钮，如图8-82所示。

图8-81 选择需要交换的视频素材

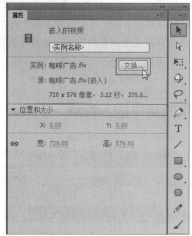

图8-82 单击"交换"按钮

STEP 04 执行操作后，弹出"交换视频"对话框，如图8-83所示。

STEP 05 在列表框中，选择需要交换的视频素材，如图8-84所示。

图8-83 弹出"交换视频"对话框

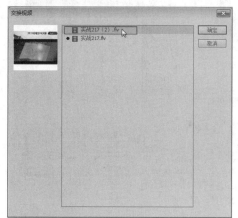

图8-84 选择"实战217（2）"视频

STEP 06 单击"确定"按钮，即可交换舞台中的视频素材，效果如图8-85所示。

图8-85 交换舞台中的视频素材

技巧点拨

　　在Flash CC工作界面中，用户不可以导入MPEG格式的视频文件，需要将其转换为FLV格式，才能导入到"库"面板中。

8.3 应用网页动画的音频文件

Flash影片中的声音是通过对外部声音文件导入而得到的，与导入位图的操作一样，单击"文件"|"导入"|"导入到库"命令，就可以将选择的音频文件导入到动画文档中。在Flash CC工作界面中，当用户将音频文件导入"库"面板中，还需要掌握管理声音文件的多种方法，这样才能更好地将声音文件与影片文件进行结合，制作出具有吸引力的网页动画效果。

实战 218 在网页文档中插入音频

▶ **实例位置：** 光盘\效果\第8章\实战218.fla
▶ **素材位置：** 光盘\素材\第8章\实战218.mp3
▶ **视频位置：** 光盘\视频\第8章\实战218.mp4

● 实例介绍 ●

在Flash CC工作界面中，导入的音频文件作为一个独立的元件存在于"库"面板中。

● 操作步骤 ●

STEP 01 在菜单栏中，单击"文件"|"导入"|"导入到库"命令，如图8-86所示。

STEP 02 弹出"导入到库"对话框，在其中选择需要导入的音频文件，如图8-87所示。

图8-86 单击"导入到库"命令

图8-87 选择需要导入的音频

技巧点拨

在Flash CC工作界面中，用户在编辑音频文件之前，首先需要选择音频文件。

在"库"面板中，将鼠标指针移至"背景音乐"名称上，单击鼠标左键，即可选择"背景音乐"库文件，如图8-88所示。将鼠标指针移至"图层2"的任意一帧，单击鼠标左键，也可以选择音频，如图8-89所示。

图8-88 选择"背景音乐"库文件

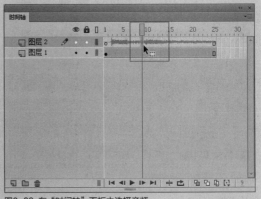

图8-89 在"时间轴"面板中选择音频

STEP 03 单击"打开"按钮，即可将音频文件导入到"库"面板中，如图8-90所示。

STEP 04 将音频文件拖曳至舞台中，"图层1"第1帧上将显示音频的音波，如图8-91所示。

图8-90 导入到"库"面板中

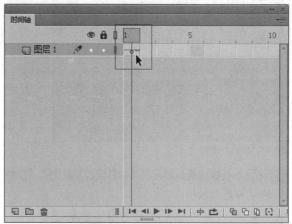

图8-91 帧上显示音频的音波

实战 219	为网页中的按钮添加声音	▶ 实例位置：光盘\效果\第8章\实战219.mp4
		▶ 素材位置：光盘\素材\第8章\实战219.mp4
		▶ 视频位置：光盘\视频\第8章\实战219.mp4

● 实例介绍 ●

在Flash CC工作界面中，用户可以为按钮添加声音。为按钮添加声音后，该元件的所有实例都将具有声音。下面向读者介绍为按钮加入声音的操作方法。

● 操作步骤 ●

STEP 01 单击"文件"|"打开"命令，打开一个素材文件，如图8-92所示。

STEP 02 在舞台中，选择"女歌手"按钮元件实例，如图8-93所示。

图8-92 打开一个素材文件

图8-93 选择按钮元件实例

STEP 03 双击鼠标左键，进入按钮编辑模式，此时"时间轴"面板如图8-94所示。

STEP 04 选择"图层2"图层的"指针经过"帧，单击鼠标右键，在弹出的快捷菜单中选择"插入空白关键帧"选项，如图8-95所示。

图8-94 "时间轴"面板

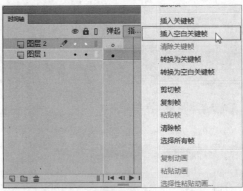

图8-95 选择"插入空白关键帧"选项

STEP 05 执行操作后,即可在"指针经过"帧上插入空白关键帧,如图8-96所示。

STEP 06 用与上述同样的方法,在"按下"帧上插入空白关键帧,如图8-97所示。

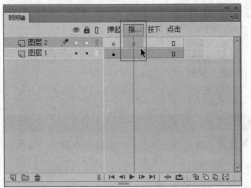

图8-96 插入空白关键帧1

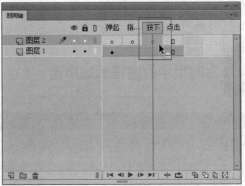

图8-97 插入空白关键帧2

STEP 07 选择"指针经过"帧,在"属性"面板的"声音"选项区中,单击"名称"右侧的下三角按钮,在弹出的列表框中选择"click.WAV"选项,如图8-98所示。

STEP 08 执行操作后,即可为"指针经过"帧添加声音文件,在帧上显示了音频的音波,如图8-99所示,完成为按钮添加声音的操作。

图8-98 选择"click.WAV"选项

图8-99 为"指针经过"帧添加声音

实战 220 制作出有声音的动画效果

▶ 实例位置:光盘\效果\第8章\实战220.fla
▶ 素材位置:光盘\素材\第8章\实战220.fla
▶ 视频位置:光盘\视频\第8章\实战220.mp4

● 实例介绍 ●

在Flash CC工作界面中,为了使动画更加形象,更加有声有色,需要在动画中添加声音,从而制作出有声音的动画效果。下面向读者介绍为影片加入声音的操作方法。

● 操作步骤 ●

STEP 01 单击"文件"|"打开"命令,打开一个素材文件,如图8-100所示。

图8-100 打开一个素材文件

STEP 02 在"时间轴"面板中,选择"music"图层的第1帧,如图8-101所示。

STEP 03 在"属性"面板的"声音"选项区中,单击"名称"选项右侧的下拉按钮,在弹出的列表框中,选择"背景音乐.WAV"选项,如图8-102所示。

图8-101 选择"music"图层的第1帧

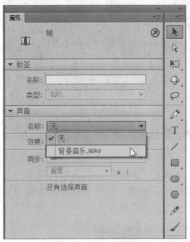

图8-102 选择"背景音乐.WAV"选项

STEP 04 即可为影片加入声音,在"声音"选项区中可以查看声音属性,如图8-103所示。

STEP 05 在"时间轴"面板的"music"图层中,显示了音频的音波效果,如图8-104所示。

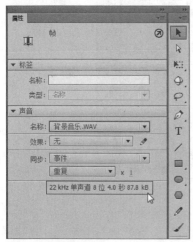

图8-103 查看声音属性

图8-104 显示音频的音波效果

技巧点拨

在Flash CC工作界面中，用户可以根据需要在影片的任意位置添加声音文件，背景音乐在影片中可以起到锦上添花的作用。

实战 221 重复播放网页动画中的声音

▶ **实例位置：** 光盘\效果\第8章\实战221.fla
▶ **素材位置：** 光盘\素材\第8章\实战221.fla
▶ **视频位置：** 光盘\视频\第8章\实战221.mp4

● 实例介绍 ●

在Flash CC工作界面中，用户可以根据影片的特点，设置音频文件的播放方式。下面向读者介绍重复播放声音文件的操作方法。

● 操作步骤 ●

STEP 01 单击"文件"|"打开"命令，打开一个素材文件，如图8-105所示。

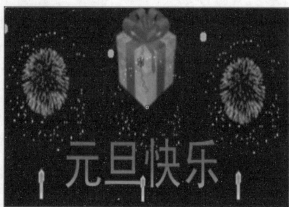

图8-105 打开一个素材文件

STEP 03 在"属性"面板的"声音"选项区中，单击"名称"选项右侧的下拉按钮，在弹出的列表框中，选择"元旦快乐.mp3"选项，如图8-107所示。

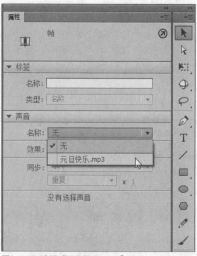

图8-107 选择"元旦快乐.mp3"选项

STEP 02 在"时间轴"面板中，选择"图层2"图层的第1帧，如图8-106所示。

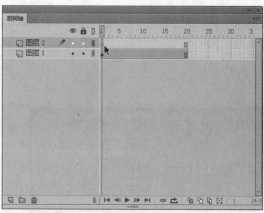

图8-106 选择"图层2"的第1帧

STEP 04 单击"同步"选项下方的按钮，弹出列表框，选择"重复"选项，如图8-108所示。

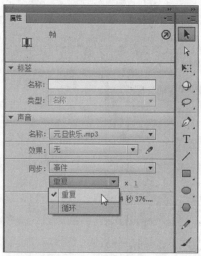

图8-108 选择"重复"选项

STEP 05 执行操作后，即可设置声音的播放方式为重复播放，在"时间轴"面板中可以查看"图层2"中的音波效果，如图8-109所示。

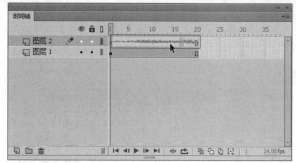

图8-109 设置声音的播放方式为重复播放

实战 222 网页动画音频的效果设置

▶ 实例位置：光盘\效果\第8章\实战222.fla
▶ 素材位置：光盘\素材\第8章\实战222.fla
▶ 视频位置：光盘\视频\第8章\实战222.mp4

● 实例介绍 ●

在Flash CC工作界面中，用户可以根据需要来编辑音频文件，将声音导入到场景编辑窗口中，选择声音的相应帧后，可以编辑声音的效果。

● 操作步骤 ●

STEP 01 单击"文件"|"打开"命令，打开一个素材文件，如图8-110所示。

STEP 02 在"时间轴"面板中，选择"图层2"图层的第1帧，如图8-111所示。

图8-110 打开一个素材文件

图8-111 选择"图层2"的第1帧

STEP 03 在"属性"面板的"声音"选项区中，单击"效果"右侧的"编辑声音封套"按钮，如图8-112所示。

STEP 04 执行操作后，弹出"编辑封套"对话框，单击"效果"右侧的下三角按钮，在弹出的列表框中选择"淡入"选项，如图8-113所示。

图8-112 单击"编辑声音封套"按钮

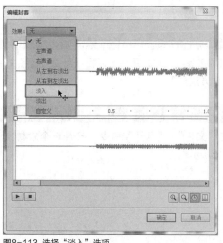

图8-113 选择"淡入"选项

STEP 05 执行操作后，即可设置音频的声音效果为"淡入"方式，在对话框下方可以查看淡入的关键帧设置，如图8-114所示。

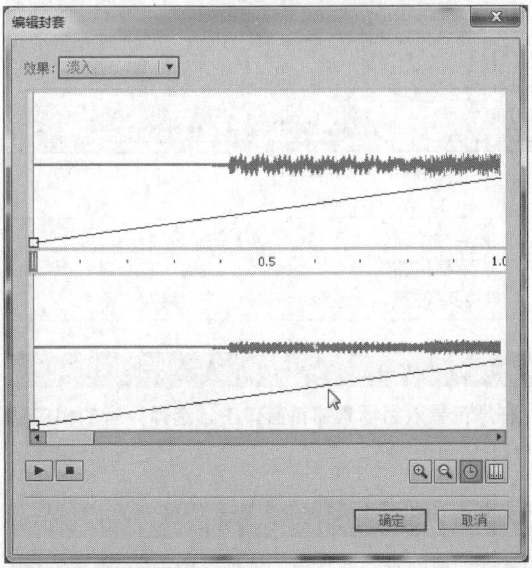

STEP 06 设置完成后，单击"确定"按钮，返回Flash工作界面，在"属性"面板的"效果"列表框中，用户也可以直接选择声音的效果方式，如图8-115所示。

图8-114 查看淡入的关键帧设置

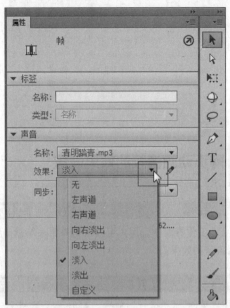

图8-115 "效果"列表框

技巧点拨

在"属性"面板的"同步"列表框中，若用户选择"循环"选项，则可以设置音频文件为循环播放方式。

知识扩展

在"属性"面板的"效果"列表框中，各选项的含义如下。
- ➤ 左声道：只使用左声道播放声音。
- ➤ 右声道：只使用右声道播放声音。
- ➤ 从左到右淡出：产生从左声道到右声道的渐变音效。
- ➤ 从右到左淡出：产生从右声道到左声道的渐变音效。
- ➤ 淡入：用于制造淡入的音效。
- ➤ 淡出：用来制造淡出的音效。
- ➤ 自定义：选择该选项后，会弹出"编辑封套"对话框，用户可以对声音进行手动的调整。

实战 223 降低网页动画音频文件的大小

▶ **实例位置**：光盘\效果\第8章\实战223.fla
▶ **素材位置**：光盘\素材\第8章\实战223.fla
▶ **视频位置**：光盘\视频\第8章\实战223.mp4

● 实例介绍 ●

在Flash CC工作界面中，用户可以根据需要对音频文件进行压缩操作，降低音频的文件大小。下面向读者介绍压缩音频文件的操作方法。

● 操作步骤 ●

STEP 01 单击"文件"|"打开"命令，打开一个素材文件，如图8-116所示。

STEP 02 在"库"面板中，选择需要压缩的音频文件，单击鼠标右键，在弹出的快捷菜单中选择"属性"选项，如图8-117所示。

图8-116 打开一个素材文件

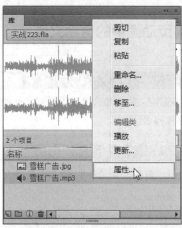

图8-117 选择"属性"选项

STEP 03 执行操作后，弹出"声音属性"对话框，单击"压缩"右侧的下三角按钮，在弹出的列表框中选择"Raw"选项，如图8-118所示。

STEP 04 在对话框的下方，设置Raw格式的预处理、采样率等选项，如图8-119所示，设置完成后，单击"确定"按钮，即可设置音频文件的压缩方式。

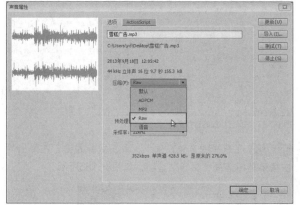

图8-118 选择"Raw"选项

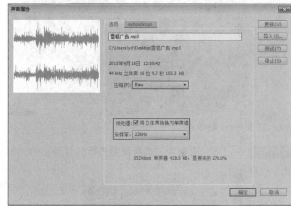

图8-119 设置"Raw"格式的相关属性

技巧点拨

　　在Flash CC工作界面中，用户可以根据需要查看音频文件的相关属性，以便能更好地编辑音频文件。在"声音属性"对话框的"选项"选项卡中可以查看音频的属性，如音频的声道、帧参数以及修改时间等信息，如图8-120所示。单击"ActionScript"标签，切换至"ActionScript"选项卡，在其中用户可以对音频的共享进行相关操作，如图8-121所示。

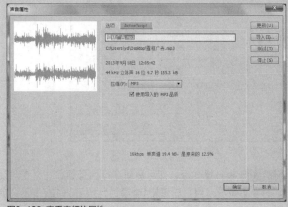

图8-120 查看音频的属性

图8-121 对音频的共享进行相关操作

实战 224 更新网页动画中的音频文件

▶ 实例位置：光盘\效果\第8章\实战224.fla
▶ 素材位置：光盘\素材\第8章\实战224.fla
▶ 视频位置：光盘\视频\第8章\实战224.mp4

● 实例介绍 ●

在Flash CC工作界面中，用户如果更改了音频文件的源文件，此时可以更新Flash中导入的音频文件。下面向读者介绍更新音频文件的操作方法。

● 操作步骤 ●

STEP 01 单击"文件"|"打开"命令，打开一个素材文件，如图8-122所示。

STEP 02 在"时间轴"面板中，查看"图层2"中已添加的音频文件，如图8-123所示。

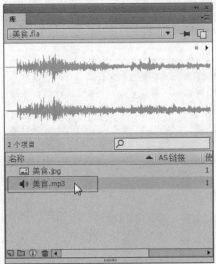

图8-122 打开一个素材文件

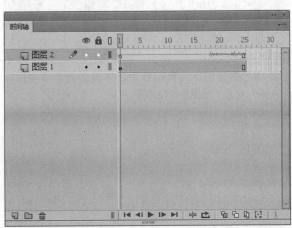

图8-123 选择已添加的音频文件

STEP 03 在"库"面板中，选择需要更新的音频文件，如图8-124所示。

STEP 04 在选择的音频文件上，单击鼠标右键，在弹出的快捷菜单中选择"更新"选项，如图8-125所示。

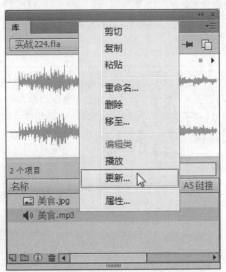

图8-124 选择需要更新的音频文件

图8-125 选择"更新"选项

STEP 05 执行操作后，弹出"更新库项目"对话框，在其中选中"美食"复选框，单击右下角的"更新"按钮，如图8-126所示。

STEP 06 执行操作后，即可更新选择的音频文件，在对话框的左下角提示用户已更新1个项目，如图8-127所示，单击"关闭"按钮，完成音频文件的更新操作。

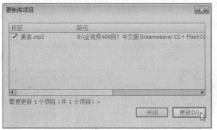

图8-126 单击"更新"按钮

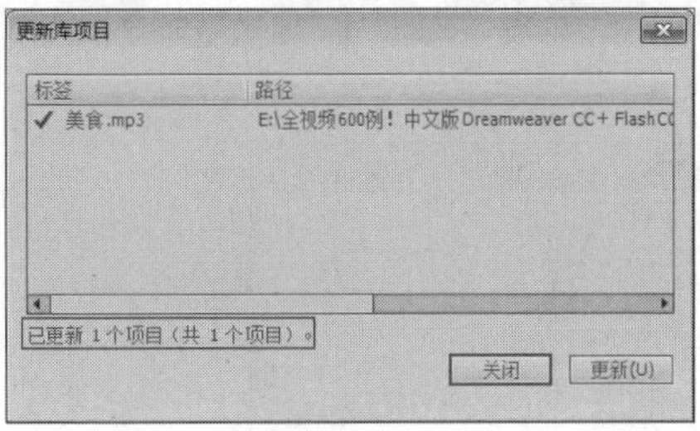

图8-127 提示用户已更新1个项目

技巧点拨

　　在Flash CC工作界面中，用户还可以在"声音属性"对话框中，单击右侧的"更新"按钮，如图8-128所示，也可以快速更新音频文件。

图8-128 单击"更新"按钮

8.4 运用标尺定位网页动画

　　标尺主要用于帮助用户在工作区中的图形对象进行定位，默认情况下，系统不会显示标尺。当显示标尺时，它们将显示在文档的左侧和上方，用户可以更改标尺的度量单位，将其默认的单位更改为其他单位。本节主要向读者介绍显示与隐藏标尺的操作方法。

实战 225　使用菜单命令显示标尺

▶ 实例位置：无
▶ 素材位置：光盘\素材\第8章\实战225.fla
▶ 视频位置：光盘\视频\第8章\实战225.mp4

● 实例介绍 ●

　　在Flash CC工作界面中制作动画文件时，标尺起着精确定位图形的功能。下面向读者介绍通过"标尺"命令显示标尺对象的操作方法。

● 操作步骤 ●

STEP 01 单击"文件"|"打开"命令，打开一个素材文件，如图8-129所示。

STEP 02 在舞台中，可以查看未添加标尺的状态，如图8-130所示。

图8-129 打开一个素材文件

图8-130 查看未添加标尺的状态

STEP 03 在菜单栏中，单击"视图"|"标尺"命令，如图8-131所示。

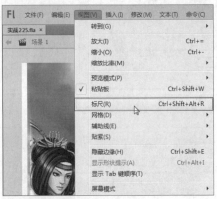

图8-131 单击"标尺"命令

STEP 04 执行操作后，即可在舞台区的左侧和上方，显示标尺对象，如图8-132所示。

图8-132 显示标尺对象

技巧点拨

在Flash CC工作界面中，按【Ctrl+Shift+Alt+R】组合键，也可以快速将标尺对象进行显示或隐藏操作。

实战 226 使用舞台选项显示标尺

▶ 实例位置：无
▶ 素材位置：光盘\素材\第8章\实战226.fla
▶ 视频位置：光盘\视频\第8章\实战226.mp4

● 实例介绍 ●

在Flash CC工作界面中，用户还可以使用舞台工作区右键菜单中的"标尺"选项，来快速显示标尺对象。

● 操作步骤 ●

STEP 01 单击"文件"|"打开"命令，打开一个素材文件，如图8-133所示。

STEP 02 在舞台中，可以查看未添加标尺的状态，如图8-134所示。

图8-133 打开一个素材文件

图8-134 查看未添加标尺的状态

STEP 03 在舞台编辑区的灰色空白位置上，单击鼠标右键，在弹出的快捷菜单中选择"标尺"选项，如图8-135所示。

STEP 04 执行操作后，即可在舞台区的左侧和上方，显示标尺对象，如图8-136所示。

图8-135 选择"标尺"选项

图8-136 显示标尺对象

知识扩展

在舞台编辑区的右键菜单中，有关素材编辑的部分选项含义如下。

➢ 剪切：选择该选项，可以对动画素材进行剪切操作。

➢ 复制：选择该选项，可以对动画素材进行复制操作。

➢ 粘贴到中心位置：选择该选项，可以将动画素材复制到文档的中心位置。

➢ 粘贴到当前位置：选择该选项，可以将动画素材复制到文档的当前位置。

➢ 全选：选择该选项，可以全选舞台区中的所有动画素材。

➢ 取消全选：选择该选项，可以取消全选舞台区中选择的动画素材。

实战 227　使用菜单命令隐藏标尺

➢ 实例位置：无
➢ 素材位置：光盘\素材\第8章\实战227.fla
➢ 视频位置：光盘\视频\第8章\实战227.mp4

● 实例介绍 ●

在Flash CC工作界面中，如果用户不需要再使用标尺制作动画文件，此时为了更好地预览动画文件，可以将标尺对象进行隐藏。

● 操作步骤 ●

STEP 01 单击"文件"|"打开"命令，打开一个素材文件，如图8-137所示。

STEP 02 在舞台中，可以查看已经添加了标尺的状态，如图8-138所示。

图8-137 打开一个素材文件

图8-138 查看已经添加了标尺的状态

STEP 03 在菜单栏中，单击"视图"菜单，在弹出的菜单列表中单击"标尺"命令，如图8-139所示。

STEP 04 执行操作后，即可将舞台区中左侧和上方的标尺对象进行隐藏，如图8-140所示。

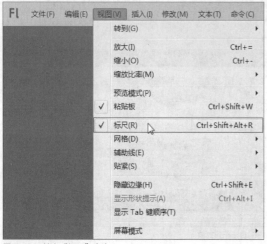

图8-139 单击"标尺"命令

图8-140 隐藏标尺对象

技巧点拨

在Flash CC工作界面中，单击"视图"菜单，在弹出的菜单列表中按【R】键，也可以快速执行"标尺"命令。

实战 228 使用舞台选项隐藏标尺

▶ **实例位置：** 光盘\效果\第8章\实战228.fla
▶ **素材位置：** 光盘\素材\第8章\实战228.fla
▶ **视频位置：** 光盘\视频\第8章\实战228.mp4

● **实例介绍** ●

在Flash CC工作界面中，用户还可以使用舞台工作区右键菜单中的"标尺"选项，来快速隐藏标尺对象，显示与隐藏标尺是同一个"标尺"命令。

● **操作步骤** ●

STEP 01 单击"文件"|"打开"命令，打开一个素材文件，如图8-141所示。

STEP 02 在舞台中，可以查看已经添加了标尺的状态，如图8-142所示。

图8-141 打开一个素材文件

图8-142 查看已经添加了标尺的状态

STEP 03 在舞台编辑区的灰色空白位置上，单击鼠标右键，在弹出的快捷菜单中选择"标尺"选项，如图8-143所示。

STEP 04 执行操作后，即可将舞台区中左侧和上方的标尺对象进行隐藏，如图8-144所示。

图8-143 选择"标尺"选项

图8-144 隐藏标尺对象

8.5 运用网格定位网页动画

在Flash CC中，网格对于绘图同样重要。使用网格，能够可视地排齐对象，或绘制一定比例的图像。用户还可根据需要对网格的颜色、间距等参数进行设置，以满足不同情况下的需要。本节主要向读者介绍应用网格的操作方法。

实战 229	在舞台中显示网格

▶ 实例位置：无
▶ 素材位置：光盘\素材\第8章\实战229.fla
▶ 视频位置：光盘\视频\第8章\实战229.mp4

● 实例介绍 ●

在Flash CC工作界面中，网格是在文档的所有场景中显示的一系列水平和垂直的直线，其作用类似于标尺，主要用于定位舞台中的图形对象。

● 操作步骤 ●

STEP 01 单击"文件"|"打开"命令，打开一个素材文件，如图8-145所示。

STEP 02 在舞台中，可以查看未添加网格时的图形状态，如图8-146所示。

图8-145 打开一个素材文件

图8-146 查看未添加网格时的图形状态

STEP 03 在菜单栏中，单击"视图"菜单，在弹出的菜单列表中单击"网格"|"显示网格"命令，如图8-147所示。

STEP 04 执行操作后，即可在舞台中显示网格对象，如图8-148所示。

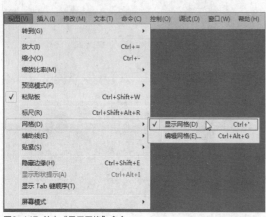

图8-147 单击"显示网格"命令

图8-148 在舞台中显示网格对象

技巧点拨

在Flash CC工作界面中，用户还可以使用舞台工作区右键菜单中的"显示网格"选项，来快速显示网格对象。在舞台编辑区的灰色空白位置上，单击鼠标右键，在弹出的快捷菜单中选择"网格"|"显示网格"选项，如图8-149所示。执行操作后，即可在舞台中显示网格对象，如图8-150所示。

图8-149 选择"显示网格"选项

图8-150 在舞台中显示网格对象

另外，在Flash CC工作界面中，按【Ctrl＋'】组合键，也可以快速对网格对象进行显示或隐藏操作。

实战 230 隐藏舞台上的网格

▶ 实例位置：无
▶ 素材位置：光盘\素材\第8章\实战230.fla
▶ 视频位置：光盘\视频\第8章\实战230.mp4

● 实例介绍 ●

在Flash CC工作界面中，如果用户不需要再使用网格来编辑图形对象，此时可以将网格进行隐藏，方便用户查看动画图形。下面向读者介绍通过命令隐藏网格的操作方法。

● 操作步骤 ●

STEP 01 单击"文件"|"打开"命令，打开一个素材文件，如图8-151所示。

STEP 02 在舞台中，可以查看已经添加了网格的显示状态，如图8-152所示。

图8-151 打开一个素材文件

图8-152 已经添加网格的显示状态

STEP 03 在菜单栏中，单击"视图"菜单，在弹出的菜单列表中单击"网格"|"显示网格"命令，如图8-153所示。

STEP 04 此时，"显示网格"命令前的对勾符号将被取消，舞台中的网格对象也被隐藏起来了，如图8-154所示。

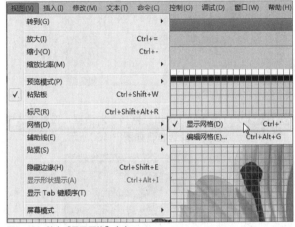

图8-153 单击"显示网格"命令

图8-154 隐藏网格对象

技巧点拨

在Flash CC工作界面中，用户单击"视图"菜单，在弹出的菜单列表中依次按键盘上的【D】、【D】键，也可以快速显示或隐藏网格对象。

另外，在Flash CC工作界面中，用户还可以使用舞台工作区右键菜单中的"显示网格"选项，来快速隐藏网格对象。在舞台编辑区的灰色空白位置上，单击鼠标右键，在弹出的快捷菜单中选择"网格"|"显示网格"选项，如图8-155所示。此时，"显示网格"选项前的对勾符号将被取消，舞台中的网格对象也被隐藏起来了，如图8-156所示。

图8-155 选择"显示网格"选项

图8-156 隐藏网格对象

实战 231 将网格调整至对象上方

▶ 实例位置：无
▶ 素材位置：光盘\素材\第8章\实战231.fla
▶ 视频位置：光盘\视频\第8章\实战231.mp4

● 实例介绍 ●

在Flash CC工作界面中，当用户在舞台中显示网格对象后，一般网格对象都显示在图形的下方，用户可以手动设置在图形对象上方显示网格。

● 操作步骤 ●

STEP 01 单击"文件"|"打开"命令，打开一个素材文件，如图8-157所示。

STEP 02 在舞台中，可以查看已经添加了网格的显示状态，如图8-158所示。

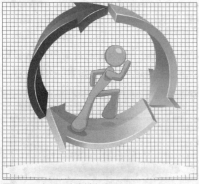

图8-157 打开一个素材文件

图8-158 查看网格的显示状态

STEP 03 在菜单栏中，单击"视图"菜单，在弹出的菜单列表中单击"网格"|"编辑网格"命令，如图8-159所示。

STEP 04 执行操作后，弹出"网格"对话框，在其中选中"在对象上方显示"复选框，如图8-160所示。

图8-159 单击"编辑网格"命令

图8-160 选中"在对象上方显示"复选框

STEP 05 网格设置完成后，单击"确定"按钮，即可在舞台中图形对象的上方显示网格对象，如图8-161所示。

STEP 06 按【Ctrl + Enter】组合键，测试影片，网格对象只在舞台中显示，不会被输出，因此swf文件中将不会显示网格对象，如图8-162所示。

图8-161 在对象的上方显示网格对象

图8-162 测试影片动画效果

实战 232 网格显示颜色的修改

▶ 实例位置：光盘\效果\第8章\实战232.fla
▶ 素材位置：光盘\素材\第8章\实战232.fla
▶ 视频位置：光盘\视频\第8章\实战232.mp4

● 实例介绍 ●

在Flash CC工作界面中，网格默认情况下的显示颜色为灰色，用户在编辑动画图形的过程中，可以通过动画图形的颜色来更改网格的显示颜色，方便用户对图形进行编辑操作。

● 操作步骤 ●

STEP 01 单击"文件"|"打开"命令，打开一个素材文件，如图8-163所示。

STEP 02 在舞台区中的灰色空白处，单击鼠标右键，在弹出的快捷菜单中选择"网格"|"编辑网格"选项，如图8-164所示。

图8-163 打开一个素材文件

图8-164 选择"编辑网格"选项

STEP 03 弹出"网格"对话框，在其中可以查看现有的网格颜色为灰色，如图8-165所示。

STEP 04 单击灰色色块，在弹出的颜色面板中设置颜色为绿色（#66FF00），如图8-166所示。

图8-165 查看现有的网格颜色为灰色

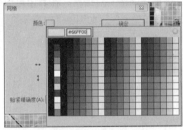

图8-166 设置颜色为绿色

STEP 05 网格颜色设置完成后，单击"确定"按钮，如图8-167所示。

STEP 06 执行操作后，即可将舞台区中的网格颜色更改为绿色显示，如图8-168所示。

图8-167 单击"确定"按钮

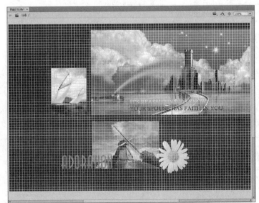

图8-168 将网格颜色更改为绿色显示

实战 233 网格比例大小的设置

▶ 实例位置：光盘\效果\第8章\实战233.fla
▶ 素材位置：光盘\素材\第8章\实战233.fla
▶ 视频位置：光盘\视频\第8章\实战233.mp4

● 实例介绍 ●

在Flash CC工作界面中，网格默认情况下的显示比例为10像素，用户可根据需要修改网格显示的比例大小，使其符合用户操作的需要。

● 操作步骤 ●

STEP 01 单击"文件"|"打开"命令，打开一个素材文件，如图8-169所示。

STEP 02 在舞台区中的灰色空白处，单击鼠标右键，在弹出的快捷菜单中选择"网格"|"编辑网格"选项，如图8-170所示。

图8-169 打开一个素材文件

图8-170 选择"编辑网格"选项

STEP 03 执行操作后，弹出"网格"对话框，在其中可以查看现有的网格大小均为"10像素"，如图8-171所示。

STEP 04 在"宽度"和"高度"文本框中，分别输入"50像素"，是指更改舞台中网格大小的显示为50像素，如图8-172所示。

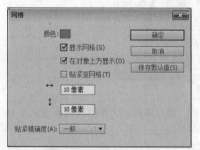

图8-171 查看现有的网格大小

图8-172 更改舞台中网格大小

知识扩展

在"网格"对话框中，各选项含义如下。

"颜色"色块：单击该色块，可以调出用户所需要的"颜色"面板，利用该面板可以设置网格线的颜色。

"显示网格"复选框：选中该复选框，可显示网格。

"在对象上显示网格"复选框：选中该复选框，可以在图形对象上显示网格。

"贴紧至网格"复选框：选中该复选框，会在用鼠标拖曳对象时，使对象自动贴紧网格线。

"↔"文本框：在其中可输入网格的宽度，单位为像素。

"↕"文本框：在其中可输入网格的高度，单位为像素。

"贴紧精确度"列表框：该列表框内的各选项是用来配合"对齐网格"复选框使用的，以确定对齐网格的程度。

STEP 05 设置完成后，单击"确定"按钮，返回Flash CC 工作界面，如图8-173所示。

STEP 06 在舞台区中，放大查看更改网格大小后的显示效果，如图8-174所示。

图8-173 返回Flash工作界面

图8-174 放大查看网格效果

技巧点拨

在Flash CC工作界面中，用户按【Ctrl＋Alt＋G】组合键，也可以快速弹出"网格"对话框。

实战 234 将动画对象贴紧至网格

▶ 实例位置：光盘\效果\第8章\实战234.fla
▶ 素材位置：光盘\素材\第8章\实战234.fla
▶ 视频位置：光盘\视频\第8章\实战234.mp4

● 实例介绍 ●

在Flash CC工作界面中，当用户使用鼠标拖曳对象时，使用"贴紧至网格"功能，可使对象自动贴紧网格线，这样有利于对齐要绘制和移动的图形等对象。下面向读者介绍在舞台区中设置贴紧至网格的操作方法。

● 操作步骤 ●

STEP 01 单击"文件"|"打开"命令，打开一个素材文件，如图8-175所示。

STEP 02 在舞台区中的灰色空白处，单击鼠标右键，在弹出的快捷菜单中选择"网格"|"编辑网格"选项，如图8-176所示。

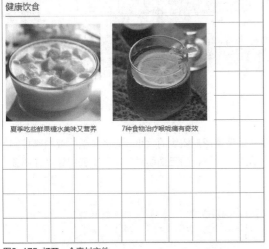

图8-175 打开一个素材文件

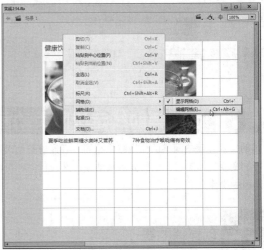

图8-176 选择"编辑网格"选项

STEP 03 执行操作后，即可弹出"网格"对话框，在其中选中"贴紧至网格"复选框，如图8-177所示。

STEP 04 设置完成后，单击"确定"按钮，返回Flash CC 工作界面，当用户使用移动工具移动舞台中的图形对象时，图形对象将自动靠近网格线，如图8-178所示。

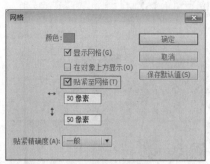

图8-177 选中"贴紧至网格"复选框

图8-178 移动舞台中的图形对象

技巧点拨

在Flash CC工作界面中，用户还可以通过"视图"菜单下的"贴紧"命令，设置贴紧至网格。在菜单栏中，单击"视图"菜单，在弹出的菜单列表中单击"贴紧"|"贴紧至网格"命令，如图8-179所示，执行操作后，也可以启用"贴紧至网格"功能。

在Flash CC工作界面中，用户还可以按【Ctrl+Shift+'】组合键，设置贴紧至网格或取消贴紧至网格的操作。

在"网格"对话框中，"贴紧精确度"列表框内的各选项是用来配合"对齐网格"复选框使用的，以确定对齐网格的程度。在"网格"对话框中，单击"贴紧精确度"右侧的下三角按钮，在弹出的列表框中选择"总是贴紧"选项，如图8-180所示。设置完成后，单击"确定"按钮，即可设置网格贴紧精确度。

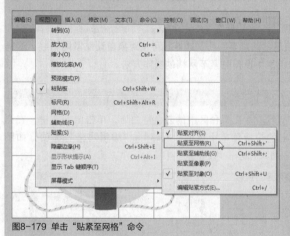

图8-179 单击"贴紧至网格"命令

图8-180 选择"总是贴紧"选项

8.6 运用辅助线定位网页动画

辅助线的作用与网格的作用基本相同，都能够帮助设计者更精确地调整图形图像的大小、对齐位置，或精确控制所执行的变换操作流程，但要显示辅助线，必须首先在页面标尺显示的情况下，创建辅助线。本节主要向读者介绍应用辅助线的操作方法。

实战 235 创建辅助线

▶ **实例位置**：光盘\效果\第8章\实战235.f1a
▶ **素材位置**：光盘\素材\第8章\实战235.f1a
▶ **视频位置**：光盘\视频\第8章\实战235.mp4

●**实例介绍**●

在显示标尺的情况下，在水平标尺或垂直标尺上单击鼠标左键并向舞台上移动，即可绘制出水平或垂直的辅助线。下面向读者介绍创建辅助线的操作方法。

● 操作步骤 ●

STEP 01 单击"文件"|"打开"命令,打开一个素材文件,如图8-181所示。

STEP 02 在菜单栏中,单击"视图"|"标尺"命令,在舞台区中的左侧和上方位置,显示标尺,如图8-182所示。

图8-181 打开一个素材文件

图8-182 在舞台区中显示标尺

STEP 03 将鼠标指针移至左侧的标尺位置,单击鼠标左键并向右侧拖曳,拖曳的位置处将显示一条垂直辅助线,如图8-183所示。

STEP 04 向右拖曳至合适位置后,释放鼠标左键,即可创建一条垂直辅助线,如图8-184所示。

图8-183 向右侧拖曳垂直辅助线

图8-184 创建一条垂直辅助线

STEP 05 将鼠标指针移至上方的标尺位置,单击鼠标左键并向下方拖曳,拖曳的位置处将显示一条水平辅助线,如图8-185所示。

STEP 06 向下拖曳至合适位置后,释放鼠标左键,即可创建一条水平辅助线,如图8-186所示。

图8-185 向下方拖曳水平辅助线

图8-186 创建一条水平辅助线

STEP 07 用与上述同样的方法，在舞台区中的图形上方，再次创建多条垂直或水平辅助线，如图8-187所示，完成辅助线的创建操作。

图8-187 再次创建多条垂直或水平辅助线

实战 236 隐藏辅助线

▶ 实例位置：光盘\效果\第8章\实战236.fla
▶ 素材位置：光盘\素材\第8章\实战236.fla
▶ 视频位置：光盘\视频\第8章\实战236.mp4

● 实例介绍 ●

在Flash CC工作界面中，当用户使用辅助线编辑完图形对象后，接下来可以将辅助线进行隐藏操作，下面向读者介绍隐藏辅助线的操作方法。

● 操作步骤 ●

STEP 01 单击"文件"|"打开"命令，打开一个素材文件，在舞台中可以看到添加了辅助线的画面，如图8-188所示。

STEP 02 在菜单栏中，单击"视图"菜单，在弹出的菜单列表中单击"辅助线"|"显示辅助线"命令，如图8-189所示。

图8-188 查看添加了辅助线的画面

图8-189 单击"显示辅助线"命令

STEP 03 执行上述操作后，再次单击"视图"|"辅助线"命令，在弹出的子菜单中，"显示辅助线"命令前的对勾符号被取消了，如图8-190所示。

STEP 04 此时，在舞台中即可查看隐藏辅助线后的素材画面效果，如图8-191所示。

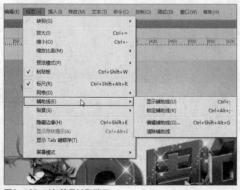

图8-190 对勾符号被取消了

图8-191 查看隐藏辅助线后的素材画面

技巧点拨

在Flash CC工作界面中，用户按【Ctrl＋；】组合键，也可以快速显示或隐藏辅助线。

在Flash CC工作界面中，用户还可以使用舞台工作区右键菜单中的"显示辅助线"选项，取消该选项前的对勾符号，来快速隐藏辅助线对象。如图8-192所示，在舞台中可以看到添加了辅助线的画面。在舞台编辑区的灰色空白位置上，单击鼠标右键，在弹出的快捷菜单中选择"辅助线"｜"显示辅助线"选项，如图8-193所示。

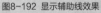

图8-192 显示辅助线效果

图8-193 选择"显示辅助线"选项

执行上述操作后，再次选择"辅助线"选项，在弹出的子菜单中，"显示辅助线"选项前的对勾符号被取消了，如图8-194所示。此时，在舞台中即可查看隐藏辅助线后的素材画面效果，如图8-195所示。

图8-194 对勾符号被取消了

图8-195 隐藏辅助线

在Flash CC工作界面中，用户单击"视图"菜单，在弹出的菜单列表中依次按键盘上的【E】、【U】键，也可以快速显示或隐藏辅助线对象。

实战 237　调整辅助线位置

▶ **实例位置：** 光盘\效果\第8章\实战237.fla
▶ **素材位置：** 光盘\素材\第8章\实战237.fla
▶ **视频位置：** 光盘\视频\第8章\实战237.mp4

● 实例介绍 ●

在Flash CC工作界面中，当用户对舞台中创建的辅助线位置不满意时，此时可以移动辅助线的位置，使用户能更好地绘制动画图形。下面向读者介绍移动辅助线位置的操作方法。

● 操作步骤 ●

STEP 01 单击"文件"｜"打开"命令，打开一个素材文件，如图8-196所示。

STEP 02 将鼠标指针移至舞台区中的第1条水平辅助线上，此时鼠标指针右下角将显示小三角形，如图8-197所示。

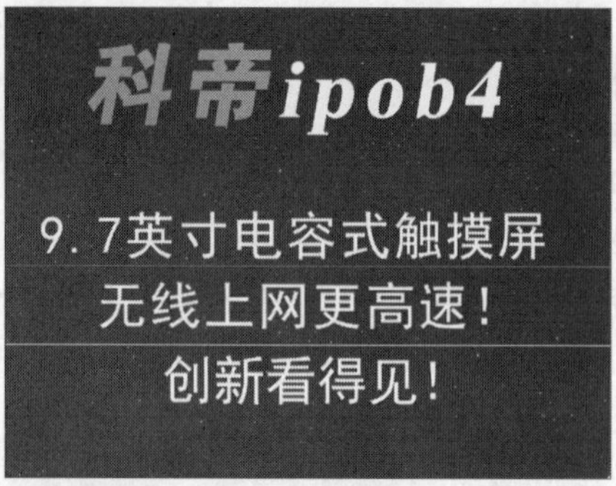

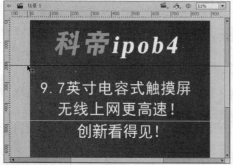

图8-196 打开一个素材文件

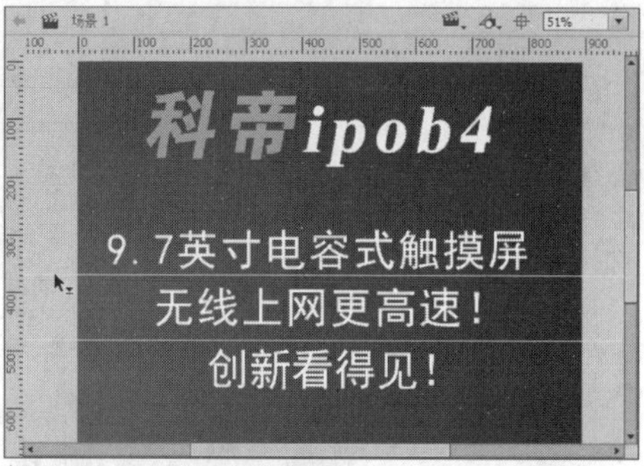

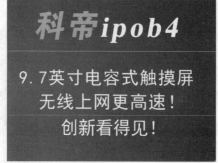

图8-197 移动鼠标至辅助线上

STEP 03 向上拖曳水平辅助线，辅助线被拖曳时将显示为黑色，如图8-198所示。

STEP 04 将水平辅助线向上拖曳至合适位置后，释放鼠标左键，即可移动辅助线的显示位置，效果如图8-199所示。

图8-198 辅助线被拖曳时将显示为黑色

图8-199 移动辅助线的显示位置

技巧点拨

在Flash CC工作界面中，用户通过移动辅助线可以查看舞台内的多个对象是否对齐，可以很精确地排列各个对象。

实战 238 贴紧至辅助线

▶ 实例位置：光盘\效果\第8章\实战238.fla
▶ 素材位置：光盘\素材\第8章\实战238.fla
▶ 视频位置：光盘\视频\第8章\实战238.mp4

● 实例介绍 ●

在Flash CC工作界面中，当用户执行"贴紧至辅助线"功能时，可以设置辅助线的对齐精确度。

● 操作步骤 ●

STEP 01 单击"文件"|"打开"命令，打开一个素材文件，如图8-200所示。

STEP 02 在菜单栏中，单击"视图"菜单，在弹出的菜单列表中单击"辅助线"|"显示辅助线"命令，显示舞台区中的辅助线对象，如图8-201所示。

图8-200 打开一个素材文件

图8-201 显示舞台区中的辅助线对象

STEP 03 在菜单栏中，单击"视图"菜单，在弹出的菜单列表中单击"辅助线"|"编辑辅助线"命令，如图8-202所示。

STEP 04 执行操作后，弹出"辅助线"对话框，在其中选中"贴紧至辅助线"复选框，如图8-203所示。

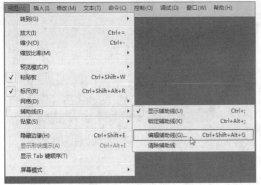

图8-202 单击"编辑辅助线"命令

图8-203 选中"贴紧至辅助线"复选框

STEP 05 在对话框的下方，单击"贴紧精确度"右侧的下三角按钮，在弹出的列表框中选择"必须接近"选项，如图8-204所示。

STEP 06 设置完成后，单击"确定"按钮，如图8-205所示，即可执行辅助线的贴紧操作。

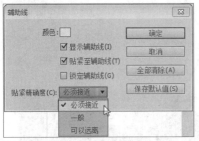

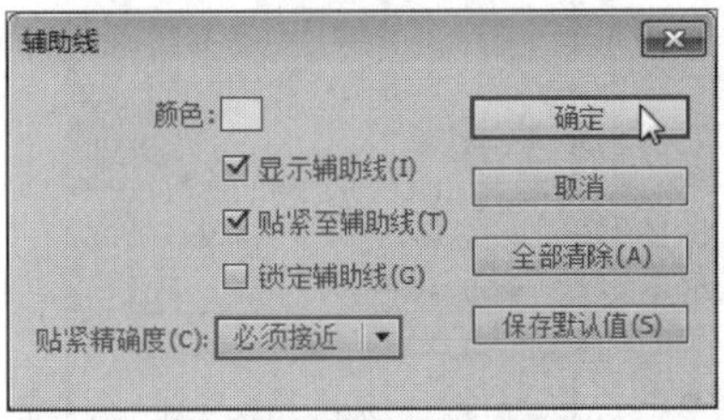

图8-204 选择"必须接近"选项

图8-205 单击"确定"按钮

STEP 07 用户在菜单栏中，单击"视图"菜单，在弹出的菜单列表中单击"贴紧"|"贴紧至辅助线"命令，如图8-206所示，也可以快速设置"贴紧至辅助线"的操作。

技巧点拨

在Flash CC工作界面中，用户按【Ctrl+Shift+；】组合键，也可以快速执行"贴紧至辅助线"命令。

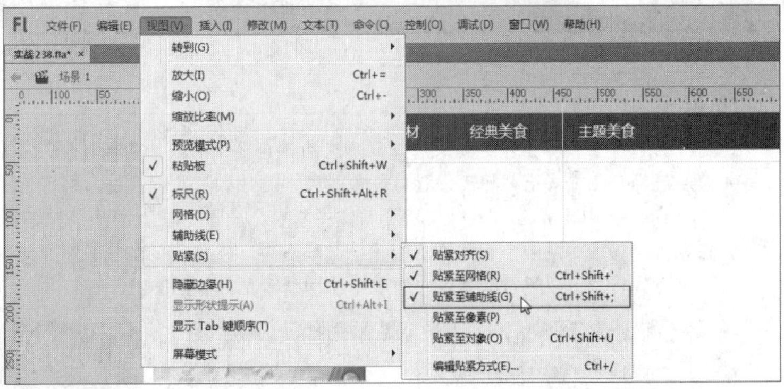

图8-206 单击"贴紧至辅助线"命令

 实战 239　清除辅助线

▶ 实例位置：光盘\效果\第8章\实战239.fla
▶ 素材位置：光盘\素材\第8章\实战239.fla
▶ 视频位置：光盘\视频\第8章\实战239.mp4

● **实例介绍** ●

在Flash CC工作界面中，当用户不需要使用辅助线进行绘图时，可以对辅助线进行清除操作。下面向读者介绍通过"清除辅助线"命令来清除辅助线的操作方法。

● **操作步骤** ●

STEP 01 单击"文件"|"打开"命令，打开一个素材文件，如图8-207所示。

STEP 02 在舞台中，查看显示的标尺和辅助线的效果，如图8-208所示。

图8-207 打开一个素材文件

图8-208 查看显示的标尺和辅助线的效果

STEP 03 在菜单栏中，单击"视图"菜单，在弹出的菜单列表中单击"辅助线"|"清除辅助线"命令，如图8-209所示。

STEP 04 执行操作后，即可清除舞台中的所有辅助线对象，如图8-210所示。

图8-209 单击"清除辅助线"命令

图8-210 清除舞台中的所有辅助线对象

技巧点拨

在Flash CC工作界面中，如果用户只想清除舞台区中的某一条辅助线，此时可以将鼠标指针移至该辅助线上，单击鼠标左键并向左侧标尺位置或上方标尺位置拖曳辅助线，然后释放鼠标左键，即可清除不需要的单条辅助线对象。

在Flash CC工作界面中，用户还可以使用舞台工作区右键菜单中的"清除辅助线"选项，清除舞台区中的所有辅助线对象。在舞台编辑区的灰色空白位置上，单击鼠标右键，在弹出的快捷菜单中选择"辅助线"|"清除辅助线"选项，如图8-211所示。执行操作后，即可清除舞台中的所有辅助线对象，如图8-212所示。

图8-211 选择"清除辅助线"选项

图8-212 清除舞台中的所有辅助线对象

知识扩展

在图8-97的舞台区右键菜单中，"辅助线"子菜单中各选项含义如下。

➤ "显示辅助线"选项：选择该选项，可以显示舞台区中创建的辅助线对象。

➤ "锁定辅助线"选项：选择该选项，可以锁定舞台区中创建的辅助线对象。

➤ "编辑辅助线"选项：选择该选项，可以编辑舞台区中创建的辅助线对象。

➤ "清除辅助线"选项：选择该选项，可以清除舞台区中创建的辅助线对象。

实战 240　改变辅助线的颜色

▶ 实例位置：光盘\效果\第8章\实战240.fla
▶ 素材位置：光盘\素材\第8章\实战240.fla
▶ 视频位置：光盘\视频\第8章\实战240.mp4

● 实例介绍 ●

在Flash CC工作界面中，当用户对舞台中创建的辅助线颜色不满意时，可以修改辅助线的颜色，以便能更好地绘制动画图形。

● 操作步骤 ●

STEP 01 单击"文件"|"打开"命令，打开一个素材文件，如图8-213所示。

STEP 02 在舞台中，查看显示的标尺和辅助线的效果，如图8-214所示。

图8-213 打开一个素材文件

图8-214 查看显示的标尺和辅助线的效果

STEP 03 在舞台编辑区的灰色空白位置上，单击鼠标右键，在弹出的快捷菜单中选择"辅助线"|"编辑辅助线"选项，如图8-215所示。

STEP 04 弹出"辅助线"对话框，在其中单击"颜色"右侧的色块，如图8-216所示。

图8-215 选择"编辑辅助线"选项

图8-216 单击"颜色"右侧的色块

STEP 05 执行操作后，在弹出的颜色面板中，选择黄色（#FFFF00），如图8-217所示。

STEP 06 在"辅助线"对话框中，修改辅助线的颜色后，单击"确定"按钮，返回Flash CC工作界面，在舞台区中可以查看更改颜色后的辅助线效果，如图8-218所示。

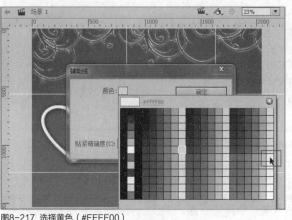

图8-217 选择黄色（#FFFF00）

图8-218 查看更改颜色后的辅助线效果

技巧点拨

在Flash CC工作界面中，用户按【Ctrl+Shift+Alt+G】组合键，也可以快速执行"编辑辅助线"命令，快速弹出"辅助线"对话框。

实战 241 锁定辅助线对象

▶ **实例位置**：光盘\效果\第8章\实战241.fla
▶ **素材位置**：光盘\素材\第8章\实战241.fla
▶ **视频位置**：光盘\视频\第8章\实战241.mp4

● 实例介绍 ●

在Flash CC工作界面中，当用户锁定辅助线之后，辅助线就不可以再随便移动。下面向读者介绍锁定辅助线的操作方法。

● 操作步骤 ●

STEP 01 单击"文件"|"打开"命令，打开一个素材文件，如图8-219所示。

STEP 02 在舞台区中，显示标尺对象，然后创建的多条辅助线，如图8-220所示。

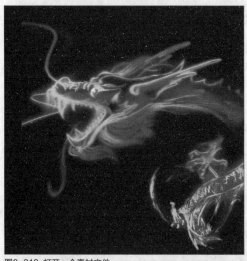

图8-219 打开一个素材文件

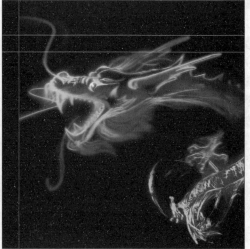

图8-220 创建多条辅助线

STEP 03 在菜单栏中，单击"视图"菜单，在弹出的菜单列表中单击"辅助线"|"锁定辅助线"命令，使其呈勾选状态，如图8-221所示，即可快速锁定辅助线对象。

STEP 04 用户也可以在舞台编辑区的灰色空白位置上，单击鼠标右键，在弹出的快捷菜单中选择"辅助线"|"锁定辅助线"选项，使其呈勾选状态，如图8-222所示，也可以快速锁定辅助线对象。

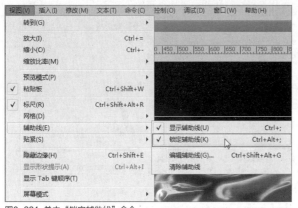

图8-221 单击"锁定辅助线"命令

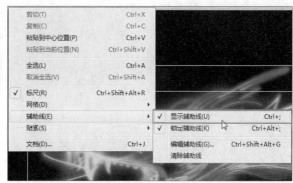

图8-222 选择"锁定辅助线"选项

技巧点拨

在Flash CC工作界面中，用户按【Ctrl＋Alt＋；】组合键，也可以快速执行"锁定辅助线"命令，锁定后的辅助线将不可以进行任何编辑操作。

8.7 运用贴紧命令定位网页动画

在Flash CC工作界面中，使用"贴紧"功能，可以更加方便用户对动画图形进行绘制与编辑操作，使动画图形在舞台中的位置更加精确。本节主要向读者介绍使用"贴紧"功能的各种操作方法，希望读者熟练掌握本节内容。

实战 242 使用预设边界对齐对象

▶ 实例位置：无
▶ 素材位置：光盘\素材\第8章\实战242.fla
▶ 视频位置：光盘\视频\第8章\实战242.mp4

● 实例介绍 ●

在Flash CC工作界面中，贴紧对齐功能可以按照指定的贴紧对齐容差，即对象与其他对象之间或对象与舞台边缘之间的预设边界对齐对象。

● 操作步骤 ●

STEP 01 单击"文件"|"打开"命令，打开一个素材文件，如图8-223所示。

STEP 02 在舞台区中，选择需要进行贴紧对齐操作的对象，如图8-224所示。

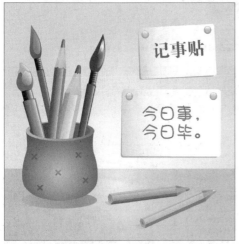

图8-223 打开一个素材文件

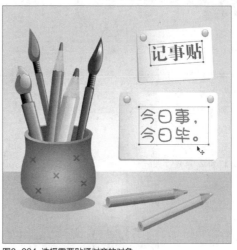

图8-224 选择需要贴紧对齐的对象

STEP 03 单击"视图"|"贴紧"|"贴紧对齐"命令,如图8-225所示,即可紧贴对齐对象。

图8-225 单击"贴紧对齐"命令

技巧点拨

在Flash CC工作界面中,用户单击"视图"菜单,在弹出的菜单列表中依次按键盘上的【S】、【S】键,也可以快速执行"贴紧对齐"命令。

实战 243 将对象直接与像素贴紧

▶ **实例位置:** 光盘\效果\第8章\实战243.fla
▶ **素材位置:** 光盘\素材\第8章\实战243.fla
▶ **视频位置:** 光盘\视频\第8章\实战243.mp4

● 实例介绍 ●

在Flash CC工作界面中,像素贴紧功能可以在舞台上将对象直接与单独的像素或像素的线条贴紧,下面向读者介绍贴紧至像素的操作方法。

● 操作步骤 ●

STEP 01 单击"文件"|"打开"命令,打开一个素材文件,如图8-226所示。

STEP 02 在舞台区中,选择需要贴紧至像素的对象,如图8-227所示。

图8-226 打开一个素材文件

图8-227 选择需要贴紧至像素的对象

STEP 03 在菜单栏中,单击"视图"菜单,在弹出的菜单列表中单击"贴紧"|"贴紧至像素"命令,如图8-228所示,即可将对象贴紧至像素。

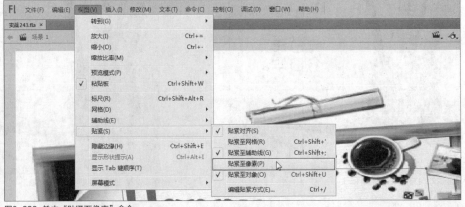

图8-228 单击"贴紧至像素"命令

技巧点拨1

在Flash CC工作界面中，对象贴紧功能可以将对象沿着其他对象的边缘直接与它们对齐。在舞台区中，选择需要贴紧至对象的对象，如图8-229所示。在菜单栏中，单击"视图"菜单，在弹出的菜单列表中单击"贴紧"｜"贴紧至对象"命令，如图8-230所示，执行操作后，即可执行贴紧至对象操作。

图8-229 选择需要贴紧至对象的对象　　　　　　图8-230 单击"贴紧至对象"命令

在Flash CC工作界面中，用户按【Ctrl+Shift+U】组合键，也可以快速执行"贴紧至对象"命令，快速紧贴至对象操作。

技巧点拨2

在Flash CC工作界面中，用户单击"视图"菜单，在弹出的菜单列表中依次按键盘上的【S】、【P】键，也可以快速执行"贴紧至像素"命令。

实战 244 设置对象贴紧的方式

▶ 实例位置：光盘\效果\第8章\实战244.fla
▶ 素材位置：光盘\素材\第8章\实战244.fla
▶ 视频位置：光盘\视频\第8章\实战244.mp4

● 实例介绍 ●

在Flash CC工作界面中，用户还可以对贴紧的方式进行相关设置，如贴紧对齐设置、对象间距设置以及居中对齐设置等。

● 操作步骤 ●

STEP 01 单击"文件"｜"打开"命令，打开一个素材文件，如图8-231所示。

STEP 02 在舞台区中，选择需要设置贴紧方式的对象，如图8-232所示。

图8-231 打开一个素材文件　　　　　　　　　图8-232 选择需要设置贴紧方式的对象

STEP 03 在菜单栏中，单击"视图"菜单，在弹出的菜单列表中单击"贴紧"|"编辑贴紧方式"命令，如图8-233所示。

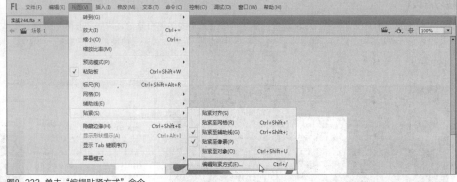

图8-233 单击"编辑贴紧方式"命令

STEP 04 弹出"编辑贴紧方式"对话框，在其中单击"高级"按钮，如图8-234所示。

STEP 05 展开对话框中的高级选项，在下方设置"舞台边界"为"10像素"、"水平"和"垂直"均为"5像素"，如图8-235所示，设置完成后，单击"确定"按钮，即可完成贴紧方式的设置。

图8-234 单击"高级"按钮

技巧点拨

在Flash CC工作界面中，用户按【Ctrl+/】组合键，也可以快速执行"编辑贴紧方式"命令，弹出"编辑贴紧方式"对话框。

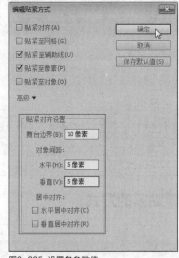

图8-235 设置各参数值

8.8 舞台显示比例的控制方式

在Flash CC工作界面中，舞台是用户在创建Flash文档时放置图形内容的矩形区域，创作环境中的舞台相当于Flash Player或web浏览器窗口中在回放期间显示文档的矩形空间，如果用户要在工作时更改舞台的视图，请使用Flash CC提供的放大或缩小功能。

实战 245 放大舞台查看网页动画

▶ 实例位置：无
▶ 素材位置：光盘\素材\第8章\实战245.fla
▶ 视频位置：光盘\视频\第8章\实战245.mp4

● 实例介绍 ●

在Flash CC工作界面中，用户可以根据需要查看整个舞台，也可以在绘图时根据需要放大舞台中的图形显示比例。下面向读者介绍放大舞台显示区域的操作方法。

● 操作步骤 ●

STEP 01 单击"文件"|"打开"命令，打开一个素材文件，如图8-236所示。

STEP 02 在舞台区中，可以查看目前舞台的显示比例，如图8-237所示。

图8-236 打开一个素材文件

图8-237 查看目前舞台的显示比例

STEP 03 在菜单栏中，单击"视图"|"放大"命令，如图8-238所示。

STEP 04 执行操作后，即可放大舞台区中的图形对象，如图8-239所示。

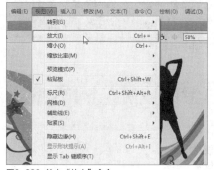

图8-238 单击"放大"命令

图8-239 放大舞台区中的图形对象

技巧点拨

在Flash CC工作界面中，用户按【Ctrl+=】组合键，也可以快速执行"放大"命令，快速放大舞台区中的图形对象。

实战 246 **缩小舞台查看网页动画**

▶ 实例位置：无
▶ 素材位置：光盘\素材\第8章\实战246.fla
▶ 视频位置：光盘\视频\第8章\实战246.mp4

● 实例介绍 ●

在Flash CC工作界面中，用户也可以在绘图时根据需要缩小舞台中的图形显示比例。下面向读者介绍缩小舞台显示区域的操作方法。

● 操作步骤 ●

STEP 01 单击"文件"|"打开"命令，打开一个素材文件，如图8-240所示。

STEP 02 在舞台区中，可以查看目前舞台的显示比例，如图8-241所示。

图8-240 打开一个素材文件

图8-241 查看目前舞台的显示比例

STEP 03 在菜单栏中，单击"视图"菜单，在弹出的菜单 列表中单击"缩小"命令，如图8-242所示。

STEP 04 执行操作后，即可缩小舞台区中的图形对象，如 图8-243所示。

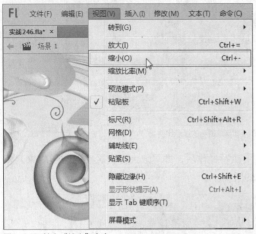

图8-242 单击"缩小"命令

图8-243 缩小舞台区中的图形对象

技巧点拨

在Flash CC工作界面中，用户按【Ctrl+-】组合键，也可以快速执行"缩小"命令，快速缩小舞台区中的图形对象。

实战 247 使网页动画符合窗口大小

▶ 实例位置：无
▶ 素材位置：光盘\素材\第8章\实战247.fla
▶ 视频位置：光盘\视频\第8章\实战247.mp4

● **实例介绍** ●

在Flash CC工作界面中，用户通过"符合窗口大小"命令，可以将舞台区中的图形对象以符合窗口大小的方式显示 出来。

技巧点拨

在Flash CC工作界面中，用户单击"视图"菜单，在弹出的菜单列表中依次按键盘上的【M】、【W】键，也可以快速执行 "符合窗口大小"命令。

● **操作步骤** ●

STEP 01 单击"文件"|"打开"命令，打开一个素材文 件，如图8-244所示。

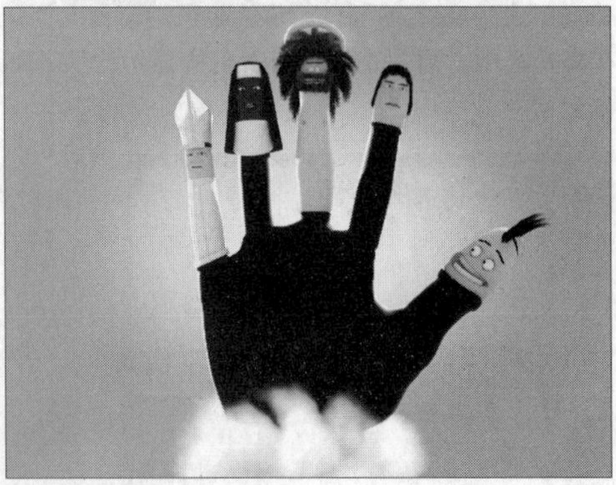

STEP 02 在舞台区中，可以查看目前舞台的显示比例，如 图8-245所示。

图8-244 打开一个素材文件

图8-245 查看目前舞台的显示比例

STEP 03 在菜单栏中，单击"视图"菜单，在弹出的菜单 列表中单击"缩放比率"|"符合窗口大小"命令，如图 8-246所示。

STEP 04 执行操作后，即可将舞台区中的图形对象以符合 窗口大小的方式显示出来，如图8-247所示。

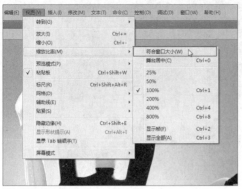

图8-246 单击"符合窗口大小"命令

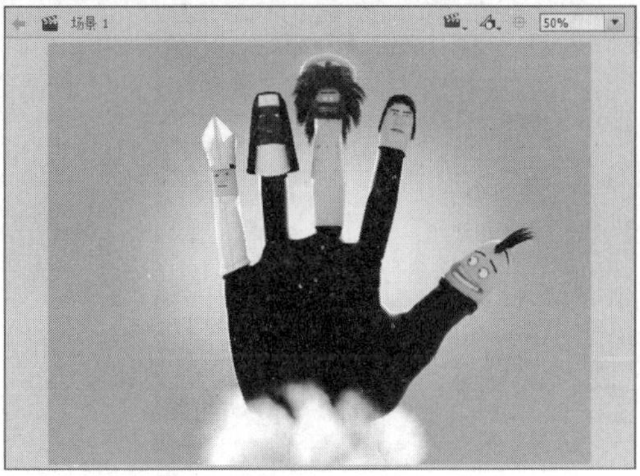

图8-247 符合窗口大小显示图形

技巧点拨

　　在Flash CC工作界面中，用户在舞台区的上方，单击右上角位置的"缩放比率"列表框下拉按钮，在弹出的列表框中选择"符合窗口大小"选项，如图8-248所示，也可以将舞台区中的图形对象以符合窗口大小的方式显示出来。

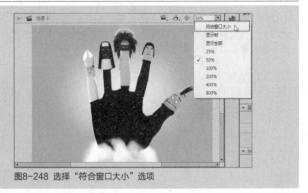

图8-248 选择"符合窗口大小"选项

实战 248　将网页动画调至舞台中央

▶ 实例位置：无
▶ 素材位置：光盘\素材\第8章\实战248.fla
▶ 视频位置：光盘\视频\第8章\实战248.mp4

● 实例介绍 ●

　　在Flash CC工作界面中，用户通过"舞台居中"命令，可以将舞台区中的图形对象显示在舞台的最中心位置。下面向读者介绍设置舞台内容居中显示的操作方法。

● 操作步骤 ●

STEP 01 单击"文件"|"打开"命令，打开一个素材文件，如图8-249所示。

STEP 02 在舞台区中，使用手形工具移动舞台区中图形的显示位置，如图8-250所示。

图8-249 打开一个素材文件

图8-250 移动图形的显示位置

STEP 03 在菜单栏中，单击"视图"菜单，在弹出的菜单列表中单击"缩放比率"|"舞台居中"命令，如图8-251所示。

STEP 04 执行操作后，即可将图形对象显示在舞台的最中心位置，如图8-252所示，在该预览模式下，不会调整图形的显示比率，只会调整图形的显示位置。

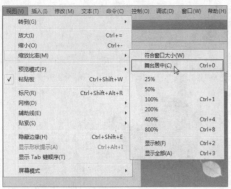

图8-251 单击"舞台居中"命令

图8-252 显示在舞台的最中心位置

技巧点拨

　　在Flash CC工作界面中，用户在舞台区的上方，单击"舞台居中"按钮▣，如图8-253所示，也可以将图形对象显示在舞台的最中心位置。

图8-253 单击"舞台居中"按钮

实战 249　完整显示图层中的帧对象

▶ 实例位置：无
▶ 素材位置：光盘\素材\第8章\实战249.fla
▶ 视频位置：光盘\视频\第8章\实战249.mp4

● 实例介绍 ●

　　在Flash CC工作界面中，用户通过"显示帧"命令，可以在舞台区中完整地显示出图层中的帧对象。下面向读者介绍显示帧的操作方法。

● 操作步骤 ●

STEP 01 单击"文件"|"打开"命令，打开一个素材文件，如图8-254所示。

STEP 02 在舞台区中，使用手形工具移动舞台区中图形的显示位置，如图8-255所示。

图8-254 打开一个素材文件

图8-255 移动图形的显示位置

STEP 03 在"时间轴"面板中，选择"图层2"图层的第1帧，如图8-256所示。

STEP 04 在菜单栏中，单击"视图"菜单，在弹出的菜单列表中单击"缩放比率"|"显示帧"命令，如图8-257所示。

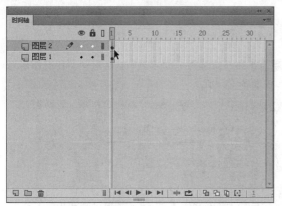

图8-256 选择"图层2"图层的第1帧

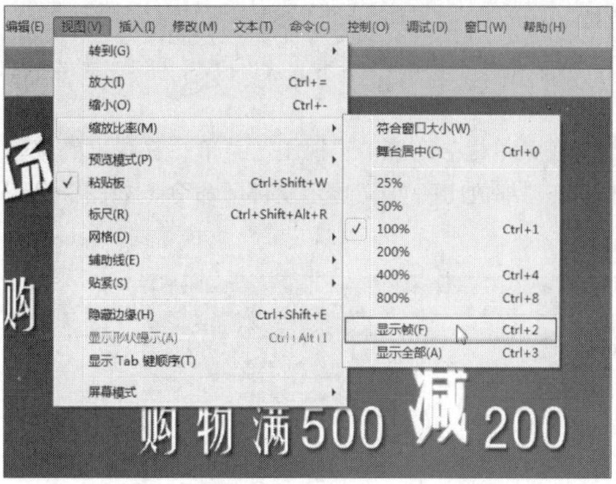

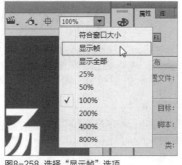

图8-257 单击"显示帧"命令

STEP 05 用户还可以在舞台区的上方，单击右上角位置的"缩放比率"列表框下拉按钮，在弹出的列表框中选择"显示帧"选项，如图8-258所示。

STEP 06 执行操作后，即可完整地在舞台中显示出图层中的帧对象，舞台中的图形画面效果如图8-259所示。

图8-258 选择"显示帧"选项

图8-259 显示图层中的帧对象

技巧点拨

在Flash CC工作界面中，用户按【Ctrl+2】组合键，也可以快速执行"显示帧"命令，快速显示图层中的帧对象。

实战 250 在舞台中显示所有的图形

▶ 实例位置：无
▶ 素材位置：光盘\素材\第8章\实战250.fla
▶ 视频位置：光盘\视频\第8章\实战250.mp4

● 实例介绍 ●

在Flash CC工作界面中，用户通过"显示全部"命令，可以在舞台区中显示出所有的图形对象。下面向读者介绍显示全部的操作方法。

● 操作步骤 ●

STEP 01 单击"文件"|"打开"命令，打开一个素材文件，如图8-260所示。

STEP 02 在舞台区中，使用手形工具移动舞台区中图形的显示位置，如图8-261所示。

图8-260 打开一个素材文件

图8-261 移动图形的显示位置

技巧点拨

在Flash CC工作界面中，用户按【Ctrl+3】组合键，也可以快速执行"显示全部"命令，快速显示舞台中的所有图形对象。

STEP 03 在菜单栏中，单击"视图"菜单，在弹出的菜单列表中单击"缩放比率"|"显示全部"命令，如图8-262所示。

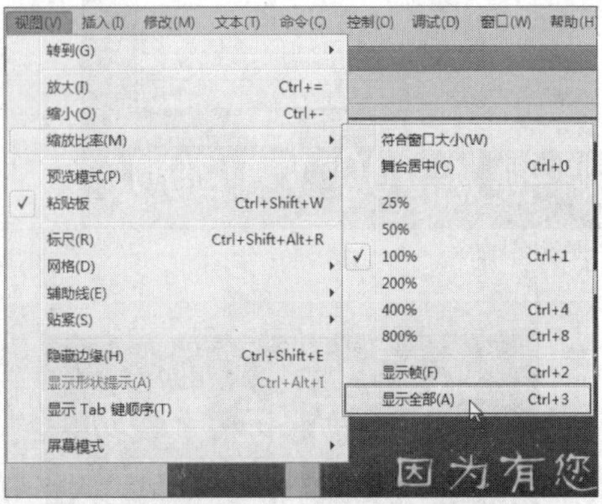

STEP 04 执行操作后，即可显示舞台区中的所有图形对象，如图8-263所示。

图8-262 单击"显示全部"命令

图8-263 显示舞台区中的所有图形

技巧点拨

在Flash CC工作界面中，用户在舞台区的上方，单击右上角位置的"缩放比率"列表框下拉按钮，在弹出的列表框中选择"显示全部"选项，如图8-264所示，也可以将舞台区中的图形对象全部显示出来。

图8-264 选择"显示全部"选项

实战 251 按比率显示出所有的图形

▶ 实例位置：无
▶ 素材位置：光盘\素材\第8章\实战251.fla
▶ 视频位置：光盘\视频\第8章\实战251.mp4

● **实例介绍** ●

在Flash CC工作界面中，用户通过"显示比率"子菜单中的相应命令，可以在舞台区中按比率显示出所有的图形对象。下面向读者介绍设置舞台显示比率的操作方法。

● **操作步骤** ●

STEP 01 单击"文件"|"打开"命令，打开一个素材文件，如图8-265所示。

STEP 02 在舞台区中，可以查看目前舞台的显示比例，如图8-266所示。

图8-265 打开一个素材文件

图8-266 查看目前舞台的显示比例

STEP 03 在菜单栏中,单击"视图"菜单,在弹出的菜单列表中单击"缩放比率"|"50%"命令,如图8-267所示。

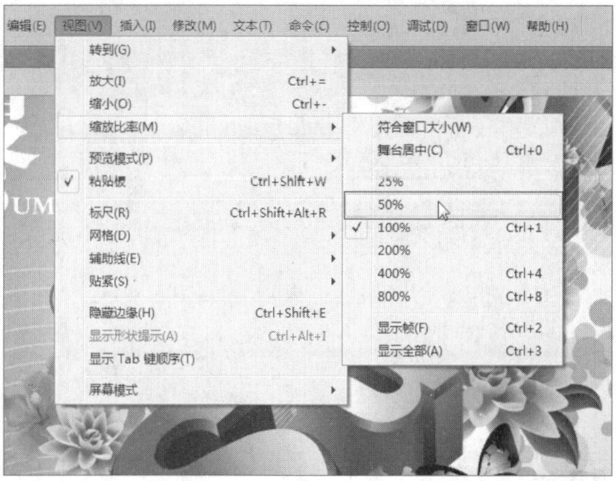

STEP 04 执行操作后,即可以50%的显示比率缩放舞台中的图形对象,如图8-268所示,用户还可以根据舞台中图形的实际情况,选择合适的显示比率来缩放图形。

图8-267 单击"50%"命令

图8-268 以50%的显示比率缩放图形

技巧点拨

在Flash CC工作界面中,用户通过舞台区右上角的"显示比率"列表框中的相应比率选项,也可以在舞台区中按比率显示出所有的图形对象。

在舞台区中,可以查看目前舞台的显示比例,如图8-269所示。在舞台区的上方,单击右上角位置的"缩放比率"列表框下拉按钮,在弹出的列表框中选择"100%"选项,如图8-270所示。

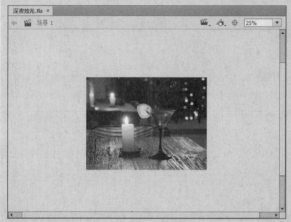

图8-269 查看目前舞台的显示比例

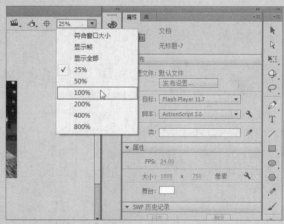

图8-270 选择"100%"选项

执行操作后,即可以100%的显示比率缩放舞台中的图形对象,如图8-271所示。

图8-271 以100%的显示比率缩放图形

在Flash CC工作界面中,用户按【Ctrl+1】组合键,也可以快速执行"100%"命令,快速以100%的比率显示舞台中的图形对象。

第9章

Flash CC绘图工具

本章导读

Flash是一款二维矢量动画软件，通常包括用于设计和编辑的Flash文档，以及用于播放Flash文档的Flash Player。Flash凭借其文件小、动画清晰和运行流畅等特点，在各种领域中得到广泛的应用。在Flash CC中运用工具箱中的绘图工具可以创建或修改动画中的各种图形和文本对象，熟练掌握这些工具，并将多种工具配合使用，能够绘制与编辑各种丰富多彩的图形对象。

要点索引

- 绘制网页动画的图形对象
- 填充网页动画的图形对象
- 编辑网页动画的图形对象
- 输入网页动画的文本对象
- 设置网页动画的文本对象
- 制作网页动画的文本特效
- 设置网页动画的绘图环境

9.1 绘制网页动画的图形对象

　　在Flash CC中，系统提供了一系列的矢量图形绘制工具，用户使用这些工具，就可以绘制出所需的各种矢量图形，并将绘制的矢量图形应用到动画制作中。本节主要介绍Flash CC基本绘图工具的使用方法。

实战 252	运用铅笔工具	▶ 实例位置：光盘\效果\第9章\实战252.fla
		▶ 素材位置：光盘\素材\第9章\实战252.fla
		▶ 视频位置：光盘\视频\第9章\实战252.mp4

● 实例介绍 ●

　　在Flash CC中，使用铅笔工具绘图与使用现实生活中的铅笔绘图非常相似，铅笔工具常用于在指定的场景中绘制线条和图形。

　　使用铅笔工具不但可以绘制出不封闭的直线、竖线和曲线3种类型，而且还可以绘制出各种规则和不规则的封闭图形。使用铅笔工具所绘制的曲线通常不够精确，但可以通过编辑曲线对其进行修整。

　　当选取工具箱中的铅笔工具，单击工具箱底部的"铅笔模式"按钮，弹出的绘图列表框，其中有3种绘图模式，各模式的含义如下。

　　➤ 伸直：主要进行形状识别，如果绘制出近似的正方形、圆、直线或曲线，Flash将根据它的判断自动调整成相应的规则的几何形状。

　　➤ 平滑：对有锯齿的笔触进行平滑处理。

　　➤ 墨水：可以随意地绘制出各种线条，并且不会对笔触进行任何的修改。

● 操作步骤 ●

STEP 01 单击"文件"|"打开"命令，打开一个素材文件，如图9-1所示。

STEP 02 单击时间轴下面的"新建图层"按钮，新建一个"图层2"图层，选取工具箱中的铅笔工具，在下方的"铅笔模式"中选择"平滑"，如图9-2所示。

图9-1 打开素材文件

图9-2 铅笔模式

STEP 03 在"属性"面板中设置"颜色"为黄色（#FFFF00），"笔触"的大小为20，在"样式"列表框中选择"点刻线"选项，如图9-3所示。

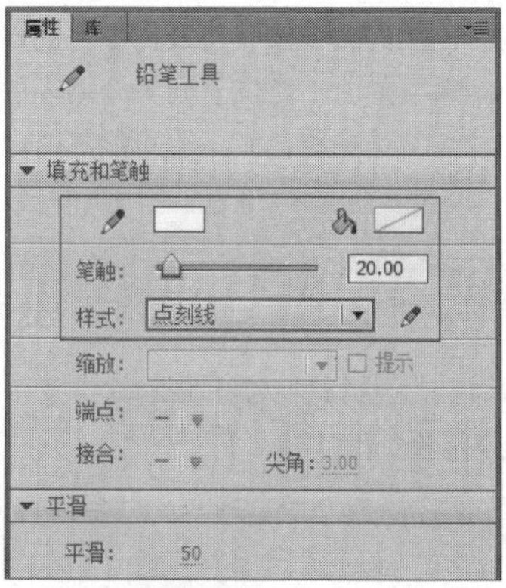

知识扩展

　　使用铅笔工具所绘制的曲线通常不够精确，但可以通过编辑曲线对其进行修整，在以后章节中将详细介绍怎样编辑曲线。

图9-3 铅笔属性设置

STEP 04 在舞台中的合适位置确认起始点，单击鼠标左键并拖曳至合适位置再释放鼠标，即可绘制出曲线，效果如图9-4所示。

技巧点拨

> 使用铅笔工具，能选择伸直、平滑和墨水三种绘画模式。
>
> ➢ 伸直：将线条修整为一段一段的直线，方便画水平线或垂直线。
>
> ➢ 平滑：将所画线条的曲折处做局部平滑处理，适合画平滑的曲线。
>
> ➢ 墨水：将起点和终点确定后再做平滑处理。

图9-4 绘制曲线

实战 253 运用钢笔工具

▶ 实例位置：光盘\效果\第9章\实战253.fla
▶ 素材位置：光盘\素材\第9章\实战253.fla
▶ 视频位置：光盘\视频\第9章\实战253.mp4

● 实例介绍 ●

使用钢笔工具 可以绘制出精确的路径（如直线或平滑、流畅的曲线），可以生成直线或曲线，还可以调节直线的角度和长度、曲线的倾斜度。使用钢笔工具绘画时，单击可以创建直线段上的点，而拖动而以创建曲线段上的点。可以通过调整线条上的点来调整直线段和曲线段。运用钢笔工具可以绘制出各种艺术字效果，如图9-5所示。

钢笔工具显示的不同指针反映其当前绘制状态，以下指针指示各种绘制状态。

图9-5 钢笔工具绘制的艺术字效果

➢ 初始锚点指针 ：选中钢笔工具后看到的第一个指针，指示下一次在舞台上单击鼠标时将创建初始锚点，它是新路径的开始（所有新路径都以初始锚点开始），终止任何现有的绘画路径。

➢ 连续锚点指针 ：指示下一次单击鼠标时将创建一个锚点，并用一条直线与前一个锚点相连接。在创建所有用户定义的锚点（路径的初始锚点除外）时，显示此指针。

➢ 添加锚点指针 ：指示下一次单击鼠标时将向现有路径添加一个锚点。若要添加锚点，必须选择路径，并且钢笔工具不能位于现有锚点的上方。根据其他锚点，重绘现有路径，一次只能添加一个锚点。

➢ 删除锚点指针 ：指示下一次在现有路径上单击鼠标时将删除一个锚点。若要删除锚点，必须用选取工具选择路径，并且指针必须位于现有锚点的上方。根据删除的锚点，重绘现有路径，一次只能删除一个锚点。

➢ 连续路径指针 ：从现有锚点扩展新路径。若要激活此指针，鼠标必须位于路径上现有锚点的上方。仅在当前未绘制路径时，此指针才可用。锚点未必是路径的终端锚点，任何锚点都可以是连续路径的位置。

➢ 闭合路径指针 ：在用户正绘制的路径的起始点处闭合路径。只能闭合当前正在绘制的路径，并且现有锚点必须是同一个路径的起始锚点。生成的路径没有将任何指定的填充颜色设置应用于封闭形状，且单独应用填充颜色。

➢ 连接路径指针 ：除了鼠标不能位于同一个路径的初始锚点上方外，与闭合路径工具基本相同。该指针必须位于唯一路径的任一端点上方，可能选中路径段，也可能不选中路径段。

知识扩展

> 连接路径可能产生闭合形状，也可能不产生闭合形状。

➢ 回缩贝塞尔手柄指针 ：当鼠标位于显示其贝塞尔手柄的锚点上方时显示。单击鼠标将回缩贝塞尔手柄，并使得穿过锚点的弯曲路径恢复为直线段。

➢ 转换锚点指针 ：将不带方向线的转角点转换为带有独立方向线的转角点。若要启用转换锚点指针，可按【Shift+C】组合键切换钢笔工具。

知识扩展

　　添加锚点可更好地控制路径，也可以扩展开放路径。但是，最好不要添加不必要的点。点越少的路径越容易编辑、显示和打印。若要降低路径的复杂性，可删除不必要的点。工具箱中包含3个用于添加或删除点的工具：钢笔工具、添加锚点工具和删除锚点工具。默认情况下，当将钢笔工具定位在选定路径上时，它会变为添加锚点工具，或者在将钢笔工具定位在锚点上时，它会自动变为删除锚点工具，用户可以根据相应情况进行不同的操作。

● 操作步骤 ●

STEP 01 单击"文件"|"打丌"命令，打开一个素材文件，如图9-6所示。

STEP 02 选取工具箱中的钢笔工具，在"属性"面板中设置笔触"颜色"为黄色（#FFFF00），"笔触"大小为5，"样式"为"点状线"，如图9-7所示。

图9-6 打开素材文件

图9-7 修改钢笔属性

STEP 03 单击时间轴下方的"新建图层"按钮，新建一个"图层3"图层，在舞台中的合适位置单击鼠标左键以确认起点和第二个节点，绘制一条直线，如图9-8所示。

STEP 04 用与上述相同的方法，绘制其他的直线，效果如图9-9所示。

图9-8 绘制一条直线

图9-9 钢笔绘画结果

技巧点拨

　　在使用钢笔工具绘制曲线的过程中，按住【Shift】键的同时再单击鼠标左键，将绘制出一个与上一个锚点在同一垂直线或水平线上的锚点。

实战 254　运用线条工具

▶ **实例位置：** 光盘\效果\第9章\实战254.fla
▶ **素材位置：** 光盘\素材\第9章\实战254.fla
▶ **视频位置：** 光盘\视频\第9章\实战254.mp4

● 实例介绍 ●

　　在Flash CC中绘制图形时，线条作为重要的视觉元素，一直发挥着重要的作用，而且弧线、曲线和不规则线条能表现出轻盈、生动的画面。

　　运用工具箱中的线条工具可以绘制出不同属性的线条。可以选择绘制的线条，在"属性"面板的"填充和笔触"选项区中对线条的属性进行设置，如图9-10所示。

在"属性"面板中，各主要选项含义如下。

➤ "笔触颜色"色块：单击色块，在弹出的颜色面板中可以选择相应的颜色，如果预设的颜色不能满足用户的需求，可以通过单击颜色面板右上角◉按钮，弹出"颜色"对话框，在其中可以对"笔触颜色"进行详细的设置。

➤ "笔触高度"文本框：用来设置所绘制线条的粗细度，可以直接在文本框中输入笔触的高度值，也可以通过拖曳"笔触"滑块来设置笔触高度。

➤ "样式"列表框：单击"样式"按钮，在弹出的列表框中选择绘制的线条样式，在Flash CC中，系统内置了一些常用的线条类型，如图9-11所示。如果系统提供的样式不能满足需要，则可单击右侧的"编辑笔触样式"按钮🖋，弹出"笔触样式"对话框，如图9-12所示，在其中对选择的线条类型的属性进行相应的设置。

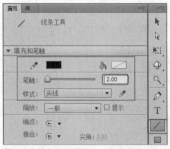

图9-10 线条工具属性

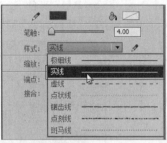

图9-11 线条样式选择

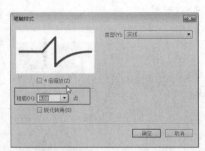

图9-12 线条样式属性

● 操作步骤 ●

STEP 01 单击"文件"|"打开"命令，打开一个素材文件，如图9-13所示。

STEP 02 选取工具箱中的线条工具◥，在其"属性"面板中设置"笔触颜色"为灰色（#CCCCCC），"笔触"为1，如图9-14所示。

图9-13 打开素材文件

图9-14 修改笔触属性

技巧点拨

使用线条工具绘制直线的过程中，如果按【Shift】键的同时拖动鼠标，可以制作出垂直或水平的直线，或者45°斜线，这给特殊直线提供了很大的方便。在同一图层中，所绘制的线条会在相交处互相切断。

STEP 03 在舞台中的合适位置确认起始点，单击鼠标左键并拖曳至合适位置再释放鼠标，即可绘制出一条直线，如图9-15所示。

STEP 04 用上述相同的方法，绘制其他的直线，效果如图9-16所示。

图9-15 绘制一条直线

图9-16 绘制其他直线

▶ 实例位置：光盘\效果\第9章\实战255.fla
▶ 素材位置：光盘\素材\第9章\实战255.fla
▶ 视频位置：光盘\视频\第9章\实战255.mp4

实战 255 运用椭圆工具

● 实例介绍 ●

在Flash CC中，选取椭圆工具 ◯，在工具箱的"颜色"选项区中会出现矢量边线和内部填充色的属性，其中部分属性的用法如下。

如果要绘制无外框线的椭圆，可以单击"笔触颜色"按钮 ✐ ▯，在颜色区中单击"没有颜色"按钮 ◪，取消外部矢量线色彩。

如果只想得到椭圆线框的效果，可以单击"填充颜色"按钮 ◊ ▯，在颜色区中单击"没有颜色"按钮 ◪，取消内部色彩填充。

设置好椭圆工具的色彩属性后，移动鼠标至舞台中，指针形状呈"十"形状，单击鼠标左键并进行拖曳，即可绘制出需要的椭圆。

使用椭圆工具 ◯ 可以绘制椭圆或正圆，并可以设置椭圆或正圆的填充与线条颜色。在Flash CC的工具面板中有用于绘制椭圆和正圆的工具。如图9-17和图9-18所示分别为正圆和椭圆效果。

图9-17 正圆效果

图9-18 椭圆效果

● 操作步骤 ●

STEP 01 单击"文件"|"打开"命令，打开一个素材文件，如图9-19所示。

STEP 02 选取工具箱中的椭圆工具 ◯，在"属性"面板的"填充和笔触"选项区中，设置"填充颜色"为灰色（#CCCCCC），如图9-20所示。

图9-19 打开素材文件

图9-20 修改椭圆属性

STEP 03 将鼠标指针移至舞台中的适当位置，鼠标指针呈 ⊡ 形，如图9-21所示。

STEP 04 单击鼠标左键并拖曳，至适当位置后，释放鼠标左键，即可绘制椭圆，效果如图9-22所示。

图9-21 鼠标指针呈 ⊡ 形

图9-22 绘制椭圆

技巧点拨

　　在Flash CC中，在绘制椭圆时，按住【Shift】键拖曳光标可绘制圆，按住【Shift+Alt】组合键拖曳光标可绘制以光标拖曳起点为圆心的圆。

　　椭圆的轮廓色和填充色既可以在工具箱中设置，也可以在"属性"面板中设置，而椭圆轮廓的粗细和椭圆的轮廓类型只能在"属性"面板中设置。

实战 256	运用矩形工具	▶ 实例位置：光盘\效果\第9章\实战256.fla ▶ 素材位置：光盘\素材\第9章\实战256.fla ▶ 视频位置：光盘\视频\第9章\实战256.mp4

● 实例介绍 ●

　　在Flash CC中，矩形工具是几何形状绘制工具，用于创建矩形和正方形。绘制矩形的方法很简单，只需要在工具箱中选取矩形工具，在舞台上拖曳光标，确定矩形的轮廓后，释放鼠标左键即可。用户还可以通过矩形工具对应的"属性"面板设置矩形的边框属性及填充颜色。

● 操作步骤 ●

STEP 01 单击"文件"|"打开"命令，打开一个素材文件，如图9-23所示。

STEP 02 选取工具箱中的矩形工具，在"属性"面板中设置"笔触颜色"为绿色（#CCFF00）、"填充颜色"为无、"样式"为"点状线"、"笔触"大小为5，如图9-24所示。

图9-23 打开素材文件

图9-24 设置矩形属性

STEP 03 单击时间轴下方的"新建图层"按钮，新建一个"图层2"图层，将鼠标指针移至舞台区中的适当位置，单击鼠标左键并拖曳，如图9-25所示。

STEP 04 至合适位置后，释放鼠标左键，即可在舞台中绘制一个矩形对象，效果如图9-26所示。

图9-25 拖曳鼠标光标　　　　　　　　　　图9-26 绘制矩形

技巧点拨

　　在Flash CC中，在绘制矩形时，按住【Shift】键拖曳光标可绘制正方形。

▶ 实例位置：光盘\效果\第9章\实战257.fla
▶ 素材位置：光盘\素材\第9章\实战257.fla
▶ 视频位置：光盘\视频\第9章\实战257.mp4

实战 257 运用多边形工具

● 实例介绍 ●

在Flash CC中，多角星形工具用于绘制多边形和星形的多角星形，使用该工具，用户可以根据需要绘制出不同边数和不同大小的多边形和星形。

在默认情况下，绘制出的图形是正五边形。如果要绘制其他形状的多边形，可以单击"属性"面板中的"选项"按钮，弹出"工具设置"对话框，在该对话框中，各参数的含义如下。

➤ 样式：在"样式"列表框中，用户可以选择需要绘制图形的样式，包括"多边形"和"星形"两个选项，默认的设置为"多边形"。

➤ 边数：在该文本框中，用户可以根据需要输入绘制图形的边数，默认值为5。

➤ 星形顶点大小：在该文本框中，用户可以输入需要绘制图形顶点的大小，默认值为0.5。

● 操作步骤 ●

STEP 01 单击"文件"|"打开"命令，打开一个素材文件，如图9-27所示。

STEP 02 选取工具箱中的多角星形工具◯，在"填充和笔触"选项区中设置"填充颜色"为白色，单击"选项"按钮，如图9-28所示。

图9-27 打开素材文件

图9-28 单击"选项"按钮

STEP 03 弹出"工具设置"对话框，在其中设置"样式"为"星形"、"边数"为6、"星形顶点大小"为0.1，如图9-29所示。

STEP 04 单击"确定"按钮，将鼠标指针移至舞台中的适当位置，单击鼠标左键并拖曳，绘制一个多角星形，如图9-30所示。

图9-29 设置相应的选项

图9-30 绘制多角星形

STEP 05 执行操作后，即可查看绘制的多角星形，如图9-31所示。

STEP 06 用与上述同样的方法，绘制其他的多角星形，效果如图9-32所示。

图9-31 查看绘制的多角星形

图9-32 绘制其他的多角星形

技巧点拨

单击"文件"|"打开"命令，打开一个素材文件，如图9-33所示。在属性面板中选中"选项"按钮，会打开"工具设置"面板，修改"样式"为"多边形"，"边数"设置为5，如图9-34所示。

图9-33 打开素材文件

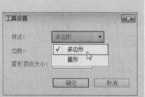

图9-34 设置相应选项

将鼠标移至舞台，拖曳鼠标光标，如图9-35所示。重新选择合适的点，拖曳鼠标光标，重复几次，效果如图9-36所示。

图9-35 拖曳鼠标光标

图9-36 绘制五边星

实战 258 运用刷子工具

▶ 实例位置：光盘\效果\第9章\实战258.fla
▶ 素材位置：光盘\素材\第9章\实战258.fla
▶ 视频位置：光盘\视频\第9章\实战258.mp4

● 实例介绍 ●

在Flash CC中，使用刷子工具可以利用画笔的各种形状，为各种物体涂抹颜色。

● 操作步骤 ●

STEP 01 单击"文件"|"打开"命令，打开一个素材文件，如图9-37所示。

STEP 02 在工具箱中选取刷子工具，在"属性"面板中设置"填充颜色"为深蓝色（#0033FF），如图9-38所示。

图9-37 打开素材文件

图9-38 设置"填充颜色"

STEP 03 将鼠标指针移至舞台中的合适位置，单击鼠标左键并拖曳，绘制曲线，效果如图9-39所示。

STEP 04 用与上述同样的方法，绘制其他的线条，效果如图9-40所示。

图9-39 绘制线条

图9-40 绘制其他线条

知识扩展

选取刷子工具后，在工具箱下方单击"刷子模式"按钮，可以选择刷子的5种模式，各模式的含义如下。

➤ "标准绘画"模式：在该模式下，使用刷子工具绘制图形位于所有其他对象之上。

➤ "颜料填充"模式：在该模式下，使用刷子工具绘制的图形只覆盖填充图形和背景，而不覆盖线条。

➤ "后面绘画"模式：在该模式下，使用刷子工具绘制的图形只覆盖舞台背景，而不覆盖线条和其他填充。

➤ "颜料选择"模式：在该模式下，使用刷子工具绘制的图形只覆盖选定的填充。

➤ "内部绘画"模式：在该模式下，使用刷子工具绘制的图形只作用于下笔触的填充区域，而不覆盖其他任何对象。

9.2 填充网页动画的图形对象

在Flash CC中，绘制矢量图形的轮廓线条后，通常还需要为图形填充相应的颜色。恰当的颜色填充，不但可以使图形更加精美，同时对于线条中出现的细小失误也具有一定的修补作用。填充与描边工具包括墨水瓶工具、颜料桶工具、滴管工具和渐变变形工具等，本节主要对这些工具进行详细的介绍。

实战 259 运用墨水瓶工具

▶ 实例位置：光盘\效果\第9章\实战259.fla
▶ 素材位置：光盘\素材\第9章\实战259.fla
▶ 视频位置：光盘\视频\第9章\实战259.mp4

● 实例介绍 ●

在Flash CC中，使用墨水瓶工具可以为绘制好的矢量线段填充颜色，也可以为制定色块加上边框，但墨水瓶工具不能对矢量色块进行填充。

● 操作步骤 ●

STEP 01 单击"文件"|"打开"命令，打开一个素材文件，如图9-41所示。

STEP 02 选取工具箱中的墨水瓶工具，在"属性"面板中设置"笔触颜色"为紫红色（#FF00FF），"笔触大小"为2，如图9-42所示。

图9-41 打开素材文件

图9-42 设置相应选项

STEP 03 将鼠标指针移至需要填充轮廓的图形上，单击鼠标左键，即可填充轮廓颜色，如图9-43所示。

STEP 04 用与上述同样的方法，填充其他的轮廓效果，如图9-44所示。

图9-43 填充轮廓

图9-44 填充其他轮廓

知识扩展

在Flash CC中，如果单击一个没有轮廓线的区域，那么墨水瓶工具将自动为该区域增加轮廓线。如果该区域有轮廓线，则会将轮廓线改为墨水瓶工具设定的样式。

实战 260 运用颜料桶工具

▶ 实例位置：光盘\效果\第9章\实战260.fla
▶ 素材位置：光盘\素材\第9章\实战260.fla
▶ 视频位置：光盘\视频\第9章\实战260.mp4

● 实例介绍 ●

在Flash CC中，颜料桶工具可以用颜色填充封闭的区域，它可以填充空的区域，也可以更改已涂色的颜色。用户可以用纯色、渐变填充以及位图填充进行涂色。此外，还可以使用颜料桶工具填充未完全封闭的区域，并且可以指定在使用颜料桶工具时闭合形状轮廓中的间隙。

● 操作步骤 ●

STEP 01 单击"文件"|"打开"命令，打开一个素材文件，如图9-45所示。

STEP 02 选取工具箱中的颜料桶工具，在"属性"面板的"填充和笔触"选项区中设置"填充颜色"为淡绿色（#CCFF33），如图9-46所示。

图9-45 打开素材文件

图9-46 设置"填充颜色"

STEP 03 选择"图层3"图层，将鼠标指针移动到文档中的适当位置，然后单击鼠标左键，即可填充相应区域，效果如图9-47所示。

STEP 04 在"属性"面板中设置"填充颜色"为土黄色（#FE7807），选择"图层2"图层，将鼠标指针移动到文档中的适当位置，然后单击鼠标左键，填充颜色，效果如图9-48所示。

图9-47 鼠标指针呈 形

图9-48 填充图形

知识扩展

在Flash CC中选择颜料桶工具后，在工具箱下方出现一个"间隔大小"按钮，如图9-49所示，单击该按钮右下角的下三角按钮，弹出列表框，在其中可以设置空隙大小，各模式含义如下。

➢ 不封闭空隙：在该模式下，不允许有空隙，只限于封闭空隙。

➢ 封闭小空隙：在该模式下，允许有小空隙。

➢ 封闭中等空隙：在该模式下，允许有中型空隙。

➢ 封闭大空隙：在该模式下，允许有大空隙。

图9-49 间隔大小按钮

实战 261　运用滴管工具

▶ 实例位置：光盘\效果\第9章\实战261.fla
▶ 素材位置：光盘\素材\第9章\实战261.fla
▶ 视频位置：光盘\视频\第9章\实战261.mp4

● 实例介绍 ●

在Flash CC中，滴管工具可以吸取矢量色块属性、矢量线条属性、位图属性以及文字属性等，并可以将选择的属性应用到其他对象中。

● 操作步骤 ●

STEP 01 单击"文件"|"打开"命令，打开一个素材文件，如图9-50所示。

STEP 02 选取工具箱中的滴管工具 ，将鼠标指针移至舞台中的黑色方块附近，吸取颜色，如图9-51所示。

图9-50 打开素材文件

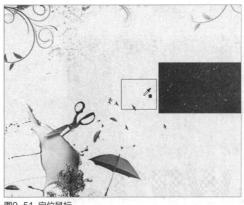

图9-51 定位鼠标

STEP 03 将鼠标指针移至需要填充的图形对象上，如图9-52所示。

STEP 04 单击鼠标左键，即可使用颜料桶填充图形对象，如图9-53所示。

图9-52 填充轮廓

图9-53 填充颜色

实战 262 运用渐变变形工具

▶ 实例位置：光盘\效果\第9章\实战262.fla
▶ 素材位置：光盘\素材\第9章\实战262.fla
▶ 视频位置：光盘\视频\第9章\实战262.mp4

● 实例介绍 ●

在Flash CC中，运用渐变变形工具可以对已经存在的填充进行调整，包括线性渐变填充、放射状填充和位图填充。

● 操作步骤 ●

STEP 01 单击"文件"|"打开"命令，打开一个素材文件，如图9-54所示。

STEP 02 选取工具箱中的渐变变形工具◨，如图9-55所示。

图9-54 打开素材文件

图9-55 调出变形框

知识扩展

渐变变形工具主要用于对图形对象的各种填充方式进行变形处理，可对已经存在的渐变填充进行调整。使用渐变变形工具可以方便地对渐变填充效果进行旋转、拉伸、倾斜和缩放等变换操作。

STEP 03 选择需要渐变的图形，调出变形框，如图9-56所示。

STEP 04 将鼠标指针移至控制柄上，单击鼠标左键并拖曳，至适当位置后释放鼠标左键，即可调整变形，效果如图9-57所示。

图9-56 调出变形框

图9-57 调整变形

9.3 ■ 编辑网页动画的图形对象

在Flash CC中，用户可以根据需要运用辅助绘图工具对图形进行编辑。常用的绘图编辑工具有选择工具、部分选取工具、套索工具、缩放工具、手形工具、任意变形工具以及橡皮擦工具等，本书主要对这些工具进行详细的介绍。

实战 263	运用选择工具	▶ 实例位置：无 ▶ 素材位置：光盘\素材\第9章\实战263.fla ▶ 视频位置：光盘\视频\第9章\实战263.mp4

● 实例介绍 ●

在Flash CC中，选择工具主要用来选择和移动对象，还可以改变对象的大小。通过选取工具箱中的选择工具可以选择任意对象，包括矢量、元件和位图。选择对象后，还可以对对象进行移动、改变对象的形状等操作。

技巧点拨

若要修改一个对象，应先选择它。可以将若干个单个对象组成一组，然后作为一个对象来处理。选择对象或笔触时，Flash CC会用选取框来加亮显示它们。可以只选择对象的笔触，也可以只选择其填充。可以隐藏所选对象的加亮显示，这样，在编辑对象时就不会看到加亮显示。当选择了某个对象时，"属性"面板会显示以下内容：对象的笔触和填充、像素尺寸以及对象的变形点的x和y坐标。可以使用形状的"属性"面板更改该对象的笔触和填充。若要防止选中组或元件并意外修改它，应锁定组或元件。

● 操作步骤 ●

STEP 01 单击"文件"|"打开"命令，打开一个素材文件，如图9-58所示。

STEP 02 选取工具箱中的选择工具▸，将鼠标指针移至需要选择的图形上单击，即可选择图形，如图9-59所示。

图9-58 打开素材文件

图9-59 选择图像

技巧点拨

用户对图形进行编辑之前，首先需要运用选择工具选择图形，该工具的功能非常强大，需要用户熟练掌握。

实战 264	运用部分选取工具	▶ 实例位置：无 ▶ 素材位置：光盘\素材\第9章\实战264.fla ▶ 视频位置：光盘\视频\第9章\实战264.mp4

● 实例介绍 ●

在Flash CC中，部分选取工具是修改和调整路径的有效工具，主要用于选择线条、移动线条、编辑节点及调整节点方向等。

● 操作步骤 ●

STEP 01 选择"文件"|"打开"命令，打开一个素材文件，如图9-60所示。

STEP 02 选取工具箱中的部分选取工具▸，将鼠标指针移至需要选择的图形上，单击鼠标左键，即可选择该图形，如图9-61所示。

图9-60 打开素材文件

图9-61 选中操作对象

知识扩展

部分选取工具是以贝塞尔曲线的方式进行编辑的，这样能方便地对路径上的控制点进行选取、拖曳、调整路径方向及删除节点等操作，使图形达到理想的效果。

使用部分选取工具时，当鼠标指针的右下角为黑色的实心方框时，可以移动对象；当鼠标指针的右下角为空心方框时，可移动路径上的一个锚点。

实战 265 运用套索工具

▶ 实例位置：无
▶ 素材位置：光盘\素材\第9章\实战265.fla
▶ 视频位置：光盘\视频\第9章\实战265.mp4

● 实例介绍 ●

在Flash CC中，使用套索工具可以精确地选择不规则图形中的任意部分，多边形工具适合选择有规则的区域，魔术棒用来选择相同色块区域。

在工具箱中选取套索工具，将鼠标指针移至舞台中，单击鼠标左键并拖曳至适当位置后释放鼠标左键，即可在图形对象中选择需要的范围。选取套索工具后，在工具箱底部显示套索按钮，各按钮的含义如下。

➤ "魔术棒"按钮🔲：主要用于沿选择对象的轮廓进行大范围的选取，也可以选取色彩范围。

➤ "魔术棒设置"按钮🔲：在选项区域中单击该按钮，弹出"魔术棒设置"对话框，如图9-62所示。在其中可以设置魔术棒选取的色彩范围。

➤ "多边形模式"按钮🔲：主要对不规则的图形进行比较精确的选择。

图9-62 "魔术棒"属性设置

● 操作步骤 ●

STEP 01 单击"文件"|"打开"命令，打开一个素材文件，如图9-63所示。

知识扩展

操作套索工具，需要先设置属性再进行区域选择，使用默认属性才不需要先进行属性修改操作。选中区域后再单击套索工具，无法修改属性，需要先取消选中的区域。

运用套索工具选择区域时无法选中图片中的局部区域，可先分离图片。

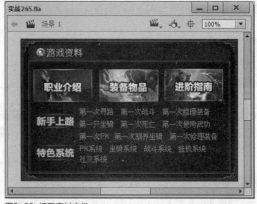

图9-63 打开素材文件

STEP 02 选取工具箱中的套索工具 ⟨图标⟩，将鼠标指针移至需要选择的图形上，单击鼠标左键并拖曳，至起点位置后释放鼠标左键，效果如图9-64所示。

STEP 03 执行操作后，即可运用套索工具选择图形，如图9-65所示。

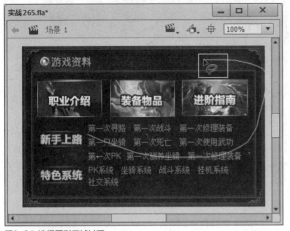

图9-64 选择图形区域过程

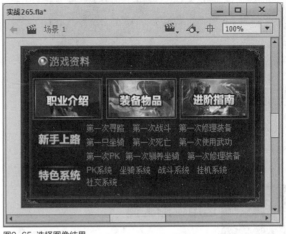

图9-65 选择图像结果

实战 266	运用缩放工具	▶ 实例位置：无
		▶ 素材位置：光盘\素材\第9章\实战266.fla
		▶ 视频位置：光盘\视频\第9章\实战266.mp4

● 实例介绍 ●

在Flash CC中，缩放工具用来放大或缩小舞台的显示大小，在处理图形的细微之处时，使用缩放工具可以帮助设计者完成重要的细节设计。选取缩放工具后，在工具箱中会显示"放大"和"缩小"按钮，用户可以根据需要选择相应的按钮。

● 操作步骤 ●

STEP 01 单击"文件"|"打开"命令，打开一个素材文件，如图9-66所示。

STEP 02 选取工具箱中的缩放工具 ⟨图标⟩，将鼠标指针移至需要放大的图形上，鼠标指针呈 ⟨图标⟩ 形，如图9-67所示。

图9-66 打开素材文件

图9-67 鼠标指针呈 ⟨图标⟩ 形

STEP 03 单击鼠标左键，即可放大图形，如图9-68所示。

STEP 04 选取工具箱中的缩放工具 ⟨图标⟩，将鼠标指针移至需要缩小的图形上，按住【Alt】键单击鼠标左键，即可缩小图形，如图9-69所示。

图9-68 放大图形

图9-69 缩小图形

实战 267 运用手形工具

▶ 实例位置：无
▶ 素材位置：光盘\素材\第9章\实战267.fla
▶ 视频位置：光盘\视频\第9章\实战267.mp4

● 实例介绍 ●

在Flash CC中，在动画尺寸非常大或者舞台放大的情况下，在工作区域中不能完全显示舞台中的内容时，可以使用手形工具移动舞台。

● 操作步骤 ●

STEP 01 单击"文件"|"打开"命令，打开一个素材文件，如图9-70所示。

STEP 02 选取工具箱中的缩放工具 🔍，将图形放大，如图9-71所示。

图9-70 打开素材文件

图9-71 放大图像

STEP 03 选取工具箱中的手形工具 ✋，将鼠标指针移至舞台中，此时鼠标指针呈 ✋ 形状，如图9-72所示。

STEP 04 单击鼠标左键并向右拖曳，即可移动舞台，效果如图9-73所示。

图9-72 移动图像

图9-73 调整到合适的位置

<table>
<tr><td rowspan="2">实战
268</td><td rowspan="2">运用任意变形工具</td></tr>
</table>

实战 268 运用任意变形工具	▶ **实例位置**：光盘\效果\第9章\实战268.fla
	▶ **素材位置**：光盘\素材\第9章\实战268.fla
	▶ **视频位置**：光盘\视频\第9章\实战268.mp4

● **实例介绍** ●

在Flash CC中，任意变形工具用来改变和调整对象的形状。对象的变形不仅包括缩放、旋转、倾斜和反转等基本变形模式，还包括扭曲及封套等特殊变形形式。各种变形都有其特点，灵活运用可以做出很多特殊效果。

选取工具箱中的任意变形工具后，在工具箱底部出现如图9-74所示的"旋转与倾斜"按钮、"缩放"按钮、"扭曲"按钮和"封套"按钮，各按钮的含义如下。

➢ "旋转与倾斜"按钮：单击该按钮，可以对选择的对象进行旋转或倾斜操作。

➢ "缩放"按钮：单击该按钮，可以对选择的对象进行放大或缩小操作。

➢ "扭曲"按钮：单击该按钮，可以对选择的对象进行扭曲操作，该功能只对分离后的对象，即矢量图有效，且对四角的控制点有效。

➢ "封套"按钮：单击该按钮，当前被选择的对象四周就会出现更多的控制点，可以对该对象进行更加精确地变形操作。

图9-74 变形工具属性

● **操作步骤** ●

STEP 01 单击"文件"|"打开"命令，打开一个素材文件，如图9-75所示。

STEP 02 选取工具箱中的任意变形工具，选择需要变形的图形，如图9-76所示。

图9-75 打开素材文件

图9-76 选择对象

知识扩展

在Flash CC中，使用任意变形工具，可以对图形对象进行自由变换操作，包括旋转、倾斜、缩放和翻转图形对象，当用户选择了需要变形的对象后，选取工具箱中的任意变形工具，即可设置对象的变形方式。若工具窗口中，只显示出一列且工具箱底部"旋转与倾斜"按钮、"缩放"按钮、"扭曲"按钮和"封套"按钮没有显现，拉宽工具窗口的宽度即可显现这些按钮。

STEP 03 将鼠标指针移至右上角的变形控制点上，单击鼠标左键并拖曳，如图9-77所示。

STEP 04 至适当位置后，释放鼠标左键，即可变形图形，效果如图9-78所示。

图9-77 转动对象

图9-78 变形结果

实战		
269	**自由变换对象**	▶ 实例位置：光盘\效果\第9章\实战269.fla ▶ 素材位置：光盘\素材\第9章\实战269.fla ▶ 视频位置：光盘\视频\第9章\实战269.mp4

● 实例介绍 ●

在Flash CC中使用"任意变形"命令，可以对图形对象进行自由变换操作，包括旋转、扭曲、封套、翻转图形对象，当用户选择了需要变形的对象后，选取工具箱中的任意变形工具，即可设置对象的变形方式。

选择任意变形对象后，在所选的对象上会出现8个控制点，此时用户可以进行如下操作。

➢ 将鼠标指针移至4个角上的控制点处，当鼠标指针呈 形状时，单击鼠标左键并拖曳，可以同时改变对象的宽度和高度。

➢ 将鼠标指针移至控制柄中心的控制点处，当鼠标指针呈 或 形状时，单击鼠标左键并拖曳，可以对对象进行缩放。

➢ 将鼠标指针移至4个角上的控制点外，当鼠标指针呈 形状时，单击鼠标左键并拖曳，可以对对象进行旋转。

➢ 将鼠标指针移至边线上，当鼠标指针呈 或 形状时，单击鼠标左键并拖曳，可以对对象进行倾斜。

➢ 将鼠标指针移至对象上，当鼠标指针呈 形状时，单击鼠标左键并拖曳，可以移动对象。

➢ 将鼠标指针移至中心点旁，当鼠标指针呈 形状时，单击鼠标左键并拖曳，可以改变中心点的位置。

● 操作步骤 ●

STEP 01 单击"文件"|"打开"命令，打开一个素材文件，如图9-79所示。

STEP 02 选取工具箱中的任意变形工具，选择需要变形的图形，调出变形框，如图9-80所示。

图9-79 打开素材文件

图9-80 调出变形框

STEP 03 将鼠标指针移至需要变形的图形上，单击鼠标左键并拖曳，如图9-81所示。

STEP 04 即可变形图形对象，如图9-82所示。

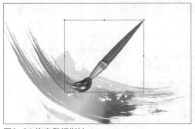

图9-81 拖曳鼠标指针

图9-82 自由变换对象

实战 270 扭曲对象

▶ 实例位置：光盘\效果\第9章\实战270.fla
▶ 素材位置：光盘\素材\第9章\实战270.fla
▶ 视频位置：光盘\视频\第9章\实战270.mp4

● 实例介绍 ●

在Flash CC用户不但可以进行简单的变形操作，还可以使图形发生本质的改变，即对对象进行扭曲变形操作。

● 操作步骤 ●

STEP 01 单击"文件"|"打开"命令，打开一个素材文件，如图9-83所示。

STEP 02 选取工具箱中的任意变形工具，选择需要扭曲的图形，调出变形框，如图9-84所示。

图9-83 打开素材文件

图9-84 调出变形框

技巧点拨

若要锁定或解锁组或元件，可先选择组或元件，然后单击"修改"|"排列"|"锁定"命令。单击"修改"|"排列"|"解除全部锁定"命令，可以解锁所有锁定的组和元件。

STEP 03 在菜单栏中，单击"修改"|"变形"|"扭曲"命令，如图9-85所示。

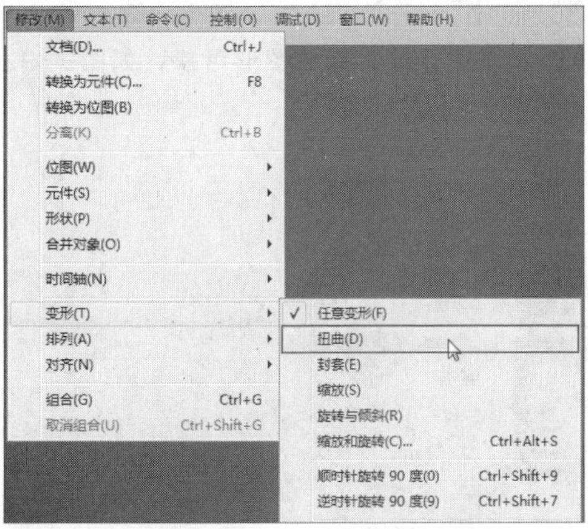

STEP 04 执行操作后，调出图形扭曲控制柄，如图9-86所示。

图9-85 单击"扭曲"命令

图9-86 调出图形扭曲控制柄

STEP 05 在各控制柄上，单击鼠标左键并拖曳，如图9-87所示。

STEP 06 至适当位置后，释放鼠标左键，即可扭曲对象，如图9-88所示。

图9-87 拖曳鼠标光标

图9-88 扭曲效果

实战 271 缩放对象

▶ 实例位置：光盘\效果\第9章\实战271.fla
▶ 素材位置：光盘\素材\第9章\实战271.fla
▶ 视频位置：光盘\视频\第9章\实战271.mp4

● 实例介绍 ●

在Flash CC中，有的图形对象大小不适合整体画面效果，这时可以通过缩放图形对象来改变图形原本的大小。

技巧点拨

在Flash CC中，选取工具箱中的选择工具，选择需要缩放的图形对象，然后单击"修改"|"变形"|"缩放"命令，也可以调出缩放控制框。

● 操作步骤 ●

STEP 01 单击"文件"|"打开"命令，打开一个素材文件，如图9-89所示。

STEP 02 选取工具箱中的任意变形工具，选择需要缩放的图形，如图9-90所示。

图9-89 打开素材文件

图9-90 选择图形

STEP 03 将鼠标指针移至图形四周的控制柄上，单击鼠标左键并拖曳，如图9-91所示。

STEP 04 执行操作后，即可缩放图形对象，如图9-92所示。

图9-91 拖曳鼠标光标

图9-92 缩放对象

实战 272　封套对象

▶ 实例位置：光盘\效果\第9章\实战272.fla
▶ 素材位置：光盘\素材\第9章\实战272.fla
▶ 视频位置：光盘\视频\第9章\实战272.mp4

● 实例介绍 ●

在Flash CC中，封套图形对象可以对图形对象进行细微的调整，以弥补扭曲变形无法改变的某些细节部分。

● 操作步骤 ●

STEP 01 单击"文件"|"打开"命令，打开一个素材文件，如图9-93所示。

STEP 02 选取工具箱中的任意变形工具，选择需要封套的图形，如图9-94所示。

STEP 03 单击工具箱下的 "封套"按钮进行封套，如图9-95所示。

STEP 04 执行操作后，弹出封套变形控制框，如图9-96所示。

图9-93 打开素材文件

图9-94 选择图形

图9-95 单击"封套"命令

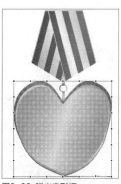
图9-96 弹出变形框

技巧点拨

在Flash CC中，选取工具箱中的选择工具，选择需要缩放的图形对象，然后单击上方菜单中"修改"|"变形"|"封套"命令，也可以调出封套控制框。

实战 273　旋转对象

▶ 实例位置：光盘\效果\第9章\实战273.fla
▶ 素材位置：光盘\素材\第9章\实战273.fla
▶ 视频位置：光盘\视频\第9章\实战273.mp4

● 实例介绍 ●

在Flash CC中，旋转图形对象可以将图形对象转动到一定的角度。如果需要旋转某对象，只需选择该对象，然后运用旋转功能对该对象进行旋转操作。

● 操作步骤 ●

STEP 01 单击"文件"|"打开"命令，打开一个素材文件，如图9-97所示。

STEP 02 选取工具箱中的任意变形工具，选择需要旋转的图形对象，如图9-98所示，在下方单击"旋转与倾斜"按钮。

图9-97 打开素材文件

图9-98 选择图形

STEP 03 将鼠标指针移至中心点位置，单击鼠标左键并拖曳，移动中心点的位置，如图9-99所示。

STEP 04 将鼠标指针移至右上角的控制点上，单击鼠标左键并拖曳，至适当位置后释放鼠标左键，即可旋转图形，效果如图9-100所示。

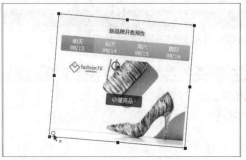

图9-99 移动中心点

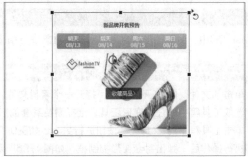

图9-100 旋转对象

实战 274 水平翻转对象

▶ 实例位置：光盘\效果\第9章\实战274.fla
▶ 素材位置：光盘\素材\第9章\实战274.fla
▶ 视频位置：光盘\视频\第9章\实战274.mp4

● 实例介绍 ●

在Flash CC中，翻转图形对象可以使图形在水平或垂直方向进行翻转，而不改变图形对象在舞台上的相应位置。下面向读者介绍水平翻转图形对象的操作方法。

● 操作步骤 ●

STEP 01 单击"文件"|"打开"命令，打开一个素材文件，如图9-101所示。

STEP 02 选取工具箱中的任意变形工具，选择需要水平翻转的图形，如图9-102所示。

图9-101 打开素材文件

图9-102 选择图形

STEP 03 单击"修改"|"变形"|"水平翻转"命令，如图9-103所示。

STEP 04 执行操作后，即可水平翻转图形，效果如图9-104所示。

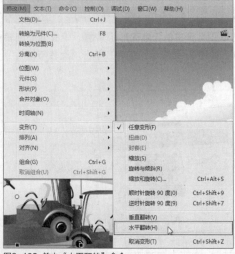

图9-103 单击"水平翻转"命令

图9-104 翻转图形

实战 275	垂直翻转对象	▶ 实例位置：光盘\效果\第9章\实战275.fla
		▶ 素材位置：光盘\素材\第9章\实战275.fla
		▶ 视频位置：光盘\视频\第9章\实战275.mp4

• 实例介绍 •

在Flash CC中，用户通过"垂直翻转"命令，可以对图形文件进行垂直翻转操作。下面向读者介绍垂直翻转图形对象的操作方法。

• 操作步骤 •

STEP 01 单击"文件"|"打开"命令，打开一个素材文件，如图9-105所示。

STEP 02 选取工具箱中的选择工具，选择需要垂直翻转的图形，如图9-106所示。

图9-105 打开素材文件

图9-106 选择图形对象

STEP 03 单击"修改"|"变形"|"垂直翻转"命令，如图9-107所示。

STEP 04 执行操作后，即可垂直翻转图形对象，效果如图9-108所示。

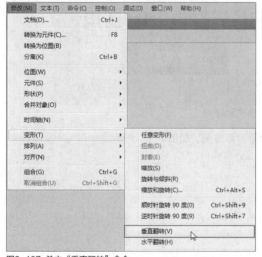

图9-107 单击"垂直翻转"命令

图9-108 垂直翻转对象

实战 276	运用橡皮擦工具	▶ 实例位置：光盘\效果\第9章\实战276.fla
		▶ 素材位置：光盘\素材\第9章\实战276.fla
		▶ 视频位置：光盘\视频\第9章\实战276.mp4

• 实例介绍 •

使用橡皮擦工具可以对图形中不满意的部分进行擦除，以便重新对其进行绘制，可以根据实际情况设置不同的擦除模式获得特殊的图形效果。选择橡皮擦工具后，将激活工具箱下方的相应按钮，单击相应的按钮可为绘画对象选择不同的擦除模式，以达到用户满意的效果。

其中，"标准擦除"模式是系统默认的擦除模式，选择该模式后，鼠标指针呈橡皮擦状，它可以擦除矢量图形、线条、分离的位图和文字。

● 操作步骤 ●

STEP 01 单击"文件"|"打开"命令，打开一个素材文件，如图9-109所示。

STEP 02 选取工具箱中的橡皮擦工具，然后单击工具箱下方的"橡皮擦模式"按钮右下角的小三角形，弹出橡皮擦模式列表框，在列表框中选取"标准擦除"模式，如图9-110所示。

图9-109 打开素材文件

图9-110 修改橡皮擦模式

STEP 03 将鼠标指针移至舞台中央，鼠标呈黑色小圆点，如图9-111所示。

STEP 04 将鼠标放置左上角，左键单击并拖曳，效果如图9-112所示。

图9-111 鼠标呈黑色小圆点

图9-112 拖曳鼠标光标

STEP 05 来回拖动，擦除背景，如图9-113所示。

STEP 06 擦除效果，如图9-114所示。

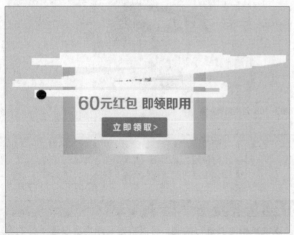

图9-113 擦除背景

图9-114 擦除效果

▶ 实例位置：光盘\效果\第9章\实战277.fla
▶ 素材位置：光盘\素材\第9章\实战277.fla
▶ 视频位置：光盘\视频\第9章\实战277.mp4

实战 277　擦除填色

● 实例介绍 ●

在Flash CC中的该模式下，橡皮擦工具只能擦除填充的矢量色块部分。

● 操作步骤 ●

STEP 01 单击"文件"|"打开"命令，打开一个素材文件，如图9-115所示。

图9-115　打开素材文件

STEP 02 选取工具箱中的橡皮擦工具，然后单击工具箱下方的"橡皮擦模式"按钮◎右下角的小三角形，弹出橡皮擦模式列表框，在列表框中选取"擦除填色"模式◎，如图9-116所示。

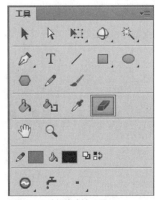

图9-116　选择橡皮擦工具

STEP 03 将鼠标指针移至舞台中，鼠标呈黑色小圆点，如图9-117所示。

图9-117　鼠标呈黑色小圆点

STEP 04 将鼠标放置在小红帽的帽尖，单击鼠标左键，擦除圈内黑点，效果如图9-118所示。

图9-118　擦除效果

实战 278　擦除线条

▶ 实例位置：光盘\效果\第9章\实战278.fla
▶ 素材位置：光盘\素材\第9章\实战278.fla
▶ 视频位置：光盘\视频\第9章\实战278.mp4

● 实例介绍 ●

在Flash CC中橡皮擦的擦除线条模式下，拖曳光标擦除图形时，只可以擦除矢量线条，不会擦除矢量色块。

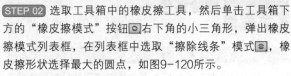

STEP 01 单击"文件"|"打开"命令，打开一个素材文件，如图9-119所示。

图9-119 打开素材文件

STEP 03 将鼠标指针移至舞台中，鼠标呈黑色小圆点，拖曳光标擦除线条，如图9-121所示。

图9-121 来回拖曳擦除线条

STEP 02 选取工具箱中的橡皮擦工具，然后单击工具箱下方的"橡皮擦模式"按钮 右下角的小三角形，弹出橡皮擦模式列表框，在列表框中选取"擦除线条"模式 ，橡皮擦形状选择最大的圆点，如图9-120所示。

图9-120 设置橡皮擦模式

STEP 04 释放鼠标，效果如图9-122所示。

图9-122 擦除效果

知识扩展

在Flash CC中，工具栏中包含了绘制和编辑矢量图形的各种工具，主要由工具、查看、颜色和选项4个选区构成，用于进行矢量图形绘制和编辑的各种操作。

1. 工具区域。

工具区域包含了绘图、上色和选择工具，用户在制作动画的过程中，可以根据需要选择相应的工具制作动画，各工具的作用如下。

➤ 选择工具 ：选择和移动舞台中的对象，以改变对象的大小、位置或形状。

➤ 部分选取工具 ：对选择的对象进行移动、拖动和变形等处理。

➤ 任意变形工具 ：对图形进行缩放、扭曲和旋转变形等操作。

➤ 3D旋转工具 ：对选择的影片剪辑进行3D旋转或变形。

➤ 套索工具 ：在舞台中选择不规则区域或多边形状。

➤ 钢笔工具 ：用来绘制更加精确、光滑的曲线，调整曲线的曲率等操作。

➤ 文本工具 ：在舞台中绘制文本框，输入文本。

➤ 线条工具 ：用来绘制各种长度和角度的直线段。

> ➤ 矩形工具█：用来绘制矩形，同组的多角星形工具可以绘制多边形或星形。
> ➤ 铅笔工具█：用来绘制比较柔和的曲线。
> ➤ 刷子工具█：用来绘制任意形状的色块矢量图形。
> ➤ Deco工具█：可以根据现有元件来绘制多个相同图形。
> ➤ 骨骼工具█：用来创建与人体骨骼原理相同的骨骼。
> ➤ 颜料桶工具█：用来将绘制好的图形上色。
> ➤ 吸管工具█：用来吸取颜色。
> ➤ 橡皮擦工具█：用来擦除舞台中所创建的图像。

2．查看区域。

查看区域包含了在应用程序窗口内进行缩放和平移操作的工具，当用户需要移动和缩放窗口时，可以选取查看区域中的工具进行操作。

3．颜色区域。

颜色区域用于设置工具的笔触颜色和填充颜色，在颜色区域中，各工具的作用如下。

> ➤ 笔触颜色工具█：用来设置图形的轮廓和线条的颜色。
> ➤ 填充颜色工具█：用来设置所绘制的闭合图形的填充颜色。
> ➤ 黑白工具█：用来设置笔触颜色和填充颜色的默认颜色。
> ➤ 交换颜色工具█：用来交换笔触颜色和填充颜色的颜色。

4．选项区域。

选项区域包含当前所选工具的功能设置按钮，选择的工具不同，选项区中相应的按钮也不同。选项区域的按钮主要影响工具的颜色和编辑操作。

实战 279　擦除所选填充

> ▶ **实例位置**：光盘\效果\第9章\实战279.fla
> ▶ **素材位置**：光盘\素材\第9章\实战279.fla
> ▶ **视频位置**：光盘\视频\第9章\实战279.mp4

● 实例介绍 ●

在Flash CC中该模式下，拖曳光标擦除图形时，只可以擦除已被选择的填充色块和分离的文字，不会擦除矢量线。使用这种模式之前，必须先用选择工具或套索工具等选择一块区域，然后进行擦除操作。

● 操作步骤 ●

STEP 01 单击"文件"|"打开"命令，打开一个素材文件，如图9-123所示。

STEP 02 选取工具箱中的橡皮擦工具，然后单击工具箱下方的"橡皮擦模式"按钮█右下角的小三角形，弹出橡皮擦模式列表框，在列表框中选取"擦除所选填充"模式█，橡皮擦形状选择最大的圆点，如图9-124所示。

图9-123 打开素材文件

图9-124 设置橡皮擦模式

STEP 03 用选择工具█，单击鼠标选中要擦除的区域，如图9-125所示。

STEP 04 将鼠标指针移至舞台中，鼠标呈黑色小圆点，如图9-126所示。

图9-125 选择擦除区域

图9-126 鼠标呈黑色小圆点

STEP 05 来回拖曳光标，效果如图9-127所示。

STEP 06 释放鼠标，如图9-128所示。

图9-127 来回拖曳光标

图9-128 擦除效果

STEP 07 来回拖曳光标，把所选的区域全部擦除，如图9-129所示。

STEP 08 释放鼠标，擦除效果如图9-130所示。

图9-129 来回拖曳覆盖选择区域

图9-130 释放鼠标擦除效果

实战 280 内部擦除

▶ 实例位置：光盘\效果\第9章\实战280.fla
▶ 素材位置：光盘\素材\第9章\实战280.fla
▶ 视频位置：光盘\视频\第9章\实战280.mp4

● **实例介绍** ●

在Flash CC中该模式下，橡皮擦工具能擦除封闭图形区域内的色块，擦除的起点必须在封闭图形内，否则不能擦除。

STEP 01 单击"文件"|"打开"命令，打开一个素材文件，如图9-131所示。

图9-131 打开素材文件

STEP 03 将鼠标指针移至舞台中，鼠标呈黑色小圆点，如图9-133所示。

图9-133 鼠标呈黑色小圆点

STEP 05 释放鼠标，效果如图9-135所示。

图9-135 释放鼠标

STEP 02 选取工具箱中的橡皮擦工具，然后单击工具箱下方的"橡皮擦模式"按钮 右下角的小三角形，弹出橡皮擦模式列表框，在列表框中选取"内部擦除"模式 ，橡皮擦形状选择最大的圆点，如图9-132所示。

图9-132 修改橡皮擦模式

STEP 04 在多角星内选择一个合适的点，单击鼠标并来回拖曳，如图9-134所示。

图9-134 拖曳光标

STEP 06 继续在多角星内单击拖曳，将所有多角星形内部的色块擦除，效果如图9-136所示。

图9-136 继续拖曳擦除效果

技巧点拨

单击"文件"|"打开"命令，打开一个素材文件，如图9-137所示。选取工具箱中的橡皮擦工具，然后单击工具箱下方的"橡皮擦模式"按钮◻右下角的小三角形，弹出橡皮擦模式列表框，在列表框中选取"内部擦除"模式◻，橡皮擦形状修改为正方形◼，将鼠标指针移至舞台中，鼠标指针呈正方形，如图9-138所示。

图9-137 打开素材文件

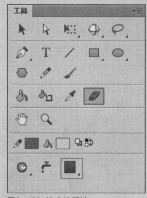

图9-138 橡皮擦属性

将鼠标指针移至舞台中，鼠标指针呈正方形，如图9-139所示。在多角星外选择一个合适的点，单击鼠标左键并来回拖曳，如图9-140所示。

图9-139 鼠标指针移至舞台

图9-140 拖曳鼠标

实战 281 水龙头擦除

▶ 实例位置：光盘\效果\第9章\实战281.fla
▶ 素材位置：光盘\素材\第9章\实战281.fla
▶ 视频位置：光盘\视频\第9章\实战281.mp4

● 实例介绍 ●

在Flash CC中，如果选取工具箱中的橡皮擦工具，然后单击工具箱下方的"水龙头"按钮，则可以擦除不需要的边线或填充内容。

● 操作步骤 ●

STEP 01 单击"文件"|"打开"命令，打开一个素材文件，如图9-141所示。

STEP 02 选取工具箱中的橡皮擦工具，然后单击工具箱下方的"水龙头"按钮，如图9-142所示。

图9-141 打开素材文件

图9-142 单击"水龙头"按钮

STEP 03 将鼠标指针移至舞台中，鼠标指针呈 ▶₊ 形状，如图9-143所示。

STEP 04 在背景"蓝天"处单击鼠标，效果如图9-144所示。

图9-143 鼠标指针呈 ▶₊ 形状

图9-144 单击鼠标

9.4 输入网页动画的文本对象

　　动画文本和图像一样，也是非常重要并且使用非常广泛的一种对象。文字动画设计会给Flash动画作品增色不少。在Flash影片中，可以使用文本传达信息，丰富影片的表现形式，实现人机"对话"等交互行为。文本的使用大大增强了Flash影片的表现功能，使Flash影片更加精彩，并为影片的使用性提供了更多的解决方案。

实战 282 输入静态文本

▶ 实例位置：光盘\效果\第9章\实战282.fla
▶ 素材位置：光盘\素材\第9章\实战282.fla
▶ 视频位置：光盘\视频\第9章\实战282.mp4

● 实例介绍 ●

　　文本工具主要用于输入和设置动画中的文字，以便与图形对象组合在一起，这样可以更加完美地传递各种信息，使Flash影片效果更佳。在Flash CC的默认情况下，使用文本工具创建的文本为静态文本，所创建的静态文本在发布的Flash作品中是无法修改的。

● 操作步骤 ●

STEP 01 单击"文件"|"打开"命令，打开一个素材文件，如图9-145所示。

STEP 02 选取工具箱中的文本工具 T，在"属性"面板中设置"系列"为"华康少女文字"、"大小"为36、"颜色"为白色，在文本类型列表框中选择"静态文本"选项，其他参数为默认值，如图9-146所示。

图9-145 打开素材文件

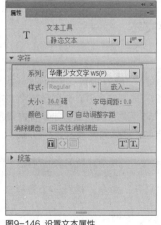

图9-146 设置文本属性

知识扩展

在Flash CC中，文本类型分为3大类，分别为静态文本字段、动态文本字段和输入文本字段，所有的文本字段都支持Unicode。

文本字段中文本的类型，根据它的来源划分如下。

➤ 动态文本：显示动态更高的文本，如体育得分、股票报价或天气预报等；动态文本包含从外部源（如文本文件、XML文件以及远程Web服务）加载的内容。

➤ 输入文本：用户可以将文本输入到表单或调查表中；输入文本是指用户输入的任何文本或用户可以编辑的动态文本。可以设置样式表来设置输入文本的格式，或使用flash.text.TextFormat类为输入内容指定文本字段的属性。

➤ 静态文本：显示不会动态更改字符的文本；静态文本只能通过Flash创作工具来创建。用户无法使用ActionScript 3.0创建静态文本实例。但是，可以使用ActionScript类（如StaticText和TextSnapshot）来操作现有的静态文本实例。

在Flash CC中创建文本时，既可以使用嵌入字体，也可以使用设备字体，下面分别向用户介绍嵌入字体和设备字体的应用。

嵌入字体：在Flash影片中使用安装在系统中的字体时，为了确保这些字体能在Flash播放时完全显示出来，Flash中嵌入的字体信息将保存在SWF文件中。但不是所有显示在Flash中的字体都能够与影片一起输出。为了验证一种字体是否能被导出，可单击"视图"｜"预览模式"｜"消除文字锯齿"命令，来预览文本。如果显示的文本有锯齿，则说明Flash不能识别该字体的轮廓，它不能被导出。

用户可以在SWF文件中嵌入字体，这样最终回放该SWF文件的设备上无须存在该种字体。若要嵌入字体，可创建字体库项目。

设备字体：用户在创建文本时，可指定让Flash Player使用设备字体来显示某些文本块，那么Flash就不会嵌入该文本的字体，从而可以减小影片的文件大小，而且在文本大小小于10磅时使文本更易辨认。在Flash CC中，包括3种设备字体：_sans（类似于Helvetica或Arial的字体）、_serif（类似于Times Roman的字体）和_typewriter（类似于Courier的字体）。

➤ 选取工具箱中的选择工具，选择一个或多个文本字段。

➤ 在"属性"面板的"文本类型"列表框中选择"静态文本"选项，单击"字体"右侧的下拉按钮☑，弹出下拉列表框，在其中用户可根据需要选择一种设备字体。

STEP 03 移动鼠标至舞台的左上部，当鼠标指针呈⊞形状时，单击鼠标左键确认插入点，如图9-147所示。

STEP 04 输入相应文本，然后在舞台任意位置单击鼠标左键，确认输入的文字，效果如图9-148所示。

图9-147 确认插入点

图9-148 创建静态文本

实战 283 输入段落文本

▶ **实例位置**：光盘\效果\第9章\实战283.fla
▶ **素材位置**：光盘\素材\第9章\实战283.fla
▶ **视频位置**：光盘\视频\第9章\实战283.mp4

● **实例介绍** ●

在Flash CC中，用户创建段落文本时，先创建一个文本框。

在Flash CC中，运用文本工具在舞台区单击鼠标左键所创建的文本输入框，在其内输入文字时，输入框的宽度不固定，可以随着读者的输入自动扩展，如果读者要换行输入，按【Enter】键即可。

● **操作步骤** ●

STEP 01 单击"文件"｜"打开"命令，打开一个素材文件，如图9-149所示。

STEP 02 选取工具箱中的文本工具，如图9-150所示。

图9-149 打开素材文件

图9-150 选择文本工具

STEP 03 在"属性"面板中，设置"系列"为"方正中倩简体"、"大小"为50、"颜色"为紫色（#492374），如图9-151所示。

STEP 04 在舞台区创建一个输入文本框，如图9-152所示。

图9-151 设置属性

图9-152 创建文本框

STEP 05 在文本框中输入文本"新品上市"，如图9-153所示。

STEP 06 继续输入文字"美丽传说震撼上演"，在文本框以外的区域单击鼠标左键，即可完成段落文本的创建，如图9-154所示。

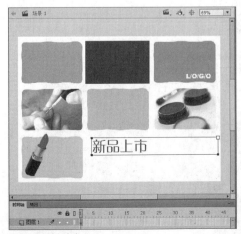

图9-153 输入文字

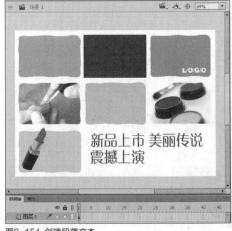

图9-154 创建段落文本

实战 284 修改文字大小

▶ 实例位置：光盘\效果\第9章\实战284.fla
▶ 素材位置：光盘\素材\第9章\实战284.fla
▶ 视频位置：光盘\视频\第9章\实战284.mp4

● 实例介绍 ●

在Flash CC中，还可以单击"文本"|"大小"命令，在弹出的子菜单中选择相应的字号。

● 操作步骤 ●

STEP 01 单击"文件"|"打开"命令，打开一个素材文件，选取工具箱中的选择工具，选择舞台区的文本对象，如图9-155所示。

STEP 02 在"属性"面板的"字符"选项区中，设置"大小"为50，按【Enter】键进行确认，即可设置文本字号，如图9-156所示。

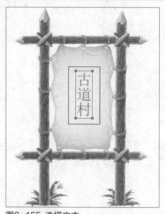
图9-155 选择文本

图9-156 设置文本字号

知识扩展

在Flash CC中，设置字体大小的方法有两种，分别如下。

➤ 命令：单击"文本"|"大小"命令，在弹出的子菜单中，用户可根据需要选择相应的字号。

➤ 文本框：在"属性"面板的"字号"文本框中输入相应的字号。

实战 285 输入动态文本

▶ 实例位置：光盘\效果\第9章\实战285.fla
▶ 素材位置：光盘\素材\第9章\实战285.fla
▶ 视频位置：光盘\视频\第9章\实战285.mp4

● 实例介绍 ●

动态文本是一种交互式的文本对象，文本会根据文本服务器的输入不断更新。用户可随时更新动态文本中的信息，即使在作品完成后也可以改变其中的信息。

● 操作步骤 ●

STEP 01 单击"文件"|"打开"命令，打开一个素材文件，如图9-157所示。

STEP 02 选取工具箱中的文本工具，在舞台中创建一个文本框，如图9-158所示。

图9-157 打开素材文件　　　　　图9-158 创建文本框

STEP 03 在"属性"面板中，设置文本类型为"动态文本"、实例名称为M、"系列"为"方正黄草简体"、"大小"为50、"颜色"为蓝色，其他选项保持默认设置即可，如图9-159所示。

图9-159 设置文本属性

STEP 05 弹出"动作"面板，在其中输入相应代码"M.text="春日逍遥须纵酒";"，如图9-161所示。

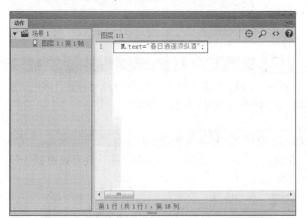

图9-161 输入相应代码

STEP 07 按【F9】键，弹出"动作"面板，输入相应代码"M.text="寻欢至此满载归";"，如图9-163所示。

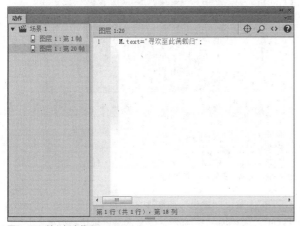

图9-163 输入相应代码

STEP 04 在"时间轴"面板中，选择"图层1"的第1帧，单击鼠标右键，在弹出的快捷菜单中选择"动作"选项，如图9-160所示。

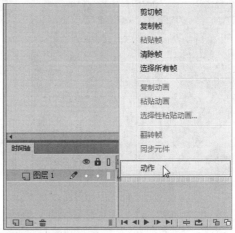

图9-160 选择"动作"选项

STEP 06 在"时间轴"面板中，选择"图层1"图层的第20帧，按【F6】键插入关键帧，如图9-162所示。

图9-162 插入关键帧

STEP 08 在"时间轴"面板中选择"图层1"图层的第40帧，单击鼠标右键，在弹出的快捷菜单中选择"插入帧"选项，在第40帧的位置添加普通帧，如图9-164所示。

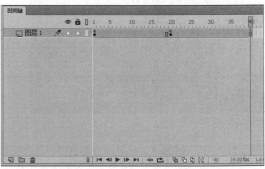

图9-164 添加普通帧

STEP 09 按【Ctrl+Enter】组合键，测试动态文本效果，如图9-165所示。

图9-165 测试创建动态文本效果

技巧点拨

制作本实例时，所打开的Flash文档必须是ActionScript 2.0的文档，因为ActionScript 3.0的Flash文档不可以对动态文本的变量进行设置。

实战 286 运用输入文本

▶ **实例位置：** 光盘\效果\第9章\实战286.fla
▶ **素材位置：** 光盘\素材\第9章\实战286.fla
▶ **视频位置：** 光盘\视频\第9章\实战286.mp4

● 实例介绍 ●

输入文本多用于申请表、留言簿等一些需要用户输入文本的表格页面，它是一种交互性运用的文本格式，用户可即时输入文本在其中，该文本类型最难得的便是有密码输入类型，即用户输入的文本均以星号表示。

● 操作步骤 ●

STEP 01 单击"文件"|"打开"命令，打开一个素材文件，如图9-166所示。

STEP 02 选择"图层4"中的第1帧，效果如图9-167所示。

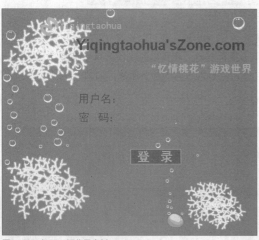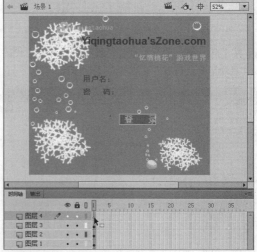

图9-166 打开一幅背景素材

图9-167 选择"图层4"中的第1帧

STEP 03 选取工具箱中的文本工具，在舞台中的适当位置绘制一个适当大小的输入文本框，效果如图9-168所示。

STEP 04 单击"属性"面板中的"在文本周围显示边框"按钮回，如图9-169所示，使文本框显示边框效果。

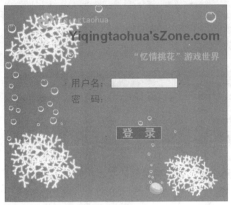

图9-168 绘制相应的输入文本框

图9-169 设置属性

STEP 05 单击"控制"｜"测试影片"命令，如图9-170所示。

STEP 06 测试影片效果，在相应文本框中可输入文本"yiqingtaohua"，效果如图9-171所示。

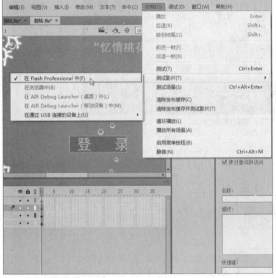

图9-170 单击"测试影片"

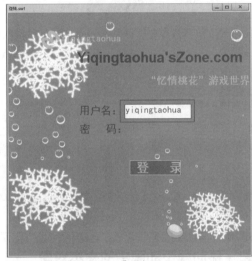

图9-171 输入"yiqingtaohua"文本

知识扩展

　　选取工具箱中的文本工具，在"属性"面板中单击"字体"下拉按钮通过"属性"面板设置字体，弹出下拉列表框，如图9-172所示。系统提供了多种字体样式，用户可选择需要的字体。

　　单击"文本"｜"字体"命令通过菜单设置字体，在弹出的子菜单中，用户可以从中选择一种需要的字体。如果安装的字体比较多，则会在菜单的前端、末端出现三角箭头，单击该箭头，可以查看更多的字体选项并加以选择。

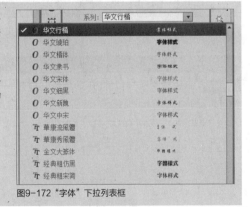

图9-172 "字体"下拉列表框

9.5 设置网页动画的文本对象

　　在Flash CC中，选择相应的工具后，"属性"面板也会发生相应的变化，以显示与该工具相关联的设置。例如，选取工具箱中的文本工具后，其"属性"面板中会显示文本的相关属性，在其中可轻松对选择的文本进行相应的属性设置。本节将向读者介绍文本工具的基本操作。

实战 287 网页文本的复制与粘贴

▶ **实例位置：** 光盘\效果\第9章\实战287.fla
▶ **素材位置：** 光盘\素材\第9章\实战287.fla
▶ **视频位置：** 光盘\视频\第9章\实战287.mp4

● **实例介绍** ●

如果用户需要多个相同的文本，不需要逐一地创建，直接复制即可。

● **操作步骤** ●

STEP 01 选取工具箱中的选择工具，选择需要复制的文本，如图9-173所示。

STEP 02 单击"编辑"|"复制"命令，至目标位置后，按【Ctrl+V】组合键，即可将复制的文本执行粘贴操作，效果如图9-174所示。

图9-173 选择需要复制的文本

图9-174 粘贴复制的文本

技巧点拨

在Flash CC中，用户还可通过以下3种方法复制文本。

➤ 组合键1：按【Ctrl+C】组合键。
➤ 组合键2：按【Ctrl+D】组合键。
➤ 快捷键：在文本上单击鼠标右键，在弹出的快捷菜单中选择"复制"选项。

实战 288 移动网页动画中的文本对象

▶ **实例位置：** 光盘\效果\第9章\实战288.fla
▶ **素材位置：** 光盘\素材\第9章\实战288.fla
▶ **视频位置：** 光盘\视频\第9章\实战288.mp4

● **实例介绍** ●

在Flash CC中，移动文本主要是通过移动文本框来实现的。

● **操作步骤** ●

STEP 01 单击"文件"|"打开"命令，打开一个素材文件，如图9-175所示。

STEP 02 选取工具箱中的选择工具，选择舞台区的文本对象，如图9-176所示。

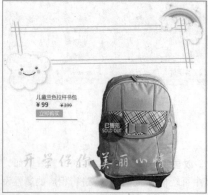
图9-175 打开素材文件

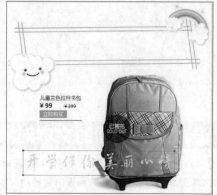
图9-176 选中文本对象

STEP 03 单击鼠标左键并向上拖曳，至舞台区合适位置后，释放鼠标左键，即可移动文本，如图9-177所示。

图9-177 拖曳光标移动文本的效果

实战 289　网页动画文本样式的设置

▶ 实例位置：光盘\效果\第9章\实战289.fla
▶ 素材位置：光盘\素材\第9章\实战289.fla
▶ 视频位置：光盘\视频\第9章\实战289.mp4

• 实例介绍 •

在Flash CC中，文本样式包括文本加粗、文本倾斜显示等。

• 操作步骤 •

STEP 01 单击"文件"|"打开"命令，打开一个文本素材，如图9-178所示。

STEP 02 选取工具箱中的选择工具，选择需要设置样式的文本，如图9-179所示。

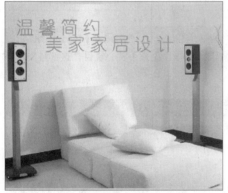

图9-178 打开一个文本素材

图9-179 设置文本样式后的效果

STEP 03 单击"文本"|"样式"|"仿粗体"命令，如图9-180所示。

STEP 04 文本加粗显示，如图9-181所示。

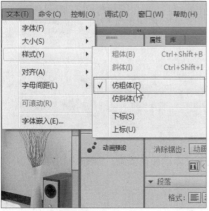

图9-180 单击"仿粗体"命令

图9-181 设置文本样式后的效果

STEP 05 单击"文本"|"样式"|"仿斜体"命令，如图 9-182所示。

STEP 06 执行上述步骤的最终效果，如图9-183所示。

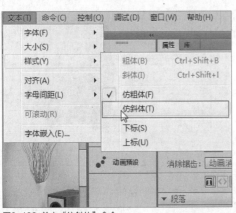

图9-182 单击"仿斜体"命令

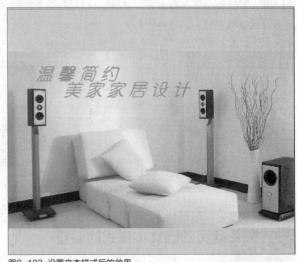

图9-183 设置文本样式后的效果

知识扩展

在Flash CC中，可以通过单击"文本"|"字体"命令，在弹出的子菜单中，选择一种需要的字体来设置文本字体。如果安装的字体比较多，则会在菜单的上端、下端出现三角箭头，单击箭头，可以查看更多的字体选项。

实战 290 网页动画文本颜色的设置

▶ 实例位置：光盘\效果\第9章\实战290.fla
▶ 素材位置：光盘\素材\第9章\实战290.fla
▶ 视频位置：光盘\视频\第9章\实战290.mp4

● **实例介绍** ●

文本颜色在文本中起着极其重要的地位，文本是否与整个画面的效果协调，整幅作品是否赏心悦目，这都与文本颜色息息相关。

● **操作步骤** ●

STEP 01 单击"文件"|"打开"命令，打开一个素材文件，如图9-184所示。

STEP 02 选取工具箱中的选择工具，选择舞台区的文本对象，如图9-185所示。

图9-184 打开素材文件

图9-185 选中文本对象

STEP 03 在"属性"面板中，单击"填充颜色"色块，在弹出的"颜色"面板中，选择"红色"，如图9-186所示。

STEP 04 即可设置文本的颜色效果，如图9-187所示。

图9-186 设置颜色为红色

图9-187 设置文本颜色后的效果

实战 291	网页动画文本上标的设置	▶ 实例位置：光盘\效果\第9章\实战291.fla ▶ 素材位置：光盘\素材\第9章\实战291.fla ▶ 视频位置：光盘\视频\第9章\实战291.mp4

● 实例介绍 ●

在Flash CC中，用户还可根据需要设置文本的上标或下标。

● 操作步骤 ●

STEP 01 单击"文件"|"打开"命令，打开一个素材文件，如图9-188所示。

STEP 02 选取工具箱中的选择工具，选择需要设置为上标或下标的文本，如图9-189所示。

图9-188 打开一个素材文件

图9-189 选择需要设置上标或下标的文本

STEP 03 在"属性"面板中，单击"切换上标"按钮，如图9-190所示。

STEP 04 执行操作后，即可设置文本样式为上标，效果如图9-191所示。

图9-190 选择"切换上标"选项

图9-191 设置文本样式为上标

技巧点拨

单击"文件"|"打开"命令，打开一个素材文件，选取工具箱中的选择工具，选择舞台区的文本对象，如图9-192所示。按【Ctrl＋B】组合键，将文本打散为多个文本，选择需要设置为下标的文本，如图9-193所示。

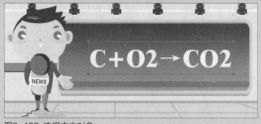

图9-192 选择文本对象　　　　　　　　　图9-193 选择文本对象

在"属性"面板的"字符"选项区中，单击右侧的"切换下标"按钮，即可设置所选文本为下标，如图9-194所示。用与上述同样的方法，设置其他下标文本，效果如图9-195所示。

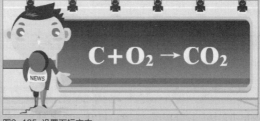

图9-194 设置下标文本　　　　　　　　　图9-195 设置下标文本

知识扩展

在Flash CC中，运用选择工具选择文本后，按【Ctrl＋B】组合键，可将所选文本打散成多个文本对象，若再次按【Ctrl＋B】组合键，则可将文本彻底打散成矢量图形式。

实战 292 网页动画文本边距的设置

▶ 实例位置：光盘\效果\第9章\实战292.fla
▶ 素材位置：光盘\素材\第9章\实战292.fla
▶ 视频位置：光盘\视频\第9章\实战292.mp4

● 实例介绍 ●

在Flash CC中，还可根据需要设置文本的边距。

● 操作步骤 ●

STEP 01 单击"文件"|"打开"命令，打开一个素材文件，选取工具箱中的选择工具，选择舞台区的文本对象，如图9-196所示。

STEP 02 在"属性"面板的"段落"选项区中，设置"左边距"为10、"右边距"为10，按【Enter】键进行确认，即可完成对所选文本的边距设置，效果如图9-197所示。

图9-196 选择文本　　　　　　　　　图9-197 设置文本边距

技巧点拨

选取工具箱中的选择工具，选择舞台区的文本对象，如图9-198所示。在"属性"面板的"段落"选项区中，设置"缩进"为8像素，按【Enter】键进行确认，即可将所选文本缩进，如图9-199所示。

图9-198 选择文本对象

图9-199 设置文本缩进

文字的间距是根据整个画面效果而定的，并且是统一的，不可以太宽，也不能太窄。在Flash CC中，设置文字间距的方法有以下两种。

➤ 命令：单击"文本"｜"字母间距"命令，在弹出的子菜单中单击相应的命令，如图9-200所示。

➤ 数值框：在"属性"面板的"字符间距"数值框中，输入相应的数值，如图9-201所示。

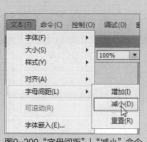

图9-200 "字母间距"｜"减小"命令

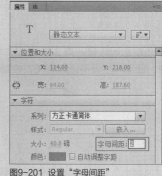

图9-201 设置"字母间距"

实战 293 网页段落文本属性的设置

▶ 实例位置：光盘\效果\第9章\实战293.fla
▶ 素材位置：光盘\素材\第9章\实战293.fla
▶ 视频位置：光盘\视频\第9章\实战293.mp4

● 实例介绍 ●

在Flash CC中，用户可以设置段落文本的格式。主要包括文字间距、文字位置、文字边距、文字缩进以及行间距等的设置。

● 操作步骤 ●

STEP 01 单击"文件"｜"打开"命令，打开一个素材文件，如图9-202所示。

STEP 02 选取工具箱中的文本工具，在舞台中的适当位置输入相应的文字，如图9-203所示。

图9-202 素材图像

图9-203 输入文本

STEP 03 在"属性"面板中，设置"文本颜色"为紫色（#CC33CC）、"字体"为"华文行楷"、"字号"为26，如图9-204所示。

STEP 04 执行上述操作后的文本效果，如图9-205所示。

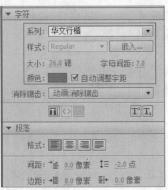

图9-204 设置属性

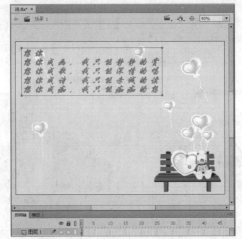

图9-205 显示效果

STEP 05 确认输入的文本为选中状态，在"属性"面板中，设置"字母间距"为16，如图9-206所示。

STEP 06 段落文本效果，如图9-207所示。

图9-206 设置属性

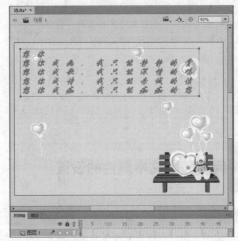

图9-207 显示效果

STEP 07 再次选择输入的文本块，在"属性"面板中，单击"段落"下拉框，弹出"段落"对话框，如图9-208所示。

STEP 08 在其中设置各参数，左边距为7.0像素，右边距为8.0像素，缩进为30.0像素，上下间距为-2.0点，如图9-209所示。

STEP 09 设置完成后，即可预览段落文本的属性，效果如图9-210所示。

图9-208 设置文本间距

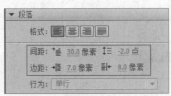

图9-209 设置各参数

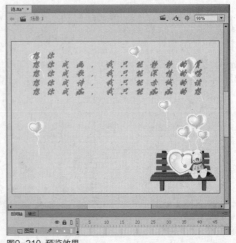

图9-210 预览效果

实战 294 设置网页动画文本为左对齐

▶ 实例位置: 光盘\效果\第9章\实战294.fla
▶ 素材位置: 光盘\素材\第9章\实战294.fla
▶ 视频位置: 光盘\视频\第9章\实战294.mp4

● 实例介绍 ●

在Flash CC中, 对齐方式决定了段落中每行文本相对于文本块边缘的位置, 横排文本相对于文本块的左右边缘对齐、竖排文本相对于文本块的上下边缘对齐。文本可对齐文本块的某一边, 也可居中对齐或对齐文本块的两边, 也就是常说的左对齐、右对齐、居中对齐和两端对齐。

其中, 左对齐文字就是使文字靠最左边对齐。

设置文本左对齐有以下3种方法。

➤ 命令: 单击"文本"|"对齐"|"左对齐"命令。

➤ 按钮: 选取工具箱中的文本工具, 在"属性"面板中单击"左对齐"按钮 。如图9-211所示, 为执行文本左对齐的效果。

➤ 快捷键: 按【Ctrl+Shift+L】组合键。

图9-211 文本左对齐

● 操作步骤 ●

STEP 01 单击"文件"|"打开"命令, 打开一个素材文件, 如图9-212所示。

STEP 02 选取工具箱中的选择工具, 选择舞台区的文本对象, 如图9-213所示。

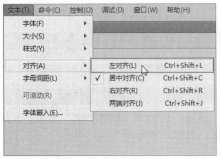

图9-212 打开一个素材文件

图9-213 选择文本对象

STEP 03 单击"文本"|"对齐"|"左对齐"命令, 如图9-214所示。

STEP 04 即可左对齐所选文本, 如图9-215所示。

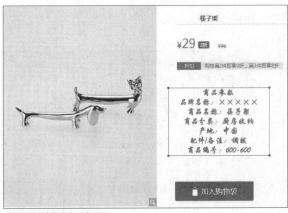

图9-214 执行"左对齐"命令

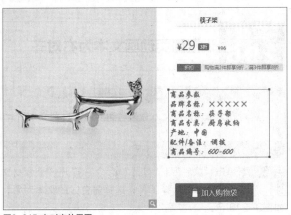

图9-215 左对齐效果图

实战 295 设置网页动画文本为居中对齐

▶ 实例位置：光盘\效果\第9章\实战295.fla
▶ 素材位置：光盘\素材\第9章\实战295.fla
▶ 视频位置：光盘\视频\第9章\实战295.mp4

● 实例介绍 ●

居中对齐文本就是使文本居中对齐，设置文本居中对齐有3种方法。

● 操作步骤 ●

STEP 01 单击"文件"|"打开"命令，打开一个素材文件，选取工具箱中的选择工具，选择舞台区的文本对象，如图9-216所示。

STEP 02 单击"文本"|"对齐"|"居中对齐"命令，即可居中对齐所选文本，如图9-217所示。

图9-216 选择文本对象

图9-217 居中对齐文本

技巧点拨

设置文本居中对齐有以下3种方法。

➤ 命令：单击"文本"|"对齐"|"居中对齐"命令。

➤ 按钮：选取工具箱中的文本工具，在"属性"面板中单击"居中对齐"按钮 。

➤ 组合键：按【Ctrl+Shift+C】组合键。

如图9-218所示，为执行文本居中对齐的效果。

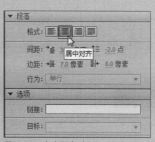

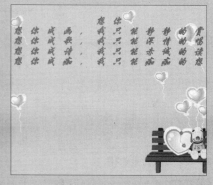

图9-218 文本居中对齐

实战 296 设置网页动画文本为右对齐

▶ 实例位置：光盘\效果\第9章\实战296.fla
▶ 素材位置：光盘\素材\第9章\实战296.fla
▶ 视频位置：光盘\视频\第9章\实战296.mp4

● 实例介绍 ●

右对齐文本就是使文本靠最右边对齐。设置文本右对齐有3种方法。

● 操作步骤 ●

STEP 01 单击"文件"|"打开"命令，打开一个素材文件，选取工具箱中的选择工具，选择舞台区的文本对象，如图9-219所示。

STEP 02 单击"文本"|"对齐"|"右对齐"命令，即可右对齐所选文本，如图9-220所示。

图9-219　选择文本对象

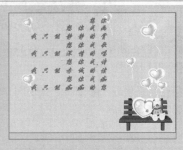

图9-220　右对齐文本

技巧点拨

　　设置文本右对齐有以下3种方法。

　　➤ 命令：单击"文本"|"对齐"|"右对齐"命令。

　　➤ 按钮：选取工具箱中的文本工具，在"属性"面板中单击"右对齐"按钮▤。

　　➤ 快捷键：按【Ctrl+Shift+R】组合键。

　　如图9-221所示，为执行文本右对齐的效果。

图9-221　文本右对齐

实战 297　设置网页动画文本为两端对齐

▶ **实例位置：** 光盘\效果\第9章\实战297.fla
▶ **素材位置：** 光盘\素材\第9章\实战297.fla
▶ **视频位置：** 光盘\视频\第9章\实战297.mp4

● 实例介绍 ●

　　两端对齐文本就是使文字靠两端对齐。设置文本两端对齐有以下3种方法。

　　➤ 命令：单击"文本"|"对齐"|"两端对齐"命令。

　　➤ 按钮：选取工具箱中的文本工具，在"属性"面板中单击"两端对齐"按钮▤。

　　➤ 组合键：按【Ctrl+Shift+J】组合键。

● 操作步骤 ●

STEP 01 单击"文件"|"打开"命令，打开一个素材文件，选取工具箱中的选择工具，选择舞台区的文本对象，如图9-222所示。

STEP 02 单击"文本"|"对齐"|"两端对齐"命令，即可两端对齐所选文本，如图9-223所示。

图9-222　选择文本对象

图9-223　两端对齐文本

实战 298 调整网页动画文本的形状

▶ 实例位置：光盘\效果\第9章\实战298.fla
▶ 素材位置：光盘\素材\第9章\实战298.fla
▶ 视频位置：光盘\视频\第9章\实战298.mp4

● 实例介绍 ●

在Flash CC中，用户也可以像变形其他对象一样对文本进行变形操作。在制作动画过程中，因不同的需求，常需要对文本进行缩放、旋转和倾斜等操作，还可设置文本的方向。本节将向用户介绍变形文本以及设置文本方向等知识。

通过任意变形功能，可以同时对文本框进行缩放、旋转和倾斜操作，使制作的效果更加完美。

● 操作步骤 ●

STEP 01 单击"文件"|"打开"命令，打开一个素材文件，如图9-224所示。

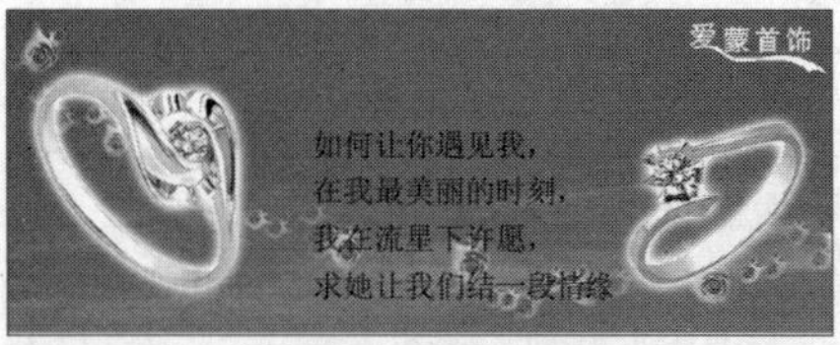

STEP 02 选取工具箱中的选择工具，选择舞台中需要变形的文本，如图9-225所示。

图9-224 打开素材文件

图9-225 选择文本对象

STEP 03 单击"修改"|"变形"|"任意变形"命令，如图9-226所示。

STEP 04 此时文本框周围将显示8个控制点，将鼠标指针移至4个角的任一控制点上，此时鼠标指针呈◌形状，如图9-227所示。

图9-226 单击"任意变形"

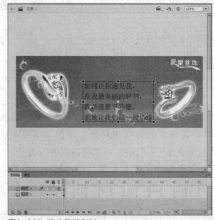

图9-227 移动鼠标指针

STEP 05 单击鼠标左键并任意拖曳，即可对文本进行任意旋转操作，如图9-228所示。

STEP 06 将鼠标指针移至上下任意控制点或边线上，此时鼠标指针呈▯或⟷形状，如图9-229所示。

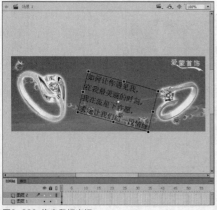

图9-228 拖曳鼠标光标

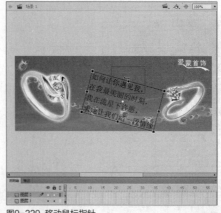

图9-229 移动鼠标指针

STEP 07 单击鼠标左键并拖曳，即可调整文本的宽度，如图9-230所示。

STEP 08 执行上述步骤，完成文本任意变形操作，效果如图9-231所示。

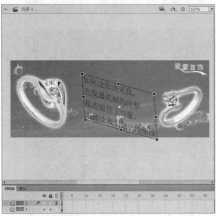

图9-230 拖曳鼠标光标

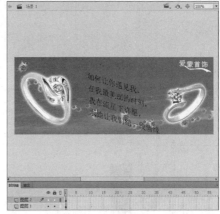

图9-231 预览效果

技巧点拨

在Flash CC中按角度旋转文本，用户可以顺时针或逆时针90度的角度旋转文本，方法如下。

➤ 命令1：选中文本框，单击"修改"｜"变形"｜"顺时针旋转90度"命令，文本框将顺时针旋转90度。

➤ 命令2：选中文本框，单击"修改"｜"变形"｜"逆时针旋转90度"命令，文本框将逆时针旋转90度。

在"属性"面板中，单击"改变文本方向"按钮，在弹出的列表框中选择相应的选项，可改变文本的选项。

在"改变文本方向"列表框中，各选项含义如下。

➤ "水平"选项：可以使文本从左向右分别排列。

➤ "垂直，从左向右"选项：可以使文本从左向右垂直排列。

➤ "垂直，从右向左"选项：可以使文本从右向左垂直排列。

实战 299　将网页动画文本填充打散

▶ 实例位置：光盘\效果\第9章\实战299.fla
▶ 素材位置：光盘\素材\第9章\实战299.fla
▶ 视频位置：光盘\视频\第9章\实战299.mp4

● 实例介绍 ●

对于填充打散的文本，用户不仅可以改变其形状，而且还可以设置其填充效果，对其进行渐变填充、位图填充等，使文字产生其特殊效果。将文本中的文字打散后，在"颜色"面板中选择需要的填充方式对文本进行填充即可。

● 操作步骤 ●

STEP 01 单击"文件"｜"打开"命令，打开一个素材文件，如图9-232所示。

STEP 02 选取工具箱中的选择工具，选择舞台区的文本对象，如图9-233所示。

图9-232 选择文本对象

图9-233 分离文本

STEP 03 单击"修改"|"分离"命令，如图9-234所示。

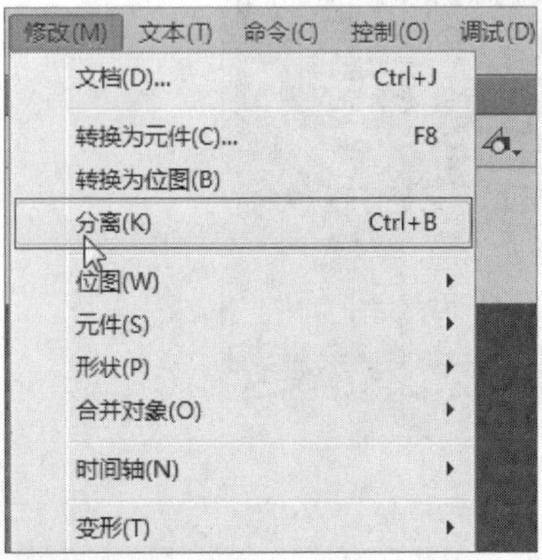

STEP 04 所选文本被分离成多个文本，如图9-235所示。

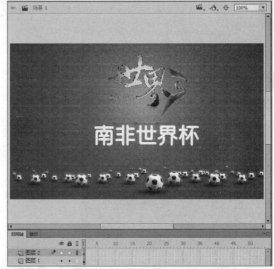

图9-234 单击"分离"

图9-235 分离文本

STEP 05 再次单击"修改"|"分离"命令，如图9-236所示。

STEP 06 所选文本将全部打散，如图9-237所示。

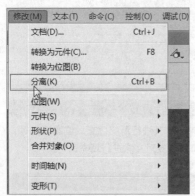

图9-236 单击"分离"

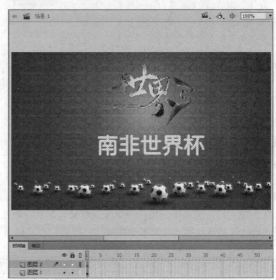

图9-237 分离文本

STEP 07 在"属性"面板中，设置"填充颜色"为黄色，如图9-238所示。

STEP 08 执行上述步骤效果，如图9-239所示。

图9-238 设置"填充颜色"

图9-239 填充颜色效果

9.6 制作网页动画的文本特效

在Flash CC中，用户可以充分发挥自己的创造力和想象力，制造出各种奇特且符合需求的文本效果。下面以两种常用的文本实例效果为例，向用户介绍制作文本特效的方法，使用户达到举一反三的效果，制作出其他具有美感的艺术字和文本特效。

实战 300	创建点线文字特效	▶ 实例位置：光盘\效果\第9章\实战300.fla ▶ 素材位置：光盘\素材\第9章\实战300.fla ▶ 视频位置：光盘\视频\第9章\实战300.mp4

● 实例介绍 ●

制作点线文字与填充文本一样，可给文字添加不同的效果，使文字更具可读性。

● 操作步骤 ●

STEP 01 单击"文件"|"打开"命令，打开一个素材文件，如图9-240所示。

STEP 02 选取工具箱中的墨水瓶工具，如图9-241所示。

图9-240 打开一个素材文件

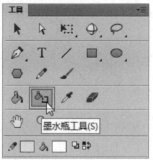

图9-241 选择"墨水瓶工具"

知识扩展

在Flash CC中，用户可以很轻易地为文本添加超链接，在文本"属性"面板中，设置"文本类型"为静态文本或动态文本后，"属性"面板的下方将显示"链接"文本框，如图9-242所示，在链接文本框中输入完整的地址，即可设置文本超链接。

当用户输入完整的地址后，该文本框后面的"目标"列表框呈激活状态，在其中选择相应的选项，可设置将以何种方式打开显示超链接对象的浏览器窗口。

在"目标"列表框中，各选项含义如下。

➤ _blank：打开一个新的浏览器窗口来显示超链接对象。
➤ _parent：以当前窗口的父窗口来显示超链接对象。
➤ _self：以当前窗口来显示超链接对象。
➤ _top：以级别最高的窗口来显示超链接对象。

图9-242 "链接"选项

STEP 03 在"属性"面板中，设置"笔触颜色"为蓝色，"笔触高度"为2，如图9-243所示。

STEP 04 在属性面板中设置"样式"为"点状线"，如图9-244所示。

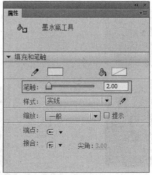

图9-243 设置"笔触"

图9-244 设置"样式"

STEP 05 鼠标左键单击"编辑笔触样式"按钮█，如图9-245所示。

图9-245 单击"编辑笔触样式"

STEP 06 设置"点距"为1，"粗细"为2，选中"锐化转角"复选框，如图9-246所示。

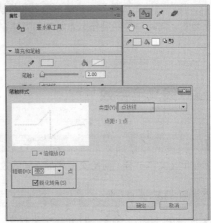

图9-246 设置"笔触样式"

STEP 07 单击"确定"按钮，将鼠标指针移至分离的文本上，单击鼠标左键，为文字添加边线框，效果如图9-247所示。

图9-247 为文字添加边线框

实战 301 创建描边文字特效

▶ **实例位置：** 光盘\效果\第9章\实战301.fla
▶ **素材位置：** 光盘\素材\第9章\实战301.fla
▶ **视频位置：** 光盘\视频\第9章\实战301.mp4

● 实例介绍 ●

在Flash CC中，制作描边文字能突出文字轮廓。

● 操作步骤 ●

STEP 01 单击"文件"|"打开"命令，打开一个素材文件，选取工具箱中的选择工具，选择舞台区的文本对象，如图9-248所示。

STEP 02 两次单击"修改"|"分离"命令，将所选文本打散，如图9-249所示。

图9-248 选择文本对象

图9-249 打散文本

STEP 03 单击舞台区任意位置，使文本呈未选择状态，选取工具箱中的墨水瓶工具 🖋，在"属性"面板中，设置"笔触颜色"为白色，"笔触高度"为1，将鼠标指针移至相应文字上方，单击鼠标左键，即可描边文字，如图9-250所示。

STEP 04 用与上述同样的方法，描边其他文字，效果如图9-251所示。

图9-250 描边相应文字

图9-251 制作描边字

技巧点拨

霓虹效果体现了现代城市的时尚，在黑色的月夜中闪烁着耀眼的光芒，为城市的夜晚创造了美景，本实例介绍霓虹效果。

单击"文件"|"新建"命令，新建一个空白Flash文档，在时间轴中，将"图层1"重命名为"背景"图层，单击时间轴底部的"插入图层"按钮，依次插入"文字"和"轮廓"图层；选择"背景"图层所对应的第1帧作为当前编辑帧。单击"文件"|"导入"|"导入到舞台"命令，导入一幅位图至舞台，并在"属性"面板中调整其大小与位置，效果如图9-252所示。

选择"文字"图层中的第1帧，选取工具箱中的文本工具，在"属性"面板中，设置"字体"为"华文琥珀"、"字体大小"为96、"文本颜色"为绿色、"字符位置"为"下标"、"字体呈现方法"为"动画消除锯齿"。将鼠标指针移至舞台中适当的位置，单击鼠标左键，输入相应文本，如图9-253所示。

图9-252 导入的位图

图9-253 输入文本

选取工具箱中的选择工具，选择文本"美丽的夜色"，连续按两次【Ctrl+B】组合键，将其分离为单独的文本，并设置"美""丽""的""夜""色"这5个文字的颜色分别为红色（#FF3371）、黄色（#E9FC36）、土黄色（#F3D047）、紫红色（#EA40C8）、水蓝色（#11EEEE），如图9-254所示。

选择"文字"图层的第1帧所对应的全部文本，按【Ctrl+C】组合键，复制文本；选择"轮廓"图层中的第1帧，按【Ctrl+Shift+V】组合键粘贴文本；单击"文字"图层中的"显示/隐藏所有图层"所对应的小圆圈，将其隐藏。

选取工具箱中的墨水瓶工具，在"属性"面板中设置"笔触颜色"为绿色（#43E753）、"笔触高度"值为3，将鼠标指针移至文本上，此时鼠标指针呈 🖋 形状，多次在文本上单击鼠标左键，直至将美丽的夜色文本图形全部描边，效果如图9-255所示。

图9-254 设置文本的颜色

图9-255 为文本描边

选取工具箱中的选择工具，选中所描边的轮廓对象，单击"修改"|"形状"|"将线条转换为填充"命令，将轮廓对象转换为填充对象。

分别选中3个图层的第5帧，单击鼠标右键，在弹出的快捷菜单中选择"创建关键帧"选项，添加关键帧，选择"轮廓"图层中的第5帧，将该帧所对应的文字填充颜色换为其他颜色。

用与上述同样的方法，在各图层的第10帧处，添加相应的关键帧，并更改"轮廓"图层中文字的颜色。

单击"控制"|"测试影片"命令，测试霓虹效果，如图9-256所示。

图9-256 测试霓虹效果

实战 302　创建空心字特效

▶ 实例位置：光盘\效果\第9章\实战302.fla
▶ 素材位置：光盘\素材\第9章\实战302.fla
▶ 视频位置：光盘\视频\第9章\实战302.mp4

● 实例介绍 ●

空心字是在Flash CC中制作各类艺术字中最基本的文字。

● 操作步骤 ●

STEP 01 单击"文件"|"打开"命令，打开一个素材文件，选取工具箱中的选择工具，选择舞台区的文本对象，如图9-257所示。

STEP 02 两次单击"修改"|"分离"命令，将所选文本打散，如图9-258所示。

图9-257 选择文本对象

图9-258 打散文本

STEP 03 单击舞台区任意位置，使文本属于未选择状态，选取工具箱中的墨水瓶工具，制作描边文字，如图9-259所示。

STEP 04 按【Delete】键，删除描边文字内的白色填充，即可制作空心字，效果如图9-260所示。

图9-259 制作描边字

图9-260 制作空心字

实战 **303**	**创建浮雕字特效**

▶ 实例位置：光盘\效果\第9章\实战303.fla
▶ 素材位置：光盘\素材\第9章\实战303.fla
▶ 视频位置：光盘\视频\第9章\实战303.mp4

● 实例介绍 ●

在Flash CC中，制作浮雕字需要设置Alpha的值。

● 操作步骤 ●

STEP 01 单击"文件"|"打开"命令，打开一个素材文件，如图9-261所示。

STEP 02 选取工具箱中的选择工具，选择舞台区的文本对象，如图9-262所示。

图9-262 选择文本对象

STEP 03 单击鼠标右键，在弹出的快捷菜单中选择"复制"选项，按【Ctrl＋V】组合键粘贴文本，如图9-263所示。

STEP 04 在"颜色"面板中，设置Alpha为30%，将复制的文本移至下方文本的合适位置，即可完成浮雕字的制作，效果如图9-264所示。

图9-261 打开素材文件

图9-263 复制文本

图9-264 制作浮雕字

实战 304 创建阴影文字特效

▷ 实例位置：光盘\效果\第9章\实战304.fla
▷ 素材位置：光盘\素材\第9章\实战304.fla
▷ 视频位置：光盘\视频\第9章\实战304.mp4

● 实例介绍 ●

　　使用滤镜可以制作出投影、模糊、斜角、发光、渐变发光、渐变斜角和调整颜色等效果。在Flash CC中，单击"窗口"|"属性"|"滤镜"命令，弹出"滤镜"面板，它是管理Flash滤镜的主要工具面板，用户可以在其中为文本增加、删除和改变滤镜参数等操作。

　　在"滤镜"面板中，可以对选定的对象应用一个或多个滤镜。每当给对象添加一个新的滤镜后，就会将其添加到该对象所应用的滤镜的列表中。滤镜功能只适用于文本、按钮和影片剪辑。当舞台中的对象不适合滤镜功能时，"滤镜"面板中的"添加滤镜"按钮 将呈灰色不可用状态。

● 操作步骤 ●

STEP 01 单击"文件"|"打开"命令，打开一个素材文件，选取工具箱中的选择工具，选择舞台区的文本对象，如图9-265所示。

STEP 02 在"属性"面板的"滤镜"选项区中，单击"添加滤镜"按钮 ，在弹出的"滤镜"列表框中选择"投影"选项，并进行相应的设置，即可为文本添加滤镜效果，如图9-266所示。

图9-265 选择文本对象

图9-266 添加滤镜效果

技巧点拨

　　滤镜效果的类型：在"滤镜"面板中，单击"添加滤镜"按钮 ，弹出列表框，该列表框中包含投影、模糊、发光、斜角、渐变发光、渐变斜角和调整颜色等7种滤镜效果，如图9-267所示，应用不同的滤镜效果可以制作出不同效果的文本特效。

　　例如，选择"投影"选项，可以为对象添加投影的效果。在"投影"滤镜效果的面板中，包含9个选项，选择相应的选项可设置不同的"投影"滤镜效果，如图9-268所示。

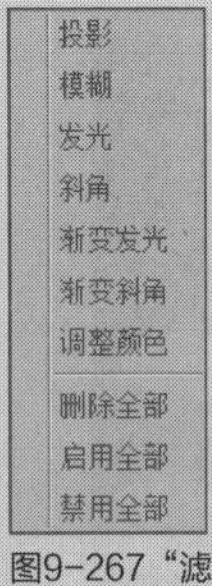

　　"投影"滤镜效果面板中，各主要选项含义如下。

　　▷ "模糊X"和"模糊Y"数值框：在其中可设置投影的宽度和高度。

　　▷ "强度"数值框：设置投影的强烈程度。数值越大，投影越暗。

　　▷ "品质"列表框：在其中可选择投影的质量级别。质量设置为"高"时，近似于高斯模糊，质量设置为"低"时，可以实现最佳的回放性能。

　　▷ "颜色"按钮：在其中可以设置投影颜色。

　　▷ "角度"数值框：在其中可设置投影的角度。

　　▷ "距离"数值框：在其中可设置投影与对象之间的距离。

　　▷ "挖空"复选框：对目标对象的挖空显示。

　　▷ "内侧阴影"复选框：可以在对象边界内应用投影。

　　▷ "隐藏对象"复选框：可隐藏对象，并只显示其投影。

图9-267 "滤镜"列表框

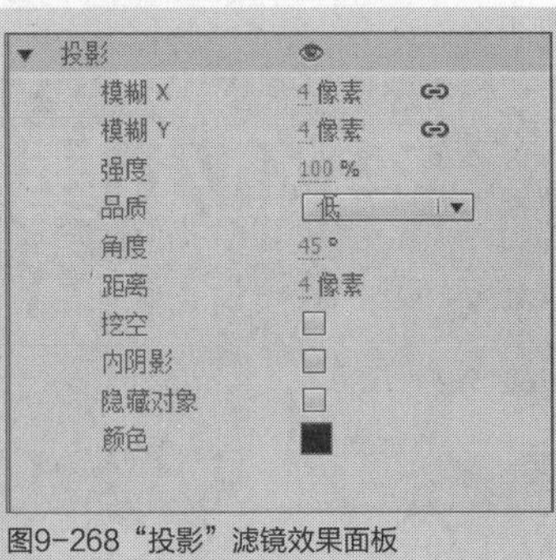

图9-268 "投影"滤镜效果面板

9.7 设置网页动画的绘图环境

在Flash CC中，用户既可以使用预先设置好的系统参数进行工作，也可以根据需要设置其工作环境，以符合自己的操作习惯。

绘图环境是通过"首选参数"对话框来设置的，用户可以单击"编辑"|"首选参数"命令，或按【Ctrl＋U】组合键，弹出"首选参数"对话框，如图9-269所示，在其中用户可根据需要对绘图环境进行相应的设置。

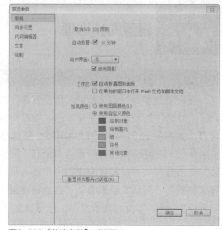
图9-269 "首选参数"对话框

实战 305 设置常规选项

▶ 实例位置：无
▶ 素材位置：无
▶ 视频位置：光盘\视频\第9章\实战305.mp4

● 实例介绍 ●

在"首选参数"对话框的"类别"选项区中，选择"常规"选项，右侧将会显示"常规"选项对应的内容，其中各主要选项含义如下。

➤ 撤销：在该列表框中，用户可以设置文件层级撤销或对象层级撤销，并且可以在"层级"数值框中设置撤销操作的次数，范围是0～300，默认的是100层级。保存撤销指令需要一定的储存容量，使用的撤销级别越多，占用的系统内存也越多。

➤ 自动恢复：该选项中，用户可以设置自动恢复时间，默认为10分钟。点击"自动恢复"复选框取消自动恢复的意思是未保存好的文件在下次打开时不会自动恢复。

➤ 用户界面：在该列表框中，启动阴影会使按钮出现阴影，会有立体效果，系统默认为启动阴影，用户界面的颜色能进行设置有深浅两种。

➤ 工作区：在该选项区中，用户可选择是否在选项卡中打开自动折叠图标面板，也能选择是否在单独的窗口打开Flash 文档和脚本文档。

➤ 加亮颜色：在该选项区中，如果选中第一个单选按钮"使用自定义颜色"，则可以单击该按钮，从弹出的调色板中选择一种颜色；如果选中"使用图层颜色"单选按钮，则可以直接运用当前图层的轮廓线颜色。

● 操作步骤 ●

STEP 01 单击"编辑"|"首选参数"命令，如图9-270所示。

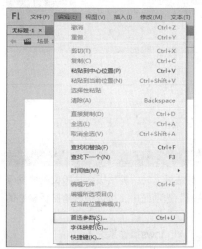
图9-270 单击"首选参数"命令

STEP 02 弹出"首选参数"对话框，即可在此设置相关的"常规"选项，如图9-271所示。

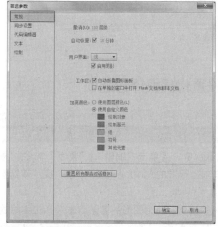
图9-271 选择"常规"选项

实战 306 设置同步选项

▶ 实例位置：无
▶ 素材位置：无
▶ 视频位置：光盘\视频\第9章\实战306.mp4

● 实例介绍 ●

在"首选参数"对话框的"同步设置"选项区中，选择"立即同步设置"选项，下方将能显示"立即同步设置"选项对应的内容，如图9-272所示，其中共有5个复选框，主要用于设置同步的参数。在复选框能选择是否"全部"同步，下方的"同步选项"列表框中，可以设置同步的每个复选框所对应的"应用程序首选参数""默认文档设置""键盘快捷键""网格、辅助线和贴紧设置"和"Sprite表设置"，也可以直接选中全部。

图9-272 同步选项

● 操作步骤 ●

STEP 01 单击"编辑"|"首选参数"命令，如图9-273所示。

STEP 02 弹出"首选参数"对话框，单击"同步设置"标签，切换至"同步设置"选项卡，即可在此设置相关的"同步设置"选项，如图9-274所示。

图9-273 单击"首选参数"命令

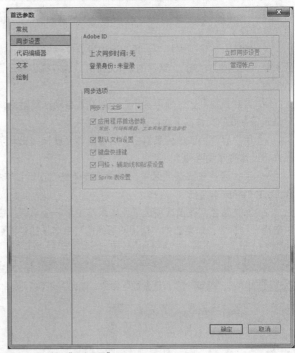

图9-274 选择"同步设置"

实战 307 设置代码编译器选项

▶ 实例位置：无
▶ 素材位置：无
▶ 视频位置：光盘\视频\第9章\实战307.mp4

● 实例介绍 ●

在Flash的舞台中，当单击"编辑"|"复制"命令，将所绘制的图形复制到剪贴板上时，剪贴板会按照位图格式保存图形，并为其加上标准的Windows图形信息。在"首选参数"对话框的"剪贴板"选项区中，可以进行剪贴板参数的设置。

该选项区域的设置，将为图形的剪贴副本选择位图格式和分辨率（这些仅限于Windows操作系统）。

在"剪贴板"选项区中，各主要选项含义如下。

➢ 显示项目：能对编译过程的字体、样式进行设置，对前景、背景、注释、标识符、关键字、字符串的颜色进行选择。

➢ 编辑：在该列表框中，可以设置位图复制到剪贴板上是否带自动结尾的括号，是否自动缩进，是否给出代码提示。缓存文件可以设置缓存文件的大小，默认值是800，以及是否进行代码提示。

➢ ActionScript选项：进行脚本的设置。

➢ ActionScript3.0设置：单击ActionScript3.0高级设置能进行ActionScript3.0高级设置，有源路径、库路径、外部库路径等相关的路径设置。

➢ 渐变质量：在该列表框中，可以指定图片文件所采用的渐变色的品质。选择较高的品质将增加复制图片所需的时间。在该列表框中包括"无""快速""一般"和"最佳"4个选项。

➢ FreeHand文本：选中该选项区的"保持为快"复选框，可以使粘贴的FreeHand文件中的文本是可编辑的。

● 操作步骤 ●

STEP 01 单击"编辑"|"首选参数"命令，如图9-275所示。

STEP 02 弹出"首选参数"对话框，单击"代码编译器"标签，切换至"代码编译器"选项卡，即可在此设置相关的代码编译器，如图9-276所示。

图9-275 单击"首选参数"命令

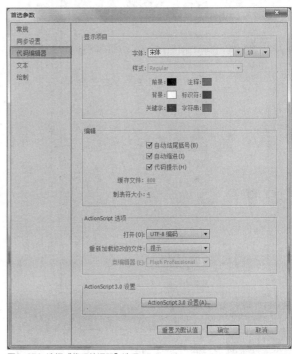

图9-276 选择"代码编译器"选项

实战 308 设置绘制选项

▶ 实例位置：无
▶ 素材位置：无
▶ 视频位置：光盘\视频\第9章\实战308.mp4

● 实例介绍 ●

在"首选参数"对话框的"类别"选项区中，选择"绘制"选项，右侧将会显示"绘制"选项对应的内容，在其中可设置绘画的相关选项。

在"绘制"选项区中，各主要选项含义如下。

➢ 连接线条：在该下拉列表框中，可以决定正在绘制的线条终点接近现有线段的程度，包括"必须接近""一般"和"可以远离"3个选项。

➢ 平滑曲线：在该下拉列表框中，可以对使用铅笔工具绘制的曲线进行平滑量的设置，包括"关""一般""粗略"和"平滑"4个选项。

➢ 确认线条：在该下拉列表框中，可以控制Flash中随意绘制的不规则图形，包括"关""严谨""一般""宽松"4个选项。如果在绘制时关闭了"确认线"功能，可以在以后通过选择一条或多条线段，并单击"修改"|"形状"|"伸直"命令，开启此功能。

➢ 确认形状：用来控制绘制的圆形、椭圆、正方形、矩形、90°和180°弧要达到何种精度，才会被确认为几何形状并精确地重绘。有4个选项可供选择，分别为"关""严谨""正常"和"宽松"。如果在绘制时关闭了"确认形状"功能，可以在以后通过选择一条或多个形状（如连接的线段），并单击"修改"|"形状"|"伸直"命令，来伸直线条。

➢ 单击精确度：在该下拉列表框中，主要用来设置在选择元素时，鼠标指针位置需要达到的准确度，包括"严谨""一般"和"宽松"3个选项。

● 操作步骤 ●

STEP 01 单击"编辑"|"首选参数"命令，如图9-277所示。

STEP 02 弹出"首选参数"对话框，单击"绘制"标签，切换至"绘制"选项卡，即可在此设置相关的绘制选项，如图9-278所示。

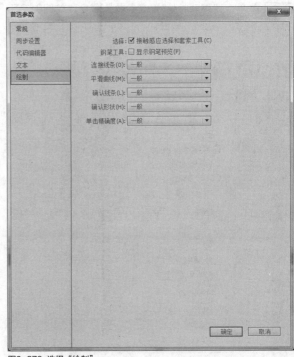

图9-277 单击"首选参数"命令

图9-278 选择"绘制"

实战 309 设置文本选项

▶ 实例位置：无
▶ 素材位置：无
▶ 视频位置：光盘\视频\第9章\实战309.mp4

● 实例介绍 ●

在"首选参数"对话框的"文本"选项区中，选择"文本"选项右侧将会显示"文本"选项对应的内容，用户可以根据需求选择需要的文本。

在"文本"选项区中，各主要选项含义如下。

➢ 默认映射字体：在该下拉列表框中，可以设置系统字体映射时默认的字体。

➢ 字体菜单：能设置是否以英文显示字体名称，是否显示字体预览。

➢ 字体预览大小：有5种选项，从小到巨大，如图9-279所示。

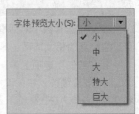

图9-279 字体预览大小

● 操作步骤 ●

STEP 01 单击"编辑"|"首选参数"命令，如图9-280所示。

STEP 02 弹出"首选参数"对话框，单击"文本"标签，切换至"文本"选项卡，即可在此设置相关的文本选项，如图9-281所示。

图9-280 单击"首选参数"命令

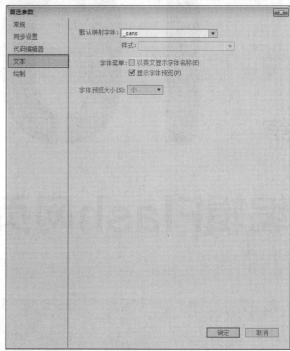

图9-281 选择"文本"

第 **10** 章

编辑Flash网页动画

本章导读

在Flash CC中，提供了操作对象的各种方法，包括选取对象、排列对象、复制对象和对齐对象等，在实际中可以将单个的对象合成一组，然后作为一个对象来处理。

本章将向读者介绍预览图形对象、图形对象的基本操作、布局处理、填充动画图形对象以及动画图层的基本操作等知识，让用户灵活掌握编辑Flash网页动画的方法。

要点索引

- 预览网页动画的图形对象
- 网页动画对象的简单操作
- 网页动画对象的布局操作
- 修饰网页动画对象的色彩
- 使用图层管理网页动画

10.1 预览网页动画的图形对象

在Flash CC中，有5种模式可以预览动画图形对象，分别为轮廓预览图形对象、高速显示图形对象、消除动画图形中的锯齿、消除动画中的文字锯齿和显示整个动画图形对象等，下面进行简单的介绍。

实战 310	轮廓预览	▶ 实例位置：光盘\效果\第10章\实战310.fla
		▶ 素材位置：光盘\素材\第10章\实战310.fla
		▶ 视频位置：光盘\视频\第10章\实战310.mp4

● 实例介绍 ●

在Flash CC中，轮廓预览图形对象是指只显示场景中的形状的轮廓，从而使所有线条都显示为细线。这样就更加容易改变图形元素的形状以及快速显示复杂场景。

● 操作步骤 ●

STEP 01 单击"文件"|"打开"命令，打开一个素材文件，如图10-1所示。

STEP 02 在菜单栏中，单击"视图"菜单，在弹出的菜单列表中单击"预览模式"|"轮廓"命令，如图10-2所示。

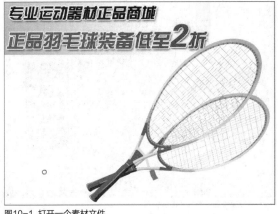

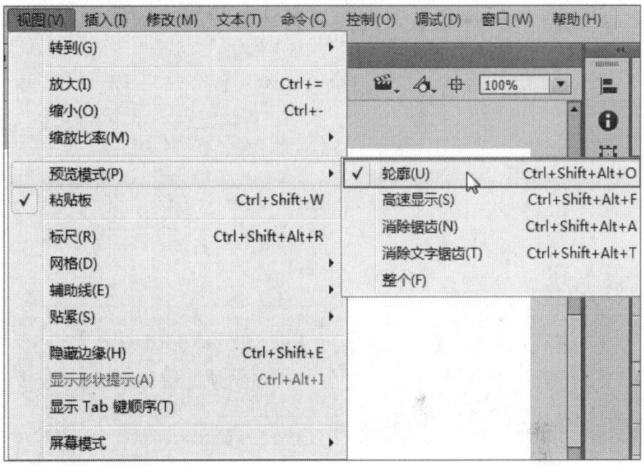

图10-1 打开一个素材文件

图10-2 单击"轮廓"命令

STEP 03 执行操作后，即可以轮廓的方式显示图形对象的效果，如图10-3所示。

技巧点拨

快捷键：按【Ctrl＋Alt＋Shift＋O】组合键能执行"轮廓"命令，以轮廓的方式预览图形对象。

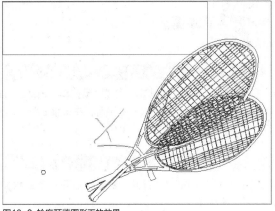

图10-3 轮廓预览图形下的效果

实战 311	高速显示	▶ 实例位置：光盘\效果\第10章\实战311.fla
		▶ 素材位置：光盘\素材\第10章\实战311.fla
		▶ 视频位置：光盘\视频\第10章\实战311.mp4

● 实例介绍 ●

在Flash CC中，高速显示图形对象将关闭消除锯齿功能，并显示绘画的所有颜色和线条样式。

● 操作步骤 ●

STEP 01 单击"文件"|"打开"命令，打开一个素材文件，如图10-4所示。

STEP 02 在菜单栏中，单击"视图"菜单，在弹出的菜单列表中单击"预览模式"|"高速显示"命令，如图10-5所示。

图10-4 打开一个素材文件

图10-5 单击"高速显示"命令

STEP 03 执行操作后，即可以高速显示方式显示图形对象的效果，如图10-6所示。

技巧点拨

　　快捷键：按【Ctrl＋Alt＋Shift＋F】组合键能执行"高速显示"命令，以高速显示的方式预览图形对象，此时的图形对象边缘有锯齿，不光滑。

图10-6 高速显示预览图形下的效果

实战 312 消除锯齿

▶ 实例位置：光盘\效果\第10章\实战312.fla
▶ 素材位置：光盘\素材\第10章\实战312.fla
▶ 视频位置：光盘\视频\第10章\实战312.mp4

● 实例介绍 ●

　　在Flash CC中，使用消除锯齿模式预览动画图形，可以将打开的线条、形状和位图的锯齿消除。消除锯齿后形状和线条的边缘在屏幕上显示出来更加平滑，在该模式绘画的速度比在高速显示模式下要慢得多，消除锯齿功能在提供成千上百万种颜色的显卡上处理的效果最好。

● 操作步骤 ●

STEP 01 单击"文件"|"打开"命令，打开一个素材文件，如图10-7所示。

图10-7 打开素材文件

STEP 02 在菜单栏中，单击"视图"|"预览模式"|"消除锯齿"命令，如图10-8所示。

STEP 03 执行操作后，即可消除图形中的锯齿效果，如图10-9所示。

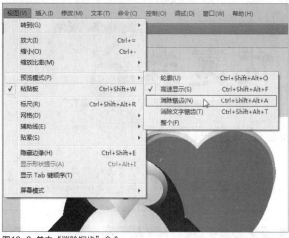

图10-8 单击"消除锯齿"命令

图10-9 消除图形中的锯齿效果

技巧点拨

　　快捷键：按【Ctrl＋Alt＋Shift＋A】组合键能执行"消除锯齿"命令，以消除锯齿的方式预览图形对象，此时的图形对象边缘没有锯齿，比较光滑。

实战 313 ## 消除文字锯齿

▶ 实例位置：光盘\效果\第10章\实战313.fla
▶ 素材位置：光盘\素材\第10章\实战313.fla
▶ 视频位置：光盘\视频\第10章\实战313.mp4

● **实例介绍** ●

　　在Flash CC的工作界面中，使用消除文字锯齿可以将锯齿明显的文字变得平整和光滑，如果文本数量过多，则软件运行的速度会减慢。

● **操作步骤** ●

STEP 01 单击"文件"|"打开"命令，打开一个素材文件，如图10-10所示。

STEP 02 在菜单栏中，单击"视图"菜单，在弹出的菜单列表中单击"预览模式"|"消除文字锯齿"命令，如图10-11所示。

图10-10 打开素材文件

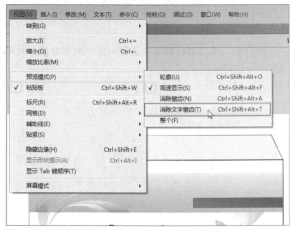

图10-11 单击"消除文字锯齿"命令

STEP 03 执行操作后，即可消除文字中的锯齿，效果如图
10-12所示。

技巧点拨

在Flash CC的工作界面中，用户按【Ctrl＋Alt＋Shift
＋T】组合键，也可以快速执行"消除文字锯齿"命令。

图10-12 消除文字中的锯齿

实战 314 预览整个图形

▶ 实例位置：光盘\效果\第10章\实战314.fla
▶ 素材位置：光盘\素材\第10章\实战314.fla
▶ 视频位置：光盘\视频\第10章\实战314.mp4

● 实例介绍 ●

在Flash CC的工作界面中，可以通过"预览模式"｜"整个"命令，快速显示整个图形对象。

● 操作步骤 ●

STEP 01 单击"文件"｜"打开"命令，打开一个素材文
件，如图10-13所示。

STEP 02 在菜单栏中，单击"视图"｜"预览模式"｜"整
个"命令，如图10-14所示。

图10-13 打开素材文件

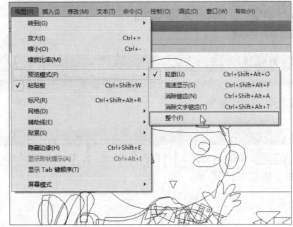

图10-14 单击"整个"命令

STEP 03 执行操作后，即可快速显示整个图形对象，效果
如图10-15所示。

图10-15 显示整个图形对象

10.2 网页动画对象的简单操作

在Flash CC的工作界面中，提供了多种方法对舞台上的图形对象进行操作，包括选择对象、移动对象、剪切对象、删除对象、复制对象、再制对象、粘贴对象、组合对象、排列对象以及分离对象等，下面分别向读者进行简单的介绍，希望读者熟练掌握本节内容。

实战 315	选择网页动画对象

▶ 实例位置：无
▶ 素材位置：光盘\素材\第10章\实战315.fla
▶ 视频位置：光盘\视频\第10章\实战315.mp4

● 实例介绍 ●

在Flash CC中，运用选择工具可以快速在动画文档中选择图形对象。

● 操作步骤 ●

STEP 01 单击"文件"|"打开"命令，打开一个素材文件，如图10-16所示。

STEP 02 选取工具箱中的选择工具 ▶，将鼠标指针移至需要选择的图形对象上，如图10-17所示。

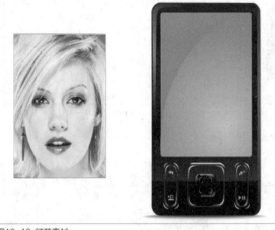

图10-16 打开素材

图10-17 移动鼠标的位置

STEP 03 单击鼠标左键，即可选择图形对象，如图10-18所示。

图10-18 选择图形对象

知识扩展

直接选择图形，是选择经过组合的图形，分离过的图形选中的是色块。

通常打开一张非.fla格式的图片是一个完整的图像，所以需要先分离图片再组合图片，组合后再进行选择就能选中你组合过的图像了。下面是这种情况的操作步骤，希望读者能够领悟。单击"文件"|"打开"命令，打开一个.jpg格式的素材，如图10-19所示。选取工具箱中的选择工具 ▶，将鼠标指针移至已选择的图形对象上，单击鼠标左键，即可选择的图形对象，如图10-20所示。

图10-19 打开.jpg格式的图像

图10-20 选择图像

单击鼠标右键调出操作图像的对话框,如图10-21所示。选择"分离"选项,如图10-22所示。

图10-21 单击鼠标右键

图10-22 选中分离

分离后图片显现为色块,如图10-23所示。使用鼠标左键单击图片外的空白处,如图10-24所示。

图10-23 图片显现为色块

图10-24 单击鼠标左键

选取工具箱中的选择工具 ,将鼠标指针移至要选择的图形对象上,单击鼠标左键,即可选择的图形对象,即整个色块对象,如图10-25所示。

按【Ctrl+G】组合键,将舞台中的所有图形进行组合,即选择组合图形,如图10-26所示。

图10-25 单击鼠标左键

图10-26 组合结果

实战 316　移动网页动画对象

▶ 实例位置：光盘\效果\第10章\实战316.fla
▶ 素材位置：光盘\素材\第10章\实战316.fla
▶ 视频位置：光盘\视频\第10章\实战316.mp4

● 实例介绍 ●

在Flash CC中，选择工具不仅可以选择图形，还可以用来移动图形对象，下面介绍使用选择工具移动图形对象的操作方法。

● 操作步骤 ●

STEP 01 单击"文件"|"打开"命令，打开一个素材文件，如图10-27所示。

STEP 02 选取工具箱中的选择工具 ，选择需要移动的图形对象，如图10-28所示。

图10-27　打开素材文件

图10-28　选中图像

STEP 03 单击鼠标左键并向左下角拖曳，如图10-29所示。

STEP 04 至舞台区的适当位置，释放鼠标左键，即可移动对象，效果如图10-30所示。

图10-29　移动图像

图10-30　调整到合适的位置

实战 317　剪切网页动画对象

▶ 实例位置：光盘\效果\第10章\实战317.fla
▶ 素材位置：光盘\素材\第10章\实战317.fla
▶ 视频位置：光盘\视频\第10章\实战317.mp4

● 实例介绍 ●

在Flash CC工作界面中制作动画效果时，要复制粘贴对象之前，首先应该剪切相应的对象，才能进行粘贴的操作。运用"剪切对象"功能，还可以将舞台中不需要的图形对象进行间接删除操作。下面向读者介绍剪切图形对象的操作方法。

● 操作步骤 ●

STEP 01 单击"文件" | "打开"命令，打开一个素材文件，如图10-31所示。

图10-31 打开素材文件

STEP 02 选取工具箱中的选择工具，在舞台中选择需要剪切的图形对象，这里选择雪人中的树枝，如图10-32所示。

图10-32 选择需要剪切的图形对象

STEP 03 在菜单栏中，单击"编辑"菜单，在弹出的菜单列表中单击"剪切"命令，如图10-33所示。

图10-33 单击"剪切"命令

STEP 04 用户还可以在舞台中需要剪切的图形对象上，单击鼠标右键，在弹出的快捷菜单中选择"剪切"选项，如图10-34所示。

图10-34 选择"剪切"选项

STEP 05 执行操作后，即可剪切舞台中选择的图形对象，效果如图10-35所示。

技巧点拨

在Flash CC工作界面中，用户还可以通过以下两种方法执行"剪切"命令。

➢ 按【Ctrl+X】组合键，执行"剪切"命令。

➢ 单击"窗口"菜单，在弹出的菜单列表中按【T】键，也可以快速执行"剪切"命令。

图10-35 剪切选择的图形对象

实战	删除网页动画对象	▶ 实例位置：光盘\效果\第10章\实战318.fla
318		▶ 素材位置：光盘\素材\第10章\实战318.fla
		▶ 视频位置：光盘\视频\第10章\实战318.mp4

● 实例介绍 ●

在Flash CC工作界面中制作动画效果时，用户有时可能需要删除多余的图形对象，下面向读者介绍删除图形的操作方法。

● 操作步骤 ●

STEP 01 单击"文件"|"打开"命令，打开一个素材文件，如图10-36所示。

图10-36 打开素材文件

STEP 02 选取工具箱中的选择工具，在舞台中选择需要删除的图形对象，如图10-37所示。

图10-37 选择需要删除的图形对象

STEP 03 在菜单栏中，单击"编辑"|"清除"命令，如图10-38所示。

图10-38 单击"清除"命令

STEP 04 用户还可以在时间轴面板中，选择需要删除图形的所在帧，在关键帧上单击鼠标右键，在弹出的快捷菜单中选择"清除帧"选项，如图10-39所示。

图10-39 选择"清除帧"选项

STEP 05 执行操作后，即可删除选择的图形对象，效果如图10-40所示。

图10-40 删除选择的图形对象效果

实战
319　复制网页动画对象

▶ 实例位置：光盘\效果\第10章\实战319.fla
▶ 素材位置：光盘\素材\第10章\实战319.fla
▶ 视频位置：光盘\视频\第10章\实战319.mp4

● 实例介绍 ●

　　在Flash CC工作界面中制作动画效果时，用户有时可能需要用到同样的图形对象，这时就可以通过复制图形来对图形对象进行编辑。

● 操作步骤 ●

STEP 01 单击"文件"|"打开"命令，打开一个素材文件，如图10-41所示。

STEP 02 选取工具箱中的选择工具，在舞台中选择需要复制的图形对象，这里选择"钻石情缘"图形对象，如图10-42所示。

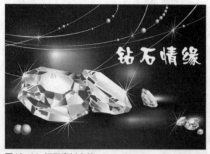

图10-41 打开素材文件

图10-42 选择需要复制的图形对象

STEP 03 在菜单栏中，单击"编辑"菜单，在弹出的菜单列表中单击"复制"命令，如图10-43所示。

STEP 04 用户还可以在舞台中需要复制的图形对象上，单击鼠标右键，在弹出的快捷菜单中选择"复制"选项，如图10-44所示，即可复制图形对象。

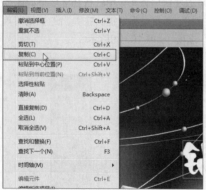

图10-43 单击"复制"命令

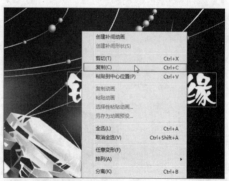

图10-44 选择"复制"选项

STEP 05 在菜单栏中，单击"编辑"菜单，在弹出的菜单列表中单击"粘贴到中心位置"命令，如图10-45所示。

STEP 06 用户还可以在舞台中的空白位置上，单击鼠标右键，在弹出的快捷菜单中选择"粘贴到中心位置"选项，如图10-46所示。

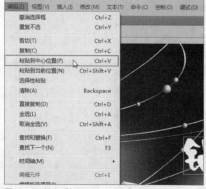

图10-45 单击"粘贴到中心位置"命令

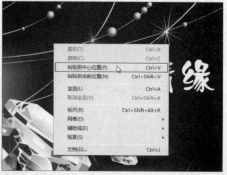

图10-46 选择"粘贴到中心位置"选项

STEP 07 执行操作后，即可将复制的图形对象粘贴到舞台的中心位置，如图10-47所示。

STEP 08 选取工具箱中的移动工具，将复制的图形对象移至舞台中的右上角位置，效果如图10-48所示。

图10-47 粘贴到舞台的中心位置

图10-48 移动图形对象后的效果

技巧点拨1

在Flash CC工作界面中，用户还可以通过以下两种方法执行"复制"命令。

➤ 按【Ctrl+C】组合键，执行"复制"命令。

➤ 单击"窗口"菜单，在弹出的菜单列表中按【C】键，也可以快速执行"复制"命令。

技巧点拨2

在Flash CC工作界面中，用户还可以通过以下两种方法执行"粘贴到中心位置"命令。

➤ 按【Ctrl+V】组合键，执行"粘贴到中心位置"命令。

➤ 单击"窗口"菜单，在弹出的菜单列表中按【P】键，也可以快速执行"粘贴到中心位置"命令。

实战 320　再制网页动画对象

▶ 实例位置：光盘\效果\第10章\实战320.fla
▶ 素材位置：光盘\素材\第10章\实战320.fla
▶ 视频位置：光盘\视频\第10章\实战320.mp4

● 实例介绍 ●

在Flash CC工作界面中，通过"直接复制"命令，可以直接对舞台中的图形对象进行再制操作。下面向读者介绍再制图形对象的操作方法。

● 操作步骤 ●

STEP 01 单击"文件"|"打开"命令，打开一个素材文件，如图10-49所示。

STEP 02 选取工具箱中的选择工具 ，在舞台中选择需要再制的图形对象，这里选择上方的人物图形，如图10-50所示。

图10-49 打开一个素材文件

图10-50 选择需要再制的图形对象

STEP 03 在菜单栏中，单击"编辑"菜单，在弹出的菜单列表中单击"直接复制"命令，如图10-51所示。

STEP 04 执行操作后，即可在舞台中对图形对象进行再制操作，如图10-52所示。

图10-51 单击"直接复制"命令

图10-52 对图形对象进行再制操作

STEP 05 在Flash中多次执行"直接复制"命令，对图形进行多次再制操作，效果如图10-53所示。

图10-53 对图形进行多次再制操作

技巧点拨

在Flash CC工作界面中，用户还可以通过以下两种方法执行"直接复制"命令。

➤ 按【Ctrl+D】组合键，执行"直接复制"命令。

➤ 单击"窗口"菜单，在弹出的菜单列表中按【D】键，也可以快速执行"直接复制"命令。

实战 321 粘贴对象到当前位置

➤ 实例位置：光盘\效果\第10章\实战321.fla
➤ 素材位置：光盘\素材\第10章\实战321.fla
➤ 视频位置：光盘\视频\第10章\实战321.mp4

● 实例介绍 ●

在Flash CC工作界面中，用户在舞台中选择需要粘贴的图形对象后，通过"粘贴到当前位置"命令，也可以快速将对象粘贴到舞台中的当前位置。

● 操作步骤 ●

STEP 01 单击"文件"|"打开"命令，打开一个素材文件，如图10-54所示。

STEP 02 选取工具箱中的选择工具，在舞台中选择相应图形对象，如图10-55所示。

图10-54 打开一个素材文件

图10-55 选择相应图形对象

STEP 03 在菜单栏中，单击"编辑"菜单，在弹出的菜单列表中单击"复制"命令，如图10-56所示，复制图形对象。

STEP 04 在菜单栏中，单击"编辑"菜单，在弹出的菜单列表中单击"粘贴到当前位置"命令，如图10-57所示。

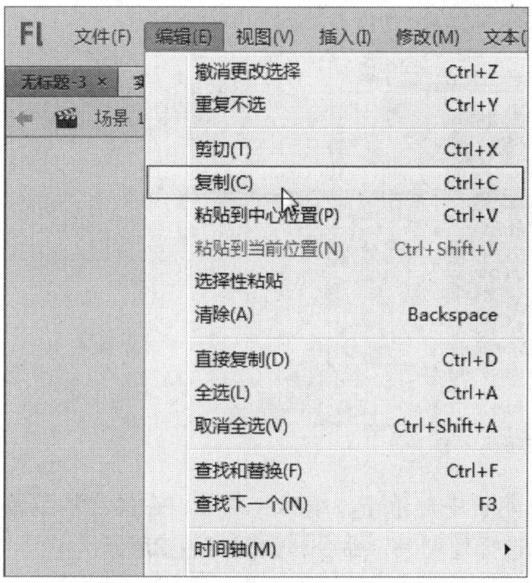

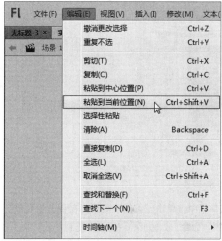

图10-56 单击"复制"命令

图10-57 单击"粘贴到当前位置"命令

技巧点拨

在Flash CC工作界面中，用户还可以通过以下两种方法执行"粘贴到当前位置"命令。

➤ 按【Ctrl+Shift+V】组合键，执行"粘贴到当前位置"命令。

➤ 单击"窗口"菜单，在弹出的菜单列表中按【N】、【Enter】键，也可以快速执行"粘贴到当前位置"命令。

STEP 05 用户还可以在舞台中的空白位置上，单击鼠标右键，在弹出的快捷菜单中选择"粘贴到当前位置"选项，如图10-58所示。

STEP 06 执行操作后，即可将选择的图形对象粘贴至舞台中的当前位置，使用移动工具移动图形的位置，效果如图10-59所示。

图10-58 选择"粘贴到当前位置"选项

图10-59 移动图形的位置

实战 322 选择性粘贴对象

▶ 实例位置：光盘\效果\第10章\实战322.fla
▶ 素材位置：光盘\素材\第10章\实战322.fla
▶ 视频位置：光盘\视频\第10章\实战322.mp4

● 实例介绍 ●

在Flash CC工作界面中，用户通过"选择性粘贴"命令，可以选择性粘贴复制的图形对象。下面向读者介绍选择性粘贴图形对象的操作方法。

● 操作步骤 ●

STEP 01 单击"文件"|"打开"命令，打开一个素材文件，如图10-60所示。

图10-60 打开一个素材文件

STEP 02 选取工具箱中的选择工具，在舞台中选择相应图形对象，如图10-61所示。

图10-61 选择相应图形对象

STEP 03 在菜单栏中，单击"编辑"菜单，在弹出的菜单列表中单击"复制"命令，如图10-62所示，复制图形对象。

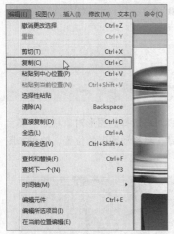

图10-62 单击"复制"命令

STEP 04 在菜单栏中，单击"编辑"菜单，在弹出的菜单列表中单击"选择性粘贴"命令，如图10-63所示。

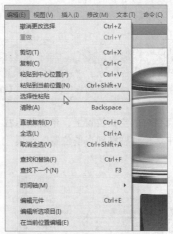

图10-63 单击"选择性粘贴"命令

STEP 05 执行操作后，弹出"选择性粘贴"对话框，在其中选择相应选项，如图10-64所示。

图10-64 选择相应选项

STEP 06 单击"确定"按钮，即可将图形对象粘贴成一幅位图图像，如图10-65所示。

STEP 07 使用移动工具，调整位图图像在舞台中的摆放位置，效果如图10-66所示。

图10-65　粘贴成一幅位图图像

图10-66　调整图像摆放位置

实战 323　组合网页动画对象

▶ 实例位置：光盘\效果\第10章\实战323.fla
▶ 素材位置：光盘\素材\第10章\实战323.fla
▶ 视频位置：光盘\视频\第10章\实战323.mp4

● 实例介绍 ●

在Flash CC中，用户可以对舞台上的图形对象进行组合。按【Ctrl + G】组合键，可以将选择的图形对象进行组合。需要组合的图形对象可以是矢量图形、其他组合对象、元件实例或文本块等。组合后的图形对象能够被一起移动、复制、缩放和旋转等操作，这样可以节省编辑的时间。

● 操作步骤 ●

STEP 01 单击"文件"|"打开"命令，打开一个素材文件，如图10-67所示。

STEP 02 选取工具箱中的选择工具 ，在舞台中选择需要组合的图形对象，如图10-68所示。

图10-67　打开一个素材文件

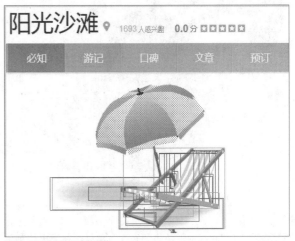

图10-68　选中要组合的图像

STEP 03 在菜单栏中，单击"修改"|"组合"命令，如图10-69所示。

STEP 04 执行操作后，即可将选择的图形对象进行组合操作，效果如图10-70所示。

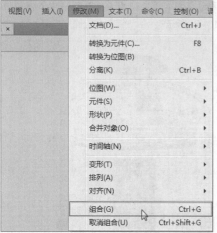

图10-69 执行"组合"命令

图10-70 组合效果

<table>
<tr><td>实战
324</td><td>分离网页图形对象</td><td>▶ 实例位置：光盘\效果\第10章\实战324.fla
▶ 素材位置：光盘\素材\第10章\实战324.fla
▶ 视频位置：光盘\视频\第10章\实战324.mp4</td></tr>
</table>

● 实例介绍 ●

在Flash CC工作界面中，用户将矢量图形添加到文档后，使用"分离"命令，可以将图形进行分离操作。在Flash CC工作界面中，用户还可以通过以下两种方法执行"分离"命令。

➢ 按【Ctrl+B】组合键，执行"分离"命令。

➢ 单击"修改"菜单，在弹出的菜单列表中按【K】键，也可以快速执行"分离"命令。

● 操作步骤 ●

STEP 01 单击"文件"|"打开"命令，打开一个素材文件，如图10-71所示。

STEP 02 选取工具箱中的选择工具，在舞台工作区中选择需要进行分离操作的图形对象，如图10-72所示。

图10-71 打开一个素材文件

图10-72 选择需要分离的图形对象

STEP 03 在菜单栏中，单击"修改"菜单，在弹出的菜单列表中单击"分离"命令，如图10-73所示。

STEP 04 用户还可以在舞台中需要分离的图形对象上，单击鼠标右键，在弹出的快捷菜单中选择"分离"选项，如图10-74所示。

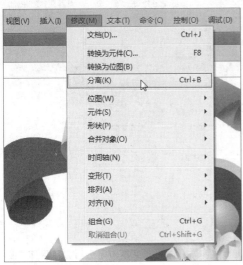

图10-73 单击"分离"命令

图10-74 选择"分离"选项

STEP 05 即可将图形对象进行分离操作，被分离的图形将变成色块对象，如图10-75所示。

STEP 06 使用移动工具，可以单独选择舞台中被分离的某一个图形色块，如图10-76所示，完成图形的分离操作。

图10-75 分离图形操作

图10-76 选择分离的图形色块

实战 325 分离网页文本对象

▶ 实例位置：光盘\效果\第10章\实战325.fla
▶ 素材位置：光盘\素材\第10章\实战325.fla
▶ 视频位置：光盘\视频\第10章\实战325.mp4

● 实例介绍 ●

在制作动画时，常常需要分离文本，将每个字符放在一个单独的文本块中，分离之后，即可快速地将文本块分散到各个层中，然后分别制作每个文本块的动画。用户还可以将文本块转换为组成的线条和填充，以执行改变形状、擦除和其他操作。如同其他形状一样，用户可以单独将这些转化后的字符分组，或将其更改为元件并制作为动画。将文本转换为线条填充后，将不能再次编辑文本。

● 操作步骤 ●

STEP 01 单击"文件"|"打开"命令，打开一个素材文件，如图10-77所示。

STEP 02 选取工具箱中的选择工具 ▶，在舞台工作区中选择需要进行分离操作的文本对象，如图10-78所示。

图10-77 打开一个素材文件

图10-78 选择文本对象

STEP 03 在菜单栏中，单击"修改"菜单，在弹出的菜单列表中单击"分离"命令，如图10-79所示。

STEP 04 执行操作后，即可将文本对象进行分离操作，显示出单独的文本块，如图10-80所示。

图10-79 单击"分离"命令

图10-80 显示出单独的文本块

技巧点拨

在Flash CC工作界面中，当用户对文本对象进行分离操作后，用户将不可以再使用文本工具对文本的内容进行修改，因为被完全分离后的文本已经变成了图形对象。

STEP 05 在菜单栏中，再次单击"修改"|"分离"命令，即可将舞台上的文本块转换为形状，效果如图10-81所示。

技巧点拨

在Flash CC工作界面中，对选择的多项文本进行分离操作时，按一次【Ctrl+B】组合键，只能将文本分离为单独的文本块；按两次【Ctrl+B】组合键，可将文本块转换为形状，并对其进行图形应有的操作。

图10-81 将文本块转换为形状

实战 326	切割网页动画对象	▶实例位置：光盘\效果\第10章\实战326.fla
		▶素材位置：光盘\素材\第10章\实战326.fla
		▶视频位置：光盘\视频\第10章\实战326.mp4

● 实例介绍 ●

在Flash CC工作界面中，可以切割的对象有矢量图形、打碎的位图和文字，不包括群组对象。在Flash CC工作界面中，分割图形的操作主要是通过图形与图形在一起的叠加显示，用上一层的图层清除下一层的图形，制作出的图形分割效果。

● 操作步骤 ●

STEP 01 单击"文件"|"打开"命令，打开一个素材文件，如图10-82所示。

STEP 02 在工具箱中，选取矩形工具，如图10-83所示。

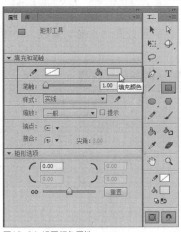

图10-82 打开一个素材文件

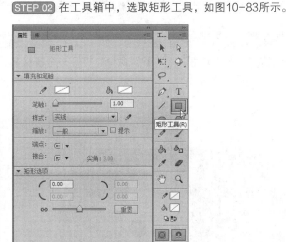

图10-83 选取矩形工具

STEP 03 在"属性"面板中，设置"笔触颜色"为无，"填充颜色"为绿色（#66FF00），如图10-84所示。

STEP 04 将鼠标指针移至舞台中的适当位置，单击鼠标左键并拖曳，即可绘制一个矩形图形，如图10-85所示。

图10-84 设置颜色属性

图10-85 绘制一个矩形图形

STEP 05 按【Delete】键删除矩形图形对象，即可分割图形对象，效果如图10-86所示。

图10-86 分割图形对象的效果

实战 327 使用"变形"面板

▶ **实例位置：** 光盘\效果\第10章\实战327.fla
▶ **素材位置：** 光盘\素材\第10章\实战327.fla
▶ **视频位置：** 光盘\视频\第10章\实战327.mp4

● **实例介绍** ●

在"变形"面板中，各主要选项含义如下。

➢ ↔文本框：在其中输入缩放百分比数值，按【Enter】键确认，即可改变选中对象的水平宽度。

➢ ↕文本框：在其中输入缩放百分比数，按【Enter】键确认，即可改变选中对象的垂直宽度。

➢ "复制并应用变形"按钮▣：单击该按钮，即可复制一个改变了水平宽度的选中对象。

➢ "重置"按钮▣：单击该按钮，可以使选中的对象恢复变换前的状态。

➢ "约束"复选框：选中该复选框，可使↔文本框与↕文本框内的数据不一样。

● **操作步骤** ●

STEP 01 单击"文件"|"打开"命令，打开一个素材文件，如图10-87所示。

STEP 02 选取工具箱中的选择工具，选择舞台中需要变形的图形对象，如图10-88所示。

图10-87 打开一个素材文件

图10-88 选择图形对象

STEP 03 在菜单栏中，单击"窗口"菜单，在弹出的菜单列表中单击"变形"命令，如图10-89所示。

STEP 04 执行操作后，即可打开"变形"面板，如图10-90所示。

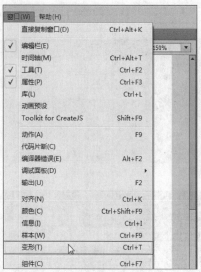

图10-89 单击"变形"命令

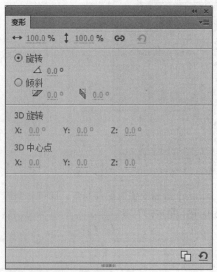

图10-90 打开"变形"面板

STEP 05 在"变形"面板中，设置"缩放宽度"和"缩放高度"均为150%，如图10-91所示。

STEP 06 在面板中的"旋转"数值框中输入5，表示对图形进行旋转操作，如图10-92所示。

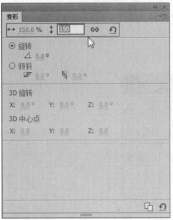

图10-91 设置缩放参数

图10-92 设置旋转参数

STEP 07 设置完成后，即可对舞台中选择的图形对象进行变形操作，如图10-93所示。

STEP 08 使用移动工具，调整图形在舞台中的位置，效果如图10-94所示。

图10-93 对图形对象进行变形操作

图10-94 调整图形在舞台中的位置

实战 328 使用"信息"面板

▶ 实例位置：光盘\效果\第10章\实战328.fla
▶ 素材位置：光盘\素材\第10章\实战328.fla
▶ 视频位置：光盘\视频\第10章\实战328.mp4

• 实例介绍 •

在Flash CC工作界面中，用户还可以通过"信息"面板对图形对象进行变形操作，调整图形对象的宽高比例。

• 操作步骤 •

STEP 01 单击"文件"|"打开"命令，打开一个素材文件，如图10-95所示。

STEP 02 选取工具箱中的选择工具▶，选择舞台中需要调整位置的对象，如图10-96所示。

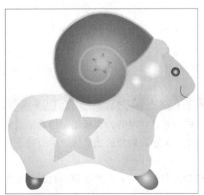

图10-95 打开一个素材文件

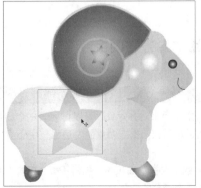

图10-96 选中对象

STEP 03 在菜单栏中，单击"窗口"菜单，在弹出的菜单列表中单击"信息"命令，如图10-97所示。

STEP 04 执行操作后，即可打开"信息"面板，如图10-98所示。

图10-97 单击"信息"命令

图10-98 打开"信息"面板

STEP 05 在其中的X和Y数值框内显示了选中对象的坐标值（单位为像素），改变数值框内的宽设为50，如图10-99所示。

STEP 06 按【Enter】键确认，可以改变选中对象的形状，如图10-100所示。

图10-99 修改参数

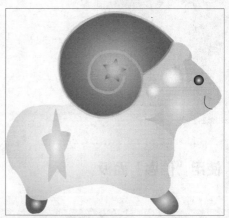

图10-100 缩放后的图形效果

10.3 网页动画对象的布局操作

在Flash CC中，用户可以使用"对齐"面板、"对齐"菜单、"排列"菜单、"合并对象"菜单等对网页动画中的对象进行布局美化处理。

实战 329 使用"对齐"面板

▶ 实例位置：光盘\效果\第10章\实战329.fla
▶ 素材位置：光盘\素材\第10章\实战329.fla
▶ 视频位置：光盘\视频\第10章\实战329.mp4

● 实例介绍 ●

"对齐"面板主要用来对齐对象，可以排列同一个场景中的多个被选定对象的位置，"对齐"面板能够沿水平或垂直轴对齐所选对象，也可以沿选定对象的右边缘、中心或左边缘垂直对齐对象，或者沿选定对象的上边缘、中心或下边缘水平对齐对象。

在Flash CC中的"对齐"面板内，相对于舞台对齐对象能快速定位对象，选中"与舞台对齐"复选框，此时所有方式的对齐基准都是整个舞台的四条边。

• 操作步骤 •

STEP 01 单击"文件"|"打开"命令，打开一幅动画素材图像，如图10-101所示。

图10-101 打开素材图像

STEP 02 在菜单栏中，单击"窗口"|"对齐"命令，如图10-102所示，调出"对齐"面板。

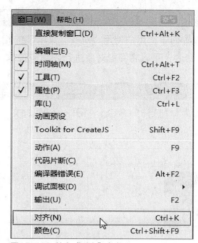

图10-102 单击"对齐"命令

STEP 03 在"对齐"面板中，选中"与舞台对齐"复选框，如图10-103所示。

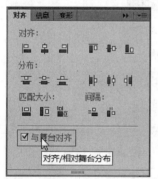

图10-103 选中"与舞台对齐"复选框

STEP 04 在上方"对齐"选项区中，单击"左对齐"按钮，如图10-134所示。

图10-104 单击"左对齐"按钮

技巧点拨

在"对齐"面板中，单击"匹配高度"按钮，将所有选择的对象调整为高度相等。如图7-200所示，为"匹配高度"分布对齐的效果。在"对齐"面板中，单击"匹配宽和高"按钮，可将所有选择的对象调整为宽度和高度相等。

STEP 05 执行操作后，即可相对于舞台左对齐对象，效果如图10-105所示。

图10-105 相对于舞台左对齐

实战 330 使用"对齐"菜单

▶ 实例位置：光盘\效果\第10章\实战330.fla
▶ 素材位置：光盘\素材\第10章\实战330.fla
▶ 视频位置：光盘\视频\第10章\实战330.mp4

● 实例介绍 ●

在Flash CC工作界面中，用户使用"对齐"菜单下的相关对齐命令，也可以快速对图形对象进行对齐操作。例如，用户使用"左对齐"命令，可以将图形对象进行左对齐操作。

● 操作步骤 ●

STEP 01 单击"文件"|"打开"命令，打开一个素材文件，如图10-106所示。

STEP 02 选取工具箱中的选择工具，选择舞台中需要左对齐的图形对象，如图10-107所示。

图10-106 打开一个素材文件

图10-107 选择需要左对齐的图形对象

STEP 03 在菜单栏中，单击"修改"菜单，在弹出的菜单列表中单击"对齐"|"左对齐"命令，如图10-108所示。

图10-108 单击"左对齐"命令

STEP 04 执行操作后，即可将选择的多个图形对象进行左对齐操作，如图10-109所示。

STEP 05 退出图形选择状态，在舞台中可以查看图形的最终效果，如图10-110所示。

图10-109 将图形进行左对齐操作

图10-110 查看图形的最终效果

▶ 实例位置：光盘\效果\第10章\实战331.fla	
▶ 素材位置：光盘\素材\第10章\实战331.fla	
▶ 视频位置：光盘\视频\第10章\实战331.mp4	

实战 331 顶层排列对象

● 实例介绍 ●

在制作动画时，同一层上的对象，往往是按照绘制或导入的顺序排列自己的前后位置，最先绘制或导入的对象在底层，最后绘制或导入的对象在顶层。而有的时候必须调整对象的排列顺序以适应设计者的需要。在Flash CC工作界面中，用户使用"移至顶层"命令，可以将选择的图形对象移至顶层。下面向读者介绍将图形移至顶层的操作方法。

● 操作步骤 ●

STEP 01 单击"文件"｜"打开"命令，打开一个素材文件，如图10-111所示。

图10-111 打开一个素材文件

STEP 02 选取工具箱中的选择工具，选择舞台中需要移至顶层的图形对象，这里选择雨伞图形，如图10-112所示。

图10-112 选择雨伞图形

技巧点拨

在Flash CC工作界面中，用户还可以通过以下两种方法执行"移至顶层"命令。

➢ 按【Ctrl+Shift+↑】组合键，执行"移至顶层"命令。

➢ 单击"修改"菜单，在弹出的菜单列表中依次按【A】、【F】键，也可以快速执行"移至顶层"命令。

STEP 03 在菜单栏中，单击"修改"菜单，在弹出的菜单列表中单击"排列"｜"移至顶层"命令，如图10-113所示。

图10-113 单击"移至顶层"命令

STEP 04 用户还可以在舞台中需要移至顶层的图形对象上，单击鼠标右键，在弹出的快捷菜单中选择"排列"｜"移至顶层"选项，如图10-114所示。

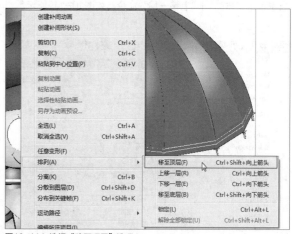

图10-114 选择"移至顶层"选项

STEP 05 执行操作后，即可将图形对象移至顶层，如图10-115所示。

STEP 06 退出图形选择状态，在舞台中可以查看图形移至顶层后的最终效果，如图10-116所示。

图10-115 将图形对象移至顶层

图10-116 移至顶层后的图形效果

实战 332 上移一层

▶ 实例位置：光盘\效果\第10章\实战332.fla
▶ 素材位置：光盘\素材\第10章\实战332.fla
▶ 视频位置：光盘\视频\第10章\实战332.mp4

● 实例介绍 ●

在Flash CC工作界面中，用户使用"上移一层"命令，可以将选择的图形对象向上移一层。下面向读者介绍将图形上移一层的操作方法。

● 操作步骤 ●

STEP 01 单击"文件"|"打开"命令，打开一个素材文件，如图10-117所示。

STEP 02 选取工具箱中的选择工具，选择舞台中需要上移一层的图形对象，如图10-118所示。

图10-117 打开一个素材文件

图10-118 选择彩虹图形

STEP 03 在菜单栏中，单击"修改"菜单，在弹出的菜单列表中单击"排列"|"上移一层"命令，如图10-119所示。

STEP 04 用户还可以在舞台中需要上移一层的图形对象上，单击鼠标右键，在弹出的快捷菜单中选择"排列"|"上移一层"选项，如图10-120所示。

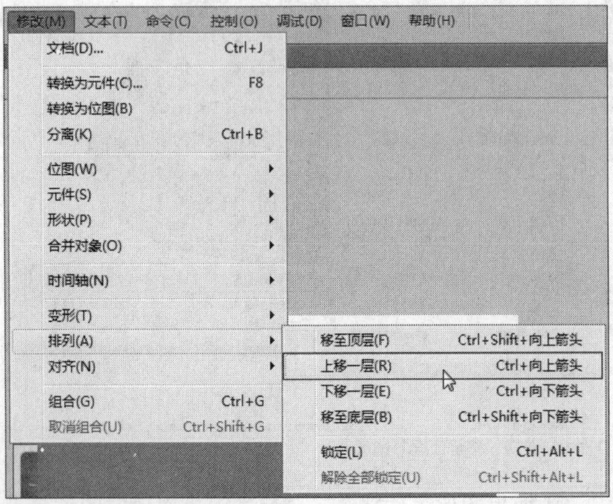

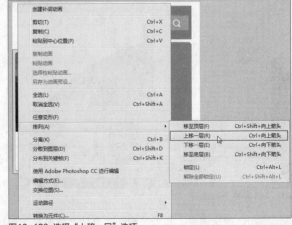

图10-119 单击"上移一层"命令

图10-120 选择"上移一层"选项

STEP 05 执行操作后，即可将图形对象向上移一层，如图 10-121所示。

图10-121 将图形对象上移一层

STEP 06 在舞台中将图形对象移至合适位置处，效果如图 10-122所示。

图10-122 上移一层后的图形效果

技巧点拨

　　在Flash CC工作界面中，用户按【Ctrl＋↑】组合键，也可以快速执行"上移一层"命令，将图形对象上移一层。

实战 333　下移一层

▶ 实例位置：光盘\效果\第10章\实战333.fla
▶ 素材位置：光盘\素材\第10章\实战333.fla
▶ 视频位置：光盘\视频\第10章\实战333.mp4

● 实例介绍 ●

　　在Flash CC工作界面中，用户使用"下移一层"命令，可以将选择的图形对象向下移一层。下面向读者介绍将图形下移一层的操作方法。

● 操作步骤 ●

STEP 01 单击"文件"|"打开"命令，打开一个素材文件，如图10-123所示。

图10-123 打开一个素材文件

STEP 02 选取工具箱中的选择工具，选择舞台中需要下移一层的图形对象，如图10-124所示。

图10-124 选择卡通头像

STEP 03 在菜单栏中，单击"修改"菜单，在弹出的菜单列表中单击"排列"|"下移一层"命令，如图10-125所示。

STEP 04 用户还可以在舞台中需要下移一层的图形对象上，单击鼠标右键，在弹出的快捷菜单中选择"排列"|"下移一层"选项，如图10-126所示。

图10-125 单击"下移一层"命令

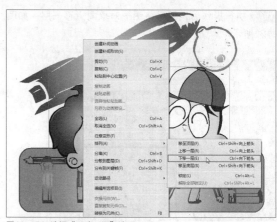

图10-126 选择"下移一层"选项

STEP 05 执行操作后，即可将图形对象向下移一层，如图 10-127所示。

STEP 06 用与上述同样的方法，再连续单击两次"下移一层"命令，调整图形的排列顺序，效果如图10-128所示。

图10-127 将图形对象下移一层

图10-128 调整图形排列顺序的效果

技巧点拨

在Flash CC工作界面中，用户按【Ctrl＋↓】组合键，也可以快速执行"下移一层"命令，将图形对象下移一层。

实战 334 底层排列对象

▶ 实例位置：光盘\效果\第10章\实战334.fla
▶ 素材位置：光盘\素材\第10章\实战334.fla
▶ 视频位置：光盘\视频\第10章\实战334.mp4

● 实例介绍 ●

在Flash CC工作界面中，用户使用"移至底层"命令，可以将选择的图形对象移至底层。下面向读者介绍将图形移至底层的操作方法。

● 操作步骤 ●

STEP 01 单击"文件"|"打开"命令，打开一个素材文件，如图10-129所示。

STEP 02 选取工具箱中的选择工具，选择舞台中需要移至底层的图形对象，如图10-130所示。

图10-129 打开素材文件

图10-130 选择需要移到底层的图形对象

STEP 03 在菜单栏中，单击"修改"菜单，在弹出的菜单列表中单击"排列"|"移至底层"命令，如图10-131所示。

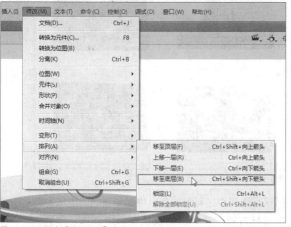

图10-131 单击"移至底层"命令

STEP 05 执行操作后，即可将图形对象移至底层，如图10-133所示。

图10-133 将图形对象移至底层

STEP 04 用户还可以在舞台中需要移至底层的图形对象上，单击鼠标右键，在弹出的快捷菜单中选择"移至底层"选项，如图10-132所示。

图10-132 选择"移至底层"选项

STEP 06 退出图形选择状态，用户可以在舞台中查看图形对象移至底层后的最终效果，如图10-134所示。

图10-134 调整图形排列顺序的效果

技巧点拨

在Flash CC工作界面中，用户按【Ctrl+Shift+↓】组合键，也可以快速执行"移至底层"命令，将图形对象移至底层。

实战 335 **将对象锁定**

▶ **实例位置：**光盘\效果\第10章\实战335.fla
▶ **素材位置：**光盘\素材\第10章\实战335.fla
▶ **视频位置：**光盘\视频\第10章\实战335.mp4

● 实例介绍 ●

在Flash CC工作界面中，用户使用"锁定"命令，可以将选择的图形对象进行锁定操作。下面向读者介绍锁定图形对象的操作方法。

● 操作步骤 ●

STEP 01 单击"文件"|"打开"命令，打开一个素材文件，如图10-135所示。

STEP 02 选取工具箱中的选择工具，选择舞台中需要锁定的图形对象，如图10-136所示。

图10-135 打开一个素材文件

图10-136 选择需要锁定的图形

STEP 03 在菜单栏中，单击"修改"菜单，在弹出的菜单列表中单击"排列"|"锁定"命令，如图10-137所示。

STEP 04 用户还可以在舞台中需要锁定的图形对象上，单击鼠标右键，在弹出的快捷菜单中选择"排列"|"锁定"选项，如图10-138所示，即可锁定图形对象。

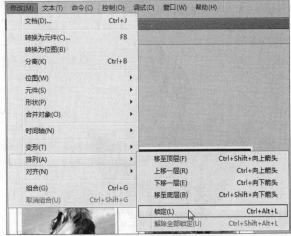

图10-137 单击"锁定"命令

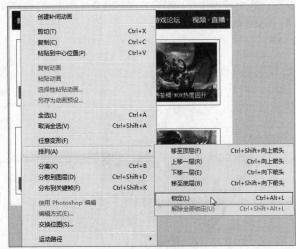

图10-138 选择"锁定"选项

技巧点拨

> 在Flash CC工作界面中，用户还可以通过以下两种方法执行"锁定"命令。
> ➤ 按【Ctrl＋Alt＋L】组合键，执行"锁定"命令。
> ➤ 单击"修改"菜单，在弹出的菜单列表中依次按【A】、【L】键，也可以执行"锁定"命令。

实战 336　为对象解锁

▶ **实例位置：** 光盘\效果\第10章\实战336.fla
▶ **素材位置：** 光盘\素材\第10章\实战336.fla
▶ **视频位置：** 光盘\视频\第10章\实战336.mp4

● 实例介绍 ●

在Flash CC工作界面中，用户使用"解除全部锁定"命令，可以将舞台中的图形对象全部解除锁定操作。下面向读者介绍解锁图形对象的操作方法。

● 操作步骤 ●

STEP 01 单击"文件"|"打开"命令，打开一个素材文件，如图10-139所示。

STEP 02 在菜单栏中，单击"修改"菜单，在弹出的菜单列表中单击"排列"|"解除全部锁定"命令，如图10-140所示。

图10-139 打开一个素材文件

图10-140 单击"解除全部锁定"命令

STEP 03 用户还可以在舞台中的图形上，单击鼠标右键，在弹出的快捷菜单中选择"排列"|"解除全部锁定"选项，如图10-141所示。

STEP 04 执行操作后，即可解锁图形对象，效果如图10-142所示。

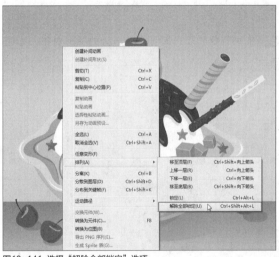

图10-141 选择"解除全部锁定"选项

图10-142 解锁图形对象的效果

技巧点拨

在Flash CC工作界面中，用户还可以通过以下两种方法执行"解除全部锁定"命令。

➢ 按【Ctrl+Shift+Alt+L】组合键，执行"解除全部锁定"命令。

➢ 单击"修改"菜单，在弹出的菜单列表中依次按【A】、【U】键，也可以执行"解除全部锁定"命令。

实战 337　联合网页动画对象

▶ 实例位置：光盘\效果\第10章\实战337.fla
▶ 素材位置：光盘\素材\第10章\实战337.fla
▶ 视频位置：光盘\视频\第10章\实战337.mp4

● 实例介绍 ●

在运用Flash CC制作动画的过程中，如果需要同时对多个对象进行编辑，选择两个或多个形状后，单击"修改"|"合并对象"|"联合"命令，可以将选择的对象合并成单个的形状。

● 操作步骤 ●

STEP 01 单击"文件"|"打开"命令，打开一个素材文件，如图10-143所示。

STEP 02 在舞台中，选择需要联合的图形对象，如图10-144所示。

图10-143 打开素材文件

图10-144 选择图形

技巧点拨1

在Flash CC工作界面中，用户按【Ctrl+Shift+Alt+7】组合键，可以快速执行"设为相同宽度"命令。

技巧点拨2

在Flash CC工作界面中，用户按【Ctrl+Shift+Alt+9】组合键，可以快速执行"设为相同高度"命令。

STEP 03 在菜单栏中，单击"修改"菜单，在弹出的菜单列表中单击"合并对象"|"联合"命令，如图10-145所示。

STEP 04 执行操作后，即可联合选择的图形对象，如图10-146所示。

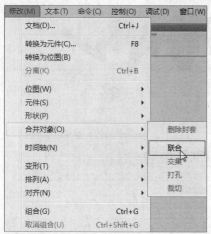

图10-145 单击"联合"命令

图10-146 联合图形对象

实战 338 交集网页动画对象

▶ **实例位置**：光盘\效果\第10章\实战338.fla
▶ **素材位置**：光盘\素材\第10章\实战338.fla
▶ **视频位置**：光盘\视频\第10章\实战338.mp4

● 实例介绍 ●

在Flash CC中，可以创建两个或多个对象的交集对象，单击"修改"|"合并对象"|"交集"命令，即可通过创建交集对象来改变现有对象，从而创造新的图形形状。

● 操作步骤 ●

STEP 01 单击"文件"|"打开"命令，打开一个素材文件，如图10-147所示。

STEP 02 选取工具箱中的椭圆工具，在"颜色"面板中设置相应的选项，如图10-148所示。

图10-147 打开一个素材文件

图10-148 设置相应的选项

STEP 03 单击工具箱底部的"对象绘制"按钮，在舞台中的适当位置绘制一个椭圆，如图10-149所示。

STEP 04 选取工具箱中的选择工具，选择舞台中需要交集的图形对象，如图10-150所示。

图10-149 绘制椭圆

图10-150 选择图形

STEP 05 在菜单栏中，单击"修改"菜单，在弹出的菜单列表中单击"合并对象"|"交集"命令，如图10-151所示。

STEP 06 执行操作后，即可交集选择的图形对象，如图10-152所示。

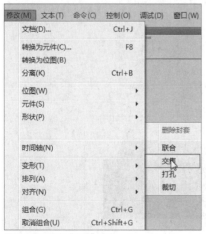

图10-151 单击"交集"命令

图10-152 交集图形对象

知识扩展

在Flash CC中，只有在"对象绘制"模式下绘制的图形，才能进行交集、打孔和裁切等合并图形对象的操作。

实战 339 打孔网页动画对象

▶ 实例位置：光盘\效果\第10章\实战339.fla
▶ 素材位置：光盘\素材\第10章\实战339.fla
▶ 视频位置：光盘\视频\第10章\实战339.mp4

• 实例介绍 •

在Flash CC中，通过单击"修改"|"合并对象"|"打孔"命令，可以删除所选对象最上层的图形，覆盖另一所选对象的部分。

• 操作步骤 •

STEP 01 单击"文件"|"打开"命令，打开一个素材文件，如图10-153所示。

图10-153 打开一个素材文件

STEP 02 选取工具箱中的椭圆工具，在"属性"面板中设置"填充颜色"为绿色，单击工具箱底部的"对象绘制"按钮，在舞台中的适当位置绘制一个椭圆，如图10-154所示。

图10-154 绘制椭圆

STEP 03 选取工具箱中的选择工具，在舞台中选择相应的对象，如图10-155所示。

图10-155 选择相应的对象

STEP 04 在菜单栏中，单击"修改"菜单，在弹出的菜单列表中单击"合并对象"|"打孔"命令，如图10-156所示。

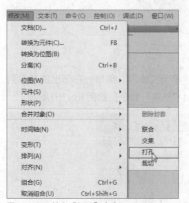

图10-156 单击"打孔"命令

STEP 05 执行操作后，即可打孔图形对象，适当调整其位置，效果如图10-157所示。

图10-157 打孔对象

实战
340
裁切网页动画对象

▶ 实例位置：光盘\效果\第10章\实战340.fla
▶ 素材位置：光盘\素材\第10章\实战340.fla
▶ 视频位置：光盘\视频\第10章\实战340.mp4

● 实例介绍 ●

在Flash CC中，裁切图形对象是指使用某一个图形对象的形状裁切另一图形对象，用户可以通过单击"修改"|"合并对象"|"裁切"命令来裁切选择的图形对象。

● 操作步骤 ●

STEP 01 单击"文件"|"打开"命令，打开一个素材文件，如图10-158所示。

图10-158　打开一个素材文件

STEP 02 选取工具箱中的矩形工具，在"颜色"面板中设置相应选项，如图10-159所示。

图10-159　设置相应选项

STEP 03 在舞台中的适当位置绘制一个矩形，如图10-160所示。

图10-160　绘制矩形

STEP 04 用与上述同样的方法，在舞台中绘制一个黑色四角星形，如图10-161所示。

图10-161　绘制星形

STEP 05 选择绘制的两个图形对象，单击"修改"|"合并对象"|"裁切"命令，即可裁切图形对象，如图10-162所示。

图10-162　裁切效果

STEP 06 适当地调整裁切图形对象的大小和位置，效果如图10-163所示。

图10-163　调整大小和位置

10.4 修饰网页动画对象的色彩

完成一个好的动画作品，配色至关重要，统一的画面色彩是增强视觉识别的最活跃因素，在对动画整体风格进行明确定位的前提下，各种色彩因素在相互组合、相互分离中形成有机整体。用户对动画图形进行配色时，首先要掌握"颜色"面板和"样本"面板的应用，为后面学习配色操作奠定良好的基础。本节主要向读者介绍应用"颜色"面板和"样本"面板的操作方法。

实战 341 了解"颜色"面板

▶ 实例位置：无
▶ 素材位置：光盘\素材\第10章\实战341.fla
▶ 视频位置：光盘\视频\第10章\实战341.mp4

● 实例介绍 ●

在Flash CC工作界面中，用户使用"颜色"面板填充图形对象前，首先需要打开"颜色"面板，下面向读者介绍打开"颜色"面板的操作方法。

● 操作步骤 ●

STEP 01 单击"文件"|"打开"命令，打开一个素材文件，如图10-164所示。

STEP 02 在菜单栏中，单击"窗口"|"颜色"命令，如图10-165所示。

图10-164 打开一个素材文件

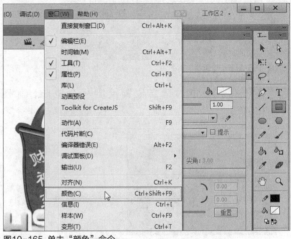

图10-165 单击"颜色"命令

STEP 03 执行操作后，打开"颜色"面板，下面3种为不同颜色模式下的面板，如图10-166所示。

图10-166 打开"颜色"面板

技巧点拨

在Flash CC工作界面中，用户还可以通过以下两种方法打开"颜色"面板。
➢ 按【Alt+Shift+F9】组合键，可以打开"颜色"面板。
➢ 单击"窗口"菜单，在弹出的菜单列表中依次按键盘上的【C】、【C】、【Enter】键，也可以打开"颜色"面板。

实战
342 黑白色调的设置

▶ 实例位置：无
▶ 素材位置：光盘\素材\第10章\实战342.fla
▶ 视频位置：光盘\视频\第10章\实战342.mp4

● 实例介绍 ●

在Flash CC工作界面中，用户可以通过"颜色"面板，将笔触颜色和填充颜色恢复至默认的黑白色调。

● 操作步骤 ●

STEP 01 单击"文件"|"打开"命令，打开一个素材文件，如图10-167所示。

STEP 02 在菜单栏中，单击"窗口"|"颜色"命令，如图10-168所示。

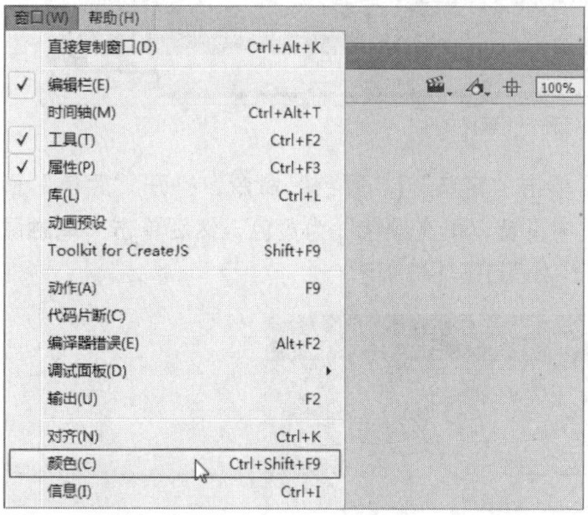

图10-167 打开一个素材文件

图10-168 单击"颜色"命令

STEP 03 打开"颜色"面板，在下方单击"黑白"按钮，如图10-169所示。

STEP 04 执行操作后，即可将笔触颜色与填充颜色设置为黑白默认色调，如图10-170所示。

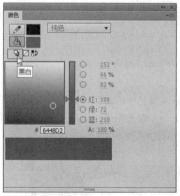

图10-169 单击"黑白"按钮

图10-170 设置为黑白默认色调

实战
343 无色信息的设置

▶ 实例位置：光盘\效果\第10章\实战343.fla
▶ 素材位置：光盘\素材\第10章\实战343.fla
▶ 视频位置：光盘\视频\第10章\实战343.mp4

● 实例介绍 ●

在Flash CC工作界面中，用户在绘制图形的过程中，有时候需要设置笔触或填充的颜色为无色，下面向读者介绍设置笔触和填充颜色为无色的操作方法。

● 操作步骤 ●

STEP 01 单击"文件"|"打开"命令，打开一个素材文件，如图10-171所示。

STEP 02 在工具箱中，选取多角星形工具，如图10-172所示。

图10-171 打开一个素材文件

图10-172 选取多角星形工具

STEP 03 单击"窗口"|"颜色"命令，打开"颜色"面板，在其中设置"填充颜色"为黄色，然后单击"笔触颜色"图标，如图10-173所示。

STEP 04 在下方单击"无色"按钮，如图10-174所示。

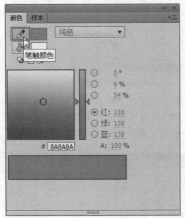

图10-173 单击"笔触颜色"图标

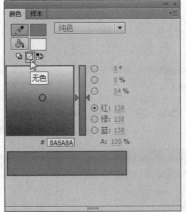

图10-174 单击"无色"按钮

STEP 05 执行操作后，即可设置笔触的颜色为无色，此时"笔触颜色"右侧的色块显示一条斜线，如图10-175所示。

STEP 06 将鼠标指针移至舞台中的适当位置，单击鼠标左键并拖曳，即可绘制一个多边形图形，该图形没有笔触颜色，只有填充颜色，如图10-176所示。

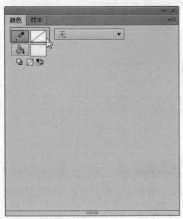

图10-175 设置笔触的颜色为无色

图10-176 绘制一个多边形图形

STEP 07 多边形绘制完成后，退出图形编辑状态，在"颜色"面板中，单击"笔触颜色"右侧的色块，在弹出的颜色面板中选择红色（#FF0000），如图10-177所示。

STEP 08 设置笔触颜色为红色，然后单击"填充颜色"图标，如图10-178所示。

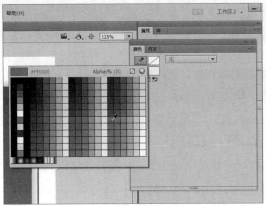

图10-177 选择红色（#FF0000）

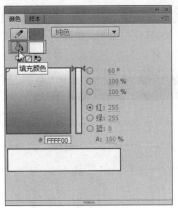

图10-178 单击"填充颜色"图标

STEP 09 在下方单击"无色"按钮 □，如图10-179所示。

STEP 10 执行操作后，即可设置填充颜色为无色，此时"填充颜色"右侧的色块显示一条斜线，如图10-180所示。

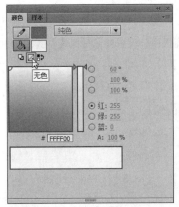

图10-179 单击"无色"按钮

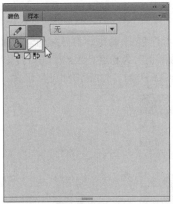

图10-180 设置填充颜色为无色

STEP 11 将鼠标指针移至舞台中的适当位置，单击鼠标左键并拖曳，再次绘制一个多边形图形，该图形没有填充颜色，只有笔触颜色，如图10-181所示。

STEP 12 用与上述同样的方法，在舞台中的其他位置绘制多个多边形图形，效果如图10-182所示。

图10-181 再次绘制一个多边形

图10-182 绘制多个多边形图形

实战 344　互换笔触与填充

▶ **实例位置：** 光盘\效果\第10章\实战344.fla
▶ **素材位置：** 光盘\素材\第10章\实战344.fla
▶ **视频位置：** 光盘\视频\第10章\实战344.mp4

● **实例介绍** ●

在Flash CC工作界面中，用户在绘制图形的过程中，还可以随意交换笔触与填充颜色，绘制出颜色丰富的图形效果。下面向读者介绍交换笔触与填充颜色的操作方法。

● 操作步骤 ●

STEP 01 单击"文件"|"打开"命令，打开一个素材文件，如图10-183所示。

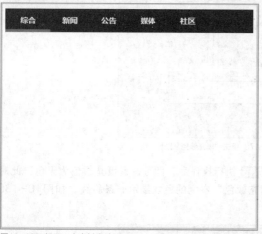

图10-183 打开一个素材文件

STEP 03 单击"窗口"|"颜色"命令，打开"颜色"面板，在其中设置"笔触颜色"为粉红色（#FF66FF）、"填充颜色"为绿色（#00FF00），如图10-185所示。

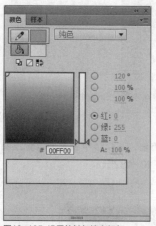

图10-185 设置笔触与填充颜色

STEP 05 将鼠标指针移至舞台中的适当位置，单击鼠标左键并拖曳，即可绘制一个矩形图形，如图10-187所示。

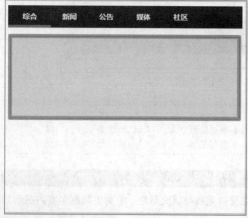

图10-187 绘制一个矩形图形

STEP 02 在工具箱中，选取矩形工具，如图10-184所示。

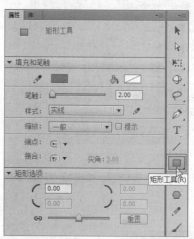

图10-184 选取矩形工具

STEP 04 在"属性"面板中，设置"笔触高度"为8，如图10-186所示。

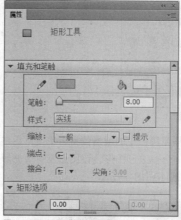

图10-186 设置"笔触高度"为8

STEP 06 退出图形编辑状态，在"颜色"面板中，单击"交换颜色"按钮，如图10-188所示。

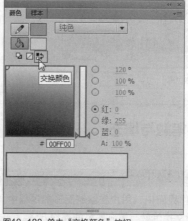

图10-188 单击"交换颜色"按钮

STEP 07 执行操作后，即可交换笔触颜色与填充颜色，如图10-189所示。

STEP 08 再次在舞台中绘制一个矩形图形，该图形为设置颜色后的效果，如图10-190所示。

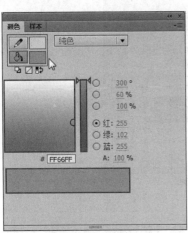

图10-189　交换笔触颜色与填充颜色

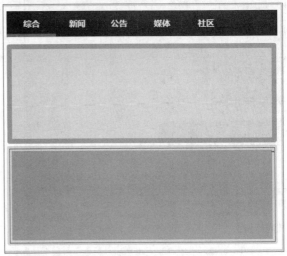

图10-190　再次绘制一个矩形图形

实战 345　储存颜色样本

▶ 实例位置：无
▶ 素材位置：无
▶ 视频位置：光盘\视频\第10章\实战345.mp4

● 实例介绍 ●

在Flash CC工作界面中，用户可以将"颜色"面板中常用的颜色色块添加到"样本"面板中，方便用户下次使用该颜色参数。下面向读者介绍将颜色添加到"样本"面板的操作方法。

● 操作步骤 ●

STEP 01 单击"窗口"|"颜色"命令，打开"颜色"面板，如图10-191所示。

STEP 02 在面板中，选择"填充颜色"图标，在下方设置颜色为蓝色（红为0、绿为0、蓝为255），如图10-192所示。

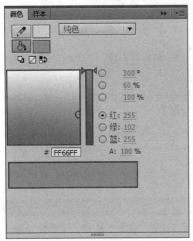

图10-191　打开"颜色"面板

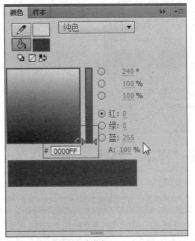

图10-192　设置颜色为蓝色

STEP 03 颜色设置完成后，单击面板右侧的属性按钮，在弹出的列表框中选择"添加样本"选项，如图10-193所示。

STEP 04 即可将设置的蓝色添加到"样本"面板中，在上方单击"样本"标签，如图10-194所示。

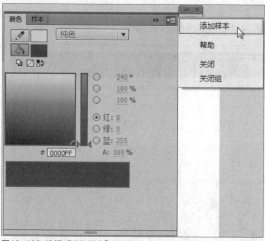

图10-193 选择"添加样本"选项

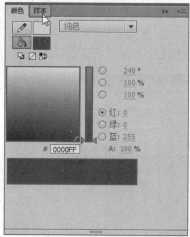

图10-194 单击"样本"标签

技巧点拨

在Flash CC工作界面中，用户在"颜色"面板中设置好相应的颜色参数后，在"样本"面板中将鼠标指针移至面板下方的空白位置上，此时鼠标指针右下角将显示一个填充图标，在该位置上单击鼠标左键，也可以快速将"颜色"面板中设置的填充颜色色块快速添加到"样本"面板中。

STEP 05 执行操作后，即可切换至"样本"面板，在最下方一排显示了刚添加到"样本"面板中的蓝色色块，如图10-195所示。

STEP 06 用与上述同样的方法，从"颜色"面板中添加其他的色块至"样本"面板中，如图10-196所示，完成颜色的添加操作。

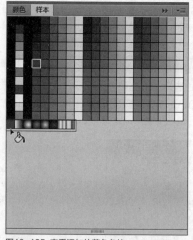

图10-195 查看添加的蓝色色块

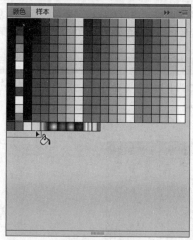

图10-196 添加其他的色块的效果

实战 346 了解"样本"面板

▶ 实例位置：无
▶ 素材位置：光盘\素材\第10章\实战346.fla
▶ 视频位置：光盘\视频\第10章\实战346.mp4

● **实例介绍** ●

在Flash CC工作界面中，用户使用"样本"面板设置图形对象颜色前，首先需要打开"样本"面板，下面向读者介绍打开"样本"面板的操作方法。

● **操作步骤** ●

STEP 01 单击"文件"|"打开"命令，打开一个素材文件，如图10-197所示。

STEP 02 在菜单栏中，单击"窗口"菜单，在弹出的菜单列表中单击"样本"命令，如图10-198所示。

图10-197 打开一个素材文件

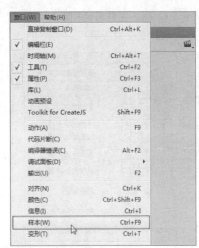

图10-198 单击"样本"命令

STEP 03 执行操作后，即可打开"样本"面板，在其中可以查看已经存在的多种常用的颜色色块，供用户随意挑选，如图10-199所示。

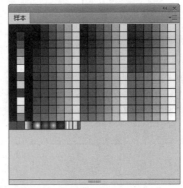

图10-199 打开"样本"面板

实战 347　样本颜色的复制

▶ 实例位置：无
▶ 素材位置：无
▶ 视频位置：光盘\视频\第10章\实战347.mp4

● 实例介绍 ●

在Flash CC工作界面中，运用"样本"面板可以快速在动画文档中复制颜色，下面介绍直接运用"样本"面板复制颜色的方法。

● 操作步骤 ●

STEP 01 单击"窗口"|"样本"命令，打开"样本"面板，如图10-200所示。

STEP 02 在该面板的颜色样本或渐变样本中，选择要复制的颜色色块，如图10-201所示。

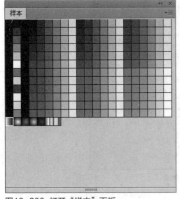

图10-200 打开"样本"面板

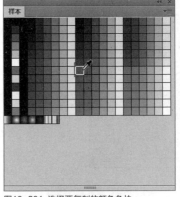

图10-201 选择要复制的颜色色块

STEP 03 单击面板属性按钮 ，在弹出的列表框中选择"直接复制样本"选项，如图10-202所示。

STEP 04 执行操作后，复制的颜色样本即被添加到面板的最下方一排中，如图10-203所示。

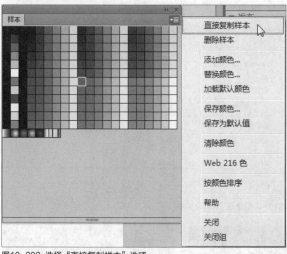

图10-202 选择"直接复制样本"选项

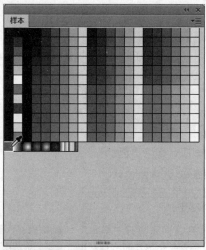

图10-203 复制的颜色样本

技巧点拨

在Flash CC工作界面中，用户还可以通过以下两种方法打开"样本"面板。

➢ 按【Ctrl+F9】组合键，可以打开"颜色"面板。

➢ 单击"窗口"菜单，在弹出的菜单列表中按【W】、【Enter】键，也可以打开"样本"面板。

实战 348 样本颜色的删除

▶ 实例位置：无
▶ 素材位置：无
▶ 视频位置：光盘\视频\第10章\实战348.mp4

● 实例介绍 ●

在Flash CC工作界面中，用户可以将"样本"面板中不需要的多余的颜色样本进行删除操作，使面板保持整洁。下面向读者介绍删除样本颜色的操作方法。

● 操作步骤 ●

STEP 01 单击"窗口"|"样本"命令，打开"样本"面板，如图10-204所示。

STEP 02 在该面板的颜色样本或渐变样本中，选择要删除的颜色色块，这里选择左下角的蓝色色块，如图10-205所示。

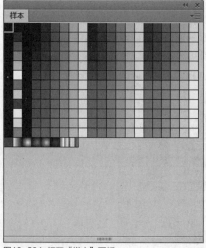

图10-204 打开"样本"面板

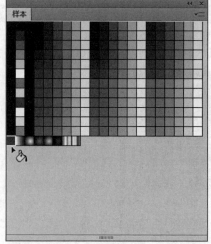

图10-205 选择左下角的蓝色色块

STEP 03 单击"样本"面板右侧的属性按钮 ，在弹出的列表框中选择"删除样本"选项，如图10-206所示。

STEP 04 执行操作后，即可将选择的蓝色色块样本颜色进行删除操作，如图10-207所示。

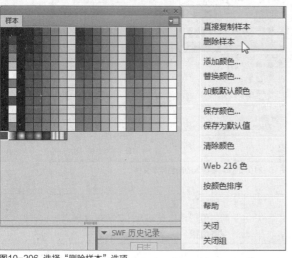

图10-206 选择"删除样本"选项

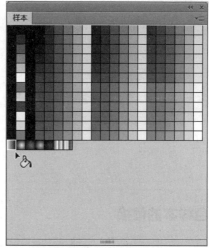

图10-207 将样本颜色进行删除操作

技巧点拨

在Flash CC工作界面的"样本"面板中，用户可以删除系统自带的颜色，也可以删除自定义添加到"样本"面板中的颜色。

实战 349 颜色样本的导入

▶ 实例位置：无
▶ 素材位置：光盘\视频\第10章\实战349.clr
▶ 视频位置：光盘\视频\第10章\实战349.mp4

● 实例介绍 ●

在Flash CC工作界面中，用户使用Flash颜色设置（CLR格式的文件），可以在Flash文件之间导入RGB颜色和渐变色；使用颜色表文件（ACT格式的文件），可导入RGB调色板，但不能从ACT文件中导入渐变。另外，从GIF文件中也可以导入调色板，但不能导入渐变。

● 操作步骤 ●

STEP 01 单击"窗口"|"样本"命令，打开"样本"面板，如图10-208所示。

STEP 02 单击"样本"面板右侧的属性按钮 ，在弹出的列表框中选择"添加颜色"选项，如图10-209所示。

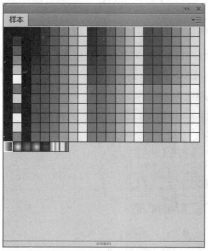

图10-208 打开"样本"面板

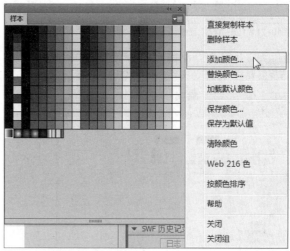

图10-209 选择"添加颜色"选项

STEP 03 执行操作后,弹出"导入色样"对话框,选择需要导入的颜色样本文件,如图10-210所示,单击"打开"按钮,即可导入颜色样本。

图10-210 选择需要导入的颜色样本文件

实战 350 颜色样本的替换

▶ 实例位置: 无
▶ 素材位置: 光盘\视频\第10章\实战350.clr
▶ 视频位置: 光盘\视频\第10章\实战350.mp4

● 实例介绍 ●

在Flash CC工作界面中,用户可以根据需要将"样本"面板中的颜色色块替换为用户常用的颜色样本文件。下面向读者介绍替换颜色样本的操作方法。

● 操作步骤 ●

STEP 01 单击"窗口"|"样本"命令,打开"样本"面板,如图10-211所示。

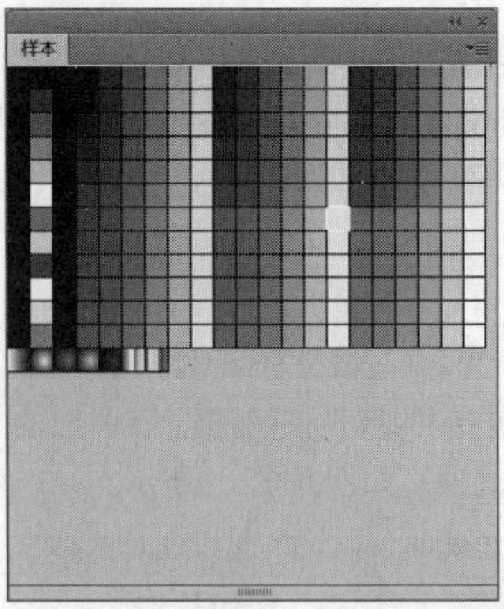

STEP 02 单击"样本"面板右侧的属性按钮,在弹出的列表框中选择"替换颜色"选项,如图10-212所示。

图10-211 打开"样本"面板

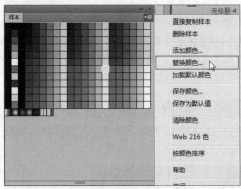

图10-212 选择"替换颜色"选项

STEP 03 执行操作后,弹出"导入色样"对话框,在其中选择需要导入的颜色文件,如图10-213所示。

STEP 04 单击"打开"按钮,即可替换"样本"面板中原有的颜色色块,如图10-214所示。

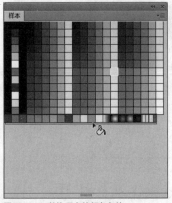

图10-213 选择颜色文件

图10-214 替换原有的颜色色块

实战 351 面板默认颜色的还原

▶ 实例位置：无
▶ 素材位置：无
▶ 视频位置：光盘\视频\第10章\实战351.mp4

● 实例介绍 ●

在Flash CC工作界面中，当用户将"样本"面板中的颜色全部打乱后，如果需要使用面板的默认颜色，此时可以使用"加载默认颜色"选项恢复"样本"面板中的颜色。

● 操作步骤 ●

STEP 01 单击"窗口"|"样本"命令，打开"样本"面板，如图10-215所示。

STEP 02 单击"样本"面板右侧的属性按钮 ，在弹出的列表框中选择"加载默认颜色"选项，如图10-216所示。

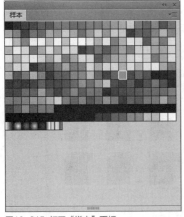

图10-215 打开"样本"面板

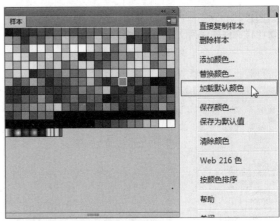

图10-216 选择"加载默认颜色"选项

STEP 03 执行操作后，即可加载"样本"面板中的默认颜色，此时面板颜色色块将发生变化，如图10-217所示。

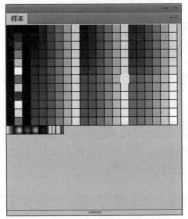

图10-217 加载"样本"面板中的默认颜色

实战 352 样本颜色的导出

▶ 实例位置：光盘\效果\第10章\实战352.clr
▶ 素材位置：无
▶ 视频位置：光盘\视频\第10章\实战352.mp4

● 实例介绍 ●

在Flash CC工作界面中，为了便于用户在其他软件或文档中使用当前文档中的调色板，可以将"样本"面板中的颜色进行导出操作。

● 操作步骤 ●

STEP 01 单击"窗口"|"样本"命令，打开"样本"面板，如图10-218所示。

STEP 02 单击"样本"面板右侧的属性按钮 ，在弹出的列表框中选择"保存颜色"选项，如图10-219所示。

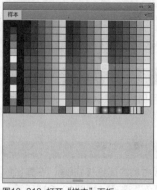

图10-218 打开"样本"面板

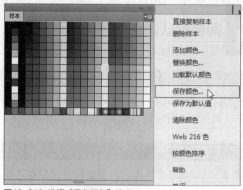

图10-219 选择"保存颜色"选项

STEP 03 执行操作后，弹出"导出色样"对话框，在其中设置色样文件的保存位置与保存名称，如图10-220所示。

STEP 04 单击"保存"按钮，即可将调色板进行导出操作，在"计算机"窗口的相应文件夹中，可以查看导出后的调色板文件，如图10-221所示。

图10-220 设置文件保存选项

图10-221 查看导出后的调色板文件

实战 353　清除多余的样本

▶ 实例位置：无
▶ 素材位置：无
▶ 视频位置：光盘\视频\第10章\实战353.mp4

● 实例介绍 ●

在Flash CC工作界面中，用户还可以将"样本"面板中的各种颜色进行清除操作，然后添加用户需要的颜色色块。下面向读者介绍清除颜色的操作方法。

● 操作步骤 ●

STEP 01 单击"窗口"|"样本"命令，打开"样本"面板，如图10-222所示。

STEP 02 单击"样本"面板右侧的属性按钮，在弹出的列表框中选择"清除颜色"选项，如图10-223所示。

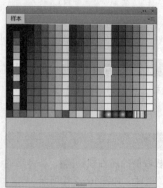

图10-222 打开"样本"面板

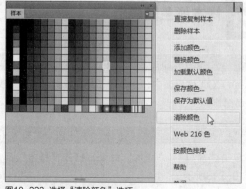

图10-223 选择"清除颜色"选项

STEP 03 执行操作后，即可清除"样本"面板中的各种颜色色块，只留下了3种常用色块，如图10-224所示。

STEP 04 在工具箱中，设置"填充颜色"为红色（#F9313E），如图10-225所示。

图10-224 清除各种颜色色块

图10-225 设置"填充颜色"为红色

STEP 05 将鼠标指针移至"样本"面板下方的空白位置上，此时鼠标指针右下角将显示一个填充图标，如图10-226所示。

STEP 06 在该位置上，单击鼠标左键，即可将工具箱中设置的颜色色块添加到"样本"面板中，如图10-227所示，完成清除颜色板后的个性化设置。

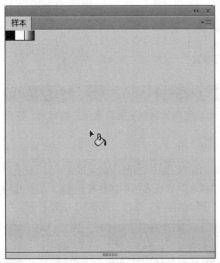

图10-226 显示一个填充图标

图10-227 添加到"样本"面板

实战 354 默认色板的保存

▶ 实例位置：无
▶ 素材位置：无
▶ 视频位置：光盘\视频\第10章\实战354.mp4

● 实例介绍 ●

在Flash CC工作界面中，当用户在"样本"面板中修改完颜色样本后，可以将当前调色板保存为默认调色板，方便下次使用。

● 操作步骤 ●

STEP 01 单击"窗口"|"样本"命令，打开"样本"面板，如图10-228所示。

STEP 02 单击属性按钮，在弹出的列表框中选择"保存为默认值"选项，如图10-229所示。

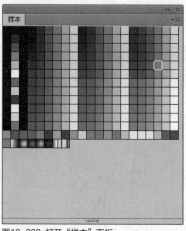

图10-228 打开"样本"面板

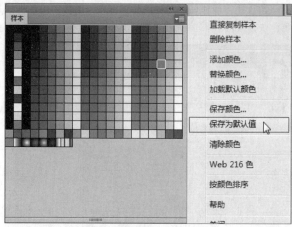

图10-229 选择"保存为默认值"选项

STEP 03 执行操作后，弹出信息提示框，提示用户是否确认操作，如图10-230所示，单击"是"按钮，即可完成操作。

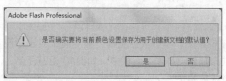

图10-230 提示用户是否确认操作

技巧点拨

在Flash CC工作界面中，单击"样本"面板右侧的属性按钮，在弹出的列表框中选择"帮助"选项，在打开的浏览器网页中，用户可以查看有关"样本"面板的帮助信息。

实战 355 对颜色进行排序

▶ 实例位置：无
▶ 素材位置：无
▶ 视频位置：光盘\视频\第10章\实战355.mp4

● 实例介绍 ●

在Flash CC工作界面中，用户可以对"样本"面板中的颜色进行排序操作，使操作习惯更加符合用户的需求。下面向读者介绍按颜色排序的操作方法。

● 操作步骤 ●

STEP 01 单击"窗口"|"样本"命令，打开"样本"面板，如图10-231所示。

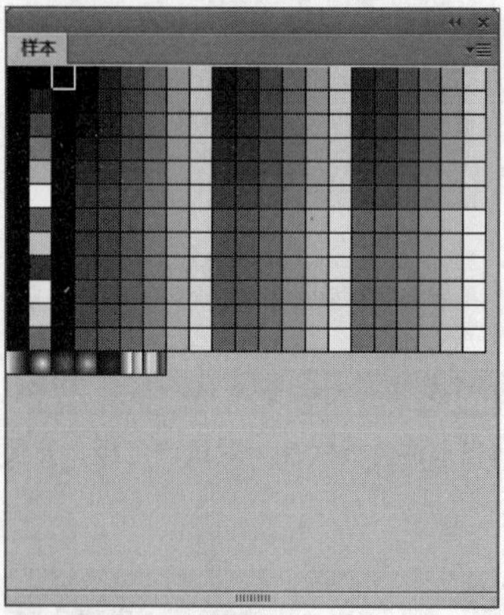

STEP 02 单击"样本"面板右侧的属性按钮，在弹出的列表框中选择"按颜色排序"选项，如图10-232所示。

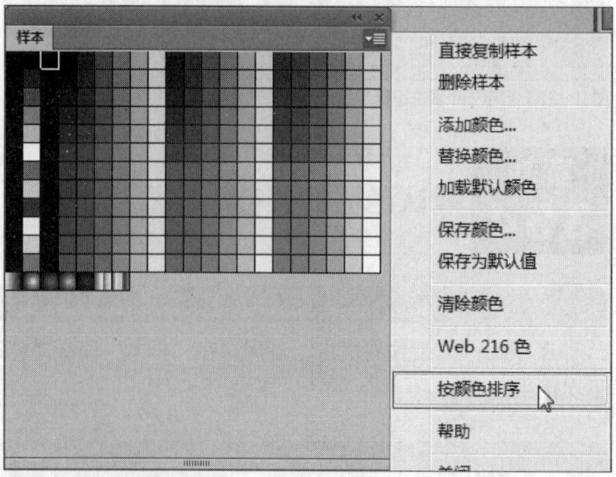

图10-231 打开"样本"面板

图10-232 选择"按颜色排序"选项

STEP 03 执行操作后，即可对"样本"面板中的颜色色块进行重新排序，排序后的"样本"面板中的色块将不再分类摆放，而是全部色块拼合在一起，如图10-233所示。

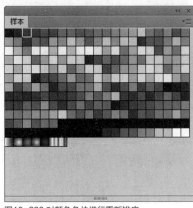

图10-233 对颜色色块进行重新排序

10.5 使用图层管理网页动画

为了在创建和编辑Flash动画时方便对舞台中的各对象进行管理，通常将不同类型的对象放置在不同的图层上。在Flash CC中，用户可对图层进行创建、选择、编辑、显示、隐藏、锁定、删除和复制等操作，还可以设置图层的属性。

实战 356	图层的创建	▶ 实例位置：无
		▶ 素材位置：无
		▶ 视频位置：光盘\视频\第10章\实战356.mp4

● 实例介绍 ●

在新创建的Flash文档中，只有一个默认的图层——"图层1"，用户可根据需求创建新的图层，运用图层组织和布局影片中的文本、图像、声音和动画，使它们处于不同的图层中。

● 操作步骤 ●

STEP 01 启动Flash CC程序，新建一个Flash文件，将鼠标指针移至"时间轴"面板左下角的"新建图层"按钮 上，如图10-234所示。

STEP 02 单击鼠标左键，即可创建图层，如图10-235所示。

图10-234 定位鼠标

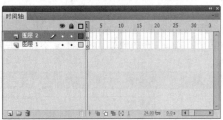

图10-235 新建图层

实战 357	图层的选择	▶ 实例位置：无
		▶ 素材位置：光盘\素材\第10章\实战357.fla
		▶ 视频位置：光盘\视频\第10章\实战357.mp4

● 实例介绍 ●

在Flash CC中，选择图层后，所选图层在舞台区的图形对象和在时间轴上的所有帧都将被选择。

● 操作步骤 ●

STEP 01 单击"文件"|"打开"命令，打开一个素材文件，将鼠标指针移至"时间轴"面板的"图层2"图层上，如图10-236所示。

STEP 02 单击鼠标左键，即可选择图层，如图10-237所示。

图10-236 定位鼠标

图10-237 选择图层

技巧点拨

用鼠标在时间轴中选择一个图层就能激活该图层。图层的名字旁边出现一个铅笔图标时，表示该图层是应有的工作图层。每次只能有一个图层设置为当前工作图层，当一个图层被选中时，位于该图层中的对象也将会被选中。

在Flash CC中，选择图层的方法有3种，分别如下。

➢ 名称：使用鼠标在图层上单击图层的名称。

➢ 帧：单击时间轴上对应图层中的任意一帧。

➢ 对象：在舞台上选择相应的对象。

知识扩展

创建Flash文档时，其中仅包含一个图层，如果需要在文档中组织插图、动画和其他元素，可添加更多的图层。还可以隐藏、锁定或重新排列图层。可以创建的图层数只受计算机内存的限制，而且图层不会增加发布的SWF文件的文件大小。只有放入图层的对象才会增加文件的大小。在Flash CC中，图层就好像是一张张透明的纸，每一张纸中放置了不同的内容，将这些内容组合在一起就形成了完整的图形，显示状态下居于上方的图层其图层中的对象也是居于其他对象的上方。每当新建一个Flash文件时，系统就会自动新建一个图层，为"图层1"，接下来绘制的所有图形都会被放在这个图层中，用户还可根据需要创建新图层，新建的图层会自动排列在已有图层的上方。

实战 358 图层的移动

▶ 实例位置：光盘\效果\第10章\实战358.fla
▶ 素材位置：光盘\素材\第10章\实战358.fla
▶ 视频位置：光盘\视频\第10章\实战358.mp4

● 实例介绍 ●

在制作动画的过程中，如果需要将动画中某个处于后层的对象移动到前层中，最快捷的方法就是移动图层。

● 操作步骤 ●

STEP 01 单击"文件"|"打开"命令，打开一个素材文件，将鼠标指针移至"时间轴"面板的"鹦鹉"图层上，如图10-238所示。

STEP 02 单击鼠标左键并拖曳，将"鹦鹉"图层移至"花草"图层的上方，释放鼠标左键，即可移动图层，如图10-239所示。

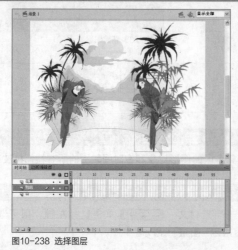

图10-238 选择图层

图10-239 移动图层

实战	图层轮廓颜色的更改	▶ 实例位置：光盘\效果\第10章\实战359.fla
359		▶ 素材位置：光盘\素材\第10章\实战359.fla
		▶ 视频位置：光盘\视频\第10章\实战359.mp4

● 实例介绍 ●

　　当用户以轮廓线显示图层中的内容时，用户可以对图层轮廓线的颜色进行设置，以更好地区分各图层中的内容。设置图层轮廓线的颜色，可通过"图层属性"对话框进行设置。

● 操作步骤 ●

STEP 01 选择需要更改图层轮廓颜色的图层，如图10-240所示。

STEP 02 单击"修改"|"时间轴"|"图层属性"命令，如图10-241所示。

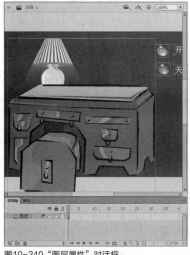

图10-240 "图层属性"对话框

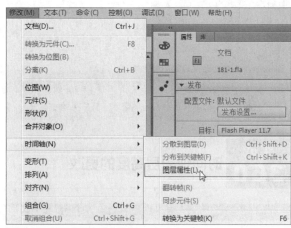

图10-241 打开"图层属性"命令

STEP 03 弹出"图层属性"对话框，单击"轮廓颜色"右侧的色块，在弹出的颜色调板中，选择一种新颜色，如图10-242所示。

STEP 04 然后单击"确定"按钮即可，如图10-243所示。

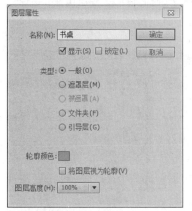

图10-242 "图层属性"对话框

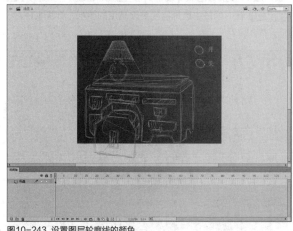

图10-243 设置图层轮廓线的颜色

技巧点拨

　　在制作过程中，复杂的动画图层太多，为了方便用户对所要查看的图层内容一目了然，可以通过轮廓来查看图层内容。

　　用户可以通过以下方式使用轮廓线查看图层的内容。

　　➢ 如果需要将所有图层上的对象显示为轮廓，可单击该图层名称右侧的"显示所有图层的轮廓"图标□。若需要关闭轮廓显示，只需再次单击该图标即可。如图10-244所示，为所有图层中轮廓显示状态下的图形效果。

　　➢ 如果需要将某图层上的对象显示为轮廓，可单击该图层名称右侧"轮廓"列的图标■。若需要关闭某图层上的轮廓显示，再次单击该图标即可。如图10-245所示，为单个图层中轮廓显示状态下的图形效果。

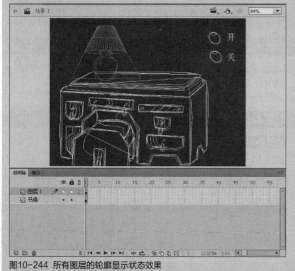

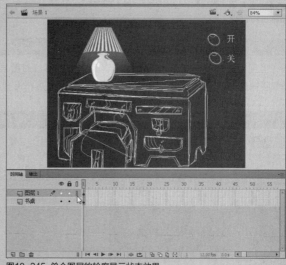

图10-244 所有图层的轮廓显示状态效果

图10-245 单个图层的轮廓显示状态效果

➤ 若要将除当前图层以外的所有图层上的对象显示为轮廓，可按住【Alt】键的同时，单击图层名称右侧"轮廓"列的图标□。若需要关闭所有图层的轮廓显示，只需再次按住【Alt】键的同时，单击该图标即可。

实战 360 时间轴图层高度的更改

▶ **实例位置**：光盘\效果\第10章\实战360.fla
▶ **素材位置**：光盘\素材\第10章\实战360.fla
▶ **视频位置**：光盘\视频\第10章\实战360.mp4

● 实例介绍 ●

用户可以更改时间轴中的图层的高度，使图层以100%、200%或300%的高度显示，以便在时间轴中显示更多的信息，如声音波形等。更改时间轴图层高度的操作还可在"图层属性"对话框中进行设置。

● 操作步骤 ●

STEP 01 在时间轴中选择需要更改高度的图层，如图10-246所示。

STEP 02 单击"修改"|"时间轴"|"图层属性"命令，如图10-247所示。

图10-246 选择"图层2"

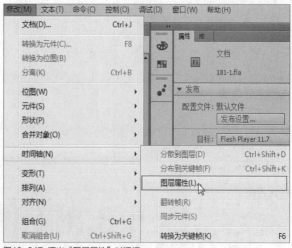

图10-247 调出"图层属性"对话框

STEP 03 弹出"图层属性"对话框，在"图层高度"列表框中，选择图层高度为200%，如图10-248所示。

STEP 04 然后单击"确定"按钮，效果如图10-249所示。

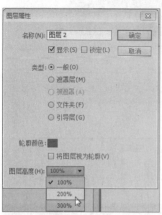

图10-248　图层高度设为200%

图10-249　预览效果

<table>
<tr><td>实战
361</td><td>图层的重命名操作</td><td>▶ 实例位置：光盘\效果\第10章\实战361.fla
▶ 素材位置：光盘\素材\第10章\实战361.fla
▶ 视频位置：光盘\视频\第10章\实战361.mp4</td></tr>
</table>

● 实例介绍 ●

默认状态下，每增加一个图层，Flash会自动以"图层1""图层2"的格式为该图层命名，但是这种命名在图层很多的情况下很不方便，这时用户可根据需要对相应图层进行重命名，使每个图层的名称都具有一定的含义。

● 操作步骤 ●

STEP 01 单击"文件"|"打开"命令，打开一个素材文件，如图10-250所示。

STEP 02 在"时间轴"面板中，将鼠标指针移至"layer1"图层的名称上方，双击鼠标左键，如图10-251所示。

图10-250　打开一个素材文件

图10-251　移动鼠标

STEP 03 名称呈可编辑状态，如图10-252所示。

STEP 04 在文本框中输入"相机"文本，按【Enter】键进行确认，即可重命名图层，如图10-253所示。

图10-252 调出文本框

图10-253 重命名图层

技巧点拨

在Flash CC工作界面的"时间轴"面板中，选择需要重命名的图层对象，在图层名称上单击鼠标右键，在弹出的快捷菜单中选择"属性"选项，执行操作后，即可弹出"图层属性"对话框，在其中也可以重命名图层的名称。

实战 362	图层的显示操作	▶ 实例位置：光盘\效果\第10章\实战362.fla ▶ 素材位置：光盘\素材\第10章\实战362.fla ▶ 视频位置：光盘\视频\第10章\实战362.mp4

● 实例介绍 ●

在场景中图层比较多的情况下，对单一的图层进行编辑会很不方便，此时用户可将不需要编辑的图层隐藏起来，这样会使舞台变得更简洁，提高工作效率。

● 操作步骤 ●

STEP 01 单击"文件"|"打开"命令，打开一个素材文件，如图10-254所示。

STEP 02 在"时间轴"面板中，将鼠标移动至"笔"图层右侧的黑色"x"图标上，如图10-255所示。

图10-254 打开一个素材文件

图10-255 定位鼠标

STEP 03 单击鼠标左键，即可显示"笔"图层，如图10-256所示。

图10-256 显示图层

<table>
<tr><td rowspan="2">实战
363</td><td rowspan="2">图层的锁定或解锁</td><td>▶ 实例位置：光盘\效果\第10章\实战363.fla</td></tr>
<tr><td>▶ 素材位置：光盘\素材\第10章\实战363.fla</td></tr>
</table>

▶ 视频位置：光盘\视频\第10章\实战363.mp4

● 实例介绍 ●

在编辑某个图层时，有时会不小心编辑其他图层上的内容。为了避免这样的情况发生，可以将暂时不使用的图层锁定，然后再对其他图层中的对象进行操作。

● 操作步骤 ●

STEP 01 单击"文件"|"打开"命令，打开一个素材文件，如图10-257所示。

STEP 02 将鼠标指针移至"图层2"图层右侧的 🔒 图标对应的圆点上，如图10-258所示。

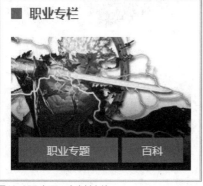

图10-257 打开一个素材文件

图10-258 定位鼠标

STEP 03 单击鼠标左键，即可锁定图层，如图10-259所示。

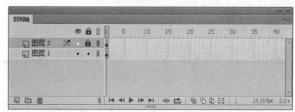

图10-259 锁定图层

<table>
<tr><td rowspan="2">实战
364</td><td rowspan="2">图层的删除操作</td><td>▶ 实例位置：光盘\效果\第10章\实战364.fla</td></tr>
<tr><td>▶ 素材位置：光盘\素材\第10章\实战364.fla</td></tr>
</table>

▶ 视频位置：光盘\视频\第10章\实战364.mp4

● 实例介绍 ●

在运用Flash CC制作动画的过程中，对于多余的图层，可以将其删除。在删除图层的同时，该图层在舞台中对应的内容都将被删除。

● 操作步骤 ●

STEP 01 单击"文件"|"打开"命令，打开一个素材文件，如图10-260所示。

图10-260 打开一个素材文件

STEP 02 在"时间轴"面板中选择"盖子"图层，单击鼠标右键，在弹出的快捷菜单中选择"删除图层"选项，如图10-261所示。

STEP 03 执行操作后，即可将选择的图层删除，效果如图10-262所示。

图10-261 "删除图层"命令

图10-262 删除图层

知识扩展

在Flash CC中，可以通过以下两种方法删除图层。

➢ 按钮：单击"时间轴"面板底部的"删除"按钮。

➢ 选项：选择需要删除的图层，单击鼠标右键，在弹出的快捷菜单中选择"删除图层"选项。

实战 365 图层的复制操作

▶ 实例位置：光盘\效果\第10章\实战365.fla
▶ 素材位置：光盘\素材\第10章\实战365.fla
▶ 视频位置：光盘\视频\第10章\实战365.mp4

● 实例介绍 ●

在制作Flash CC动画时，有时需要将一个图层中的内容复制到另一个新图层中。

● 操作步骤 ●

STEP 01 单击"文件"|"打开"命令，打开一幅素材图像，在时间轴中选择需要复制的图层名称，如图10-263所示。

STEP 02 单击"编辑"|"时间轴"|"复制帧"命令，如图10-264所示。

图10-263 选择需要复制的图层

图10-264 单击"复制帧"命令

STEP 03 然后单击时间轴底部的"新建图层"按钮，新建图层，如图10-265所示。

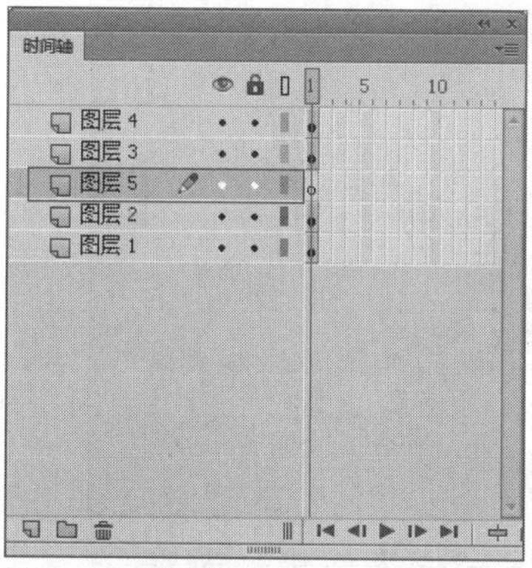

STEP 04 选择新建的图层，单击"编辑"|"时间轴"|"粘贴帧"命令，如图10-266所示。

图10-265 新建图层

图10-266 单击"粘贴帧"命令

STEP 05 粘贴Step 02中所复制的图层中的对象，然后运用选择工具选择粘贴的对象，如图10-267所示。

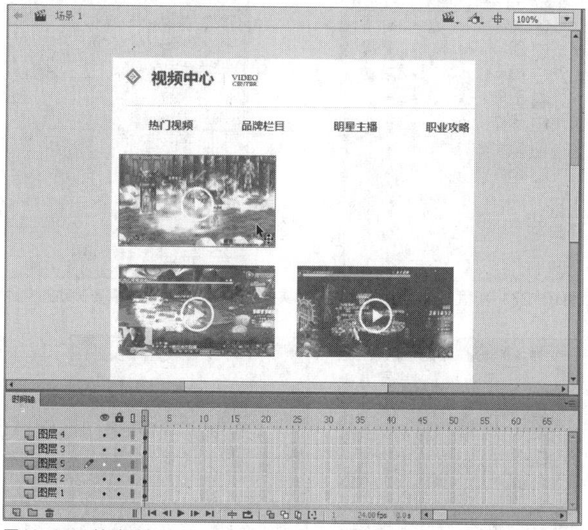

STEP 06 将其移至舞台的右侧，效果如图10-268所示，完成图层的复制。

图10-267 粘贴对象

图10-268 复制图层的效果

实战 366　运用图层文件夹

▶ 实例位置：光盘\效果\第10章\实战366.fla
▶ 素材位置：光盘\素材\第10章\实战366.fla
▶ 视频位置：光盘\视频\第10章\实战366.mp4

● 实例介绍 ●

当一个Flash CC动画的图层较多时，会给阅读、调整、修改和复制Flash动画带来不便。为了方便Flash动画的阅读与编辑，可以将同一类型的图层放置到一个图层文件夹中，形成图层目录结构。

● 操作步骤 ●

STEP 01 单击"文件"|"打开"命令，打开一幅素材图像，如图10-269所示。

STEP 02 确认"文字"图层为当前图层，单击时间轴下方的"新建文件夹"按钮，如图10-270所示。

图10-269 打开一个素材文件

图10-270 单击"新建文件夹"按钮

STEP 03 在"文字"图层的上方插入一个名称为"文件夹1"的图层文件夹，如图10-271所示。

STEP 04 按住【Ctrl】键的同时，在时间轴中选择多个需要移至"文件夹1"图层文件夹中的图层，如图10-272所示。

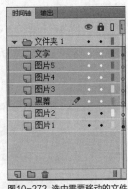

图10-271 新建"文件夹1"图层文件夹　　图10-272 选中需要移动的文件

STEP 05 单击鼠标左键并拖曳，将其移至"文件夹1"图层文件夹中，此时，选中的所有的图层会自动向右缩进，如图10-273所示，表示选择的图层已经移至"文件夹1"图层文件夹中。

STEP 06 单击"文件夹1"图层文件夹名称左侧的向下箭头图标▽，可以将"文件夹1"图层文件夹收缩，不显示该文件夹内的图层，效果如图10-274所示。

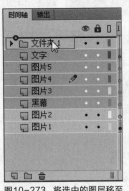

图10-273 将选中的图层移至图层文件夹中　　图10-274 收缩图层文件夹

技巧点拨

在Flash CC中，创建图层文件夹的方法有两种，分别如下。

➤ 命令：在时间轴中选择任意图层，单击"插入"|"时间轴"|"图层文件夹"命令。

➤ 选项：选中任一图层，单击鼠标右键，在弹出的快捷菜单中，选择"插入文件夹"选项。

实战		▶ 实例位置：光盘\效果\第10章\实战367.fla
367	图层文件夹的删除	▶ 素材位置：光盘\素材\第10章\实战367.fla
		▶ 视频位置：光盘\视频\第10章\实战367.mp4

● 实例介绍 ●

在Flash CC中，对于不需要的图层文件夹，可以将其删除，同时位于该文件夹中的所有图层内容都将被删除。

● 操作步骤 ●

STEP 01 单击"文件"|"打开"命令，打开一个素材文件，如图10-275所示。

STEP 02 在"时间轴"面板中选择需要删除的图层文件夹，如图10-276所示。

图10-275 打开一个素材文件

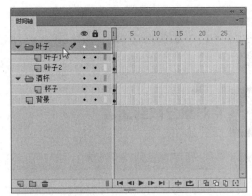

图10-276 选择图层文件夹

STEP 03 单击鼠标右键，弹出快捷菜单，选择"删除文件夹"选项，如图10-277所示。

STEP 04 执行操作后，即可弹出信息提示框，如图10-278所示。

图10-277 选择"删除文件夹"选项

图10-278 信息提示框

STEP 05 单击"是"按钮，即可将选择的图层文件夹删除，如图10-279所示。

STEP 06 执行操作后，图层文件夹中的文件也被删除，效果如图10-280所示。

图10-279 删除图层文件夹

图10-280 舞台效果

知识扩展

在Flash CC中，删除图层文件夹的方法有两种，分别如下。

➤ 选项：选择需要删除的图层文件夹，单击鼠标右键，弹出快捷菜单，选择"删除文件夹"选项。

➤ 按钮：选择需要删除的图层文件夹，单击时间轴底部的"删除图层"按钮📄。

实战 368 将对象分散到图层

▶ 实例位置：光盘\效果\第10章\实战368.fla
▶ 素材位置：光盘\素材\第10章\实战368.fla
▶ 视频位置：光盘\视频\第10章\实战368.mp4

● 实例介绍 ●

为了快速创建多层动画，可单击"修改"|"时间轴"|"分散到图层"命令，将一组在一个或多个图层上的对象自动分散到各图层，以作为创建补间动画的基础，在"分散到图层"操作过程中创建的新层，系统会根据每个新层包含的元素名称来命名。

● 操作步骤 ●

STEP 01 单击"文件"|"打开"命令，打开一个素材文件，如图10-281所示。

STEP 02 该文件的"时间轴"面板如图10-282所示。

图10-281 打开一个素材文件

图10-282 "时间轴"面板

知识扩展

在Flash CC中，将对象分散到图层的方法有3种，分别如下。

➤ 命令：单击"修改"|"时间轴"|"分散到图层"命令。

➤ 快捷键：按【Ctrl+Shift+T】组合键。

➤ 选项：选择需要分散到图层的对象，单击鼠标右键，弹出快捷菜单，选择"分散到图层"选项。

STEP 03 在舞台中选择需要分散到图层的图形对象，如图 10-283所示。

图10-283 选择图形对象

STEP 04 单击"修改"｜"时间轴"｜"分散到图层"命令，如图10-284所示。

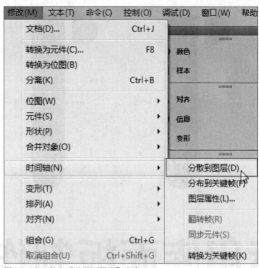

图10-284 单击"分散到图层"命令

STEP 05 执行操作后，即可将对象分散到图层，此时图层的名称和选择图形对象的名称相同，如图10-285所示。

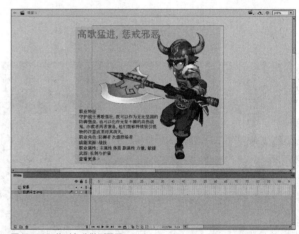

图10-285 将对象分散到图层

第11章

运用库面板制作网页

本章导读

在Flash CC工作界面中，"库"面板是Flash影片中所有可以重复使用的元素的存储仓库，各种元件都放在"库"面板中，用户可以对各种可重复使用的资源进行合理的管理和分类，从而方便在编辑影片时使用这些资源。

本章主要向读者介绍应用动画的库对象的方法，主要包括使用库项目、编辑库文件、创建公用库及共享库资源等内容。

要点索引

- 创建与编辑网页动画的元件
- 创建与编辑网页动画的实例
- 使用网页动画的库项目

11.1 创建与编辑网页动画的元件

在Flash CC工作界面中，元件在制作Flash动画的过程中是必不可少的元素。元件可以反复使用，因而不必重复制作相同的部分，以提高工作效率，本节主要向读者介绍创建与编辑各种元件的操作方法。

实战 369 图形元件的创建

▶ **实例位置：** 光盘\效果\第11章\实战369.fla
▶ **素材位置：** 光盘\素材\第11章\实战369.fla
▶ **视频位置：** 光盘\视频\第11章\实战369.mp4

● 实例介绍 ●

在Flash CC工作界面中，图形元件是最简单的一种元件，可以作为静态图片或动画来使用，在创建图形元件时，可以先创建一个空白元件，然后添加元素到元件中。

● 操作步骤 ●

STEP 01 单击"文件"|"打开"命令，打开一个素材文件，如图11-1所示。

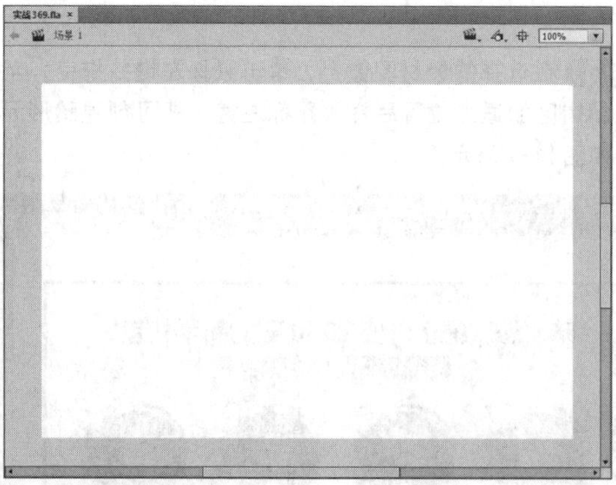

STEP 02 在菜单栏中，单击"插入"菜单，在弹出的菜单列表中单击"新建元件"命令，如图11-2所示。

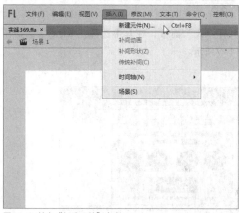

图11-1 打开一个素材文件

图11-2 单击"新建元件"命令

技巧点拨

在Flash CC工作界面中，用户还可以通过以下两种方法创建图形元件。

➤ 按【Ctrl＋F8】组合键，可以弹出"创建新元件"对话框。

➤ 单击菜单栏中的"插入"菜单，依次按键盘上的【N】、【Enter】键，也可以弹出"创建新元件"对话框。

STEP 03 执行操作后，即可弹出"创建新元件"对话框，如图11-3所示。

STEP 04 选择一种合适的输入法，在"名称"右侧的文本框中输入元件的新名称，这里输入"图形元件"，如图11-4所示。

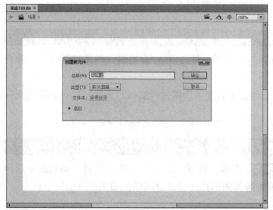

图11-3 弹出"创建新元件"对话框

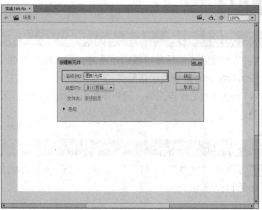

图11-4 输入元件的新名称

STEP 05 在对话框中，单击"类型"右侧的下三角按钮，在弹出的列表框中选择"图形"选项，如图11-5所示，是指创建图形元件。

STEP 06 单击"确定"按钮，进入图形元件编辑模式，舞台区上方显示了图形元件的名称，如图11-6所示。

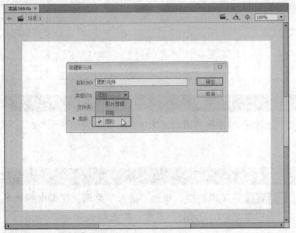

图11-5 选择"图形"选项

图11-6 显示了图形元件的名称

STEP 07 打开"库"面板，在其中选择"1.jpg"素材图像，如图11-7所示。

STEP 08 在选择的素材图像上，单击鼠标左键并拖曳，至舞台编辑区的适当位置后释放鼠标左键，即可创建图形元件，如图11-8所示。

图11-7 选择库文件

图11-8 创建图形元件

实战 370 将其他对象转换为图形元件

▶ **实例位置：** 光盘\效果\第11章\实战370.fla
▶ **素材位置：** 光盘\素材\第11章\实战370.fla
▶ **视频位置：** 光盘\视频\第11章\实战370.mp4

● 实例介绍 ●

在Flash CC工作界面中编辑动画时，可以将已经存在的元素转换为图形元件，Flash会将该元件添加到库中，舞台中选择的对象此时就变成了该元件的一个实例。

在Flash CC工作界面中，用户不能直接编辑实例，而必须在元件编辑模式下才能进行编辑。另外，还可以更改元件的注册点。

● 操作步骤 ●

STEP 01 单击"文件"|"打开"命令，打开一个素材文件，如图11-9所示。

STEP 02 选取工具箱中的选择工具，在舞台编辑区中选择需要转换为图形元件的素材图像，如图11-10所示。

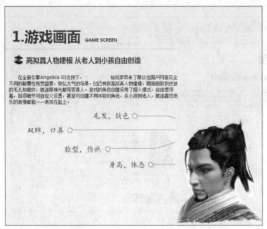

图11-9 打开一个素材文件

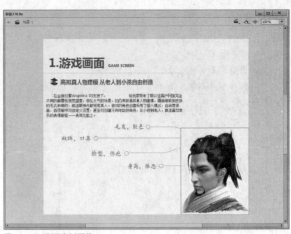

图11-10 选择素材图像

STEP 03 在菜单栏中，单击"修改"菜单，在弹出的菜单列表中单击"转换为元件"命令，如图11-11所示。

STEP 04 执行操作后，弹出"转换为元件"对话框，在其中设置元件的"名称"为"图形元件"，如图11-12所示。

图11-11 单击"转换为元件"命令

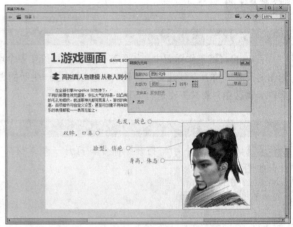

图11-12 设置元件的"名称"

STEP 05 在对话框中，单击"类型"右侧的下三角按钮，在弹出的列表框中选择"图形"选项，如图11-13所示。

STEP 06 设置完成后，单击"确定"按钮，即可将舞台中选择的素材图像转换为图形元件，在"库"面板中可以查看转换的图形元件，如图11-14所示。

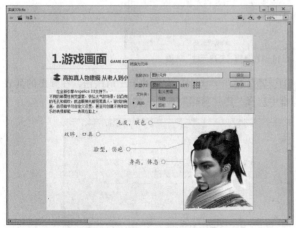

图11-13 选择"图形"选项

图11-14 查看转换的图形元件

技巧点拨

在Flash CC工作界面中，用户还可以通过以下两种方法将素材转换为图形元件。

> 选择需要转换的对象，按【F8】键。

> 选择需要转换的对象，单击鼠标右键，在弹出的快捷菜单中选择"转换为元件"选项，如图11-15所示。

图11-15 选择"转换为元件"选项

实战 371	影片剪辑元件的创建

> 实例位置：光盘\效果\第11章\实战371.fla
> 素材位置：光盘\素材\第11章\实战371.fla
> 视频位置：光盘\视频\第11章\实战371.mp4

● **实例介绍** ●

在Flash CC工作界面中，如果某一个动画片段在多个地方使用，这时可以把该动画片段制作成影片剪辑元件。和创建图形元件一样，在创建影片剪辑时，可以创建一个新的影片剪辑，也就是直接创建一个空白的影片剪辑，然后在影片剪辑编辑区中对影片剪辑进行编辑。

● **操作步骤** ●

STEP 01 单击"文件"|"打开"命令，打开一个素材文件，如图11-16所示。

STEP 02 单击"库"面板右上角的面板菜单按钮，在弹出的列表框中，选择"新建元件"选项，如图11-17所示。

图11-16 打开一个素材文件

图11-17 选择"新建元件"选项

STEP 03 执行操作后，弹出"创建新元件"对话框，在其中设置"名称"为"移动的汽车"，如图11-18所示。

STEP 04 单击"类型"右侧的下三角按钮，在弹出的列表框中选择"影片剪辑"选项，如图11-19所示。

图11-18 设置"名称"内容

图11-19 选择"影片剪辑"选项

STEP 05 单击"确定"按钮,进入影片剪辑元件编辑模式,舞台区上方显示了影片剪辑元件的名称,如图11-20所示。

图11-20 进入影片剪辑元件编辑模式

STEP 06 在"库"面板中,选择"车"图形元件,如图11-21所示。

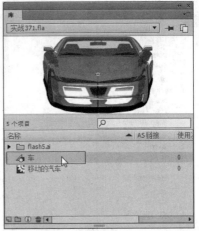

图11-21 选择"车"图形元件

STEP 07 将"库"面板中选择的图形元件,拖曳至影片剪辑元件的舞台编辑区中,如图11-22所示。

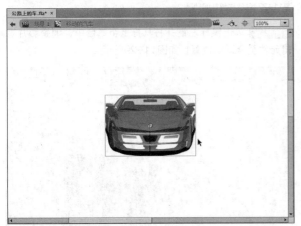

图11-22 拖曳至舞台编辑区中

STEP 08 选择"图层1"的第20帧,单击鼠标右键,在弹出的快捷菜单中选择"插入关键帧"选项,如图11-23所示。

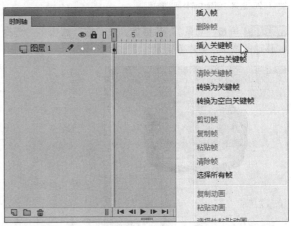

图11-23 选择"插入关键帧"选项

STEP 09 执行操作后,即可在"图层1"的第20帧位置处,插入关键帧,如图11-24所示。

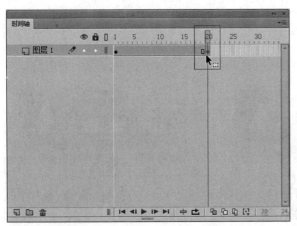

图11-24 插入关键帧

STEP 10 在"时间轴"面板中,选择"图层1"图层的第1帧,在舞台中适当调整元件的大小和位置,如图11-25所示。

图11-25 调整元件的大小和位置

STEP 11 在"图层1"图层中的第1帧至第20帧中的任意一帧上，单击鼠标右键，在弹出的快捷菜单中选择"创建传统补间"选项，如图11-26所示。

STEP 12 执行操作后，即可创建传统补间动画，如图11-27所示。

图11-26 选择"创建传统补间"选项

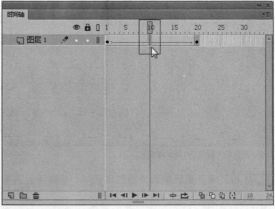

图11-27 创建传统补间动画

STEP 13 单击"场景1"超链接，在"库"面板中，选择"移动的汽车"影片剪辑元件，如图11-28所示。

STEP 14 单击鼠标左键并将其拖曳至舞台中，调整影片剪辑元件至合适的位置，如图11-29所示。

图11-28 选择影片剪辑元件

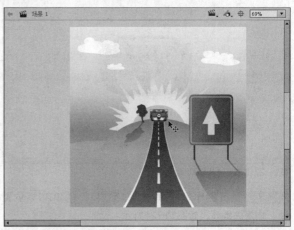

图11-29 调整元件至合适的位置

STEP 15 单击"控制"|"测试"命令，测试创建的影片剪辑动画，效果如图11-30所示。

知识扩展

在Flash CC工作界面中，影片剪辑元件是在主影片中嵌入的影片，可以为影片剪辑添加动画、动作、声音、其他元件以及其他影片剪辑。

图11-30 测试创建的影片剪辑动画

实战 **372** 将动画序列转换为影片剪辑元件

▶ 实例位置: 光盘\效果\第11章\实战372.fla
▶ 素材位置: 光盘\素材\第11章\实战372.fla
▶ 视频位置: 光盘\视频\第11章\实战372.mp4

● 实例介绍 ●

在Flash CC工作界面中,如果在舞台中创建了一个动画序列,并想在影片的其他位置重复使用这个序列,或将其作为一个实例来使用,可以将其转换为影片剪辑元件。下面向读者介绍转换为影片剪辑元件的操作方法。

● 操作步骤 ●

STEP 01 单击"文件"|"打开"命令,打开一个素材文件,如图11-31所示。

STEP 02 在"时间轴"面板中,查看现有的帧动画效果,如图11-32所示。

图11-31 打开一个素材文件

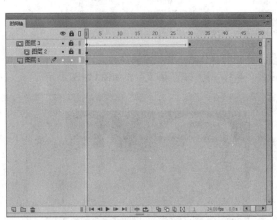

图11-32 查看现有的帧动画效果

STEP 03 在菜单栏中,单击"编辑"|"时间轴"|"选择所有帧"命令,如图11-33所示。

STEP 04 执行操作后,即可选择"时间轴"面板中的所有帧对象,如图11-34所示。

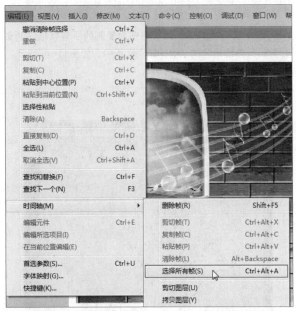

图11-33 单击"选择所有帧"命令

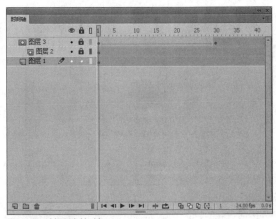

图11-34 选择所有帧对象

STEP 05 在菜单栏中,单击"编辑"|"时间轴"|"复制帧"命令,如图11-35所示。

STEP 06 复制选择的所有帧,然后单击"修改"菜单,在弹出的菜单列表中单击"转换为元件"命令,如图11-36所示。

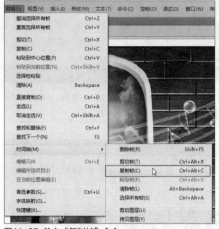

图11-35 单击"复制帧"命令

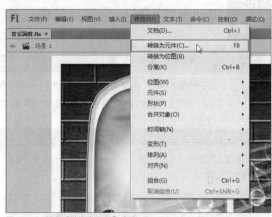

图11-36 单击"转换为元件"命令

STEP 07 执行操作后,弹出"转换为元件"对话框,在其中设置"名称"为"音乐国度",如图11-37所示。

STEP 08 单击"类型"右侧的下三角按钮,在弹出的列表框中选择"影片剪辑"选项,如图11-38所示。

图11-37 设置"名称"

图11-38 选择"影片剪辑"选项

STEP 09 单击"确定"按钮,进入影片剪辑编辑模式,在"时间轴"面板中,选择"图层1"图层的第1帧,单击鼠标右键,在弹出的快捷菜单中选择"粘贴帧"选项,如图11-39所示。

STEP 10 执行操作后,即可将前面复制的所有帧粘贴到影片剪辑元件编辑区的"时间轴"面板中,如图11-40所示。

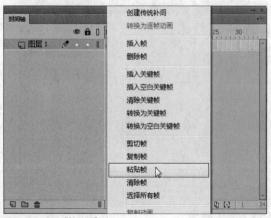

图11-39 选择"粘贴帧"选项

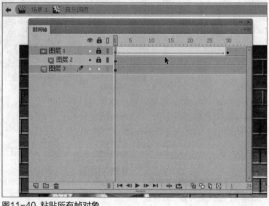

图11-40 粘贴所有帧对象

STEP 11 单击"场景1"超链接,返回场景编辑模式,在"时间轴"面板中,新建"图层4"图层,然后删除"图层1""图层2"以及"图层3"图层,最后选择"图层4"图层的第1帧,如图11-41所示。

STEP 12 打开"库"面板,在其中选择"音乐国度"影片剪辑元件,如图11-42所示。

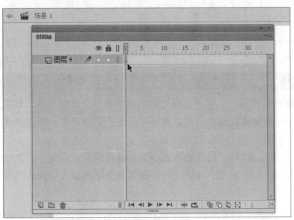

图11-41 选择"图层4"图层的第1帧

图11-42 选择影片剪辑元件

STEP 13 将"音乐国度"影片剪辑元件拖曳至舞台区中的适当位置,如图11-43所示。

图11-43 拖曳至舞台区中的适当位置

STEP 14 单击"控制"|"测试"命令,测试转换的影片剪辑动画,效果如图11-44所示。

图11-44 测试转换的影片剪辑动画

知识扩展

在Flash CC工作界面中,将对象转换为影片剪辑元件有以下两种情况。

➤ 将原本存在的元件的类型转换为影片剪辑。

➤ 将原本存在的元件另外转换为影片剪辑,而本身元件的属性不变。

实战 373 按钮元件的创建

▶ 实例位置：光盘\效果\第11章\实战373.fla
▶ 素材位置：光盘\素材\第11章\实战373.fla
▶ 视频位置：光盘\视频\第11章\实战373.mp4

● 实例介绍 ●

在Flash CC工作界面中，用户可以在按钮中使用图形或影片剪辑元件，但不能在按钮中使用另一个按钮元件，如果要把按钮制作成动画按钮，可使用影片剪辑元件。按钮元件是一种特殊的元件，可以根据鼠标的不同状态显示不同的画面，当单击按钮时，会执行设置好的动作。

在Flash CC工作界面中，按钮元件拥有特殊的编辑环境，通过在4帧"时间轴"面板上创建关键帧，指定不同的按钮状态。按钮元件对应的帧分别为"弹起""指针经过""按下"和"点击"4帧。下面向读者介绍创建按钮元件的操作方法。

● 操作步骤 ●

STEP 01 单击"文件"|"打开"命令，打开一个素材文件，如图11-45所示。

STEP 02 单击菜单栏中的"插入"|"新建元件"命令，弹出"创建新元件"对话框，在该对话框的"名称"文本框中输入"收藏按钮"，单击"类型"后的下三角按钮，在弹出的列表框中选择"按钮"选项，其他设置保持默认即可，如图11-46所示。

图11-45 打开一个素材文件

图11-46 创建新元件

STEP 03 单击"确定"按钮，此时Flash会切换到元件编辑模式，在"时间轴"面板的标题处会显示4个帧标签，分别为"弹起""指针经过""按下"和"点击"帧，其中"弹起"帧是一个空白关键帧，如图11-47所示。

STEP 04 单击"文件"|"导入"|"导入到舞台"命令，导入一幅素材图像，如图11-48所示。

图11-47 切换到元件编辑模式

图11-48 导入素材图像

STEP 05 选择"指针经过"帧，然后单击"修改"|"时间轴"|"转换为关键帧"命令，Flash会将"弹起"帧所对应的图像复制到"指针经过"帧，如图11-49所示。

STEP 06 修改"指针经过"帧的图像效果，如图11-50所示。

图11-49 转换为关键帧

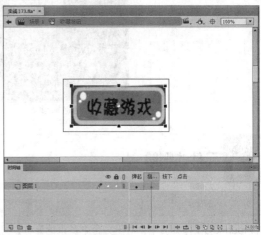

图11-50 修改"指针经过"帧

STEP 07 参照以上的操作方法，将"按下"帧转换为关键帧，并修改对应的图像效果，如图11-51所示。

STEP 08 参照以上的操作方法，将"点击"帧转换为关键帧，并修改对应的图像效果，如图11-52所示。

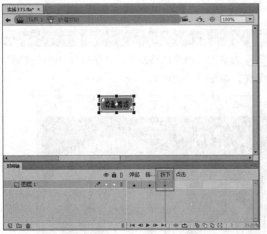

图11-51 修改"按下"帧

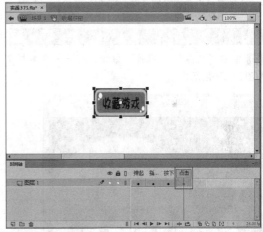

图11-52 修改"点击"帧

STEP 09 编辑完成后，单击舞台左上角的"场景1"按钮，如图11-53所示。

STEP 10 返回到文档编辑状态，从"库"面板中拖曳此按钮元件至舞台，即可在文档中创建该元件的实例，如图11-54所示。

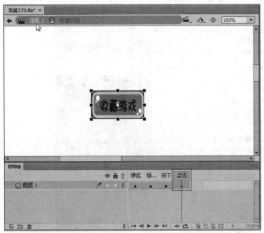

图11-53 单击"场景1"按钮

图11-54 创建实例

STEP 11 按【Ctrl + Enter】组合键测试动画，效果如图11-55所示。

图11-55 测试动画效果

实战 374 元件的删除

▶ **实例位置**：光盘\效果\第11章\实战374.fla
▶ **素材位置**：光盘\素材\第11章\实战374.fla
▶ **视频位置**：光盘\视频\第11章\实战374.mp4

● 实例介绍 ●

在Flash CC工作界面中，对于舞台中多余的元件，可以直接删除，但是需要注意的是舞台中的元件被删除后，在"库"面板中该元件仍然存在。

在Flash CC工作界面中，用户还可以通过以下两种方法删除元件。

➢ 选择舞台中要删除的元件，按【Delete】键。
➢ 选择舞台中要删除的元件，按【Backspace】键。

● 操作步骤 ●

STEP 01 单击"文件"|"打开"命令，打开一个素材文件，如图11-56所示。

图11-56 打开一个素材文件

STEP 02 选取工具箱中的移动工具，在舞台中选择需要删除的元件，如图11-57所示。

图11-57 选择需要删除的元件

STEP 03 单击"编辑"菜单，在弹出的菜单列表中单击"清除"命令，如图11-58所示。

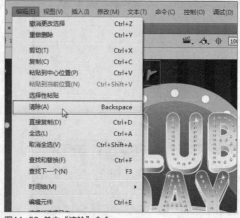

图11-58 单击"清除"命令

STEP 04 执行操作后，即可清除舞台中选择的按钮元件，如图11-59所示。

STEP 05 按【Ctrl + Enter】组合键，测试删除元件后的动画效果，如图11-60所示。

图11-59 清除舞台中选择的按钮元件

图11-60 测试删除元件后的动画效果

实战 375　设置元件属性

▶ 实例位置：光盘\效果\第11章\实战375.fla
▶ 素材位置：光盘\素材\第11章\实战375.fla
▶ 视频位置：光盘\视频\第11章\实战375.mp4

● 实例介绍 ●

在Flash CC工作界面中，元件是指在flash中创建且保存在库中的图形、按钮或影片剪辑，用户可以设置元件不同的属性有不同的用途。下面向读者介绍设置元件属性的操作方法。

● 操作步骤 ●

STEP 01 单击"文件"|"打开"命令，打开一个素材文件，如图11-61所示。

STEP 02 在"库"面板中，用户可以查看"注册窗口"影片剪辑元件，如图11-62所示。

图11-61 打开一个素材文件

图11-62 查看影片剪辑元件

STEP 03 在元件上，单击鼠标右键，在弹出的快捷菜单中选择"属性"选项，如图11-63所示。

STEP 04 弹出"元件属性"对话框，单击"类型"右侧的下三角按钮，在弹出的列表框中选择"图形"选项，如图11-64所示。

图11-63 选择"属性"选项

图11-64 选择"图形"选项

STEP 05 执行操作后，即可更改元件的类型为图形元件，单击"确定"按钮，如图11-65所示。

STEP 06 此时，在"库"面板中可以查看更改元件属性后的图形元件，如图11-66所示。

图11-65 单击"确定"按钮

图11-66 查看图形元件

实战 376 元件的复制

▶ 实例位置：光盘\效果\第11章\实战376.fla
▶ 素材位置：光盘\素材\第11章\实战376.fla
▶ 视频位置：光盘\视频\第11章\实战376.mp4

● 实例介绍 ●

在Flash CC工作界面中，对于需要多次使用的元件可以进行复制操作，以节省制作动画的时间，提高工作效率。下面向读者介绍复制元件的操作方法。

● 操作步骤 ●

STEP 01 单击"文件"|"打开"命令，打开一个素材文件，如图11-67所示。

STEP 02 在舞台中，选择需要复制的元件，如图11-68所示。

图11-67 打开一个素材文件

图11-68 选择需要复制的元件

技巧点拨

在Flash CC工作界面中，用户还可以通过"编辑"菜单下的"复制"命令与"粘贴到中心位置"命令，对选择的元件进行复制与粘贴操作。

STEP 03 在菜单栏中，单击"编辑"菜单，在弹出的菜单列表中单击"直接复制"命令，如图11-69所示。

图11-69 单击"直接复制"命令

STEP 04 执行操作后，即可直接复制元件，如图11-70 所示。

STEP 05 将直接复制的元件拖曳至舞台中的适当位置，进行应用，如图11-71所示。

图11-70 查看直接复制后的元件

图11-71 调整位置

实战 377 在库中查看元件

▶ 实例位置：无
▶ 素材位置：光盘\素材\第11章\实战377.fla
▶ 视频位置：光盘\视频\第11章\实战377.mp4

● 实例介绍 ●

在Flash CC工作界面中制作动画效果时，如果"库"面板中的元素过多，此时可以通过选择元件来查看其内容。下面向读者介绍查看元件内容的操作方法。

● 操作步骤 ●

STEP 01 单击"文件"|"打开"命令，打开一个素材文件，如图11-72所示。

STEP 02 在"库"面板中，选择需要查看的影片剪辑元件，这里选择"草地"元件，如图11-73所示。

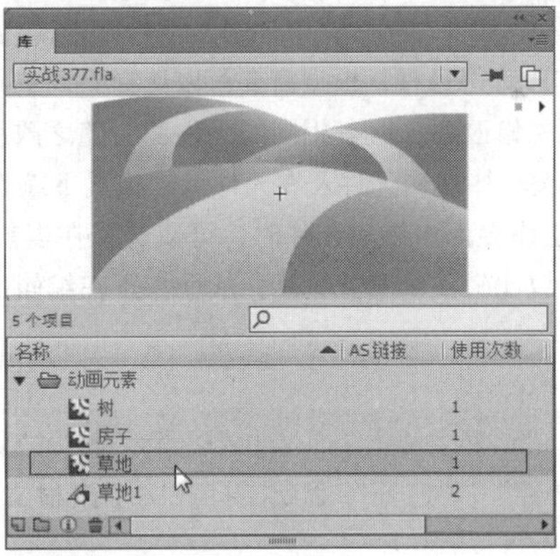

图11-72 打开一个素材文件

图11-73 选择"草地"元件

STEP 03 在选择的影片剪辑元件上，单击鼠标右键，在弹出的快捷菜单中选择"播放"选项，如图11-74所示。

STEP 04 用户还可以在"库"面板的右上角位置，单击"播放"按钮，如图11-75所示。

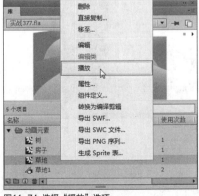

图11-74 选择"播放"选项

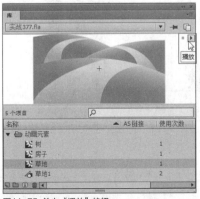

图11-75 单击"播放"按钮

STEP 05 执行操作后，即可快速查看"库"面板中元件的动画内容，如图11-76所示。

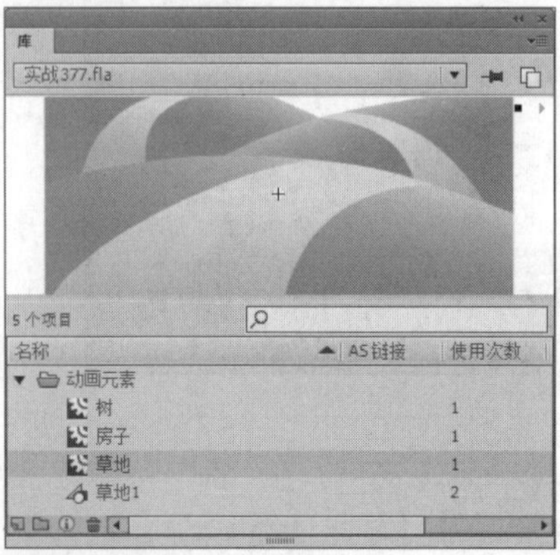

STEP 06 用户还可以在其影片剪辑元件上，单击鼠标左键，在上方预览窗口中也可以查看影片剪辑的内容，如图11-77所示。

图11-76 查看元件的动画内容

图11-77 查看影片剪辑的内容

技巧点拨

在Flash CC工作界面中，对于某些影片剪辑元件，如果没有制作影片剪辑动画效果，此时用户在该元件上单击鼠标右键时，在弹出的快捷菜单中"播放"按钮呈灰色显示，不可用。此时，在"库"面板右上角的位置，也不会显示"播放"按钮。

实战 378 在当前位置编辑元件

▶ 实例位置：光盘\效果\第11章\实战378.fla
▶ 素材位置：光盘\素材\第11章\实战378.fla
▶ 视频位置：光盘\视频\第11章\实战378.mp4

● 实例介绍 ●

编辑元件的方法有很多种，根据需要可以选择不同的编辑模式，但是需要注意的是，由于元件可在多处重复使用，进入元件编辑模式并修改后，所有相同的元件都会随之改变。在Flash CC中，编辑元件的方法有3种，分别是在当前位置编辑元件、在新窗口中编辑元件及在元件编辑模式下编辑元件。

在Flash CC工作界面中编辑元件时，可以选择在当前位置编辑元件模式，此时的元件和其他对象位于同一个舞台中，但其他对象会以比较浅的颜色显示，从而与正在编辑的元件区分开来。下面向读者介绍在当前位置编辑元件的操作方法。

● 操作步骤 ●

STEP 01 单击"文件"|"打开"命令，打开一个素材文件，如图11-78所示。

STEP 02 运用选择工具，在舞台中选择需要在当前位置编辑的元件，如图11-79所示。

图11-78 打开一个素材文件

图11-79 选择需要编辑的元件

技巧点拨

在Flash CC工作界面中，用户可以将元件从一个文件夹中移动至另一个文件夹中，还可以在不同的动画文件中通过"库"面板移动或复制元件对象。

STEP 03 在菜单栏中，单击"编辑"菜单，在弹出的菜单列表中单击"在当前位置编辑"命令，如图11-80所示。

STEP 04 执行操作后，即可进入当前元件编辑模式，如图11-81所示。

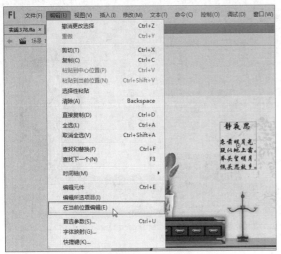

图11-80 单击"在当前位置编辑"命令

图11-81 进入当前元件编辑模式

STEP 05 运用任意变形工具，选择舞台中的元件，然后将鼠标指针移至右上角的控制柄上，此时鼠标指针呈双向箭头形状，如图11-82所示。

STEP 06 在控制柄上，单击鼠标左键并拖曳，即可放大元件，如图11-83所示。

图11-82 鼠标指针呈双向箭头形状

图11-83 放大元件的效果

STEP 07 在"属性"面板的"填充和笔触"选项区中，设置"填充颜色"为红色，如图11-84所示。

STEP 08 此时，即可更改元件的颜色，完成对元件的编辑操作，如图11-85所示。

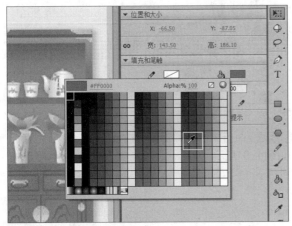

图11-84 设置"填充颜色"为红色

图11-85 更改元件的颜色

STEP 09 在舞台左上方位置，单击"场景1"按钮，如图 11-86所示。

STEP 10 返回场景编辑界面，在舞台中可以查看编辑元件后的画面效果，如图11-87所示。

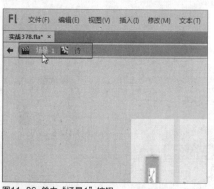

图11-86 单击"场景1"按钮

图11-87 查看编辑元件后的画面效果

实战 379 在新窗口中编辑元件

▶ 实例位置：光盘\效果\第11章\实战379.fla
▶ 素材位置：光盘\素材\第11章\实战379.fla
▶ 视频位置：光盘\视频\第11章\实战379.mp4

● 实例介绍 ●

在Flash CC工作界面中编辑元件时，可以选择在当前位置编辑元件模式，此时的元件和其他对象位于同一个舞台中，但其他对象会以比较浅的颜色显示，从而与正在编辑的元件区分开来。下面向读者介绍在当前位置编辑元件的操作方法。

● 操作步骤 ●

STEP 01 单击"文件"|"打开"命令，打开一个素材文件，如图11-88所示。

STEP 02 运用选择工具，在舞台中选择需要在新窗口中编辑的元件，如图11-89所示。

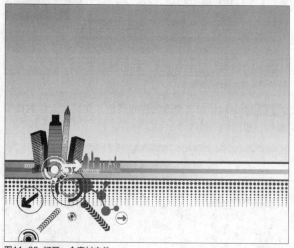

图11-88 打开一个素材文件

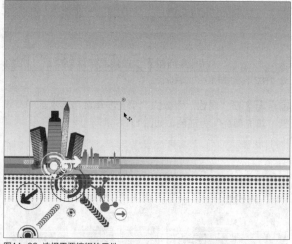

图11-89 选择需要编辑的元件

STEP 03 在选择的元件上，单击鼠标右键，在弹出的快捷菜单中选择"在新窗口中编辑"选项，如图11-90所示。

STEP 04 执行操作后，即可在新的窗口中打开元件对象，如图11-91所示。

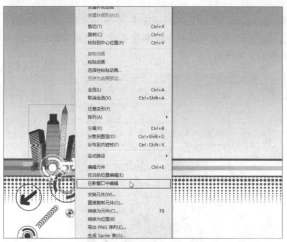

图11-90 选择"在新窗口中编辑"选项

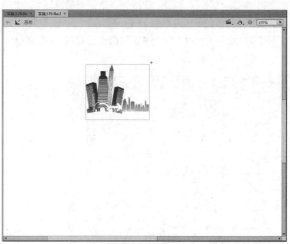

图11-91 在新的窗口中打开元件对象

STEP 05 运用任意变形工具，拖曳元件四周的控制柄，调整元件的大小，如图11-92所示。

STEP 06 返回"城市建筑"场景动画文档，在其中可以查看编辑后的元件，如图11-93所示。

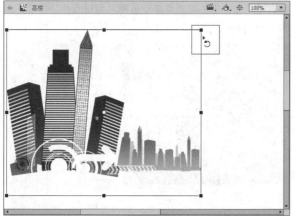

图11-92 调整元件的大小

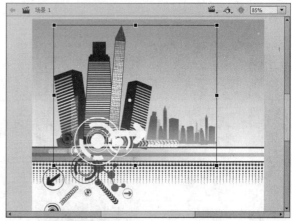

图11-93 查看编辑后的元件

STEP 07 按【Ctrl+Enter】组合键，测试编辑元件后的图形动画效果，如图11-94所示。

技巧点拨

在Flash CC工作界面中，当用户设置元件在新窗口中编辑模式后，所选元件将被放置在一个单独的窗口中进行编辑，可以同时看到该元件和时间轴，正在编辑的元件名称会显示在舞台区左上角的信息栏内。

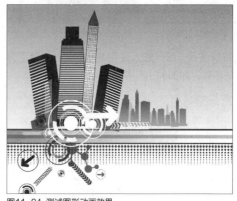

图11-94 测试图形动画效果

实战 380 在元件编辑模式下编辑元件

▶ 实例位置：光盘\效果\第11章\实战380.fla
▶ 素材位置：光盘\素材\第11章\实战380.fla
▶ 视频位置：光盘\视频\第11章\实战380.mp4

● 实例介绍 ●

在Flash CC工作界面中，除了运用以上介绍的两种方法编辑元件外，用户还可以选择在元件编辑模式下编辑元件，下面向读者介绍其具体操作方法。

● 操作步骤 ●

STEP 01 单击"文件"|"打开"命令，打开一个素材文件，如图11-95所示。

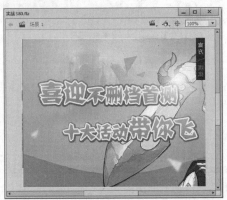

图11-95 打开一个素材文件

STEP 03 在菜单栏中，单击"编辑"|"编辑元件"命令，如图11-97所示。

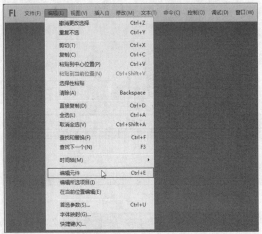

图11-97 单击"编辑元件"命令

STEP 05 执行操作后，即可进入元件编辑模式，舞台上方显示了元件的名称，如图11-99所示。

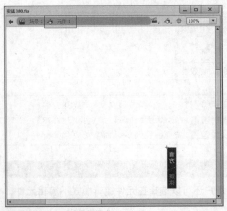

图11-99 进入元件编辑模式

STEP 02 运用选择工具，在舞台中选择需要编辑的元件，如图11-96所示。

图11-96 选择需要编辑的元件

STEP 04 用户还可以在舞台中需要编辑的元件上，单击鼠标右键，在弹出的快捷菜单中选择"编辑元件"选项，如图11-98所示。

图11-98 选择"编辑元件"选项

STEP 06 在菜单栏中，单击"修改"|"变形"|"水平翻转"命令，如图11-100所示。

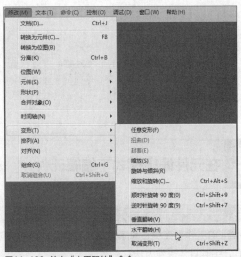

图11-100 单击"水平翻转"命令

STEP 07 执行操作后，即可将选择的元件进行水平翻转操作，如图11-101所示。

STEP 08 在舞台左上方位置，单击"场景1"按钮，返回场景编辑界面，在舞台中可以查看编辑元件后的画面效果，如图11-102所示。

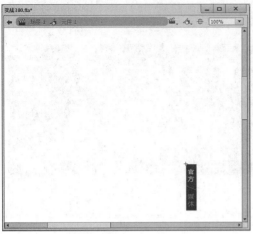

图11-101 将元件进行水平翻转

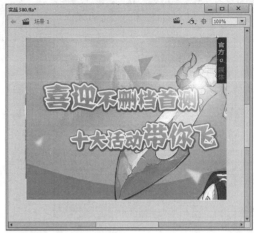

图11-102 查看元件画面效果

11.2 创建与编辑网页动画的实例

在Flash CC工作界面中，创建一个元件后，该元件并不能直接应用到舞台中。若要将元件应用到舞台中，就需要创建该元件的实例对象，创建实例就是将元件从"库"面板中拖曳至舞台，实例就是元件在舞台中的具体表现，用户还可以对创建的实例进行修改。本节主要向读者介绍创建与编辑实例的操作方法。

实战 381	实例的创建	▶ 实例位置：光盘\效果\第11章\实战381.fla ▶ 素材位置：光盘\素材\第11章\实战381.fla ▶ 视频位置：光盘\视频\第11章\实战381.mp4

● 实例介绍 ●

在Flash CC工作界面中，当用户创建好元件后，就可以在舞台中应用该元件的实例，元件只有一个，但是通过该元件可以创建多个实例，使用实例并不会明显地增加文件的大小，但是却可以有效地减少影片的创建时间，方便影片的编辑修改。

● 操作步骤 ●

STEP 01 单击"文件"|"打开"命令，打开一个素材文件，如图11-103所示。

STEP 02 在菜单栏中，单击"窗口"|"库"命令，如图11-104所示。

图11-103 打开一个素材文件

图11-104 单击"库"命令

STEP 03 打开"库"面板，在其中选择需要使用的元件，如图11-105所示。

STEP 04 单击鼠标左键并拖曳至舞台中的适当位置，即可创建实例，如图11-106所示。

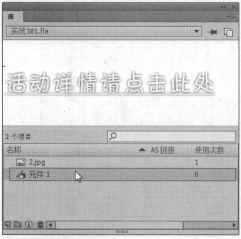

图11-105 选择需要使用的元件

图11-106 创建元件的实例

实战 382 实例的分离

▶ **实例位置：** 光盘\效果\第11章\实战382.fla
▶ **素材位置：** 光盘\素材\第11章\实战382.fla
▶ **视频位置：** 光盘\视频\第11章\实战382.mp4

● 实例介绍 ●

在Flash CC工作界面中，实例不能像图形或文字那样改变填充颜色，但将实例分离后，就会切断与其他元件的关联，将其转变为形状，这时，就可以彻底地修改实例，并且不影响元件本身和该元件的其他实例。下面向读者详细介绍分离实例的操作方法。

● 操作步骤 ●

STEP 01 单击"文件"|"打开"命令，打开一个素材文件，如图11-107所示。

STEP 02 在舞台中，运用选择工具选择需要分离的实例，如图11-108所示。

图11-107 打开一个素材文件

图11-108 选择需要分离的实例

STEP 03 在"库"面板中，可以查看该元件在舞台中使用的实例次数为1次，如图11-109所示。

STEP 04 在菜单栏中，单击"修改"|"分离"命令，如图11-110所示。

知识扩展

分离实例仅仅影响这个实例而不影响这个元件的其他实例，如果用户在分离实例后便更改了源文件，则该实例不会有任何变化。

图11-109 查看元件的使用次数

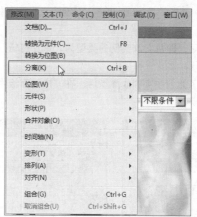

图11-110 单击"分离"命令

STEP 05 执行操作后，即可将实例分离为多个对象，如图11-111所示。

图11-111 将实例分离为多个对象

实战 383　实例类型的改变

▶ 实例位置：光盘\效果\第11章\实战383.fla
▶ 素材位置：光盘\素材\第11章\实战383.fla
▶ 视频位置：光盘\视频\第11章\实战383.mp4

● 实例介绍 ●

在Flash CC工作界面中，用户可以根据需要改变实例的类型。下面向读者详细介绍改变实例类型的操作方法。

● 操作步骤 ●

STEP 01 单击"文件"|"打开"命令，打开一个素材文件，如图11-112所示。

STEP 02 在舞台中，运用选择工具选择需要更改类型的实例，如图11-113所示。

图11-112 打开一个素材文件

图11-113 选择需要更改类型的实例

STEP 03 在"属性"面板的最上端，单击"实例行为"下拉按钮，在弹出的列表框中选择"影片剪辑"选项，如图11-114所示。

STEP 04 执行操作后，即可更改实例的类型为"影片剪辑"，在"属性"面板下方新增了许多对影片剪辑实例的编辑方法，如图11-115所示。

STEP 05 用户更改了舞台中实例的类型后，在"库"面板中该元件的类型依然是按钮元件，用户不会同时更改元件的类型，如图11-116所示。

图11-114 选择"影片剪辑"选项

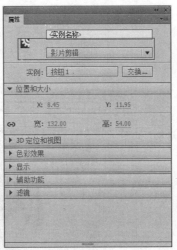

图11-115 更改实例的类型

图11-116 该元件的类型依然是图形元件

实战 384 实例颜色的改变

▶ 实例位置：光盘\效果\第11章\实战384.fla
▶ 素材位置：光盘\素材\第11章\实战384.fla
▶ 视频位置：光盘\视频\第11章\实战384.mp4

● 实例介绍 ●

在Flash CC工作界面中，元件的每个实例都可以有自己的颜色效果，用户可以根据需要为实例设置相应的颜色属性。下面向读者详细介绍改变实例颜色的操作方法。

● 操作步骤 ●

STEP 01 单击"文件"|"打开"命令，打开一个素材文件，如图11-117所示。

STEP 02 在舞台中，运用选择工具选择需要更改颜色的实例，如图11-118所示。

图11-117 打开一个素材文件

图11-118 选择需要更改颜色的实例

STEP 03 在"属性"面板的"色彩效果"选项区中，单击"样式"右侧的下三角按钮，在弹出的列表框中选择"色调"选项，如图11-119所示。

STEP 04 在"色彩效果"选项区的下方，设置相应的颜色参数，如图11-120所示。

图11-119 选择"色调"选项

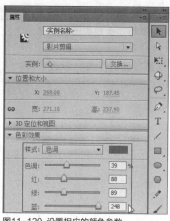

图11-120 设置相应的颜色参数

STEP 05 执行操作后，即可更改舞台中实例的颜色，如图11-121所示。

STEP 06 按【Ctrl+Enter】组合键，测试更改颜色后的图形动画效果，如图11-122所示。

图11-121 更改舞台中实例的颜色

图11-122 测试图形动画效果

实战 385　实例亮度的改变

▶ 实例位置：光盘\效果\第11章\实战385.fla
▶ 素材位置：光盘\素材\第11章\实战385.fla
▶ 视频位置：光盘\视频\第11章\实战385.mp4

● 实例介绍 ●

　　在Flash CC工作界面中，用户不仅可以更改舞台中实例的颜色，还可以更改实例的明亮程度。下面向读者详细介绍改变实例亮度的操作方法。

● 操作步骤 ●

STEP 01 单击"文件"|"打开"命令，打开一个素材文件，如图11-123所示。

STEP 02 在舞台中，运用选择工具选择需要更改亮度的实例，如图11-124所示。

图11-123 打开一个素材文件

图11-124 选择需要更改亮度的实例

STEP 03 在"属性"面板的"色彩效果"选项区中，单击"样式"右侧的下三角按钮，在弹出的列表框中选择"亮度"选项，如图11-125所示。

STEP 04 在"色彩效果"选项区的下方，设置"亮度"参数为-19，如图11-126所示。

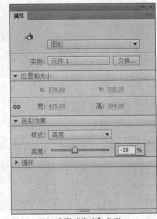

图11-125 选择"亮度"选项　　　图11-126 设置"亮度"参数

STEP 05 执行操作后，即可更改舞台中实例的亮度，如图11-127所示。

STEP 06 按【Ctrl + Enter】组合键，测试更改亮度后的图形动画效果，如图11-128所示。

图11-127 更改舞台中实例的亮度

图11-128 测试图形动画效果

实战 386 实例高级色调的改变

▶ 实例位置：光盘\效果\第11章\实战386.fla
▶ 素材位置：光盘\素材\第11章\实战386.fla
▶ 视频位置：光盘\视频\第11章\实战386.mp4

● 实例介绍 ●

在Flash CC工作界面中，用户不仅可以更改舞台中实例的颜色，还可以更改实例的高级色调。下面向读者详细介绍改变实例高级色调的操作方法。

● 操作步骤 ●

STEP 01 单击"文件"|"打开"命令，打开一个素材文件，如图11-129所示。

STEP 02 在舞台中，运用选择工具选择需要更改高级色调的实例，如图11-130所示。

图11-129 打开一个素材文件　　　图11-130 选择需要更改的实例

STEP 03 在"属性"面板的"色彩效果"选项区中，单击"样式"右侧的下三角按钮，在弹出的列表框中选择"高级"选项，如图11-131所示。

STEP 04 在"色彩效果"选项区的下方，设置高级色调的相关参数，如图11-132所示。

图11-131 选择"高级"选项

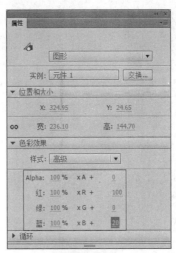

图11-132 设置高级色调参数

STEP 05 执行操作后，即可更改舞台中实例的色调，如图11-133所示。

图11-133 更改舞台中实例的色调

实战 387 实例透明度的改变

▶ 实例位置：光盘\效果\第11章\实战387.fla
▶ 素材位置：光盘\素材\第11章\实战387.fla
▶ 视频位置：光盘\视频\第11章\实战387.mp4

● 实例介绍 ●

在Flash CC工作界面中，用户可以根据需要更改实例的透明度。下面向读者介绍改变实例的透明度的操作方法。

● 操作步骤 ●

STEP 01 单击"文件"|"打开"命令，打开一个素材文件，如图11-134所示。

STEP 02 在舞台中，运用选择工具选择需要更改透明度的实例，如图11-135所示。

图11-134 打开一个素材文件

图11-135 选择需要更改的实例

STEP 03 在"属性"面板的"色彩效果"选项区中，单击"样式"右侧的下三角按钮，在弹出的列表框中选择"Alpha"选项，如图11-136所示。

STEP 04 在"色彩效果"选项区的下方，拖曳Alpha参数值右侧的滑块，或者直接在后面的数值框中输入18，如图11-137所示。

图11-136 选择"Alpha"选项

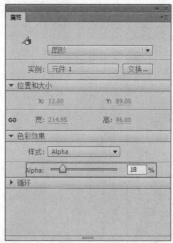

图11-137 设置Alpha参数值为63

STEP 05 执行操作后，即可更改舞台中实例的透明度，效果如图11-138所示。

STEP 06 按【Ctrl + Enter】组合键，测试更改颜色后的图形动画效果，如图11-139所示。

图11-138 更改舞台中实例的透明度

图11-139 测试动画

技巧点拨

在Flash CC工作界面中，设置Alpha的值即是设置透明度。当设置其值为0%时，所选元件实例则为透明；当设置其值为100%时，所选元件实例则为不透明。

实战 388　为实例交换元件

▶ **实例位置**：光盘\效果\第11章\实战388.fla
▶ **素材位置**：光盘\素材\第11章\实战388.fla
▶ **视频位置**：光盘\视频\第11章\实战388.mp4

● **实例介绍** ●

在Flash CC工作界面中，当用户在舞台中创建元件的实例对象后，还可以为实例指定其他的元件，使舞台上的实例变成另一个实例，但原来的实例属性不会改变。下面向读者介绍为实例交换元件的操作方法。

● **操作步骤** ●

STEP 01 单击"文件"|"打开"命令，打开一个素材文件，如图11-140所示。

STEP 02 在舞台中，运用选择工具选择需要交换的实例，如图11-141所示。

图11-140 打开一个素材文件

图11-141 选择需要交换的实例

技巧点拨

> 在Flash CC工作界面中，用户还可以通过以下两种方法交换元件。
> ➤ 选择需要交换的实例，单击"修改"菜单，在弹出的菜单列表中单击"元件"|"交换元件"命令，可以交换元件对象。
> ➤ 选择需要交换的实例，单击鼠标右键，在弹出的快捷菜单中选择"交换元件"选项，也可以交换元件对象。

STEP 03 在"属性"面板中，单击"实例：图片1"列表框右侧的"交换"按钮，如图11-142所示。

STEP 04 执行操作后，弹出"交换元件"对话框，在其中可以查看目前舞台中的元件对象，如图11-143所示。

图11-142 单击"交换"按钮

图11-143 弹出"交换元件"对话框

STEP 05 在该对话框中间的列表框中，选择需要交换的实例，这里选择"图片2"选项，如图11-144所示。

STEP 06 单击"确定"按钮，即可在舞台中为实例交换元件，图形效果如图11-145所示。

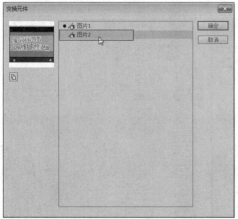

图11-144 选择"图片2"选项

图11-145 在舞台中为实例交换元件

11.3 使用网页动画的库项目

元件是在制作Flash动画的过程中必不可少的元素，元件可以反复使用，因而不必重复制作相同的部分，以提高工作效率。元件一旦被创建后，就会自动添加到当前库中，当元件应用到动画中后，只要对元件进行修改，动画中的元件就会自动地做出修改。在动画中运用元件可以减小动画文件的大小，提高动画的播放速度。本节主要向读者介绍使用库项目的操作方法。

实战 389	在"库"面板中创建元件

▶ 实例位置：光盘\效果\第11章\实战389.fla
▶ 素材位置：光盘\素材\第11章\实战389.fla
▶ 视频位置：光盘\视频\第11章\实战389.mp4

● 实例介绍 ●

在Flash CC工作界面中，用户应用到的素材和对象，都会存在于"库"面板中，用户也可以根据需要在"库"面板中创建库元件。下面向读者介绍创建库元件的操作方法。

● 操作步骤 ●

STEP 01 单击"文件"|"打开"命令，打开一个素材文件，如图11-146所示。

STEP 02 在菜单栏中，单击"窗口"菜单，在弹出的菜单列表中单击"库"命令，如图11-147所示，或者按【Ctrl + L】组合键。

图11-146 打开一个素材文件

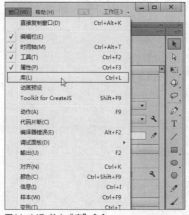

图11-147 单击"库"命令

知识扩展

在Flash CC中，"库"面板中的文件除了Flash影片的3种元件类型，还包含其他的素材。一个复杂的Flash影片中还会使用到一些位图、声音、视频及文字字形等素材，每种元件将被作为独立的对象存储在元件库中，并且对应的元件符号来显示其文件类型。

STEP 03 打开"库"面板，在面板底部单击"新建元件"按钮，如图11-148所示。

STEP 04 执行操作后，弹出"创建新元件"对话框，在其中可以查看新建元件时需要设置的相关属性，如图11-149所示。

图11-148 单击"新建元件"按钮

图11-149 弹出"创建新元件"对话框

STEP 05 选择一种合适的输入法，在"名称"右侧的文本框中输入新建元件的名称，这里输入"广告元件"，如图11-150所示。

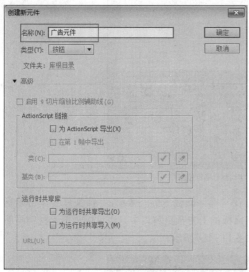

图11-150 输入"广告元件"

STEP 06 单击"类型"右侧的下三角按钮，在弹出的列表框中选择"图形"选项，如图11-151所示，是指创建一个图形元件。

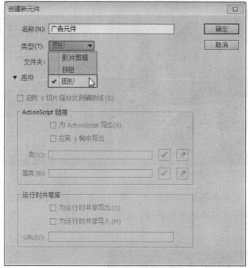

图11-151 选择"图形"选项

STEP 07 单击"确定"按钮，即可进入图形元件编辑模式，在舞台区上方可以查看元件的名称，如图11-152所示。

图11-152 进入图形元件编辑模式

STEP 08 在"库"面板中，用户可以查看已经创建好的图形元件，如图11-153所示。

图11-153 查看创建好的图形元件

实战 390 查看"库"面板中的元件

▶ 实例位置：无
▶ 素材位置：光盘\素材\第11章\实战390.fla
▶ 视频位置：光盘\视频\第11章\实战390.mp4

● 实例介绍 ●

在Flash CC工作界面中，用户可以根据需要查看"库"面板中的素材元素或元件。下面向读者详细介绍查看库元件的操作方法。

● 操作步骤 ●

STEP 01 单击"文件"|"打开"命令，打开一个素材文件，如图11-154所示。

STEP 02 在"库"面板中，将鼠标指针移至"爱心小屋"图形元件上，如图11-155所示。

图11-154 打开一个素材文件

图11-155 移动鼠标指针位置

STEP 03 在图形元件的名称上，单击鼠标左键，即可在面板的上方预览图形元件的画面，如图11-156所示。

STEP 04 在"库"面板中的"素材2"库文件上单击鼠标左键，在面板的上方预览窗口中，也可以预览素材的画面效果，如图11-157所示。

图11-156 预览图形元件的画面

图11-157 预览素材的画面效果

知识扩展

　　"库"面板的名称列表框中包含了库中所有项目的名称，用户可以在工作时查看并组织这些项目，"库"面板中项目名称旁边的图标指明了该项目的文件类型，在Flash工作时，可以打开任意的Flash文档的库，并且能够将该文档的库项目应用于当前文档。

实战 391 删除"库"面板中的元件

▶ **实例位置：** 光盘\效果\第11章\实战391.fla
▶ **素材位置：** 光盘\素材\第11章\实战391.fla
▶ **视频位置：** 光盘\视频\第11章\实战391.mp4

● 实例介绍 ●

　　在Flash CC工作界面中，对于不需要使用的元件，用户可以将其删除。下面向读者介绍删除库元件的操作方法。

● 操作步骤 ●

STEP 01 单击"文件"|"打开"命令，打开一个素材文件，如图11-158所示。

STEP 02 在"库"面板中，选择需要删除的库元件对象，这里选择"元件1"图形元件，如图11-159所示。

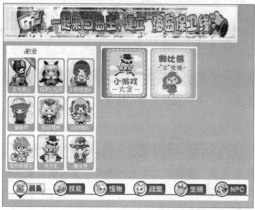

图11-158 打开一个素材文件

图11-159 选择图形元件

STEP 03 在选择的图形元件上，单击鼠标右键，在弹出的快捷菜单中选择"删除"选项，如图11-160所示。

STEP 04 用户还可以单击"库"面板右上角的面板属性按钮，在弹出的列表框中选择"删除"选项，如图11-161所示。

图11-160 选择"删除"选项1

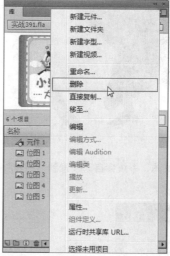

图11-161 选择"删除"选项2

STEP 05 执行操作后，即可在"库"面板中删除选择的图形元件，如图11-162所示。

STEP 06 当用户删除库元件后，舞台中应用的元件实例也相应地被删除了，图形画面效果如图11-163所示。

图11-162 删除选择的图形元件

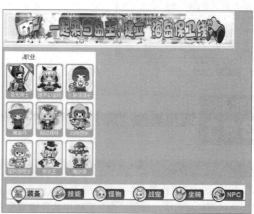

图11-163 舞台中的图形画面

实战 392 搜索"库"面板中的元件

▶ 实例位置：无
▶ 素材位置：光盘\素材\第11章\实战392.fla
▶ 视频位置：光盘\视频\第11章\实战392.mp4

• 实例介绍 •

一个Flash文件中一般会有多个元件，为了方便操作，用户可以运用Flash中的搜索功能，快速定位到需要编辑的库元件上。下面向读者介绍搜索库元件的操作方法。

• 操作步骤 •

STEP 01 单击"文件"|"打开"命令，打开一个素材文件，如图11-164所示。

STEP 02 在"库"面板中，单击"搜索"文本框，使其激活，如图11-165所示。

图11-164 打开一个素材文件

图11-165 激活"搜索"文本框

STEP 03 输入"跑步"文本，系统会自动搜索到"跑步"元件，如图11-166所示。

STEP 04 单击"跑步"图像元件，即可预览搜索到的图像元件，效果如图11-167所示。

图11-166 搜索到"跑步"元件

图11-167 预览搜索到的图像元件

实战 393 调用其他"库"面板中的元件

▶ 实例位置：光盘\效果\第11章\实战393.fla
▶ 素材位置：光盘\素材\第11章\实战393a.fla、实战393b.fla
▶ 视频位置：光盘\视频\第11章\实战393.mp4

• 实例介绍 •

在Flash CC工作界面中，用户除了可以使用当前库中的元件外，还可以调用外部库中的元件，库项目可以反复出现在影片的不同画面中。调用"库"面板中的元素非常简单，只需选中所需的项目并拖曳至舞台中的适当位置即可。

STEP 01 单击"文件"|"打开"命令，打开"实战
393a"素材，如图11-168所示。

图11-168 打开素材a

STEP 02 单击"文件"|"打开"命令，打开"实战
393b"素材，如图11-169所示。

图11-169 打开素材b

STEP 03 确定"实战393a"文档为当前编辑状态，在
"库"面板中单击右侧的下三角按钮，在弹出的列表框中
选择"实战393b.fla"选项，如图11-170所示。

图11-170 选择"实战393b.fla"选项

STEP 04 打开"实战393b.fla"文档的"库"面板，在其
中选择"卡通"库文件，如图11-171所示。

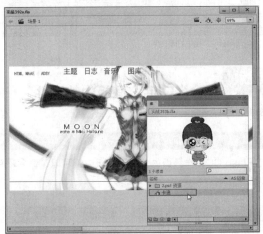

图11-171 选择"卡通"库文件

STEP 05 单击鼠标右键，在弹出的快捷菜单中选择"复
制"选项，如图11-172所示。

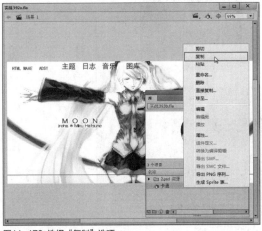

图11-172 选择"复制"选项

STEP 06 切换至"实战393a.fla"文档的"库"面板中，
在下方空白位置上，单击鼠标右键，在弹出的快捷菜单中
选择"粘贴"选项，如图11-173所示。

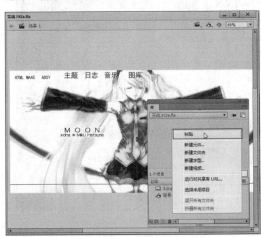

图11-173 选择"粘贴"选项

知识扩展

单击“窗口”|“库”命令或按【Ctrl+L】组合键，即可打开“库”面板。该面板的最上方是标题栏，表明是哪个影片的“库”面板，拖曳滚动条可以查看“库”面板中的所有内容，选择其中的某个对象，在预览窗口中可以对该对象进行预览。

STEP 07 执行操作后，即可将“实战393b.fla”文档中的库文件调用到“实战393a.fla”文档中，如图11-174所示。

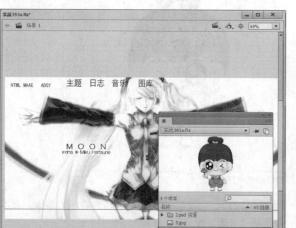

图11-174 调用其他文档中的库文件

STEP 08 在“库”面板中，选择“卡通”图形元件，将其拖曳至舞台中，并调整图形的位置，效果如图11-175所示。

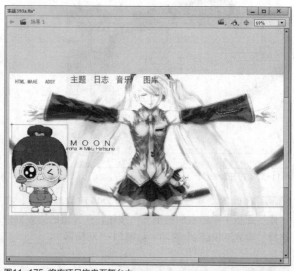

图11-175 将库项目拖曳至舞台中

实战394 重命名“库”面板中的元件

▶实例位置：光盘\效果\第11章\实战394.fla
▶素材位置：光盘\素材\第11章\实战394.fla
▶视频位置：光盘\视频\第11章\实战394.mp4

• 实例介绍 •

在Flash CC工作界面的“库”面板中，可以重命名项目，但需要注意的是，更改导入文件的库项目名称并不会更改该文件的名称。

• 操作步骤 •

STEP 01 单击“文件”|“打开”命令，打开一个素材文件，如图11-176所示。

用户登录
请输入账号
请输入密码
忘记密码？
登录
注册

图11-176 打开素材文件

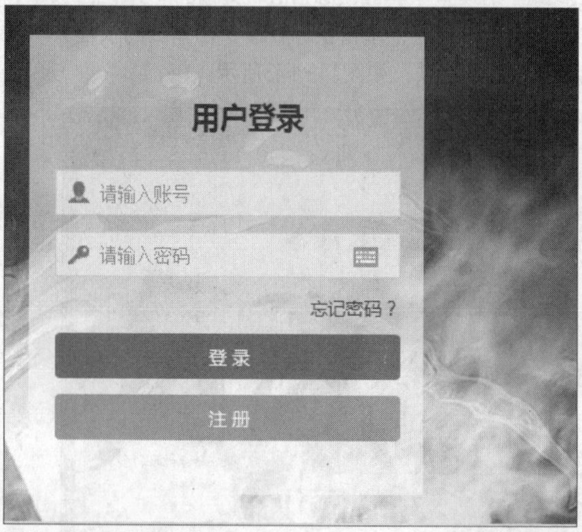

STEP 02 在“库”面板中，选择需要重命名的库文件，如图11-177所示。

库
实战394.fla
2 个项目
名称
AS链接
元件 1
位图 1

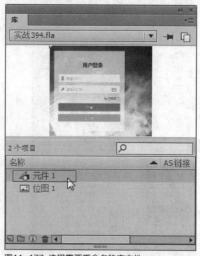

图11-177 选择需要重命名的库文件

STEP 03 单击鼠标右键，在弹出的快捷菜单中选择"重命名"选项，如图11-178所示。

STEP 04 用户还可以单击"库"面板右上角的面板属性按钮 ▼☰，在弹出的列表框中选择"重命名"选项，如图11-179所示。

图11-178 选择"重命名"选项1

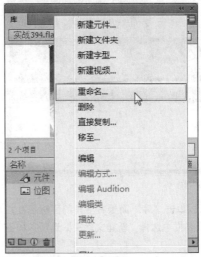

图11-179 选择"重命名"选项2

STEP 05 执行操作后，此时库名称呈可编辑状态，如图11-180所示。

STEP 06 选择一种合适的输入法，在名称文本框中重新输入库文件的新名称，按【Enter】键确认，即可完成库文件的重命名操作，效果如图11-181所示。

图11-180 名称呈可编辑状态

图11-181 完成库文件的重命名操作

实战 395　在"库"面板中创建文件夹

▶ 实例位置：光盘\效果\第11章\实战395.fla
▶ 素材位置：光盘\素材\第11章\实战395.fla
▶ 视频位置：光盘\视频\第11章\实战395.mp4

● 实例介绍 ●

在Flash CC工作界面中，用户可以在"库"面板中新建库文件夹，并可以为新建的文件夹重新命名，还可以将已有的库文件移至新建的文件夹中。

● 操作步骤 ●

STEP 01 单击"文件"|"打开"命令，打开一个素材文件，如图11-182所示。

STEP 02 在"库"面板底部，单击"新建文件夹"按钮，如图11-183所示。

图11-182 打开一个素材文件

图11-183 单击"新建文件夹"按钮

STEP 03 用户还可以单击"库"面板右上角的面板属性按钮，在弹出的列表框中选择"新建文件夹"选项，如图11-184所示。

STEP 04 执行操作后，即可在"库"面板中新建一个文件夹，如图11-185所示。

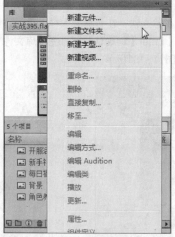

图11-184 选择"新建文件夹"选项

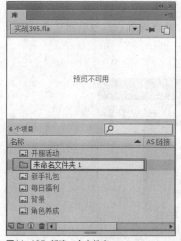

图11-185 新建一个文件夹

STEP 05 选择一种合适的输入法，设置文件夹的名称，按【Enter】键确认，如图11-186所示。

STEP 06 在"库"面板中，选择需要移至文件夹中的库元件，如图11-187所示。

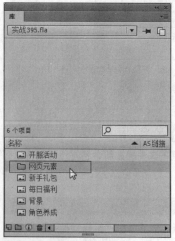

图11-186 设置文件夹的名称

图11-187 选择库元件

STEP 07 单击鼠标左键并拖曳至"网页元素"文件夹上方，此时该文件夹名称呈蓝色亮显状态，如图11-188所示。

STEP 08 释放鼠标左键，即可将库元件全部添加至"网页元素"文件夹中，如图11-189所示。

STEP 09 单击"网页元素"文件夹左侧的下三角按钮，展开该文件夹，在其中可以查看相关的库元件，如图11-190所示。

图11-188 名称呈蓝色亮显状态

图11-189 添加至文件夹中

图11-190 查看相关的库元件

实战 396　在"库"面板中编辑元件

▶ 实例位置：光盘\效果\第11章\实战396.fla
▶ 素材位置：光盘\素材\第11章\实战396.fla
▶ 视频位置：光盘\视频\第11章\实战396.mp4

● 实例介绍 ●

在Flash CC工作界面中，用户在制作动画的过程中，可以根据需要对元件的属性进行相关编辑，使制作的图形更加符合用户的要求。下面向读者介绍编辑元件的操作方法。

● 操作步骤 ●

STEP 01 单击"文件"|"打开"命令，打开一个素材文件，如图11-191所示。

STEP 02 在"库"面板中双击"图片1"元件前面的图标，进入"图片1"元件编辑模式，如图11-192所示。

图11-191 打开一个素材文件

图11-192 编辑"图片1"元件

STEP 03 在"库"面板的底部单击"属性"按钮，弹出"元件属性"对话框，在"类型"列表框中选择"影片剪辑"选项，如图11-193所示。

STEP 04 单击"确定"按钮，在时间轴中选择第10帧插入空白关键帧，如图11-194所示。

图11-193 选择"影片剪辑"选项

图11-194 插入空白关键帧

知识扩展

在Flash CC工作界面中，对库文件进行编辑可以使影片的编辑更加容易。当需要对许多重复的元件进行修改时，只要对库文件做出修改，程序就会自动地根据修改的内容对所有该元件的实例进行更新。

STEP 05 将"图片2"元件拖到舞台中的合适位置处，如图11-195所示。

STEP 06 选中时间轴的第20帧并按【F6】键插入关键帧，单击"编辑"|"编辑文档"命令，返回图像编辑窗口，将"图片1"元件拖到舞台中的合适位置，创建该元件的实例，如图11-196所示。

图11-195 拖入图片

图11-196 创建实例

STEP 07 按【Ctrl + Enter】组合键测试动画，效果如图11-197所示。

图11-197 测试动画效果

实战	在"库"面板中编辑声音	▶ 实例位置：光盘\效果\第11章\实战397.fla
397		▶ 素材位置：光盘\素材\第11章\实战397.fla
		▶ 视频位置：光盘\视频\第11章\实战397.mp4

● 实例介绍 ●

在Flash CC工作界面中，由于舞台是显示图像的，编辑声音与舞台无关，所以需要在"声音属性"对话框中编辑场景中的声音。下面向读者介绍编辑声音的操作方法。

● 操作步骤 ●

STEP 01 单击"文件"|"打开"命令，打开一个素材文件，如图11-198所示。

STEP 02 在"图层"面板中，选择带有背景声音的"图层1"的第1帧，如图11-199所示，在"属性"面板中，可以查看可编辑声音的相关属性。

图11-198 打开一个素材文件

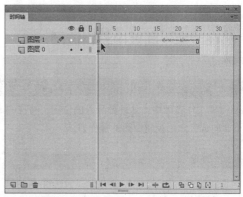

图11-199 选择"图层1"第1帧

STEP 03 打开"库"面板中，在其中选择需要编辑的声音文件，如图11-200所示。

STEP 04 单击"库"面板右上角的面板属性按钮，在弹出的列表框中选择"属性"选项，如图11-201所示。

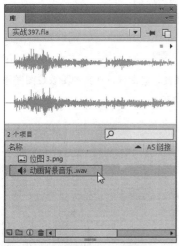

图11-200 选择需要编辑的声音文件

图11-201 选择"属性"选项

STEP 05 执行操作后，弹出"声音属性"对话框，在其中更改现有声音文件的名称，如图11-202所示。

STEP 06 设置完成后，单击"确定"按钮，在"库"面板中可以查看更改名称后的声音文件，效果如图11-203所示。

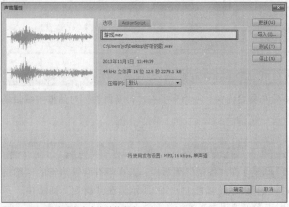

图11-202 更改现有声音文件的名称

图11-203 查看更改名称后的声音文件

实战 398	在"库"面板中编辑位图

▶ 实例位置：光盘\效果\第11章\实战398.fla
▶ 素材位置：光盘\素材\第11章\实战398.fla
▶ 视频位置：光盘\视频\第11章\实战398.mp4

● 实例介绍 ●

在Flash CC工作界面中，从外部导入的位图，将在"库"面板中产生对应的位图项目，用户可以根据需要对位图进行编辑。下面向读者介绍编辑位图的操作方法。

● 操作步骤 ●

STEP 01 单击"文件"|"打开"命令，打开一个素材文件，如图11-204所示。

STEP 02 在"库"面板中，选择需要编辑的位图图像，如图11-205所示。

图11-204 打开一个素材文件

图11-205 选择需要编辑的位图图像

STEP 03 在选择的位图上，单击鼠标右键，在弹出的快捷菜单中选择"属性"选项，如图11-206所示。

STEP 04 弹出"位置属性"对话框，在其中更改位图图像的名称，如图11-207所示。

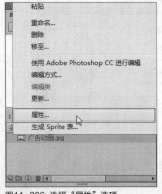

图11-206 选择"属性"选项

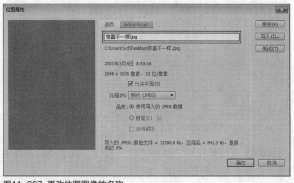

图11-207 更改位图图像的名称

STEP 05 单击"压缩"右侧的下三角按钮，在弹出的列表框中选择"无损（PNG/GIF）"选项，如图11-208所示。

STEP 06 单击"确定"按钮，即可编辑位图，在"库"面板中可以查看编辑后的位图，效果如图11-209所示。

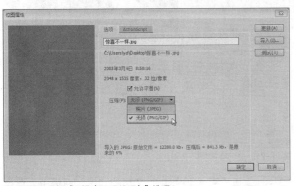

图11-208 选择"无损（PNG/GIF）"选项

图11-209 查看编辑后的位图

<table><tr><td>实战
399</td><td>复制"库"面板中的资源</td><td>▶ 实例位置：光盘\效果\第11章\实战399.fla
▶ 素材位置：光盘\素材\第11章\实战399.fla
▶ 视频位置：光盘\视频\第11章\实战399.mp4</td></tr></table>

● 实例介绍 ●

在Flash CC工作界面中，用户可以通过多种方式将库资源从源文档复制到目标文档，包括复制和粘贴资源、拖动资源，或者在目标文档中打开源文档的库，然后把源文档的资源拖曳至目标文档中。下面向读者介绍复制库资源的操作方法。

● 操作步骤 ●

STEP 01 单击"文件"|"打开"命令，打开一个素材文件，如图11-210所示。

STEP 02 单击"文件"|"新建"命令，新建一个空白文档，如图11-211所示。

图11-210 打开一个素材文件

图11-211 新建一个空白文档

STEP 03 打开"库"面板，单击面板右上角的"新建库面板"按钮，如图11-212所示。

STEP 04 执行操作后，即可在Flash中显示两个"库"面板，如图11-213所示。

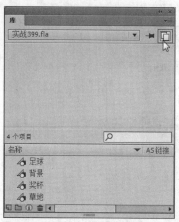

图11-212 单击"新建库面板"按钮

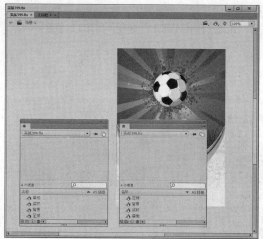

图11-213 显示两个"库"面板

STEP 05 在左侧的"库"面板中，单击名称右侧的下三角按钮，在弹出的列表框中选择"无标题"选项，如图11-214所示。

STEP 06 在"实战399.fla"文档的"库"面板中，选择"足球"库文件，如图11-215所示。

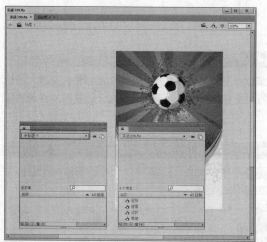

图11-214 选择"无标题-1"选项

图11-215 选择"足球"库文件

STEP 07 将选择的库文件拖曳至"无标题"文档的"库"面板中，此时鼠标右下角显示一个加号，如图11-216所示。

STEP 08 释放鼠标左键，即可将"足球"库文件通过拖曳的方式，复制到"无标题"文档的"库"面板中，如图11-217所示。

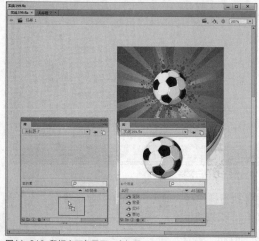

图11-216 鼠标右下角显示一个加号

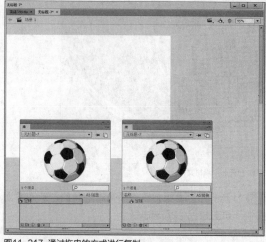

图11-217 通过拖曳的方式进行复制

● 实例介绍 ●

在Flash CC工作界面中，用户对于"库"面板中的元件对象可以进行共享操作，方便其他用户使用相同的元件制作动画。下面向读者介绍共享库元件的操作方法。

● 操作步骤 ●

STEP 01 单击"文件"|"打开"命令，打开一个素材文件，如图11-218所示。

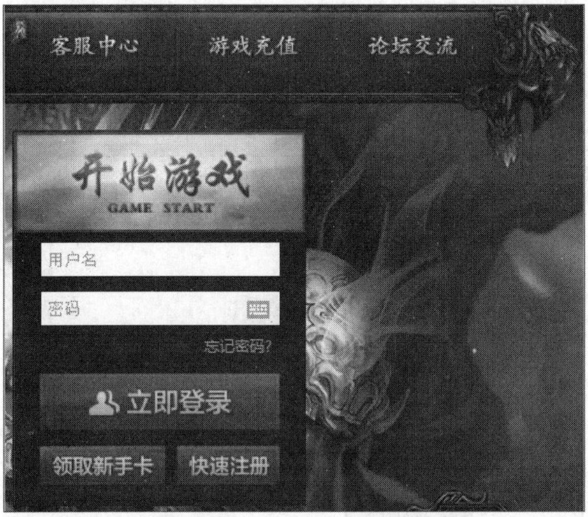

STEP 02 运用选择工具，选择舞台中的元件，如图11-219所示。

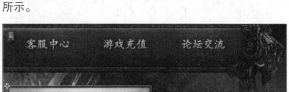

图11-218 打开一个素材文件

图11-219 选择舞台中的元件

STEP 03 在"库"面板中，选择影片剪辑元件，如图11-220所示。

STEP 04 单击鼠标右键，在弹出的快捷菜单中，选择"属性"选项，如图11-221所示。

图11-220 选择影片剪辑元件

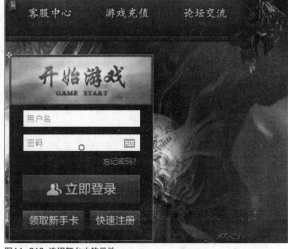

图11-221 选择"属性"选项

STEP 05 执行操作后，即可弹出"元件属性"对话框，单击对话框左下角的"高级"按钮，如图11-222所示。

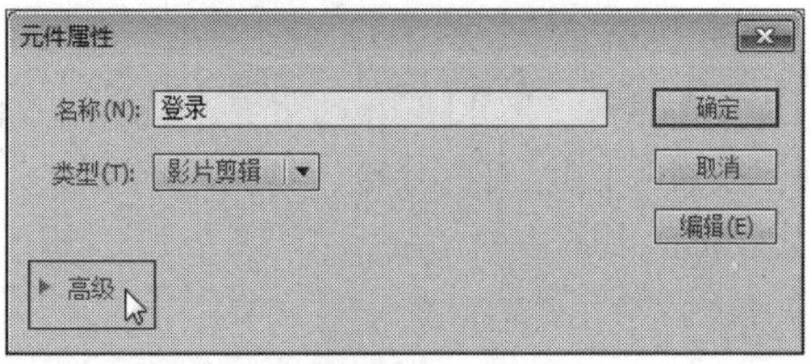

图11-222 单击"高级"按钮

STEP 06 展开高级选项，在下方选中"为ActionScript导出"复选框和"在第1帧中导出"复选框，设置"类"为"共享库"，如图11-223所示。

STEP 07 在"运行时共享库"选项区中，选中"为运行时共享导出"复选框，如图11-224所示。

STEP 08 在对话框下方的URL文本框中，输入URL信息，如图11-225所示。

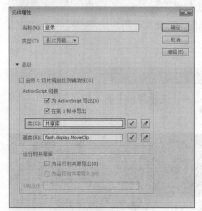

图11-223 设置高级选项

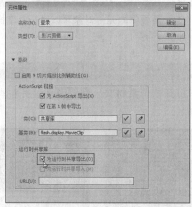

图11-224 选中相应复选框

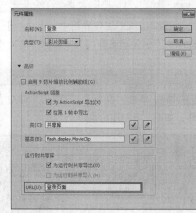

图11-225 输入URL信息

STEP 09 单击"确定"按钮，弹出提示信息框，再次单击"确定"按钮，如图11-226所示。

STEP 10 此时，在"库"面板中可以查看共享的库元件，如图11-227所示。

图11-227 查看共享的库元件

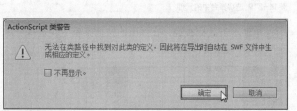

图11-226 单击"确定"按钮

实战 401 解决"库"资源的冲突

▶ **实例位置**：光盘\效果\第11章\实战401.fla
▶ **素材位置**：光盘\素材\第11章\实战401.fla、网页.jpg
▶ **视频位置**：光盘\视频\第11章\实战401.mp4

● 实例介绍 ●

　　如果将一个库资源导入或复制到另一个Flash文档中，而此文件中已经包含了一个与该资源同名称但内容不同的库资源，那么可以选择是否用新项目替换原有的项目。这种选择对所有导入到复制库资源的方法都有效，其中也包括从源文档中复制和粘贴资源，从源文档或源文档的库中拖出资源、导入资源，从源文档中添加共享库资源，以及使用组件面板中的组件等。如果要从源文档中复制一个已经在目标文档中存在的项目，并且这两个项目具有不同的修改日期时，就会出现冲突。

● 操作步骤 ●

STEP 01 单击"文件"|"打开"命令，打开一个素材文件，如图11-228所示。

STEP 02 单击"文件"|"导入"|"导入到库"命令，如图11-229所示。

图11-228 打开一个素材文件

图11-229 单击"导入到库"命令

STEP 03 弹出"导入到库"对话框，在其中选择需要导入的素材，如图11-230所示。

图11-230 选择需要导入的素材

STEP 04 单击"打开"按钮，弹出提示信息框，选中"不替换现有项目"单选按钮，如图11-231所示。

图11-231 选中相应单选按钮

STEP 05 单击"确定"按钮，此时在"库"面板中将存在两个相同的库项目，系统自动在第2个导入的库项目名称上加"复制"二字，如图11-232所示。

图11-232 存在两个相同的库项目

技巧点拨

在Flash CC工作界面中，用户可以通过以下两种方法共享库资源。

➤ 对于运行时共享库资源：源文档的资源是以外部文件的形式链接到目标文档中的，资源在文档运行时加载到目标文件中，在制作目标文档时，包含共享资源的源文档并不需要在本地网络上使用。但是为了让共享资源在运行时可供目标文档使用，目标文档中的元件保留了原始名称和属性，但其内容会被更新为所选文件的内容。

➤ 对于创作期间的共享资源：可以用本地网络上任何其他可用对象来更新或替换正在创作的文档中的任何元件，可以在创作文档时更新目标文档中的元件，目标文档中的元件保留了原始名称和属性，但其内容会被更新为所选元件的内容。

第 **12** 章

应用与制作网页动画

本章导读

动画是通过迅速而连续地呈现一系列图像来获得的，由于这些图像在相邻帧之间有较小的间隔（包括方向、位置、开头等），所以会形成动态效果。在Flash CC中可以轻松地创建丰富多彩的动画效果，并且只需要通过更改时间轴每一帧中的内容，就可以在舞台上创作出移动对象、增加或减小对象大小、更改对象颜色、旋转对象、制作淡入淡出或更改形状等效果。

要点索引

- 应用时间轴和帧
- 制作简单的网页动画

12.1 应用时间轴和帧

在Flash CC工作界面中，"时间轴"面板中的帧是构成动画最基本的元素之一。在制作动画之前，了解应用时间轴和帧的方法对制作出好的动画有着至关重要的作用。

实战 402 将帧设置为居中

▶ 实例位置：无
▶ 素材位置：光盘\素材\第12章\实战402.fla
▶ 视频位置：光盘\视频\第12章\实战402.mp4

● 实例介绍 ●

在Flash CC工作界面中，当"时间轴"面板中的帧比较多时，编辑帧的时候会不方便，此时用户可以将要编辑的帧居中。

● 操作步骤 ●

STEP 01 单击"文件"|"打开"命令，打开一个素材文件，如图12-1所示。

图12-1 打开一个素材文件

STEP 02 在"时间轴"面板中，可以查看目前的帧显示状态，如图12-2所示。

图12-2 查看目前的帧显示状态

STEP 03 在"时间轴"面板中，选择"图层1"图层的第30帧，如图12-3所示。

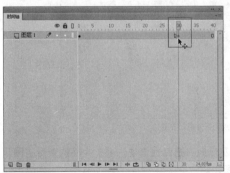

图12-3 选择第30帧

STEP 04 在"时间轴"面板的下方，单击"帧居中"按钮，如图12-4所示。

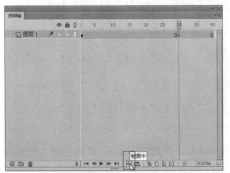

图12-4 单击"帧居中"按钮

STEP 05 执行操作后，即可将"图层1"中选择的第30帧，定位在"时间线"面板的最中间位置，如图12-5所示。

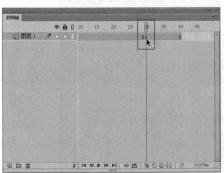

图12-5 帧居中后的效果

实战 403 扩大帧的查看范围

▶ 实例位置：无
▶ 素材位置：光盘\素材\第12章\实战403.fla
▶ 视频位置：光盘\视频\第12章\实战403.mp4

● 实例介绍 ●

在Flash CC工作界面中，通常情况下，同一时间内只能显示动画序列的一帧。为了帮助定位和编辑动画，可能需要同时查看多帧。

单击"绘图纸外观"按钮，可以使每一帧像只隔着一层透明纸一样相互层叠显示。如果此时间轴控制区中的播放指针位于某个关键帧位置，则将以正常颜色显示该帧内容，而其他帧将以暗灰色显示（表示不可编辑）。

下面向读者介绍在"时间轴"面板中查看多帧动画效果的操作方法。

● 操作步骤 ●

STEP 01 单击"文件"|"打开"命令，打开一个素材文件，如图12-6所示。

图12-6 打开一个素材文件

STEP 02 在"时间轴"面板中，选择"图层1"图层的第7帧，如图12-7所示。

STEP 03 单击"时间轴"面板底部的"绘图纸外观"按钮，如图12-8所示。

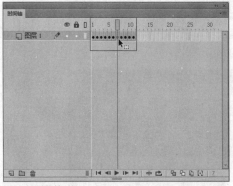

图12-7 选择第7帧

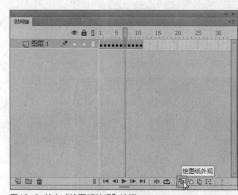

图12-8 单击"绘图纸外观"按钮

STEP 04 执行操作后，此时"图层1"右侧的帧上将显示一个查看预览框，如图12-9所示。

STEP 05 向左或向右拖曳预览框，可扩大帧的查看范围，如图12-10所示。

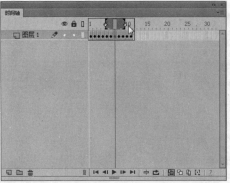

图12-9 显示一个查看预览框

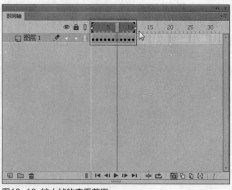

图12-10 扩大帧的查看范围

STEP 06 执行操作后，在舞台中即可查看多帧显示效果，如图12-11所示。

图12-11 查看多帧显示效果

实战 404	同时编辑多个帧对象	▶ 实例位置：无 ▶ 素材位置：光盘\素材\第12章\实战404.fla ▶ 视频位置：光盘\视频\第12章\实战404.mp4

● 实例介绍 ●

有时，用户可能需要同时编辑多帧，则可以使用"时间轴"面板底部的"编辑多个帧"按钮 来完成该操作。

● 操作步骤 ●

STEP 01 单击"文件"|"打开"命令，打开一个素材文件，如图12-12所示。

图12-12 打开一个素材文件

STEP 02 在"时间轴"面板中，选择"图层2"图层的第3帧，如图12-13所示。

STEP 03 单击"时间轴"面板底部的"编辑多个帧"按钮 ，如图12-14所示。

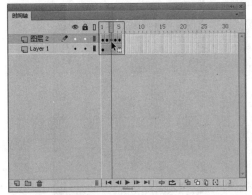

图12-13 选择第3帧

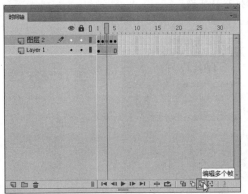

图12-14 单击"编辑多个帧"按钮

STEP 04 执行操作后，此时"图层2"右侧的帧上将显示一个查看预览框，如图12-15所示。

STEP 05 向左拖曳右侧的预览框，缩小帧的编辑范围，如图12-16所示。

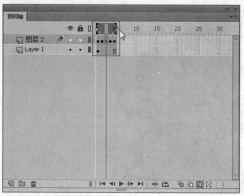

图12-15 显示一个查看预览框

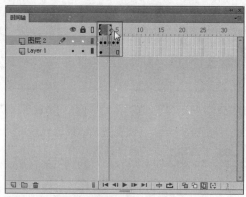

图12-16 缩小帧的编辑范围

STEP 06 执行操作后，用户即可在舞台中编辑多个帧对象，如图12-17所示。

图12-17 编辑多个帧对象

实战 405 时间轴样式的设置

▶ 实例位置：无
▶ 素材位置：光盘\素材\第12章\实战405.fla
▶ 视频位置：光盘\视频\第12章\实战405.mp4

● 实例介绍 ●

在Flash CC工作界面的"时间轴"面板中，向用户提供了多种时间轴的显示样式，用户可根据操作习惯选择合适的时间轴样式。下面向读者介绍设置时间轴样式的操作方法。

● 操作步骤 ●

STEP 01 单击"文件"|"打开"命令，打开一个素材文件，如图12-18所示。

STEP 02 在"时间轴"面板中，查看默认情况下的时间轴样式，如图12-19所示。

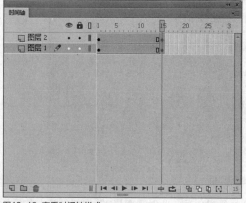

图12-18 打开一个素材文件

图12-19 查看时间轴样式

STEP 03 单击"时间轴"面板右上角的面板属性按钮，在弹出的列表框中选择"大"选项，如图12-20所示。

STEP 04 执行操作后，此时时间轴面板中的帧显示得很大，如图12-21所示，这种显示方式适用于时间轴中帧较少的情况下使用。

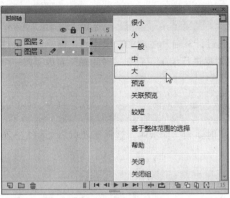

图12-20 选择"大"选项

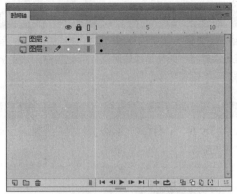

图12-21 帧显示得很大

实战 406 让帧显示图形预览图

▶ 实例位置：无
▶ 素材位置：光盘\素材\第12章\实战406.fla
▶ 视频位置：光盘\视频\第12章\实战406.mp4

● 实例介绍 ●

在Flash CC工作界面中，用户可以在"时间轴"面板的帧对象上，显示舞台中图形的缩略图，方便用户编辑图形。下面向读者介绍设置帧上显示预览图的操作方法。

● 操作步骤 ●

STEP 01 单击"文件"|"打开"命令，打开一个素材文件，如图12-22所示。

图12-22 打开一个素材文件

STEP 02 单击"时间轴"面板右上角的面板属性按钮，在弹出的列表框中选择"关联预览"选项，如图12-23所示。

STEP 03 执行操作后，在"时间轴"面板中的帧对象上，即可显示图形预览图，如图12-24所示。

图12-23 选择"关联预览"选项

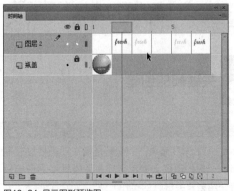

图12-24 显示图形预览图

<table>
<tr><td>实战
407</td><td>普通帧的创建</td><td>▶ 实例位置：光盘\效果\第12章\实战407.fla
▶ 素材位置：光盘\素材\第12章\实战407.fla
▶ 视频位置：光盘\视频\第12章\实战407.mp4</td></tr>
</table>

● 实例介绍 ●

　　在Flash CC工作界面中，普通帧通常位于关键帧的后方，是由系统经过计算自动生成的，仅作为关键帧之间的过渡，用于延长关键帧中的动画播放时间，因此用户无法直接对普通帧上的对象进行编辑，它在"时间轴"面板上以一个灰色方块◻表示。

● 操作步骤 ●

STEP 01　单击"文件"｜"打开"命令，打开一个素材文件，如图12-25所示。

STEP 02　在"时间轴"面板中，选择第20帧，如图12-26所示。

图12-25 打开一个素材文件

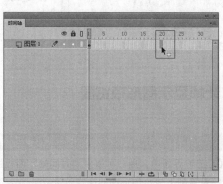

图12-26 选择第20帧

STEP 03　在菜单栏中，单击"插入"菜单，在弹出的菜单列表中单击"时间轴"｜"帧"命令，如图12-27所示。

STEP 04　执行操作后，即可在"图层1"的第20帧的位置，插入普通帧，如图12-28所示。

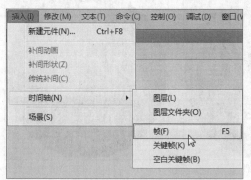

图12-27 单击"帧"命令

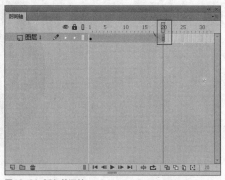

图12-28 插入普通帧

技巧点拨

　　在Flash CC工作界面中，用户还可以通过以下两种方法，创建普通帧。
　　➤ 选择需要创建普通帧的帧位置，按【F5】键。
　　➤ 单击"插入"｜"时间轴"命令，在弹出的子菜单中按【F】键，也可以插入普通帧。

<table>
<tr><td>实战
408</td><td>关键帧的创建</td><td>▶ 实例位置：光盘\效果\第12章\实战408.fla
▶ 素材位置：光盘\素材\第12章\实战408.fla
▶ 视频位置：光盘\视频\第12章\实战408.mp4</td></tr>
</table>

● 实例介绍 ●

　　在Flash CC工作界面中，关键帧是指在动画播放过程中表现关键性动作或关键性内容变化的帧，关键帧定义了动画的变化环节，一般的动画元素都必须在关键帧中进行编辑。在"时间轴"面板中，关键帧以一个黑色实心圆点◼表示，下面向读者介绍创建关键帧的操作方法。

• 操作步骤 •

STEP 01 单击"文件"|"打开"命令，打开一个素材文件，如图12-29所示。

STEP 02 在"时间轴"面板中，选择第26帧，如图12-30所示。

图12-29 打开一个素材文件

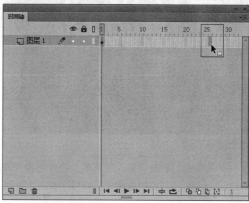

图12-30 选择第26帧

STEP 03 在菜单栏中，单击"插入"菜单，在弹出的菜单列表中单击"时间轴"|"关键帧"命令，如图12-31所示。

STEP 04 执行操作后，即可在"图层1"的第26帧的位置，插入关键帧，如图12-32所示。

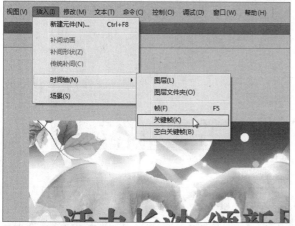

图12-31 单击"关键帧"命令

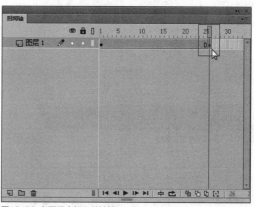

图12-32 在图层中插入关键帧

技巧点拨

在Flash CC工作界面中，用户还可以通过以下两种方法，创建关键帧。
➤ 选择需要创建关键帧的帧位置，按【F6】键。
➤ 单击"插入"|"时间轴"命令，在弹出的子菜单中按【K】键，也可以插入关键帧。

实战 409 空白关键帧的创建

▶ 实例位置：光盘\效果\第12章\实战409.fla
▶ 素材位置：光盘\素材\第12章\实战409.fla
▶ 视频位置：光盘\视频\第12章\实战409.mp4

• 实例介绍 •

在Flash CC工作界面中，空白关键帧表示该关键帧中没有任何内容，这种帧主要用于结束前一个关键帧的内容或用于分隔两个相连的补间动画，空白关键帧在"时间轴"面板中以一个空心圆○表示。下面向读者介绍创建空白关键帧的操作方法。

• 操作步骤 •

STEP 01 单击"文件"|"打开"命令，打开一个素材文件，如图12-33所示。

STEP 02 在"时间轴"面板中，选择第20帧，如图12-34所示。

图12-33 打开一个素材文件

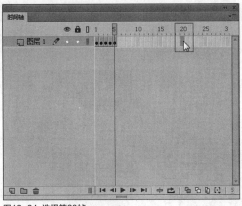

图12-34 选择第20帧

STEP 03 在菜单栏中，单击"插入"菜单，在弹出的菜单列表中单击"时间轴"|"空白关键帧"命令，如图12-35所示。

STEP 04 执行操作后，即可在"图层1"的第20帧的位置，插入空白关键帧，如图12-36所示。

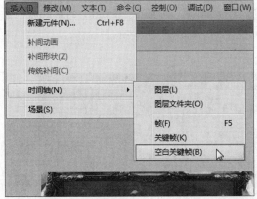

图12-35 选择"空白关键帧"命令

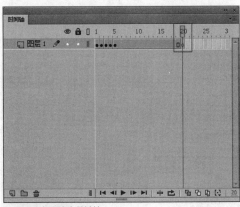

图12-36 插入空白关键帧

技巧点拨

在Flash CC工作界面中，用户还可以通过以下两种方法创建空白关键帧。

➤ 选择需要创建空白关键帧的帧位置，按【F7】键。

➤ 单击"插入"|"时间轴"命令，在弹出的子菜单中按【B】键，也可以插入空白关键帧。

知识扩展

在Flash CC工作界面中，空白关键帧与关键帧的性质和行为完全相同，只是空白关键帧中不包含任何内容。当用户新建一个图层时，系统会自动新建一个空白的关键帧。

实战 410 **帧的选择操作**

▶ **实例位置：** 无
▶ **素材位置：** 光盘\素材\第12章\实战410.fla
▶ **视频位置：** 光盘\视频\第12章\实战410.mp4

● 实例介绍 ●

在Flash CC工作界面中编辑帧之前，首先需要选择该帧，选择帧分为两种情况，即选择单个帧和选择多个帧，下面将向读者介绍选择帧的操作方法。

● 操作步骤 ●

STEP 01 单击"文件"|"打开"命令，打开一个素材文件，如图12-37所示。

STEP 02 在"时间轴"面板中，将鼠标指针移至"图层2"的第20帧位置，如图12-38所示。

图12-37 打开一个素材文件

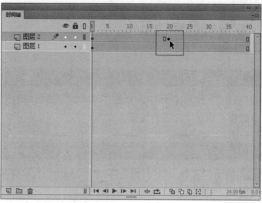

图12-38 移动鼠标至第20帧位置

STEP 03 在该帧位置，单击鼠标左键，即可选择当前帧，如图12-39所示。

STEP 04 在舞台中，帧所对应的文本素材也将被选中，如图12-40所示。

图12-39 选择当前帧

图12-40 文本素材也将被选中

技巧点拨

在Flash CC工作界面中，用户还可以一次性选择"时间轴"面板中的所有帧对象，下面向读者介绍选择所有帧的操作方法。

➢ 单击"编辑"菜单，在弹出的菜单列表中单击"时间轴"|"选择所有帧"命令。

➢ 在"时间轴"面板中的任意一帧上，单击鼠标右键，在弹出的快捷菜单中选择"选择所有帧"选项。

STEP 05 在"时间轴"面板中，按住【Shift】键的同时，选择"图层2"图层的第3帧，此时从第3帧至第20帧之间的所有帧，都将被选中，如图12-41所示。

STEP 06 在"时间轴"面板中，选择"图层2"图层的第1帧，按住【Ctrl】键的同时，再次选择第10帧、第14帧、第17帧、第24帧、第28帧、第32帧、第35帧，此时可以在"时间轴"面板中选择多个不连续的帧对象，如图12-42所示。

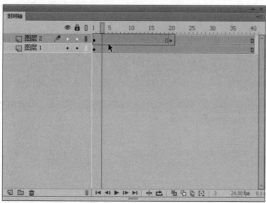

图12-41 选择多个连续的帧

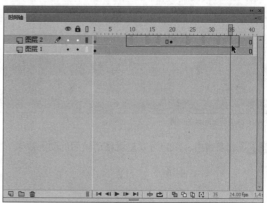

图12-42 选择多个不连续的帧

实战 411 帧的移动操作

▶ 实例位置：光盘\效果\第12章\实战411.fla
▶ 素材位置：光盘\素材\第12章\实战411.fla
▶ 视频位置：光盘\视频\第12章\实战411.mp4

● 实例介绍 ●

在Flash CC工作界面中，帧在"时间轴"面板中的位置并不是一成不变的，用户可以根据需要将某一帧连同帧中的内容一起移至图层中的任意位置。

● 操作步骤 ●

STEP 01 单击"文件"|"打开"命令，打开一个素材文件，如图12-43所示。

STEP 02 在"时间轴"面板中，选择需要移动的关键帧，如图12-44所示。

图12-43 打开一个素材文件

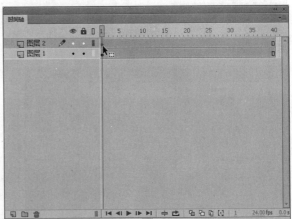

图12-44 选择需要移动的关键帧

技巧点拨

在Flash CC工作界面中，用户不仅可以移动关键帧，还可以移动空白关键帧和普通帧，用户还可以跨图层移动帧对象。当"时间轴"面板中的帧对象被移动时，舞台中帧所对应的图像也将同时被进行移动操作。

STEP 03 在选择的关键帧上，单击鼠标左键并向右拖曳至第20帧的位置，如图12-45所示。

STEP 04 释放鼠标左键，即可移动关键帧，"时间轴"面板如图12-46所示。

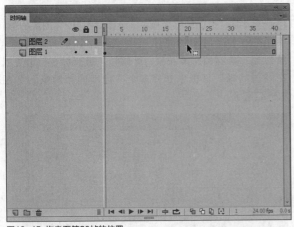

图12-45 拖曳至第20帧的位置

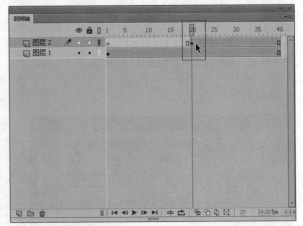

图12-46 移动关键帧后的效果

STEP 05 在舞台中，用户可以查看移动帧后的动画效果，如图12-47所示。

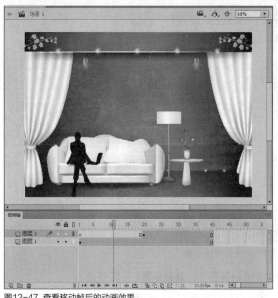

图12-47 查看移动帧后的动画效果

实战 412 帧的翻转操作

▶ 实例位置：光盘\效果\第12章\实战412.fla
▶ 素材位置：光盘\素材\第12章\实战412.fla
▶ 视频位置：光盘\视频\第12章\实战412.mp4

● 实例介绍 ●

在Flash CC工作界面中，翻转帧的功能可以使所选定的一组帧按照顺序翻转过来，使最后1帧变为第1帧，第1帧变为最后1帧，反向播放动画。

● 操作步骤 ●

STEP 01 单击"文件"|"打开"命令，打开一个素材文件，如图12-48所示。

STEP 02 在"时间轴"面板中，选择需要翻转的多个帧对象，如图12-49所示。

图12-48 打开一个素材文件

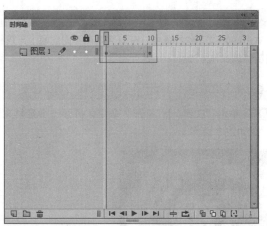

图12-49 选择需要翻转的多个帧

STEP 03 在菜单栏中，单击"修改"菜单，在弹出的菜单列表中单击"时间轴"|"翻转帧"命令，如图12-50所示。

STEP 04 用户还可以在"时间轴"面板中需要翻转的帧对象上，单击鼠标右键，在弹出的快捷菜单中选择"翻转帧"选项，如图12-51所示。

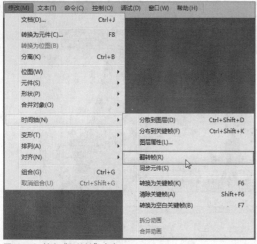

图12-50 单击"翻转帧"命令

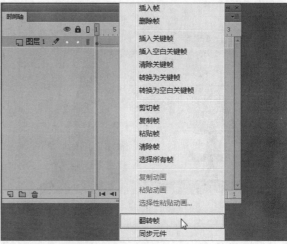

图12-51 选择"翻转帧"选项

STEP 05 执行操作后，即可翻转帧对象，按【Ctrl+Enter】组合键测试动画影片，效果如图12-52所示。

图12-52 翻转帧对象

实战 413 **帧的复制操作**

▶ **实例位置:** 光盘\效果\第12章\实战413.fla
▶ **素材位置:** 光盘\素材\第12章\实战413.fla
▶ **视频位置:** 光盘\视频\第12章\实战413.mp4

● 实例介绍 ●

在Flash CC工作界面中，有时需要在不同的帧上出现相同的内容，这时可以通过复制帧来满足需要，下面向读者介绍复制帧的操作方法。

● 操作步骤 ●

STEP 01 单击"文件"|"打开"命令，打开一个素材文件，如图12-53所示。

STEP 02 在"时间轴"面板中，选择需要复制的帧对象，如图12-54所示。

图12-53 打开一个素材文件

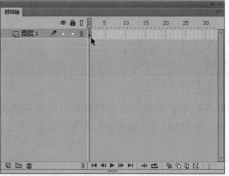

图12-54 选择需要复制的帧对象

STEP 03 在菜单栏中,单击"编辑"|"时间轴"|"复制帧"命令,如图12-55所示,即可复制"时间轴"面板中选择的帧对象。

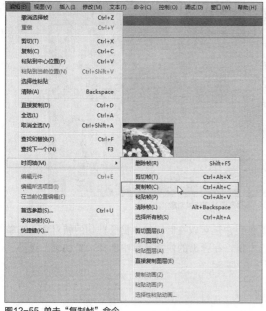

图12-55 单击"复制帧"命令

STEP 04 在"时间轴"面板中,选择第20帧,如图12-56所示。

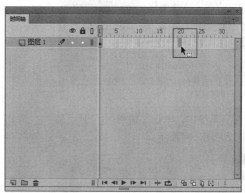

图12-56 选择第20帧

STEP 05 在菜单栏中,单击"编辑"|"时间轴"|"粘贴帧"命令,如图12-57所示。

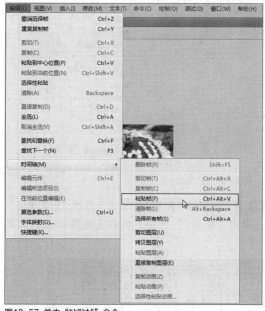

图12-57 单击"粘贴帧"命令

STEP 06 执行操作后,即可在第20帧的位置处,粘贴复制的帧对象,如图12-58所示。

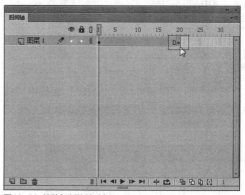

图12-58 粘贴复制的帧对象

实战 414 帧的剪切操作

▶ **实例位置**:光盘\效果\第12章\实战414.fla
▶ **素材位置**:光盘\素材\第12章\实战414.fla
▶ **视频位置**:光盘\视频\第12章\实战414.mp4

● 实例介绍 ●

在Flash CC工作界面中,用户通过"剪切帧"功能,可以对帧进行删除操作,或者对帧进行移动操作,下面向读者介绍剪切帧的操作方法。

● 操作步骤 ●

STEP 01 单击"文件"|"打开"命令，打开一个素材文件，如图12-59所示。

图12-59 打开一个素材文件

STEP 03 在菜单栏中，单击"编辑"|"时间轴"|"剪切帧"命令，如图12-61所示。

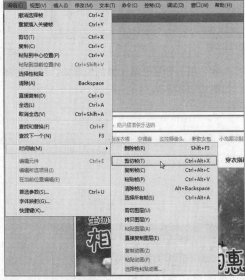

图12-61 单击"剪切帧"命令

STEP 05 执行操作后，即可剪切"时间轴"面板中选择的帧对象，此时关键帧变为了空白关键帧，如图12-63所示。

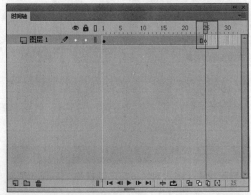

图12-63 剪切选择的帧对象

STEP 02 在"时间轴"面板中，选择需要剪切的帧对象，如图12-60所示。

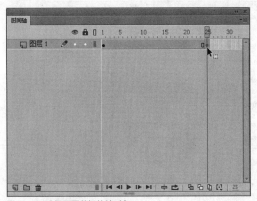

图12-60 选择需要剪切的帧对象

STEP 04 用户还可以在时间轴中需要剪切的帧对象上，单击鼠标右键，在弹出的快捷菜单中选择"剪切帧"选项，如图12-62所示。

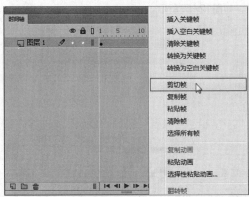

图12-62 选择"剪切帧"选项

STEP 06 在"时间轴"面板中，单击下方的"新建图层"按钮，新建"图层2"图层，然后选择第10帧，如图12-64所示。

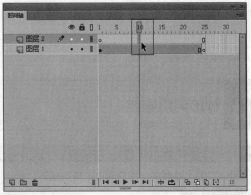

图12-64 选择第10帧

STEP 07 在该帧上单击鼠标右键，在弹出的快捷菜单中选择"粘贴帧"选项，如图12-65所示。

STEP 08 执行操作后，即可将剪切的帧对象粘贴到"图层2"图层的第10帧，达到移动帧对象的目的，"时间轴"面板如图12-66所示。

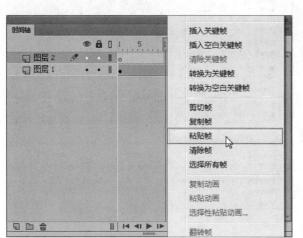

图12-65 选择"粘贴帧"选项

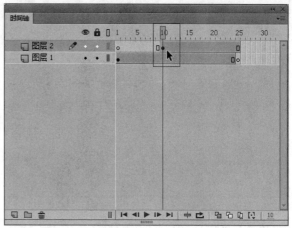

图12-66 粘贴前面剪切的帧对象

实战 415	帧的删除操作

▶ 实例位置：光盘\效果\第12章\实战415.fla
▶ 素材位置：光盘\素材\第12章\实战415.fla
▶ 视频位置：光盘\视频\第12章\实战415.mp4

● 实例介绍 ●

在Flash CC工作界面中，如果动画文档中有些无意义的帧，此时用户可以将其进行删除。下面向读者介绍删除帧的操作方法。

● 操作步骤 ●

STEP 01 单击"文件"|"打开"命令，打开一个素材文件，如图12-67所示。

STEP 02 在"时间轴"面板中，查看现有的帧对象，如图12-68所示。

图12-67 打开一个素材文件

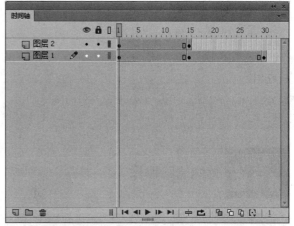

图12-68 查看现有的帧对象

STEP 03 在"图层1"中按住【Shift】键的同时，选择多个需要删除的帧，如图12-69所示。

STEP 04 在菜单栏中，单击"编辑"|"时间轴"|"删除帧"命令，如图12-70所示。

技巧点拨

在Flash CC工作界面中，按【Shift＋F5】组合键，也可以快速删除选择的帧对象。

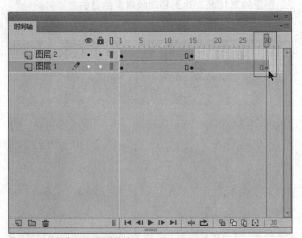

图12-69 选择多个需要删除的帧

图12-70 单击"删除帧"命令

STEP 05 用户还可以在需要删除的帧对象上，单击鼠标右键，在弹出的快捷菜单中选择"删除帧"选项，如图12-71所示。

STEP 06 执行操作后，即可删除"图层1"中选择的帧对象，如图12-72所示。

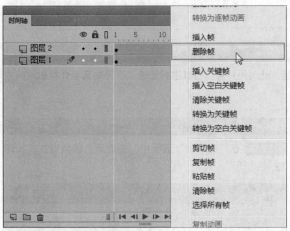

图12-71 选择"删除帧"选项

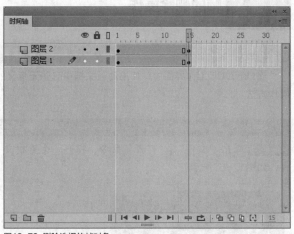

图12-72 删除选择的帧对象

技巧点拨

　　在Flash CC的"时间轴"面板中，当删除的是连续帧中的某一个或多个帧时，后面的帧会自动提前填补空位。在"时间轴"面板中，两个帧之间是不能有空缺的，如果要使两个帧之间不出现任何内容，可以使用空白关键帧。

实战 416 帧的清除操作

▶ 实例位置：光盘\效果\第12章\实战416.fla
▶ 素材位置：光盘\素材\第12章\实战416.fla
▶ 视频位置：光盘\视频\第12章\实战416.mp4

● 实例介绍 ●

　　在Flash CC工作界面中，清除帧的操作和删除帧的操作类似，用户可以将不需要的帧进行清除操作，以制作出需要的动画效果。下面向读者介绍清除帧的操作方法。

● 操作步骤 ●

STEP 01 单击"文件"|"打开"命令，打开一个素材文件，如图12-73所示。

STEP 02 在"时间轴"面板中，查看现有的帧对象，如图12-74所示。

图12-73 打开一个素材文件

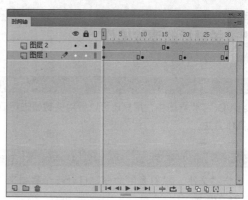

图12-74 查看现有的帧对象

STEP 03 在"图层1"图层中，选择需要清除的多个帧对象，如图12-75所示。

STEP 04 在菜单栏中，单击"编辑"|"时间轴"|"清除帧"命令，如图12-76所示。

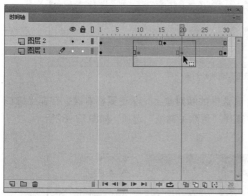

图12-75 选择需要清除的多个帧

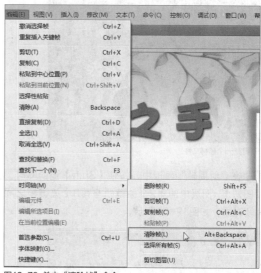

图12-76 单击"清除帧"命令

技巧点拨

> 在Flash CC工作界面中，用户按【Alt＋Backspace】组合键，也可以清除帧对象。

STEP 05 用户还可以在需要清除的帧对象上，单击鼠标右键，在弹出的快捷菜单中选择"清除帧"选项，如图12-77所示。

STEP 06 此时，被清除的帧对象上，关键帧已经变为空白关键帧，表示该帧在舞台中没有任何对应的素材，如图12-78所示，完成清除帧的操作。

图12-77 选择"清除帧"选项

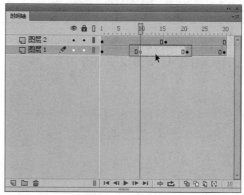

图12-78 完成清除帧的操作

实战 417 关键帧的清除操作

▶ 实例位置：光盘\效果\第12章\实战417.fla
▶ 素材位置：光盘\素材\第12章\实战417.fla
▶ 视频位置：光盘\视频\第12章\实战417.mp4

● 实例介绍 ●

在Flash CC工作界面中，用户还可以针对关键帧进行清除操作，此时关键帧将转换为普通帧。下面向读者介绍清除关键帧的操作方法。

● 操作步骤 ●

STEP 01 单击"文件"|"打开"命令，打开一个素材文件，如图12-79所示。

STEP 02 在"时间轴"面板中，查看现有的帧对象，如图12-80所示。

图12-79 打开一个素材文件

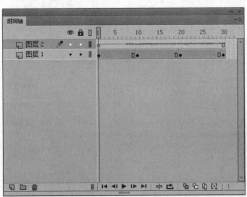

图12-80 查看现有的帧对象

STEP 03 在"时间轴"面板中，按住【Shift】键的同时，选择"图层1"图层中的第2个关键帧与第3个关键帧之间的所有帧对象，如图12-81所示。

STEP 04 在选择的帧对象上，单击鼠标右键，在弹出的快捷菜单中选择"清除关键帧"选项，如图12-82所示。

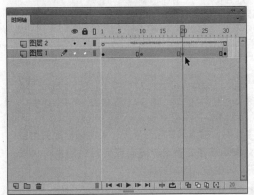

图12-81 选择需要清除的关键帧

图12-82 选择"清除关键帧"选项

STEP 05 执行操作后，即可清除时间轴中的关键帧，此时关键帧将被转换为普通帧，如图12-83所示。

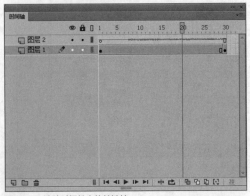

图12-83 清除时间轴中的关键帧

实战
418
普通帧转换为关键帧

▶ 实例位置：光盘\效果\第12章\实战418.fla
▶ 素材位置：光盘\素材\第12章\实战418.fla
▶ 视频位置：光盘\视频\第12章\实战418.mp4

● 实例介绍 ●

在Flash CC工作界面中，用户可以将"时间轴"面板中的普通帧转换为关键帧，制作动画效果。下面向读者介绍转换为关键帧的操作方法。

● 操作步骤 ●

STEP 01 单击"文件"|"打开"命令，打开一个素材文件，如图12-84所示。

夏装新款t恤女短袖宽松纯棉白色打底衫韩版中长款大码女装小衫潮 包邮
¥29.90　　　月销量787

图12-84　打开一个素材文件

STEP 02 在"时间轴"面板中，选择需要转换为关键帧的帧对象，如图12-85所示。

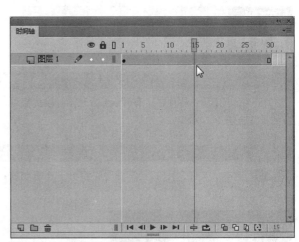

图12-85　选择需要转换为关键帧的帧

STEP 03 在菜单栏中，单击"修改"菜单，在弹出的菜单列表中单击"时间轴"|"转换为关键帧"命令，如图12-86所示。

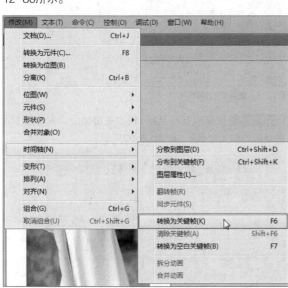

图12-86　单击"转换为关键帧"命令

STEP 04 用户还可以在需要转换的帧对象上，单击鼠标右键，在弹出的快捷菜单中选择"转换为关键帧"选项，如图12-87所示。

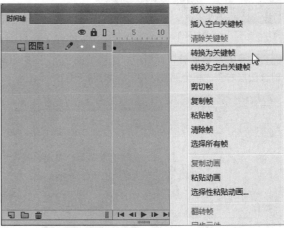

图12-87　选择"转换为关键帧"选项

STEP 05 执行操作后，即可将普通帧转换为关键帧，如图12-88所示。

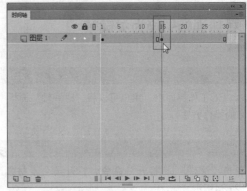

图12-88 将普通帧转换为关键帧

实战 419	扩展关键帧至合适位置

▶ **实例位置：** 光盘\效果\第12章\实战419.fla
▶ **素材位置：** 光盘\素材\第12章\实战419.fla
▶ **视频位置：** 光盘\视频\第12章\实战419.mp4

● 实例介绍 ●

在Flash CC工作界面中，有时候部分动画片段少帧时，用户可以扩展关键帧至合适位置。下面向读者介绍扩展关键帧的操作方法。

● 操作步骤 ●

STEP 01 单击"文件"|"打开"命令，打开一个素材文件，如图12-89所示。

图12-89 打开一个素材文件

STEP 03 在"时间轴"面板中，选择"图层2"图层，此时该图层右侧的帧全部被选中了，如图12-91所示。

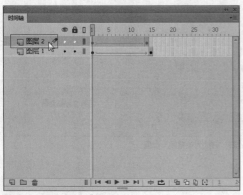

图12-91 选择"图层2"图层

STEP 02 在"时间轴"面板中，查看现有的帧对象，如图12-90所示。

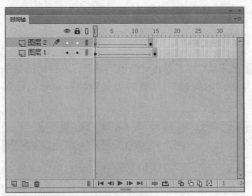

图12-90 查看现有的帧对象

STEP 04 将鼠标指针移至第1帧的关键帧上，鼠标指针呈带矩形的箭头形状，如图12-92所示。

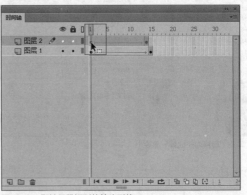

图12-92 指针呈带矩形的箭头形状

STEP 05 单击鼠标左键并向右拖曳至合适位置，此时显示帧移动的范围，以蓝色矩形线表示，如图12-93所示。

STEP 06 释放鼠标左键，即可扩展关键帧，如图12-94所示。

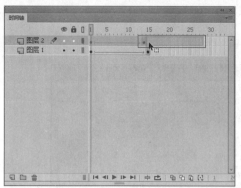

图12-93　向右拖曳至合适位置

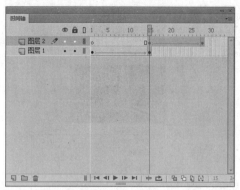

图12-94　扩展关键帧的效果

STEP 07 在"时间轴"面板下方，单击"播放"按钮▶，预览舞台中扩展关键帧后的图形动画效果，如图12-95所示。

图12-95　预览舞台中的图形动画效果

实战 420　将对象分布到关键帧

▶ 实例位置：光盘\效果\第12章\实战420.fla
▶ 素材位置：光盘\素材\第12章\实战420.fla
▶ 视频位置：光盘\视频\第12章\实战420.mp4

● 实例介绍 ●

在Flash CC工作界面中，用户可以将图层中的多个图形对象分布到关键帧中，以制作出图形单独的动画效果。下面向读者介绍将对象分布到关键帧的操作方法。

● 操作步骤 ●

STEP 01 单击"文件"|"打开"命令，打开一个素材文件，如图12-96所示。

STEP 02 在"时间轴"面板中，选择需要分布的关键帧内容，如图12-97所示。

图12-96　打开一个素材文件

图12-97　选择需要分布的关键帧内容

STEP 03 在菜单栏中，单击"修改"|"时间轴"|"分布到关键帧"命令，如图12-98所示。

STEP 04 执行操作后，即可将内容分布到关键帧中，如图12-99所示。

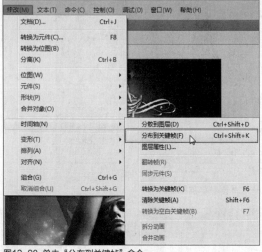

图12-98 单击"分布到关键帧"命令

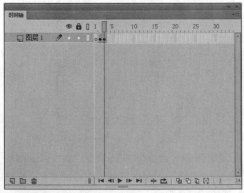

图12-99 将内容分布到关键帧中

技巧点拨

在Flash CC工作界面中，用户还可以通过以下两种方法执行"分布到关键帧"命令。

➢ 按【Ctrl+Shift+K】组合键。

➢ 单击"修改"|"时间轴"菜单，在弹出的菜单列表中按【F】键，也可以快速执行"分布到关键帧"命令。

实战 421 为动画帧添加标签

▶ 实例位置：光盘\效果\第12章\实战421.fla
▶ 素材位置：光盘\素材\第12章\实战421.fla
▶ 视频位置：光盘\视频\第12章\实战421.mp4

● 实例介绍 ●

在Flash CC工作界面中，标签是绑定在指定的关键帧上的标记，当移动、插入或删除帧时，标签会随指定的关键帧移动，在脚本中指定关键帧时，一般使用标签帧。标签包含在发布后的Flash影片中，所以应该使用尽量短的标签以减小文件的大小。本节主要向读者介绍添加标签帧的操作方法，希望读者熟练掌握。

● 操作步骤 ●

STEP 01 单击"文件"|"打开"命令，打开一个素材文件，如图12-100所示。

STEP 02 在"时间轴"面板的"图层1"中，选择需要标记的关键帧对象，这里选择第14帧，如图12-101所示。

图12-100 打开一个素材文件

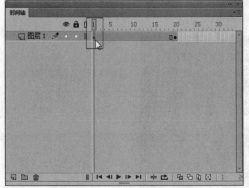

图12-101 选择第14帧

知识扩展

在Flash CC工作界面中，如果用户需要修改洋葱皮的显示模式，可单击"修改标记"按钮，在弹出的列表框中，可选择相应的选项，来控制洋葱皮的显示模式。

STEP 03 在"属性"面板的"标签"选项区中，下方显示了一个"名称"文本框，如图12-102所示。

STEP 04 选择一种合适的输入法，在其中设置"标签"的名称，这里输入"广告动画"，如图12-103所示。

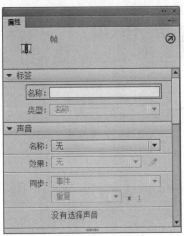

图12-102 显示"名称"文本框

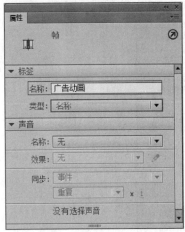

图12-103 输入"广告动画"

STEP 05 输入完成后，按【Enter】键确认，即可在"时间轴"面板中设置标签帧，被标签的帧上显示一个小红旗标记，如图12-104所示。

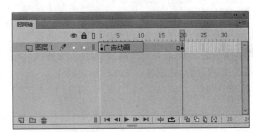

图12-104 设置标签帧

实战 422 为动画帧添加注释

▶ 实例位置：光盘\效果\第12章\实战422.fla
▶ 素材位置：光盘\素材\第12章\实战422.fla
▶ 视频位置：光盘\视频\第12章\实战422.mp4

● 实例介绍 ●

在Flash CC工作界面中，用户不仅可以为关键帧添加标签名称，还可以为关键帧添加相关的注释文本。在Flash CC工作界面中，注释帧就像脚本中使用的注释文本一样，其目的在于对动画的内容做出解释，使动画制作人员方便把握动画的编辑流程。在多人合作开发一个Flash影片时，注释显得尤其重要。

● 操作步骤 ●

STEP 01 单击"文件"|"打开"命令，打开一个素材文件，如图12-105所示。

STEP 02 在"时间轴"面板的"图层1"中，选择需要注释的关键帧对象，这里选择第15帧，如图12-106所示。

图12-105 打开一个素材文件

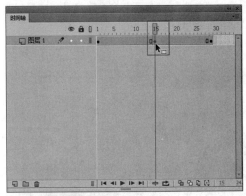

图12-106 选择第15帧

STEP 03 在"属性"面板的"标签"选项区中，下方显示了一个"名称"文本框，在其中输入相关注释内容，这里输入"//需加代码"文本，如图12-107所示。

STEP 04 在"属性"面板中，单击"类型"右侧的下三角按钮，在弹出的列表框中选择"注释"选项，如图12-108所示。

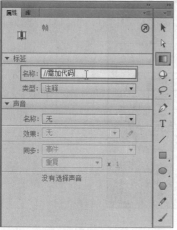

图12-107 输入相关注释内容

图12-108 选择"注释"选项

STEP 05 执行操作后，即可在"时间轴"面板的关键帧上，显示了相关的注释文本，文本前显示了两条绿色斜线，如图12-109所示，完成注释文本的添加操作。

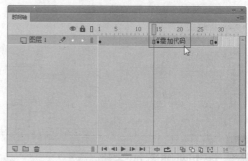

图12-109 显示了相关的注释文本

实战 423 为动画帧添加锚记

▶ 实例位置：光盘\效果\第12章\实战423.fla
▶ 素材位置：光盘\素材\第12章\实战423.fla
▶ 视频位置：光盘\视频\第12章\实战423.mp4

● 实例介绍 ●

在Flash CC工作界面中，锚记帧可以使浏览网页变得更加方便，可以使用浏览器中的导航按钮从一个帧跳到另一个帧，或从一个场景跳到另一个场景，从而使Flash影片的导航变得简单。下面向读者介绍设置锚记帧的操作方法。

● 操作步骤 ●

STEP 01 单击"文件"|"打开"命令，打开一个素材文件，如图12-110所示。

STEP 02 在"时间轴"面板的"图层1"中，选择需要锚记的关键帧对象，这里选择第1帧，如图12-111所示。

图12-110 打开一个素材文件

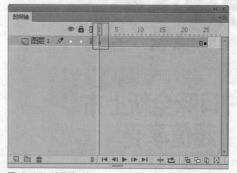

图12-111 选择第1帧

STEP 03 在"名称"文本框中输入锚记内容，这里输入"qiche"文本，如图12-112所示。

STEP 04 在"属性"面板中，单击"类型"右侧的下三角按钮，在弹出的列表框中选择"锚记"选项，如图12-113所示。

图12-112 输入相关锚记内容

图12-113 选择"锚记"选项

STEP 05 执行操作后，即可在"时间轴"面板的关键帧上，显示锚记文本，锚记文本的关键帧上显示了一朵小黄花标记，如图12-114所示。

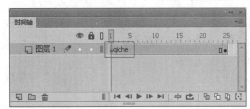

图12-114 显示锚记文本

实战 424　帧动画的复制与粘贴

▶ 实例位置：光盘\效果\第12章\实战424.fla
▶ 素材位置：光盘\素材\第12章\实战424.fla
▶ 视频位置：光盘\视频\第12章\实战424.mp4

● 实例介绍 ●

在Flash CC工作界面中，如果用户需要制作出一样的动画效果，此时可以对"时间轴"面板中的动画进行复制与粘贴操作，提高制作动画的效率，节约重复的工作时间。

例如，通过"复制动画"命令与"粘贴动画"命令，可以对"时间轴"面板中的帧动画进行复制与粘贴操作。

● 操作步骤 ●

STEP 01 单击"文件"|"打开"命令，打开一个素材文件，如图12-115所示。

图12-115 打开一个素材文件

STEP 02 在"时间轴"面板中，选择需要复制的动画帧，如图12-116所示。

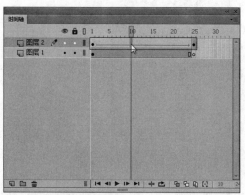

图12-116 选择需要复制的动画帧

STEP 04 复制动画后，在"图层1"图层中选择需要粘贴动画的帧位置，如图12-118所示。

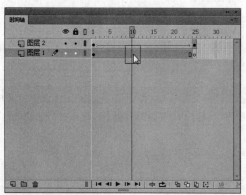

图12-118 选择帧位置

STEP 06 执行操作后，即可将复制的动画进行粘贴操作，如图12-120所示。

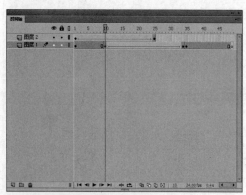

图12-120 将复制的动画进行粘贴操作

STEP 03 在菜单栏中，单击"编辑"|"时间轴"|"复制动画"命令，如图12-117所示。

图12-117 单击"复制动画"命令

STEP 05 在菜单栏中，单击"编辑"|"时间轴"|"粘贴动画"命令，如图12-119所示。

图12-119 单击"粘贴动画"命令

STEP 07 在舞台中，可以查看粘贴动画后的效果，如图12-121所示。

图12-121 查看粘贴动画后的图形效果

12.2 制作简单的网页动画

在Flash中可以制作很多种类的动画，其中逐帧动画、补间动画、引导层动画以及遮罩动画等，是最简单、最基本和最常用的动画。

实战 425 导入逐帧动画

▶ **实例位置：** 光盘\效果\第12章\实战425.fla
▶ **素材位置：** 光盘\素材\第12章\素材1.jpg、素材2.jpg
▶ **视频位置：** 光盘\视频\第12章\实战425.mp4

● **实例介绍** ●

在Flash CC工作界面中，逐帧动画是常见的动画形式，它对制作者的绘画和动画制作能力都有较高的要求，它最适合于每一帧中的动画都有改变，而并非简单地在舞台上移动、淡入淡出、色彩变化或旋转。用户在运用Flash CC制作动画的过程中，可以根据需要导入JPG格式的图像来制作逐帧动画。

● **操作步骤** ●

STEP 01 单击"文件"|"新建"命令，新建一个空白的Flash文档，单击"文件"|"导入"|"导入到库"命令，如图12-122所示。

STEP 02 弹出"导入到库"对话框，在其中选择需要导入的图片，如图12-123所示。

图12-122 单击"导入到库"命令

图12-123 选择需要导入的图片

知识扩展

动画是通过迅速且连续地呈现一系列图像（形）来获得的，由于这些图像（形）在相邻的帧之间有较小的变化（包括方向、位置、形状等变化），所以会形成动态效果。实际上，在舞台上看到的第一帧是静止的画面，只有在播放以一定速度沿各帧移动时，才能从舞台上看到动画效果。

STEP 03 单击"打开"按钮，即可将选择的素材导入到"库"面板中，在"时间轴"面板的"图层1"图层中，选择第1帧，如图12-124所示。

STEP 04 在"库"面板中，选择"素材1"位图图像，如图12-125所示。

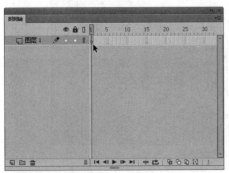

图12-124 选择第1帧

图12-125 选择"素材1"位图图像

STEP 05 单击鼠标左键并拖曳至舞台中的适当位置，制作第1帧动画，如图12-126所示。

STEP 06 在舞台区灰色背景空白位置上，单击鼠标右键，在弹出的快捷菜单中选择"文档"选项，弹出"文档设置"对话框，单击"匹配内容"按钮，如图12-127所示。

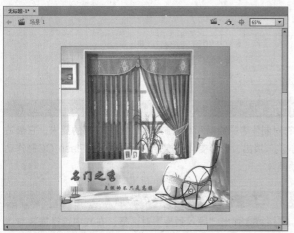

图12-126 制作第1帧动画

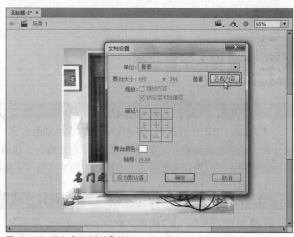

图12-127 单击"匹配内容"按钮

STEP 07 单击"确定"按钮，设置舞台区尺寸，在"时间轴"面板的"图层1"图层中，选择第2帧，按【F7】键，插入空白关键帧，如图12-128所示。

STEP 08 在"库"面板中，选择"素材2"位图图像，如图12-129所示。

图12-128 插入空白关键帧

图12-129 选择"素材2"位图图像

STEP 09 单击鼠标左键并拖曳至舞台中的适当位置，制作第2帧动画，如图12-130所示。

STEP 10 此时，"时间轴"面板的"图层1"中，第1帧和第2帧都变成了关键帧，表示该帧中含有动画内容，如图12-131所示。

图12-130 制作第2帧动画

图12-131 帧中含有动画内容

STEP 11 完成JPG逐帧动画的导入和制作后，单击"控制"|"测试"命令，测试制作的JPG逐帧动画效果，如图12-132所示。

图12-132 测试制作的逐帧动画效果

实战 426 制作逐帧动画

▶ 实例位置：光盘\效果\第12章\实战426.fla
▶ 素材位置：光盘\素材\第12章\实战426.fla
▶ 视频位置：光盘\视频\第12章\实战426.mp4

● 实例介绍 ●

在Flash CC工作界面中，制作逐帧动画的过程中，运用一定的制作技巧可以快速地提高制作效率，也能使制作的逐帧动画的质量得到大幅度的提高。

● 操作步骤 ●

STEP 01 单击"文件"|"打开"命令，打开一个素材文件，如图12-133所示。

STEP 02 在工具箱中，选取文本工具，在"属性"面板中，设置文本的字体、字号以及颜色等相应属性，如图12-134所示。

图12-133 打开一个素材文件

图12-134 设置文本相应属性

STEP 03 在舞台中的适当位置创建文本框，并在其中输入相应的文本内容，如图12-135所示。

STEP 04 选取工具箱中的任意变形工具，适当旋转文本的角度，如图12-136所示。

图12-135 输入相应的文本内容

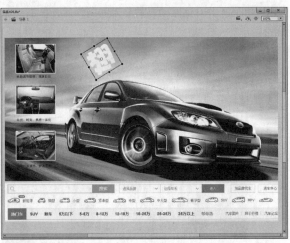

图12-136 适当旋转文本的角度

STEP 05 在"时间轴"面板的"文本"图层中，选择第5帧，如图12-137所示。

STEP 06 按【F6】键，插入关键帧，如图12-138所示。

图12-137 选择第5帧

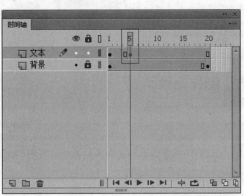

图12-138 插入关键帧

STEP 07 选取工具箱中的文本工具，在舞台中创建一个文本对象，如图12-139所示。

STEP 08 在"时间轴"面板的"文本"图层中，选择第10帧，插入关键帧，如图12-140所示。

图12-139 创建一个文本对象

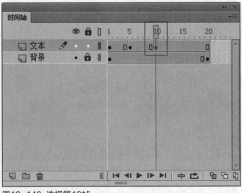

图12-140 选择第10帧

STEP 09 运用文本工具，在舞台中创建一个文本对象，选取工具箱中的任意变形工具，适当旋转文本的角度，如图12-141所示。

STEP 10 使用同样的方法，在第15帧插入关键帧，并制作相应的文本效果，如图12-142所示。

图12-141 创建文本对象

图12-142 制作相应的文本效果

STEP 11 单击"控制"|"测试"命令，测试制作的逐帧动画效果，如图12-143所示。

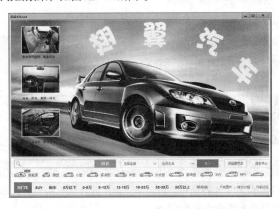

图12-143 测试制作的逐帧动画效果

实战 427　制作形状渐变动画

▶ 实例位置：光盘\效果\第12章\实战427.fla
▶ 素材位置：光盘\素材\第12章\实战427.fla
▶ 视频位置：光盘\视频\第12章\实战427.mp4

● 实例介绍 ●

　　渐变动画包括形状渐变动画和动作渐变动画。形状渐变是基于所选择的两个关键帧中的矢量图形存在的形状、色彩和大小等差异而创建的动画关系，在两个关键帧之间插入逐渐变形的图形显示。动作渐变动画是指在两个关键帧之间为某个对象建立一种运动补间关系的动画。

　　在Flash CC工作界面中，形状渐变动画又称形状补间动画，是指在Flash的"时间轴"面板的一个关键帧中绘制一个形状，然后在另一个关键帧中更改该形状或绘制一个形状，Flash会根据两者之间的形状来创建动画。下面向读者介绍创建形状渐变动画的操作方法。

● 操作步骤 ●

STEP 01 单击"文件"|"打开"命令，打开一个素材文件，如图12-144所示。

STEP 02 选择"图层2"图层中第1帧至第15帧之间的任意一帧，单击鼠标右键，在弹出的快捷菜单中选择"创建补间形状"选项，创建补间形状动画，如图12-145所示。

图12-144 打开一个素材文件

图12-145 创建补间形状动画

STEP 03 按【Ctrl＋Enter】组合键测试动画，效果如图12-146所示。

图12-146 测试制作的形状渐变动画效果

知识扩展

在Flash CC工作界面中，和动作补间动画不同，形状补间动画中两个关键帧中的内容主体必须是处于分离状态的图形，独立的图形元件不能创建形状补间动画。

实战 428	制作颜色渐变动画	▶ 实例位置：光盘\效果\第12章\实战428.fla
		▶ 素材位置：光盘\素材\第12章\实战428.fla
		▶ 视频位置：光盘\视频\第12章\实战428.mp4

● 实例介绍 ●

在Flash CC工作界面中，颜色渐变运用元件特有的色彩调节方式调整颜色、亮度或透明度等，用户制作颜色渐变动画可得到色彩丰富的动画效果。

● 操作步骤 ●

STEP 01 单击"文件"|"打开"命令，打开一个素材文件，如图12-147所示。

STEP 02 在"时间轴"面板的"店庆"图层中，选择第20帧，如图12-148所示。

图12-147 打开一个素材文件

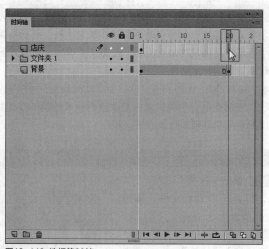

图12-148 选择第20帧

STEP 03 按【F6】键，在第20帧处插入关键帧，如图12-149所示。

STEP 04 在舞台中，选择相应的元件，如图12-150所示。

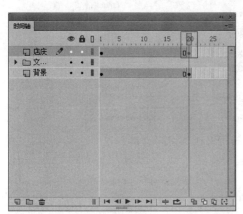

图12-149 插入关键帧

图12-150 选择相应的元件

STEP 05 在"属性"面板的"色彩效果"选项区中，单击"样式"右侧的下三角按钮，在弹出的列表框中选择"色调"选项，如图12-151所示。

STEP 06 在"色调"下方，设置相应颜色参数，如图12-152所示。

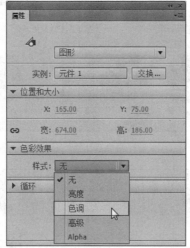

图12-151 选择"色调"选项

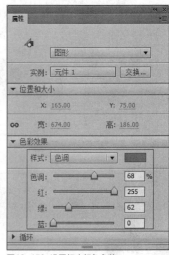

图12-152 设置相应颜色参数

STEP 07 执行操作后，即可更改第20帧对应的舞台元件色调，如图12-153所示。

STEP 08 在"店庆"图层的第10帧上，单击鼠标右键，在弹出的快捷菜单中选择"创建传统补间"选项，如图12-154所示。

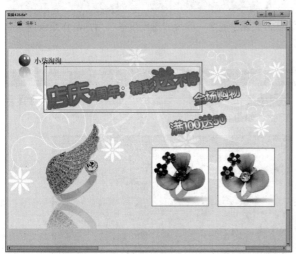

图12-153 更改舞台元件色调

图12-154 选择"创建传统补间"选项

STEP 09 执行操作后，即可创建传统补间动画，如图12-155所示。

STEP 10 在菜单栏中，单击"控制"菜单，在弹出的菜单列表中单击"测试"命令，如图12-156所示。

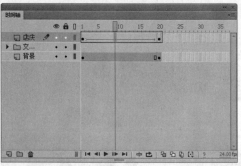

图12-155 创建传统补间动画

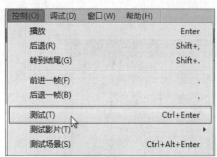

图12-156 单击"测试"命令

STEP 11 执行操作后，测试制作的颜色渐变动画效果，如图12-157所示。

图12-157 测试制作的颜色渐变动画效果

知识扩展

　　动作补间动画就是在两个关键帧之间为某个对象建立一种运动补间关系的动画。在Flash动画的制作过程中，常需要制作图片的若隐若现、移动、缩放和旋转等效果，这主要通过动作补间动画来实现。

实战 429 制作位移动画

▶ **实例位置：**光盘\效果\第12章\实战429.fla
▶ **素材位置：**光盘\素材\第12章\实战429.fla
▶ **视频位置：**光盘\视频\第12章\实战429.mp4

● 实例介绍 ●

　　在Flash CC工作界面中，颜色渐变运用元件特有的色彩调节方式调整颜色、亮度或透明度等，用户制作颜色渐变动画可得到色彩丰富的动画效果。

● 操作步骤 ●

STEP 01 单击"文件"|"打开"命令，打开一个素材文件，如图12-158所示。

STEP 02 在"时间轴"面板的"图层2"图层中，选择第15帧，如图12-159所示。

图12-158 打开一个素材文件

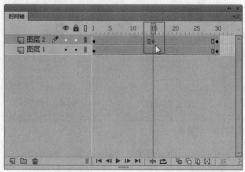

图12-159 选择第15帧

STEP 03 此时，第15帧所对应的舞台图形会被选中，运用移动工具，调整图形的位置，如图12-160所示。

STEP 04 选择"图层2"图层中第1帧至第15帧之间的任意一帧，单击鼠标右键，在弹出的快捷菜单中选择"创建传统补间"选项，创建位移补间动画，如图12-161所示。

图12-160　调整图形的位置

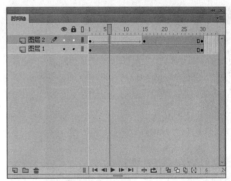

图12-161　创建传统补间位移动画

STEP 05 按【Ctrl + Enter】组合键测试动画，效果如图12-162所示。

图12-162　测试制作的位移动画效果

实战 430　制作旋转动画

▶ **实例位置：** 光盘\效果\第12章\实战430.fla
▶ **素材位置：** 光盘\素材\第12章\实战430.fla
▶ **视频位置：** 光盘\视频\第12章\实战430.mp4

● 实例介绍 ●

在Flash CC工作界面中，旋转动画就是某物体围绕着一个中心轴旋转，如风车的转动、电风扇的转动等，使画面由静态变为动态。下面向读者介绍创建旋转动画的操作方法。

● 操作步骤 ●

STEP 01 单击"文件"|"打开"命令，打开一个素材文件，如图12-163所示。

STEP 02 选择"风车2"图层中的第50帧，按【F6】键插入关键帧，如图12-164所示。

图12-163　打开一个素材文件

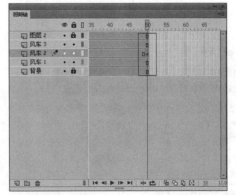

图12-164　插入关键帧

STEP 03 选择"风车2"图层中的第1帧至第50帧之间的任意一帧，单击鼠标右键，在弹出的快捷菜单中选择"创建传统补间"选项，如图12-165所示。

图12-165 选择"创建传统补间"选项

STEP 04 执行操作后，即可创建传统补间动画，如图12-166所示。

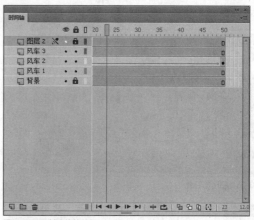

图12-166 创建传统补间

STEP 05 在"属性"面板"补间"选项区中的"旋转"列表框中，选择"顺时针"选项，如图12-167所示。

图12-167 选择"顺时针"选项

STEP 06 使用上述相同的方法，为"风车1"和"风车3"图层创建旋转补间动作，如图12-168所示。

图12-168 创建其他旋转补间动作

STEP 07 按【Ctrl+Enter】组合键测试动画，效果如图12-169所示。

图12-169 测试制作的旋转动画效果

<table>
<tr><td rowspan="2">实战
431</td><td rowspan="2">制作引导动画</td></tr>
</table>

| 实战
431 | 制作引导动画 | ▶ 实例位置：光盘\效果\第12章\实战431.fla
▶ 素材位置：光盘\素材\第12章\实战431.fla
▶ 视频位置：光盘\视频\第12章\实战431.mp4 |

● 实例介绍 ●

在Flash CC工作界面中，制作运动引导动画可以使对象沿着指定的路径进行运动，在一个运动引导层下可以建立一个或多个被引导层。

● 操作步骤 ●

STEP 01 单击"文件"|"打开"命令，打开一个素材文件，如图12-170所示。

STEP 02 在"时间轴"面板中，选择"蝴蝶"图层，如图12-171所示。

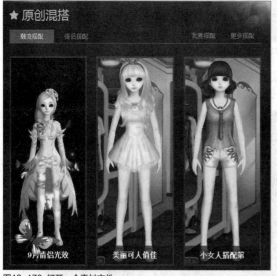

图12-170 打开一个素材文件

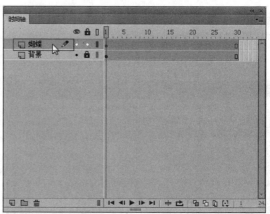

图12-171 选择"蝴蝶"图层

STEP 03 在"蝴蝶"图层上，单击鼠标右键，在弹出的快捷菜单中选择"添加传统运动引导层"选项，如图12-172所示。

STEP 04 执行操作后，即可为"蝴蝶"图层添加引导层，如图12-173所示。

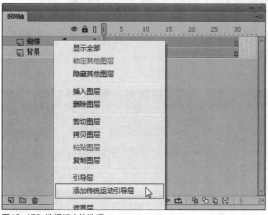

图12-172 选择相应的选项

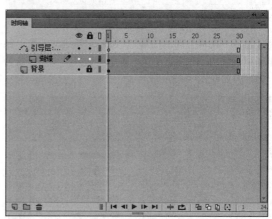

图12-173 为"蝴蝶"图层添加引导层

STEP 05 选择"引导层"图层的第1帧，选取工具箱中的钢笔工具，在舞台中绘制一条路径，如图12-174所示。

STEP 06 选取工具箱中的选择工具，将舞台中的"蝴蝶"图形元件拖曳至绘制路径的开始位置，如图12-175所示。

图12-174 在舞台中绘制一条路径

图12-175 拖曳至绘制路径的开始位置

STEP 07 在"蝴蝶"图层的第30帧，按【F6】键，添加关键帧，如图12-176所示。

STEP 08 选择舞台中的图形元件实例，将其拖曳至绘制的路径的结束位置，如图12-177所示。

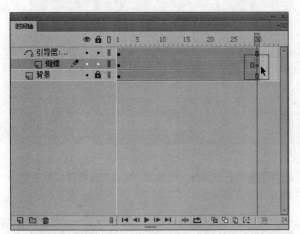

图12-176 添加关键帧

图12-177 拖曳至结束位置

STEP 09 在"蝴蝶"图层的第1帧至第30帧中的任意一帧上单击鼠标右键，在弹出的快捷菜单中选择"创建传统补间"选项，如图12-178所示。

STEP 10 执行操作后，即可在"蝴蝶"图层中创建传统补间动画，如图12-179所示。

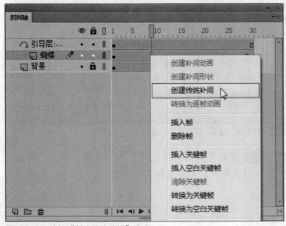

图12-178 选择"创建传统补间"选项

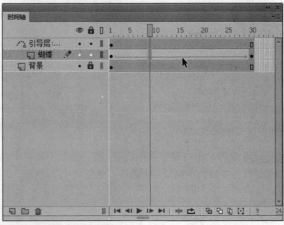

图12-179 创建传统补间动画

STEP 11 按【Ctrl + Enter】组合键测试动画，效果如图12-180所示。

图12-180　测试制作的单个引导动画

实战 432	制作2D放大动画

▶ 实例位置：光盘\效果\第12章\实战432.fla
▶ 素材位置：光盘\素材\第12章\实战432.fla
▶ 视频位置：光盘\视频\第12章\实战432.mp4

● 实例介绍 ●

在Flash CC工作界面中，用户可以直接运用Flash本身已经预设的动画。下面以2D放大动画效果为例，向读者介绍运用预设动画的操作方法。

● 操作步骤 ●

STEP 01 单击"文件"|"打开"命令，打开一个素材文件，如图12-181所示。

STEP 02 选取工具箱中的选择工具，选择舞台中的相应图形，如图12-182所示。

图12-181　打开一个素材文件

图12-182　选择舞台中的相应图形

STEP 03 在菜单栏中，单击"窗口"|"动画预设"命令，如图12-183所示。

STEP 04 展开"动画预设"面板，展开"默认预设"文件夹，在列表框中选择"2D放大"选项，如图12-184所示，单击"应用"按钮。

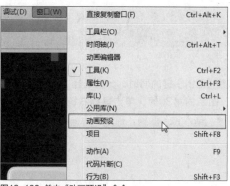

图12-183　单击"动画预设"命令

图12-184　选择"2D放大"选项

STEP 05 执行操作后，弹出提示信息框，单击"确定"按钮，按【Ctrl＋Enter】组合键，测试预设动画，效果如图12-185所示。

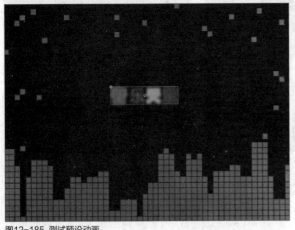

图12-185 测试预设动画

| 实战 433 制作遮罩动画 | ▶ 实例位置：光盘\效果\第12章\实战433.fla
▶ 素材位置：光盘\素材\第12章\实战433.fla
▶ 视频位置：光盘\视频\第12章\实战433.mp4 |

● 实例介绍 ●

在Flash CC工作界面中，遮罩层和被遮罩层是相互关联的图层，遮罩层可以将图层遮住，在遮罩层中对象的位置显示被遮罩层中的内容。在Flash CC中，不仅可以创建遮罩层动画，还可以创建被遮罩层动画。

● 操作步骤 ●

STEP 01 单击"文件"|"打开"命令，打开一个素材文件，如图12-186所示。

STEP 02 将"库"面板中的"元件1"元件拖曳至舞台中合适位置，如图12-187所示。

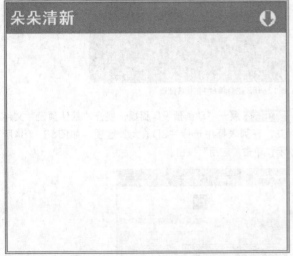

图12-186 打开素材文件

图12-187 拖入元件

STEP 03 新建"图层2"图层，将"库"面板中的"元件2"元件拖曳至舞台中的适当位置，使其覆盖"元件1"图像，如图12-188所示。

STEP 04 按住【Ctrl】键的同时，分别选择"图层1"图层和"图层2"图层的第30帧，单击鼠标右键，在弹出的快捷菜单中选择"插入帧"选项，插入普通帧，如图12-189所示。

图12-188 拖入元件

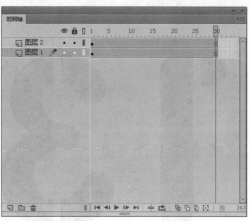

图12-189 插入普通帧

STEP 05 新建"图层3"图层，运用矩形工具▣在舞台中适当位置绘制一个"笔触颜色"为无，"填充颜色"为任意色的矩形，并运用任意变形工具▣对其进行适当的缩放，使其完全覆盖图像，如图12-190所示。

STEP 06 在"图层3"图层的第15帧插入关键帧，选择该图层的第1帧，将该帧中的对象拖曳至舞台的下方，如图12-191所示。

图12-190 调整图像大小

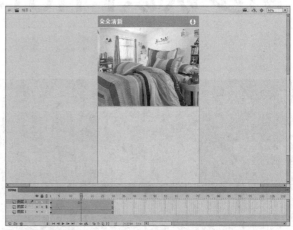

图12-191 调整位置

STEP 07 选择"图层3"图层的第1帧至第15帧之间的任意一帧，单击鼠标右键，弹出快捷菜单，选择"创建传统补间"选项，创建传统补间动画；然后选择"图层3"图层，单击鼠标右键，在弹出的快捷菜单中选择"遮罩层"选项，创建遮罩图层，如图12-192所示。

STEP 08 按【Ctrl＋Enter】组合键测试动画，效果如图12-193所示。

图12-192 创建遮罩图层

图12-193 测试动画

547

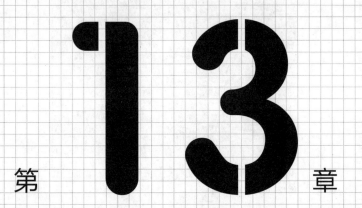

网页
图像篇

第 **13** 章

初步认识Photoshop CC

本章导读

Photoshop CC是一款专门用于处理网页图像的软件。在绘图方面结合了位图以及矢量图处理的特点，它不仅具备复杂的图像处理功能，并且还能轻松地把图像输出到Flash、Dreamweaver以及第三方的应用程序中。Photoshop凭借着界面美观、功能强大以及操作简便等诸多优点，成为处理网页图片的最佳助手，使制作的网页更为美观、更具吸引力。

要点索引

- Photoshop CC的启动与退出
- 网页图像文件的基本操作
- 管理Photoshop CC窗口
- 优化Photoshop CC软件
- 网页图像的撤销和还原操作
- 掌握页面布局辅助工具

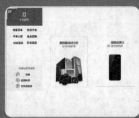

13.1 Photoshop CC的启动与退出

用户使用软件的第一步，就是要掌握这个软件的打开方法，本节主要介绍Photoshop CC的启动与退出的操作方法。

实战 434 启动Photoshop CC

▶ **实例位置：** 无
▶ **素材位置：** 无
▶ **视频位置：** 光盘\视频\第13章\实战434.mp4

● 实例介绍 ●

由于Photoshop CC程序需要较大的运行内存，所以Photoshop CC的启动时间较长，在启动的过程中需要耐心等待。

● 操作步骤 ●

STEP 01 移动鼠标至桌面上的Photoshop CC快捷方式图标上，双击鼠标左键，即可启动Photoshop CC程序，如图13-1所示。

STEP 02 程序启动后，即可进入Photoshop CC工作界面，如图13-2所示。

图13-1 启动界面

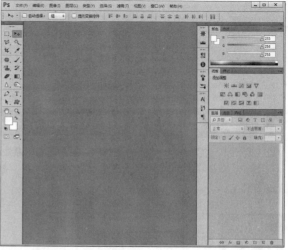

图13-2 Photoshop CC工作界面

技巧点拨

启动Photoshop CC，还有以下3种方法。

➤ 单击"开始"|"所有程序"|"Adobe Photoshop CC"命令。
➤ 移动鼠标至桌面上的Photoshop CC快捷方式图标上，单击鼠标右键，在弹出的快捷菜单中选择"打开"选项。
➤ 双击计算机中已经存盘的任意一个PSD格式的Photoshop文件。

实战 435 退出Photoshop CC

▶ **实例位置：** 无
▶ **素材位置：** 无
▶ **视频位置：** 光盘\视频\第13章\实战435.mp4

● 实例介绍 ●

在处理图像完成后，或者在使用完Photoshop CC软件后，就需要关闭Photoshop CC程序以保证计算机运行速度。

● 操作步骤 ●

STEP 01 单击Photoshop CC窗口右上角的"关闭"按钮，如图13-3所示。

STEP 02 若在工作界面中进行了部分操作，之前也未保存，在退出该软件时，弹出信息提示对话框，如图13-4所示，单击"是"按钮，将保存文件；单击"否"按钮，将不保存文件；单击"取消"按钮，将不退出Photoshop CC程序。

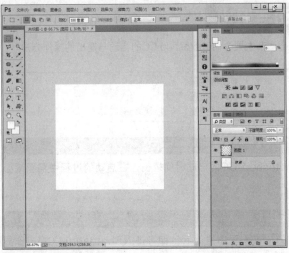
图13-3 单击"关闭"按钮

图13-4 信息提示框

技巧点拨

除了运用上述方法可以退出Photoshop CC外，还有以下两种方法。

➤ 命令：单击"文件"|"退出"命令。

➤ 快捷键：按【Alt＋F4】组合键。

13.2 网页图像文件的基本操作

Photoshop CC作为一款图像处理软件，绘图和图像处理是它的看家本领。在使用Photoshop CC开始创作之前，需要先了解此软件的一些常用操作，如新建文件、打开文件、储存文件和关闭文件等。熟练掌握各种操作，才可以更好、更快地设计作品。

实战 436	新建网页图像文件	▶ 实例位置：无
		▶ 素材位置：无
		▶ 视频位置：光盘\视频\第13章\实战436.mp4

● 实例介绍 ●

在Photoshop面板中，用户若想要绘制或编辑图像，首先需要新建一个空白文件，然后才可以继续进行下面的工作。

● 操作步骤 ●

STEP 01 在菜单栏中单击"文件"|"新建"命令，如图13-5所示。

STEP 02 弹出"新建"对话框中，设置预设为"默认Photoshop大小"，如图13-6所示。

图13-5 单击"新建"命令

图13-6 设置参数

STEP 03 执行操作后,单击"确定"按钮,即可新建一幅空白的图像文件,如图13-7所示。

图13-7　新建空白图像文件

实战 437	打开网页图像文件

▶ 实例位置: 无
▶ 素材位置: 光盘\素材\第13章\实战437.jpg
▶ 视频位置: 光盘\视频\第13章\实战437.mp4

● 实例介绍 ●

在Photoshop CC中经常需要打开一个或多个图像文件进行编辑和修改,它可以打开多种文件格式,也可以同时打开多个文件。

● 操作步骤 ●

STEP 01 单击"文件"|"打开"命令,在弹出"打开"对话框中,选择需要打开的图像文件,如图13-8所示。

STEP 02 单击"打开"按钮,即可打开选择的图像文件,如图13-9所示。

图13-8　选择要打开的文件

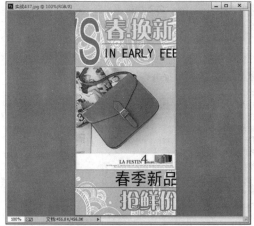

图13-9　打开的图像文件

实战 438	保存网页图像文件

▶ 实例位置: 光盘\效果\第13章\实战438.jpg
▶ 素材位置: 光盘\素材\第13章\实战438.jpg
▶ 视频位置: 光盘\视频\第13章\实战438.mp4

● 实例介绍 ●

在Photoshop中,用户经常需要保存或关闭文件,下面详细介绍如何保存或关闭一个文件的操作方法。

● 操作步骤 ●

STEP 01 单击"文件"|"打开"命令,打开一幅素材图像,如图13-10所示。

STEP 02 单击"文件"|"存储为"命令,弹出"另存为"对话框,设置文件名称与保存路径,然后单击"保存"按钮即可,如图13-11所示。

图13-10 打开素材图像

图13-11 单击"保存"按钮

实战 439 关闭网页图像文件

▶ 实例位置: 无
▶ 素材位置: 无
▶ 视频位置: 光盘\视频\第13章\实战439.mp4

● 实例介绍 ●

运用Photoshop软件的过程中,当新建或打开许多文件时,就需要选择需要关闭的图像文件,然后再进行下一步的工作。

● 操作步骤 ●

STEP 01 在Photoshop CC中新建一个空白文档,单击 "文件" | "关闭"命令,如图13-12所示。

STEP 02 执行操作后,即可关闭当前工作的图像文件,如图13-13所示。

图13-12 单击"关闭"命令

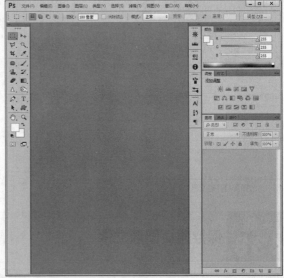

图13-13 关闭文件

技巧点拨

除了运用上述方法关闭图像文件外,还有以下4种常用的方法。

➤ 快捷键1: 按【Ctrl+W】组合键,关闭当前文件。
➤ 快捷键2: 按【Alt+Ctrl+W】组合键,关闭所有文件。
➤ 快捷键3: 按【Ctrl+Q】组合键,关闭当前文件并退出Photoshop。
➤ 按钮: 单击图像文件标题栏上的"关闭"按钮 。

实战
440 置入网页图像文件

▶ 实例位置: 光盘\效果\第13章\实战440.psd
▶ 素材位置: 光盘\素材\第13章\实战440a.jpg、实战440b.jpg
▶ 视频位置: 光盘\视频\第13章\实战440.mp4

● 实例介绍 ●

在Photoshop中置入图像文件, 是指将所选择的文件置入到当前编辑窗口中, 然后在Photoshop中进行编辑。Photoshop CC所支持的格式都能通过"置入"命令将指定的图像文件置于当前编辑的文件中。

● 操作步骤 ●

STEP 01 单击"文件"|"打开"命令, 打开一幅素材图像, 如图13-14所示。

图13-14 打开素材图像

STEP 02 然后单击"文件"|"置入"命令, 如图13-15所示。

图13-15 单击"置入"命令

知识扩展

在Photoshop中可以对视频帧、注释和WIA等内容进行编辑, 当新建或打开图像文件后, 单击"文件"|"导入"命令, 可将内容导入到图像中。导入文件是因为一些特殊格式无法直接打开, Photoshop软件无法识别, 导入的过程软件自动把它转换为可识别格式, 打开的就是软件可以直接识别的文件格式, Photoshop直接保存会默认存储为psd格式文件, 另存为或导出就可以根据需求存储为特殊格式。

STEP 03 弹出"置入"对话框, 选择置入文件, 如图13-16所示。

图13-16 选择置入文件

STEP 04 单击"置入"按钮, 即可置入图像文件, 如图13-17所示。

图13-17 置入图像文件

STEP 05 将鼠标指针移动至置入文件控制点上, 按住【Shift】键的同时单击鼠标左键, 等比例缩放图片, 如图13-18所示。

STEP 06 执行上述操作后, 将鼠标指针移动至置入文件上, 单击鼠标左键并拖动鼠标, 将置入文件移动至合适位置, 按【Enter】键确认, 得到最终效果如图13-19所示。

图13-18 等比例缩放图像

图13-19 最终效果

实战 441　导出网页图像文件

▶ 实例位置：光盘\效果\第13章\实战441.ai
▶ 素材位置：光盘\素材\第13章\实战441.psd
▶ 视频位置：光盘\视频\第13章\实战441.mp4

● 实例介绍 ●

　　在Photoshop中创建或编辑的图像可以导出到Zoomify、Illustrator和视频设备中，以满足用户的不同需求。如果在Photoshop中创建了路径，需要进一步处理，可以将路径导出为AI格式，在Illustrator中可以继续对路径进行编辑。

● 操作步骤 ●

STEP 01　单击"文件"|"打开"命令，打开一幅素材图像，如图13-20所示。
STEP 02　单击"窗口"|"路径"命令，如图13-21所示。
STEP 03　展开"路径"面板，选择"工作路径"选项，如图13-22所示。
STEP 04　执行上述操作后，得到效果如图13-23所示。

图13-20 打开素材图像

图13-21 单击"路径"命令

图13-22 选择"工作路径"选项

图13-23 路径效果

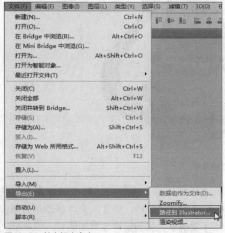

图13-24 单击相应命令

STEP 05　单击"文件"|"导出"|"路径到Illustrator"命令，如图13-24所示。

STEP 06　弹出"导出路径到文件"对话框，保持默认设置，单击"确定"按钮，如图13-25所示。

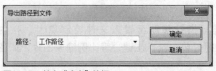

图13-25 单击"确定"按钮

STEP 07 弹出"选择存储路径的文件名"对话框,设置保存路径,如图13-26所示。

STEP 08 单击"保存"按钮,如图13-27所示,即可完成导出文件的操作。

图13-26 设置相应选项

图13-27 单击"保存"按钮

13.3 管理Photoshop CC窗口

在Photoshop CC软件中,用户可以同时打开多个图像文件,其中当前图像编辑窗口将会显示在最前面。用户还可以根据工作需要移动窗口位置、调整窗口大小、改变窗口排列方式或在各窗口之间切换,让工作环境变得更加简洁,下面详细介绍Photoshop CC窗口的管理方法。

实战 442	窗口的最大化与最小化	▶ 实例位置:无
		▶ 素材位置:光盘\素材\第13章\实战442.jpg
		▶ 视频位置:光盘\视频\第13章\实战442.mp4

● 实例介绍 ●

在Photoshop CC中,用户单击标题栏上的"最大化" ▬ 和"最小化" ▢ 按钮,就可以将图像的窗口最大化或最小化。

● 操作步骤 ●

STEP 01 单击"文件"|"打开"命令,打开一幅素材图像,如图13-28所示。

STEP 02 将鼠标指针移动至图像编辑窗口的标题栏上,单击鼠标左键的同时并向下拖曳,如图13-29所示。

图13-28 打开素材图像

图13-29 拖曳图像窗口

知识扩展

在Photoshop"帮助"菜单中介绍了关于Photoshop的有关信息和法律申明。

➤ 关于Photoshop：在Photoshop菜单栏中单击"帮助"｜"关于Photoshop"命令，会弹出Photoshop启动时的画面。画面中显示了Photoshop研发小组的人员名单和其他Photoshop的有关信息提示。

➤ 法律声明：在Photoshop菜单栏中单击"帮助"｜"法律声明"命令，可以在打开的"法律声明"对话框中查看Photoshop的专利和法律声明。

STEP 03 将鼠标指针移至图像编辑窗口标题栏上的"最大化"按钮上，单击鼠标左键，即可最大化窗口，如图13-30所示。

STEP 04 将鼠标指针移至图像编辑窗口标题栏上的"最小化"按钮上，单击鼠标左键，即可最小化窗口，如图13-31所示。

图13-30 最大化窗口

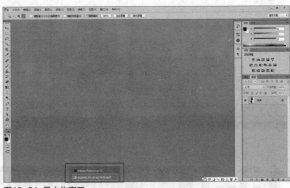

图13-31 最小化窗口

实战 443 窗口的还原操作

▶ 实例位置：无
▶ 素材位置：光盘\素材\第13章\实战442.jpg
▶ 视频位置：光盘\视频\第13章\实战443.mp4

● 实例介绍 ●

在Photoshop CC中，当图像编辑窗口处于最大化或者是最小化的状态时，用户可以单击标题栏右侧的"恢复"按钮来恢复窗口。下面详细介绍了还原窗口的操作方法，以供读者的学习和参考。

● 操作步骤 ●

STEP 01 在实战442的基础上，将鼠标指针移至图像编辑窗口的标题栏上，单击"恢复"按钮，即可恢复图像，如图13-32所示。

STEP 02 将鼠标指针移至图像编辑窗口的标题栏上，单击鼠标左键的同时并拖曳到工具属性栏的下方，当呈现蓝色虚框时释放鼠标左键，即可还原窗口，如图13-33所示。

图13-32 恢复图像

图13-33 还原窗口

实战 444　窗口的大小调整

▶ 实例位置：无
▶ 素材位置：光盘\素材\第13章\实战444.mp4
▶ 视频位置：光盘\视频\第13章\实战444.mp4

● 实例介绍 ●

在Photoshop CC中，如果用户在处理图像的过程中，需要把图像放在合适的位置，这时就要调整图像编辑窗口的大小和位置。

● 操作步骤 ●

STEP 01 单击"文件"|"打开"命令，打开一幅素材图像，如图13-34所示。

STEP 02 将鼠标移动至图像编辑窗口标题栏上，单击鼠标左键的同时并拖曳至合适位置，即可移动窗口的位置，如图13-35所示。

图13-34 打开素材图像

图13-35 移动窗口位置

STEP 03 将鼠标指针移至图像编辑窗口边框线上，当鼠标呈现形状时，单击鼠标左键的同时并拖曳，即可改变窗口大小，如图13-36所示。

STEP 04 将鼠标指针移至图像窗口的角上，当鼠标呈现形状时，单击鼠标左键的同时并拖曳，即可等比例缩放窗口，如图13-37所示。

图13-36 改变窗口大小

图13-37 等比缩放窗口

实战 445　窗口的排列操作

▶ 实例位置：无
▶ 素材位置：光盘\素材\第13章\实战445a~实战445d.tif
▶ 视频位置：光盘\视频\第13章\实战445.mp4

● 实例介绍 ●

当打开多个图像文件时，每次只能显示一个图像编辑窗口内的图像。若用户需要对多个窗口中的内容进行比较，则可将各窗口以水平平铺、浮动、层叠和选项卡等方式进行排列。

● 操作步骤 ●

STEP 01 单击"文件"|"打开"命令，打开4幅素材图像，如图13-38所示。

图13-38 打开素材图像

STEP 03 执行上述操作后，即可平铺窗口中的图像，如图13-40所示。

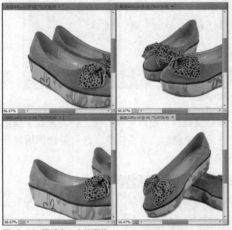

图13-40 平铺窗口中的图像

STEP 05 执行上述操作后，即可使当前编辑窗口浮动排列，如图13-42所示。

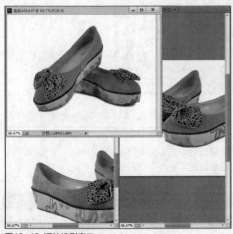

图13-42 浮动排列窗口

STEP 02 单击"窗口"|"排列"|"平铺"命令，如图13-39所示。

图13-39 单击"平铺"命令

STEP 04 单击"窗口"|"排列"|"在窗口中浮动"命令，如图13-41所示。

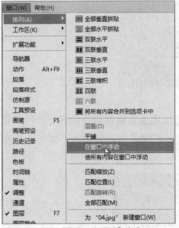

图13-41 单击"在窗口中浮动"命令

STEP 06 单击"窗口"|"排列"|"使所有内容在窗口中浮动"命令，如图13-43所示。

图13-43 单击相应命令

STEP 07 执行上述操作后，即可使所有窗口都浮动排列，如图13-44所示。

STEP 08 单击"窗口"|"排列"|"将所有内容合并到选项卡中"命令，如图13-45所示。

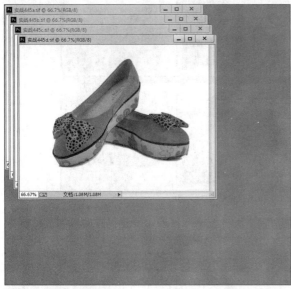

图13-44 所有窗口浮动排列

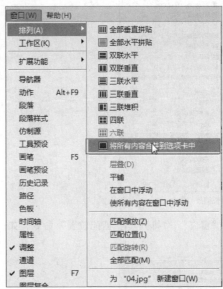

图13-45 单击相应命令

知识扩展

当用户需要对窗口进行适当的布置时，可以将鼠标指针移至图像窗口的标题栏上，单击鼠标左键的同时并拖曳，即可将图像窗口拖动到屏幕任意位置。

STEP 09 执行上述操作后，即可以选项卡的方式排列图像窗口，如图13-46所示。

STEP 10 单击"窗口"|"排列"|"平铺"命令，调整"实战445d"素材图像的缩放比例为100%，如图13-47所示。

图13-46 以选项卡方式排列图像窗口

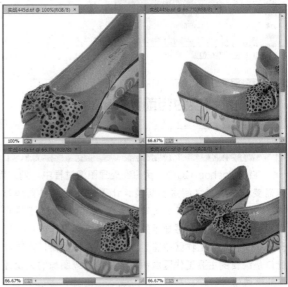

图13-47 调整素材图像缩放比例

STEP 11 单击"窗口"|"排列"|"匹配缩放"命令，如图13-48所示。

STEP 12 执行上述操作后，即可以匹配缩放方式排列图片，如图13-49所示。

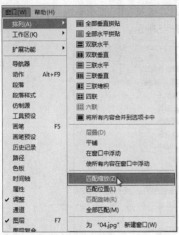

图13-48 单击"匹配缩放"命令

图13-49 匹配缩放方式排列图片

STEP 13 单击"窗口"|"排列"|"匹配位置"命令，如图13-50所示。

STEP 14 执行上述操作后，调整所有图像缩放比例为25%，如图13-51所示。

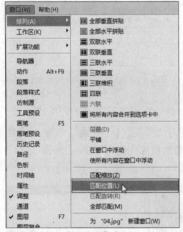

图13-50 单击"匹配位置"命令

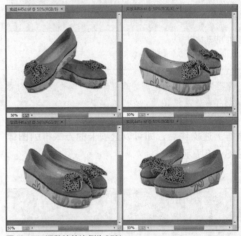

图13-51 调整缩放比例为25%

实战 446 切换为当前窗口

▶ **实例位置：** 无
▶ **素材位置：** 光盘\素材\第13章\实战446a.jpg、实战446b.tif
▶ **视频位置：** 光盘\视频\第13章\实战446.mp4

● 实例介绍 ●

在Photoshop CC中，用户在处理图像过程中，如果界面的图像编辑窗口中同时打开多幅素材图像时，用户可以根据需要在各窗口之间进行切换，让工作界面变得更加方便、快捷，从而提高工作效率。在Photoshop CC工具界面的中间，呈灰色区域显示的即为图像编辑工作区。当打开一个文档时，工作区中将显示该文档的图像窗口，图像窗口是编辑的主要工作区域，图形的绘制或图像的编辑都在此区域中进行。

在图像编辑窗口中可以实现所有Photoshop CC中的功能，也可以对图像窗口进行多种操作，如改变窗口大小和位置等。当新建或打开多个文件时，图像标题栏的显示呈灰白色时，即为当前编辑窗口，如图13-52所示，此时所有操作将只针对该图像编辑窗口；若想对其他图像编辑窗口进行编辑，使用鼠标单击需要编辑的图像窗口即可。

图13-52 打开多个文档的工作界面

STEP 01 单击"文件"|"打开"命令，打开两幅素材图像，如图13-53所示。

STEP 02 单击"窗口"|"排列"|"使所有内容在窗口中浮动"命令，如图13-54所示。

图13-53 打开素材图像

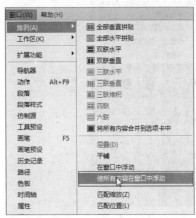

图13-54 单击相应命令

STEP 03 执行上述操作后，即可将所有图像在窗口中浮动显示，如图13-55所示。

STEP 04 将鼠标指针移至"实战446a"素材图像的编辑窗口上，单击鼠标左键，即可将素材图像置为当前窗口，如图13-56所示。

图13-55 将所有图像在窗口中浮动

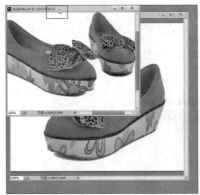

图13-56 将图像置为当前窗口

技巧点拨

除了运用上述方法可以切换图像编辑窗口外，还有以下3种方法。

➤ 快捷键1：按【Ctrl+Tab】组合键。

➤ 快捷键2：按【Ctrl+F6】组合键。

➤ 快捷菜单：单击"窗口"菜单，在弹出的菜单列表中的最下方，Photoshop会列出当前打开的所有素材图像的名称，单击任意一个图像名称，即可将其切换为当前图像窗口。

实战 447 将功能面板展开

▶ 实例位置：无

▶ 素材位置：无

▶ 视频位置：光盘\视频\第13章\实战447.mp4

单击面板组右上角的双三角形按钮，可以将面板展开，再次单击双三角形按钮，可将其折叠回面板组。

STEP 01 将鼠标指针移至控制面板上方的灰色区域内，单击鼠标右键，弹出快捷菜单，选择"展开面板"选项，如图13-57所示。

STEP 02 执行操作后，即可在图像编辑窗口中展开控制面板，如图13-58所示。

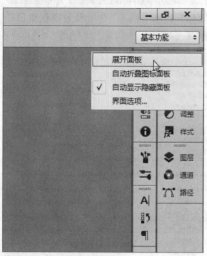

图13-57 选择"展开面板"选项

图13-58 展开控制面板

STEP 03 将鼠标指针移至控制面板上方的灰色区域内，单击鼠标右键，在弹出的快捷菜单中选择"折叠为图标"选项，如图13-59所示。

STEP 04 执行操作后，已展开的控制面板即可转换为折叠状态，如图13-60所示。

图13-59 选择"折叠为图标"选项

图13-60 转换为折叠状态

技巧点拨

展开面板还有以下两种方法。

➢ 将鼠标指针移至控制面板上方的按钮处，单击鼠标左键，即可展开控制面板。

➢ 将鼠标指针移至控制面板上方的灰色区域中，并双击鼠标左键，即可展开控制面板。

实战 448 移动功能面板

▶ 实例位置：无
▶ 素材位置：光盘\素材\第13章\实战448.jpg
▶ 视频位置：光盘\视频\第13章\实战448.mp4

● 实例介绍 ●

在Photoshop CC中，为使图像编辑窗口显示更有利于操作，面板可随意移动至任意位置。

● 操作步骤 ●

STEP 01 单击"文件"|"打开"命令，打开一幅素材图像，如图13-61所示。

STEP 02 单击"窗口"|"色板"命令，如图13-62所示，即可展开"色板"面板。

图13-61 打开素材图像

图13-62 单击"色板"命令

STEP 03 将鼠标指针移动至"色板"面板的上方，如图13-63所示。

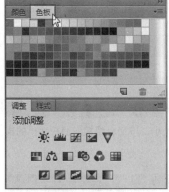

图13-63 将鼠标指针移至面板上方

STEP 04 单击鼠标左键的同时并拖曳至合适位置后，释放鼠标左键，即可移动"色板"面板，如图13-64所示。

图13-64 移动色板面板

实战 449　组合功能面板

▶ **实例位置：** 无
▶ **素材位置：** 无
▶ **视频位置：** 光盘\视频\第13章\实战449.mp4

● 实例介绍 ●

　　组合面板可以将两个或者多个面板组合在一起，当一个面板拖曳到另一个面板的标题栏上出现蓝色虚框时释放鼠标，即可将其与目标面板组合。

● 操作步骤 ●

STEP 01 将鼠标指针移至面板上方的灰色区域内，单击鼠标左键的同时并拖曳，如图13-65所示。

STEP 02 当面板呈半透明状态，鼠标所在处出现蓝色虚框时，如图13-66所示，释放鼠标左键，即可组合面板。

图13-65 单击鼠标左键并拖曳　　　图13-66 组合面板

实战 450 隐藏功能面板

▶ 实例位置：无
▶ 素材位置：无
▶ 视频位置：光盘\视频\第13章\实战450.mp4

• 实例介绍 •

在Photoshop中，为了最大限度地利用图像编辑窗口，用户可以隐藏面板，下面介绍隐藏面板的操作方法。

• 操作步骤 •

STEP 01 将鼠标指针移至"色板"面板上方的灰色区域内，单击鼠标右键，弹出快捷菜单，选择"关闭"选项，如图13-67所示。

STEP 02 执行操作后，即可隐藏"色板"控制面板，如图13-68所示。

图13-67 选择"关闭"选项

图13-68 隐藏"色板"面板

实战 451 调整功能面板大小

▶ 实例位置：无
▶ 素材位置：无
▶ 视频位置：光盘\视频\第13章\实战451.mp4

• 实例介绍 •

在Photoshop中，为创造一个舒适的工作环境，用户可以根据需要来控制面板的大小，下面介绍控制面板大小的操作方法。

• 操作步骤 •

STEP 01 将鼠标指针移至面板边缘处，当鼠标指针呈双向箭头形状时，单击鼠标左键并拖曳，如图13-69所示。

STEP 02 即可调整控制面板的大小，如图13-70所示。

图13-69 移动鼠标指针

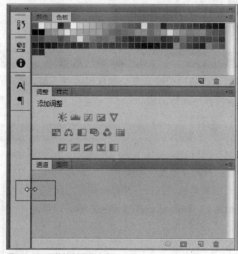

图13-70 调整控制面板大小

实战 452 创建自定义工作区

▶ 实例位置：无
▶ 素材位置：光盘\素材\第13章\实战452.jpg
▶ 视频位置：光盘\视频\第13章\实战452.mp4

• 实例介绍 •

用户创建自定义工作区时可以将经常使用的面板组合在一起，简化工作界面，从而提高工作的效率。

● 操作步骤 ●

STEP 01 单击"文件"|"打开"命令，打开一幅素材图像，如图13-71所示。

STEP 02 单击"窗口"|"工作区"|"新建工作区"命令，如图13-72所示。

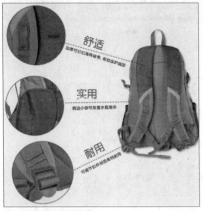

图13-71 打开素材图像

图13-72 单击"新建工作区"命令

STEP 03 弹出"新建工作区"对话框，在"名称"右侧的文本框中设置工作区的名称为01，如图13-73所示。

STEP 04 单击"存储"按钮，如图13-74所示，用户即可完成自定义工作区的创建。

图13-73 设置工作区名称

图13-74 单击"存储"按钮

技巧点拨

单击"窗口"|"工作区"|"基本功能"命令，如图13-75所示，用户就可以返回到Photoshop CC的最原始工作面板。

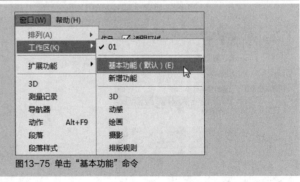

图13-75 单击"基本功能"命令

13.4 优化Photoshop CC软件

在使用Photoshop CC的过程中，用户可以根据需要对Photoshop CC的操作环境进行相应的优化设置，这样有助于提高工作效率。

实战 453	设置自定义快捷键

▶ 实例位置：无
▶ 素材位置：无
▶ 视频位置：光盘\视频\第13章\实战453.mp4

● 实例介绍 ●

在Photoshop CC中，自定义快捷键可以将经常使用的工具，定义为熟悉的快捷键，下面介绍设置自定义快捷键的操作步骤。

● 操作步骤 ●

STEP 01 单击"窗口"|"工作区"|"键盘快捷键和菜单"命令,如图13-76所示。

STEP 02 弹出"键盘快捷键和菜单"对话框,如图13-77所示。

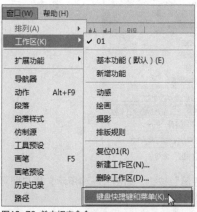

图13-76 单击相应命令

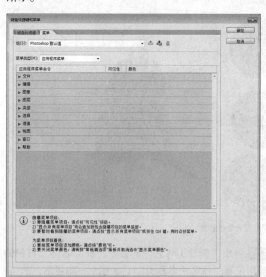

图13-77 弹出"键盘快捷键和菜单"对话框

STEP 03 单击"快捷键用于"右侧的下拉按钮,在弹出的列表框中选择"应用程序菜单"选项,如图13-78所示。

STEP 04 用户可以根据需要自定义快捷键,然后单击"确定"按钮即可,如图13-79所示。

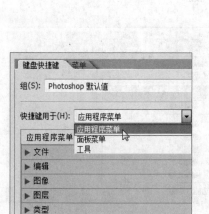

图13-78 单击相应选项

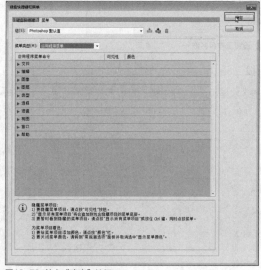

图13-79 单击"确定"按钮

实战 454 设置彩色菜单命令

▶ 实例位置:无
▶ 素材位置:无
▶ 视频位置:光盘\视频\第13章\实战454.mp4

● 实例介绍 ●

在Photoshop CC中,用户可以将经常用到某些菜单命令,设定为彩色,以便需要时可以快速找到相应菜单命令。下面详细介绍自定义彩色菜单命令的操作方法。

● 操作步骤 ●

STEP 01 单击"编辑"|"菜单"命令,如图13-80所示。

STEP 02 执行上述操作后,弹出"键盘快捷键和菜单"对话框,如图13-81所示。

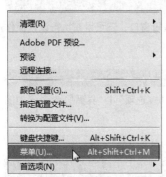

图13-80 单击"菜单"命令

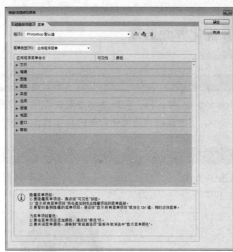

图13-81 弹出"键盘快捷键和菜单"对话框

STEP 03 在"应用程序菜单命令"下拉列表框中单击"图像"左侧的▷三角形按钮，如图13-82所示。

STEP 04 单击"模式"右侧的下拉按钮，在弹出的列表框中选择"蓝色"选项，如图13-83所示。

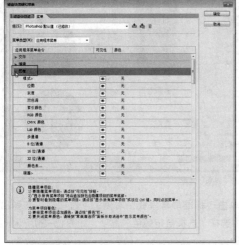

图13-82 单击相应按钮

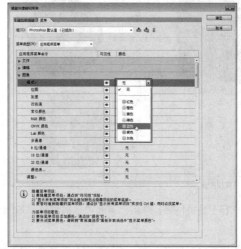

图13-83 选择"蓝色"选项

STEP 05 执行上述操作后，单击"确定"按钮，如图13-84所示。

STEP 06 即可在"图像"菜单中查看到"模式"命令显示为蓝色，如图13-85所示。

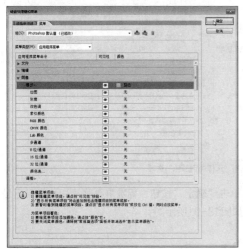

图13-84 单击"确定"按钮

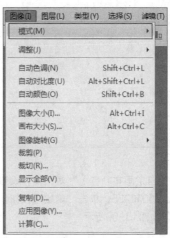

图13-85 显示蓝色

实战 455 优化界面选项

▶ 实例位置：无
▶ 素材位置：光盘\素材\第13章\实战455.jpg
▶ 视频位置：光盘\视频\第13章\实战455.mp4

● 实例介绍 ●

在Photoshop CC中，用户可以根据需要优化操作界面，这样不仅可以美化图像编辑窗口，还可以在执行设计操作时更加得心应手。下面详细介绍优化界面的具体操作方法，以供读者参考和学习。

● 操作步骤 ●

STEP 01 单击"文件"|"打开"命令，打开一幅素材图片，如图13-86所示。

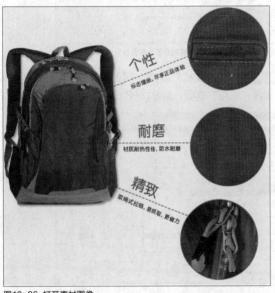

图13-86 打开素材图像

STEP 02 单击"编辑"|"首选项"|"界面"命令，如图13-87所示。

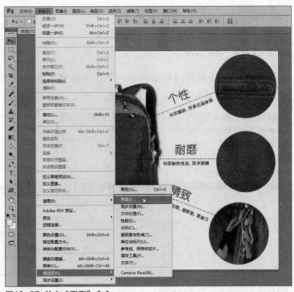

图13-87 单击"界面"命令

STEP 03 执行上述操作后，弹出"首选项"对话框，如图13-88所示。

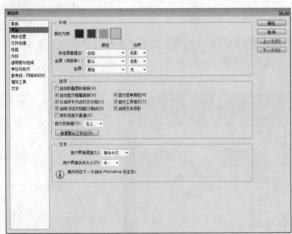

图13-88 弹出"首选项"对话框

STEP 04 单击"标准屏幕模式"右侧的下拉按钮，在弹出的列表框中选择"选择自定颜色"选项，如图13-89所示。

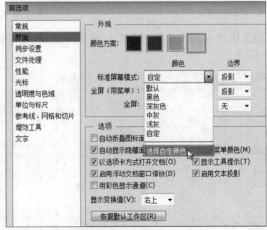

图13-89 选择"选择自定颜色"选项

STEP 05 弹出"拾色器（自定画布颜色）"对话框，设置RGB参数值分别为210、250和255，单击"确定"按钮，返回"首选项"对话框，如图13-90所示。

STEP 06 单击"确定"按钮，标准屏幕模式即可呈自定颜色显示，如图13-91所示。

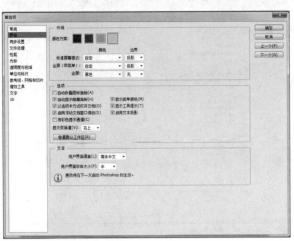

图13-90 返回"首选项"对话框

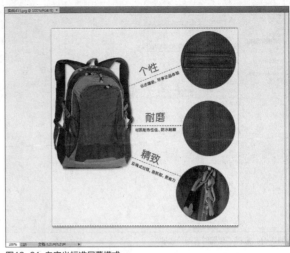

图13-91 自定义标准屏幕模式

实战 456 优化文件处理选项

▶ 实例位置：无
▶ 素材位置：无
▶ 视频位置：光盘\视频\第13章\实战456.mp4

● 实例介绍 ●

用户经常对文件处理选项进行相应优化设置，不仅不会占用计算机内存，而且还能加快浏览图像的速度，更加方便操作。

● 操作步骤 ●

STEP 01 单击"编辑"|"首选项"|"文件处理"命令，如图13-92所示。

STEP 02 弹出"首选项"对话框，如图13-93所示。

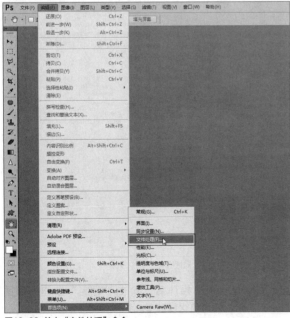

图13-92 单击"文件处理"命令

图13-93 弹出"首选项"对话框

STEP 03 单击"图像预览"右侧的下拉按钮，在弹出的列表框中选择"存储时询问"选项，如图13-94所示。

STEP 04 执行上述操作后，单击"确定"按钮，如图13-95所示，即可优化文件处理。

图13-94 选择"存储时询问"选项

图13-95 单击"确定"按钮

实战 457 优化暂存盘选项

▶ 实例位置：无
▶ 素材位置：无
▶ 视频位置：光盘\视频\第13章\实战457.mp4

● 实例介绍 ●

在Photoshop CC中设置优化暂存盘可以让系统有足够的空间存放数据，防止空间不足，丢失文件数据。

● 操作步骤 ●

STEP 01 在Photoshop CC界面中的菜单栏中，单击"编辑"|"首选项"|"性能"命令，如图13-96所示。

STEP 02 执行上述操作后，即可弹出"首选项"对话框，如图13-97所示。

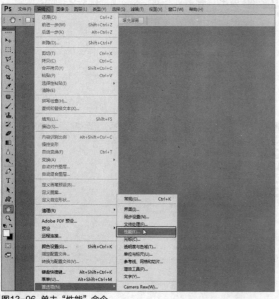

图13-96 单击"性能"命令

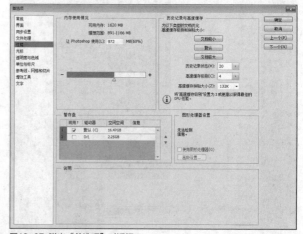

图13-97 弹出"首选项"对话框

STEP 03 在"暂存盘"选项区中，选中"D:\"复选框，如图13-98所示。

STEP 04 执行上述操作后，单击"确定"按钮，如图13-99所示，即可优化暂存盘。

知识扩展

　　用户可以在"暂存盘"选项区中，设置系统磁盘空闲最大的分区作为第一暂存盘。需要注意的是，用户最好不要把系统盘作为第一暂存盘，防止频繁地读写硬盘数据，影响操作系统的运行速度。

　　暂存盘的作用是当Photoshop CC处理较大的图像文件，并且在内存存储已满的情况下，将暂存盘的磁盘空间作为缓存来存放数据。

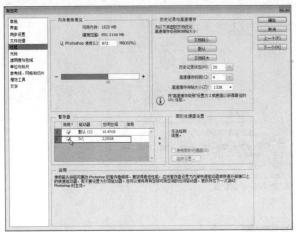

图13-98 选中"D驱动器"复选框

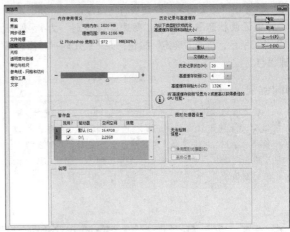

图13-99 单击"确定"按钮

实战 458 优化内存与图像高速缓存选项

▶ 实例位置：无
▶ 素材位置：无
▶ 视频位置：光盘\视频\第13章\实战458.mp4

● 实例介绍 ●

在Photoshop CC软件中，用户使用优化内存与图像高速缓存选项，可以改变系统处理图像文件的速度。

● 操作步骤 ●

STEP 01 单击"编辑"|"首选项"|"性能"命令，如图13-100所示。

STEP 02 执行上述操作后，即可弹出"首选项"对话框，如图13-101所示。

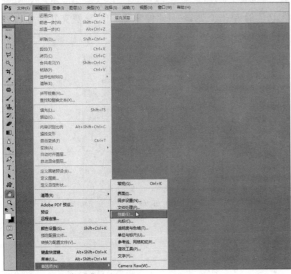

图13-100 单击"性能"命令

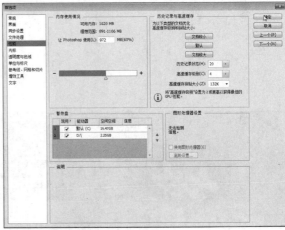

图13-101 弹出"首选项"对话框

STEP 03 在"内存使用情况"选项区中的"让Photoshop使用"右侧数值框中输入800，如图13-102所示。

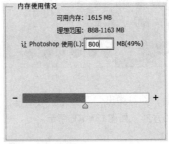

图13-102 输入数值

STEP 04 在"历史记录与高速缓存"选项区中，分别设置"历史记录状态"为40，"高速缓存级别"为4，如图13-103所示，单击"确定"按钮，即可优化内存与图像高速缓存。

知识扩展

在"首选项"对话框中，设置"让Photoshop使用"的数值时，系统默认数值是50%，适当提高这个百分比可以加快Photoshop处理图像文件的速度。在设置"高速缓存级别"数值时，用户可以根据自己计算机的内存配置与硬件水平进行数值设置。

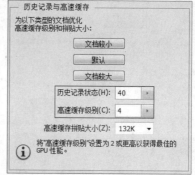

图13-103 设置数值

13.5 网页图像的撤销和还原操作

在处理图像的过程中，用户可以对已完成的操作进行撤销和重做，熟练地运用撤销和重做功能将会给工作带来极大的方便。

实战 459	菜单撤销图像操作	▶ 实例位置：无 ▶ 素材位置：光盘\素材\第13章\实战459.png ▶ 视频位置：光盘\视频\第13章\实战459.mp4

● 实例介绍 ●

在用户进行图像处理时，如果需要恢复操作前的状态，就需要进行撤销操作。

● 操作步骤 ●

STEP 01 单击"文件"|"打开"命令，打开一幅素材图像，如图13-104所示。

STEP 02 单击"滤镜"|"像素化"|"马赛克"命令，如图13-105所示。

图13-104 打开素材图像

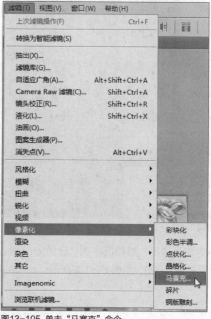

图13-105 单击"马赛克"命令

STEP 03 执行上述操作后，即可弹出"马赛克"对话框，设置"单元格大小"为10方形，如图13-106所示。

STEP 04 单击"确定"按钮，即可制作马赛克效果，如图13-107所示。

图13-106 弹出"马赛克"对话框

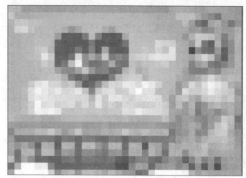

图13-107 马赛克效果

STEP 05 单击"编辑"|"还原马赛克"命令，如图13-108所示。

STEP 06 执行上述操作后，即可撤销图像操作，效果如图13-109所示。

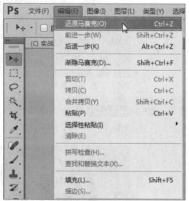

图13-108 单击相应命令

图13-109 最终效果

实战 460 面板撤销任意操作

▶ 实例位置：无
▶ 素材位置：光盘\素材\第13章\实战460.jpg
▶ 视频位置：光盘\视频\第13章\实战460.mp4

● 实例介绍 ●

在处理图像时，Photoshop会自动将已执行的操作记录在"历史记录"面板中，用户可以使用该面板撤销前面所进行的任何操作，还可以在图像处理过程中为当前结果创建快照，并且还可以将当前图像处理结果保存为文件。

● 操作步骤 ●

STEP 01 单击"文件"|"打开"命令，打开一幅素材图像，此时图像编辑窗口中的图像显示如图13-110所示。

STEP 02 单击"滤镜"|"模糊"|"高斯模糊"命令，如图13-111所示。

图13-110 打开素材图像

图13-111 单击"高斯模糊"命令

STEP 03 执行上述操作后，即可弹出"高斯模糊"对话框，设置"半径"为3.0像素，如图13-112所示。

STEP 04 单击"确定"按钮，即可模糊图像，效果如图13-113所示。

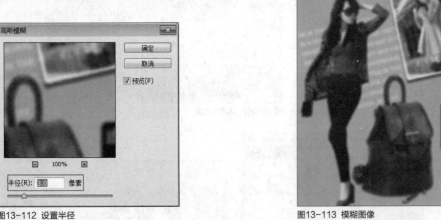

图13-112 设置半径

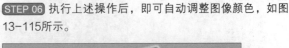

图13-113 模糊图像

STEP 05 在菜单栏中单击"图像"|"自动颜色"命令，如图13-114所示。

STEP 06 执行上述操作后，即可自动调整图像颜色，如图13-115所示。

图13-114 单击"自动颜色"命令

图13-115 自动调整颜色

STEP 07 展开"历史记录"面板，选择"打开"选项，如图13-116所示。

STEP 08 执行上述操作后，即可恢复图像至打开时的状态，如图13-117所示。

图13-116 展开"历史记录"面板

图13-117 恢复图像

<table>
<tr><td rowspan="2">实战
461</td><td rowspan="2">创建非线性历史记录</td><td>▶ 实例位置：无</td></tr>
<tr><td>▶ 素材位置：无</td></tr>
<tr><td></td><td></td><td>▶ 视频位置：光盘\视频\第13章\实战461.mp4</td></tr>
</table>

● 实例介绍 ●

在Photoshop的"历史记录"面板中，如果单击前一个步骤给图像还原时，那么该步骤以下的操作就会全部变暗；如果此时继续进行其他操作，则该步骤后面的记录将会被新的操作所代替；非线性历史记录允许在更改选择状态时保留后面的操作，如图13-118所示。

图13-118 更改"历史记录"面板

● 操作步骤 ●

STEP 01 单击"历史记录"面板中的"扩展"按钮，如图13-119所示。

STEP 02 在弹出的列表框中选择"历史记录选项"选项，弹出"历史记录选项"对话框，选中"允许非线性历史记录"复选框，即可将历史记录设置为非线性状态，如图13-120所示。

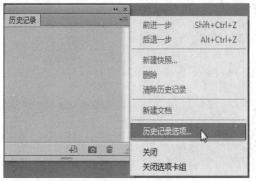

图13-119 单击"扩展"按钮

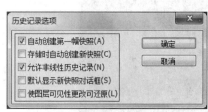

图13-120 设置"历史记录选项"面板

知识扩展

"历史记录选项"对话框各选项含义如下。

➢ 自动创建第一幅快照：打开图像文件时，图像的初始状态自动创建为快照。

➢ 存储时自动创建新快照：在编辑的过程中，每保存一次文件，都会自动创建一个快照。

➢ 允许非线性历史记录：在更改选择状态时保留后面的操作。

➢ 默认显示新快照对话框：在编辑过程中，Photoshop自动提示操作者输入快照名称。

➢ 使图层可见性更改可还原：保存对图层可见性的更改。

<table>
<tr><td rowspan="2">实战
462</td><td rowspan="2">快照还原操作</td><td>▶ 实例位置：无</td></tr>
<tr><td>▶ 素材位置：光盘\素材\第13章\实战462.psd</td></tr>
<tr><td></td><td></td><td>▶ 视频位置：光盘\视频\第13章\实战462.mp4</td></tr>
</table>

● 实例介绍 ●

当绘制完重要的效果以后，单击"历史记录"面板中的"创建新快照"按钮，即可将画面的当前状态保存为一个快照，用户可通过快照将图像恢复到快照所记录的效果。

● 操作步骤 ●

STEP 01 单击"文件"|"打开"命令，打开一幅素材图像，此时图像编辑窗口显示如图13-121所示。

STEP 02 在图层面板中选择"图层1"图层，如图13-122所示。

图13-121 打开素材图像

图13-122 选择相应图层

STEP 03 选取工具箱中的移动工具，移动"图层1"图层至合适位置，效果如图13-123所示。

STEP 04 在"历史记录"面板中选择"移动"选项，如图13-124所示。

图13-123 移动图层

图13-124 选择"移动"选项

STEP 05 按住【Alt】键的同时单击"创建快照"按钮，弹出"新建快照"对话框，设置"名称"为"快照1"，如图13-125所示。

STEP 06 单击"确定"按钮，即可创建"快照1"快照，如图13-126所示。

图13-126 创建"快照1"

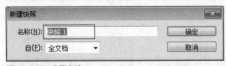

图13-125 设置名称

STEP 07 在"历史记录"面板中选择"实战462.psd"选项，如图13-127所示。

STEP 08 执行操作后，即可还原图像，效果如图13-128所示。

图13-127 选择相应选项

图13-128 还原图像

实战 463 恢复图像初始状态

▶ 实例位置：无
▶ 素材位置：光盘\素材\第13章\实战463.jpg
▶ 视频位置：光盘\视频\第13章\实战463.mp4

● 实例介绍 ●

在Photoshop中处理图像时，软件会自动保存大量的中间数据，在这期间如果不定期处理，就会影响计算机的速度，使之变慢。

用户定期对磁盘的清理，能加快系统的处理速度，同时也有助于在处理图像时速度的提升。下面主要介绍从磁盘恢复图像和清理内存的操作方法。

● 操作步骤 ●

STEP 01 单击"文件"|"打开"命令，打开一幅素材图像，此时图像编辑窗口显示如图13-129所示。

STEP 02 单击"图像"|"图像旋转"|"水平翻转画布"命令，如图13-130所示。

图13-129 打开素材图像

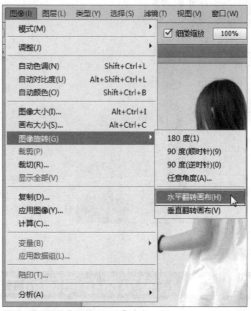

图13-130 单击"水平翻转画布"命令

STEP 03 执行上述操作后，即可翻转图像效果，如图13-131所示。

STEP 04 单击"文件"|"恢复"命令，如图13-132所示。

图13-131 翻转图像

图13-132 单击"恢复"命令

STEP 05 执行上述操作后，即可恢复图像，效果如图13-133所示。

STEP 06 在菜单栏中单击"编辑"|"清理"|"剪贴板"命令，如图13-134所示，即可清除剪贴板的内容。

图13-133 还原图像

图13-134 单击"剪贴板"命令

13.6 掌握页面布局辅助工具

在创作中使用辅助工具可以大大提高工作效率，在Photoshop CC中，辅助工具主要包括网格、标尺以及参考线等。

实战 464 应用网格

▶ 实例位置：无
▶ 素材位置：光盘\素材\第13章\实战464.png
▶ 视频位置：光盘\视频\第13章\实战464.mp4

● 实例介绍 ●

网格是由多条水平和垂直的线条组成的，在绘制图像或对齐窗口中的任意对象时，都可以使用网格来进行辅助操作。用户可以根据需要，显示网格或隐藏网格，在绘制图像时使用网格来进行辅助操作。

● 操作步骤 ●

STEP 01 单击"文件"|"打开"命令，打开一幅素材图像，如图13-135所示。

STEP 02 在菜单栏中单击"视图"|"显示"|"网格"命令，如图13-136所示。

图13-135 打开素材图像

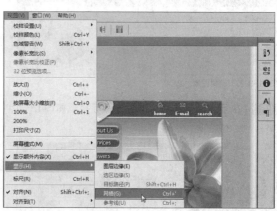

图13-136 单击"网格"命令

STEP 03 执行上述操作后，即可显示网格，如图13-137所示。

STEP 04 再次在菜单栏中单击"视图"|"显示"|"网格"命令，如图13-138所示，即可隐藏网格。

图13-137 显示网格

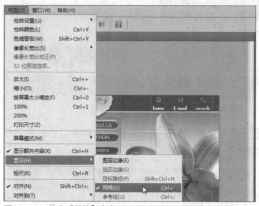

图13-138 单击"网格"命令

实战 465 应用标尺

▶ 实例位置：无
▶ 素材位置：光盘\素材\第13章\实战465.png
▶ 视频位置：光盘\视频\第13章\实战465.mp4

● 实例介绍 ●

应用标尺可以确定图像窗口中图像的大小和位置，显示标尺后，不论放大或缩小图像，标尺的测量数据始终以图像尺寸为准。

● 操作步骤 ●

STEP 01 单击"文件"|"打开"命令，打开一幅素材图像，如图13-139所示。

STEP 02 在菜单栏中单击"视图"|"标尺"命令，如图13-140所示。

图13-139 打开素材图像

图13-140 单击"标尺"命令

STEP 03 执行上述操作后，即可显示标尺，如图13-141所示。

STEP 04 移动鼠标至水平标尺与垂直标尺的相交处，如图13-142所示。

图13-141 显示标尺

图13-142 移动鼠标至水平标尺与垂直标尺的相交处

STEP 05 单击鼠标左键并拖曳至图像编辑窗口中的合适位置，如图13-143所示。

STEP 06 释放鼠标左键，即可更改标尺原点位置，如图13-144所示。

图13-143 拖曳鼠标光标至合适位置

图13-144 更改标尺原点位置

实战 466 **应用标尺工具测量长度**

▶ 实例位置：无
▶ 素材位置：光盘\素材\第13章\实战466.jpg
▶ 视频位置：光盘\视频\第13章\实战466.mp4

● 实例介绍 ●

　　Photoshop CC中的标尺工具不仅可以用来测量图像任意两点之间的距离与角度，还可以用来校正倾斜的图像。如果显示标尺，则标尺会显示出现在当前文件窗口的顶部和左侧，标尺内的标记可显示出指针移动时的位置。

　　在Photoshop CC中，用户如想要知道编辑图像的尺寸、距离或角度，可通过标尺工具来实现。使用标尺工具后，可在信息面板中查看测量信息。

● 操作步骤 ●

STEP 01 单击"文件"|"打开"命令，打开一幅素材图像，如图13-145所示。

STEP 02 选取工具箱中的标尺工具，如图13-146所示。

图13-145 打开素材图像

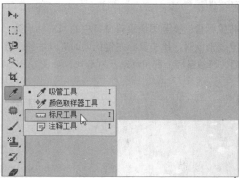

图13-146 选取标尺工具

STEP 03 将鼠标指针移至图像编辑窗口中，此时鼠标呈 形状，如图13-147所示。

STEP 04 在图像编辑窗口中单击鼠标左键，确认起始位置，并向下拖曳，确认测试长度，如图13-148所示。

图13-147 鼠标呈相应形状

图13-148 确定测试长度

STEP 05 在菜单栏中单击"窗口"|"信息"命令，如图13-149所示。

STEP 06 展开"信息"面板，即可查看测量的信息，如图13-150所示。

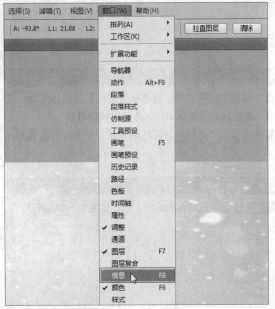

图13-149 单击"信息"命令

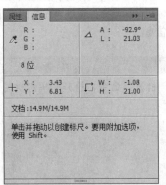

图13-150 查看测量信息

STEP 07 将鼠标指针移至图像编辑窗口中的尺寸标尺处，鼠标指针呈 形状时，单击鼠标左键的同时并向右拖曳至合适位置后，释放鼠标，即可移动尺寸标尺，如图13-151所示。

STEP 08 在测量工具属性栏中，单击"清除"按钮，即可清除标尺，效果如图13-152所示。

图13-151 移动尺寸标尺

图13-152 清除尺寸标尺

实战 467 应用标尺工具拉直图层

▶ 实例位置：光盘\效果\第13章\实战467.psd
▶ 素材位置：光盘\素材\第13章\实战467.psd
▶ 视频位置：光盘\视频\第13章\实战467.mp4

● 实例介绍 ●

在Photoshop CC中，若某图层图像出现倾斜，可使用标尺工具拉直图层，扶正该图层所有图像内容。

● 操作步骤 ●

STEP 01 单击"文件"|"打开"命令，打开一幅素材图像，如图13-153所示。

STEP 02 选取工具箱中的标尺工具，如图13-154所示。

图13-153 打开素材图像

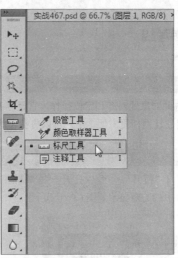

图13-154 选取标尺工具

STEP 03 在图像编辑窗口中单击鼠标左键，确认起始位置，如图13-155所示。

STEP 04 按住鼠标不放的同时并向右拖曳至合适位置，释放鼠标左键，确认测量长度，如图13-156所示。

图13-155 确定起始位置

图13-156 确认测量长度

STEP 05 在工具属性栏中单击"拉直图层"按钮，如图13-157所示。

STEP 06 执行上述操作后，即可拉直图层，如图13-158所示。

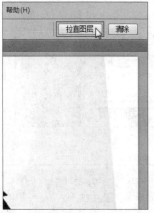

图13-157 单击"拉直图层"按钮

图13-158 拉直图层

实战 468 应用参考线

▶ 实例位置：光盘\效果\第13章\实战468.psd
▶ 素材位置：光盘\素材\第13章\实战468.psd
▶ 视频位置：光盘\视频\第13章\实战468.mp4

● 实例介绍 ●

参考线主要用于协助对象的对齐和定位操作，它是浮在整个图像上而不能被打印的直线。参考线与网格一样，也可以用于对齐对象，但是它比网格更方便，用户可以将参考线创建在图像的任意位置上。

● 操作步骤 ●

STEP 01 单击"文件"｜"打开"命令，打开一幅素材图像，此时图像编辑窗口中的图像显示如图13-159所示。

STEP 02 在菜单栏中单击"视图"｜"标尺"命令，即可显示标尺，如图13-160所示。

图13-159 打开素材图像

图13-160 显示标尺

STEP 03 移动鼠标至水平标尺上单击鼠标左键的同时，向下拖曳鼠标光标至图像编辑窗口中的合适位置，释放鼠标左键，即可创建水平参考线，如图13-161所示。

STEP 04 单击"视图"｜"新建参考线"命令，如图13-162所示。

图13-161 创建水平参考线

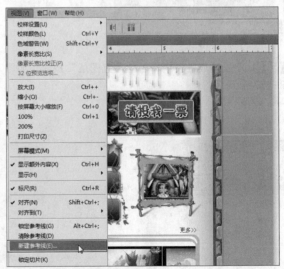

图13-162 单击"新建参考线"命令

知识扩展

拖曳参考线时，按住【Alt】键就能在垂直和水平参考线之间进行切换。在菜单栏单击"编辑"｜"首选项"｜"参考线、网格和切片"命令，即可弹出"首选项"对话框，在"参考线"选项区中，单击"颜色"右侧的下拉按钮，在下拉列表框中选择相应颜色，单击"确定"按钮，即可更改参考线颜色。

STEP 05 执行上述操作后，即可弹出"新建参考线"对话框，选中"垂直"单选按钮，设置"位置"为5厘米，如图13-163所示。

STEP 06 单击"确定"按钮，即可创建垂直参考线，如图13-164所示。

图13-164 创建垂直参考线

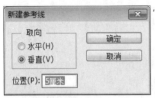

图13-163 "新建参考线"对话框

实战
469 应用注释工具

▶ 实例位置：光盘\效果\第13章\实战469.psd
▶ 素材位置：光盘\素材\第13章\实战469.psd
▶ 视频位置：光盘\视频\第13章\实战469.mp4

● 实例介绍 ●

注释工具是用来协助制作图像的，当用户做好一部分的图像处理后，需要让其他用户帮忙处理另一部分的工作时，在图像上需要处理的部分添加注释，内容即是用户所需要的处理效果，当其他用户打开图像时即可看到添加的注释，就知道该如何处理图像。

● 操作步骤 ●

STEP 01 单击"文件"|"打开"命令，打开一幅素材图像，如图13-165所示。

STEP 02 选取工具箱中的注释工具，如图13-166所示。

图13-165 打开素材图像

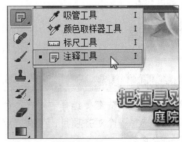

图13-166 选取注释工具

STEP 03 移动鼠标指针至图像编辑窗口中的相应位置上，单击鼠标左键，弹出"注释"面板，如图13-167所示。

STEP 04 在"注释"文本框中输入说明文字"导航栏"，如图13-168所示。

图13-167 弹出"注释"面板

图13-168 输入注释文字

STEP 05 执行上述操作后，即可创建注释，在素材图像中显示注释标记，如图13-169所示。

STEP 06 移动鼠标指针至图像编辑窗口中的相应位置上，单击鼠标左键，弹出"注释"面板，在"注释"文本框中输入说明文字"网站LOGO"，如图13-170所示。

图13-169 在素材图像中显示注释标记

图13-170 输入注释文字

STEP 07 执行上述操作后，即可创建注释，在素材图像中显示注释标记，如图13-171所示。

STEP 08 单击"注释"面板左下角的左右方向按钮，即可切换注释，如图13-172所示。

图13-171 在素材图像中显示注释标记

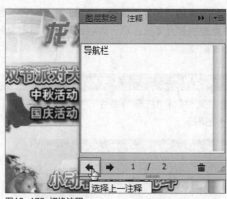

图13-172 切换注释

实战 470	运用对齐工具	▶ 实例位置：光盘\效果\第13章\实战470.psd ▶ 素材位置：光盘\素材\第13章\实战470.psd ▶ 视频位置：光盘\视频\第13章\实战470.mp4

● 实例介绍 ●

如果用户要启用对齐功能，首先需要选择"对齐"命令，使该命令处于选中状态，然后在相应子菜单中选择一个对齐项目，带有"√"标记的命令表示启用了该对齐功能，如图13-173所示。

"对齐到"命令子菜单各命令含义如下。

➢ 参考线：使对象与参考线对齐。

➢ 网格：使对象与网格对齐，网格被隐藏时不能选择该选项。

➢ 图层：使对象与图层中的内容对齐。

➢ 切片：使对象与切片边界对齐，切片被隐藏的时候不能选择该选项。

➢ 文档边界：使对象与文档的边缘对齐。

➢ 全部：选择所有"对齐到"选项。

➢ 无：取消选择所有"对齐到"选项。

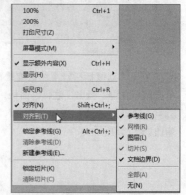

图13-173 启用对齐功能

● 操作步骤 ●

STEP 01 单击 "文件" | "打开" 命令，打开一幅素材图像，如图13-174所示。

STEP 02 在 "图层" 面板，选择除 "背景" 图层外的所有图层，如图13-175所示。

图13-174 打开素材图像

图13-175 选择图层

STEP 03 在工具箱中选取移动工具，移动鼠标至工具属性栏中，单击 "顶对齐" 按钮，如图13-176所示。

STEP 04 执行上述操作后，即可以顶对齐方式排列显示图像，效果如图13-177所示。

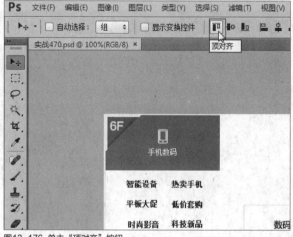

图13-176 单击 "顶对齐" 按钮

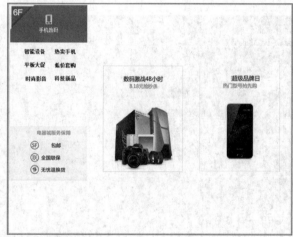

图13-177 顶端对齐方式显示图像

第

14 章

网页图像的修饰与调整

本章导读

Photoshop CC调整与修饰图像的功能是不可小觑的，它提供了丰富多样的润色与修饰图像的工具，正确、合理地运用各种工具修饰图像，才能制作出完美的网页图像效果。本章主要向读者介绍网页图像的裁剪、旋转、变换、修复、清除、调色、复制及修饰等内容。

要点索引

- 调整网页图像尺寸和分辨率
- 网页图像的裁剪操作
- 网页图像的旋转操作
- 网页图像的变换操作
- 网页图像的修复操作
- 网页图像的清除操作
- 网页图像的调色操作
- 网页图像的复制操作
- 网页图像的修饰操作

14.1 调整网页图像尺寸和分辨率

图像大小与图像像素、分辨率、实际打印尺寸之间有着密切的关系，它决定存储文件所需的硬盘空间大小和图像文件的清晰度。因此，调整图像的尺寸及分辨率也决定着整幅画面的大小。

实战 471	调整画布尺寸	▶ 实例位置：光盘\效果\第14章\实战471.psd ▶ 素材位置：光盘\素材\第14章\实战471.psd ▶ 视频位置：光盘\视频\第14章\实战471.mp4

● 实例介绍 ●

画布指的是实际打印的工作区域，图像画面尺寸的大小是指当前图像周围工作空间的大小，改变画布大小会影响图像最终的输出效果。

● 操作步骤 ●

STEP 01 单击"文件"|"打开"命令，打开一幅素材图像，此时图像编辑窗口中的图像显示如图14-1所示。

STEP 02 单击"图像"|"画布大小"命令，如图14-2所示。

图14-1 打开素材图像

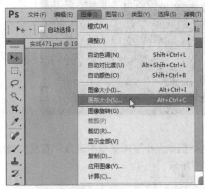

图14-2 单击"画布大小"命令

STEP 03 弹出"画布大小"对话框，设置"宽度"为3厘米，"画布扩展颜色"为"灰色"，如图14-3所示。

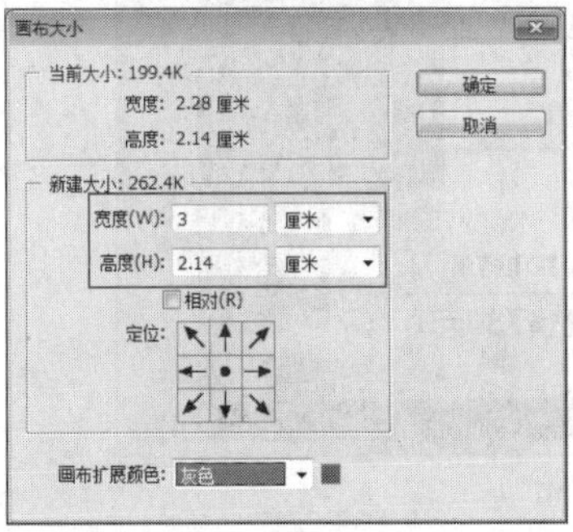

STEP 04 执行上述操作后，单击"确定"按钮，即可完成调整画布大小的操作，如图14-4所示。

图14-3 设置"画布扩展颜色"为黑色

图14-4 调整画布大小

知识扩展

"画布大小"对话框各选项含义如下。

➤ 当前大小：显示的是当前画布的大小。

➤ 新建大小：用于设置画布的大小。

➤ 相对：选中该复选框后，在"宽度"和"高度"选项后面将出现"锁链"图标，表示改变其中某一选项设置时，另一选项会按比例同时发生变化。

➤ 定位：用来修改图像像素的大小。在Photoshop中是"重新取样"。当减少像素数量时就会从图像中删除一些信息；当增加像素的数量或增加像素取样时，则会添加新的像素。在"图像大小"对话框最下面的下拉列表中可以选择一种插值方法来确定添加或删除像素的方式，如"两次立方""邻近""两次线性"等。

➤ 画布扩展颜色：在"画布扩展颜色"下拉列表中可以选择填充更改画布大小后画布的颜色。

实战 472 调整图像尺寸

▶ 实例位置：光盘\效果\第14章\实战472.jpg
▶ 素材位置：光盘\素材\第14章\实战472.jpg
▶ 视频位置：光盘\视频\第14章\实战472.mp4

• 实例介绍 •

在Photoshop CC中，图像尺寸越大，所占的空间也越大。更改图像的尺寸，会直接影响图像的显示效果。

• 操作步骤 •

STEP 01 单击"文件"|"打开"命令，打开一幅素材图像，此时图像编辑窗口中的图像显示如图14-5所示。

STEP 02 单击"图像"|"图像大小"命令，如图14-6所示。

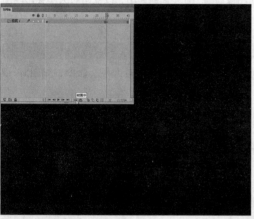

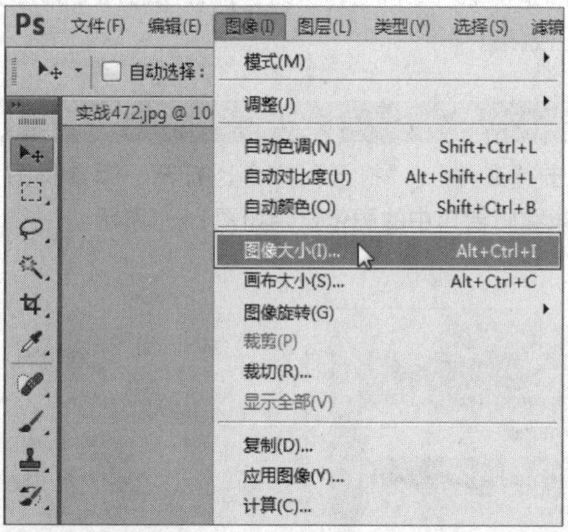

图14-5 打开素材图像

图14-6 单击"图像大小"命令

STEP 03 在弹出的"图像大小"对话框中设置"宽度"为800像素，如图14-7所示。

STEP 04 单击"确定"按钮，即可调整图像大小，如图14-8所示。

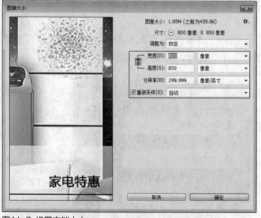

图14-7 设置文档大小

图14-8 调整图像大小

实战 473 调整图像分辨率

▶ 实例位置：光盘\效果\第14章\实战473.jpg
▶ 素材位置：光盘\素材\第14章\实战473.jpg
▶ 视频位置：光盘\视频\第14章\实战473.mp4

• 实例介绍 •

图像的品质取决于分辨率的大小，当分辨率数值越大时，图像就越清晰；反之，就越模糊。

• 操作步骤 •

STEP 01 单击"文件"|"打开"命令，打开一幅素材图像，如图14-9所示。

STEP 02 单击"图像"|"图像大小"命令，如图14-10所示。

图14-9 打开素材图像

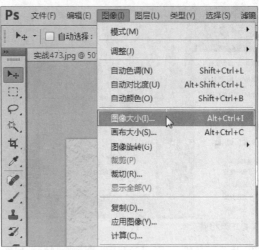
图14-10 单击"图像大小"命令

STEP 03 弹出"图像大小"对话框，在"文档大小"选项区域中，设置"分辨率"为300像素/英寸，如图14-11所示。

STEP 04 单击"确定"按钮，即可调整图像分辨率，如图14-12所示。

图14-11 设置"分辨率"参数

图14-12 调整图像分辨率

14.2 网页图像的裁剪操作

当图像扫描到计算机中，有时图像中会多出一些不需要的部分，就需要对图像进行裁切操作；遇到需要将倾斜的图像修剪整齐，或将图像边缘多余的部分裁去，可以使用裁切工具。本节主要向读者介绍裁剪图像的操作方法。

实战 474 运用裁剪工具裁剪图像

▶ 实例位置：光盘\效果\第14章\实战474.psd
▶ 素材位置：光盘\素材\第14章\实战474.psd
▶ 视频位置：光盘\视频\第14章\实战474.mp4

● 实例介绍 ●

裁剪工具是应用非常灵活的截取图像的工具，既可以通过设置其工具属性栏中的参数裁剪，也可以通过手动自由控制裁剪图像的大小。

● 操作步骤 ●

STEP 01 单击"文件"|"打开"命令，打开一幅素材图像，如图14-13所示。

STEP 02 选取工具箱中的裁剪工具，如图14-14所示。

图14-13 打开素材图像

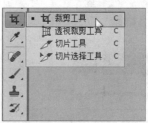

图14-14 选取裁剪工具

STEP 03 执行上述操作后，即可调出裁剪控制框，如图14-15所示。

STEP 04 移动鼠标至图像左侧中间的控制柄上，当鼠标呈↔时单击鼠标左键并拖曳，并控制裁剪区域大小，如图14-16所示。

图14-15 调出裁剪控制框

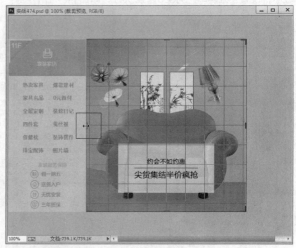

图14-16 拖曳鼠标光标

STEP 05 按【Enter】键确认，即可完成图像的裁剪，效果如图14-17所示。

图14-17 完成图像的裁剪

实战 475 运用命令裁切图像

▶ 实例位置：光盘\效果\第14章\实战475.psd
▶ 素材位置：光盘\素材\第14章\实战475.psd
▶ 视频位置：光盘\视频\第14章\实战475.mp4

● 实例介绍 ●

"裁切"命令与"裁剪"命令裁剪图像不同的是，"裁切"命令不像"裁剪"命令那样要先创建选区，而是以对话框的形式来呈现的。

● 操作步骤 ●

STEP 01 单击"文件"|"打开"命令，打开一幅素材图像，此时图像编辑窗口中图像效果显示如图14-18所示。

STEP 02 单击"图像"|"裁切"命令，如图14-19所示。

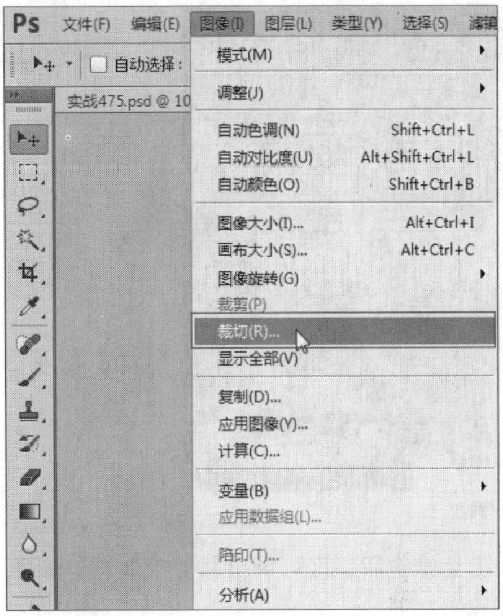

图14-18 打开素材图像

图14-19 单击"裁切"命令

STEP 03 弹出"裁切"对话框，保持默认设置即可，如图14-20所示。

STEP 04 单击"确定"按钮，即可裁切图像，效果如图14-21所示。

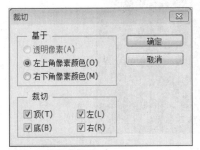

图14-20 保持默认设置

图14-21 裁切图像

实战 476 精确裁剪图像素材

▶ 实例位置：光盘\效果\第14章\实战476.jpg
▶ 素材位置：光盘\素材\第14章\实战476.jpg
▶ 视频位置：光盘\视频\第14章\实战476.mp4

● 实例介绍 ●

　　精确裁剪图像可用于制作等分拼图，在裁剪工具属性栏上设置固定的"宽度""高度"和"分辨率"的参数，裁剪出固定大小的图像。

　　当用户选取工具箱中的裁剪工具时，其工具属性栏如图14-22所示。

图14-22 裁剪工具属性栏

　　裁剪工具的工具属性栏中各选项的含义如下。

➢ 比例：用来输入图像裁剪比例，裁剪后图像的尺寸由输入的数值决定，与裁剪区域的大小没有关系。

➢ 视图：设置裁剪工具视图选项。

➢ 删除裁剪的像素：确定裁剪框以外透明度像素数据是保留还是删除。

● 操作步骤 ●

STEP 01 单击"文件"|"打开"命令，打开一幅素材图像，如图14-23所示。

图14-23 打开素材图像

STEP 03 执行上述操作后，即可调出裁剪控制框，如图14-25所示。

图14-25 调出裁剪控制框

STEP 05 将鼠标指针移至裁剪控制框内，单击鼠标左键的同时并拖曳图像至合适位置，如图14-27所示。

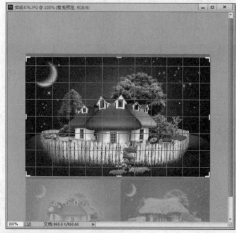

图14-27 拖曳图像至合适位置

STEP 02 选取工具箱中的裁剪工具，如图14-24所示。

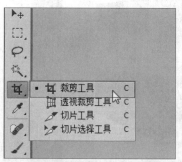

图14-24 选取裁剪工具

STEP 04 在工具属性栏中设置自定义裁剪比例为19×12，如图14-26所示。

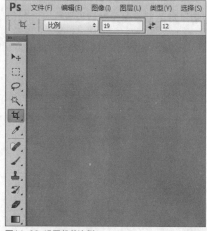

图14-26 设置裁剪比例

STEP 06 执行上述操作后，按【Enter】键确认裁剪，即可按固定大小裁剪图像，效果如图14-28所示。

图14-28 按固定大小裁剪图像

14.3 网页图像的旋转操作

如果图像的角度不正、方向反向或者图像不能完全显示，可以通过旋转图像或画布来进行修正。

实战 477　180度旋转画布

▶ 实例位置：光盘\效果\第14章\实战477.jpg
▶ 素材位置：光盘\素材\第14章\实战477.jpg
▶ 视频位置：光盘\视频\第14章\实战477.mp4

● 实例介绍 ●

在Photoshop CC中，有些素材图像出现了反向或倾斜情况，用户可以通过旋转画布对图像进行修正操作。

● 操作步骤 ●

STEP 01 单击"文件"|"打开"命令，打开一幅素材图像，如图14-29所示。

STEP 02 单击菜单栏上的"图像"|"图像旋转"|"180度"命令，如图14-30所示。

图14-29 打开素材图像

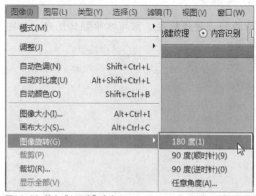

图14-30 单击"180度"命令

STEP 03 执行上述操作后，即可180度旋转画布，如图14-31所示。

图14-31 180度旋转画布

实战 478　水平翻转画布

▶ 实例位置：光盘\效果\第14章\实战478.psd
▶ 素材位置：光盘\素材\第14章\实战478.psd
▶ 视频位置：光盘\视频\第14章\实战478.mp4

● 实例介绍 ●

在Photoshop CC中，用户可以根据需要，对素材图像进行水平翻转画布操作。

● 操作步骤 ●

STEP 01 单击"文件"|"打开"命令，打开一幅素材图像，如图14-32所示。

STEP 02 单击菜单栏上的"图像"|"图像旋转"|"水平翻转画布"命令，如图14-33所示。

图14-32 打开素材图像

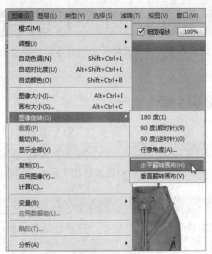

图14-33 单击"水平翻转画布"命令

STEP 03 执行上述操作后，即可水平翻转画布，如图14-34所示。

图14-34 水平翻转画布

实战 479　垂直翻转画布

▶ **实例位置：** 光盘\效果\第14章\实战479.psd
▶ **素材位置：** 光盘\素材\第14章\实战479.psd
▶ **视频位置：** 光盘\视频\第14章\实战479.mp4

● 实例介绍 ●

在Photoshop CC中，用户可以根据需要，对素材图像进行垂直翻转画布操作。

● 操作步骤 ●

STEP 01 单击"文件"|"打开"命令，打开一幅素材图像，此时图像编辑窗口中的图像显示如图14-35所示。

STEP 02 单击菜单栏上的"图像"|"图像旋转"|"垂直翻转画布"命令，如图14-36所示。

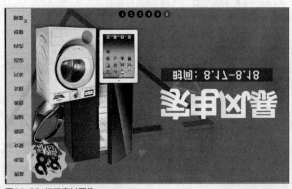

图14-35 打开素材图像

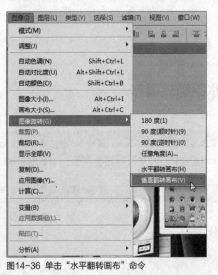

图14-36 单击"水平翻转画布"命令

知识扩展

"垂直翻转画布"命令和"垂直翻转"命令的区别如下。

➤ 垂直翻转画布：执行该操作后，可将整个画布（即画布中的全部图层）垂直翻转。

➤ 垂直翻转：执行该操作后，可将画布中的某个图像（即选中画布中的某个图层）垂直翻转。

STEP 03 执行上述操作后，即可垂直翻转画布，如图14-37所示。

图14-37 垂直翻转画布

实战 480 缩放/旋转图像

▶ 实例位置：光盘\效果\第14章\实战480.psd
▶ 素材位置：光盘\素材\第14章\实战480.psd
▶ 视频位置：光盘\视频\第14章\实战480.mp4

• 实例介绍 •

在Photoshop CC中，缩放或旋转图像，能使平面图像显示视角独特，同时也可以将倾斜的图像纠正。

• 操作步骤 •

STEP 01 单击"文件"|"打开"命令，打开一幅素材图像，此时图像编辑窗口中的图像显示如图14-38所示。

STEP 02 在"图层"面板中，选择"图层1"图层，如图14-39所示。

图14-38 打开素材图像

图14-39 选择"图层1"图层

STEP 03 在菜单栏中单击"编辑"|"变换"|"缩放"命令，如图14-40所示，即可调出变换控制框。

STEP 04 移动鼠标指针至变换控制框右下方的控制柄上，指针呈双向箭头形状时，单击鼠标左键并拖曳至合适位置后释放鼠标左键，按【Enter】键确认缩放，如图14-41所示。

技巧点拨

对图像进行缩放操作时，按住【Shift】键的同时，单击鼠标左键并拖曳可以等比例缩放图像。除使用命令外，按【Ctrl+T】组合键，也可调出变换控制框。

图14-40 单击"缩放"命令

图14-41 缩放图像

STEP 05 在菜单栏中单击"编辑"|"变换"|"旋转"命令，如图14-42所示。

STEP 06 移动鼠标至控制框右上方的控制柄外，指针呈↱形状时，单击鼠标左键并拖曳，旋转至合适位置后释放鼠标左键，按【Enter】键确认旋转，如图14-43所示。

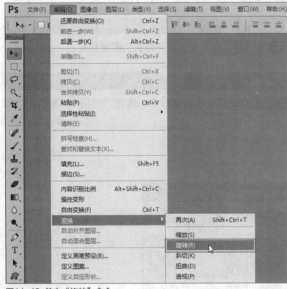

图14-42 单击"旋转"命令

图14-43 旋转图像

实战 481 水平翻转图像

▶ 实例位置：光盘\效果\第14章\实战481.psd
▶ 素材位置：光盘\素材\第14章\实战481.psd
▶ 视频位置：光盘\视频\第14章\实战481.mp4

● 实例介绍 ●

在Photoshop CC中，用户可以根据需要对图像素材进行水平翻转操作。

● 操作步骤 ●

STEP 01 单击"文件"|"打开"命令，打开一幅素材图像，此时图像编辑窗口中的图像显示如图14-44所示。

STEP 02 在菜单栏中单击"编辑"|"变换"|"水平翻转"命令，如图14-45所示。

图14-44　打开素材图像

图14-45　单击"水平翻转"命令

STEP 03 执行上述操作后，即可水平翻转图像素材，如图14-46所示。

图14-46　水平翻转图像素材

实战 482　垂直翻转图像

▶ 实例位置：光盘\效果\第14章\实战482.psd
▶ 素材位置：光盘\素材\第14章\实战482.psd
▶ 视频位置：光盘\视频\第14章\实战482.mp4

● 实例介绍 ●

当素材图像出现颠倒状态时，用户可以对图像素材进行垂直翻转操作。

● 操作步骤 ●

STEP 01 单击"文件"|"打开"命令，打开一幅素材图像，此时图像编辑窗口中的图像显示如图14-47所示。

STEP 02 在菜单栏中单击"编辑"|"变换"|"垂直翻转"命令，如图14-48所示。

图14-47 打开素材图像

图14-48 单击"水平翻转"命令

STEP 03 执行上述操作后，即可垂直翻转素材图像，如图14-49所示。

图14-49 垂直翻转素材图像

14.4 网页图像的变换操作

在Photoshop CC中，变换图像是非常有效的图像编辑手段，用户可以根据需要对图像进行斜切、扭曲、透视、变形、操控变形及重复上次变换等操作。本节主要向读者介绍自由变换图像素材的操作方法。

实战 483 斜切网页图像

▶ 实例位置：光盘\效果\第14章\实战483.psd
▶ 素材位置：光盘\素材\第14章\实战483.psd
▶ 视频位置：光盘\视频\第14章\实战483.mp4

● 实例介绍 ●

在Photoshop CC中，用户可以运用"自由变换"命令斜切图像，制作出逼真的倒影效果，下面详细介绍斜切图像的操作方法。

● 操作步骤 ●

STEP 01 单击"文件"|"打开"命令，打开一幅素材图像，此时图像编辑窗口中的图像显示如图14-50所示。

STEP 02 展开"图层"面板，选择"图层2"图层，如图14-51所示。

图14-50 打开素材图像

图14-51 选择"图层2"图层

STEP 03 单击"编辑"|"变换"|"垂直翻转"命令，如图14-52所示。

STEP 04 选取移动工具，移动图像至合适位置，如图14-53所示。

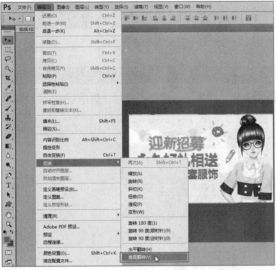

图14-52 单击"垂直翻转"命令

图14-53 移动图像至合适位置

STEP 05 单击"编辑"|"变换"|"斜切"命令，如图14-54所示，即可调出变换控制框。

STEP 06 将鼠标指针移至变换控制框右侧上方的控制柄上，指针呈白色三角▷形状时，单击鼠标左键并向上拖曳，如图14-55所示。

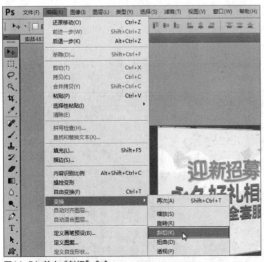

图14-54 单击"斜切"命令

图14-55 拖曳鼠标光标

STEP 07 按【Enter】键确认，设置"图层2"图层的"不透明度"为30%，如图14-56所示。

STEP 08 执行上述操作后，得到最终效果如图14-57所示。

图14-56 设置不透明度

图14-57 最终效果

实战 484 扭曲网页图像

▶ 实例位置：光盘\效果\第14章\实战484.psd
▶ 素材位置：光盘\素材\第14章\实战484.psd
▶ 视频位置：光盘\视频\第14章\实战484.mp4

● 实例介绍 ●

在Photoshop CC中，用户可以根据需要，运用"扭曲"命令对图像素材进行扭曲变形操作。

● 操作步骤 ●

STEP 01 单击"文件"|"打开"命令，打开一幅素材图像，此时图像编辑窗口中的图像显示如图14-58所示。

STEP 02 在"图层"面板中，选择"图层1"图层，如图14-59所示。

图14-58 打开素材图像

图14-59 选择"图层1"图层

STEP 03 在菜单栏中单击"编辑"|"变换"|"扭曲"命令，如图14-60所示。

STEP 04 执行上述操作后，即可调出变换控制框，如图14-61所示。

图14-60 单击"扭曲"命令

图14-61 调出变换控制框

技巧点拨

与斜切不同的是，执行扭曲操作时，控制点可以随意拖动，不受调整边框方向的限制，若在拖曳光标的同时按住【Alt】
键，则可以制作出对称扭曲效果，而斜切则会受到调整边框的限制。

STEP 05 移动鼠标至变换控制框左上方的控制柄上，当鼠标指针呈三角形状时，单击鼠标左键并向左上角拖曳至合适位置，如图14-62所示。

STEP 06 将变换控制框上的4个控制柄分别拖曳至合适位置后，按【Enter】键确认操作，即可扭曲图像，效果如图14-63所示。

图14-62 拖曳控制柄至合适位置

图14-63 扭曲图像

实战 485 透视网页图像

▶ 实例位置：光盘\效果\第14章\实战485.psd
▶ 素材位置：光盘\素材\第14章\实战485.psd
▶ 视频位置：光盘\视频\第14章\实战485.mp4

● 实例介绍 ●

在Photoshop CC中进行图像处理时，如果需要将平面图变换为透视效果，就可以运用透视功能进行调节。单击
"透视"命令，即会显示变换控制框，此时单击鼠标左键并拖动可以进行透视变换，下面详细介绍使用透视命令的操作
方法。

● 操作步骤 ●

STEP 01 单击"文件"|"打开"命令，打开一幅素材图像，如图14-64所示。

STEP 02 单击"编辑"|"变换"|"透视"命令，如图14-65所示。

图14-64 打开素材图像

图14-65 单击"透视"命令

STEP 03 执行上述操作后，调出变换控制框，如图14-66所示。

图14-66 调出控制变换框

STEP 04 将鼠标指针移至变换控制框右下方的控制柄上，鼠标指针呈白色三角▷形状时，单击鼠标左键并拖曳，如图14-67所示。

图14-67 拖曳鼠标指针

STEP 05 执行上述操作后，再一次对图像进行微调，如图14-68所示。

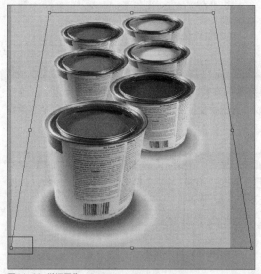

图14-68 微调图像

STEP 06 按【Enter】键确认，即可透视图像，效果如图14-69所示。

图14-69 最终效果

实战 486 变形网页图像

▶ 实例位置：光盘\效果\第14章\实战486.psd
▶ 素材位置：光盘\素材\第14章\实战486a.jpg、实战486b.jpg
▶ 视频位置：光盘\视频\第14章\实战486.mp4

● 实例介绍 ●

执行"变形"命令时，图像上会出现变形网格和锚点，拖曳锚点或调整锚点的方向线可以对图像进行更加自由和灵活的变形处理。

● 操作步骤 ●

STEP 01 单击"文件"|"打开"命令，打开两幅素材图像，如图14-70所示。

STEP 02 切换至"实战486a"图像编辑窗口，选取工具箱中的移动工具，如图14-71所示。

图14-70　打开素材图像

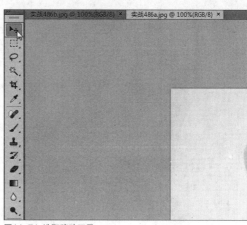

图14-71　选取移动工具

STEP 03 将鼠标指针移至图像编辑窗口中，单击鼠标左键的同时并将其拖曳至"实战486b"图像编辑窗口中，如图14-72所示。

STEP 04 在菜单栏中单击"编辑"|"变换"|"缩放"命令，如图14-73所示。

图14-72　移动素材图像

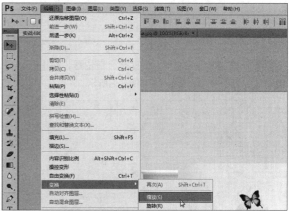

图14-73　单击"缩放"命令

STEP 05 执行上述操作后，即可调出变换控制框，将鼠标移指针至变换控制框的控制柄上，缩放大小并调整至合适位置，如图14-74所示。

STEP 06 在变换控制框中单击鼠标右键，弹出快捷菜单，选择"变形"选项，如图14-75所示。

图14-74　缩放至合适大小

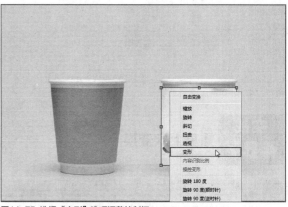

图14-75　选择"变形"选项调整控制柄

技巧点拨

　　除了上述方法可以执行变形操作外，还可以按【Ctrl＋T】组合键，调出变化控制框，然后单击鼠标右键，在弹出的快捷菜单中选择"变形"选项，执行变形操作。

STEP 07 执行上述操作后，即可显示变形网格，如图 14-76所示。

STEP 08 调整4个角上的控制柄，如图14-77所示。

图14-76 显示变形网格

图14-77 调整控制柄

STEP 09 拖曳其他控制柄，调整至合适位置，按【Enter】键确认，即可变形图像，如图14-78所示。

STEP 10 设置"图层1"图层的"混合模式"为"正片叠底"模式，即可得到最终效果，如图14-79所示。

图14-78 变形图像

图14-79 最终效果

实战 487 重复上次变换

▶ 实例位置：光盘\效果\第14章\实战487.psd
▶ 素材位置：光盘\素材\第14章\实战487.psd
▶ 视频位置：光盘\视频\第14章\实战487.mp4

● 实例介绍 ●

用户在对图像进行变换操作后，通过"再次"命令，可以重复上次变换操作。

● 操作步骤 ●

STEP 01 单击"文件"|"打开"命令，打开一幅素材图像，如图14-80所示。

STEP 02 在"图层"面板选择"图层1"图层，如图14-81所示。

图14-80 打开素材图像

图14-81 选择"图层1"图层

STEP 03 在菜单栏中单击"编辑"|"变换"|"旋转"命令，如图14-82所示。

STEP 04 执行上述操作后，即可调出变换控制框，如图14-83所示。

图14-82 单击"旋转"命令

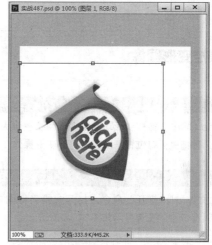

图14-83 调出变换控制框

技巧点拨

按【Ctrl＋Shift＋T】组合键，也可以执行"再次"命令。按【Ctrl＋Alt＋Shift＋T】组合键，不仅可以重复变换图像，还可复制出新的图像内容。

STEP 05 移动鼠标至控制框右下方的控制柄外侧，指针呈 形状时，单击鼠标左键并拖曳，旋转至合适位置，效果如图14-84所示。

STEP 06 按【Enter】键确认操作，效果如图14-85所示。

图14-84 旋转图像

图14-85 确认操作

STEP 07 在菜单栏中单击"编辑"｜"变换"｜"再次"命令，如图14-86所示。

STEP 08 执行上述操作后即可重复上次变换操作，再次旋转"图层1"图层中的图像，效果如图14-87所示。

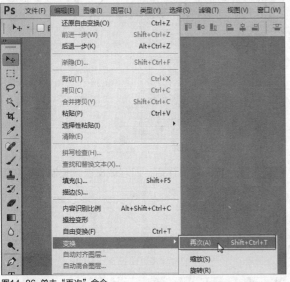

图14-86 单击"再次"命令

图14-87 重复上次变换图像

实战 488 操控变形图像

▶ 实例位置：光盘\效果\第14章\实战488.psd
▶ 素材位置：光盘\素材\第14章\实战488.psd
▶ 视频位置：光盘\视频\第14章\实战488.mp4

● 实例介绍 ●

在Photoshop CC中，操控变形功能比变形网格更强大，也更吸引人。使用该功能时，用户可以在图像的关键点上放置图钉，然后通过拖曳图钉位置来对图像进行变形操作，灵活地运用"操控变形"命令可以设计出更有创意的图像。

● 操作步骤 ●

STEP 01 单击"文件"｜"打开"命令，打开一幅素材图像，此时图像编辑窗口中的图像显示如图14-88所示。

STEP 02 在"图层"面板中选择"图层1"图层，如图14-89所示。

图14-88 打开素材图像

图14-89 选择"图层1"图层

STEP 03 在菜单栏中单击"编辑"｜"操控变形"命令，如图14-90所示。

STEP 04 执行上述操作后，即可显示变形网格，如图14-91所示。

图14-90 单击"操控变形"命令

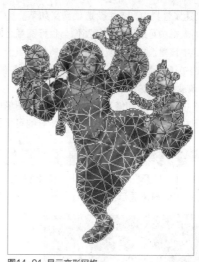

图14-91 显示变形网格

STEP 05 在图像的变形网格点上单击鼠标左键，添加图钉，如图14-92所示，在工具属性栏中取消选中的"显示网格"复选，即可隐藏网格。

STEP 06 在添加的图钉上单击鼠标左键，分别拖曳各添加的图钉，按【Enter】键确认操作，如图14-93所示。

图14-92 添加图钉

图14-93 确认操作

14.5 网页图像的修复操作

修复和修补工具组包括修复画笔工具、修补工具、污点修复画笔工具、红眼工具和颜色替换工具等，合理地运用各种修饰工具，可以将有污点或瑕疵的图像修复好，使图像的效果更加自然、真实、美观。

实战 489 **运用污点修复画笔工具**

▶ 实例位置：光盘\效果\第14章\实战489.psd
▶ 素材位置：光盘\素材\第14章\实战489.psd
▶ 视频位置：光盘\视频\第14章\实战489.mp4

● 实例介绍 ●

污点修复画笔工具可以自动进行像素的取样，只需在图像中有杂色或污渍的地方单击鼠标左键即可。选取工具箱中的污点修复画笔工具，其工具属性栏如图14-94所示。

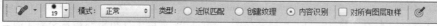

图14-94 污点修复画笔工具的工具属性栏

污点修复画笔工具属性栏中，各主要选项含义如下。

➢ 模式：在该列表框中可以设置修复图像与目标图像之间的混合方式。

➢ 近似匹配：选中该单选按钮修复图像时，将根据当前图像周围的像素来修复瑕疵。

➢ 创建纹理：选中该单选按钮后，在修复图像时，将根据当前图像周围的纹理自动创建一个相似的纹理，从而在修复瑕疵的同时保证不改变原图像的纹理。

➢ 内容识别：选中该单选按钮修复图像时，将根据图像内容识别像素并自动填充。

➢ 对所有图层取样：选中该复选框，可以从所有的可见图层中提取数据。

● 操作步骤 ●

STEP 01 单击"文件"|"打开"命令，打开一幅素材图像，此时图像编辑窗口中的图像显示如图14-95所示。

STEP 02 选取工具箱中的污点修复画笔工具，如图14-96所示。

图14-95 打开素材图像

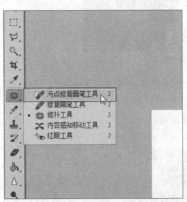

图14-96 选取污点修复画笔工具

STEP 03 移动鼠标至图像编辑窗口中，在相应位置上单击鼠标左键并拖曳涂抹，鼠标涂抹过的区域呈黑色显示，如图14-97所示。

STEP 04 释放鼠标左键，即可修复图像，如图14-98所示。

图14-97 在花瓣上涂抹

图14-98 修复图像

实战 490 运用修复画笔工具

▶ 实例位置：光盘\效果\第14章\实战490.jpg
▶ 素材位置：光盘\素材\第14章\实战490.jpg
▶ 视频位置：光盘\视频\第14章\实战490.mp4

● 实例介绍 ●

修复画笔工具在修饰小部分图像时会经常用到。在使用"修复画笔工具"时，应先取样，然后将选取的图像填充到要修复的目标区域，使修复的区域和周围的图像相融合，还可以将所选择的图案应用到要修复的图像区域中。

● 操作步骤 ●

STEP 01 单击"文件"|"打开"命令，打开一幅素材图像，此时图像编辑窗口中的图像显示如图14-99所示。

STEP 02 选取工具箱中的修复画笔工具，如图14-100所示。

图14-99　打开素材图像

图14-100　选取修复画笔工具

STEP 03 移动鼠标指针至图像编辑窗口中的白色背景区域，按住【Alt】键的同时，单击鼠标左键进行取样，如图14-101所示。

STEP 04 释放【Alt】键确认取样，在蝴蝶部位单击鼠标左键并拖曳，即可修复图像，如图14-102所示。

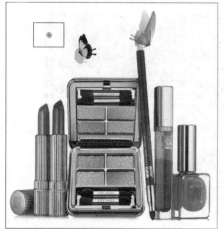

图14-101　进行取样

图14-102　修复图像

实战 491	运用修补工具

▶ 实例位置：光盘\效果\第14章\实战491.jpg
▶ 素材位置：光盘\素材\第14章\实战491.jpg
▶ 视频位置：光盘\视频\第14章\实战491.mp4

● 实例介绍 ●

修补工具可以使用其他区域的色块或图案来修补选中的区域，使用修补工具修复图像，可以将图像的纹理、亮度和层次进行保留。

选取工具箱中的修补工具 ，其工具属性栏如图14-103所示。

图14-103　修补工具的工具属性栏

修补工具属性栏中，各主要选项含义如下。

➢ 源：选中"源"单选按钮，拖动选区并释放鼠标后，选区内的图像将被选区释放时所在的区域所代替。

➢ 目标：选中"目标"单选按钮，拖动选区并释放鼠标后，释放选区时的图像区域将被原选区的图像所代替。

➢ 透明：选中"透明"单选按钮，被修饰的图像区域内的图像效果呈半透明状态。

➢ 使用图案：在未选中"透明"单选按钮的状态下，在修补工具属性栏中选择一种图案，然后单击"使用图案"按钮，选区内将被应用为所选图案。

● 操作步骤 ●

STEP 01 单击"文件"|"打开"命令,打开一幅素材图像,此时图像编辑窗口中的图像显示如图14-104所示。

STEP 02 选取工具箱中的修补工具,如图14-105所示。

图14-104 打开素材图像

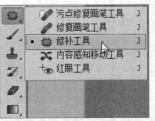

图14-105 选取修补工具

STEP 03 移动鼠标指针至图像编辑窗口中,在需要修补的位置单击鼠标左键并拖曳,创建一个选区,如图14-106所示。

STEP 04 移动鼠标指针至选区内,单击鼠标左键并拖曳选区至图像颜色相近的区域,如图14-107所示。

图14-106 创建选区

图14-107 拖曳选区

STEP 05 释放鼠标左键,即可修补图像,如图14-108所示。

STEP 06 按【Ctrl+D】组合键,取消选区,效果如图14-109所示。

图14-108 修补图像

图14-109 取消选区

14.6 网页图像的清除操作

　　清除图像的工具包括橡皮擦工具 、背景橡皮擦工具 、魔术橡皮擦工具 3种,使用橡皮擦和魔术橡皮擦工具可以将图像区域擦除为透明或用背景色填充;使用背景橡皮擦工具可以将图层擦除为透明的图层。

<table>
<tr><td>实战
492</td><td>运用橡皮擦工具</td><td>▶ 实例位置：光盘\效果\第14章\实战492．jpg
▶ 素材位置：光盘\素材\第14章\实战492．jpg
▶ 视频位置：光盘\视频\第14章\实战492．mp4</td></tr>
</table>

• 实例介绍 •

橡皮擦工具和现实中所使用的橡皮擦的作用是相同的，用此工具在图像上涂抹时，被涂抹到的区域会被擦除掉。选取工具箱中的橡皮擦工具 ，其工具属性栏如图14-110所示。

图14-110 橡皮擦工具的工具属性栏

橡皮擦工具属性栏中，各主要选项含义如下。

➢ 模式：可以选择橡皮擦的种类。选择"画笔"选项，可以创建柔边擦除效果；选择"铅笔"选项，可以创建硬边擦除效果；选择"块"选项，擦除的效果为块状。

➢ 不透明度：在数值框中输入数值或拖动滑块，可以设置橡皮擦的不透明度。

➢ 流量：用来控制工具的涂抹速度。

➢ 喷枪工具：选取工具属性栏中的喷枪工具，将以喷枪工具的作图模式进行擦除。

➢ 抹到历史记录：选中此复选框后，将橡皮擦工具移动到图像上时则变成图案，可以将图像恢复到历史面板中任何一个状态或图像的任何一个"快照"。

• 操作步骤 •

STEP 01 单击"文件"|"打开"命令，打开一幅素材图像，此时图像编辑窗口中的图像显示如图14-111所示。

STEP 02 选取工具箱中的橡皮擦工具，如图14-112所示。

图14-111 打开素材图像

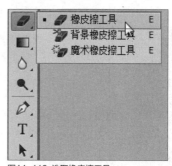

图14-112 选取橡皮擦工具

STEP 03 在工具箱底部单击背景色色块，弹出"拾色器（背景色）"对话框，设置背景色为灰白色（RGB参数值为240、233和225），如图14-113所示。

STEP 04 移动鼠标指针至图像编辑窗口中，单击鼠标左键涂抹，即可擦除图像，擦除区域以背景色填充，如图14-114所示。

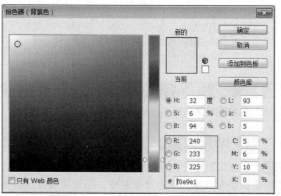

图14-113 设置参数

图14-114 擦除图像

实战 493 运用背景橡皮擦工具

▶ 实例位置：光盘\效果\第14章\实战493.psd
▶ 素材位置：光盘\素材\第14章\实战493.jpg
▶ 视频位置：光盘\视频\第14章\实战493.mp4

● 实例介绍 ●

使用背景橡皮擦工具可以擦除图像的背景区域，并将其涂抹成透明的区域，在涂抹背景图像的同时保留对象的边缘，是非常重要的抠图工具。

● 操作步骤 ●

STEP 01 单击"文件"|"打开"命令，打开一幅素材图像，此时图像编辑窗口中的图像显示如图14-115所示。

图14-115 打开素材图像

STEP 02 选取工具箱中的背景橡皮擦工具，如图14-116所示。

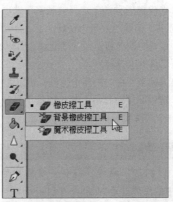

图14-116 擦除背景区域

STEP 03 在工具属性栏中设置"大小"为30像素，如图14-117所示。

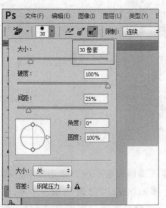

图14-117 设置大小

STEP 04 移动鼠标指针至图像编辑窗口中，单击鼠标左键并拖曳进行涂抹，即可擦除背景区域，如图14-118所示。

图14-118 擦除背景区域

实战 494 运用魔术橡皮擦工具

▶ 实例位置：光盘\效果\第14章\实战494.psd
▶ 素材位置：光盘\素材\第14章\实战494.jpg
▶ 视频位置：光盘\视频\第14章\实战494.mp4

● 实例介绍 ●

魔术橡皮擦工具是根据图像中相同或相近的颜色进行擦除操作，被擦除后的区域均以透明方式显示。

● 操作步骤 ●

STEP 01 单击"文件"|"打开"命令，打开一幅素材图像，如图14-119所示。

STEP 02 选取工具箱中的魔术橡皮擦工具，移动鼠标指针至图像编辑窗口中，单击鼠标左键，即可将背景区域擦除，如图14-120所示。

图14-119　打开素材图像

图14-120　擦除背景区域

14.7　网页图像的调色操作

　　调色工具包括减淡工具 🔍、加深工具 🖐 和海绵工具 🔘 3种，减淡工具和加深工具是用于调节图像特定区域的传统工具，使图像区域变亮或变暗，海绵工具可以精确更改选取图像的色彩饱和度。

<table>
<tr><td rowspan="3">实战
495</td><td rowspan="3">运用减淡工具</td><td>▶ 实例位置：光盘\效果\第14章\实战495.jpg</td></tr>
<tr><td>▶ 素材位置：光盘\素材\第14章\实战495.jpg</td></tr>
<tr><td>▶ 视频位置：光盘\视频\第14章\实战495.mp4</td></tr>
</table>

● 实例介绍 ●

　　减淡工具可以加亮图像的局部，通过提高图像选区的亮度来校正曝光，此工具常用于修饰人物照片与静物照片。减淡工具的工具属性栏如图14-121所示。

图14-121　减淡工具的工具属性栏

　　减淡工具的工具属性栏中，各主要选项含义如下。

➢　"范围"：该列表框中包含"暗调""中间调""高光"3个选项。

➢　"曝光度"：在该文本框中设置值越高，减淡工具的使用效果就越明显。

➢　"保护色调"：如果希望操作后图像的色调不发生变化，选中该复选框即可。

● 操作步骤 ●

STEP 01　单击"文件"|"打开"命令，打开一幅素材图像，此时图像编辑窗口中的图像显示如图14-122所示。

STEP 02　选取工具箱中的减淡工具，如图14-123所示。

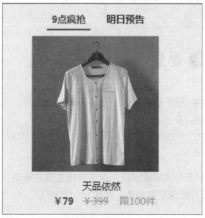

图14-122　打开素材图像

图14-123　选取减淡工具

STEP 03 在工具属性栏中设置"大小"为50像素、"曝光度"为100%，如图14-124所示。

STEP 04 移动鼠标至图像编辑窗口中涂抹，即可减淡图像颜色，如图14-125所示。

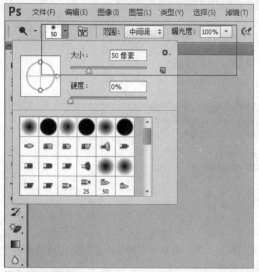

图14-124 设置大小

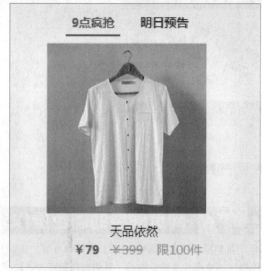

图14-125 减淡图像颜色

实战 496　运用加深工具

▶ 实例位置：光盘\效果\第14章\实战496.jpg
▶ 素材位置：光盘\素材\第14章\实战496.jpg
▶ 视频位置：光盘\视频\第14章\实战496.mp4

● 实例介绍 ●

加深工具与减淡工具恰恰相反，可使图像中被操作的区域变暗，其工具属性栏及操作方法与减淡工具相同。

● 操作步骤 ●

STEP 01 单击"文件"|"打开"命令，打开一幅素材图像，如图14-126所示。

STEP 02 选取工具箱中的加深工具，在工具属性栏中的"范围"列表框中选择"中间调"选项，在工具属性栏中设置"大小"为50像素，如图14-127所示。

图14-126 打开素材图像

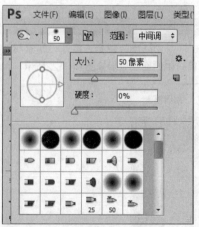

图14-127 加深图像颜色

STEP 03 在工具属性栏中设置"曝光度"为50%，如图14-128所示。

STEP 04 移动鼠标至图像编辑窗口中单击鼠标左键并拖动，在图像上涂抹，即可加深图像颜色，如图14-129所示。

图14-128 设置曝光度

图14-129 加深图像颜色

实战 497 运用海绵工具

▶ 实例位置：光盘\效果\第14章\实战497.jpg
▶ 素材位置：光盘\素材\第14章\实战497.jpg
▶ 视频位置：光盘\视频\第14章\实战497.mp4

● 实例介绍 ●

海绵工具为色彩饱和度调整工具，使用海绵工具可以精确地更改图像的色彩饱和度，其"模式"包括"饱和"与"降低饱和度"两种。

● 操作步骤 ●

STEP 01 单击"文件"|"打开"命令，打开一幅素材图像，此时图像编辑窗口中的图像显示如图14-130所示。
STEP 02 选取工具箱中的海绵工具，如图14-131所示。

图14-130 打开素材图像

图14-131 选取海绵工具

STEP 03 在工具属性栏中，设置"大小"为50像素，如图14-132所示。
STEP 04 移动鼠标至图像编辑窗口中单击鼠标左键并拖曳，进行涂抹，即可使用海绵工具调整图像，如图14-133所示。

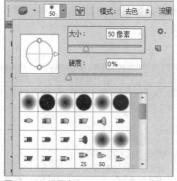

图14-132 设置大小

图14-133 调整图像

14.8 网页图像的复制操作

复制图像的工具包括仿制图章工具和图案图章工具，运用这些工具均可将需要的图像复制出来，通过设置"仿制源"面板参数可复制变化对等的图像效果。

实战 498 运用仿制图章工具

▶ 实例位置：光盘\效果\第14章\实战498.jpg
▶ 素材位置：光盘\素材\第14章\实战498.jpg
▶ 视频位置：光盘\视频\第14章\实战498.mp4

● 实例介绍 ●

仿制图章工具可以从图像中取样，然后将样本应用到其他图像或同一图像的其他部分。

● 操作步骤 ●

STEP 01 单击"文件"|"打开"命令，打开一幅素材图像，此时图像编辑窗口中的图像显示如图14-134所示。

STEP 02 选取工具箱中的仿制图章工具，如图14-135所示。

图14-134 打开素材图像

图14-135 选取仿制图章工具

STEP 03 移动鼠标指针至图像编辑窗口中的合适位置，按住【Alt】键的同时单击鼠标左键取样，如图14-136所示。

STEP 04 释放【Alt】键，在合适位置单击鼠标左键并拖曳，进行涂抹，即可将取样点的图像复制到涂抹的位置上，如图14-136所示。

图14-136 进行取样

图14-137 复制图像

实战 499 运用图案图章工具

▶ 实例位置：光盘\效果\第14章\实战499.jpg
▶ 素材位置：光盘\素材\第14章\实战499.jpg、实战499.psd
▶ 视频位置：光盘\视频\第14章\实战499.mp4

● 实例介绍 ●

图案图章工具可以将定义好的图案应用于其他图像中，并以连续填充的方式在图像中进行绘制。

● 操作步骤 ●

STEP 01 单击"文件"|"打开"命令，打开两幅素材图像，此时图像编辑窗口中的图像显示如图14-138所示。

STEP 02 确定"实战499.psd"图像为当前编辑窗口，在菜单栏中单击"编辑"|"定义图案"命令，弹出"图案名称"对话框，设置"名称"为"星空"，如图14-139所示，单击"确定"按钮。

图14-138 打开两幅素材图像

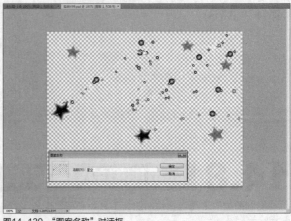
图14-139 "图案名称"对话框

STEP 03 切换至"实战499.jpg"图像编辑窗口，选取工具箱中的图案图章工具，在工具属性栏中选中"对齐"复选框，单击"点按可打开'图案'拾色器"按钮，在弹出的列表框中设置"图案"为"星空"，如图14-140所示。

图14-140　选择"图案"

STEP 04 移动鼠标指针至图像编辑窗口中，单击鼠标左键并拖曳，即可复制图像，效果如图14-141所示。

图14-141　图像效果

14.9　网页图像的修饰操作

　　修饰图像是指通过设置画笔笔触参数，在图像上涂抹以修饰图像中的细节部分，修饰图像工具包括模糊工具、锐化工具以及涂抹工具。本节主要向读者介绍使用各种修饰图像工具修饰图像的操作方法。

实战 500	运用模糊工具	▶ 实例位置：光盘\效果\第14章\实战500.jpg ▶ 素材位置：光盘\素材\第14章\实战500.jpg ▶ 视频位置：光盘\视频\第14章\实战500.mp4

● 实例介绍 ●

　　模糊工具可以将突出的色彩打散，使得僵硬的图像边界变得柔和，颜色的过渡变得平缓、自然，起到一种模糊图像的效果。

● 操作步骤 ●

STEP 01 单击"文件"|"打开"命令，打开一幅素材图像，此时图像编辑窗口中的图像显示如图14-142所示。

STEP 02 选取工具箱中的模糊工具，如图14-143所示。

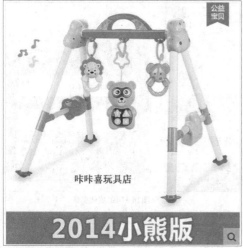

图14-142　打开素材图像

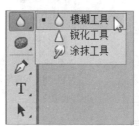

图14-143　选取模糊工具

STEP 03 在工具属性栏中设置"大小"为50像素，如图14-144所示，并将"强度"为100%。

STEP 04 移动鼠标至图像编辑窗口中，单击鼠标左键，进行涂抹，即可模糊图像，如图14-145所示。

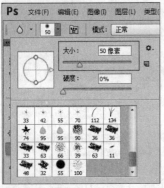

图14-144 设置参数

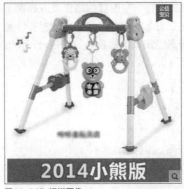

图14-145 模糊图像

实战 501 运用锐化工具

▶ 实例位置：光盘\效果\第14章\实战501.jpg
▶ 素材位置：光盘\素材\第14章\实战501.jpg
▶ 视频位置：光盘\视频\第14章\实战501.mp4

● 实例介绍 ●

锐化工具△与模糊工具的作用刚好相反，它用于锐化图像的部分像素，使得被编辑的图像更加清晰。

● 操作步骤 ●

STEP 01 单击"文件"|"打开"命令，打开一幅素材图像，此时图像编辑窗口中的图像显示如图14-146所示。

STEP 02 选取工具箱中的锐化工具，如图14-147所示。

图14-146 打开素材图像

图14-147 选取锐化工具

STEP 03 在工具属性栏中，设置"大小"为100像素、"强度"为100%，如图14-148所示。

STEP 04 移动鼠标至图像编辑窗口中，单击鼠标左键并拖曳，进行涂抹，即可锐化图像，如图14-149所示。

图14-148 设置参数

图14-149 锐化图像

实战 502 运用涂抹工具

▶ 实例位置：光盘\效果\第14章\实战502.jpg
▶ 素材位置：光盘\素材\第14章\实战502.jpg
▶ 视频位置：光盘\视频\第14章\实战502.mp4

● 实例介绍 ●

涂抹工具可以用来混合颜色，使用涂抹工具，可以从单击处开始，将它与鼠标指针经过处的颜色混合。

● 操作步骤 ●

STEP 01 单击"文件"|"打开"命令，打开一幅素材图像，此时图像编辑窗口中的图像显示如图14-150所示。

STEP 02 选取工具箱中的涂抹工具，如图14-151所示。

图14-149 打开素材图像

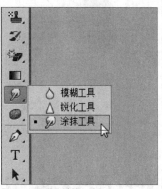

图14-150 选取涂抹工具

STEP 03 在工具属性栏中，设置"强度"为50%，设置画笔为"柔边圆"、"大小"为10像素，如图14-151所示。

STEP 04 移动鼠标至图像编辑窗口中，单击鼠标左键并拖曳，进行涂抹，即可涂抹图像，如图14-153所示。

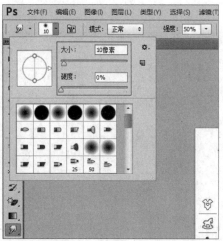

图14-152 设置参数

图14-153 涂抹图像

知识扩展1

在涂抹工具属性栏中，选中"手指绘画"复选框后，可以在涂抹时添加前景色；取消选中该复选框后，则使用每个描边起点处指针所在位置的颜色进行涂抹。

知识扩展2

画笔工具 是绘制图形时使用最多的工具之一，利用画笔工具 可以绘制边缘柔和的线条，且画笔的大小、边缘柔和的幅度都可以灵活调节。选择工具箱中的画笔工具 ，在如图14-154所示的画笔工具属性栏中设置相关参数即可进行绘图操作。

图14-154 画笔工具属性栏

➤ 点按可打开"画笔预设"选取器：单击该按钮，打开画笔下拉面板，在面板中可以选择笔尖，设置画笔的大小和硬度。

➤ 模式：在弹出的列表框中，可以选择画笔笔迹颜色与下面像素的混合模式。

➤ 不透明度：用来设置画笔的不透明度，该值越低，线条的透明度越高。

➤ 流量：用来设置当光标移动到某个区域上方时应用颜色的速率。在某个区域上方涂抹时，如果一直按住鼠标左键，颜色将根据流动的速率增加，直至达到不透明度设置。

➤ 启用喷枪模式：单击该按钮，可以启用喷枪功能，Photoshop会根据鼠标左键的单击程度确定画笔线条的填充数量。

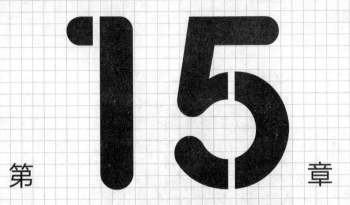

第 **15** 章

网页图像的色彩调整

本章导读

Photoshop CC拥有多种强大的颜色调整功能，使用"曲线""色阶"等命令可以轻松调整图像的色相、饱和度、对比度和亮度，修正有色彩平衡、曝光不足或过度等缺陷的图像。

本章主要介绍网页图像色彩和色调的调整方法和技巧，读者要熟练掌握各种调色方法，可以调整出丰富多彩的网页图像效果。

要点索引

- 为网页图像填充颜色
- 自动校正网页图像色彩/色调
- 网页图像色彩的基本调整
- 网页图像色调的高级调整

15.1 为网页图像填充颜色

　　在编辑图像的过程中，通常会根据整幅图像的设计效果，对每一个图像元素填充不同颜色。本节主要向读者介绍吸管工具、填充命令、快捷菜单选项、油漆桶工具、渐变工具填充单色以及渐变工具创建多色图像的操作方法。

实战 503	"填充"命令填充颜色	▶ 实例位置：光盘\效果\第15章\实战503.jpg
		▶ 素材位置：光盘\素材\第15章\实战503.jpg
		▶ 视频位置：光盘\视频\第15章\实战503.mp4

● 实例介绍 ●

　　在Photoshop CC中，用户可以运用"填充"命令对选区或图像填充颜色。单击"编辑"|"填充"命令，即可弹出"填充"对话框。

　　"填充"对话框中各主要选项的含义如下。

➢ 使用：在该列表框中可以选择7种填充类型，包括"前景色""背景色"和"颜色"等。

➢ 自定图案：选择"使用"列表框中的"图案"选项，"自定图案"选项将呈可用状态，单击其右侧的下拉按钮，在弹出的图案面板中选择一种图案，进行图案填充。

➢ 混合：用于设置填充模式和不透明度。

➢ 保留透明区域：对图层进行颜色填充时，可以保留透明的部分不填充颜色，该复选框只有对透明的图层进行填充时才有效。

● 操作步骤 ●

STEP 01 单击"文件"|"打开"命令，打开一幅素材图像，此时图像编辑窗口中的图像显示如图15-1所示。

图15-1　打开素材图像

STEP 03 单击前景色色块，弹出"拾色器（前景色）"对话框，设置RGB参数值分别为253、246和142，如图15-3所示。

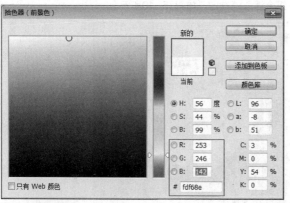

图15-3　设置参数值

STEP 02 选取工具箱中的魔棒工具，在图像编辑窗口中创建一个选区，如图15-2所示。

图15-2　创建选区

STEP 04 单击"确定"按钮，返回图像编辑窗口，再单击"编辑"|"填充"命令，如图15-4所示。

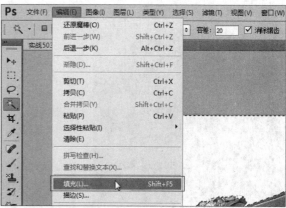

图15-4　单击"填充"命令

STEP 05 弹出"填充"对话框，设置"使用"为"前景色"，如图15-5所示。

STEP 06 单击"确定"按钮，即可运用"填充"命令填充颜色，按【Ctrl+D】组合键，取消选区，效果如图15-6所示。

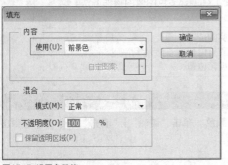

图15-5 设置参数值

图15-6 取消选区

实战 504 运用吸管工具填充颜色

▶ 实例位置：光盘\效果\第15章\实战504.jpg
▶ 素材位置：光盘\素材\第15章\实战504.jpg
▶ 视频位置：光盘\视频\第15章\实战504.mp4

● 实例介绍 ●

在Photoshop CC软件中处理图像时，如果需要从图像中获取颜色修补附近区域，就需要用到吸管工具。

● 操作步骤 ●

STEP 01 单击"文件"|"打开"命令，打开一幅素材图像，此时图像编辑窗口中的图像显示如图15-7所示。

STEP 02 选取工具箱中的魔棒工具，在图像编辑窗口中创建一个选区，如图15-8所示。

图15-7 打开素材图像

图15-8 创建一个选区

STEP 03 选取工具箱中的吸管工具，移动鼠标指针至图像编辑窗口中的杏色区域，单击鼠标左键即可吸取颜色，如图15-9所示。

STEP 04 执行上述操作后，前景色自动变为杏色，按【Alt+Delete】组合键，即可为选区内填充颜色，按【Ctrl+D】组合键取消选区，如图15-10所示。

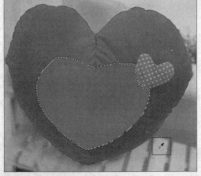

图15-9 单击鼠标左键吸取颜色

图15-10 取消选区

● 实例介绍 ●

使用油漆桶工具可以快速、便捷地为图像填充颜色，填充颜色以前景色为准。

● 操作步骤 ●

STEP 01 单击"文件"|"打开"命令，打开一幅素材图像，如图15-11所示。

STEP 02 选取工具箱中的魔棒工具，移动鼠标指针至图像编辑窗口中的合适位置，多次单击鼠标左键，创建选区，如图15-12所示。

图15-11 打开素材图像

图15-12 创建选区

STEP 03 单击工具箱下方的"设置前景色"色块，弹出"拾色器（前景色）"对话框，设置前景色为浅黄色（RGB参数值分别为250、237和151），如图15-13所示，单击"确定"按钮。

STEP 04 选取工具箱中油漆桶工具，移动鼠标指针至选区中，多次单击鼠标左键，即可为选区填充颜色，按【Ctrl+D】组合键，取消选区，如图15-14所示。

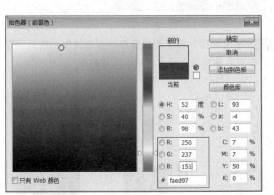

图15-13 设置参数

图15-14 取消选区

● 实例介绍 ●

在Photoshop CC中，运用渐变工具▣可以对所选定的图像进行多种颜色的混合填充，从而达到增强图像的视觉效果。

● 操作步骤 ●

STEP 01 单击"文件"|"打开"命令,打开一幅素材图像,此时图像编辑窗口中的图像显示如图15-15所示。

STEP 02 设置前景色为绿色(RGB为150、255和180),背景色为白色,如图15-16所示。

图15-15 打开素材图像

图15-16 设置颜色

STEP 03 选取工具箱中的渐变工具 ,如图15-17所示。

STEP 04 在工具属性栏中,单击"点按可编辑渐变"色块,如图15-18所示。

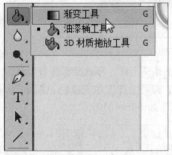

图15-17 选取渐变工具

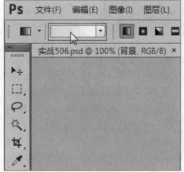

图15-18 单击"点按可编辑渐变"色块

STEP 05 弹出"渐变编辑器"对话框,设置"预设"为"前景色到背景色渐变",如图15-19所示,单击"确定"按钮。

STEP 06 将鼠标指针移至图像窗口的合适位置,拖曳鼠标光标,即可为图像填充渐变颜色,效果如图15-20所示。

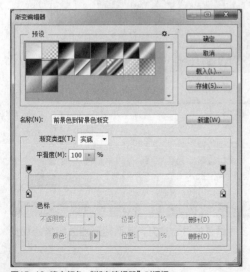

图15-19 填充颜色 "渐变编辑器"对话框

图15-20 填充渐变颜色

15.2 自动校正网页图像色彩/色调

在Photoshop CC中，用户可以通过"自动色调""自动对比度"以及"自动颜色"命令来自动调整图像的色彩与色调。

实战
507　运用"自动色调"命令

▶ 实例位置：光盘\效果\第15章\实战507.psd
▶ 素材位置：光盘\素材\第15章\实战507.psd
▶ 视频位置：光盘\视频\第15章\实战507.mp4

● 实例介绍 ●

"自动色调"命令是根据图像整体颜色的明暗程度进行自动调整，使得亮部与暗部的颜色按一定的比例分布。

● 操作步骤 ●

STEP 01 单击"文件"|"打开"命令，打开一幅素材图像，此时图像编辑窗口中的图像显示如图15-21所示。

STEP 02 选择"背景"图层，单击"图像"|"自动色调"命令，即可自动调整图像明暗，如图15-22所示。

图15-21 打开素材图像

图15-22 调整图像明暗

技巧点拨

除了运用"自动色调"命令调整图像色彩明暗外，还可以按【Shift＋Ctrl＋L】组合键，调整图像明暗。

实战
508　运用"自动对比度"命令

▶ 实例位置：光盘\效果\第15章\实战508.jpg
▶ 素材位置：光盘\素材\第15章\实战508.jpg
▶ 视频位置：光盘\视频\第15章\实战508.mp4

● 实例介绍 ●

"自动对比度"命令可以自动调整图像颜色的总体对比度和混合颜色，它将图像中最亮和最暗的像素映射为白色和黑色。按【Alt＋Shift＋Ctrl＋L】组合键，也可以运用"自动对比度"调整图像对比度。

● 操作步骤 ●

STEP 01 单击"文件"|"打开"命令，打开一幅素材图像，此时图像编辑窗口中的图像显示如图15-23所示。

STEP 02 单击"图像"|"自动对比度"命令，即可自动调整图像对比度，如图15-24所示。

图15-23 打开素材图像

图15-24 调整图像对比度

实战 509	运用"自动颜色"命令	▶ 实例位置: 光盘\效果\第15章\实战509.psd ▶ 素材位置: 光盘\素材\第15章\实战509.psd ▶ 视频位置: 光盘\视频\第15章\实战509.mp4

● 实例介绍 ●

使用"自动颜色"命令，可以自动识别图像中的实际阴影、中间调和高光，从而自动校正图像的颜色。

● 操作步骤 ●

STEP 01 单击"文件"|"打开"命令，打开一幅素材图像，此时图像编辑窗口中的图像显示如图15-25所示。

STEP 02 选择"背景"图层，单击"图像"|"自动颜色"命令，即可自动校正图像颜色，效果如图15-26所示。

图15-25 打开素材图像

图15-26 自动校正图像颜色

技巧点拨

除了运用上述命令可以自动调整图像颜色外，按【Shift+Ctrl+B】组合键，也可以运用"自动颜色"自动校正图像颜色。

15.3 网页图像色彩的基本调整

在Photoshop CC中，熟练掌握各种调色方法，可以调整出丰富多彩的图像效果。调整图像色彩的常用方法，主要可以通过"色阶""亮度与对比度""曲线""变化"及"色彩平衡"等命令来实现。

实战 510	运用"色阶"命令	▶ 实例位置: 光盘\效果\第15章\实战510.jpg ▶ 素材位置: 光盘\素材\第15章\实战510.jpg ▶ 视频位置: 光盘\视频\第15章\实战510.mp4

● 实例介绍 ●

"色阶"命令是将每个通道中最亮和最暗的像素定义为白色和黑色，按比例重新分配中间像素值，从而校正图像的色调范围和色彩平衡。

● 操作步骤 ●

STEP 01 单击"文件"|"打开"命令，打开一幅素材图像，此时图像编辑窗口中的图像显示如图15-27所示。

图15-27 打开素材图像

STEP 02 在菜单栏中单击"图像"|"调整"|"色阶"命令，如图15-28所示。

STEP 03 弹出"色阶"对话框，设置"输入色阶"为19、0.76和232，如图15-29所示。

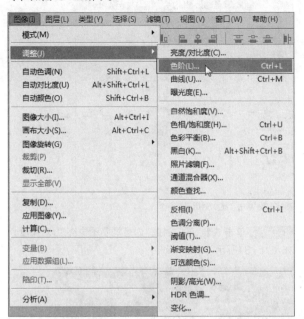

图15-28 单击"色阶"命令

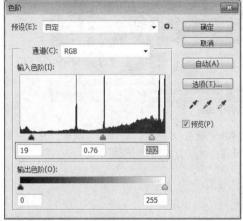

图15-29 弹出"色阶"对话框

STEP 04 单击"确定"按钮，即可调整图像亮度，如图15-30所示。

图15-30 调整图像亮度

实战 511　运用"亮度/对比度"命令

▶ 实例位置：光盘\效果\第15章\实战511.jpg
▶ 素材位置：光盘\素材\第15章\实战511.jpg
▶ 视频位置：光盘\视频\第15章\实战511.mp4

● 实例介绍 ●

　　"亮度/对比度"命令主要对图像每个像素的亮度或对比度进行调整，此调整方式方便、快捷，但不适合用于较为复杂的图像。

● 操作步骤 ●

STEP 01 单击"文件"|"打开"命令，打开一幅素材图像，此时图像编辑窗口中的图像显示如图15-31所示。

STEP 02 在菜单栏中单击"图像"|"调整"|"亮度/对比度"命令，如图15-32所示。

图15-31 打开素材图像

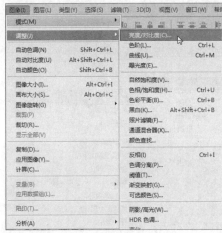

图15-32 单击"亮度/对比度"命令

STEP 03 弹出"亮度/对比度"对话框，设置"亮度"为15、"对比度"为60，如图15-33所示。

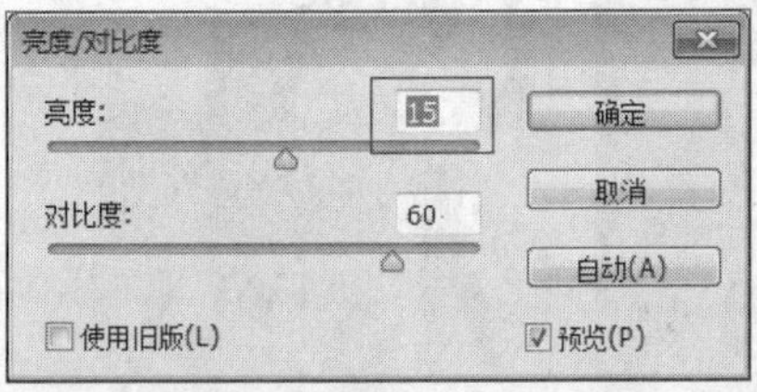

STEP 04 单击"确定"按钮，即可调整图像亮度/对比度，如图15-34所示。

图15-33 弹出"亮度/对比度"对话框

图15-34 调整图像亮度/对比度

实战 512 运用"曲线"命令

▶ **实例位置:** 光盘\效果\第15章\实战512.psd
▶ **素材位置:** 光盘\素材\第15章\实战512.psd
▶ **视频位置:** 光盘\视频\第15章\实战512.mp4

● 实例介绍 ●

"曲线"命令通过调节曲线的方式，可以对图像的亮调、中间调和暗调进行适当调整，而且只对某一范围的图像进行色调的调整。

● 操作步骤 ●

STEP 01 单击"文件"|"打开"命令，打开一幅素材图像，如图15-35所示。

STEP 02 选择"背景"图层，单击"图像"|"调整"|"曲线"命令，如图15-36所示。

图15-35 打开素材图像

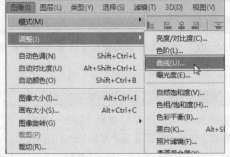

图15-36 单击"曲线"命令

知识扩展

在"曲线"对话框中，单击"在图像上单击并拖动可以修改曲线"按钮后，将指针放在图像上，曲线上会出现一个圆形图形，它代表指针处的色调在曲线上的位置，在画面中单击并拖动鼠标可以添加控制点并调整相应的色调。

STEP 03 执行上述操作后，即可弹出"曲线"对话框，在网格中单击鼠标左键，建立曲线编辑点，设置"输出"为179，"输入"为118，如图15-37所示。

STEP 04 单击"确定"按钮，即可调整图像色调，如图15-38所示。

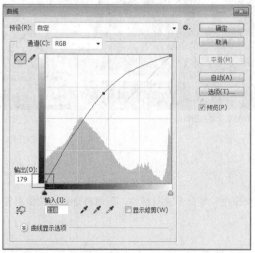

图15-37 弹出"曲线"对话框

图15-38 调整图像色调

实战 513　运用"曝光度"命令

▶ 实例位置：光盘\效果\第15章\实战513.jpg
▶ 素材位置：光盘\素材\第15章\实战513.jpg
▶ 视频位置：光盘\视频\第15章\实战513.mp4

● 实例介绍 ●

有些照片因为曝光过度而导致图像偏白，或因为曝光不足而导致图像偏暗，可以使用"曝光度"命令调整图像的曝光度。

● 操作步骤 ●

STEP 01 单击"文件"|"打开"命令，打开一幅素材图像，此时图像编辑窗口中的图像显示如图15-39所示。

STEP 02 选择"背景"图层，在菜单栏中单击"图像"|"调整"|"曝光度"命令，如图15-40所示。

图15-39 打开素材图像

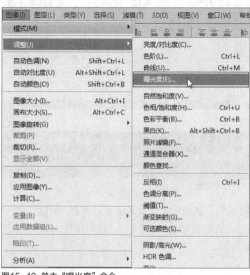

图15-40 单击"曝光度"命令

STEP 03 执行上述操作后，弹出"曝光度"对话框，设置"曝光度"为1，如图15-41所示。

STEP 04 单击"确定"按钮，即可调整图像曝光度，如图15-42所示。

图15-42 调整图像曝光度效果

图15-41 弹出"曝光度"对话框

15.4 网页图像色调的高级调整

网页图像的色调主要通过"色彩平衡""色相/饱和度"和"替换颜色"等命令进行操作，下面将分别介绍使用各命令进行色调调整的方法。

实战 514	运用"自然饱和度"命令	▶ 实例位置：光盘\效果\第15章\实战514.jpg ▶ 素材位置：光盘\素材\第15章\实战514.jpg ▶ 视频位置：光盘\视频\第15章\实战514.mp4

● 实例介绍 ●

"自然饱和度"命令可以调整整幅图像或单个颜色分量的饱和度和亮度值。

● 操作步骤 ●

STEP 01 单击"文件"|"打开"命令，打开一幅素材图像，此时图像编辑窗口中的图像显示如图15-43所示。

STEP 02 在菜单栏中单击"图像"|"调整"|"自然饱和度"命令，如图15-44所示。

图15-43 打开素材图像

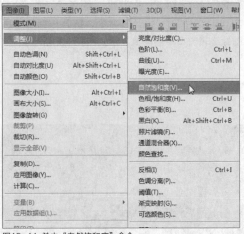

图15-44 单击"自然饱和度"命令

STEP 03 执行上述操作后，即可弹出"自然饱和度"对话框，设置"自然饱和度"为61、"饱和度"为23，如图15-45所示。

STEP 04 单击"确定"按钮，即可调整图像的饱和度，如图15-46所示。

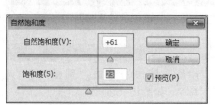

图15-45　设置参数值

图15-46　调整图像的饱和度

<table>
<tr><td>实战
515</td><td>运用"色相/饱和度"命令</td><td>▶ 实例位置：光盘\效果\第15章\实战515.jpg
▶ 素材位置：光盘\素材\第15章\实战515.jpg
▶ 视频位置：光盘\视频\第15章\实战515.mp4</td></tr>
</table>

● 实例介绍 ●

　　"色相/饱和度"命令可以调整整幅图像或单个颜色分量的色相、饱和度和亮度值，还可以同步调整图像中所有的颜色。

● 操作步骤 ●

STEP 01　单击"文件"｜"打开"命令，打开一幅素材图像，此时图像编辑窗口中的图像显示如图15-47所示。

图15-47　打开素材图像

STEP 03　执行上述操作后，即可弹出"色相/饱和度"对话框，设置"色相"为-11、"饱和度"为32，如图15-49所示。

图15-49　设置各参数

STEP 02　在菜单栏中单击"图像"｜"调整"｜"色相/饱和度"命令，如图15-48所示。

图15-48　单击"色相/饱和度"命令

STEP 04　单击"确定"按钮，即可调整图像色相，如图15-50所示。

图15-50　调整图像色相

实战 516 运用"色彩平衡"命令

▶ 实例位置：光盘\效果\第15章\实战516.psd
▶ 素材位置：光盘\素材\第15章\实战516.psd
▶ 视频位置：光盘\视频\第15章\实战516.mp4

● 实例介绍 ●

"色彩平衡"命令通过增加或减少处于高光、中间调及阴影区域中的特定颜色，改变图像的整体色调。

● 操作步骤 ●

STEP 01 单击"文件"|"打开"命令，打开一幅素材图像，此时图像编辑窗口中的图像显示如图15-51所示。

STEP 02 选择"背景"图层，单击"图像"|"调整"|"色彩平衡"命令，如图15-52所示。

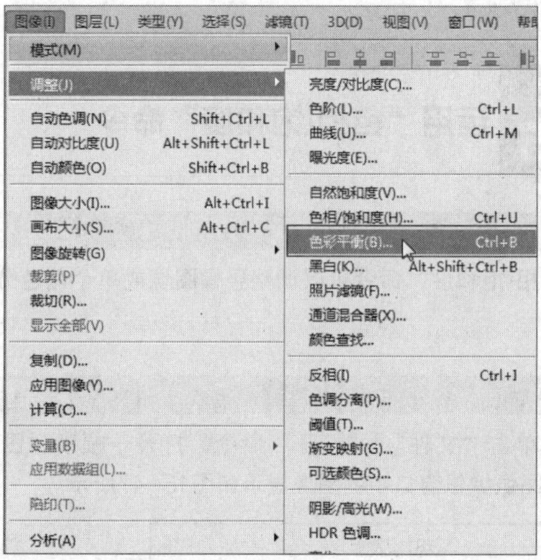

图15-51 打开素材图像

图15-52 单击"色彩平衡"对话框

STEP 03 执行上述操作后，即可弹出"色彩平衡"对话框，设置"色阶"为47、78和58，如图15-53所示。

STEP 04 单击"确定"按钮，即可调整图像偏色，效果如图15-54所示。

图15-54 调整偏色后的图像

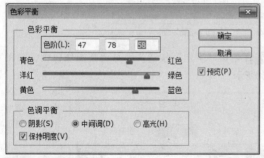

图15-53 设置各参数

实战 517 运用"替换颜色"命令

▶ 实例位置：光盘\效果\第15章\实战517.jpg
▶ 素材位置：光盘\素材\第15章\实战517.jpg
▶ 视频位置：光盘\视频\第15章\实战517.mp4

● 实例介绍 ●

使用"替换颜色"命令能够基于特定颜色通过在图像中创建蒙版来调整色相、饱和度和明度值。

STEP 01　单击"文件"|"打开"命令，打开一幅素材图像，此时图像编辑窗口中的图像显示如图15-55所示。

STEP 02　在菜单栏中单击"图像"|"调整"|"替换颜色"命令，如图15-56所示。

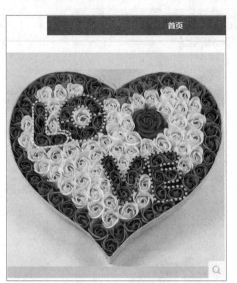

图15-55 打开素材图像

图15-56 单击"替换颜色"命令

STEP 03　执行上述操作后，即可弹出"替换颜色"对话框，单击"添加到取样"按钮，在黑色矩形框中适当位置重复单击，即可选中颜色相近的区域，在"替换"选项区中，设置"色相"为121、"饱和度"为31，如图15-57所示。

STEP 04　单击"确定"按钮，即可替换图像颜色，如图15-58所示。

图15-57 设置参数

图15-58 替换图像色调

实战 518　运用"照片滤镜"命令

▶ 实例位置：光盘\效果\第15章\实战518.psd
▶ 素材位置：光盘\素材\第15章\实战518.psd
▶ 视频位置：光盘\视频\第15章\实战518.mp4

• 实例介绍 •

　　使用"照片滤镜"命令可以模仿镜头前面加彩色滤镜的效果，以便调整通过镜头传输的色彩平衡和色温。该命令还允许选择预设的颜色，以便为图像应用色相调整。

• 操作步骤 •

STEP 01 单击"文件"|"打开"命令，打开一幅素材图像，如图15-59所示。

STEP 02 选择"背景"图层，单击"图像"|"调整"|"照片滤镜"命令，如图15-60所示。

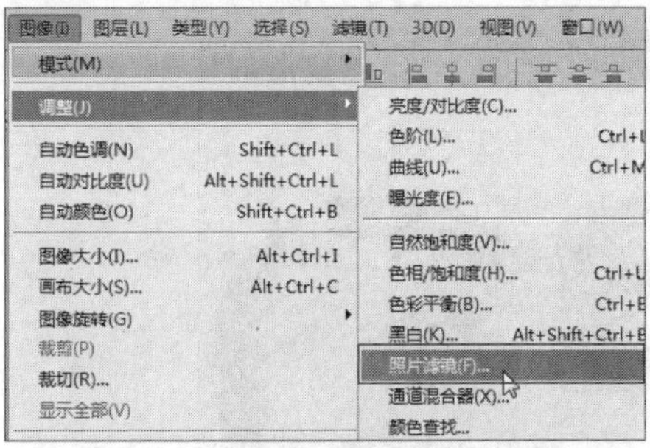

图15-59 打开素材图像

图15-60 单击"照片滤镜"命令

STEP 03 执行上述操作后，即可弹出"照片滤镜"对话框，选中"滤镜"单选按钮，在列表框中选择"冷却滤镜（LBB）"选项，设置"浓度"为75%，如图15-61所示。

STEP 04 单击"确定"按钮，即可过滤图像色调，如图15-62所示。

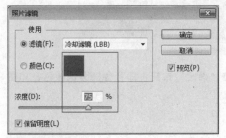

图15-61 设置参数值

图15-62 过滤图像色调

实战 519 运用"可选颜色"命令

▶ 实例位置：光盘\效果\第15章\实战519.jpg
▶ 素材位置：光盘\素材\第15章\实战519.jpg
▶ 视频位置：光盘\视频\第15章\实战519.mp4

• 实例介绍 •

"可选颜色"命令主要校正图像的色彩不平衡和调整图像的色彩，它可以在高档扫描仪和分色程序中使用，并有选择性地修改主要颜色的印刷数量，不会影响到其他主要颜色。

• 操作步骤 •

STEP 01 单击"文件"|"打开"命令，打开一幅素材图像，此时图像编辑窗口中的图像显示如图15-63所示。

STEP 02 在菜单栏中单击"图像"|"调整"|"可选颜色"命令，如图15-64所示。

图15-63 打开素材图像

图15-64 单击"可选颜色"命令

STEP 03 执行上述操作后，即可弹出"可选颜色"对话框，设置"黄色"为-100%、"黑色"为40%，如图15-65所示。

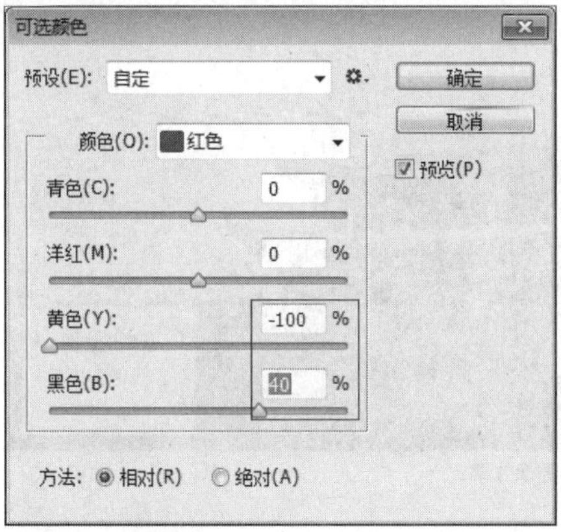

STEP 04 单击"确定"按钮，即可校正图像颜色平衡，如图15-66所示。

图15-65 设置参数值

图15-66 校正图像颜色平衡

实战 520	运用"黑白"命令	▶ 实例位置：光盘\效果\第15章\实战520.psd
		▶ 素材位置：光盘\素材\第15章\实战520.psd
		▶ 视频位置：光盘\视频\第15章\实战520.mp4

● 实例介绍 ●

运用"黑白"命令可以将图像调整为具有艺术感的黑白效果图像，也可以调整出不同单色的艺术效果。

● 操作步骤 ●

STEP 01 单击"文件"|"打开"命令，打开一幅素材图像，如图15-67所示。

STEP 02 选择"背景"图层，单击"图像"|"调整"|"黑白"命令，如图15-68所示。

图15-67 打开素材图像

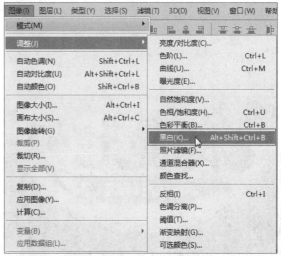

图15-68 单击"黑白"命令

STEP 03 执行上述操作后，即可弹出"黑白"对话框，设置各参数值分别为100%、75%、66%、60%、64%和80%，如图15-69所示。

STEP 04 单击"确定"按钮，即可制作单色图像，如图15-70所示。

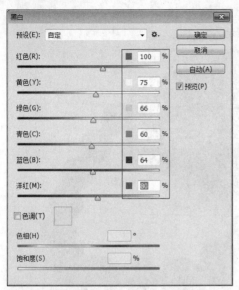

图15-69 设置参数值

图15-70 制作黑白图像效果

实战 521 运用"阈值"命令

▶ 实例位置：光盘\效果\第15章\实战521.jpg
▶ 素材位置：光盘\素材\第15章\实战521.jpg
▶ 视频位置：光盘\视频\第15章\实战521.mp4

● 实例介绍 ●

使用"阈值"命令可以将灰度或彩色图像转换为高对比度的黑白图像。指定某个色阶作为阈值，所有比预祝色阶亮的像素转换为白色，反之则转换为黑色。

● 操作步骤 ●

STEP 01 单击"文件"|"打开"命令，打开一幅素材图像，此时图像编辑窗口中的图像显示如图15-71所示。

STEP 02 在菜单栏中单击"图像"|"调整"|"阈值"命令，如图15-72所示。

图15-71 打开素材图像

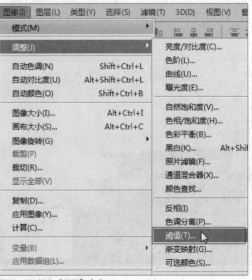

图15-72 单击"阈值"命令

STEP 03 执行上述操作后，即可弹出"阈值"对话框，设置"阈值色阶"参数值为162，如图15-73所示。

STEP 04 单击"确定"按钮，即可制作黑白图像，如图15-74所示。

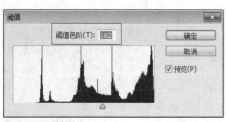

图15-73 设置参数值

图15-74 制作黑白图像

实战 522	运用"变化"命令	▶ 实例位置：光盘\效果\第15章\实战522.psd
		▶ 素材位置：光盘\素材\第15章\实战522.psd
		▶ 视频位置：光盘\视频\第15章\实战522.mp4

● 实例介绍 ●

　　"变化"命令是一个简单直观的图像调整工具，在调整图像的颜色平衡、对比度以及饱和度的同时，能看到图像调整前和调整后的缩览图，使调整更为简单、明了。

● 操作步骤 ●

STEP 01 单击"文件"|"打开"命令，打开一幅素材图像，此时图像编辑窗口中的图像显示如图15-75所示。

STEP 02 选择"图层1"图层，在菜单栏中单击"图像"|"调整"|"变化"命令，如图15-76所示。

图15-75 打开素材图像

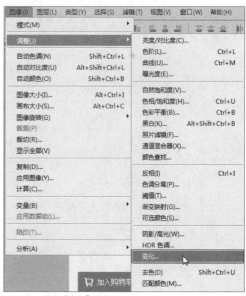

图15-76 单击"变化"命令

知识扩展

　　"变化"对话框各选项含义如下。

➢ 阴影/中间色调/高光：选择相应的选项，可以调整图像的阴影、中间调或高光的颜色。

➢ 饱和度：用来调整颜色的饱和度。

➢ 原稿/当前挑选：在对话框顶部的"原稿"缩览图中显示了原始图像，"当前挑选"缩览图中显示了图像的调整结果。

➢ 精细/粗糙：用来控制每次的调整量，每移动一格滑块，可以使调整量双倍增加。

➢ 显示修剪：选中该复选框，如果出现溢色，颜色就会被修剪，以标识出溢色区域。

STEP 03 执行上述操作后，即可弹出"变化"对话框，在"加深黄色"缩略图上单击鼠标左键两次，如图15-77所示。

STEP 04 单击"确定"按钮，即可使用"变化"命令制作彩色图像，其图像效果如图15-78所示。

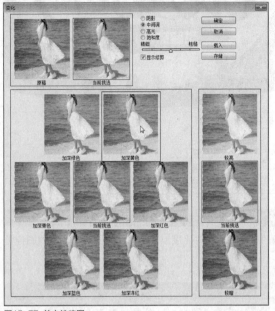

图15-77 单击缩略图

图15-78 制作彩色图像

知识扩展

　　"变化"命令对于调整色调均匀并且不需要精确调整色彩的图像非常有用，但是不能用于索引图像或16位通道图像。

第 **16** 章

网页选区的基本运用

本章导读

选区是指通过工具或者相应命令在图像上创建的选取范围。创建选区后，即可将选区内的图像区域进行隔离，以便复制、移动、填充或校正颜色。另外，用户在使用Photoshop CC进行网页图像处理时，为了使编辑的图像更加精确，经常要对已经创建的选区进行修改，使之更符合设计要求。本章主要介绍图像选区的创建、编辑、修改及应用选区的操作方法，以供读者掌握。

要点索引

- 运用工具创建网页图像选区
- 运用命令创建网页图像选区
- 运用按钮创建网页图像选区
- 编辑与修改网页图像的选区

16.1 运用工具创建网页图像选区

在Photoshop CC中，可以运用选区工具创建规则选区、不规则选区、颜色选区和全部选区等。

实战 523	创建规则选区

▶ 实例位置：光盘\效果\第16章\实战523.jpg
▶ 素材位置：光盘\素材\第16章\实战523.jpg
▶ 视频位置：光盘\视频\第16章\实战523.mp4

● 实例介绍 ●

在Photoshop CC中，创建规则选区主要使用选框工具，选框工具包括矩形选框工具、椭圆选框工具、单列选框工具和单行选框工具。使用矩形选框工具可以创建正方形选区和矩形选区，使用椭圆选框工具可以创建椭圆选区和圆形选区，而使用单列选框工具或单行选框工具则可以创建1个像素的单列或单行的选区，如图16-1所示。

下面以矩形选框工具为例，介绍创建并应用规则选区的方法。

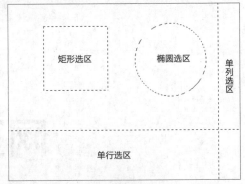
图16-1 使用不同选框工具创建的选区

● 操作步骤 ●

STEP 01 单击"文件"|"打开"命令，打开一幅素材图像，如图16-2所示。

STEP 02 选取矩形选框工具▣，创建一个矩形选区，如图16-3所示。

图16-2 打开素材图像

图16-3 创建选区

STEP 03 选取移动工具▸₊，拖曳选区内的图像至右边屏幕中，如图16-4所示。

STEP 04 按【Ctrl+D】组合键，取消选区，效果如图16-5所示。

图16-4 拖曳图像

图16-5 取消选区

实战 524　创建不规则选区

▶ 实例位置：光盘\效果\第16章\实战524.jpg
▶ 素材位置：光盘\素材\第16章\实战524.jpg
▶ 视频位置：光盘\视频\第16章\实战524.mp4

• 实例介绍 •

在Photoshop CC中，创建不规则选区主要使用套索工具。套索工具的优点在于能简单方便地创建复杂形状的选区，因此成为Photoshop中最常用的创建选区工具。在工具箱中，套索工具又可以分为3种不同的类别：套索工具、多边形套索工具以及磁性套索工具。

➢ 使用套索工具时，在图像编辑窗口中按住鼠标左键并拖曳，便可以创建任意形状的选区，其通常用于创建不太精确的选区。

➢ 使用多边形套索工具时，在图像编辑窗口中连续单击鼠标左键，便可以创建任意多边形的精确选区。

➢ 运用磁性套索工具时，在图像编辑窗口中单击鼠标左键并移动鼠标，便可以快速选择与背景对比强烈并且边缘复杂的对象，它可以沿着图像的边缘自动生成选区。

3种套索工具创建的选区形式如图16-6所示。

下面以磁性套索工具为例，介绍创建并应用不规则选区的操作方法。

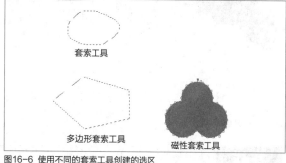

图16-6　使用不同的套索工具创建的选区

• 操作步骤 •

STEP 01 单击"文件"|"打开"命令，打开一幅素材图像，如图16-7所示。

STEP 02 选取工具箱中的磁性套索工具，将鼠标指针移至图像编辑窗口中，单击鼠标左键的同时并拖曳，创建选区，效果如图16-8所示。

图16-7　打开素材图像

图16-8　创建选区

STEP 03 单击"图像"|"调整"|"色相/饱和度"命令，如图16-9所示。

STEP 04 弹出"色相/饱和度"对话框，设置"色相"为128、"饱和度"为10，如图16-10所示，单击"确定"按钮即可。

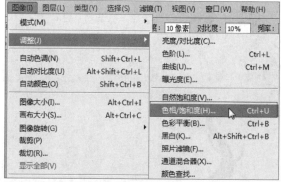

图16-9　单击"色相/饱和度"命令

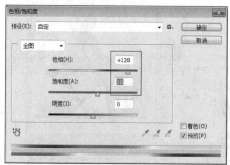

图16-10　"色相/饱和度"对话框

STEP 05 执行上述操作后,即可调整图像的色相/饱和度,如图16-11所示。

STEP 06 按【Ctrl+D】组合键,取消选区,效果如图16-12所示。

图16-11 图像效果

图16-12 取消选区

实战 525 创建颜色选区

▶ 实例位置: 光盘\效果\第16章\实战525.psd
▶ 素材位置: 光盘\素材\第16章\实战525a.jpg、实战525b.jpg
▶ 视频位置: 光盘\视频\第16章\实战525.mp4

● 实例介绍 ●

当图像中色彩相邻像素的颜色相近时,用户可以运用魔棒工具或快速选择工具进行选取。下面以魔棒工具为例,介绍创建并应用颜色选区的方法。

魔棒工具是用来创建与图像颜色相近或相同的像素选区,在颜色相近的图像上单击鼠标左键,即可选取到相近颜色范围。选择魔棒工具后,其属性栏的变化如图16-13所示。

图16-13 魔棒工具属性栏

魔棒工具的工具属性栏各选项基本含义如下。

➤ 容差: 用来控制创建选区范围的大小,数值越小,所要求的颜色越相近,数值越大,则颜色相差越大。

➤ 消除锯齿: 用来模糊羽化边缘的像素,使其与背景像素产生颜色的过渡,从而消除边缘明显的锯齿。

➤ 连续: 选中该复选框后,只选取与鼠标单击处相连接中的相近颜色。

➤ 对所有图层取样: 用于有多个图层的文件,选中该复选框后,能选取文件中所有图层中相近颜色的区域,不选中时,只选取当前图层中相近颜色的区域。

● 操作步骤 ●

STEP 01 单击"文件"|"打开"命令,打开两幅素材图像,此时图像编辑窗口中的图像显示如图16-14所示。

STEP 02 选取工具箱中的魔棒工具,将鼠标指针移至相应图像编辑窗口中的白色区域,单击鼠标左键,创建颜色选区,如图16-15所示。

图16-14 打开素材图像

图16-15 选中白色区域

STEP 03 单击工具属性栏中的"新选区"按钮▣，移动选区至相应图像编辑窗口中的合适位置，如图16-16所示。

STEP 04 选取移动工具，移动选区内的图像至相应图像编辑窗口中的合适位置，效果如图16-17所示。

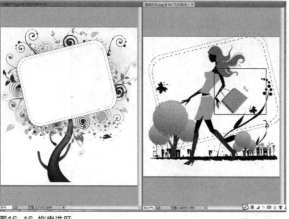

图16-16 拖曳选区

图16-17 移动图像

知识扩展

　　魔棒工具属性栏中的"容差"选项含义：在其右侧的文本框中可以设置0～255的数值，其主要用于确定选择范围的容差，默认值为32。设置的数值越小，选择的颜色范围越相近，选择的范围也就越小。

16.2 运用命令创建网页图像选区

　　在Photoshop CC中，复杂不规则选区指的是随意性强、不被局限在几何形状内的选区，它可以是任意创建的，也可以是通过计算而得到的单个选区或多个选区。

实战 526	运用"色彩范围"命令自定选区

▶ 实例位置：光盘\效果\第16章\实战526.jpg
▶ 素材位置：光盘\素材\第16章\实战526.jpg
▶ 视频位置：光盘\视频\第16章\实战526.mp4

● 实例介绍 ●

　　"色彩范围"是一个利用图像中的颜色变化关系来制作选择区域的命令，此命令根据选取色彩的相似程度，在图像中提取相似的色彩区域而生成选区。

● 操作步骤 ●

STEP 01 单击"文件"|"打开"命令，打开一幅素材图像，此时图像编辑窗口中的图像显示如图16-18所示。

STEP 02 单击"选择"|"色彩范围"命令，如图16-19所示。

图16-18 打开素材图像

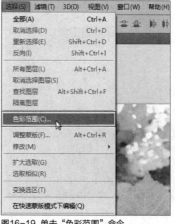

图16-19 单击"色彩范围"命令

STEP 03 弹出"色彩范围"对话框,设置"颜色容差"为130,选中"选择范围"单选按钮,如图16-20所示。

STEP 04 单击"色彩范围"对话框中的"添加到取样"按钮,将鼠标指针移至绿叶图像处单击鼠标左键,即可选中绿叶的部分图像,如图16-21所示,单击"确定"按钮。

图16-20 设置参数

图16-21 选中部分图像

知识扩展

"色彩范围"对话框各选项基本含义如下。

➤ 选择:用来设置选区的创建方式。选择"取样颜色"选项时,可将指针放在文档窗口中的图像上,或在"色彩范围"对话框中预览图像上单击,对颜色进行取样。为添加颜色取样,为减去颜色取样。

➤ 本地化颜色簇:当选中该复选框后,拖动"范围"滑块可以控制要包含在蒙版中的颜色与取样的最大和最小距离。

➤ 颜色容差:用来控制颜色的选择范围,该值越高,包含的颜色就越广。

➤ 选区预览图:选区预览包含了两个选项,选中"选择范围"单选按钮时,预览区的图像中,呈白色的代表被选择的区域;选中"图像"单选按钮时,预览区会出现彩色的图像。

➤ 选区预览:设置文档的选区的预览方式。用户选择"无"选项,表示不在窗口中显示选区;用户选择"灰度"选项,可以按照选区在灰度通道中的外观来显示选区;选择"灰色杂边"选项,可在未选择的区域上覆盖一层黑色;选择"白色杂边"选项,可在未选择的区域上覆盖一层白色;选择"快速蒙版"选项,可以显示选区在快速蒙版状态下的效果,此时,未选择的区域会覆盖一层红色。

➤ 载入/存储:用户单击"存储"按钮,可将当前的设置保存为选区预设;单击"载入"按钮,可以载入存储的选区预设文件。

➤ 反相:可以反转选区。

STEP 05 执行上述操作后,即可选中图像编辑窗口中的绿叶区域图像,如图16-22所示。

STEP 06 单击"图像"|"调整"|"色彩平衡"命令,如图16-23所示。

图16-22 选中绿叶区域图像

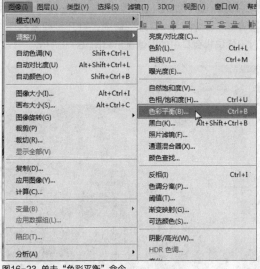

图16-23 单击"色彩平衡"命令

STEP 07 弹出“色彩平衡”对话框，设置“色阶”分别为100、-100、-50，如图16-24所示，单击“确定”按钮。

图16-24 设置色阶

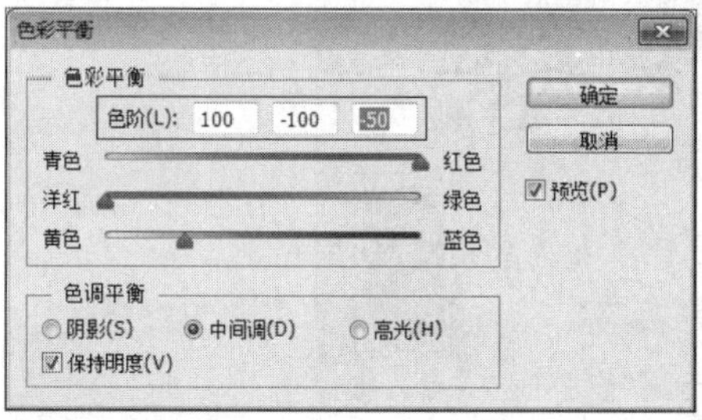

STEP 08 执行上述操作后，即可调整图像色调，按【Ctrl+D】组合键，取消选区，效果如图16-25所示。

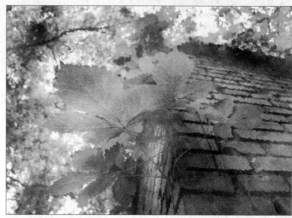

图16-25 取消选区

实战 527 运用“全部”命令全选图像

▶实例位置：光盘\效果\第16章\实战527.jpg
▶素材位置：光盘\素材\第16章\实战527.jpg
▶视频位置：光盘\视频\第16章\实战527.mp4

• 实例介绍 •

在Photoshop CC中，用户在编辑图像时，若像素图像比较复杂或者需要对整幅图像进行调整，则可以通过“全部”命令对图像进行调整。

• 操作步骤 •

STEP 01 单击“文件”|“打开”命令，打开一幅素材图像，如图16-26所示。

图16-26 打开素材图像

STEP 02 在工具箱中选取矩形框工具，然后在图像编辑窗口中创建一个矩形选区，如图16-27所示。

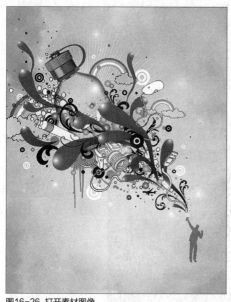

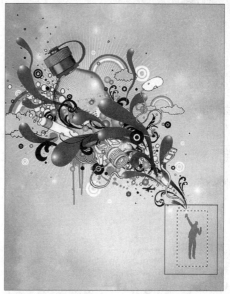

图16-27 创建矩形选区

STEP 03 在菜单栏中单击“图像”|“调整”|“反相”命令，如图16-28所示。

STEP 04 执行上述操作后，即可反相选区内的图像，如图16-29所示。

技巧点拨

“全部”命令相对应的快捷键为【Ctrl+A】组合键。

图16-28 单击"反相"命令

图16-29 反相选区

STEP 05 在菜单栏中单击"选择"|"全部"命令，如图16-30所示。

STEP 06 执行上述操作后，即可选择全图，效果如图16-31所示。

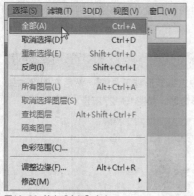

图16-30 单击"全部"命令

图16-31 选择全图

STEP 07 单击"图像"|"调整"|"反相"命令，如图16-32所示。

STEP 08 执行上述操作后，即可反相图像，按【Ctrl+D】组合键，取消选区，效果如图16-33所示。

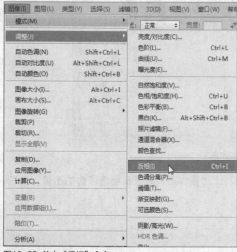

图16-32 单击"反相"命令

图16-33 反相图像

实战 528　运用"扩大选取"命令扩大选区

▶ 实例位置：光盘\效果\第16章\实战528.psd
▶ 素材位置：光盘\素材\第16章\实战528a.jpg、实战528b.jpg
▶ 视频位置：光盘\视频\第16章\实战528.mp4

● 实例介绍 ●

在Photoshop CC中，用户选择"扩大选取"命令时，Photoshop会基于魔棒工具属性栏中的"容差"值来决定选区的扩展范围。首先确定小块的选区，然后再执行此命令来选取相邻的像素。选择"扩大选取"命令时，Photoshop会查找并选择与当前选区中的像素色相近的像素，从而扩大选择区域。但该命令只扩大到与原选区相连接的区域。

● 操作步骤 ●

STEP 01 单击"文件"|"打开"命令，打开两幅素材图像，此时图像编辑窗口中的图像显示如图16-34所示。

STEP 02 切换至"实战528b"图像编辑窗口，在工具箱中选取矩形选框工具，在图像编辑窗口中合适位置创建一个矩形选区，如图16-35所示。

图16-34 打开素材图像

图16-35 创建选区

STEP 03 在菜单栏中单击"选择"|"扩大选取"命令，如图16-36所示。

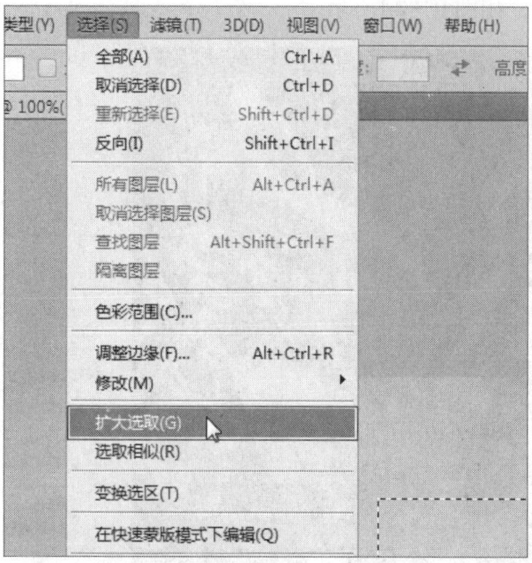

STEP 04 执行上述操作后，即可扩大选区范围，如图16-37所示。

图16-36 单击"扩大选取"命令

图16-37 扩大选区

STEP 05 选取工具箱中的移动工具，移动鼠标至选区内，单击鼠标左键并拖曳至"实战528a"图像编辑窗口中，如图16-38所示。

STEP 06 执行上述操作后，调整图像至适合位置，效果如图16-39所示。

图16-38 移动图像

图16-39 调整图像至适合位置

知识扩展

　　使用"扩大选取"命令可以将原选区扩大，所扩大的范围是与原选区相邻近且颜色相近的区域，扩大的范围由魔棒工具属性栏中的容差值决定。

实战 529 运用"选取相似"命令创建选区

▶ **实例位置:** 光盘\效果\第16章\实战529.jpg
▶ **素材位置:** 光盘\素材\第16章\实战529.jpg
▶ **视频位置:** 光盘\视频\第16章\实战529.mp4

● **实例介绍** ●

　　在Photoshop CC中，"选取相似"命令是针对图像中所有颜色相近的像素，此命令在有大面积实色的情况下非常有用。

● **操作步骤** ●

STEP 01 单击"文件"|"打开"命令，打开一幅素材图像，此时图像编辑窗口中的图像显示如图16-40所示。

STEP 02 选取工具箱中的魔棒工具，在图像编辑窗口中创建一个选区，如图16-41所示。

图16-40 打开素材图像

图16-41 创建选区

知识扩展

　　"选取相似"命令是将图像中所有的与选区内像素颜色相近的像素都扩充到选区中，不适合用于复杂像素图像。

STEP 03 在菜单栏中单击"选择"|"选取相似"命令，如图16-42所示。

图16-42 单击"选取相似"命令

STEP 04 执行上述操作后，即可选取相似范围，如图16-43所示。

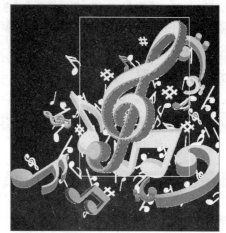

图16-43 选取相似范围

STEP 05 在菜单栏中单击"图像"|"调整"|"色相/饱和度"命令，如图16-44所示。

图16-44 单击"色相/饱和度"命令

STEP 06 执行上述操作后，即可弹出"色相/饱和度"对话框，如图16-45所示。

图16-45 弹出"色相/饱和度"对话框

STEP 07 设置"色相"为-20、"饱和度"为30，如图16-46所示。

图16-46 设置参数

STEP 08 单击"确定"按钮，即可调整图像色相，按【Ctrl＋D】组合键，取消选区，效果如图16-47所示。

图16-47 取消选区

16.3 运用按钮创建网页图像选区

在选区的运用中，第一次创建的选区一般很难完成理想的选择范围，因此要进行第二次，或者第三次的选择，此时用户可以使用选区范围加减运算功能，这些功能都可直接通过工具属性栏中的图标来实现。

实战 530	运用"新选区"按钮	▶ 实例位置：光盘\效果\第16章\实战530.jpg ▶ 素材位置：光盘\素材\第16章\实战530.jpg ▶ 视频位置：光盘\视频\第16章\实战530.mp4

• 实例介绍 •

在Photoshop CC中，当用户要创建新选区时，可以单击"新选区"按钮▣，即可在图像中创建不重复选区。

• 操作步骤 •

STEP 01 单击"文件"|"打开"命令，打开一幅素材图像，此时图像编辑窗口中的图像显示如图16-48所示。

STEP 02 选取工具箱中的魔棒工具，在工具属性栏中单击"新选区"按钮▣，如图16-49所示。

图16-48 打开素材图像

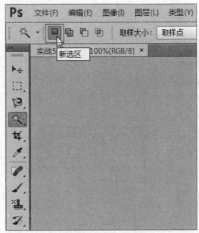

图16-49 单击"新选区"按钮

STEP 03 在图像编辑窗口中白色背景区域单击鼠标左键，即可创建选区，如图16-50所示。

STEP 04 单击鼠标右键，在弹出的快捷菜单中选择"选择反向"选项，如图16-51所示。

图16-50 创建选区

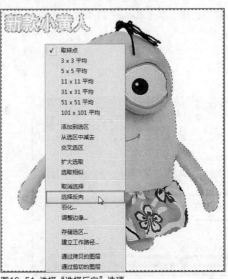

图16-51 选择"选择反向"选项

STEP 05 执行上述操作后，即可反选图像，如图16-52 所示。

图16-52 反选图像

STEP 07 执行上述操作后，即可弹出"自然饱和度"对话框，设置"自然饱和度"为30、"饱和度"为50，如图16-54所示。

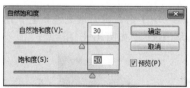

图16-54 设置参数

STEP 06 在菜单栏中单击 "图像"|"调整"|"自然饱和度"命令，如图16-53所示。

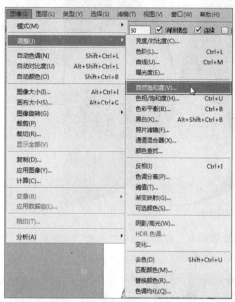

图16-53 单击"自然饱和度"命令

STEP 08 单击"确定"按钮，即可调整图像自然饱和度，按【Ctrl＋D】组合键，取消选区，效果如图16-55所示。

图16-55 取消选区

实战 531　运用"添加到选区"按钮

▶ 实例位置：光盘\效果\第16章\实战531.jpg
▶ 素材位置：光盘\素材\第16章\实战531.jpg
▶ 视频位置：光盘\视频\第16章\实战531.mp4

● 实例介绍 ●

如果用户要在已经创建的选区之外再加上另外的选择范围，就需要用到选框工具。创建一个选区后，单击"添加到选区"按钮，即可得到两个选区范围的并集。

● 操作步骤 ●

STEP 01 单击"文件"|"打开"命令，打开一幅素材图像，此时图像编辑窗口中的图像显示如图16-56所示。

STEP 02 选取工具箱中的魔棒工具，移动鼠标至图像编辑窗口中合适位置，单击鼠标左键创建选区，如图16-57所示。

图16-56 打开素材图像

图16-57 创建选区

STEP 03 移动鼠标至工具属性栏中，单击"添加到选区"按钮，如图16-58所示。

STEP 04 移动鼠标至图像编辑窗口中合适位置，单击鼠标左键再次创建选区，如图16-59所示。

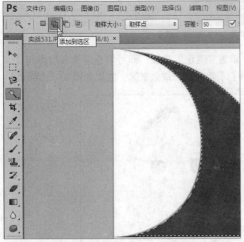

图16-58 单击"添加到选区"按钮

图16-59 创建选区

STEP 05 设置前景色为橙色，RGB参数值分别为255、189、0，如图16-60所示。

STEP 06 按【Alt＋Delete】组合键，填充前景色，按【Ctrl＋D】组合键，取消选区，如图16-61所示。

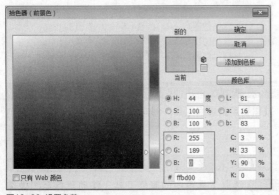

图16-60 设置参数

图16-61 取消选区

532 运用"从选区减去"按钮

▶ **实例位置：** 光盘\效果\第16章\实战532.psd
▶ **素材位置：** 光盘\素材\第16章\实战532.jpg
▶ **视频位置：** 光盘\视频\第16章\实战532.mp4

● **实例介绍** ●

在Photoshop CC中运用"从选区减去"按钮，是对已存在的选区利用选框工具将原有选区减去一部分。

● **操作步骤** ●

STEP 01 单击"文件"|"打开"命令，打开一幅素材图像，如图16-62所示。

STEP 02 在菜单栏中单击"选择"|"全部"命令，选择全图，如图16-63所示。

图16-62 打开素材图像

图16-63 创建选区

STEP 03 选取工具箱中的椭圆选框工具，如图16-64所示。

STEP 04 移动鼠标至工具属性栏中单击"从选区减去"按钮，如图16-65所示。

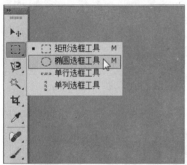

图16-64 选取椭圆工具

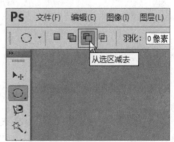

图16-65 单击"从选区中减去"按钮

STEP 05 在图像编辑窗口中合适位置，创建椭圆选区，即可从选区中减去，如图16-66所示。

STEP 06 双击"背景"图层，即可弹出"新建图层"对话框，如图16-67所示。

图16-66 减去椭圆选区

图16-67 弹出"新建图层"对话框

STEP 07 单击"确定"按钮，即可将"背景"图层解锁为"图层0"图层，如图16-68所示。

STEP 08 执行上述操作后，按【Delete】键清除选区图像，按【Ctrl+D】组合键，取消选区，如图16-69所示。

图16-68 解锁为"图层0"图层

图16-69 取消选区

技巧点拨

在Photoshop CC中编辑图像时，对选区的位置可以进行调整。选取工具箱中的任意选框工具，将鼠标移动至选区内，当鼠标指针呈形状，表示可以移动，此时单击鼠标左键并拖曳，即可将选区移动至图像的另一个位置。

打开一幅素材图像，此时图像编辑窗口中的图像显示如图16-70所示。选取工具箱中的矩形选框工具，移动鼠标至图像编辑窗口中合适位置，创建一个选区，如图16-71所示。

图16-70 打开素材图像

图16-71 创建选区

移动鼠标至图像上的选区内，当鼠标指针呈形状时，单击鼠标左键并拖曳，即可移动选区，如图16-72所示。

按住【Shift】键的同时，可沿水平、垂直或45度角方向进行移动。使用键盘上的4个方向键来移动选区，按一次键移动一个像素。按【Shift+方向键】组合键，按一次键可以移动10个像素的位置。按住【Ctrl】键的同时并拖曳选区，则移动选区内的图像。

图16-72 移动选区

实战 533 运用"与选区交叉"按钮

▶ 实例位置：光盘\效果\第16章\实战533.jpg
▶ 素材位置：光盘\素材\第16章\实战533.jpg
▶ 视频位置：光盘\视频\第16章\实战533.mp4

● 实例介绍 ●

交集运算是两个选择范围重叠的部分。在创建一个选区后，单击"与选区交叉"按钮，再创建一个选区，此时就会得到两个选区的交集。

● 操作步骤 ●

STEP 01 单击"文件"|"打开"命令，打开一幅素材图像，此时图像编辑窗口中的图像显示如图16-73所示。

图16-73 打开素材图像

STEP 03 移动鼠标至工具属性栏中，单击"与选区交叉"按钮，如图16-75所示。

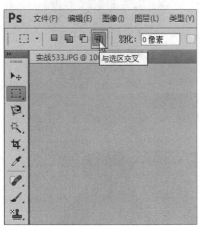

图16-75 单击"与选区交叉"按钮

STEP 02 选取工具箱中的矩形选框工具，移动鼠标至图像编辑窗口中合适位置，创建选区，如图16-74所示。

图16-74 创建选区

STEP 04 移动鼠标至图像编辑窗口中合适位置，单击鼠标左键并拖曳，释放鼠标，即可得到新选区与已有的选区的交叉区域，如图16-76所示。

图16-76 创建与选区相交选区

知识扩展

矩形选框工具属性栏上各运算按钮的含义如下。
➢ 添加到选区：在源选区的基础上添加新的选区。
➢ 从选区减去：在源选区的基础上减去新的选区。
➢ 与选区交叉：新选区与源选区交叉区域为最终的选区。

STEP 05 执行上述操作后，按【Delete】键清除选区图像，如图16-77所示。

STEP 06 按【Ctrl+D】组合键，取消选区，如图16-78所示。

图16-77 创建与选区相交选区

图16-78 取消选区

技巧点拨1

在Photoshop CC中，用户对选区内图像的操作完成以后，可以根据需要将选区取消，以便进行下一步操作。

打开一幅素材图像，此时图像编辑窗口中的图像显示如图16-79所示。选取工具箱中的椭圆选框工具，移动鼠标至图像编辑窗口中合适位置，创建一个选区，如图16-80所示。

图16-79 打开素材图像

图16-80 创建选区

在菜单栏中单击"选择"|"取消选择"命令，如图16-81所示。执行上述操作后，即可取消选区，如图16-82所示。

选择(S)	滤镜(T)	3D(D)	视图(V)	窗口(W)
全部(A)			Ctrl+A	
取消选择(D)			Ctrl+D	
重新选择(E)			Shift+Ctrl+D	
反向(I)			Shift+Ctrl+I	
所有图层(L)			Alt+Ctrl+A	
取消选择图层(S)				
查找图层			Alt+Shift+Ctrl+F	
隔离图层				
色彩范围(C)...				
调整边缘(F)...			Alt+Ctrl+R	
修改(M)			▶	
扩大选取(G)				

图16-81 单击"取消选择"命令

图16-82 取消选区

技巧点拨2

当用户取消选区后，还可以利用"重新选择"命令，重选上次取消的选区，灵活运用"重选选区"命令，能够大大提高工作的效率。单击"文件"|"打开"命令，打开一幅素材图像，此时图像编辑窗口中的图像显示如图16-83所示。选取工具箱中的矩形选框工具，移动鼠标至图像编辑窗口中合适位置，创建一个矩形选区，如图16-84所示。

图16-83 打开素材图像

图16-84 创建选区

在菜单栏中单击"选择"|"取消选择"命令，如图16-85所示。执行上述操作后，即可取消选区，如图16-86所示。

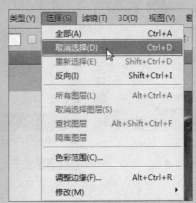
图16-85 单击"取消选择"命令

图16-86 取消选区

在菜单栏中单击"选择"|"重新选择"命令，如图16-87所示。执行上述操作后，即可重选选区，效果如图16-88所示。

除了运用上述方法可以取消和重选选区图像外，还有以下两种相关的快捷键。

➤ 快捷键1：按【Ctrl＋D】组合键，可以取消选区。

➤ 快捷键2：按【Shift＋Ctrl＋D】组合键，可以重新选择选区。

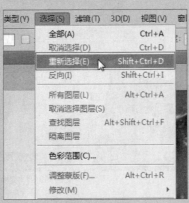
图16-87 单击"重新选择"命令

图16-88 重选选区

16.4 编辑与修改网页图像的选区

在Photoshop CC中，创建的选区还可以对其进行编辑与修改，以得到更丰富的图像效果。本节主要向读者介绍变换选区、羽化、扩展选区、收缩选区以及调整选区的操作方法。

实战 534 变换网页图像选区

▶ 实例位置：无
▶ 素材位置：光盘\素材\第16章\实战534.jpg
▶ 视频位置：光盘\视频\第16章\实战534.mp4

● 实例介绍 ●

用户在编辑图像时如果创建了选区，可以根据需要，对选区进行变换操作。

● 操作步骤 ●

STEP 01 单击"文件"|"打开"命令，打开一幅素材图像，此时图像编辑窗口中的图像显示如图16-89所示。

STEP 02 选取工具箱中的矩形选框工具，移动鼠标至图像编辑窗口中，创建一个矩形选区，如图16-90所示。

图16-89 打开素材图像

图16-90 创建选区

STEP 03 在菜单栏中单击"选择"|"变换选区"命令，如图16-91所示。

STEP 04 执行上述操作后，即可调出变换控制框，如图16-92所示。

图16-91 单击"变换选区"命令

图16-92 调出变换控制框

知识扩展

用户在创建选区后，为了防止操作失误而造成选区丢失，或者后面制作其他效果时还需要该选区，可以将选区存储起来。

单击菜单栏中的"选择"｜"存储选区"命令，弹出"存储选区"对话框，如图16-93所示，在弹出的对话框中设置选的名称等选项，单击"确定"按钮后即可存储选区。

"存储选区"对话框各含义如下。

➤ 文档：可以选择保存选区的目标文件，默认情况下选区保存在当前文档中，也可以选择将选区保存在一个新建的文档中。

➤ 通道：可以选择将选区保存到一个新建的通道，或保存到其他Alpha通道中。

➤ 名称：设置存储的选择区域在通道中的名称。

➤ 新建通道：选中该单选按钮，可以将当前选区存储在新通道中。

图16-93 "存储选区"对话框

➤ 从通道中减去：选中该单选按钮，可以从目标通道内的现有选区中减去当前的选区。

➤ 添加到通道：选中该单选按钮，可以将选区添加到目标通道的现有选区中。

➤ 与通道交叉：选中该单选按钮，可以从与当前选区和目标通道中的现有选区交叉的区域中存储为一个选区。

打开一幅素材图像，此时图像编辑窗口中的图像显示如图16-94所示。选取工具箱中的魔棒工具，移动鼠标至图像编辑窗口中白色背景上，单击鼠标左键，创建选区，如图16-95所示。

图16-94 素材图像　　　图16-95 创建选区

单击鼠标右键，在弹出的快捷菜单中选择"选择反向"选项，如图16-96所示。执行上述操作后，即可反选选区，如图16-97所示。

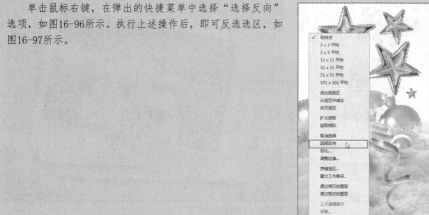

图16-96 选择"选择反向"选项　　图16-97 反选选区

选取工具箱中的多边形套索工具，在工具属性栏中单击"从选区减去"按钮，如图16-98所示。移动鼠标至图像编辑窗口中，创建选区，将多余选区减去，如图16-99所示。

图16-98 单击"从选区减去"按钮　　图16-99 减去多余选区

　　在菜单栏中，单击"选择"|"存储选区"命令，如图16-100所示。执行上述操作后，即可弹出"存储选区"对话框，设置"名称"为"星星选区"，如图16-101所示，单击"确定"按钮，即可存储选区。

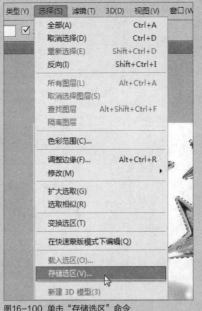

图16-100 单击"存储选区"命令

图16-101 "存储选区"对话框

STEP 05 在变换控制框内单击鼠标右键，在弹出的快捷菜单中选择"扭曲"选项，效果如图16-102所示。

STEP 06 移动鼠标至变换控制框的控制柄上单击鼠标左键并拖曳至合适位置，如图16-103所示。

图16-102 选择"扭曲"选项

图16-103 拖曳控制柄

STEP 07 执行上述操作后，即可将矩形选区进行任意变换，在变换控制框中双击鼠标左键，确认变换操作，即可变换选区，效果如图16-104所示。

知识扩展

　　变换选区时，对于选区内的图像没有任何影响，当执行"变换"命令时，则会将选区内的图像一起变换。

图16-104 确认变换操作

▶ 实例位置：光盘\效果\第16章\实战535.psd
▶ 素材位置：光盘\素材\第16章\实战535.psd
▶ 视频位置：光盘\视频\第16章\实战535.mp4

实战 535　剪切网页图像选区

● 实例介绍 ●

在Photoshop CC中，若用户需要将图像中的全部或部分区域进行移动，可进行剪切操作。

● 操作步骤 ●

STEP 01 单击"文件"|"打开"命令，打开一幅素材图像，此时图像编辑窗口中的图像显示如图16-105所示。

图16-105 打开素材图像

STEP 02 选取工具箱中的矩形选框工具，创建一个矩形选区，如图16-106所示。

图16-106 创建一个矩形选区

STEP 03 在菜单栏中，单击"编辑"|"剪切"命令，如图16-107所示。

图16-107 单击"剪切"命令

STEP 04 执行上述操作后，即可剪切选区内的图像，效果如图16-108所示。

图16-108 剪切选区内的图像

技巧点拨1

选取图像编辑窗口中需要的区域后，用户可将选区内的图像复制到剪贴板中进行粘贴，拷贝选区内的图像。打开一幅素材图像，此时图像编辑窗口中的图像显示如图16-109所示。选取工具箱中的矩形选框工具，移动鼠标至图像编辑窗口中，创建一个矩形选区，如图16-110所示。

图16-109 打开素材图像

图16-110 创建选区

在菜单栏中，单击"编辑"|"拷贝"命令，如图16-111所示，即可拷贝选区图像。执行上述操作后，在菜单栏中单击"编辑"|"粘贴"命令，如图16-112所示。

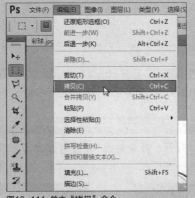

图16-111 单击"拷贝"命令

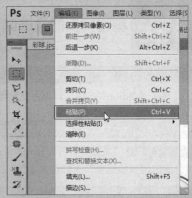

图16-112 单击"粘贴"命令

执行上述操作后，即可粘贴所拷贝的图像，并将图像移至合适位置，如图16-113所示。

图16-113 移动图像至合适位置

技巧点拨2

除了运用上述命令剪切选区内的图像外，按【Ctrl+X】组合键也可以剪切选区内的图像。

实战 536 边界网页图像选区

▶ 实例位置：光盘\效果\第16章\实战536.jpg
▶ 素材位置：光盘\素材\第16章\实战536.jpg
▶ 视频位置：光盘\视频\第16章\实战536.mp4

● 实例介绍 ●

使用"边界"命令可以得到具有一定羽化效果的选区，因此在进行填充或描边等操作后可得到柔边效果的图像。

● 操作步骤 ●

STEP 01 单击"文件"|"打开"命令，打开一幅素材图像，如图16-114所示。

STEP 02 选取工具箱中的椭圆选框工具，移动鼠标至图像编辑窗口中合适位置，创建一个椭圆形选区，并调整其大小和位置，如图16-115所示。

图16-114 打开素材图像

图16-115 创建一个椭圆形选区

STEP 03 在菜单栏中单击"选择"|"修改"|"边界"命令，如图16-116所示。

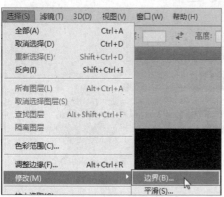

图16-116 单击"边界"命令

STEP 05 单击"确定"按钮，即可将当前选区扩展5像素，如图16-118所示。

图16-118 扩展选区

STEP 07 在菜单栏中单击"编辑"|"填充"命令，如图16-120所示。

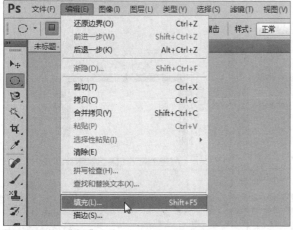

图16-120 单击"填充"命令

STEP 09 单击"确定"按钮，即可给选区填充前景色，如图16-122所示。

STEP 04 执行上述操作后，即可弹出"边界选区"对话框，设置"宽度"为5像素，如图16-117所示。

图16-117 设置"宽度"为20像素

STEP 06 在工具箱底部单击前景色色块，弹出"拾色器（前景色）"对话框，设置RGB参数值为255、255、0，如图16-119所示。

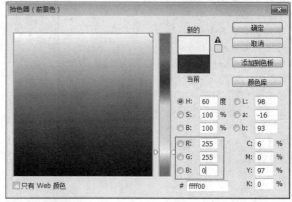

图16-119 设置参数

STEP 08 弹出"填充"对话框，设置"使用"为"前景色"选项，效果如图16-121所示。

图16-121 "填充"对话框

STEP 10 按【Ctrl＋D】组合键，取消选区，效果如图16-123所示。

图16-122 填充背景色

图16-123 取消选区

技巧点拨

使用"拷贝"命令可以将选区内的图像复制到剪贴板中。使用"贴入"命令，可以将剪贴板中的图像粘贴到同一图像或不同图像的相应位置，并生成一个蒙版图层。打开两幅素材图像，如图16-124所示。切换至"地图"图像编辑窗口，并按【Ctrl＋A】组合键全选图像，如图16-125所示。

图16-124 素材图像

图16-125 全选图像

在菜单栏中，单击"编辑"|"拷贝"命令，如图16-126所示，拷贝选区图像。切换至"边框"图像编辑窗口，选取矩形选框工具，移动鼠标至图像编辑窗口中合适位置，创建选区，如图16-127所示。

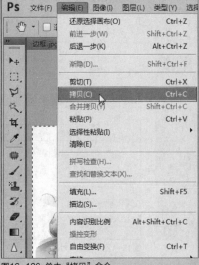

图16-126 单击"拷贝"命令

图16-127 创建选区

在菜单栏中单击"编辑"|"粘贴"命令，如图16-128所示。执行上述操作后，即可在选区内贴入图像，效果如图16-129所示。

除了运用上述方法可以拷贝和粘贴选区图像外，还有以下两种相关的快捷键。

➤ 快捷键1：按【Ctrl｜C】组合键拷贝选区内的图像。

➤ 快捷键2：按【Ctrl＋V】组合键粘贴所拷贝的图像。

图16-128 创建选区

图16-129 最终效果

<table>
<tr><td>实战
537</td><td>平滑网页图像选区</td><td>▶ 实例位置：光盘\效果\第16章\实战537.psd
▶ 素材位置：光盘\素材\第16章\实战537.psd
▶ 视频位置：光盘\视频\第16章\实战537.mp4</td></tr>
</table>

● 实例介绍 ●

使用"平滑"命令修改选区，可平滑选区的尖角和去除锯齿，使选区边缘变得更加流畅和平滑。

● 操作步骤 ●

STEP 01 单击"文件"|"打开"命令，打开一幅素材图像，如图16-130所示。

STEP 02 选取工具箱中的矩形选框工具，移动鼠标至图像编辑窗口中合适位置，创建一个矩形选区，如图16-131所示。

图16-130 打开素材图像

图16-131 创建一个矩形选区

STEP 03 在菜单栏中单击"选择"|"反向"命令，如图16-132所示。

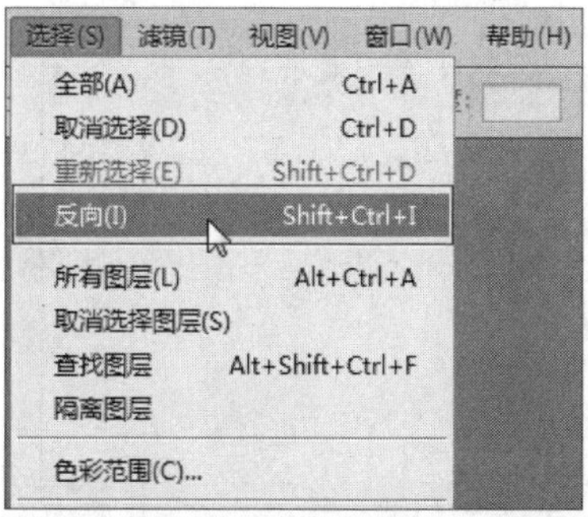

STEP 04 执行上述操作后，即可反选选区，如图16-133所示。

图16-132 单击"反向"命令

图16-133 反选选区

STEP 05 在菜单栏中单击"选择"|"修改"|"平滑"命令，如图16-134所示。

STEP 06 弹出"平滑选区"对话框，设置"取样半径"为10像素，如图16-135所示。

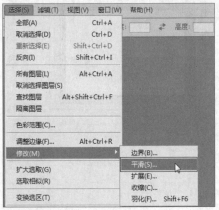

图16-134 单击"平滑"命令

图16-135 设置"取样半径"为10像素

STEP 07 单击"确定"按钮，即可平滑选区，如图16-136所示。

STEP 08 按【Delete】键删除选区内图像，并按【Ctrl+D】组合键，取消选区，效果如图16-137所示。

图16-136 平滑选区

图16-137 取消选区

技巧点拨1

除了运用上述方法外，还可按【Alt+S+M+S】组合键，弹出"平滑选区"对话框。

技巧点拨2

用户在存储选区后，根据工作需要，可以将存储的选区载入到当前图像中。在菜单栏中单击"选择"|"载入选区"命令，如图16-138所示。执行上述操作后，即可弹出"载入选区"对话框，如图16-139所示。单击"确定"按钮，即可将选区载入到图像中。

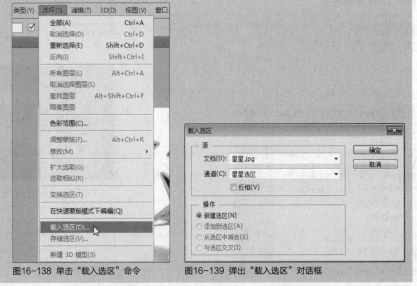

图16-138 单击"载入选区"命令　　图16-139 弹出"载入选区"对话框

知识扩展

"载入选区"对话框各含义如下。

➤ 文档：用来选择包含选区的目标文件。

➤ 通道：用来选择包含选区的通道。

➤ 反相：选中该复选框，可以反转选区，相当于载入选区后执行"方向"命令。

➤ 新建选区：选中该单选按钮，可以用载入的选区替换当前选区。

➤ 从选区中减去：选中该单选按钮，可以从当前选区中减去载入的选区。

➤ 添加到选区：选中该单选按钮，可以将载入的选区添加到当前选区中。

➤ 与选区交叉：选中该单选按钮，可以得到载入的选区与当前选区交叉的区域。

实战 538　扩展网页图像选区

▶ 实例位置：无
▶ 素材位置：光盘\素材\第16章\实战538.jpg
▶ 视频位置：光盘\视频\第16章\实战538.mp4

● 实例介绍 ●

使用"扩展"命令可以扩大当前选区范围，设置"扩展量"值越大，选区被扩展得就越大，在此允许输入的数值范围为1～100。

● 操作步骤 ●

STEP 01 单击"文件"|"打开"命令，打开一幅素材图像，此时图像编辑窗口中的图像显示如图16-140所示。

STEP 02 选取工具箱中的矩形选框工具，移动鼠标至图像编辑窗口中，单击鼠标左键，创建一个选区，如图16-141所示。

图16-140 打开素材图像　　　　图16-141 创建选区

STEP 03 在菜单栏中单击"选择"|"修改"|"扩展"命令，弹出"扩展选区"对话框，设置"扩展量"为20像素，如图16-142所示。

STEP 04 执行上述操作后，单击"确定"按钮，即可扩展选区，如图16-143所示。

图16-142 设置"扩展量"为20像素

图16-143 扩展选区

知识扩展

当选区的边缘已经到达图像文件的边缘时再应用"收缩"命令，与图像边缘相接处的选区不会被收缩。

使用"收缩"命令可以缩小选区的范围，在"收缩量"文本框中输入的数值越大，选区的收缩量越大，输入的数值范围为1～100。

打开一幅素材图像，此时图像编辑窗口中的图像显示如图16-144所示。选取工具箱中的魔棒工具，移动鼠标至图像编辑窗口中的合适位置，单击鼠标左键，即可创建一个选区，如图16-145所示。

在菜单栏中单击"选择"|"修改"|"收缩"命令，即可弹出"收缩选区"对话框，设置"收缩量"为20像素，如图16-146所示。执行上述操作后，单击"确定"按钮，即可收缩选区，如图16-147所示。

图16-144 打开素材图像

图16-145 创建选区

图16-146 设置"收缩量"为20像素

图16-147 收缩选区

实战 539 羽化网页图像选区

▶ 实例位置：光盘\效果\第16章\实战539.psd
▶ 素材位置：光盘\素材\第16章\实战539.psd
▶ 视频位置：光盘\视频\第16章\实战539.mp4

● 实例介绍 ●

"羽化"命令用于对选区进行羽化。羽化是通过建立选区和选区周围像素之间的转换边界来模糊边缘的，这种模糊方式将丢失选区边缘的一些图像细节。

羽化选区是图像处理中经常用到的操作，羽化效果可以在选区和背景之间建立一条模糊的过渡边缘，使选区产生"晕开"的效果。

● 操作步骤 ●

STEP 01 单击"文件"|"打开"命令，打开一幅素材图像，此时图像编辑窗口中的图像显示如图16-148所示。

STEP 02 选择"图层2"图层，选取工具箱中的椭圆选框工具，移动鼠标至图像编辑窗口中合适位置，创建一个椭圆选区，如图16-149所示。

图16-148 打开素材图像

图16-149 创建选区

STEP 03 在菜单栏中单击"选择"|"修改"|"羽化"命令，即可弹出"羽化选区"对话框，设置"羽化半径"为5像素，如图16-150所示。

STEP 04 单击"确定"按钮，即可羽化选区，单击"选择"|"反向"命令，如图16-151所示，即可反向选区。

图16-150 设置"羽化半径"为5像素

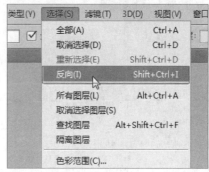

图16-151 单击"反向"命令

STEP 05 执行上述操作后，按【Delete】键，即可删除选区内的图像，如图16-152所示。

STEP 06 按【Ctrl＋D】组合键，取消选区，效果如图16-153所示。

图16-152 删除选区内图像

图16-153 取消选区

知识扩展

掌握羽化基本知识和技巧：在Photoshop中对图像进行处理或者将对象抠出之后，羽化的选区会在图像的边界产生逐渐淡出的效果，在合成图像时，适当的设置羽化可以使合成效果更加自然。

（1）认识羽化。

羽化选区就是通过建立选区和选区周围像素之间的转换边界来模糊边缘。图16-154所示为设置羽化之后抠出的图像；图16-155所示为没有进行羽化而直接抠出的图像。

图16-154 设置羽化之后抠出的图像

图16-155 无羽化而直接抠出的图像

羽化是非常重要的功能，应用非常广泛。羽化能够使抠出的对象的边缘变得柔和，与其他图像合成时，效果更加自然，如图16-156所示。而没有羽化的边缘则会过于生硬，如图16-157所示。

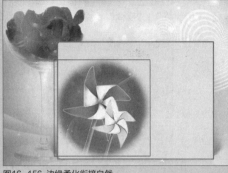 

图16-156 边缘柔化衔接自然　　　　　　　　图16-157 边缘生硬衔接不自然

（2）羽化原理。

在Alpha通道中，白色代表了选中的区域，黑色代表了选区之外的图像区域，而黑、白之间的灰色过渡地带则代表了被部分选择的区域，即羽化的区域。灰色的范围越广，说明羽化范围越广，抠图之后，图像的透明区域就越多。图16-158所示为羽化20像素的通道效果；图16-159所示为羽化20像素抠取的图像。

图16-158 羽化20像素的通道效果　　　　　　图16-159 羽化20像素抠取的图像

而灰色越深，则说明羽化程度越高，抠图之后，图像的透明程度就越高。图16-160所示为羽化40像素的通道效果；图16-161所示为羽化40像素抠取的图像。

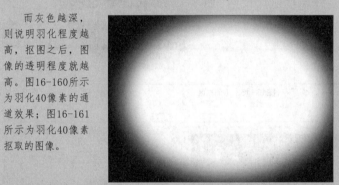 

图16-160 羽化40像素的通道效果　　　　　　图16-161 羽化40像素抠取的图像

由上可知，只要编辑Alpha通道中的灰色便可以实现对羽化的控制。如果选区没有进行羽化，则通道中就没有灰色。如图16-162所示为没有羽化的选区无灰色，用户可以通过"高斯模糊"滤镜生成灰色，从而创建羽化区域。图16-163所示为运用"高斯模糊"滤镜处理通道；图16-164所示为生成灰色羽化区域。

 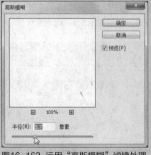 

图16-162 没有羽化的选区无灰色　　图16-163 运用"高斯模糊"滤镜处理　　图16-164 生成灰色羽化区域
　　　　　　　　　　　　　　　　　　　　　　　通道

如果需要改变羽化范围，可以运用画笔工具或"曲线"命令调整灰色范围。如果需要消除羽化，则可以使用"阈值"命令将灰色地带去除。通道是灰度图像，基本上可以使用所有选框工具、套索工具、绘画工具、调色命令、滤镜等进行编辑。

羽化不仅影响选区边界内的图像，还会影响到选区边界以外的图像。将一个羽化值为40像素的图像抠出，如图16-165所示。观察可以看到，选区内部和外部都有半透明的图像。准确地说，以原有的选区编辑为基准，羽化范围覆盖了选区内部和外部各20像素的图像区域。

图16-165 抠出羽化值为40像素的图像

（3）设置羽化。

➤ 创建选区之前设置羽化：使用任意套索或选框工具创建选区之前，都可以在工具选项栏中为当前工具所生成的选区提前设置"羽化"值。图16-166所示为羽化工具属性栏。

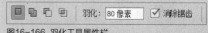

图16-166 羽化工具属性栏

羽化选项比较方便，但也有很大的缺点。因为设置"羽化"值以后，Photoshop会始终保留该值，因此该工具以后创建的所有选区都会被应用羽化，除非将其设置为0像素，或根据需要修改为其他值。如果因为忘记修改"羽化"值而创建了不符合要求的选区，则只能重新选择。

➤ 创建选区之前设置羽化：在图像中创建选区之后，可以通过"羽化"命令和"调整边缘"命令对选区进行羽化。

（4）羽化与消除锯齿的区别。

在Photoshop中，椭圆选框工具、套索工具、多边形套索工具、磁性套索工具和魔棒工具都包含"消除锯齿"选项，它可以深入到像素级别控制锯齿的产生。

在Photoshop中，新建一个宽高均为12像素，分辨率为72像素/英寸的文档，如图16-167所示。单击"确定"按钮，新建的文档较小，将其进行放大，以适合屏幕的大小，如图16-168所示。

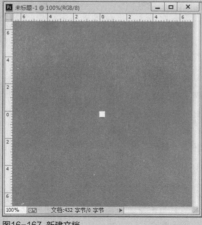

图16-167 新建文档   图16-168 使文档适合屏幕大小

选取工具箱中的椭圆选框工具，在工具属性栏中，取消选中"消除锯齿"复选框，在图像编辑窗口中的左上方单击鼠标左键并拖曳至右下方，如图16-169所示，至合适位置后，释放鼠标左键，选区形状如图16-170所示。

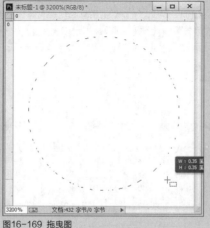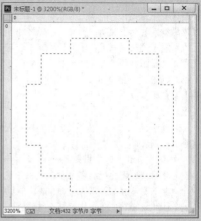

图16-169 拖曳图   图16-170 绘制的形状

将前景色设置为黑色，如图16-171所示，为选区填充前景色，按【Ctrl+D】组合键，取消选区，如图16-172所示。当前的图像是在未设置消除锯齿状态下对圆形选区进行填充的效果，观察可以看到，图像的边缘呈现出了清晰的锯齿。

图16-171 设置前景色

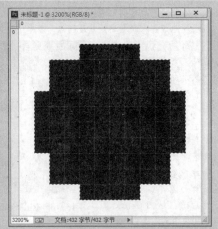

图16-172 填充前景色

重新在空白文档中，选择椭圆选框工具，在工具属性栏中选中"消除锯齿"复选框，然后绘制一个圆形选区，如图16-173所示，可以看到，当前的选区与未设置消除锯齿时创建的圆形选区是一样的，选区的边缘仍然呈现锯齿，此说明消除锯齿功能的作用对象不是选区。为选区填充黑色，并取消选区，如图16-174所示。

从以上两图中可以看到，启用了"消除锯齿"功能创建的选区在外形上没有变化，但进行填充以后，选区边缘产生

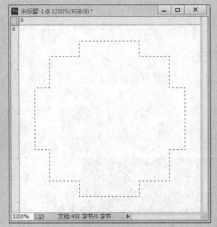

图16-173 绘制圆形选区

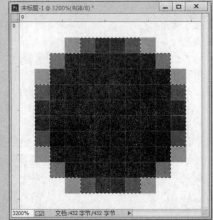

图16-174 填充选区

了许多灰色的像素，由此可知，"消除锯齿"功能影响的是选区周围的像素而非选区。

在建立文档时，将文件的尺寸设置得非常小，是为了能够观察到像素的变化。因此，即使是启用了"消除锯齿"功能，仍然能够看到锯齿的存在。如果将窗口的缩放比例调整为100%，那些选区边缘新生成的像素将发挥作用，产生过渡效果，锯齿将不再明显。

（5）"羽化"命令与消除锯齿。

"羽化"命令与消除锯齿的共同之处是都可以平滑硬边缘，其区别主要体现在以下几个方面。

➤ 从工作原理上来看：羽化是通过建立选区和选区周围像素之间的转换边界来模糊边缘。而消除锯齿则是通过软化边缘像素与背景像素之间的颜色转换，进而使选区的锯齿状边缘得到平滑的。

➤ 从影响范围来看：羽化范围越大，选区边缘像素的模糊区域就越广，选区周围图像细节的损失也就越多。而消除锯齿是不能设置范围的，它是通过在选区边缘1个像素宽的边框中添加与周围图像相近的颜色，使得颜色的过渡变得柔和的。由于只有边缘像素发生了改变，因而这种变化对图像细节的影响是微乎其微的。

➤ 从创建方式来看：羽化既可以是创建选区前的工具属性栏中设置，也可以在创建选区之后进行。而"消除锯齿"选项则必须在使用工具创建选区前选中才能发挥作用。

➤ 从应用范围来看：所有的选框工具和套索工具都可以在工具属性栏中设置"羽化"选项，另外还可以为任意的选区设置羽化。而"消除锯齿"选项只能在套索工具、多边形套索工具、磁性套索工具、椭圆选框工具和魔棒工具的工具属性栏中设置。

➤ 从用途上来看：在移动、剪切、拷贝或填充选区时，羽化效果是很明显的，而消除锯齿则在剪切、拷贝和粘贴选区以创建合成的图像时非常有用。

（6）羽化选区时出现提示。

对选区进行羽化时，如果出现"任何像素都不选大于50%选择。选区边将不可见"的提示对话框，说明当前的选区小，而羽化半径大，选择程度没有超过50%，若应用羽化，选区可能会变得非常模糊，以至于我们在图像中看不到标识选区的蚂蚁行线。单击"确定"按钮，表示接受当前的设置。如果不想出现这种情况，则需要减小羽化半径，或者扩展选区的范围。

技巧点拨

　　羽化选区时，过渡边缘的宽度即为"羽化半径"，以"像素"为单位。除了运用上述方法可以弹出"羽化选区"对话框外，还有以下两种方法。

　　➤ 快捷菜单：创建好选区后，单击鼠标右键，在弹出的快捷菜单中选择"羽化"选项，也可以弹出"羽化选区"对话框。

　　➤ 快捷键：创建好选区后，按住【Shift＋F6】组合键也可以弹出"羽化选区"对话框。

实战 540 调整网页图像选区边缘

▶ 实例位置：光盘\效果\第16章\实战540.psd
▶ 素材位置：光盘\素材\第16章\实战540.psd
▶ 视频位置：光盘\视频\第16章\实战540.mp4

● 实例介绍 ●

　　在Photoshop CC中，"调整边缘"命令在功能上有了很大的扩展，尤其是提供的边缘检测功能，可以大大提高抠图效率。另外，使用"调整边缘"命令可以方便地修改选区，并且可以更加直观地看到调整效果，从而得到更为精确的选区。除了"调整边缘"命令，也可以在各个创建选区工具的工具属性栏中单击"调整边缘"按钮，弹出"调整边缘"对话框，如图16-175所示。

　　"调整边缘"对话框各选项含义如下。

　　➤ 视图：包含7种选区预览方式，用户可以根据需求进行选择。

　　➤ 半径：可以微调选区与图像边缘之间的距离，数值越大，则选区会越来越精确地靠近图像边缘。

　　➤ 平滑：用于减少选区边界中的不规则区域，创建更加平滑的轮廓。

　　➤ 对比度：可以锐化选区边缘并去除模糊的不自然感。

　　➤ 显示半径：选中该复选框，可以显示微调选区与图像边缘之间的距离。

　　➤ 羽化：与"羽化"命令的功能基本相同，都是用来柔化选区边缘的。

　　➤ 移动边缘：负值收缩选区边界；正值扩展选区边界。

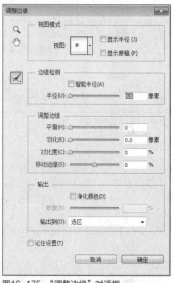

图16-175 "调整边缘"对话框

● 操作步骤 ●

STEP 01 单击"文件"|"打开"命令，打开一幅素材图像，如图16-176所示。

STEP 02 选择"背景"图层，选取工具箱中的椭圆选框工具，将鼠标指针移至图像编辑窗口中的合适位置，创建一个椭圆选区，并将选区移至合适位置，如图16-177所示。

图16-176 打开素材图像

图16-177 创建选区

STEP 03 在菜单栏中单击"选择"|"调整边缘"命令，即可弹出"调整边缘"对话框，设置"半径"为50像素、"平滑"为20、"羽化"为5像素，选中"净化颜色"复选框，如图16-178所示。

STEP 04 执行上述操作后，单击"确定"按钮，即可调整选区边缘，如图16-179所示。

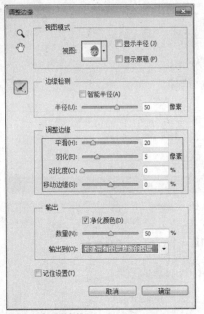

图16-178 设置参数

图16-179 调整选区边缘

知识扩展

运用"调整边缘"命令可以消除选区边缘周围的背景色、改进蒙版，以及对选区进行扩展、收缩、羽化等处理。

（1）选择视图模式：在Photoshop CC中，打开一个素材图像，在图像中创建选区以后，如图16-180所示，单击"选择"|"调整边缘"命令（或者按【Alt＋Ctrl＋R】组合键），则可以打开"调整边缘"对话框，用户可以先在"视图"下拉列表框中选择一种视图模式，以便更好地观察选区的调整结果，如图16-181所示。

图16-180 创建选区

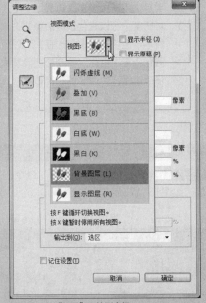

图16-181 "视图"下拉列表框

"视图"下拉列表框中各选项介绍如下。

➤ 闪烁虚线：可查看具有闪烁边界的标准选区，如图16-182所示。在羽化的边缘选区上，边界将会围绕被选中50%以上的像素。

➤ 叠加：可在快速蒙版状态下查看选区，如图16-183所示。

图16-182 闪烁虚线

图16-183 叠加

➤ 黑底：在黑色背景上查看选区，如图16-184所示。

➤ 白底：在白色背景上查看选区，如图16-185所示。

图16-184 黑底

图16-185 白底

➤ 黑白：可预览用于定义选区的通道蒙版，如图16-186所示。

➤ 背景图层：可查看被选区蒙版的图层，如图16-187所示。

图16-186 黑白

图16-187 背景图层

➤ 显示图层：可在未使用蒙版的情况下查看整个图层，如图16-188所示。

➤ 显示半径：显示按半径定义的调整区域，如图16-189所示。

图16-188 显示图层

图16-189 闪烁虚线视图下显示半径

➤ 显示原稿：可查看原始选区。

（2）调整边缘检测："调整边缘"对话框中包含两个选区细化工具和"边缘检测"选项，通过这些工具可以轻松抠出毛发，如图16-190所示。

图16-190 通过"调整边缘检测"抠出毛发效果展示

（3）调整选区边缘：在"调整边缘"对话框中，"调整边缘"选项区可以对选区进行平滑、羽化、扩展等处理。图16-191所示为在"背景图层"模式下的选区效果。

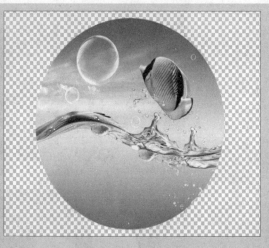

图16-191 "背景图层"模式下的选区效果

"调整边缘"选项区各选项介绍如下。

➢ 平滑：用于减少选区编辑中的不规则区域，创建更加平滑的轮廓。

➢ 羽化：可为选区设置羽化，范围为0~250像素。图16-192所示为羽化后的选区。

➢ 对比度：可以锐化选区边缘并去除模糊的不自然感。图16-193所示为添加羽化效果后，增加对比度的效果。

图16-192 羽化后的选区

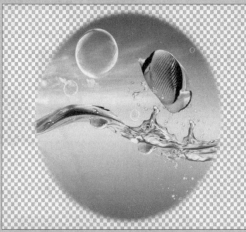

图16-193 增加对比度后的效果

➢ 移动边缘：负值收缩选区边界，如图16-194所示；正值扩展选区边界，如图16-195所示。

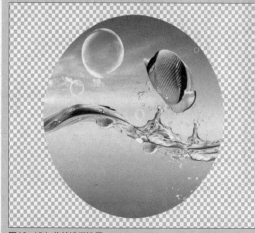

图16-194 收缩选区边界

图16-195 扩展选区边界

（4）指定输出方式："调整边缘"对话框中的"输出"选项区用于消除选区边缘的杂色、设定选区的输出方式。图16-196所示为"输出"选项区。

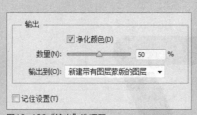
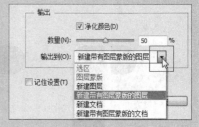

图16-196 "输出"选项区

"输出"选项区各选项介绍如下。

➤ 净化颜色：选中该选项以后，拖动"数量"滑块，可以去除图像的彩色杂边。"数量"值越高，清除范围越广。

➤ 输出到：在该选项的下拉列表中可以选择选区的输出方式。图16-197和图16-198所示为各种选项的输出结果。

选区

图层蒙版

新建图层
图16-197 各种输出结果

新建带有图层蒙版的图层

新建文档
图16-198 各种输出结果

新建带有图层蒙版的文档

17

第 章

网页文字的制作与处理

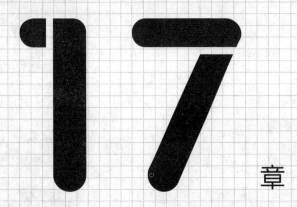

本章导读

在网页设计中，文字的使用是非常广泛的，通过对文字进行编排与设计，不但能够更加有效地表现设计主题，而且可以对网页起到美化作用。本章主要讲述与文字处理相关的知识，包括文字的输入与编辑等。

要点索引

● 网页文字的创建方法
● 设置网页文本的属性
● 网页文本的编辑操作

17.1 网页文字的创建方法

文字是多数设计作品尤其是商业作品中不可或缺的重要元素，有时甚至在作品中起着主导作用，Photoshop除了提供丰富的文字属性设计及版式编排功能外，还允许对文字的形状进行编辑，以便制作出更多、更丰富的文字效果。

实战 541 创建横排文字

▶ 实例位置：光盘\效果\第17章\实战541.psd
▶ 素材位置：光盘\素材\第17章\实战541.psd
▶ 视频位置：光盘\视频\第17章\实战541.mp4

● 实例介绍 ●

为作品添加文字对于任何一种软件都是必备的，对于Photoshop也不例外，用户可以在Photoshop中为作品添加水平、垂直排列的各种文字，还能够通过特别的工具创建文字的选择区域。

对文字进行艺术化处理是Photoshop的强项之一。Photoshop中的文字是以数学方式定义的形状组成的，在将文字栅格化之前，Photoshop会保留基于矢量的文字轮廓，可以任意缩放文字或调整文字大小而不会产生锯齿。除此之外，用户还可以通过处理文字的外形为文字赋予质感，使其具有立体效果等表达手段，创作出极具艺术特色的艺术化文字。

Photoshop提供了4种文字类型，主要包括：横排文字、直排文字、段落文字和选区文字。图17-1所示为横排网页文字效果。

图17-1 横排文字效果

在Photoshop中，文字具有极为特殊的属性，当用户输入相应文字后，文字表现为一个文字图层，文字图层具有普通图层不一样的可操作性。例如，在文字图层中无法使用画笔工具、铅笔工具、渐变工具等工具，只能对文字进行变换、改变颜色等有限的操作，当用户对文字图层使用上述工具操作时，则需要将文字栅格化操作。

除上述特性外，在图像中输入相应文字后，文字图层的名称将与输入的内容相同，这使用户非常容易在"图层"面板中辨认出该文字图层。

在输入相应文字之前，需要在工具属性栏或"字符"面板中设置字符的属性，包括字体、大小和文字颜色等，文字工具属性栏如图17-2所示。

图17-2 文字工具属性栏

文字工具栏各选项含义如下。

▶ 更改文本方向：如果当前文字是横排文字，单击该按钮，可以将其转换为直排文字；如果是直排文字，可以将其转换为横排文字。

▶ 设置字体：在该选项列表框中可以选择字体。

▶ 字体样式：为字符设置样式，包括Regular（规则的）、Ltalic（斜体）、Bold（粗体）和Bold Ltalic（粗斜体），该选项只对部分英文字体有效。

▶ 字体大小：可以选择字体的大小，或者直接输入数值来进行调整。

▶ 消除锯齿的方法：可以为文字消除锯齿选择一种方法，Photoshop会通过部分填充边缘像素来产生边缘平滑的文字，使文字的边缘混合到背景中而看不出锯齿。

▶ 文本对齐：根据输入相应文字时指针的文字来设置文本的对齐方式，包括左对齐文本■、居中对齐文本■和右对齐文本■。

> ➤ 文本颜色：单击颜色块，可以在打开的"拾色器"对话框中设置文字的颜色。
> ➤ 文本变形：单击该按钮，可以在打开的"变形文字"对话框中为文本添加变形样式，创建变形文字。
> ➤ 显示/隐藏字符和段落面板：单击该按钮，可以显示或隐藏"字符"面板和"段落"面板。

输入横排文字的方法很简单，使用工具箱中的横排文字工具或横排文字蒙版工具，即可在图像编辑窗口中输入横排文字。

● 操作步骤 ●

STEP 01 单击"文件"|"打开"命令，打开一幅素材图像，此时图像编辑窗口中的图像显示如图17-3所示。

STEP 02 选取工具箱中的横排文字工具，如图17-4所示。

图17-3 打开素材图像

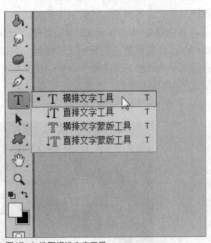

图17-4 选取横排文字工具

技巧点拨

　　按【Ctrl＋Enter】组合键即可完成文字的输入。

STEP 03 在工具属性栏中，设置"字体"为"黑体"、"字体大小"为6点、"颜色"为白色，如图17-5所示。

STEP 04 将鼠标移动至图像编辑窗口中合适位置，单击鼠标左键，并输入相应文字，如图17-6所示。

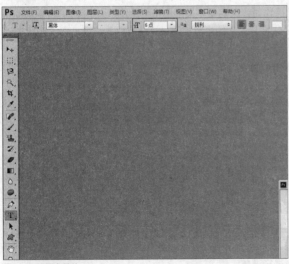

图17-5 设置参数值

图17-6 输入相应文字

STEP 05 单击工具属性栏右侧的"提交所有当前编辑"按钮，如图17-7所示。

STEP 06 执行上述操作后，即可完成横排文字的输入操作，效果如图17-8所示。

图17-7　单击"提交所有当前编辑"按钮

图17-8　横排文字效果

实战 542　创建直排文字

▶ 实例位置：光盘\效果\第17章\实战542.psd
▶ 素材位置：光盘\素材\第17章\实战542.psd
▶ 视频位置：光盘\视频\第17章\实战542.mp4

● 实例介绍 ●

　　选取工具箱中的直排文字工具或直排文字蒙版工具，将鼠标指针移动到图像编辑窗口中，单击鼠标左键确定插入点，图像中出现闪烁的指针之后，即可输入相应文字。

● 操作步骤 ●

STEP 01 单击"文件"|"打开"命令，打开一幅素材图像，此时图像编辑窗口中的图像显示图17-9所示。

图17-9　打开素材图像

STEP 03 在工具属性栏中，设置"字体"为"华文行楷"、"字体大小"为7点、"颜色"为绿色，如图17-11所示。

STEP 02 选取工具箱中的直排文字工具，如图17-10所示。

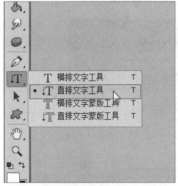

图17-10　选取直排文字工具

图17-11　设置参数值

STEP 04 将鼠标移动至图像编辑窗口中合适位置，单击鼠标左键，并输入相应文字，如图17-12所示。

STEP 05 单击工具属性栏右侧的"提交所有当前编辑"按钮，即可完成直排文字的输入操作，效果如图17-13所示。

图17-12 输入相应文字

图17-13 直排文字效果

实战 543 创建段落文字

▶ 实例位置：光盘\效果\第17章\实战543.psd
▶ 素材位置：光盘\素材\第17章\实战543.jpg
▶ 视频位置：光盘\视频\第17章\实战543.mp4

● 实例介绍 ●

段落文字是一类以段落文字定界框来确定文字的位置与换行情况的文字，当用户改变段落文字定界框时，定界框中的文字会根据定界框的位置自动换行。

● 操作步骤 ●

STEP 01 单击"文件"|"打开"命令，打开一幅素材图像，此时图像编辑窗口中的图像显示如图17-14所示。

STEP 02 选取工具箱中的横排文字工具，在图像编辑窗口中创建一个文本框，如图17-15所示。

图17-14 打开素材图像

图17-15 创建文本框

STEP 03 在工具属性栏中，设置"字体"为"华文行楷"，设置"字体大小"为24，设置"颜色"为蓝色（RGB为2、98和250），如图17-16所示。

STEP 04 在图像上输入相应文字，单击工具属性栏右侧的"提交所有当前编辑"按钮☑，即可完成段落文字的输入操作，效果如图17-17所示。

图17-16 设置参数

图17-17 输入相应文字

知识扩展

　　段落文字是一类以段落文字文本框来确定文字位置与换行情况的文字，当用户改变段落文字的文本框时，文本框中的文本
会根据文本框的位置自动换行。

实战 544	创建横排选区文字	▶ 实例位置：光盘\效果\第17章\实战544.jpg ▶ 素材位置：光盘\素材\第17章\实战544.jpg ▶ 视频位置：光盘\视频\第17章\实战544.mp4

● 实例介绍 ●

　　在一些广告上经常会看到特殊排列的文字，既新颖又体现了很好的视觉效果。在Photoshop CC中，用户可以根据
需要，在编辑图像时输入横排选区文字。

● 操作步骤 ●

STEP 01 单击"文件"|"打开"命令，打开一幅素材图像，此时图像编辑窗口中的图像显示如图17-18所示。

图17-18 打开素材图像

STEP 03 将鼠标指针移至图像编辑窗口中的合适位置，单击鼠标左键确认文本输入点，此时，图像背景呈淡红色显示，如图17-20所示。

图17-20 确认文本输入点

STEP 05 执行上述操作后，输入"心相连"文字，此时输入的文字呈实体显示，效果如图17-22所示。

STEP 02 选取工具箱中的横排文字蒙版工具，如图17-19所示。

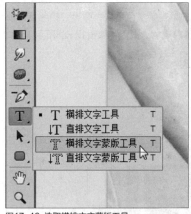

图17-19 选取横排文字蒙版工具

STEP 04 在工具属性栏中，设置"字体"为"方正平和简体"，设置"字体大小"为60点，如图17-21所示。

图17-21 设置参数值

STEP 06 执行上述操作后，按【Ctrl + Enter】组合键确认输入，即可创建文字选区，如图17-23所示。

图17-22 输入相应文字

图17-23 创建文字选区

STEP 07 在工具箱底部单击前景色色块，弹出"拾色器（前景色）"对话框，设置前景色为白色，如图17-24所示。

STEP 08 按【Alt＋Delete】组合键，为选区填充前景色，按【Ctrl＋D】组合键，取消选区，效果如图17-25所示。

图17-24 设置参数

图17-25 填充文字效果

实战 545 创建直排选区文字

▶ 实例位置：光盘\效果\第17章\实战545.jpg
▶ 素材位置：光盘\素材\第17章\实战545.jpg
▶ 视频位置：光盘\视频\第17章\实战545.mp4

● 实例介绍 ●

运用工具箱中的直排文字蒙版工具，可以在图像编辑窗口中创建文字的形状选区。

● 操作步骤 ●

STEP 01 单击"文件"|"打开"命令，打开一幅素材图像，此时图像编辑窗口中的图像显示如图17-26所示。

STEP 02 选取工具箱中的直排文字蒙版工具，如图17-27所示。

图17-26 打开素材图像

STEP 03 将鼠标指针移至图像编辑窗口中的合适位置，单击鼠标左键确认文本输入点，此时，图像背景呈淡红色显示，如图17-28所示。

图17-28 确认文本输入点

STEP 05 执行上述操作后，输入"武夷风光"文字，此时输入的文字呈实体显示，效果如图17-30所示。

图17-30 输入相应文字

图17-27 选取直排文字蒙版工具

STEP 04 在工具属性栏中，设置"字体"为"华文行楷"，设置"字体大小"为10点，如图17-29所示。

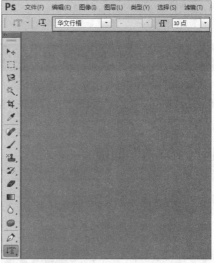

图17-29 设置参数值

STEP 06 按【Ctrl+Enter】组合键确认输入，即可创建文字选区，如图17-31所示。

图17-31 创建文字选区

STEP 07 在工具箱底部单击前景色色块，弹出"拾色器（前景色）"对话框，设置前景色为白色，如图17-32所示。

STEP 08 按【Alt＋Delete】组合键，为选区填充前景色，按【Ctrl＋D】组合键，取消选区，效果如图17-33所示。

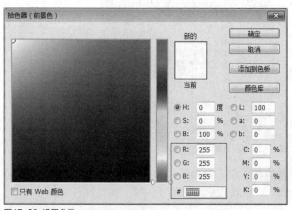

图17-32 设置参数

图17-33 填充文字效果

17.2 设置网页文本的属性

在"字符"面板中，可以精确地调整文字图层中的个别字符，但在输入相应文字之前要设置好文字属性；而"段落"面板可以用来设置整个段落选项。本节主要向读者介绍"字符"面板和"段落"面板的基础知识。

实战 546 运用"字符"面板

▶ 实例位置：光盘\效果\第17章\实战546.psd
▶ 素材位置：光盘\素材\第17章\实战546.psd
▶ 视频位置：光盘\视频\第17章\实战546.mp4

● 实例介绍 ●

在Photoshop CC中，用户可以根据需要，使用"字符"面板调整文字属性。

● 操作步骤 ●

STEP 01 单击"文件"｜"打开"命令，打开一幅素材图像，此时图像编辑窗口中的图像显示如图17-34所示。

STEP 02 在"图层"面板中，选择需要编辑的文字图层，如图17-35所示。

图17-34 打开素材图像

图17-35 选择文字图层

技巧点拨

　　除了使用命令方法展开"字符"面板以外，还可在文字工具的工具属性栏中单击"切换字符和段落面板"按钮，如图17-36所示。

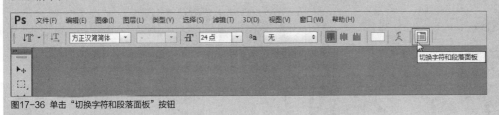

图17-36 单击"切换字符和段落面板"按钮

STEP 03　单击"窗口"|"字符"命令，弹出"字符"面板，如图17-37所示。

STEP 04　设置"字符间距"为700，设置"字符颜色"为黄色（RGB分别为255、204、0），如图17-38所示。

STEP 05　设置完成后，即可更改文字对象的属性，效果如图17-39所示。

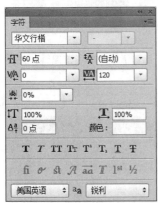

图17-37 弹出"字符"面板

图17-38 调整文字属性

图17-39 文字效果

知识扩展

　　"字符"面板中各主要选项含义如下。

➤ 字体：在该选项列表框中可以选择字体。

➤ 字体大小：可以选择字体的大小。

➤ 行距：文本中各个文字行之间的垂直间距，同一段落的行与行之间可以设置不同的行距，但文字行中的最大行距决定了该行的行距。

➤ 字距微调：用来调整两字符之间的间距，在操作时首先在要调整的两个字符之间单击，设置插入点，然后再调整数值。

➤ 字距调整：选择了部分字符时，可以调整所选字符间距，没有调整字符时，可调整所有字符的间距。

➤ 水平缩放/垂直缩放：水平缩放用于调整字符的宽度，垂直缩放用于调整字符的高度，这两个百分比相同时，可以进行等比缩放；不同时，则不能等比缩放。

➤ 基线偏移：用来控制文字与基线的距离，它可以升高或降低所选文字。

➤ 颜色：单击颜色块，可以在打开的"拾色器"对话框中设置文字的颜色。

➤ T状按钮：用来创建仿粗体、斜体等文字样式，以及为字符添加下划线或删除线。

➤ 语言：可以对所选字符进行有关连字符和拼写规则的语言设置，Photoshop CC使用语言词典检查连字符连接。

实战 547　运用"段落"面板

▶ 实例位置：光盘\效果\第17章\实战547.psd
▶ 素材位置：光盘\素材\第17章\实战547.psd
▶ 视频位置：光盘\视频\第17章\实战547.mp4

● **实例介绍** ●

　　使用"段落"面板可以改变或重新定义文字的排列方式、段落缩进及段落间距等。

● **操作步骤** ●

STEP 01　单击"文件"|"打开"命令，打开一幅素材图像，此时图像编辑窗口中的图像显示如图17-40所示。

STEP 02　选择"文本"图层，在菜单栏中单击"窗口"|"段落"命令，如图17-41所示。

图17-40 打开素材图像

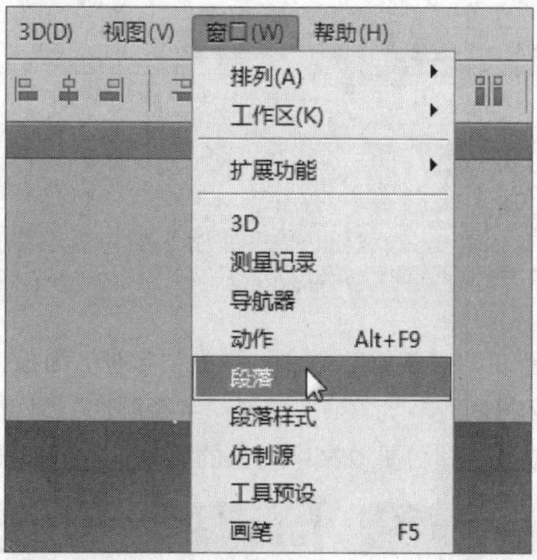

图17-41 单击"段落"命令

STEP 03 执行上述操作后，即可弹出"段落"面板，单击"左对齐文本"按钮▤，如图17-42所示。

STEP 04 执行上述操作后，即可调整文字段落属性，效果如图17-43所示。

图17-42 展开"字符"面板

图17-43 调整段落属性

知识扩展

　　"段落"面板中各主要选项含义如下。

➤ 文本对齐方式：文本对齐方式从左到右分别为左对齐文本▤、居中对齐文本▤、右对齐文本▤、最后一行左对齐▤、最后一行居中对齐▤、最后一行右对齐▤和全部对齐▤。

➤ 左缩进：设置段落的左缩进。

➤ 右缩进：设置段落的右缩进。

➤ 首行缩进：缩进段落中的首行文字，对于横排文字，首行缩进与左缩进有关；对于直排文字，首行缩进与顶端缩进有关，要创建首行悬挂缩进，必须输入一个负值。

➤ 段前添加空格：设置段落与上一行的距离，或全选文字的每一段的距离。

➤ 段后添加空格：设置每段文本后的一段距离。

17.3 网页文本的编辑操作

　　编辑文字是指对已经创建的文字进行编辑操作，如选择文字、移动文字、更改文字排列方向、切换点文字和段落文字、拼写检查文字和替换文字等，用户可以根据实际情况对文字对象进行相应操作。

<table>
<tr><td rowspan="2">实战
548</td><td rowspan="2">选择和移动文字</td><td>▶ 实例位置：光盘\效果\第17章\实战548.psd</td></tr>
<tr><td>▶ 素材位置：光盘\素材\第17章\实战548.psd
▶ 视频位置：光盘\视频\第17章\实战548.mp4</td></tr>
</table>

● 实例介绍 ●

选择文字是编辑文字过程中的第一步，适当地移动文字可以让使用图像的整体更美观。

● 操作步骤 ●

STEP 01 单击"文件"|"打开"命令，打开一幅素材图像，如图17-44所示。

STEP 02 在"图层"面板中，选择需要移动的文字图层，如图17-45所示。

图17-44 打开素材图像

图17-45 选择文字图层

STEP 03 选取工具箱中的移动工具，将鼠标指针移至需要移动的文字上方，如图17-46所示。

STEP 04 按住鼠标左键并拖曳，至合适位置后释放鼠标左键，即可移动文字，效果如图17-47所示。

图17-46 定位鼠标指针

图17-47 移动文字效果

<table>
<tr><td rowspan="2">实战
549</td><td rowspan="2">更改文字的字体类型</td><td>▶ 实例位置：光盘\效果\第17章\实战549.psd</td></tr>
<tr><td>▶ 素材位置：光盘\素材\第17章\实战549.psd
▶ 视频位置：光盘\视频\第17章\实战549.mp4</td></tr>
</table>

● 实例介绍 ●

在使用横排文字工具或直排文字工具输入相应文字时，可以在文字工具属性栏中设置文字属性，也可以使用"字符"面板或"段落"面板。

● 操作步骤 ●

STEP 01 单击"文件"|"打开"命令，打开一幅素材图像，此时图像编辑窗口中的图像显示如图17-48所示。

STEP 02 选取工具箱中的直排文字工具，移动鼠标指针至图像编辑窗口中文字上，单击鼠标左键并拖曳，释放鼠标左键，即可选中该文字，如图17-49所示。

图17-48 打开素材图像

图17-49 选中文字

STEP 03 在工具属性栏中，设置"字体"为"方正平和简体"，如图17-50所示。

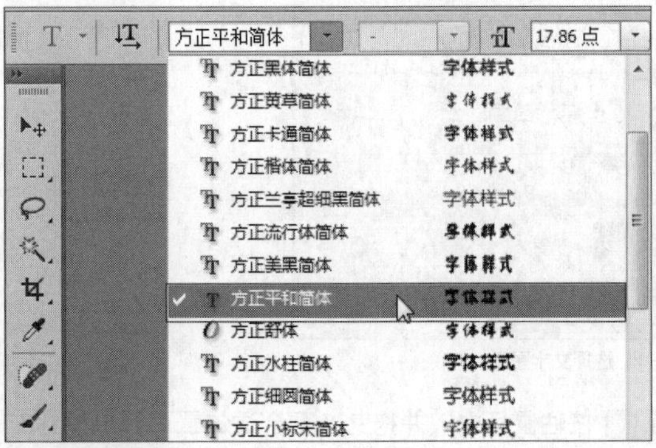

STEP 04 按【Ctrl + Enter】组合键，确认输入，即可更改文字的字体类型，如图17-51所示。

图17-50 设置字体

图17-51 更改字体类型

实战 550 更改文字的排列方向

▶ 实例位置：光盘\效果\第17章\实战550.psd
▶ 素材位置：光盘\素材\第17章\实战550.psd
▶ 视频位置：光盘\视频\第17章\实战550.mp4

● 实例介绍 ●

虽然使用横排文字工具只能创建水平排列的文字，使用直排文字工具只能创建垂直排列的文字，但在需要的情况下，用户可以相互转换这两种文本的显示方向。通过单击"图层"|"文字"|"水平"命令，或单击"图层"|"文字"|"垂直"命令，可以在直排文字与横排文字之间进行相互转换。

● 操作步骤 ●

STEP 01 单击"文件"|"打开"命令，打开一幅素材图像，此时图像编辑窗口中的图像显示如图17-52所示。

STEP 02 在"图层"面板中，选择相应的文字图层，如图17-53所示。

图17-52 打开素材图像

图17-53 选择合适的图层

STEP 03 选取工具箱中的横排文字工具，在工具属性栏中，单击"更改文本方向"按钮凵，如图17-54所示。

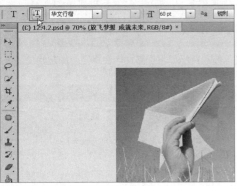

图17-54　单击"更改文本方向"按钮

STEP 04 执行操作后，即可更改文字的排列方向，效果如图17-55所示。

图17-55　更改文字的排列方向

| 实战 551 | 输入沿路径排列文字 | ▶ 实例位置：光盘\效果\第17章\实战551.psd
▶ 素材位置：光盘\素材\第17章\实战551.jpg
▶ 视频位置：光盘\视频\第17章\实战551.mp4 |

● 实例介绍 ●

沿路径输入相应文字时，文字将沿着锚点方向输入，输入横排文字时，文字方向将与基线垂直；输入直排文字时，文字方向将与基线平行。

● 操作步骤 ●

STEP 01 单击"文件"|"打开"命令，打开一幅素材图像，此时图像编辑窗口中的图像显示如图17-56所示。

图17-56　打开素材图像

STEP 02 选取工具箱中的钢笔工具，移动鼠标至图像编辑窗口中合适位置，创建一条曲线路径，如图17-57所示。

图17-57　创建路径

STEP 03 选取横排文字工具，在工具属性栏中，设置"字体"为黑体，设置"字体大小"为20点，如图17-58所示。

图17-58　设置各选项

STEP 04 移动鼠标至图像编辑窗口中曲线路径上，单击鼠标左键确定插入点并输入文字，并隐藏路径，效果如图17-59所示。

图17-59　输入相应文字

实战 552 调整文字位置排列

▶ 实例位置：光盘\效果\第17章\实战552.psd
▶ 素材位置：光盘\素材\第17章\实战552.psd
▶ 视频位置：光盘\视频\第17章\实战552.mp4

• 实例介绍 •

选取路径选择工具，移动鼠标指针至文字上，当鼠标指针呈形状时，拖动鼠标即可调整文字在路径上的起始位置。

• 操作步骤 •

STEP 01 单击"文件"|"打开"命令，打开一幅素材图像，此时图像编辑窗口中的图像显示如图17-60所示。

图17-60 打开素材图像

STEP 02 选择文字图层，在"路径"面板中，选择文字路径，如图17-61所示。

图17-61 选择文字路径

STEP 03 选取路径选择工具，移动鼠标指针至图像窗口的文字路径上，按住鼠标左键并拖曳，即可调整文字位置，并隐藏路径，效果如图17-62所示。

图17-62 调整文字位置排列

实战 553 制作变形文字效果

▶ 实例位置：光盘\效果\第17章\实战553.psd
▶ 素材位置：光盘\素材\第17章\实战553.jpg
▶ 视频位置：光盘\视频\第17章\实战553.mp4

• 实例介绍 •

平时看到的网页文字广告，很多都采用了变形文字的效果，因此显得更美观，很容易就会引起人们的注意。在Photoshop CC中，通过"文字变形"对话框可以对选定的文字进行多种变形操作，使文字更加富有灵动感。对文字图层可以应用扭曲变形操作，利用这些功能可以使设计作品中的文字效果更加丰富，图17-63所示为网页中的变形文字效果。

图17-63 变形文字效果

• 操作步骤 •

STEP 01 单击"文件"|"打开"命令，打开一幅素材图像，此时图像编辑窗口中的图像显示如图17-64所示。

STEP 02 选取工具箱中的横排文字工具，展开"字符"面板，设置"字体"为"华文行楷"、"字体大小"为8点、"颜色"为浅绿色（RGB参数值分别为43、198、134），如图17-65所示。

图17-64 打开素材图像

图17-65 设置参数

STEP 03 移动鼠标指针至图像编辑窗口中合适位置，单击鼠标左键确定插入点并输入相应文字，如图17-66所示。

STEP 04 执行上述操作后，单击工具属性栏右侧的"提交所有当前编辑"按钮☑，确认输入，效果如图17-67所示。

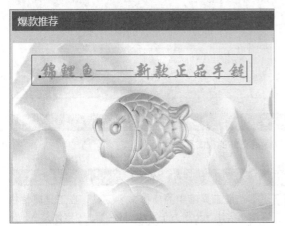

图17-66 输入相应文字

图17-67 确认输入

STEP 05 在菜单栏中，单击"类型"|"文字变形"命令，如图17-68所示。

STEP 06 执行上述操作后，即可弹出"变形文字"对话框，设置"样式"为"扇形"，如图17-69所示。

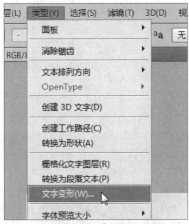

图17-68 单击"文字变形"命令

图17-69 设置样式

STEP 07 单击"确定"按钮，即可制作扇形文字效果，如图17-70所示。

STEP 08 运用移动工具，将文字移动至合适位置处，效果如图17-71所示。

图17-70 制作扇形效果

图17-71 移动位置

知识扩展

"变形文字"对话框中主要选项含义如下。

> 样式：在该选项的下拉列表中可以选择15种变形样式。

> 水平/垂直：文本的扭曲方向为水平方向或垂直方向。

> 弯曲：设置文本的弯曲程度。

> 水平扭曲/垂直扭曲：可以对文本应用透视。

实战 554 编辑变形文字效果

▶ 实例位置：光盘\效果\第17章\实战554.psd
▶ 素材位置：光盘\素材\第17章\实战554.jpg
▶ 视频位置：光盘\视频\第17章\实战554.mp4

● 实例介绍 ●

在Photoshop CC中，用户可以对文字进行变形扭曲操作，以得到更好的视觉效果。

● 操作步骤 ●

STEP 01 单击"文件"|"打开"命令，打开一幅素材图像，此时图像编辑窗口中的图像显示如图17-72所示。

STEP 02 选取工具箱中的横排文字工具，在工具属性栏中，设置"字体"为"方正平和_GBK"、"字体大小"为12点、"设置消除锯齿的方法"为"平滑"、"颜色"为红色（RGB参数值分别为255、0和0），如图17-73所示。

图17-72 打开素材图像

图17-73 设置参数

STEP 03 执行上述操作后，移动鼠标指针至图像编辑窗口中合适位置，单击鼠标左键确定插入点并输入相应文字，如图17-74所示。

图17-74 输入相应文字

STEP 05 在菜单栏中，单击"类型"|"文字变形"命令，即可弹出"变形文字"对话框，设置"样式"为"上弧"、"水平扭曲"为22%、"垂直扭曲"为-18%，如图17-76所示。

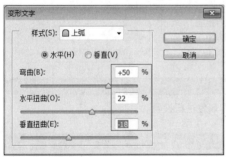

图17-76 设置参数

STEP 04 执行上述操作后，单击工具属性栏右侧的"提交所有当前编辑"按钮☑，如图17-75所示。

图17-75 确认输入

STEP 06 单击"确定"按钮，即可编辑变形扭曲文字效果，如图17-77所示。

图17-77 编辑变形文字效果

实战 555　将文字转换为路径

▶ 实例位置：光盘\效果\第17章\实战555.psd
▶ 素材位置：光盘\素材\第17章\实战555.jpg
▶ 视频位置：光盘\视频\第17章\实战555.mp4

● 实例介绍 ●

　　在Photoshop CC中，文字可以被转换成路径、形状和图像这三种形态，在未对文字进行转换的情况下，只能够对文字及段落属性进行设置，而通过将文字转换为路径、形状或图像后，则可以对其进行更多更为丰富的编辑，从而得到艺术的文字效果。

　　在Photoshop CC中，可以直接将文字转换为路径，从而可以直接通过此路径进行描边、填充等操作，制作出特殊的文字效果。

● 操作步骤 ●

STEP 01 单击"文件"|"打开"命令，打开一幅素材图像，此时图像编辑窗口中的图像显示如图17-78所示。

STEP 02 在"图层"面板中，选择相应的文字图层，如图17-79所示。

图17-78 打开素材图像

图17-79 选择相应图层

STEP 03 在菜单栏中，单击"类型"|"创建工作路径"命令，如图17-80所示。

STEP 04 执行上述操作后，即可将文字转换为路径，效果如图17-81所示。

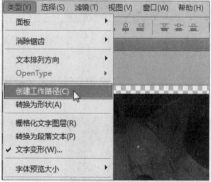

图17-80 单击"创建工作路径"命令

图17-81 将文字转换为路径

实战 556 将文字转换为形状

▶ 实例位置：光盘\效果\第17章\实战556.psd
▶ 素材位置：光盘\素材\第17章\实战556.psd
▶ 视频位置：光盘\视频\第17章\实战556.mp4

● 实例介绍 ●

将文字转换为形状后，原文字图层将被形状图层取代，将无法再对文字属性进行设置。

● 操作步骤 ●

STEP 01 单击"文件"|"打开"命令，打开一幅素材图像，此时图像编辑窗口中的图像显示如图17-82所示。

STEP 02 在"图层"面板中，选择相应的文字图层，如图17-83所示。

图17-82 打开素材图像

图17-83 选择相应图层

STEP 03 在菜单栏中，单击"类型"|"转换为形状"命令，如图17-84所示。

STEP 04 执行上述操作后，即可将文字转换为形状，效果如图17-85所示。

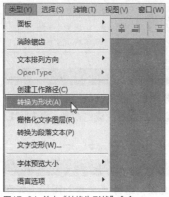

图17-84 单击"转换为形状"命令

图17-85 将文字转换为形状

实战 557　将文字转换为图像

▶ 实例位置：光盘\效果\第17章\实战557.psd
▶ 素材位置：光盘\素材\第17章\实战557.psd
▶ 视频位置：光盘\视频\第17章\实战557.mp4

● 实例介绍 ●

　　文字图层具有不可以编辑的特性，如果需要在文本图层中进行绘画、颜色调整或滤镜等操作，首先需要将文字图层转换为普通图层。

● 操作步骤 ●

STEP 01 单击"文件"|"打开"命令，打开一幅素材图像，此时图像编辑窗口中的图像显示如图17-86所示。

STEP 02 在"图层"面板中，选择相应的文字图层，如图17-87所示。

图17-86 打开素材图像

图17-87 选择文字图层

STEP 03 单击鼠标右键，在弹出的快捷菜单中选择"栅格化文字"选项，如图17-88所示。

STEP 04 执行上述操作后，即可将文字转换为图像，文字图层也随之转换为普通图层，如图17-89所示。

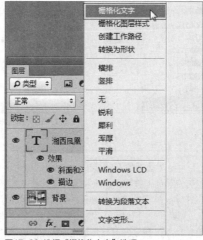

图17-88 选择"栅格化文字"选项

图17-89 文字图层转换为形状图层

实战 558 制作文字投影效果

▶ 实例位置：光盘\效果\第17章\实战558.psd
▶ 素材位置：光盘\素材\第17章\实战558.psd
▶ 视频位置：光盘\视频\第17章\实战558.mp4

● 实例介绍 ●

"图层样式"可以为当前图层添加特殊效果，如投影、内阴影、外发光以及浮雕等样式，在不同的图层中应用不同的图层样式，可以使整幅图像更加富有真实感和突出性。例如，"投影"效果用于模拟光源照射生成的阴影，添加"投影"效果可使平面的网页文本产生立体感。

● 操作步骤 ●

STEP 01 单击"文件"|"打开"命令，打开一幅素材图像，此时图像编辑窗口中的图像显示如图17-90所示。

STEP 02 展开"图层"面板，选择"文本"图层，如图17-91所示。

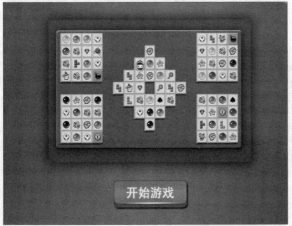

图17-90 打开素材图像

图17-91 选择"图层1"图层

STEP 03 在菜单栏中单击"图层"|"图层样式"|"投影"命令，如图17-92所示。

STEP 04 执行操作后，即可弹出"图层样式"对话框，如图17-93所示。

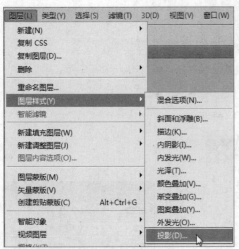

图17-92 单击"投影"命令

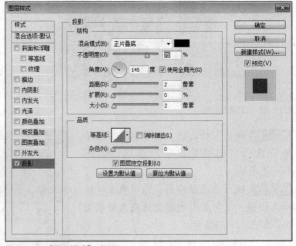

图17-93 "图层样式"对话框

知识扩展

"图层样式"对话框（投影样式）中主要选项的含义如下。

➤ 混合模式：用来设置投影与下面图层的混合方式，默认为"正片叠底"模式。

➤ 不透明度：设置图层效果的不透明度，不透明度值越大，图像效果就越明显。可以直接在后面的数值框中输入数值进行精确调节，或拖动滑块进行调节。

➤ 角度：设置光照角度，可以确定投下阴影的方向与角度。当选中后面的"使用全局光"复选框时，可以将所有图层对象的阴影角度都统一。

➤ 扩展：设置模糊的边界，"扩展"值越大，模糊的部分越少。

➤ 等高线：设置阴影的明暗部分，单击右侧的下拉按钮，可以选择预设效果，也可以单击预设效果，弹出"等高线编辑器"对话框重新进行编辑。

➤ 图层挖空阴影：该复选框用来控制半透明图层中投影的可见性。

➤ 投影颜色：在"混合模式"右侧的颜色框中，可以设定阴影的颜色。

➤ 距离：设置阴影偏移的幅度，距离越大，层次感越强；距离越小，层次感越弱。

➤ 大小：设置模糊的边界，"大小"值越大，模糊的部分就越大。

➤ 消除锯齿：混合等高线边缘的像素，使投影更加平滑。

➤ 杂色：为阴影增加杂点效果，"杂色"值越大，杂点越明显。

STEP 05 设置"不透明度"为75%、"角度"为120度、"距离"为8像素、"扩展"为0%、"大小"为8像素，如图17-94所示。

STEP 06 单击"确定"按钮，即可制作投影效果，如图17-95所示。

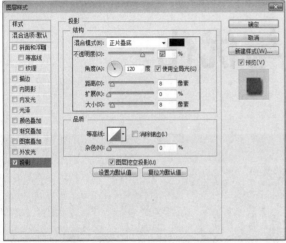

图17-94 设置参数

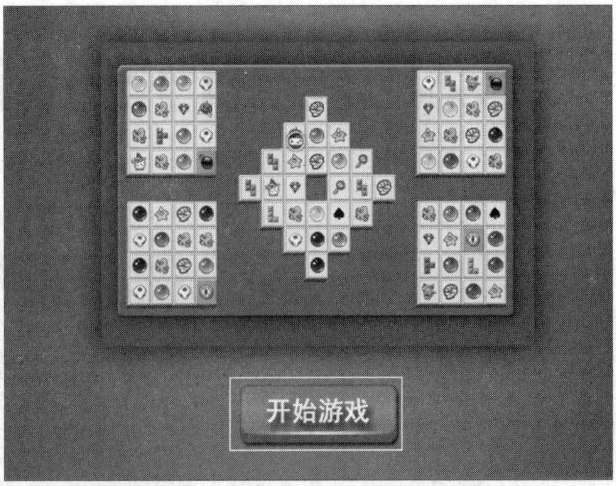

图17-95 投影效果

知识扩展

"图层样式"对话框中主要选项的含义如下。

➤ 图层样式列表框：该区域中列出了所有的图层样式，如果要同时应用多个图层样式，只需要选中图层样式相对应的名称复选框，即可在对话框中间的参数控制区域显示其参数。

➤ 参数控制区：在选择不同图层样式的情况下，该区域会即时显示与之对应的参数选项。在Photoshop CC中，"图层样式"对话框中增加了"设置为默认值"和"复位为默认值"两个按钮，前者可以将当前的参数保存成为默认的数值，以便后面应用，而后者则可以复位到系统或之前保存过的默认参数。

➤ 预览区：可以预览当前所设置的所有图层样式叠加在一起时的效果。

第 18 章

网页图像的制作与优化

本章导读

随着网络技术的飞速发展与普及，网页图像制作已经成为图像软件的一个重要应用领域。完成网页图像的制作后，必须先对这些图像进行切片，才能使用Dreamweaver软件进行网页的制作。另外，有时还需要制作一些小型的GIF动画，以增加网页的动感，使网页变得丰富多彩。Photoshop CC向用户提供了强大的图像制作功能，可以直接对网页图像进行优化、切片和制作图像动画。

要点索引

● 创建与编辑网页图层
● 制作动态网页图像
● 网页图像的自动化处理
● 创建与管理网页切片
● 优化网页图像选项

18.1 创建与编辑网页图层

在Photoshop CC中，用户可根据需要创建不同的图层。本节主要向读者详细地介绍创建普通图层、文本图层、形状图层、调整图层、填充图层以及图层组的操作方法。

实战 559	创建普通图层

▶ 实例位置：光盘\效果\第18章\实战559.psd
▶ 素材位置：光盘\素材\第18章\实战559.jpg
▶ 视频位置：光盘\视频\第18章\实战559.mp4

● 实例介绍 ●

普通图层是Photoshop CC最基本的图层，用户在创建和编辑图像时，新建的图层都是普通图层。

新建图层的方法有7种，分别如下。

➤ 命令：单击"图层"|"新建"|"图层"命令，弹出"新建图层"对话框，单击"确定"按钮，即可创建新图层。

➤ 面板菜单：单击"图层"面板右上角的三角形按钮，在弹出的面板菜单中选择"新建图层"选项。

➤ 快捷键+按钮1：按住【Alt】键的同时，单击"图层"面板底部的"创建新图层"按钮。

➤ 快捷键+按钮2：按住【Ctrl】键的同时，单击"图层"面板底部的"创建新图层"按钮，可在当前图层中的下方新建一个图层。

➤ 快捷键1：按【Shift+Ctrl+N】组合键。

➤ 快捷键2：按【Alt+Shift+Ctrl+N】组合键，可以在当前图层对象的上方添加一个图层。

➤ 按钮：单击"图层"面板底部的"创建新图层"按钮，即可在当前图层上方创建一个新的图层。

● 操作步骤 ●

STEP 01 单击"文件"|"打开"命令，打开一幅素材图像，如图18-1所示。

STEP 02 在菜单栏中单击"窗口"|"图层"命令，展开"图层"面板，如图18-2所示。

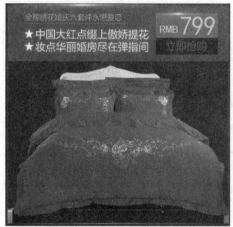

图18-1 打开素材图像

图18-2 展开"图层"面板

STEP 03 单击面板底部的"创建新图层"按钮，如图18-3所示。

STEP 04 执行上述操作后，即可新建普通图层，如图18-4所示。

图18-3 单击"创建新图层"按钮

图18-4 新建图层

<table>
<tr><td>实战
560</td><td>创建文本图层</td></tr>
</table>

▶ 实例位置：光盘\效果\第18章\实战560.psd
▶ 素材位置：光盘\素材\第18章\实战560.jpg
▶ 视频位置：光盘\视频\第18章\实战560.mp4

● 实例介绍 ●

用户使用工具箱中的文字工具，在图像编辑窗口中确认插入点时，系统将会自动生成一个新的文字图层。

● 操作步骤 ●

STEP 01 单击"文件"|"打开"命令，打开一幅素材图像，如图18-5所示。

STEP 02 选取工具箱中的横排文字工具，移动鼠标至图像编辑窗口中，单击鼠标左键，确定文字插入点，此时系统会自动生成一个新的文字图层，如图18-6所示。

图18-5 打开素材图像

图18-6 生成文字图层

STEP 03 输入文字，按【Ctrl+Enter】组合键确认输入，如图18-7所示。

STEP 04 执行上述操作后，文字图层随之自动以输入内容命名，如图18-8所示。

图18-7 输入文字

图18-8 以输入内容命名的文字图层

<table>
<tr><td>实战
561</td><td>创建形状图层</td></tr>
</table>

▶ 实例位置：光盘\效果\第18章\实战561.psd
▶ 素材位置：光盘\素材\第18章\实战561.jpg
▶ 视频位置：光盘\视频\第18章\实战561.mp4

● 实例介绍 ●

用户使用工具箱中的形状工具，在图像编辑窗口中创建图像后，"图层"面板中会自动创建一个新的形状图层。

● 操作步骤 ●

STEP 01 在菜单栏中单击"文件"|"打开"命令，打开一幅素材图像，如图18-9所示。

STEP 02 设置前景色为白色，选取工具箱中的自定形状工具，在工具属性栏中设置模式为"形状"、"形状"为"雪花2"，如图18-10所示。

图18-9 打开素材图像

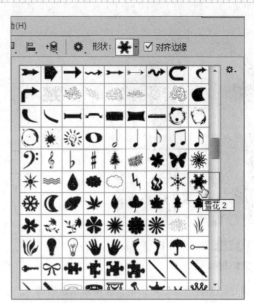

图18-10 设置形状

STEP 03 移动鼠标至图像编辑窗口中，单击鼠标左键并拖曳，即可绘制形状，如图18-11所示。

STEP 04 执行上述操作后，"图层"面板会自动创建一个新的形状图层，如图18-12所示。

图18-11 绘制形状

图18-12 创建形状图层

实战 562 创建调整图层

▶ 实例位置：光盘\效果\第18章\实战562.psd
▶ 素材位置：光盘\素材\第18章\实战562.jpg
▶ 视频位置：光盘\视频\第18章\实战562.mp4

● 实例介绍 ●

调整图层使用户可以对图像进行颜色填充和色调调整，而不会永久地修改图像中的像素，即颜色和色调更改位于调整图层内，该图层像一层透明的膜一样，下层图像及其调整后的效果可以透过它显示出来。

● 操作步骤 ●

STEP 01 单击"文件"|"打开"命令，打开一幅素材图像，如图18-13所示。

STEP 02 在菜单栏中单击"图层"|"新建调整图层"|"色相/饱和度"命令，如图18-14所示。

图18-13 打开素材图像

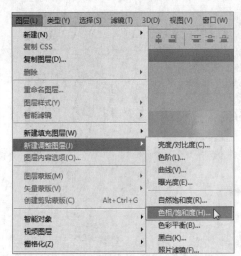

图18-14 单击"色相/饱和度"命令

STEP 03 弹出"新建图层"对话框，保持默认设置即可，如图18-15所示。

STEP 04 单击"确定"按钮，即可创建调整图层，如图18-16所示。

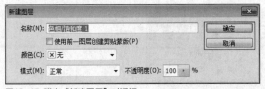

图18-15 弹出"新建图层"对话框

图18-16 创建调整图层

STEP 05 执行上述操作后，即可展开"属性"面板，设置"色相"为6、"饱和度"为28、"明度"为-5，如图18-17所示。

STEP 06 隐藏"属性"面板，调整图层后的图像效果如图18-18所示。

图18-17 设置参数值

图18-18 调整图层后的图像效果

知识扩展1

"属性"面板中主要选项的含义如下。

➤ 参数设置区：用于设置调整图层中的色相/饱和度参数。

➤ 功能按钮区：列出Photoshop CC提供的全部调整图层，单击各个按钮，即可对调整图层进行相应操作。

知识扩展2

调整图层可以是用户对图像进行颜色填充和色调的调整，而不会修改图像中的像素，即颜色和色调等的更改位于调整图层内，调整图层会影响此图层下面的所有图层。

实战 563 创建填充图层

▶ 实例位置：光盘\效果\第18章\实战563.psd
▶ 素材位置：光盘\素材\第18章\实战563.jpg
▶ 视频位置：光盘\视频\第18章\实战563.mp4

● 实例介绍 ●

填充图层是指在原有图层的基础上新建一个图层，并在该图层上填充相应的颜色。用户可以根据需要为新图层填充纯色、渐变色或图案，通过调整图层的混合模式和不透明度使其与底层图层叠加，以产生特殊的效果。

● 操作步骤 ●

STEP 01 单击"文件"|"打开"命令，打开一幅素材图像，如图18-19所示。

STEP 02 单击"图层"|"新建填充图层"|"纯色"命令，弹出"新建图层"对话框，设置"颜色"为"绿色"、"模式"为"色相"，如图18-20所示。

图18-19 打开素材图像

图18-20 单击"纯色"命令

STEP 03 单击"确定"按钮，弹出"拾色器（纯色）"对话框，设置RGB参数分别为158、221和10，如图18-21所示。

STEP 04 单击"确定"按钮，即可创建填充图层，效果如图18-22所示。

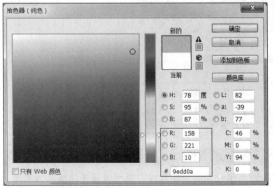

图18-21 设置参数值

图18-22 创建填充图层效果

实战 564 创建图层组

▶ 实例位置：光盘\效果\第18章\实战564.psd
▶ 素材位置：光盘\素材\第18章\实战564.psd
▶ 视频位置：光盘\视频\第18章\实战564.mp4

● 实例介绍 ●

图层组就类似于文件夹，用户可以将图层按照类别放在不同的组内，当关闭图层组后，在"图层"面板中就只显示图层组的名称。

● 操作步骤 ●

STEP 01 单击"文件"|"打开"命令，打开一幅素材图像，此时图像编辑窗口中的图像显示如图18-23所示。

STEP 02 在菜单栏中单击"图层"|"新建"|"组"命令，如图18-24所示。

图18-23 打开素材图像

图18-24 单击"组"命令

STEP 03 弹出"新建组"对话框，保持默认设置即可，如图18-25所示。

STEP 04 单击"确定"按钮，即可创建新图层组，如图18-26所示。

图18-25 "新建组"对话框

图18-26 创建新图层组

实战 565 设置图层不透明度

▶ 实例位置：光盘\效果\第18章\实战565.psd
▶ 素材位置：光盘\素材\第18章\实战565.psd
▶ 视频位置：光盘\视频\第18章\实战565.mp4

● 实例介绍 ●

"不透明度"选项用于控制图层中所有对象（包括图层样式和混合模式）的透明属性。通过设置图层的不透明度，能够使图像主次分明，主体突出。

● 操作步骤 ●

STEP 01 单击"文件"|"打开"命令，打开一幅素材图像，如图18-27所示。

STEP 02 展开"图层"面板，选择"图层1"图层，如图18-28所示。

图18-27 打开素材图像

图18-28 选择图层

STEP 03 在"图层"面板右上方设置"不透明度"为100%，如图18-29所示。

STEP 04 执行上述操作后，即可设置图层不透明度，效果如图18-30所示。

图18-29 设置"不透明度"

图18-30 最终效果

实战 566	设置图层混合模式	▶ 实例位置：光盘\效果\第18章\实战566.psd ▶ 素材位置：光盘\素材\第18章\实战566.psd ▶ 视频位置：光盘\视频\第18章\实战566.mp4

● 实例介绍 ●

图层混合模式用于控制图层之间像素颜色相互融合的效果，不同的混合模式会得到不同的效果。由于混合模式用于控制上下两个图层在叠加时所显示的总体效果，通常为上方的图层选择合适的混合模式。

● 操作步骤 ●

STEP 01 单击"文件"|"打开"命令，打开一幅素材图像，如图18-31所示。

STEP 02 展开"图层"面板，选择"汽车"图层，如图18-32所示。

图18-31 打开素材图像

图18-32 选择图层对象

STEP 03 单击"正常"右侧的下拉按钮，在弹出的列表框中，选择"正片叠底"选项，如图18-33所示。

图18-33 选择"正片叠底"选项

STEP 04 执行操作后，图像呈"正片叠底"模式显示，效果如图18-34所示。

图18-34 图像效果

18.2 制作动态网页图像

在Photoshop CC中，动画是在一段时间内显示的一系列图像或帧，当每一帧将前一帧都有轻微的变化时，连续、快速地显示这些帧就会产生运动或其他变化的视觉效果，使得网页图像显得更加的生动、活泼。

实战 567	制作网页动画效果	▶ 实例位置：光盘\效果\第18章\实战567.psd ▶ 素材位置：光盘\素材\第18章\实战567.psd ▶ 视频位置：光盘\视频\第18章\实战567.mp4

● 实例介绍 ●

动画的工作原理是将一些静止的、连续动作的画面以较快的速度播放出来，利用图像在人眼中具有暂存的原理产生连续的播放效果。

● 操作步骤 ●

STEP 01 单击"文件"|"打开"命令，打开一幅素材图像，如图18-35所示。

图18-35 打开素材图像

STEP 02 在"图层"面板中，隐藏"图层1"图层，单击"时间轴"面板底部的"复制所选帧"按钮，显示"图层1"图层，隐藏"图层1 副本"图层，如图18-36所示。

图18-36 制作帧2效果

STEP 03 执行操作后，按住【Ctrl】键的同时，选择"帧1"和"帧2"，设置两个帧的延迟时间分别为0.2秒，如图18-37所示。

STEP 04 在"时间轴"面板中单击"一次"右侧的"选择循环选项"按钮，在弹出的列表框中选择"永远"选项，如图18-38所示。

图18-37 设置帧的延迟时间

图18-38 选择循环选项

实战 568　创建过渡网页动画

▶ 实例位置：光盘\效果\第18章\实战568.psd
▶ 素材位置：光盘\素材\第18章\实战568.psd
▶ 视频位置：光盘\视频\第18章\实战568.mp4

● 实例介绍 ●

除了可以逐帧地修改图像以创建动画外，也可以使用"过渡"命令让系统自动在两帧之间产生位置、不透明度或图层效果的变化动画。

● 操作步骤 ●

STEP 01 单击"文件"|"打开"命令，打开一幅素材图像，如图18-39所示。

STEP 02 在"图层"面板中，隐藏"图层2"图层，单击"时间轴"面板底部的"复制所选帧"按钮，隐藏"图层1"图层，并显示"图层2"图层，如图18-40所示。

图18-39 打开素材图像

图18-40 显示"图层2"图层

STEP 03 执行操作后，按住【Ctrl】键的同时，选择"帧1"和"帧2"，单击"时间轴"面板底部的"过渡帧"按钮，弹出"过渡"对话框，设置"要添加的帧数"为3，如图18-41所示。

STEP 04 执行操作后，单击"确定"按钮，设置所有的帧延迟时间为0.2秒，如图18-42所示，单击"播放"按钮，即可浏览过渡动画效果。

图18-41 设置"要添加的帧数"

图18-42 设置所有的帧延迟时间

实战 569 创建文字变形动画

▶ 实例位置：光盘\效果\第18章\实战569.psd
▶ 素材位置：光盘\素材\第18章\实战569.psd
▶ 视频位置：光盘\视频\第18章\实战569.mp4

● 实例介绍 ●

在网页中添加各式各样的文字动画，可以为网页添加动感和趣味效果。

● 操作步骤 ●

STEP 01 单击"文件"|"打开"命令，打开一幅素材图像，此时图像编辑窗口中的图像显示如图18-43所示。

图18-43 打开素材图像

STEP 03 选取横排文字工具T，在工具属性栏中单击"创建文字变形"按钮，弹出"变形文字"对话框，设置"样式"为"旗帜"、"弯曲"为100%，如图18-45所示。

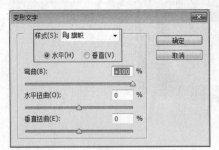

图18-45 "变形文字"对话框

STEP 05 在"图层"面板中，隐藏"文字1 拷贝"图层，单击"动画"面板底部的"复制所选帧"按钮，隐藏"文字1"图层，显示"文字1 拷贝"图层，此时"帧2"效果如图18-47所示

STEP 02 在"图层"面板中，复制"文字1"图层，得到"文字1拷贝"图层，如图18-44所示。

图18-44 复制图层

STEP 04 单击"确定"按钮，即可变形文字，效果如图18-46所示。

图18-46 变形文字

图18-47 设置"帧2"效果

STEP 06 按住【Ctrl】键的同时，选择"帧1"和"帧2"，单击"动画"面板底部的"过渡帧"按钮，弹出"过渡"对话框，设置"要添加的帧数"为7，如图18-48所示。

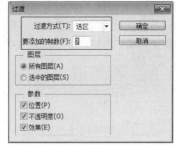

图18-48 "过渡"对话框

STEP 07 单击"确定"按钮，设置所有的帧延迟时间为0.2秒，单击"播放"按钮，即可浏览制作的文字变形动画效果，如图18-49所示。

图18-49 播放动画

18.3 网页图像的自动化处理

动作是用于处理单个或一批文件的一系列命令，它是Photoshop中用于提高工作效率的专家，使用动作可以将需要重复执行的操作录制下来，然后再借助于其他的自动化命令，可以极大地提高网页设计师们的工作效率。

实战 570 创建与录制动作

▶ 实例位置：光盘\效果\第18章\实战570.jpg
▶ 素材位置：光盘\素材\第18章\实战570.jpg
▶ 视频位置：光盘\视频\第18章\实战570.mp4

● 实例介绍 ●

用户可以根据自己的习惯将常用操作的动作记录下来，在以后的设计工作中更加方便。

● 操作步骤 ●

STEP 01 单击"文件"|"打开"命令，打开一幅素材图像，此时图像编辑窗口中的图像显示如图18-50所示，单击"窗口"|"动作"命令，展开"动作"面板。

STEP 02 单击面板底部的"创建新动作"按钮，弹出"新建动作"对话框，设置"名称"为"动作1"，如图18-51所示。

图18-50 打开素材图像

图18-51 设置"名称"为"动作1"

STEP 03 单击"记录"按钮，即可新建"动作1"动作，单击"图像"|"调整"|"亮度/对比度"命令，弹出"亮度/对比度"对话框，设置"亮度"为11、"对比度"为25，如图18-52所示。

STEP 04 单击"确定"按钮，单击"动作"面板底部的"停止播放/记录"按钮■，完成新动作的录制，效果如图18-53所示。

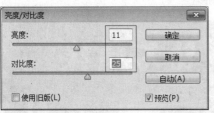

图18-52 设置参数

图18-53 播放录制好的动作

实战 571	播放动作	▶ 实例位置：光盘\效果\第18章\实战571.psd ▶ 素材位置：光盘\素材\第18章\实战571.jpg ▶ 视频位置：光盘\视频\第18章\实战571.mp4

● 实例介绍 ●

在Photoshop CC中编辑图像时，用户可以播放"动作"面板中自带的动作，用于快速处理图像。

● 操作步骤 ●

STEP 01 单击"文件"|"打开"命令，打开一幅素材图像，如图18-54所示。

STEP 02 单击"窗口"|"动作"命令，展开"动作"面板，选择"渐变映射"动作，单击面板底部的"播放选定的动作"按钮，效果如图18-55所示。

图18-54 打开素材图像

图18-55 预览效果

18.4 创建与管理网页切片

切片主要用于定义一幅图像的指定区域，用户一旦定义好切片后，这些图像区域可以用于模拟动画和其他的图像效果。在ImageReady中，切片被分为3种类型，即用户切片、自动切片和子切片。

知识扩展

当用户切片发生重叠时，重叠部分会生成新的切片，这种切片称为子切片。子切片不能在脱离切片存在的情况下独立选择或编辑。用户切片、自动切片和子切片的外观不同。用户切片由实线定义，而自动切片由点线定义。同时，用户切片左上角切片名称后都有链接图标。

实战 572　创建用户切片

▶ 实例位置：光盘\效果\第18章\实战572.psd
▶ 素材位置：光盘\素材\第18章\实战572.psd
▶ 视频位置：光盘\视频\第18章\实战572.mp4

● 实例介绍 ●

用户切片是指用户使用切片工具创建的切片。从图层中创建切片时，切片区域将包含图层中的所有像素数据。如果移动该图层或编辑其内容，切片区域将自动调整以包含改变后图层的新像素。

● 操作步骤 ●

STEP 01 单击"文件"|"打开"命令，打开一幅素材图像，此时图像编辑窗口中的图像显示如图18-56所示。

STEP 02 选取工具箱中的切片工具，移动鼠标指针至图像编辑窗口中的左上方，按住鼠标左键并向右下方拖曳，创建一个用户切片，如图18-57所示。

图18-56 打开素材图像

图18-57 创建用户切片

知识扩展

在Photoshop和Image Ready中都可以使用切片工具定义切片或将图层转换为切片，也可以通过参考线来创建切片，此外，ImageReady还可以将选区转化为定义精确的切片。在要创建切片的区域上按住【Shift】键并拖曳鼠标光标，可以将切片限制为正方形。

实战 573　创建自动切片

▶ 实例位置：光盘\效果\第18章\实战573.psd
▶ 素材位置：光盘\素材\第18章\实战573.jpg
▶ 视频位置：光盘\视频\第18章\实战573.mp4

● 实例介绍 ●

当使用切片工具创建用户切片区域，在用户切片区域之外的区域将生成自动切片。每次添加或编辑用户切片时，都重新生成自动切片。

● 操作步骤 ●

STEP 01 单击"文件"|"打开"命令，打开一幅素材图像，此时图像编辑窗口中的图像显示如图18-58所示。

STEP 02 选取工具箱中的切片工具，拖曳鼠标光标至图像编辑窗口中的中间，单击鼠标左键并向右下方拖曳，创建一个用户切片，同时自动生成自动切片，如图18-59所示。

知识扩展

当使用切片工具创建用户切片区域时，在用户切片区域之外的区域将生成自动切片，每次添加或编辑用户切片时都将重新生成自动切片，自动切片是由点线定义的。

可以将两个或多个切片组合为一个单独的切片，Photoshop CC利用通过连接组合切片的外边缘创建的矩形来确定所生成切片的尺寸和位置。如果组合切片不相邻，或者比例或对齐方式不同，则新组合的切片可能会与其他切片重叠。

图18-58 打开素材图像

图18-59 创建自定切片

实战	选择、移动与调整切片	▶ 实例位置:光盘\效果\第18章\实战574.psd
574		▶ 素材位置:光盘\素材\第18章\实战574.psd
		▶ 视频位置:光盘\视频\第18章\实战574.mp4

● 实例介绍 ●

　　运用切片工具,在图像中间的任意区域拖曳出矩形边框,释放鼠标,会生成一个编号为03的切片(在切片左上角显示数字),在03号切片的左、右和下方会自动形成编号为01、02、04和05的切片,03切片为"用户切片",每创建一个新的用户切片,自动切片就会重新标注数字。

　　用户一定要确保所创建的切片之间没有间隙,因为任何间隙都会生成自动切片,可运用切片选择工具对生成的切片进行调整。

● 操作步骤 ●

STEP 01 单击"文件"|"打开"命令,打开一幅素材图像,此时图像编辑窗口中的图像显示如图18-60所示。

STEP 02 选取工具箱中的切片选择工具,拖曳鼠标光标至图像编辑窗口中间的用户切片内,单击鼠标左键,即可选择切片,并调出变换控制框,如图18-61所示。

图18-60 打开素材图像

图18-61 调出变换控制框

STEP 03 在控制框内单击鼠标左键并向下拖曳,移动切片,如图18-62所示。

STEP 04 拖曳鼠标光标至变换控制框上方的控制柄上,此时鼠标指针呈双向箭头形状,如图18-63所示。

图18-62 移动切片

图18-63 拖曳鼠标光标

STEP 05 单击鼠标左键并向上方拖曳，至合适位置后，释放鼠标左键，即可调整切片大小，如图18-64所示。

图18-64 调整切片大小

实战 575	转换与锁定切片	▶ 实例位置：光盘\效果\第18章\实战575.psd ▶ 素材位置：光盘\素材\第18章\实战575.psd ▶ 视频位置：光盘\视频\第18章\实战575.mp4

● **实例介绍** ●

使用切片选择工具 ，选定要转换的自动切片，单击工具属性栏上的"提升"按钮，可以转换切片。在Photoshop CC中，运用锁定切片可阻止在编辑操作中重新调整尺寸、移动及变更切片。

● **操作步骤** ●

STEP 01 单击"文件"|"打开"命令，打开一幅素材图像，此时图像编辑窗口中的图像显示如图18-65所示。

STEP 02 选取切片工具，拖曳鼠标光标至图像编辑窗口中右侧的自动切片内，单击鼠标右键，在弹出的快捷菜单中选择"提升到用户切片"选项，如图18-66所示。

图18-65 打开素材图像

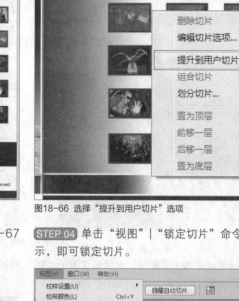

图18-66 选择"提升到用户切片"选项

STEP 03 执行上述操作后，即可转换切片，如图18-67 所示。

STEP 04 单击"视图"|"锁定切片"命令，如图18-68所示，即可锁定切片。

图18-67 转换切片

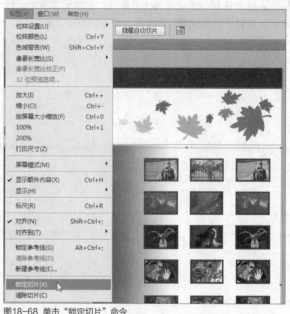

图18-68 单击"锁定切片"命令

实战 576 组合与删除切片

▶ 实例位置：光盘\效果\第18章\实战576.psd
▶ 素材位置：光盘\素材\第18章\实战576.psd
▶ 视频位置：光盘\视频\第18章\实战576.mp4

● 实例介绍 ●

在Photoshop CC中，可以将两个或多个切片组合为一个单独的切片。组合切片的尺寸和位置由通过连接组合切片的外边缘创建的矩形决定。

● 操作步骤 ●

STEP 01 单击"文件"|"打开"命令，打开一幅素材图像，此时图像编辑窗口中的图像显示如图18-69所示。

STEP 02 选取工具箱中的切片选择工具，拖曳鼠标光标至图像编辑窗口中顶部的用户切片内，单击鼠标左键，按住【Shift】键的同时并单击中间的用户切片，执行操作后，即可同时选择左上角的两个用户切片，如图18-70所示。

图18-69 打开素材图像

图18-70 选择两个切片

STEP 03 选择切片后，单击鼠标右键，在弹出的快捷菜单中选择"组合切片"选项，如图18-71所示。

STEP 04 执行上述操作后，即可组合所选择的切片，如图18-72所示。

图18-71 选择"组合切片"选项

图18-72 组合所选择的切片

知识扩展

　　如果组合切片不相邻，或者比例或对齐方式不同，则新组合的切片可能与其他切片重叠。组合切片的优化设置是"组合切片"操作之前选中的第一个切片的优化设置。组合切片总是用户切片，与原切片是否包括自动切片无关。

STEP 05 在图像编辑窗口中右侧中间的用户切片内单击鼠标右键，在弹出的快捷菜单中选择"删除切片"选项，如图18-73所示。

STEP 06 执行上述操作后，即可删除用户切片，如图18-74所示。

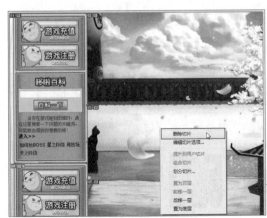

图18-73 选择"删除切片"选项

图18-74 删除切片

实战 577 设置切片选项

▶ 实例位置：光盘\效果\第18章\实战577.psd
▶ 素材位置：光盘\素材\第18章\实战577.psd
▶ 视频位置：光盘\视频\第18章\实战577.mp4

● 实例介绍 ●

在Photoshop CC中，可以对通过"切片选项"对话框对所创建的切片进行设置，以满足网页图像的输出要求。"切片选项"对话框中主要选项的含义如下。

➤ "切片类型"选项："图像"切片包含图像数据，是默认的内容类型；"无图像"切片允许用户创建可在其中填充文本或纯色的空表单元格。

➤ "名称"文本框：默认情况下，用户切片是根据"输出设置"对话框中的设置来命名的。对于"无图像"切片内容，"名称"文本框不可用。

➤ URL文本框：为切片指定URL可使整个切片区域成为所生成Web页中的链接。当用户单击链接时，Web浏览器会导航到指定的URL和目标框架。该选项只可用于"图像"切片。

➤ "目标"文本框：在"目标"文本框中可以输入目标框架的名称：_blank在新窗口中显示链接文件，同时保持原始浏览器窗口为打开状态；_self在原始文件的同一框架中显示链接文件；_parent在自己的原始父框架组中显示链接文件；_top用链接的文件替换整个浏览器窗口，移去当前所有帧。

➤ "信息文本"文本框：为选定的一个或多个切片更改浏览器状态区域中的默认消息。默认情况下，将显示切片的URL（如果有的情况下）。

➤ "Alt标记"文本框：Alt标记文本用于取代非图形浏览器中的切片图像。

➤ 尺寸：用于设置切片的大小。

➤ 切片背景类型：可以选择一种背景色来填充透明区域（适用于"图像"切片）或整个区域（适用于"无图像"切片），必须在浏览器中预览图像才能查看选择背景色的效果。

● 操作步骤 ●

STEP 01 单击"文件"|"打开"命令，打开一幅素材图像，此时图像编辑窗口中的图像显示如图18-75所示。

图18-75 打开素材图像

STEP 02 选取工具箱中的切片选择工具，拖曳鼠标光标至图像编辑窗口中的用户切片内双击鼠标左键，弹出"切片选项"对话框，设置"名称"为"用户切片"、H为280，如图18-76所示。

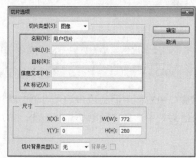
图18-76 "切片选项"对话框

STEP 03 执行上述操作后，单击"确定"按钮，即可设置切片选项，如图18-77所示。

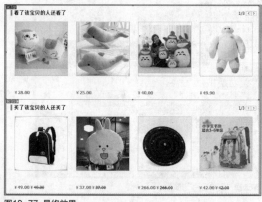
图18-77 最终效果

18.5 优化网页图像选项

创建切片以后，需要对图像进行优化，以减小图像的大小。在Web上发布图像时，较小的图像可以使Web服务器更加高效地存储和传输图像，同时用户也可以更快速地下载图像。

实战 578 存储为Web和设备所用格式

▶ 实例位置：光盘\效果\第18章\实战578.GIF
▶ 素材位置：光盘\素材\第18章\实战578.jpg
▶ 视频位置：光盘\视频\第18章\实战578.mp4

● 实例介绍 ●

将图像存储为Web和设备所用格式，可以用来选择优化选项以及预览优化的图像。

Web图形格式可以是位图（栅格）或矢量。

➤ 位图格式（GIF、JPEG、PNG和WBMP）与分辨率有关，这意味着位图图像的尺寸随显示器分辨率的不同而发生变化，图像品质也可能会发生变化。

➤ 矢量格式（SVG和SWF）与分辨率无关，用户可以对图像进行放大或缩小，而不会降低图像品质。矢量格式也可以包含栅格数据。可以从"存储为Web和设备所用格式"中将图像导出为SVG和SWF（仅限在Adobe Illustrator中）。

● 操作步骤 ●

STEP 01 单击"文件"|"打开"命令，打开一幅素材图像，此时图像编辑窗口中的图像显示如图18-78所示。

STEP 02 单击"文件"|"存储为Web所用格式"命令，如图18-79所示。

图18-78 打开素材图像

图18-79 单击相应命令

知识扩展

"存储为Web所用格式"对话框中主要选项的含义如下。

➤ 显示选项：单击图像区域顶部的选项卡以选择显示选项。原稿：显示没有优化的图像。优化：显示应用了当前优化设置的图像。双联：并排显示图像的两个版本。四联：并排显示图像的4个版本。

➤ 工具箱：如果在"存储为Web所用格式"对话框中无法看到整个图稿，用户可以使用抓手工具来查看其他区域。可以使用缩放工具来放大或缩小视图。

➤ 原稿图像：优化前的图像，原稿图像的注释显示文件名和文件大小。

➤ 优化的图像：优化后的图像，优化图像的注释显示当前优化选项、优化文件的大小以及使用选中的调制解调器速度时的估计下载时间。

➤ "缩放"文本框：可以设置图像预览窗口的显示比例。

➤ "在浏览器中预览"菜单：单击"预览"按钮可以打开浏览器窗口，预览Web网页中的图片效果。

➤ "优化"菜单：用于设置图像的优化格式及相应选项，可以在"预览"菜单中选取一个调制解调器速度。

➤ "颜色表"菜单：用于设置Web安全颜色。

➤ 动画控件：用于控制动画的播放。

STEP 03 弹出"存储为Web所用格式"对话框，如图18-80所示，可以用来选择优化选项以及预览优化的图像。

STEP 04 单击"存储"按钮，弹出"将优化结果存储为"对话框，设置路径和名称，如图18-81所示，单击"保存"按钮，即可完成操作。

图18-80 "存储为Web所用格式"对话框

图18-81 "将优化结果存储为"对话框

实战 579 优化JPEG格式

▶ 实例位置：光盘\效果\第18章\实战579.jpg
▶ 素材位置：光盘\素材\第18章\实战579.jpg
▶ 视频位置：光盘\视频\第18章\实战579.mp4

● 实例介绍 ●

JPEG是用于压缩连续色调图像（如照片）的标准格式。将图像优化为JPEG格式的过程依赖于有损压缩，它有选择地扔掉数据。在"存储为Web和设备所用格式"对话框右侧的"预设"列表框中选择"JPEG高"选项，即可显示它的优化选项，如图18-82所示。

JPEG优化选项的含义如下。

图18-82 "JPEG高"选项

➢ "品质"选项：确定压缩程度。"品质"设置越高，压缩算法保留的细节越多。但是，使用高"品质"设置比使用低"品质"设置生成的文件大。

➢ "连续"复选框：在Web浏览器中以渐进方式显示图像，图像将显示为叠加图形，从而使浏览者能够在图像完全下载前查看它的低分辨率版本。

➢ "优化"复选框：创建文件大小稍小的增强JPEG，要最大限度地压缩文件，建议使用优化的JPEG格式。某些旧版浏览器不支持此功能。

➢ "嵌入颜色配置文件"复选框：在优化文件中保存颜色配置文件，某些浏览器使用颜色配置文件进行颜色校正。

➢ "模糊"选项：指定应用于图像的模糊量。"模糊"选项应用与"高斯模糊"滤镜相同的效果，并允许进一步压缩文件以获得更小的文件大小。（建议使用0.1到0.5之间的设置。）

➢ "杂边"选项：为在原始图像中透明的像素指定一个填充颜色。单击"杂边"色板以在拾色器中选择一种颜色，或者从"杂边"菜单中选择一个选项："吸管"（使用吸管样本框中的颜色）、"前景色""背景色""白色""黑色"或"其他"（使用拾色器）。

● 操作步骤 ●

STEP 01 单击"文件"|"打开"命令，打开一幅素材图像，此时图像编辑窗口中的图像显示如图18-83所示。

STEP 02 单击"文件"|"存储为Web所用格式"命令，弹出"存储为Web所用格式"对话框，设置"优化的文件格式"为JPEG，如图18-84所示。

图18-83　打开素材图像

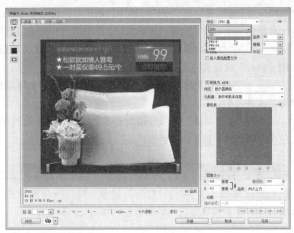

图18-84　设置参数

STEP 03 单击"存储"按钮，弹出"将优化结果存储为"对话框，设置路径和名称，单击"保存"按钮，如图18-85所示，即可完成操作。

图18-85　"将优化结果存储为"对话框

实战 580　优化PNG-8格式

▶ **实例位置：** 光盘\效果\第18章\实战580.png
▶ **素材位置：** 光盘\素材\第18章\实战580.jpg
▶ **视频位置：** 光盘\视频\第18章\实战580.mp4

● 实例介绍 ●

　　PNG-8格式是用于压缩具有单调颜色和清晰细节的图像（如艺术线条、徽标或带文字的插图）的标准格式。PNG-8格式可有效地压缩纯色区域，同时保留清晰的细节。

　　PNG-8和GIF文件支持8位颜色，因此它们可以显示多达256种颜色。确定使用哪些颜色的过程称为建立索引，因此GIF和PNG-8格式图像有时也称为索引颜色图像。为了将图像转换为索引颜色，构建颜色查找表来保存图像中的颜色，并为这些颜色建立索引。如果原始图像中的某种颜色未出现在颜色查找表中，应用程序将在该表中选取最接近的颜色，或使用可用颜色的组合模拟该颜色。减少颜色数量通常可以减小图像的文件大小，同时保持图像品质。可以在颜色表中添加和删除颜色，将所选颜色转换为Web安全颜色，并锁定所选颜色以防从调板中删除它们。

　　在"存储为Web和设备所用格式"对话框右侧的列表框中选择PNG-8选项，即可显示它的优化选项，分别如图18-86所示。

　　PNG-8优化选项的含义如下。

　　➢ "减低颜色深度算法"选项：指定用于生成颜色查找表的方法，以及想要在颜色查找表中使用的颜色数量。

　　➢ "仿色算法"选项：确定应用程序仿色的方法和数量。"仿色"是指模拟计算机的颜色显示系统中未提供的颜色的方法。较高的仿色百分比使图像中出现更多的颜色和更多的细节，但同时也会增大文件大小。

图18-86　PNG-8选项

➤ "透明度"和"杂边"选项：确定如何优化图像中的透明像素。要使完全透明的像素透明并将部分透明的像素与一种颜色相混合，可选择"透明度"，然后选择一种杂边颜色。

➤ "损耗"选项（仅限于GIF图像）：通过有选择地扔掉数据来减少文件大小，可将文件大小减小5%到40%。较高的"损耗"设置会导致更多数据被扔掉。

➤ "交错"复选框：当图像文件正在下载时，在浏览器中显示图像的低分辨率版本，使下载时间感觉更短，但也会增加文件大小。

➤ "Web靠色"选项：指定将颜色转换为最接近的Web调板等效颜色的容差级别（并防止颜色在浏览器中进行仿色）。值越大，转换的颜色越多。

● 操作步骤 ●

STEP 01 单击"文件"|"打开"命令，打开一幅素材图像，此时图像编辑窗口中的图像显示如图18-87所示。

图18-87 打开素材图像

STEP 03 单击"存储"按钮，弹出"将优化结果存储为"对话框，设置路径和名称，如图18-89所示，单击"保存"按钮，即可完成操作。

STEP 02 单击"文件"|"存储为Web所用格式"命令，弹出"存储为Web所用格式"对话框，设置"优化的文件格式"为PNG-8，如图18-88所示。

图18-88 设置参数

图18-89 "将优化结果存储为"对话框

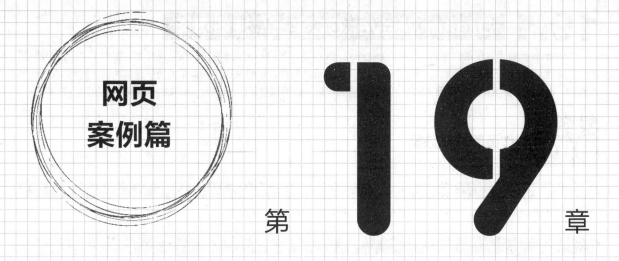

网页
案例篇

第 **19** 章

网页设计软件案例演练

本章导读

Dreamweaver CC、Flash CC和Photoshop CC是当前最常用的网页制作工具，本章将结合前面所讲的内容，详细讲解这三款网页设计软件的案例演练，以帮助大家在最短的时间内从入门到精通软件，快速成长为网页设计高手。

要点索引

● Dreamweaver CC实战：注册页面
● Flash CC实战：网页广告动画
● Photoshop CC实战：图片导航条

19.1 Dreamweaver CC实战：注册页面

　　Dreamweaver可以用最快速的方式将Fireworks、FreeHand及Photoshop等文档移至网页上，实现了"所见即所得"的设计功能。要制作出精美的网页，不仅要熟练使用网页设计软件，还要掌握与网页相关的一些基本概念和网页设计的基本原则，以及网站开发的流程等相关知识。掌握这些知识后，就可以使用Dreamweaver来制作各种不同的网页效果。

实战 581	制作页面主体效果

▶ 实例位置：无
▶ 素材位置：无
▶ 视频位置：光盘\视频\第19章\实战581.mp4

● 实例介绍 ●

　　下面主要运用Dreamweaver CC的表格功能，制作注册页面的主体效果。

● 操作步骤 ●

STEP 01 启动Dreamweaver CC应用程序，单击"新建"选项区的"HTML"按钮，如图19-1所示。

STEP 02 新建一个空白网页，在"标题"文本框中输入"注册页面"，如图19-2所示。

图19-1 单击HTML按钮

图19-2 输入标题

STEP 03 将指针定位于第1行，单击"插入"|"表格"命令，如图19-3所示。

STEP 04 弹出"表格"对话框，设置"行数"为8、"列"为3，如图19-4所示。

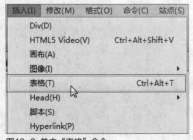

图19-3 单击"表格"命令

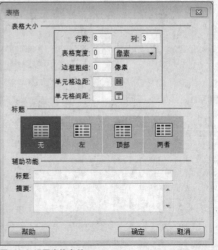

图19-4 设置表格参数

STEP 05 单击"确定"按钮，在编辑窗口中插入表格对象，如图19-5所示。

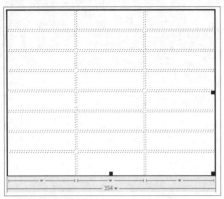

图19-5 插入表格对象

STEP 07 弹出"另存为"对话框，设置相应的保存路径和文件名，单击"保存"按钮保存网页文件，如图19-7所示。

STEP 06 单击"文件"|"保存"命令，如图19-6所示。

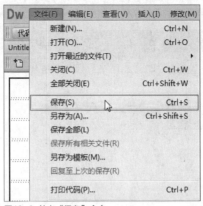

图19-6 单击"保存"命令

图19-7 设置保存路径和文件名

实战 582 制作页面标题效果

▶ 实例位置：无
▶ 素材位置：光盘\素材\第19章\实战582\1.png
▶ 视频位置：光盘\视频\第19章\实战582.mp4

● 实例介绍 ●

下面主要运用Dreamweaver CC的文本和段落格式功能，制作注册页面的标题效果。

● 操作步骤 ●

STEP 01 在网页编辑窗口中选择相应的单元格，如图19-8所示。

STEP 02 单击"修改"|"表格"|"合并单元格"命令，将所选择的单元格进行合并，如图19-9所示。

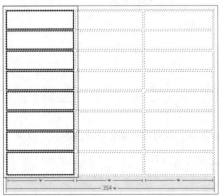

图19-8 选择相应的单元格

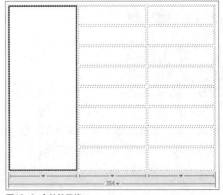

图19-9 合并单元格

STEP 03 将鼠标指针定位于表格的第一行，单击"插入"|"图像"|"图像"命令，在弹出的"选择图像源文件"对话框中，选择需要插入的图像文件，如图19-10所示。

图19-10 选择图像文件

STEP 05 使用上述同样的方法，合并最右侧的列，并插入相应图片，如图19-12所示。

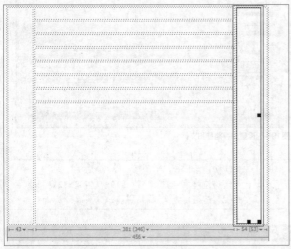

图19-12 插入相应图片

STEP 07 在单元格的"属性"面板中，设置"水平"为"居中对齐"、"垂直"为"居中"，如图19-14所示。

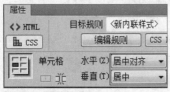

图19-14 设置相应选项

STEP 09 选择相应文本，单击鼠标右键，在弹出的快捷菜单中选择"段落格式"|"标题1"选项，如图19-16所示。

STEP 04 单击"确定"按钮，将图像插入到编辑窗口的表格中，如图19-11所示。

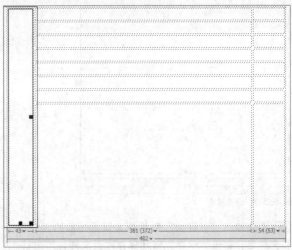

图19-11 插入图像文件

STEP 06 将指针定位于表格中间的第2行，输入相应的文本内容，如图19-13所示。

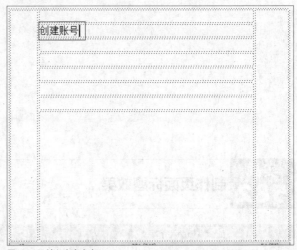

图19-13 输入文本内容

STEP 08 执行操作后，即可改变单元格的对齐样式，效果如图19-15所示。

图19-15 改变单元格的对齐样式

STEP 10 执行操作后，即可改变文本的段落格式，效果如图19-17所示。

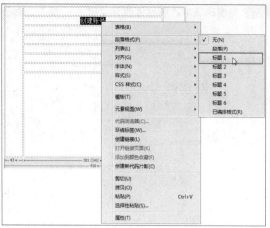

图19-16 选择"标题1"选项

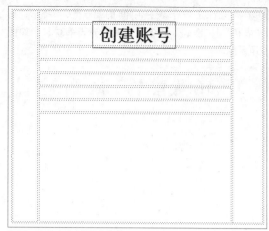

图19-17 改变文本的段落格式

实例位置：光盘\效果\第19章\实战583\index.html
素材位置：光盘\素材\第19章\实战583\2.png
视频位置：光盘\视频\第19章\实战583.mp4

实战 583 制作页面整体效果

● 实例介绍 ●

下面主要运用Dreamweaver CC的表单功能，制作注册页面的整体效果。

● 操作步骤 ●

STEP 01 将指针定位于表格中间的第4行，如图19-18 所示。

STEP 02 单击"插入"|"表单"|"文本"命令，如图 19-19所示。

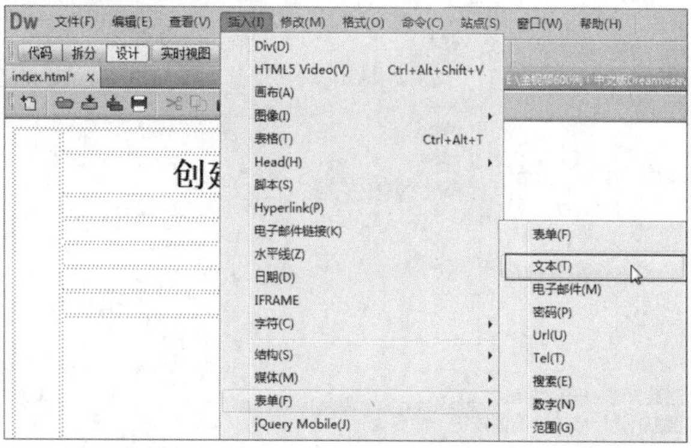

图19-18 定位指针

图19-19 单击"文本"命令

STEP 03 执行操作后，即可插入文本表单对象，如图 19-20所示。

STEP 04 将文本表单的名称修改为"账　　号"，如图 19-21所示。

图19-20 插入文本表单对象

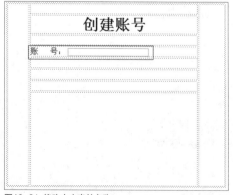

图19-21 修改文本表单名称

STEP 05 将指针定位于表格中间的第6行，单击"插入"|"表单"|"密码"命令，插入密码表单对象，如图19-22所示。

STEP 06 将密码表单的名称修改为"密　　码"，如图19-23所示。

图19-22 插入密码表单对象

图19-23 修改密码表单名称

STEP 07 将指针定位于表格中间的第8行，单击"插入"|"表单"|"图像按钮"命令，如图19-24所示。

STEP 08 弹出"选择图像源文件"对话框，选择相应的图像文件，如图19-25所示。

图19-24 单击"图像按钮"命令

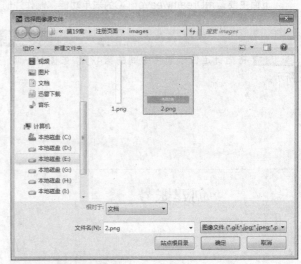

图19-25 选择相应的图像文件

STEP 09 单击"确定"按钮，即可插入相应的图像按钮对象，如图19-26所示。

STEP 10 按【F12】键保存网页文档，在弹出的IE浏览器中预览网页，效果如图19-27所示。

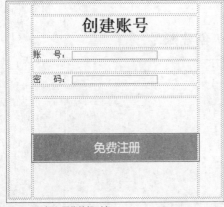

图19-26 插入图像按钮对象

图19-27 预览网页

19.2 Flash CC实战：网页广告动画

　　网页中的各种网络商业广告作为一种全新的广告形式，之所以受到各企业的重视，是因为它与电视、广播、报纸、杂志等媒体广告相比，具有交互性、快捷性、多样性以及可重复性强等优点，并且不受时间限制，传播范围广。由于Flash对网页具有良好的兼容性，并且有强大的交互功能，因此成为商业广告制作的首选工具。

知识扩展

　　Adobe Flash CC为创建数字动画、交互式Web站点、桌面应用程序以及手机应用程序开发提供了功能全面的创作和编辑环境，网页设计者使用Flash可以创作出既漂亮又可改变尺寸的导航界面以及其他奇特的效果。

实战 **584**	制作背景效果	▶ 实例位置：无
		▶ 素材位置：光盘\素材\第19章\实战584.fla
		▶ 视频位置：光盘\视频\第19章\实战584.mp4

● 实例介绍 ●

　　在制作本实例动画中，制作背景是影片中最重要的一部分，好的背景效果对于观众来说具有一定的吸引力。下面向读者介绍制作背景效果的操作方法。

● 操作步骤 ●

STEP 01 单击"文件"|"打开"命令，打开一个素材文件，"库"面板如图19-28所示。

STEP 02 在"库"面板中，选择"背景.png"素材，单击鼠标左键并将其拖曳至舞台中，如图19-29所示。

图19-28 "库"面板中的素材

图19-29 将素材拖曳至舞台中

STEP 03 在图像外任意位置单击鼠标右键，在弹出的快捷菜单中，选择"文档"选项，在弹出的"文档设置"对话框中，单击"匹配内容"按钮，如图19-30所示，单击"确定"按钮。

STEP 04 执行操作后，即可完成对背景的设置，效果如图19-31所示。

图19-30 单击"匹配内容"按钮

图19-31 完成对背景的设置

实战
585

制作标志动画

▶ 实例位置: 无
▶ 素材位置: 上一例效果文件
▶ 视频位置: 光盘\视频\第19章\实战585.mp4

● 实例介绍 ●

在本实例中,标志是网页动画广告中的品牌对象,商品标志一定要明显,让观众印象深刻。

● 操作步骤 ●

STEP 01 在"时间轴"面板中,单击面板底部的"新建图层"按钮,新建4个普通图层,如图19-32所示。

STEP 02 选择"图层2"的第1帧,在"库"面板中将"标志"拖曳至舞台中,选取工具箱中的任意变形工具将其放大,如图19-33所示。

图19-32 新建4个图层

图19-33 使用工具将其放大

STEP 03 在"图层2"的第10帧插入关键帧,将舞台中对应的实例缩小,如图19-34所示。

STEP 04 在"图层2"的关键帧之间,创建传统补间动画,如图19-35所示。

图19-34 将舞台中对应的实例缩小

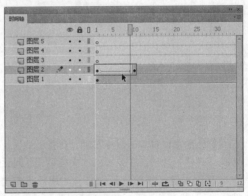

图19-35 创建传统补间动画

STEP 05 在"时间轴"面板中,按【Enter】键,预览制作的标志动画,效果如图19-36所示。

图19-36 预览制作的标志动画

<table>
<tr><td>实战
586</td><td>制作图形动画</td><td>▶ 实例位置：光盘\效果\第19章\实战586.fla
▶ 素材位置：上一例效果文件
▶ 视频位置：光盘\视频\第19章\实战586.mp4</td></tr>
</table>

● 实例介绍 ●

在本实例中，用户需要制作出汽车图形的开车效果，才能体现出网页动画广告的整体质感。

● 操作步骤 ●

STEP 01 在"图层3"的第12帧插入关键帧，将"库"面板中的"汽车"拖曳至舞台中，适当调整其大小和位置，如图19-37所示。

STEP 02 在"图层3"的第20帧、第22帧和第30帧插入关键帧，如图19-38所示。

图19-37 调整其大小和位置

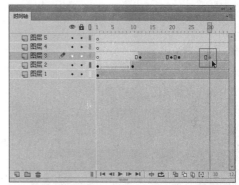

图19-38 插入关键帧

STEP 03 选择"图层3"的第12帧，将舞台中对应实例水平翻转，并适当调整其大小和位置，如图19-39所示。

STEP 04 选择"图层3"的第20帧，将舞台中对应实例水平翻转，并适当调整其大小和位置，如图19-40所示。

图19-39 调整其大小和位置1

图19-40 调整其大小和位置2

STEP 05 选择"图层3"的第22帧，调整舞台中实例的大小和位置，如图19-41所示。

STEP 06 在"图层3"的关键帧之间，创建传统补间动画，如图19-42所示。

图19-41 调整其大小和位置3

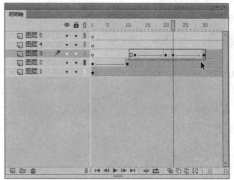

图19-42 创建传统补间动画

STEP 07 在"图层4"和"图层5"的第35帧插入关键帧，如图19-43所示。

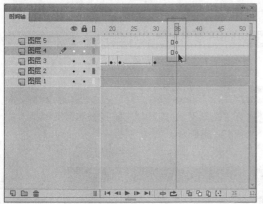

图19-43 在第35帧插入关键帧

STEP 09 选择"图层5"的第35帧，将"库"面板中的"广告语"元件拖曳至编辑区，如图19-45所示。

图19-45 拖曳至编辑区

STEP 11 将"图层4"的第35帧对应的实例向上拖曳，如图19-47所示。

图19-47 将实例向上拖曳

STEP 13 在"图层4"和"图层5"的关键帧之间创建传统补间动画，如图19-49所示。

STEP 08 选择"图层4"的第35帧，将"库"面板中的"文字"元件拖曳至编辑区，如图19-44所示。

图19-44 将元件拖曳至编辑区

STEP 10 在"时间轴"面板中，选择"图层4"和"图层5"的第45帧插入关键帧，如图19-46所示。

图19-46 插入关键帧

STEP 12 将"图层5"的第35帧对应的实例向右拖曳，在"属性"面板中设置Alpha值为0，如图19-48所示。

图19-48 设置Alpha值为0

图19-49 创建传统补间动画

STEP 14 在"时间轴"面板中，按【Enter】键，预览制作的图形动画，效果如图19-50所示。

图19-50 预览制作的图形动画

19.3 Photoshop CC实战：图片导航条

Photoshop是Adobe公司旗下最为出名的图像处理软件之一，多数人对于Photoshop的了解仅限于"一个很好的图像编辑软件"，并不知道它的诸多应用领域。实际上，Photoshop的应用领域很广泛，在图像、图形、文字、视频以及出版等各方面都有涉及。本节以制作图片导航条为例，讲解有关网页图像的设计技巧。

实战 587	制作图片导航条背景	▶ 实例位置：无
		▶ 素材位置：无
		▶ 视频位置：光盘\视频\第19章\实战587.mp4

● 实例介绍 ●

在本实例中，主要通过Photoshop CC的渐变填充与填充样式，制作图片导航条的背景效果。

● 操作步骤 ●

STEP 01 单击"文件"|"新建"命令，弹出"新建"对话框，设置"名称"为"导航按钮"、"宽度"为4厘米、"高度"为1.35厘米、"分辨率"为300像素/英寸、"背景内容"为"白色"、"颜色模式"为"RGB颜色"，如图19-51所示。

STEP 02 单击"确定"按钮，新建一幅空白文档，如图19-52所示。

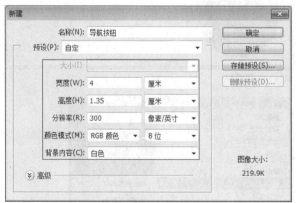

图19-51 "新建"对话框

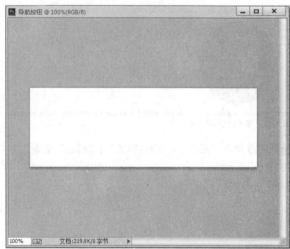

图19-52 新建空白文档

STEP 03 在"拾色器（前景色）"对话框中设置RGB参数值分别为255、51和170，如图19-53所示。

STEP 04 在"拾色器（背景色）"对话框中设置RGB参数值分别为255、47和210，如图19-54所示。

图19-53 设置前景色

图19-54 设置背景色

STEP 05 展开"图层"面板，新建"图层1"图层，如图19-55所示。

STEP 06 运用椭圆选框工具，在工具属性栏中设置"羽化"为1像素，创建一个圆形选区，如图19-56所示。

图19-55 新建"图层1"图层

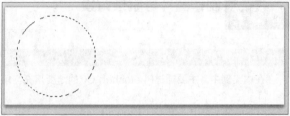

图19-56 一个圆形选区

STEP 07 使用渐变工具，从选区的上方向下方填充前景色到背景色的线性渐变，效果如图19-57所示。

STEP 08 按【Ctrl+D】组合键，取消选区，效果如图19-58所示。

图19-57 填充线性渐变

图19-58 取消选区

STEP 09 单击"图层" | "图层样式" | "描边"命令，如图19-59所示。

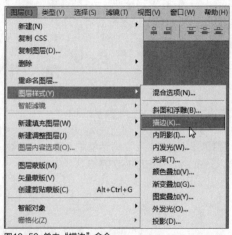

图19-59 单击"描边"命令

STEP 10 执行操作后，弹出"图层样式"对话框，设置"大小"为13像素、"颜色"为灰色（RGB参数值均为238），如图19-60所示。

STEP 11 单击"确定"按钮，应用图层样式，效果如图19-61所示。

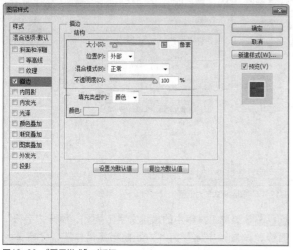

图19-60 "图层样式"对话框

图19-61 应用图层样式

<table>
<tr><td rowspan="2">实战
588</td><td rowspan="2">制作图片导航条主体</td><td>▶ 实例位置：无</td></tr>
<tr><td>▶ 素材位置：无</td></tr>
</table>

| 实战 588 | 制作图片导航条主体 | ▶ 视频位置：光盘\视频\第19章\实战588.mp4 |

● 实例介绍 ●

在本实例中，主要通过Photoshop CC的自定义形状工具和文字工具，制作图片导航条的主体效果。

● 操作步骤 ●

STEP 01 设置前景色为白色，新建"图层2"图层，如图19-62所示。

STEP 02 选取工具箱中的自定义形状工具，在工具属性栏中设置"模式"为"像素"，在"形状"下拉列表框中选择"雄性符号"形状，如图19-63所示。

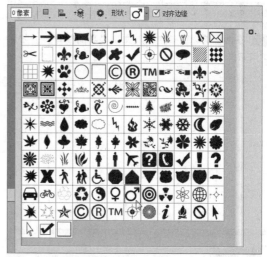

图19-63 选择"雄性符号"形状

图19-62 新建图层

STEP 03 在图像编辑窗口中单击鼠标左键并拖曳，绘制一个"雄性符号"图形，效果如图19-64所示。

STEP 04 单击"图层"｜"图层样式"｜"描边"命令，弹出"图层样式"对话框，设置"大小"为3像素、"颜色"为黄色（RGB参数值为231、237、0），如图19-65所示。

图19-64 绘制图形

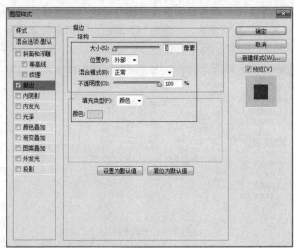

图19-65 "图层样式"对话框

STEP 05 单击"确定"按钮，应用图层样式，效果如图19-66所示。

STEP 06 选取工具箱中的横排文字工具 T.，展开"字符"面板，设置"字体"为"方正超粗黑简体"、"字体大小"为17.5点、"颜色"为洋红色（RGB参数值分别为255、51、170），如图19-67所示。

图19-66 应用图层样式

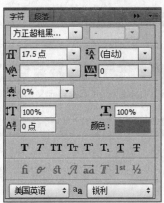

图19-67 设置字符属性

STEP 07 在图像编辑窗口中输入文字"商品简介"，如图19-68所示。

STEP 08 单击"图层"|"图层样式"|"投影"命令，如图19-69所示。

图19-68 输入文字

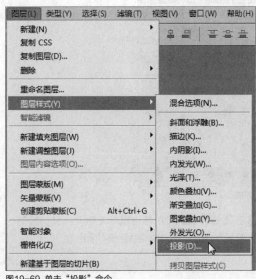

图19-69 单击"投影"命令

STEP 09 执行操作后，弹出"图层样式"对话框，并设置"混合模式"为"正常"、"距离"为0、"大小"为21、"颜色"为灰色（RGB参数值为150、145、145），如图19-70所示。

STEP 10 切换至"描边"选项卡，设置"大小"为2、"颜色"为浅灰色（RGB参数值均为250），如图19-71所示。

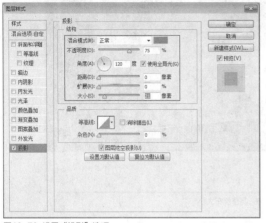

图19-70 设置"投影"选项

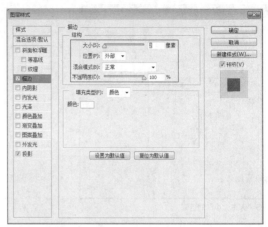

图19-71 设置"描边"选项

STEP 11 单击"确定"按钮，应用图层样式，效果如图19-72所示。

图19-72 应用图层样式

实战 589	应用图片导航条

▶ 实例位置：光盘\效果\第19章\实战589.psd
▶ 素材位置：光盘\素材\第19章\实战589.jpg
▶ 视频位置：光盘\视频\第19章\实战589.mp4

● 实例介绍 ●

在本实例中，主要通过Photoshop CC的"画布大小"命令、移动工具和魔棒工具，应用图片导航条到网页图像中。

● 操作步骤 ●

STEP 01 单击"文件"|"打开"命令，打开一幅素材图像，如图19-73所示。

STEP 02 单击"图像"|"画布大小"命令，如图19-74所示。

图19-73 打开素材图像

图19-74 单击"画布大小"命令

STEP 03 弹出"画布大小"对话框，设置"高度"为6厘米、"颜色"为白色，单击"定位"选项区中的⬆图标，设置画布的定位，如图19-75所示。

图19-75 "画布大小"对话框

STEP 05 设置前景色为淡黄色（RGB参数值为255、255、150），如图19-77所示。

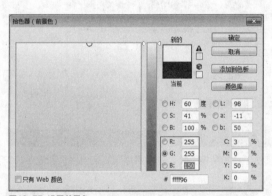

图19-77 设置前景色

STEP 07 按【Alt+Delete】组合键，填充前景色，效果如图19-79所示。

图19-79 填充前景色

STEP 04 单击"确定"按钮，调整画布大小，效果如图19-76所示。

图19-76 调整画布大小

STEP 06 运用魔棒工具🔲在图像中的白色区域创建一个选区，如图19-78所示。

图19-78 创建选区

STEP 08 按【Ctrl+D】组合键，取消选区，效果如图19-80所示。

图19-80 取消选区

STEP 09 切换至"导航按钮"图像编辑窗口，在"图层"面板中选择除"背景"图层外的所有图层，如图19-81所示。

STEP 10 单击"图层"|"合并图层"命令，如图19-82所示。

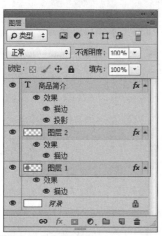

图19-81 选择相应图层

图19-82 单击"合并图层"命令

STEP 11 执行操作后，即可合并图层，如图19-83所示。

STEP 12 运用移动工具 将该图层中的图像拖曳至"实战589"图像编辑窗口中的合适位置处，如图19-84所示。

图19-83 合并图层

图19-84 移动图像

第20章

第 **20** 章

网页设计综合案例实战

本章导读

本章以家居网站为例，讲解运用Photoshop CC、Flash CC与Dreamweaver CC制作网页相关元素的方法，介绍这3款软件的相互协作功能，通过发挥各自的优势，制作出精美、大气、富有内涵的网页效果。

要点索引

- 设计网站的图像
- 制作网站的动画
- 制作网站的页面
- 测试网站的兼容性

20.1 设计网站的图像

本节主要介绍使用Photoshop CC来设计网站Logo、导航栏及版权信息区图片的方法。

实战 590	设计网站Logo	▶ 实例位置：光盘\效果\第20章\PS\实战590.psd、实战590.png ▶ 素材位置：光盘\素材\第20章\实战590.psd ▶ 视频位置：光盘\视频\第20章\实战590.mp4

● 实例介绍 ●

在本实例中，主要运用Photoshop CC的文字工具与直线工具，制作网站Logo效果。

● 操作步骤 ●

STEP 01 启动Photoshop CC应用程序，单击"文件"|"新建"命令，弹出"新建"对话框，设置相应参数，如图20-1所示。

STEP 02 单击"确定"按钮，进入图像编辑窗口，选取工具箱中的文字工具 T，在工具属性栏中设置"字体"为Impact、"字号"为72点，输入相应文字，如图20-2所示。

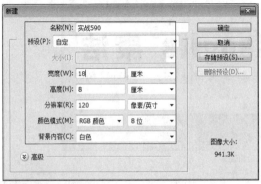

图20-1 "新建"对话框

图20-2 输入相应文字

STEP 03 选择字母"g"，在工具属性栏中更改"字体"为Trebuchet MS，效果如图20-3所示。

STEP 04 选择文本"康洁"，在工具属性栏中更改字体为"方正大黑简体"，并单击右侧的 ✓ 按钮确认输入，效果如图20-4所示。

图20-3 更改字体

图20-4 更改字体

STEP 05 单击"文件"|"打开"命令，打开一副素材图像，如图20-5所示。

STEP 06 运用移动工具将其拖曳至新建图像编辑窗口中的合适位置处，效果如图20-6所示。

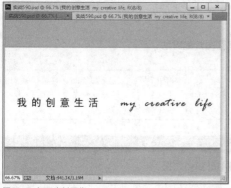

图20-5 打开素材图像

图20-6 拖入素材图像

STEP 07 选取工具箱中的横排文字工具 T，在工具属性栏中设置"字号"为36点，在相应位置输入®，并使用选择工具 ▶ 调整相应位置，如图20-7所示。

STEP 08 选取工具箱中的直线工具 ✐，在其工具属性栏中设置"粗细"为3像素，在图像编辑窗口中的适当位置单击鼠标左键，按住鼠标左键向下拖曳至合适位置，绘制一条直线，效果如图20-8所示。

图20-7 输入®

图20-8 绘制直线

实战 591 制作导航按钮

▶ **实例位置**：光盘\效果\第20章\PS\实战591.psd、实战591a.jpg等
▶ **素材位置**：无
▶ **视频位置**：光盘\视频\第20章\实战591.mp4

● 实例介绍 ●

在本实例中，主要运用Photoshop CC的圆角矩形工具与文字工具，制作网站的导航按钮效果。在填充按钮的颜色时，注意与整个网页的色调协调、统一。

● 操作步骤 ●

STEP 01 启动Photoshop CC应用程序，单击"文件"|"新建"命令，弹出"新建"对话框，设置相应参数，如图20-9所示。

STEP 02 单击"确定"按钮，进入图像编辑窗口，选取工具箱中的圆角矩形工具 ▣，在工具属性栏中设置"半径"为5像素，设置"W"和"H"分别为122像素和28像素，如图20-10所示。

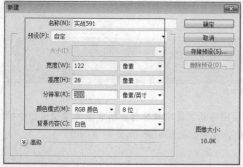

图20-9 设置相应参数

图20-10 设置圆角矩形工具属性

STEP 03 在图像编辑窗口中的适当位置单击鼠标左键，绘制圆角矩形形状，如图20-11所示。

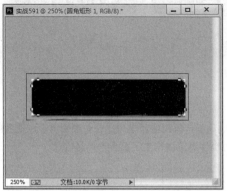

图20-11　绘制圆角矩形形状

STEP 05 单击"确定"按钮，改变填充颜色，效果如图20-13所示。

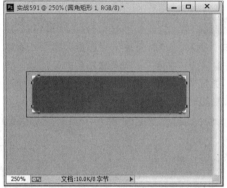

图20-13　改变填充颜色

STEP 07 单击"文件"|"存储为"命令，弹出"另存为"对话框，选择PS文件夹，在"文件名"下拉列表框中输入"实战591a"，在"格式"下拉列表框中选择JPEG，如图20-15所示，单击"保存"按钮，保存导航按钮。

图20-15　"存储为"对话框

STEP 04 单击属性工具栏左侧"填充"面板中的色块，弹出"拾色器（填充颜色）"对话框，设置颜色为灰色（#6c6c6c），如图20-12所示。

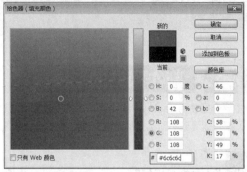

图20-12　设置填充颜色

STEP 06 选择工具箱中的横排文字工具，在编辑区中单击鼠标左键，然后在工具属性栏设置"字体"为"黑体"、"字号"为4点、颜色为白色，输入文字"新闻中心"，效果如图20-14所示。

图20-14　输入文字

STEP 08 将鼠标指针定位于已制作好的导航按钮的文本上，单击鼠标左键，此时可以更改文本，输入"产品中心"并另行保存，效果如图20-16所示。

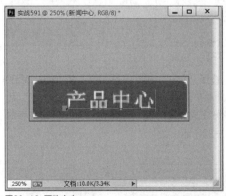

图20-16　更改文本

　　用上述相同的方法，将按钮文字依次更改为"专卖商场""创意空间""KANGJIE"，效果如图20-17所示。

专卖商城　　**创意空间**　　**KANGJIE**

图20-17 其他的导航按钮效果

20.2 制作网站的动画

　　本节主要介绍使用Flash CC制作网页中的图片动画与文字动画，如今的动画广告已经越来越盛行，浏览者在浏览各种网页时，都可以看到不同类型的动画广告，在给企业带来更多利益的同时也使浏览者得到了更多的产品信息。

实战 592 制作文字动画

▶ 实例位置：光盘\效果\第20章\Flash\实战592.fla、实战592.swf
▶ 素材位置：光盘\素材\第20章\实战592.fla
▶ 视频位置：光盘\视频\第20章\实战592.mp4

● 实例介绍 ●

　　文字动画是Flash动画制作中必不可少，也是最基本的一种动画制作方式，文字动画包含流畅、简洁的语言和独具风格的动态效果。在动画制作的过程中，适当地运用文字动画特效，能为动画增色不少。

● 操作步骤 ●

STEP 01 单击"文件"|"打开"命令，打开一个素材文件，如图20-18所示。

STEP 02 单击"插入"|"时间轴"|"图层"命令，新建一个图层，并命名为"文字"，选择该图层的第15帧，按【F6】键插入关键帧，从"库"面板中拖曳"文字"元件至舞台中，如图20-19所示。

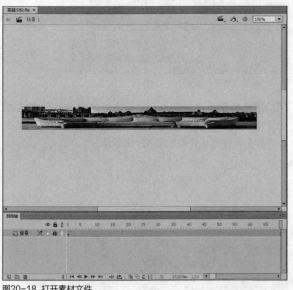

图20-18 打开素材文件

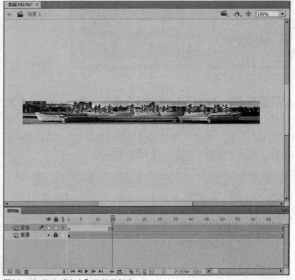

图20-19 拖曳"文字"元件至舞台

STEP 03 分别选择"文字"图层的第20帧、第40帧、第60帧、第70帧，单击"插入"|"时间轴"|"关键帧"命令，插入关键帧。选择第40帧，在舞台上向左移动文字的位置，如图20-20所示。

STEP 04 选择第60帧，在舞台上向右移动文字的位置，如图20-21所示。

　　在Flash CC工作界面的"时间轴"面板中，将鼠标指针移至播放指针的顶端红色矩形块上，单击鼠标左键并向左或向右拖曳，也可以手动定位播放指针的位置。

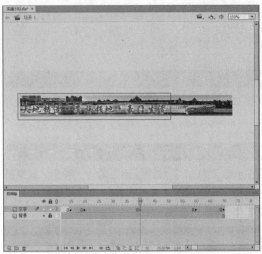

图20-20　向左移动文字

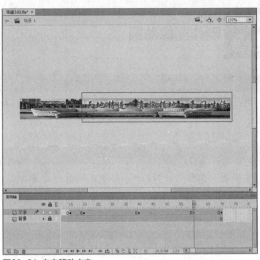

图20-21　向右移动文字

STEP 05 选择第70帧，在舞台上向左移动文字的位置，并在"属性"面板中设置"样式"为Alpha、"Alpha"为0%，如图20-22所示。

STEP 06 按住【Ctrl】键的同时，依次选择第20帧到第40帧、第40帧到第60帧、第60帧到第70帧中间的任意一帧，单击鼠标右键，在弹出的快捷菜单中选择"创建传统补间"选项，创建运动补间动画，如图20-23所示。

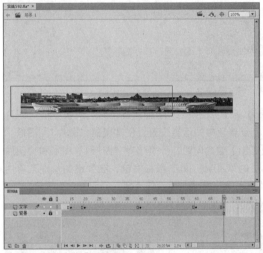

图20-22　设置"样式"效果

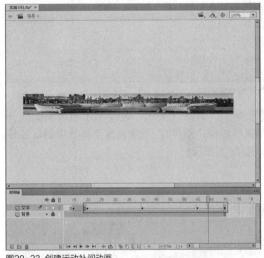

图20-23　创建运动补间动画

STEP 07 在"时间轴"面板中，按【Enter】键，预览制作的文字动画，效果如图20-24所示。

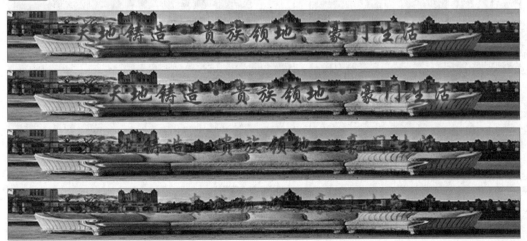

图20-24　预览文字动画

实战 593 制作图像动画

▶ **实例位置:** 光盘\效果\第20章\Flash\实战593.fla、实战593.swf
▶ **素材位置:** 光盘\素材\第20章\实战593.fla
▶ **视频位置:** 光盘\视频\第20章\实战593.mp4

● 实例介绍 ●

在Flash动画中,出彩的图像动画特效也是一种十分有力的表现手法,在实现动画的基础上,也提升了动画本身的可观赏性。

● 操作步骤 ●

STEP 01 单击"文件"|"打开"命令,打开一个素材文件,如图20-25所示。

STEP 02 单击"插入"|"新建元件"命令,弹出"创建新元件"对话框,在其中设置"名称"为"图像动画"、"类型"为"影片剪辑",如图20-26所示。

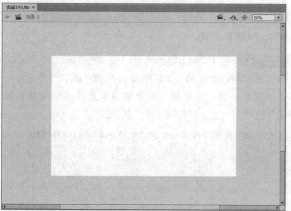

图20-25 打开素材文件

图20-26 新建元件

STEP 03 单击"确定"按钮,进入元件编辑模式,将"库"面板中的"图片1"图像拖曳至舞台中的适当位置,如图20-27所示。

STEP 04 新建"图层2"图层,将"库"面板中的"图片2"拖曳至舞台中的适当位置,使其覆盖"图片1"图像。按住【Ctrl】键的同时,分别选择"图层1"图层和"图层2"图层的第30帧,单击鼠标右键,在弹出的快捷菜单中选择"插入帧"选项,插入普通帧,如图20-28所示。

图20-27 拖入图像

图20-28 插入普通帧

STEP 05 新建"图层3"图层,运用矩形工具在舞台中适当位置绘制一个"笔触颜色"为无、"填充颜色"为任意色的矩形,如图20-29所示。

STEP 06 运用任意变形工具对其进行适当的旋转,使其完全覆盖图像,如图20-30所示。

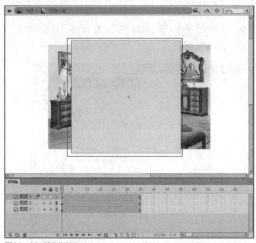

图20-29 绘制矩形

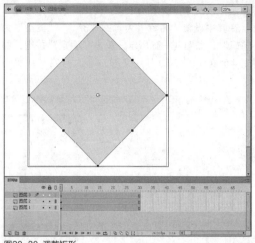

图20-30 调整矩形

STEP 07 在"图层3"图层的第15帧插入关键帧，选择该图层的第1帧，将该帧中的对象拖曳至舞台的右下侧，如图20-31所示。

STEP 08 选择"图层3"图层的第1帧至第15帧之间的任意一帧，单击鼠标右键，在弹出的快捷菜单中选择"创建补间形状"选项，创建补间动画，如图20-32所示。

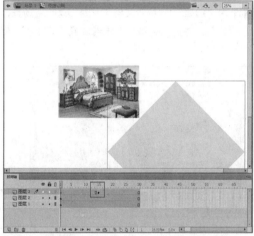

图20-31 移动矩形

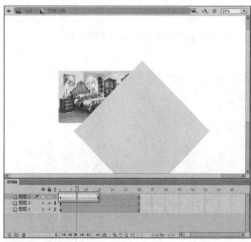

图20-32 创建补间动画

STEP 09 选择"图层3"图层，单击鼠标右键，在弹出的快捷菜单中选择"遮罩层"选项，将该图层设置为遮罩层，如图20-33所示。

STEP 10 新建"图层4"图层，在该图层的第31帧插入空白关键帧，将"库"面板中的"图片3"图像拖曳至舞台中的适当位置，如图20-34所示。

图20-33 创建遮罩层

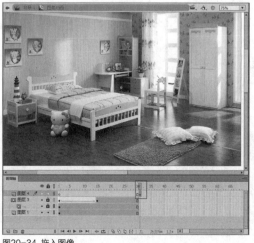

图20-34 拖入图像

STEP 11 选择该图像，按【F8】键，弹出"转换为元件"对话框，在其中设置"名称"为"图片3"、"类型"为"影片剪辑"，如图20-35所示，单击"确定"按钮，即可完成元件的转换。

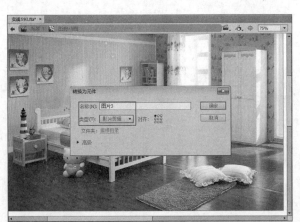

图20-35 转换为元件

STEP 13 在"图层4"的第31帧至第60帧之间创建补间动画，并在该图层的第70帧插入帧，如图20-37所示。

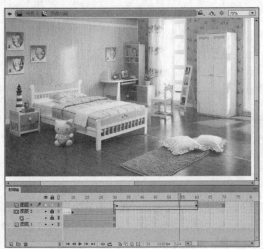

图20-37 创建补间动画

STEP 12 在"图层4"的第60帧插入关键帧，选择该图层的第31帧中的对象，在"属性"面板中设置样式为Alpha、"Alpha"为0%，如图20-36所示。

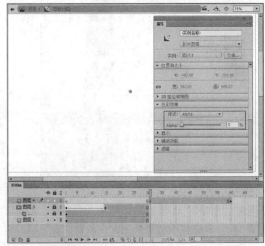

图20-36 设置颜色样式

STEP 14 单击"编辑"|"编辑文档"命令，返回主场景，将"图像动画"元件拖曳至舞台的适当位置，如图20-38所示。

图20-38 添加元件

STEP 15 按【Ctrl+Enter】组合键，预览动画效果，如图20-39所示。

图20-39 预览动画

20.3 制作网站的页面

本节介绍使用Dreamweaver CC制作网页效果的方法，在Dreamweaver中运用Photoshop、Flash制作好的网站元素，可以制作出动态网站或互交式网站，更好地实现网站的互动性。

实战 594 制作网页的页眉区

▶ 实例位置：无
▶ 素材位置：光盘\素材\第20章\PS\实战590.png
▶ 视频位置：光盘\视频\第20章\实战594.mp4

● 实例介绍 ●

网页的页眉区域通常用来放置网站的标志（Logo），下面介绍具体的制作方法。

● 操作步骤 ●

STEP 01 启动Dreamweaver CC，新建一个HTML网页文档并保存，保存名称为index，并将"标题"命名为"康洁家居网"，如图20-40所示。

图20-40 设置标题

STEP 03 单击"确定"按钮，更改页面设置，单击"查看"|"标尺"|"显示"命令，显示标尺，如图20-42所示。

图20-42 显示标尺

STEP 05 将指针定位于单元格的第一行，单击"修改"|"表格"|"拆分单元格"命令，弹出"拆分单元格"对话框，选中"列"单选按钮，在"列数"文本框中输入2，如图20-44所示。

STEP 02 单击"属性"面板中的"页面属性"按钮，弹出"页面属性"对话框，设置"上边距"为2像素、"左边距"为10像素，如图20-41所示。

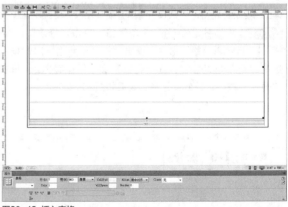

图20-41 设置页面属性

STEP 04 单击"插入"|"表格"命令，在编辑窗口中插入一个7行1列、"宽"为963像素的表格，将表格设置为居中对齐，然后单击"属性"面板中的"将表格转换成像素"按钮，如图20-43所示。

图20-43 插入表格

STEP 06 单击"确定"按钮，拆分单元格，如图20-45所示。

图20-44 "拆分单元格"对话框

图20-45 拆分单元格

STEP 07 将指针定位于第1个单元格，单击"插入"|"图像"|"图像"命令，弹出"选择图像源文件"对话框，选择需要的Logo图片，如图20-46所示。

STEP 08 单击"确定"按钮，即可在第一个单元格中插入网站的Logo，适当调整表格的宽度，如图20-47所示。

图20-46 选择图像源文件

图20-47 插入网站的Logo

实战 595 制作网页的导航区

▶ 实例位置：无
▶ 素材位置：光盘\素材\第20章\PS\实战591a.png、实战591b.png等
▶ 视频位置：光盘\视频\第20章\实战595.mp4

● 实例介绍 ●

网页的导航区域通常用来放置网站的导航条或Banner动画等内容，下面介绍具体的制作方法。

● 操作步骤 ●

STEP 01 将指针定位于第2个单元格，单击"修改"|"表格"|"拆分单元格"命令，弹出"拆分单元格"对话框，选中"行"单选按钮，在"行数"文本框中输入2，单击"确定"按钮，拆分单元格，效果如图20-48所示。

STEP 02 将指针定位于拆分后的第1行中，单击"插入"|"媒体"|"Flash SWF"命令，如图20-49所示。

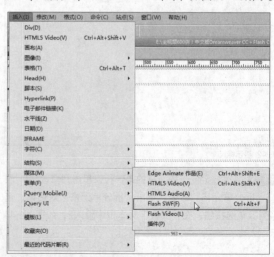

图20-48 拆分单元格

图20-49 单击Flash SWF命令

STEP 03 弹出"选择SWF"对话框，选择需要的Flash文档，如图20-50所示，单击"确定"按钮。

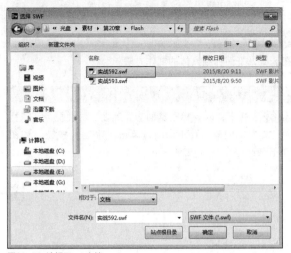

图20-50　选择Flash文档

STEP 05 执行以上操作后，即可在相应位置中插入网站的文字动画，适当调整表格的宽度，如图20-52所示。

图20-52　插入文字动画

STEP 07 将指针定位于上一步中拆分后第1个单元格，单击"插入"|"图像"|"图像"命令，弹出"选择图像源文件"对话框，选择需要的导航图片，单击"确定"按钮，即可插入图片，如图20-54所示。

图20-54　插入图片

STEP 04 弹出"对象标签辅助功能属性"对话框，在"标题"文本框中输入yemei，单击"确定"按钮，如图20-51所示。

图20-51　"对象标签辅助功能属性"对话框

STEP 06 将指针定位于拆分后的第2行，单击"修改"|"表格"|"拆分单元格"命令，弹出"拆分单元格"对话框，选中"列"单选按钮，在"列数"文本框中输入5，单击"确定"按钮，拆分单元格，如图20-53所示。

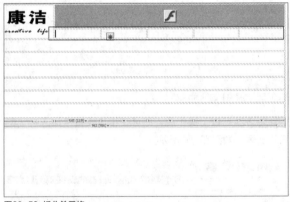

图20-53　拆分单元格

STEP 08 用上述相同的操作，插入其他导航图片，效果如图20-55所示。

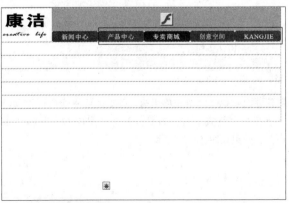

图20-55　插入其他导航图片

实战 596 制作网页的内容区

▶ 实例位置：无
▶ 素材位置：光盘\素材\第20章\Flash\实战593.fla等
▶ 视频位置：光盘\视频\第20章\实战596.mp4

● 实例介绍 ●

网页的内容区域通常是网站中的大部分图片和文本内容所在区域，下面介绍具体的制作方法。

● 操作步骤 ●

STEP 01 将指针定位于表格的第3行，单击"插入"|"媒体"|"Flash SWF"命令，弹出"选择SWF"对话框，选择需要的Flash文档，如图20-56所示，单击"确定"按钮。

STEP 02 弹出"对象标签辅助功能属性"对话框，在"标题"文本框中输入neirong，单击"确定"按钮，如图20-57所示。

图20-56 选择需要的Flash文档

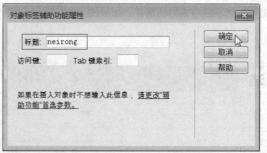

图20-57 输入"标题"名称

STEP 03 执行以上操作后，即可在相应表格中插入网站的图片动画，如图20-58所示。

STEP 04 将指针定位于表格的第4行，单击"插入"|"图像"|"图像"命令，插入相应的图像，如图20-59所示。

图20-58 插入网站的图片动画

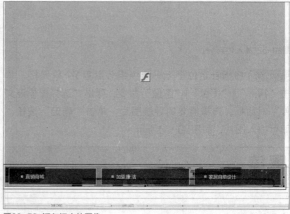

图20-59 插入相应的图像

STEP 05 在合适的单元格中输入需要的版权信息，并设置"水平""垂直"对齐方式分别为"居中对齐"和"居中"，效果如图20-60所示。

STEP 06 选中相应版权文字，单击鼠标右键，在弹出的快捷菜单中选择"CSS样式"|"新建"选项，如图20-61所示。

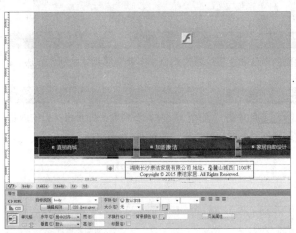

图20-60 输入需要的版权信息

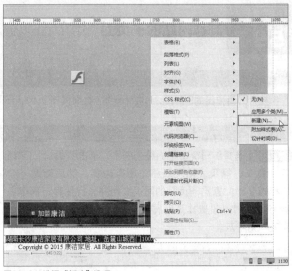

图20-61 选择"新建"选项

STEP 07 弹出"新建CSS规则"对话框，在"选择器名称"下拉列表框中输入.zi，单击"确定"按钮，如图20-62所示。

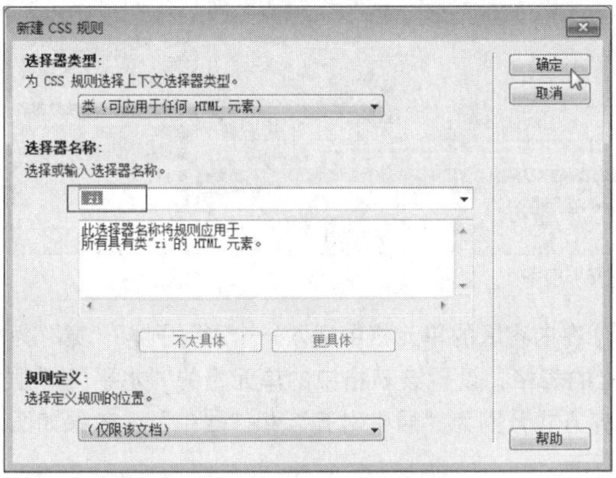

STEP 08 弹出".zi的CSS规则定义"对话框，单击"分类"选项，在"类型"选项区中设置相应的字体、字体大小、行高和颜色等，如图20-63所示。

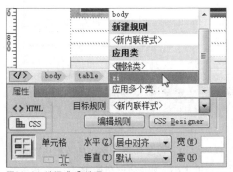

图20-62 "新建CSS规则"对话框

图20-63 设置类型选项

STEP 09 分别选择输入的版权信息，单击"属性"面板中的"目标规则"下拉列表框右侧的下三角按钮，在弹出的下拉列表框中选择"zi"选项，如图20-64所示。

STEP 10 执行操作后，即可应用CSS样式，效果如图20-65所示。

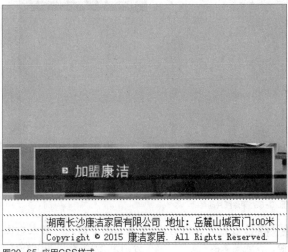

图20-64 选择"zi"选项

图20-65 应用CSS样式

实战 597 制作网站的子页面

▶ 实例位置：无
▶ 素材位置：光盘\素材\第20章\images\实战597a.fla等
▶ 视频位置：光盘\视频\第20章\实战597.mp4

● 实例介绍 ●

由A页面弹出的B页面，B页面就是A页面的子页面，子页面的做法和主页的做法类似，下面介绍具体的制作方法。

● 操作步骤 ●

STEP 01 选择编辑窗口中的整个表格，单击"编辑"|"拷贝"命令，拷贝表格及表格中所有内容，然后新建一个"标题"为"家居子页"的网页文档并另行保存，保存名称为index1，设置其页面属性与index网页文档相同，如图20-66所示。

STEP 02 单击"编辑"|"粘贴"命令，即可将拷贝的内容粘贴到当前网页文档中，如图20-67所示。

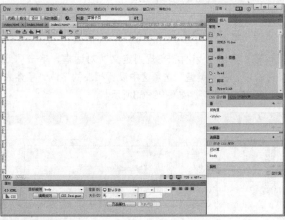

图20-66 新建文档

图20-67 粘贴内容

STEP 03 选中内容区中的图片动画，按【Delete】键将其删除，如图20-68所示。

STEP 04 在内容区的单元格中插入一个2行2列，"宽"为800像素的表格，设置该表格中的单元格的"水平""垂直"对齐方式分别为"居中对齐"和"居中"，效果如图20-69所示。

图20-68 删除图片动画

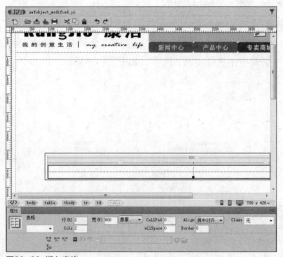

图20-69 插入表格

STEP 05 在插入表格的第1个单元格中插入一幅素材图像，设置图像的"宽""高"分别为380像素和280像素，效果如图20-70所示。

STEP 06 用同样的方法，在其他单元格中插入相应图像，并调整图像至合适的大小，如图20-71所示。

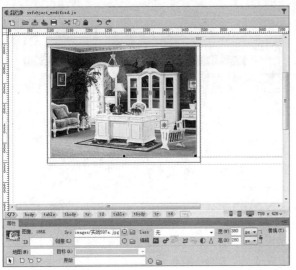

图20-70 插入素材图像

图20-71 插入相应图像

STEP 07 在各个单元格中输入需要的文本内容，如图 20-72所示。

STEP 08 对各图像下方的文本应用名为zi的CSS样式，如图20-73所示。

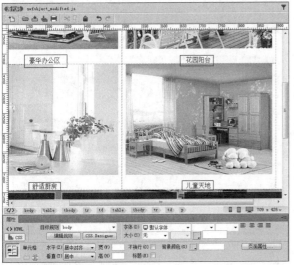

图20-72 输入文本内容

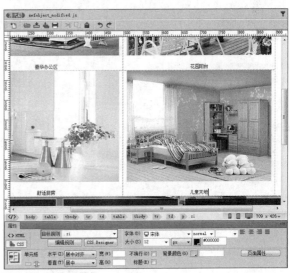

图20-73 应用CSS样式

实战 598　制作网站的超链接

▶ 实例位置：无
▶ 素材位置：上一例效果文件
▶ 视频位置：光盘\视频\第20章\实战598.mp4

• 实例介绍 •

网站的主页和子页做好后，用户可以在主页上添加超链接，以方便别人访问所有的网页，下面介绍具体的制作方法。

• 操作步骤 •

STEP 01 返回到index网页文档，选中导航区的"创意空间"图片，如图20-74所示。

STEP 02 单击"属性"面板下的"矩形热点工具"按钮□，如图20-75所示。

图20-74 选择"创意空间"图片

图20-75 单击"矩形热点工具"按钮

STEP 03 在导航区的"创意空间"图片上单击鼠标左键拖曳出一个矩形热点区域，如图20-76所示。

STEP 04 单击"属性"面板中"链接"文本框右侧的"浏览文件"按钮，如图20-77所示。

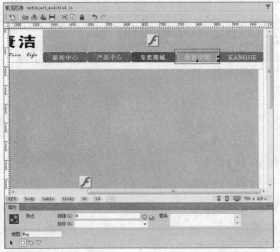

图20-76 创建矩形热点区域

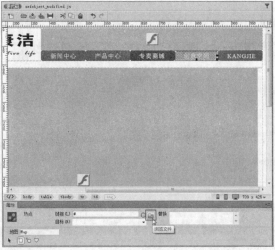

图20-77 单击"浏览文件"按钮

STEP 05 弹出"选择文件"对话框，选中需要链接的网页文件，如图20-78所示。

STEP 06 单击"确定"按钮，完成超链接设置，如图20-79所示。

图20-78 选择链接网页

图20-79 设置超链接

STEP 07 单击"文件"|"在浏览器中预览"|Internet Explorer命令，预览网页效果，如图20-80所示。

图20-80 预览网页效果

STEP 08 单击"创意空间"按钮，即可链接到其子页，如图20-81所示。

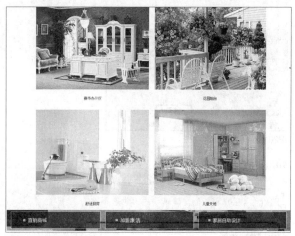

图20-81 链接到其子页

20.4 测试网站的兼容性

　　网页制作完成后，需要进行相应的测试，特别是网页各元素之间的兼容性与超链接，如果发现问题，可以进行完善，以保证网页上传后能被正常地浏览。

实战 599	验证当前文档

> ▶ 实例位置：无
> ▶ 素材位置：上一例效果文件
> ▶ 视频位置：光盘\视频\第20章\实战599.mp4

● 实例介绍 ●

　　对于前端开发工程师来说，确保代码在各种主流浏览器的各个版本中都能正常工作是件很费时的事情，幸运的是，通过Dreamweaver CC的"验证当前文档（W3C）"功能即可帮助测试浏览器的兼容性。

● 操作步骤 ●

STEP 01 单击"窗口"|"结果"|"验证"命令，如图20-82所示。

图20-82 单击"验证"命令

STEP 02 打开"验证"面板，单击面板左上角的三角形按钮，在弹出的快捷菜单中选择"验证当前文档（W3C）"选项，如图20-83所示。

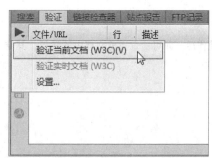

图20-83 选择"验证当前文档（W3C）"选项

STEP 03 弹出"W3C验证器通知"对话框，单击"确定"按钮，如图20-84所示。

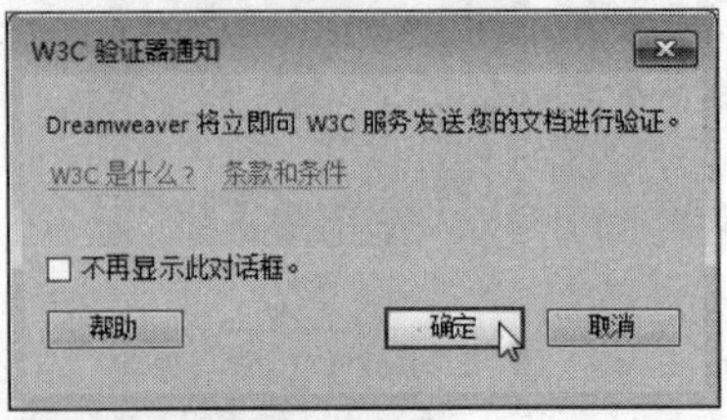

STEP 04 执行操作后，即可验证文档中存在的兼容性问题，如图20-85所示。

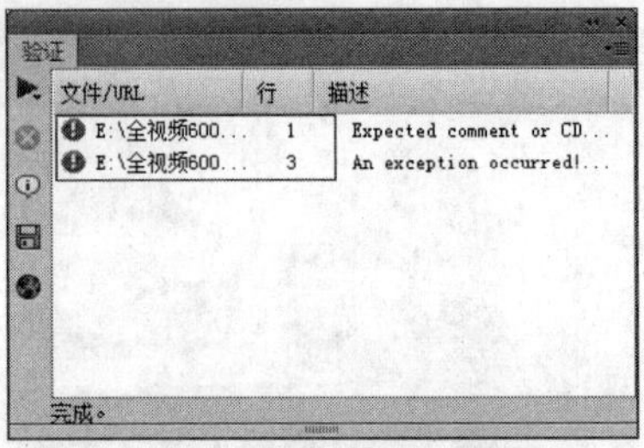

图20-84 单击"确定"按钮

图20-85 验证文档中存在的兼容性问题

知识扩展

W3C标准被称为W3C推荐标准（W3C Recommendations）。W3C最重要的工作是发展Web规范，也就是描述Web通信协议（比如HTML和XML）和其他构建模块的"推荐标准"。

实战 600 测试网站的超链接

▶ 实例位置：无
▶ 素材位置：无
▶ 视频位置：光盘\视频\第20章\实战600.mp4

● 实例介绍 ●

站点测试是一项复杂且枯燥的工作，但却又是一项非常重要的工作，它是网站能正常运行的前提，因此必须做好网站的测试工作。

● 操作步骤 ●

STEP 01 单击"窗口"|"结果"|"链接检查器"命令，如图20-86所示。

STEP 02 打开"链接检查器"面板，单击面板左上角的三角形按钮，在弹出的快捷菜单中选择"检查当前文档中的链接"选项，如图20-87所示。

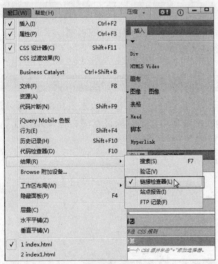

图20-86 单击"链接检测器"命令

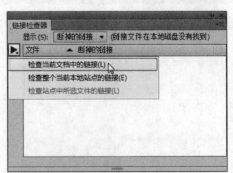

图20-87 选择"检查当前文档中的链接"选项

STEP 03 执行操作后，即可检查当前文档中的链接，其结果如图20-88所示。

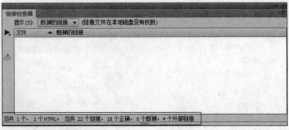

图20-88 检查链接结果